·入门很简单丛书·

MySQL入门很简单

黄缙华 等编著

清华大学出版社
北 京

内 容 简 介

本书从初学者的角度出发，由浅入深，循序渐进地介绍了 MySQL 数据库应用与开发的相关知识。书中提供了大量操作 MySQL 数据库的示例，还提供了大量实例和上机实践内容，供读者演练。本书附带 1 张 DVD 光盘，内容为与本书内容完全配套的多媒体教学视频和本书涉及的源代码。

本书共分 5 篇。第 1 篇介绍数据库的基本知识、在 Windows 平台下安装 MySQL 数据库、在 Linux 平台下安装 MySQL 数据库；第 2 篇介绍 MySQL 数据类型、创建和删除数据库、数据库存储引擎、创建表、修改表、删除表、索引、视图、触发器；第 3 篇介绍查询数据、插入数据、更新数据、删除数据、MySQL 运算符、MySQL 函数、存储过程和函数；第 4 篇介绍 MySQL 用户管理、数据备份、数据还原、MySQL 日志、性能优化；第 5 篇介绍 Java 访问 MySQL 数据库、PHP 访问 MySQL 数据库、C#访问 MySQL 数据库，最后还提供了一个项目实战案例。

本书涉及面广，几乎涉及 MySQL 数据库应用与开发的所有重要知识，适合所有的 MySQL 数据库初学者快速入门，也适合 MySQL 数据库管理员和想全面学习 MySQL 数据库技术的人员阅读。另外，对于大中专院校和培训班的学生，本书更是一本不可多得的教材。

图书在版编目（CIP）数据

MySQL 入门很简单 / 黄缙华等编著. —北京：清华大学出版社，2011.1（2023.3 重印）
ISBN 978-7-302-24362-5

Ⅰ. ①M… Ⅱ. ①黄… Ⅲ. ①关系数据库 – 数据库管理系统，MySQL Ⅳ. ①TP311.138

中国版本图书馆 CIP 数据核字（2010）第 252115 号

责任编辑： 夏兆彦
责任校对： 徐俊伟
责任印制： 杨 艳

出版发行： 清华大学出版社
网 址： http://www.tup.com.cn, http://www.wqbook.com
地 址： 北京清华大学学研大厦 A 座 **邮 编：** 100084
社 总 机： 010-83470000 **邮 购：** 010-62786544
投稿与读者服务： 010-62776969，c-service@tup.tsinghua.edu.cn
质 量 反 馈： 010-62772015，zhiliang@tup.tsinghua.edu.cn
印 装 者： 涿州市般润文化传播有限公司
经 销： 全国新华书店
开 本： 185mm×260mm **印 张：** 30.5 **字 数：** 759 千字
（附光盘 1 张）
版 次： 2011 年 1 月第 1 版 **印 次：** 2023 年 3 月第 15 次印刷
定 价： 59.50 元

产品编号：040464-01

前　　言

MySQL 数据库是一款非常优秀的自由软件。它是由瑞士的 MySQLAB 公司开发的。2008 年，Sun 公司耗资 10 亿美元收购了 MySQL 数据库。现在 MySQL 数据库已经是世界上最流行的数据库之一。全球最大的网络搜索引擎公司 Google 使用的数据库就是 MySQL 数据库。国内很多大型的网络公司也选择 MySQL 数据库，如网易、新浪等。这都证明了 MySQL 数据库强大的生命力。目前，MySQL 5.1.4 版本已经正式发布，而且 6.0 版本已经处于开发之中。2010 年 4 月 20 日，Oracle 公司收购了 Sun 公司，MySQL 数据库又成为了 Oracle 公司的数据库产品。这给 MySQL 数据库带来了前所未有的机遇和挑战。

图书市场上也有不少 MySQL 图书，但却鲜见一本能带领读者快速掌握 MySQL 数据库的图书。可能是因为大多数人认为 MySQL 比较简单，很少有人考虑过给入门读者写一本书。其实并非如此，虽然 MySQL 比 SQL Server 和 Oracle 等数据库简单，但要想快速掌握，没有一本好的参考书却比较困难。基于这个原因，笔者结合自己多年使用 MySQL 数据库的经验和心得体会，花费了近一年时间写作本书。意在为那些 MySQL 数据库学习人员，尤其是初学者提供一些帮助，让他们能在最短的时间内掌握 MySQL 数据库技术。

笔者是因为项目开发需要才开始接触 MySQL 数据库，并且在开发过程中不断学习的。在这个过程中，笔者发现 MySQL 数据库使用非常方便，而且功能非常强大。因此，以后的软件开发中，笔者都是将 MySQL 数据库作为首选数据库。读者在学习 MySQL 数据库的过程中应该多练习，只有不断的实践才能将这些知识理解透彻。希望各位读者能在本书的引领下跨入 MySQL 数据库的大门，并成为一名使用 MySQL 数据库的高手。学习完本书后，读者应该可以具备操作 MySQL 数据库、管理 MySQL 数据库、使用 MySQL 数据进行软件开发的能力。

本书特色

1. 配多媒体教学视频，高效、直观

笔者专门为本书的每一章内容都录制了配套的多媒体教学视频，可以大大方便读者高效、直观地学习。这在已经出版的 MySQL 图书中是绝无仅有的。

2. 内容全面、系统、深入，实用性强

本书内容全面、系统、深入，涉及面广，几乎涉及 MySQL 数据库应用与开发的所有重要知识。书中提供了大量的操作 MySQL 数据库的示例，还提供了大量实例和上机实践内容供读者演练，有很强的实用性。

3. 讲解由浅入深，循序渐进，适合各个层次的读者阅读

本书从 MySQL 数据库的基础开始讲解，逐步深入到 MySQL 数据库的高级管理和开发，内容梯度从易到难，讲解由浅入深，循序渐进，适合各个层次的读者阅读，并均有所获。

4. 贯穿大量的操作技巧，迅速提升水平

本书在讲解知识点时贯穿了大量的典型示例，并给出了大量的使用技巧，以便让读者更好地理解各种概念和使用方法，体验实际操作 MySQL 数据库的技巧。

5. 注重实际应用，提高实战水平

本书介绍了 Java、PHP 和 C#如何访问 MySQL，并在最后给出了一个项目案例。通过这些内容的学习，读者可以快速提升自己的 MySQL 应用实战能力。

6. 提供售后服务，答疑解惑

若您在阅读本书时有疑问请邮件到 bookservice2008@163.com 获得帮助。您也可到 http://www.wanjuanchian.net 技术论坛上提问。

本书内容及体系结构

第1篇　MySQL数据库基础（第1～3章）

本篇主要内容包括：数据库概述、Windows 平台下安装 MySQL 数据库、Linux 平台下安装 MySQL 数据库。通过学习本篇内容，读者可以了解数据库的基本知识，选择 MySQL 数据库的理由，如何获取 MySQL 数据库，如何安装 MySQL 数据库等内容。

第2篇　MySQL数据库基础维护（第4～9章）

本篇主要内容包括：MySQL 数据类型、操作数据库、创建表、修改表、删除表、索引、视图、触发器等内容。通过学习本篇内容，读者可以掌握 MySQL 数据库的基本操作。

第3篇　SQL查询语句（第10～14章）

本篇主要内容包括：查询数据、插入数据、更新数据、删除数据、MySQL 运算符、MySQL 函数、存储过程和函数等。通过学习本篇内容，读者可以掌握查询和更新数据库中的数据、MySQL 运算符和函数的方法，并可以掌握存储过程和函数的相关知识。

第4篇　MySQL数据库高级管理（第15～18章）

本篇主要内容包括：MySQL 用户管理、数据备份与还原、MySQL 日志、性能优化等。通过学习本篇内容，读者可以掌握 MySQL 数据库高级管理方面的知识。

第5篇　MySQL应用与实战开发（第19～22章）

本篇主要内容包括：Java 语言操作 MySQL 数据库、PHP 语言操作 MySQL 数据库、

C#语言操作 MySQL 数据库和驾校学员管理系统的开发过程。通过学习本篇内容，读者可以掌握 MySQL 数据库在软件开发中的应用，并可以进行实战演练，提高 MySQL 实战水平。

本书读者对象

- MySQL 数据库初学者；
- 想全面学习 MySQL 数据库的软件开发人员；
- MySQL 数据库管理人员；
- MySQL 数据库爱好者；
- 大中专院校的学生；
- 社会培训班学员。

本书作者及编委会成员

本书由黄缙华主笔编写。其他参与编写和资料整理的人员有陈世琼、陈欣、陈智敏、董加强、范礼、郭秋滟、郝红英、蒋春蕾、黎华、刘建准、刘霄、刘亚军、刘仲义、柳刚、罗永峰、马奎林、马味、欧阳昉、蒲军、齐凤莲、王海涛、魏来科、伍生全、谢平、徐学英、杨艳、余月、岳富军、张健和张娜。在此一并表示感谢。

本书编委会成员有欧振旭、陈杰、陈冠军、项宇峰、张帆、陈刚、程彩红、毛红娟、聂庆亮、王志娟、武文娟、颜盟盟、姚志娟、尹继平、张昆、张薛。

编著者

目　录

第 1 篇　MySQL 数据库基础

第 3 篇　SQL 查询语句

第 4 篇　MySQL 数据库高级管理

第 1 篇　MySQL 数据库基础

第 1 章　数据库概述

简而言之，数据库（DataBase）就是一个存储数据的仓库。为了方便数据的存储和管理，它将数据按照特定的规律存储在磁盘上。通过数据库管理系统，可以有效地组织和管理存储在数据库中的数据。如今，已经存在了 Oracle、SQL Server 和 MySQL 等诸多优秀的数据库。本章将讲解的内容包括如下：

- 数据存储方式；
- 数据库泛型；
- 数据库在开发中作用；
- SQL 语言；
- 数据库访问技术；
- 常见数据库系统；
- MySQL 数据库的介绍；
- 如何学习数据库。

通过本章的学习，读者可以了解为什么要使用数据库？什么是数据库泛型？什么是 SQL 语言？如何访问数据库？常见的数据库有哪些等。同时，读者可以了解 MySQL 数据库的优势和如何获得 MySQL 数据库。最后，读者将会了解如何学习数据库。

1.1　数据库理论基础

数据库能够将数据按照特定的规律组织起来。那么，数据是如何存储的？数据库要遵守什么规则？数据库在什么地方使用？这些都是首先要了解的问题。本节将为读者介绍这些问题。

1.1.1　数据存储方式

如今数据库已经无处不在了。一个网站需要有数据库来存储数据；一个学校需要用数据库来存储学生和教师的信息；一个公司需要用数据库来存储员工的信息和公司的资料。要学习数据库，必须先要了解数据库是如何存储数据的。本小节将为读者介绍数据的存储方式。数据存储分为 3 个阶段即人工管理阶段、文件系统阶段和数据库系统阶段。

1. 人工管理阶段

在计算机发展的早期，它的主要作用是进行科学计算。而且，计算机存储设备还没有发展起来？数据主要是存储在纸带、磁带等介质上，或者直接通过手工记录。

说明： 美国人 Herman Hollerith（1860～1929 年）根据提花织布机的原理发明了穿孔片计算机，通过纸带来存储数据。在 19 世纪 50 年代，IBM 最早把盘式磁带用在数据存储上。一卷磁带可以代替 1 万张打孔纸卡。随着技术的发展，逐渐出现了磁鼓、软盘、硬盘和光盘等存储设备。

这个阶段，数据都是依靠人工进行整理和保存的。使用这种方式来管理数据很不方便。例如，不便于查询数据、难以共享数据和不便于保存。现在，国内的一些部门还处在人工管理数据的阶段，还需要管理大量的纸质文件。

2. 文件系统阶段

随着计算机操作系统的出现和硬件的发展，可以将数据存储在计算机的磁盘上。这些数据都以文件的形式出现，然后通过文件系统来管理这些文件。文件系统通过文件的存储路径和文件名称来访问文件中的数据。

文件系统可以很好的保存文件，使用起来也很方便。相对于人工管理阶段而言，文件系统使得数据管理变得简单。至少不用为了一个文件而翻箱倒柜的查找了。但是，这些文件中的数据没有进行结构化处理，查询起来还不是很方便。

3. 数据库系统阶段

随着数据量的增加和处理速度的要求，文件系统渐渐地不能满足数据管理的要求了。数据库系统阶段开始使用专门的数据库来管理数据。用户可以在数据库系统中建立数据库，然后在数据库中建立表，最后将数据存储在这些表中。

数据库是指长期存储在计算机内、有组织的和可共享的数据集合。简而言之，数据库就是一个存储数据的地方。表是数据库存储数据的基本单位。一个表由若干字段组成。例如，某个学校有个学生管理系统，其中的数据可以存储在名为 student 的数据库中。在 student 数据库中，可以为每个班级的学生建立一张表。表中包含学生的学号、姓名、性别和籍贯等信息。学号、姓名等就是这个表中的字段。可以根据这些字段来找到学生的相应信息。

数据库和表都存储在磁盘上，但用户不必关心它们在磁盘上的具体位置。用户可以直接通过数据库管理系统来查询表中的数据。现在使用最多的数据库是关系数据库。Oracle、SQL Server 和 MySQL 等数据库都是关系数据库。关系数据库中的表都是二维表。

1.1.2　数据库泛型

数据库泛型就是数据库应该遵循的规则。数据库泛型也称为范式。目前，关系数据库最常用的 4 种范式分别是第一范式（1NF）、第二范式（2NF）、第三范式（3NF）和 BCN 范式（BCNF）。本小节将为读者简单地介绍一下范式的内容。

在设计数据库时，数据库需要满足的最低要求的范式是第一范式。第一范式的要求即表中不能有重复字段，并且每个字段不能再拆分。如果一个数据库连第一范式都不能满足的话，那就不能称之为关系数据库了。只有满足了第一范式的要求，才可以在这个关系数据库中创建表。

在满足第一范式的基础上，可以将数据库中进行进一步的细化。细化后可以使数据库满足第二范式的要求。依次进行细化，可以得到第三范式、BCN 范式。

说明： 例如，一个学生表中有学号、院系号和院系名这 3 个字段。因为学号可以决定是院系名，院系号也可以决定院系名。因此，这个表不是第二范式。现在对该表进行细化，细化后生成两个表。第一个表有学号、院系号这两个字段。第二个表有院系号、院系名这两个字段。这样就满足了第二范式的要求。

通常情况下，如果一个数据库能够满足第三范式的要求，那么这个数据库就是一个很好的数据库了。当一个数据库达到第三范式的要求，数据库中基本上没有冗余的内容了。但是，有时为了满足查询速度等要求，可以有意识的让某些表有些冗余。这是为了提高整个数据库的性能。

因此，在设计数据库时，不一定要拘泥于达到第三范式或者 BCN 范式。只要数据库的设计能提高整个系统的性能，这就是一个合理的数据库。

1.1.3　数据库在开发中作用

现在大部分的管理系统和软件都需要使用数据库来存储数据。在开发过程中，数据库已经成为必不可少的一部分。本小节将为读者简单介绍一下数据库在开发中的作用。

在软件开发过程中，经常需要使用数据库来存储数据。例如，一个学校的学生管理系统就需要数据库来存储学生的学籍信息、考试信息、教师的信息和课程信息等。再比如，银行的管理系统也需要数据库来存储信息。用户的银行账户、存款量、存款和取款的记录等信息都是存储在数据库中的。当用户向自己的账户里存款时，管理系统会在数据库中更新该用户的存款量。

笔者曾经开发过一个驾校的学员管理系统。在这个管理系统中，笔者就使用了 MySQL 数据库来存储管理员的信息、驾校学员的学籍信息和学员的考试信息等。然后通过网页的应用程序查询数据库中的数据、更新数据和删除数据。例如，管理员要登录系统就必须输入用户名和密码。然后网页的应用程序将管理员输入的用户名和密码与数据库表中的数据进行比较。如果表中存在这个用户名和密码，就允许管理员登录。

笔者还为某供电局开发过一个定值单管理的软件。在这个软件中，需要存储管理员的信息、用户的信息和定值单的信息等。笔者也是选择 MySQL 数据库来存储这些数据的。然后通过页面的应用程序来处理数据库中的数据。

说明：数据库的使用范围非常广泛，各行各业中都已经有了数据库的应用。例如，电力行业需要数据库来存储发电量、供电量和电费等信息；石油行业需要数据库来存储有关石油的数据；金融行业需要使用数据库来存储各种金融数据。

总而言之，数据库已经成为了软件开发不可缺少的一部分。如果没有数据库，这个软件将无法获得数据，也无法将执行后的数据保存。

1.2　数据库技术构成

数据库技术的出现是为了更加有效地管理和存取大量的数据资源。简单地讲，数据库技术主要包括数据库系统、SQL 语言和数据库访问技术等。本节将为读者介绍数据库技术的内容。

1.2.1　数据库系统

很多读者认为数据库就是数据库系统（DataBase System，简称为 DBS）。其实，数据库系统的范围比数据库大很多。数据库系统不是一个单纯的数据库，而是由数据库、数据库管理系统、应用开发工具等构成。很多时候，数据库管理员和用户也可以当成数据库系统的一份子。本小节将为读者介绍数据库系统的内容。

前面的章节对数据库已经进行了简单地介绍，数据库就是存储数据的地方。数据库管理系统（DataBase Management System，简称为 DBMS）是用来定义数据、管理和维护数据的软件。它是数据库系统的一个重要的组成部分。应用系统是需要使用数据库的软件。比如学员管理系统就是一个应用系统。这个应用系统需要数据库来管理它的数据。应用开发工具就是用来开发应用系统的。

除了上述的软件部分以外，数据库系统还包括数据库管理员和用户。因为，依靠单纯的数据库管理系统来管理数据库中的数据是不现实的。很多时候需要一些专门管理这些数据的专业人员。这些管理数据的专业人员就是数据库管理员（DataBase Administrator，简称为 DBA）。通常在大型的公司都需要有专门的数据库管理员。例如，网易就有专业的 DBA 组，他们主要负责管理和维护数据库。用户一般不直接与数据库接触，而是通过应用系统来使用数据。

1.2.2 SQL 语言

SQL（Structured Query Language 即结构化查询语言）。数据库管理系统通过 SQL 语言来管理数据库中的数据。本小节将为读者介绍 SQL 语言的知识。

SQL 语言是一种数据库查询和程序设计语言。其主要用于存取数据、查询数据、更新数据和管理关系数据库系统。SQL 语言是 IBM 公司于 1975 年～1979 年之间开发出来的，主要使用于 IBM 关系数据库原型 System R。在 20 世纪 80 年代，SQL 语言被美国国家标准学会（American National Standards Institute，简称为 ANSI）和国际标准化组织（International Organization for Standardization，简称为 ISO）通过为关系数据库语言的标准。

SQL 语言分为 3 个部分数据定义语言（Data Definition Language，简称为 DDL）、数据操作语言（Data Manipulation Language，简称为 DML）和数据控制语言（Data Control Language，简称为 DCL）。

- DDL 语句：数据定义语言主要用于定义数据库、表、视图、索引和触发器等。其中包括 CREATE 语句、ALTER 语句和 DROP 语句。CREATE 语句主要用于创建数据库、创建表和创建视图等。ALTER 语句主要用于修改表的定义、修改视图的定义等。DROP 语句主要用于删除数据库、删除表和删除视图等。
- DML 语句：数据操纵语言主要用于插入数据、查询数据、更新数据和删除数据。其中包括 INSERT 语句、SELECT 语句、UPDATE 语句和 DELETE 语句。INSERT 语句用于插入数据；SELECT 语句用于查询数据；UPDATE 语句用于更新数据；DELETE 语句用于删除数据。
- DCL 语句：数据控制语言主要用于控制用户的访问权限。其中包括 GRANT 语句和 REVOKE 语句。GRANT 语句用于给用户增加权限；REVOKE 语句用于收回用户的权限。

数据库管理系统通过这些 SQL 语句可以操作数据库中的数据。在应用程序中，也可以通过 SQL 语句来操作数据。例如，可以在 Java 语言中嵌入 SQL 语句。通过执行 Java 语言来调用 SQL 语句，这样即可在数据库中插入数据、查询数据。SQL 语句也可以嵌入到 C# 语言、PHP 语言等编程语言中。

1.2.3 数据库访问技术

应用系统中，程序语言需要使用数据库访问技术来访问数据库。只有使用数据库访问技术，程序中嵌入的 SQL 语句才会起作用。不同程序语言访问数据库的方式是不一样的。本小节将为读者简单讲解各种数据库访问技术。

不同的程序语言使用不同的数据库访问技术。早期的数据库访问技术是 ODBC（Open Database Connectivity）。C#语言通过 ADO.NET 来访问数据库。Java 语言使用 JDBC（Java Data Base Connectivity）来访问数据库。使用这些数据库访问技术时，必须要另外安装相应的驱动程序。

ODBC 技术为访问不同的关系数据库提供了一个共同的接口。通过 ODBC 提供的接口，应用程序可以连接数据库。然后，可以执行 SQL 语言来操作数据库中的数据。ODBC 提供的接口提供了最大限度的互操作性。使用 ODBC 来访问 MySQL 数据库时，必须安装驱动程序 Connector/ODBC。

ADO.NET 是微软公司提供的组件。用户可以通过 ADO.NET 提供的方法来访问数据库。ADO.NET 是在.NET 框架下优先使用的数据访问接口。使用 ADO.NET 来连接 MySQL 数据库时，必须安装驱动程序 Connector/Net。

JDBC 是一种用于执行 SQL 语句的 Java API。Java 语言通过 JDBC 可以访问多种关系数据库。JDBC 由一组用 Java 语言编写的类和接口组成。使用 JDBC 时，必须要安装驱动程序 Connector/J。

PHP 中为程序员提供了 MySQL 功能模块，PHP 5 以后开始提供 mysqli 接口。PHP 可以通过 MySQL 功能模块和 mysqli 接口来访问 MySQL 数据库。

1.3　MySQL 基础

现在数据库的版本很多，如 Oracle、DB2、SQL Server 都是很优秀的商业数据库。同时，还有 MySQL、PostgreSQL 都是很优秀的开源数据库。MySQL 数据库的使用已经非常广泛了。本节将为读者介绍常见的数据库系统，以及 MySQL 数据库的基本知识。

1.3.1　常见数据库系统

如今已经存在很多优秀的商业数据库，如甲骨文（Oracle）公司的 Oracle 数据库、IBM 公司的 DB2 数据库、微软公司的 SQL Server 数据库和 Access 数据库。同时，还有很多优秀的开源数据库，如 MySQL 数据库、PostgreSQL 数据库等。本小节将为读者介绍这些常见的数据库。

1. 甲骨文的Oracle

甲骨文公司是世界领先的数据库软件开发商。甲骨文公司的 Oracle 数据库可以当之无愧的称为当今世界最优秀的数据库。财富排行榜上的前 1000 家公司几乎都采用 Oracle 数据库。而且 Oracle 数据库是世界上第一个支持 SQL 语言的数据库。Oracle 数据库主要应用于大型系统。但是，该数据库非常复杂，管理起来很不方便。在 2009 甲骨文全球大会上，甲骨文公司宣布最新版 Oracle 服务器虚拟化软件 Oracle VM 2.2 正式上市。

2. IBM的DB2

DB2 是 IBM 公司研制的一种关系型数据库系统。主要应用于 OS/2、Windows 等平台下。DB2 提供了高层次的数据利用性，数据的完整性好。而且 DB2 的安全性高，具有很强的可恢复性。DB2 数据库主要应用于大型系统当中。

3．微软的Access和SQL Server

Access 数据库是微软公司开发的小型数据库。Access 数据库是微软的 Office 系列软件的一部分，其主要应用于小型的系统中。

SQL Server 数据库也是由微软公司开发的，主要应用于大型的管理系统当中。而且该数据库与微软的 Windows 系列操作系统的兼容性很好。但是，由于该数据库是微软公司的专有软件，因此还不能够在 UNIX 和 Linux 操作系统上运行。目前，最新的 SQL Server 数据库是 SQL Server 2008。

注意： Access 数据库和 SQL Server 数据库都是微软公司的产品，只能在微软公司的 Windows 系列的操作系统上运行。而 Oracle、DB2、PostgreSQL 和 MySQL 这些数据库都是可以跨平台的。它们不仅可以在 Windows 系列的操作系统运行，还可以在 UNIX、Linux 和 Mac OS 等操作系统上运行。

4．开源PostgreSQL

PostgreSQL 数据库是一个开放源代码的数据库。该数据库是在加州大学伯克利分校计算机系的 POSTGRES 项目的基础上产生的。1994 年，Andrew Yu 和 Jolly Chen 在 POSTGRES 中增加了 SQL 语言的解释器。随后将数据库的源代码发布到因特网上供所有人使用。现在，PostgreSQL 数据库已经是个非常优秀的开源项目。很多大型网站都是使用 PostgreSQL 数据库来存储数据。

5．开源MySQL

MySQL 数据库也是一个开放源代码的数据库。MySQL 是由瑞典 MySQLAB 公司开发的。据称，MySQL 的开发者之一 Monty Widenius 的女儿也叫 My，因此将该数据库取名为 MySQL。MySQL 的发展速度非常快，现在很多网站已经使用 MySQL 数据库。很多国内的大型网站也已经使用 MySQL，如新浪、网易等。

1.3.2　为什么要使用 MySQL

如今很多大型网站已经选择 MySQL 数据库来存储数据。那么，MySQL 到底有什么优势呢？本小节将为读者介绍选择 MySQL 数据库的原因。MySQL 数据库的使用以及非常广泛，尤其是在 Web 应用方面。由于 MySQL 数据库发展势头迅猛，Sun 公司于 2008 年收购了 MySQL 数据库。这笔交易的收购价格高达 10 亿美元。这足以说明 MySQL 数据库的价值。MySQL 数据库有很多的优势，下面总结了其中几种。

1．MySQL是开放源代码的数据库

MySQL 是开放源代码的数据库，任何人都可以获取该数据库的源代码。这就使得任何人都可以修正 MySQL 的缺陷。并且任何人都能以任何目的来使用该数据库。在此不得不提到 Richard Stallman 的 GUN 工程和 GPL 协议。Richard Stallman 提出 GNU（GNU is Not UNIX）工程，提出了自由软件的思想。GNU 工程提出了 GPL（GNU General Public Licence）许可协议。该工程的目的是为用户提供可以自由使用的软件。MySQL 作为一款自由软件，

完全继承了 GNU 的思想。这保证了 MySQL 是一款可以自由使用的数据库。

2．MySQL的跨平台性

MySQL 不仅可以在 Windows 系列的操作系统上运行，还可以在 UNIX、Linux 和 Mac OS 等操作系统上运行。因为很多网站都选择 UNIX、Linux 作为网站的服务器，所以 MySQL 的跨平台性保证其在 Web 应用方面的优势。虽然微软公司的 SQL Server 数据库是一款很优秀的商业数据库，但是其只能在 Windows 系列的操作系统上运行。因此，MySQL 数据库的跨平台性是一个很大的优势。

3．价格优势

MySQL 数据库是一款自由软件。任何人都可以从 MySQL 的官方网站下载该软件。这些社区版本的 MySQL 都是免费使用的。即使是需要付费的附加功能，其价格也是很便宜的。相对于 Oracle、DB2 和 SQL Server 这些价格昂贵的商业软件，MySQL 具有绝对的价格优势。

4．功能强大且使用方便

MySQL 是一个真正的多用户、多线程 SQL 数据库服务器。它是以客户机/服务器结构的实现，由一个服务器守护程序 mysqld 和很多不同的客户程序和库组成。它能够快速、有效和安全的处理大量的数据。相对于 Oracle 等数据库来说，MySQL 的使用是非常简单的。MySQL 主要目标是快速、健壮和易用。

上面是 MySQL 数据库的一些基本优势。现在甲骨文公司出资 74 亿美元收购 Sun 公司。很多人为 MySQL 的前途担忧，认为一旦收购成功，甲骨文公司就会对 MySQL 数据库痛下毒手。笔者认为这样的情况是不会出现的。毕竟 MySQL 数据库是一个开放源代码的数据库。即使甲骨文公司不支持 MySQL 的发展，MySQL 也依然会在众多爱好者的支持下不断发展壮大。因此，MySQL 数据库的前途依然是不可限量的。

1.3.3　MySQL 版本和获取

MySQL 数据库可以在 Windows、UNIX、Linux 和 Mac OS 等操作系统上运行。因此，MySQL 有不同操作系统的版本。而且，根据发布的先后顺序，现在已经在开发 MySQL 的 6.0 版了。本小节将为读者介绍 MySQL 的版本和如何下载 MySQL。

根据操作系统的类型，MySQL 数据库大体上可以分为 Windows 版、UNIX 版、Linux 版和 Mac OS 版。因为 UNIX 和 Linux 操作系统的版本很多，不同的 UNIX 和 Linux 版本有不同的 MySQL 版本。因此，如果要下载 MySQL，必须先了解自己使用的是什么操作系统。然后根据操作系统来下载相应的 MySQL。

根据用户群体的不同，MySQL 数据库可以分为社区版（Community Edition）和企业版（Enterprise）。社区版是自由下载且完全免费的，但是没有官方的技术支持。企业版是收费的，而且不能下载。但是企业版拥有完善的技术支持。如果是个人学习，可以选择社区版。企业版一般都是适合企业使用的。

根据发布顺序来区分，MySQL 数据库可以分为 4.1、5.0、5.1 等版本。MySQL 官方网站上现在提供 4.1、5.0、5.1、5.4 和 6.0 等版本的下载。当然，官方网站上也提供一些很老的版本的 MySQL 的下载。但是，5.4 版本现在处于测试阶段，6.0 版本还处于开发当中。

根据 MySQL 的开发情况，可以将 MySQL 分为 Alpha、Beta、Gamma 和 Generally Available（GA）等版本。这几种版本的说明如下。

- Alpha。该版本处于开发阶段，可能会增加新的功能或进行重大修改；
- Beta。该版本处于测试阶段，开发已经基本完成，但没有进行全面的测试；
- Gamma。该版本是发行过一段时间的 Beta 版，比 Beta 版要稳定一些；
- Generally Available（GA）。该版本已经足够稳定，可以在软件开发中应用了。也有些称为 Production 版。

说明：在 mysql-essential-6.0.11-alpha-win32.msi 中，essential 表示该版本包含了 MySQL 中的必要部分，但不包含一些不常用的部分；"6"表示主版本号，所有版本 6 的 MySQL 拥有相同的文件格式；"0"表示发行级别；"11"表示该级别下的版本号；alpha 表示该版本处于开发中；win32 表示该版本运行在 Windows 操作系统下；msi 是该安装文件的格式。

读者可以到 http://dev.mysql.com/downloads/下载不同版本的 MySQL。同时，也可以在百度、谷歌和雅虎等搜索引擎中搜索下载链接。笔者在写本书时最新的稳定版本为 5.1.40。本书中使用的数据库也为 5.1.40 版本。

1.4　如何学习数据库

数据库已经成为软件系统的一部分，那么学好数据库将是软件开发的一个必要条件。如何才能学好数据库，这个问题没有确切的答案。笔者在本节与读者分享一下自己学习的经验。

学好数据库，最主要的是要多练习。笔者将自己学习数据库的方法总结如下：

1. 多上机实践

要想熟练的掌握数据库，就必须经常上机练习。只有在上机实践中才能深刻体会数据库的使用。通常情况下，数据库管理员工作的时间越长，其工作经验就越丰富。很多复杂的问题，都可以根据数据库管理员的经验来很好地解决。上机实践的过程中，可以将学到的数据库理论知识理解得更加透彻。本书后面的章节都会有上机实践的小节。希望通过这些实践能够让读者对每个章节的内容都能理解得很透彻。

2. 多编写SQL语句

SQL 语句是数据库的灵魂。数据库中的很多操作都是通过 SQL 语句来实现的。虽然现在的数据库都有易用的图形界面，可以直接在图形界面上创建数据库和表。但是，图形界面却掩盖了这些操作是如何实现的。只有经常使用 SQL 语句来操作数据库中的数据，读者才可以更加深刻地理解数据库。本书为读者准备了很多使用 SQL 语言编程的例子。希望读者能够通过编写 SQL 语句能够更好地学习数据库。

3. 通过Java等编程语言来操作数据库

开发的软件系统中都需要使用数据库。软件开发者学习数据库的最终目的就是在软件开发中使用数据库。因此，在学习过程中，多思考一下如何使用 Java 等程序语言来操作数据库。最好多编一些程序来操作数据库。这样，既可以加深对数据库的理解，也可以提高自己的编程能力。

4．数据库理论知识不能丢

数据库理论知识是学好数据库的基础。虽然理论知识会有点枯燥，但是这是学好数据库的前提。如果没有理论基础，学习的东西就不扎实。例如，数据库理论中会讲解 E-R 图、数据库设计原则等知识。如果不了解这些知识，就很难独立设计一个很好的数据库及表。读者可以将数据库理论知识与上机实践结合到一起来学习，这样效率会提高。

1.5　常见问题及解答

1．如何选择数据库？

Oracle、DB2、SQL Server 数据库主要应用于比较大的管理系统当中。Access、MySQL、PostgreSQL 属于中小型的数据库，主要应用于中小型的管理系统。SQL Server 和 Access 数据库只能在 Windows 系列的操作系统上运行，其与 Windows 系列的操作系统有很好的兼容性。Oracle、DB2、PostgreSQL、MySQL 都可以运行在 UNIX 和 Linux 操作系统上。但是，Oracle 和 DB2 都比较复杂。MySQL 和 PostgreSQL 都非常易用，但性能不如 Oracle。因此，在选择数据库时，要根据运行的操作系统和管理系统的情况来选择数据库。

2．如何选择MySQL版本？

MySQL 数据库能够在 UNIX、Linux、Windows 和 Mac OS 等操作系统上运行。每种数据库都有相应的版本。UNIX 版本又分为在 HP-UX、OS/2 上安装的 MySQL 版本。Linux 版本的 MySQL 分为在 SUSE、Redhat 上安装的 MySQL 版本。因此，在选择 MySQL 数据库时，首先应该确认操作系统的版本，然后再选择是安装源码包还是安装二进制软件。

1.6　小　　结

本章介绍了数据库和 MySQL 的基础知识。通过本章的学习，希望读者对数据库、MySQL 数据库和 SQL 语言等知识有所了解。而且，希望读者能够了解常用的数据库系统。关于数据库泛型的知识难度比较大，读者只要能够了解相关知识就行了。下一章将介绍在 Windows 操作系统下安装和配置 MySQL。如果读者是 Linux 用户，可以跳过下一章直接学习第 3 章。

1.7　本 章 习 题

1．数据存储的发展过程经历了哪几个阶段？
2．常用数据库系统有哪些？
3．MySQL 数据库如何分类？

第2章 Windows平台下安装与配置MySQL

在 Windows 操作系统下，MySQL 数据库的安装包分为图形化界面安装和免安装（noinstall）这两种安装包。这两种安装包的安装方式不同，配置方式也不同。图形化界面安装包有完整的安装向导。安装和配置很方便。免安装的安装包直接解压即可使用，但是配置起来很不方便。在本章中将讲解的内容包括：

- 安装 MySQL 数据库；
- 配置 MySQL 数据库；
- 常用图形管理工具介绍；
- 配置和使用免安装的 MySQL 数据库。

通过本章的学习，读者可以了解 Windows 操作系统下安装 MySQL 数据库的方法。同时，还可以了解如何配置 MySQL 数据库。读者还可以了解 MySQL 图形管理工具的知识和安装方法。最后，读者可以了解免安装的 MySQL 的配置与使用。如果读者是 Linux 用户，可以跳过本章。

2.1 安装与配置 MySQL

Windows 操作系统下，可以通过图形化方式安装 MySQL，也可以使用免安装的 MySQL 软件包。图形化方式有很完善的安装向导，根据安装向导的说明安装即可。本节将为读者介绍通过安装向导来安装和配置 MySQL 的方法。

2.1.1 安装 MySQL

MySQL 图形化安装包有一个完整的安装向导，根据安装向导可以很方便的安装 MySQL 数据库。在 Windows 操作系统下，有两种 MySQL 图形化安装包。这两种安装包分别为 Windows Essentials 和 Windows MSI Installer。前者包含了 MySQL 中最主要和最常用的功能，但是不包含一些不常用的功能，后者包含了 MySQL 全部功能，包括不常用的功能。本小节将介绍 MySQL 的图形化安装包的安装过程。

读者可以免费下载 MySQL 5.1 版本，网址为 http://dev.mysql.com/downloads/mysql/5.1.html。本书使用的是 MySQL 5.1.40 版本，选择下载 Windows Essentials 安装包。

说明：Windows Essentials 安装包已经包含了 MySQL 的所有常用功能，而且占用的空间比 Windows MSI Installer 小。如果读者安装 MySQL 数据库是为了学习和软件开发，安装 Windows Essentials 安装包已经足够了。这里，建议读者安装 Windows Essentials 安装。

MySQL 下载完成后，在软件下载目录下进行安装。具体的安装过程如下：

（1）双击下载的 mysql-5.1.40-win32.msi 安装文件，弹出 MySQL 安装欢迎界面，如图 2.1 所示。

（2）单击 Next 按钮，进入选择安装类型的界面，如图 2.2 所示。安装类型有 3 种，分别是 Typical（典型）、Complete（完全）和 Custom（自定义）。这 3 种类型的说明如下：

- Typical：这种方式只安装常用的组件，默认的安装路径是 C:\Program Files\MySQL\MySQL Server 5.1。默认情况下是这种安装方式。
- Complete：这种方式安装所有组件，占用的磁盘空间比较大。一般不推荐用这种方式安装。
- Custom：用户可以自由选择需要安装的组件、选择安装路径等。本节将介绍这种方式安装。

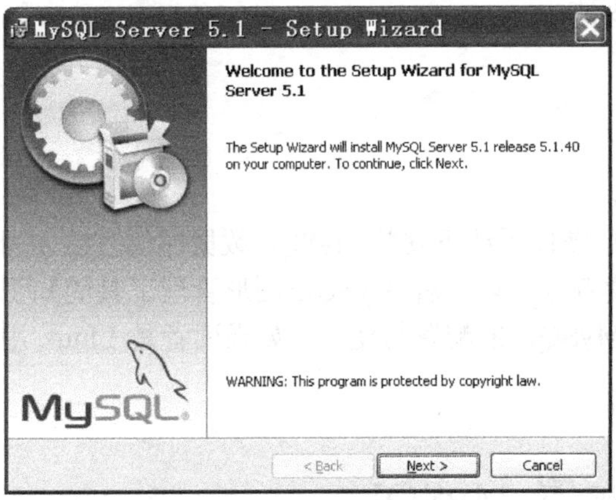

图 2.1　MySQL 安装欢迎界面

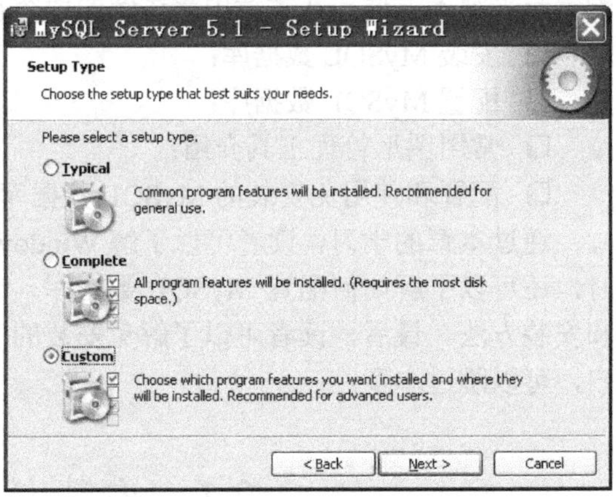

图 2.2　选择安装类型

（3）选择 Custom 选项，然后单击 Next 按钮，进入自定义安装界面，如图 2.3 所示。自定义安装界面显示了 MySQL Server 和 Client Programs 的内容。这分别表示安装 MySQL 的服务器端的组件和客户端的组件。C Include Files/Lib Files 是一种附加的特性，用于安装 C 语言的头文件和库文件。现在显示为红叉的标志，这表示不按照这个特性。单击 Help 按钮，可以进入附加特性的介绍界面。单击红叉处会出现下拉菜单。下拉菜单的各选项介绍如下：

- This feature will be installed on local hard drive，表示这个附加特性安装到本地的硬盘上。
- This feature, and all subfeatures, will be installed on local hard drive，表示这个附加特性及其子特性安装到本地的硬盘上。
- This feature will be installed when required，表示当需要时才安装这个附加特性。
- This feature will not be available，表示不安装这个附件特性。

单击 Change 按钮，可以改变 MySQL 的安装路径。本书将按照默认路径进行安装。如果读者需要改变安装路径，可以在此处设置自己想安装的路径。

（5）单击 Next 按钮，进入准备安装的界面，如图 2.4 所示。准备安装界面介绍了 MySQL 安装的内容。内容说明如下：

- Setup Type（安装类型）表示安装类型。此处的安装类型为自定义（Custom）安装。
- Destination Folder（目的文件夹）表示 MySQL 数据库的安装路径。此处 MySQL 数据库安装到 C:\Program Files\MySQL\MySQL Server 5.1 目录下。

- Data Folder（数据文件夹）表示 MySQL 数据库的数据存储的位置。此处 MySQL 数据库的数据存储在 C:\Documents and Settings\All Users\Application Data\MySQL\MySQL Server 5.1\data 目录下。

说明： MySQL 数据库的数据文件最好放在 C 盘以外的磁盘分区上。因为通常 Windows 操作系统安装在 C 盘上。如果 Windows 操作系统遭到破坏，需要重新安装操作系统，那么存储在 C 盘的数据就会全部丢失。为了数据的安全，建议最好不要和操作系统放在同一磁盘分区中。

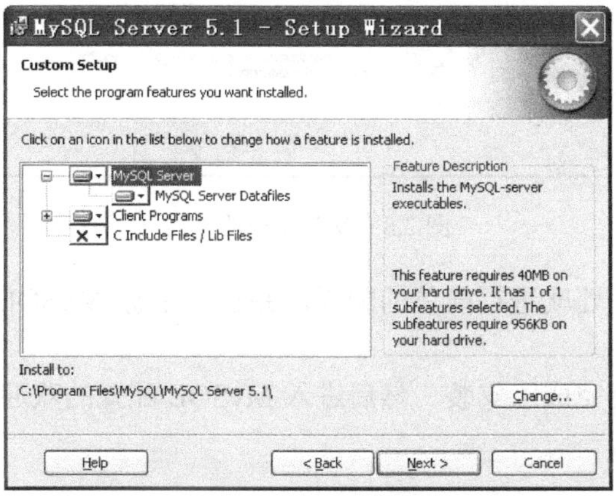

图 2.3　自定义安装界面图

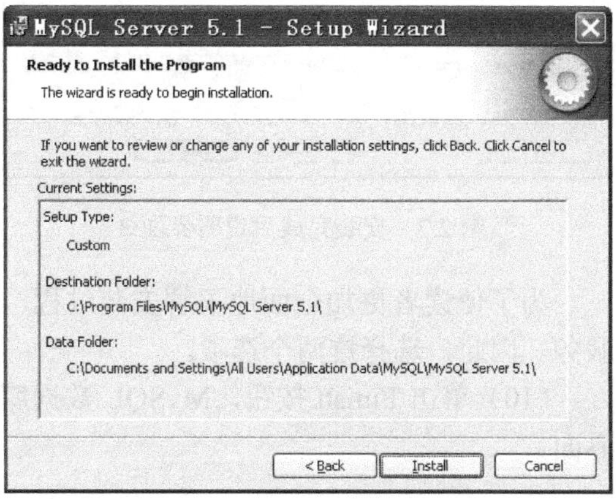

图 2.4　准备安装的界面

（6）单击 Install 按钮，进入 MySQL 安装界面，如图 2.5 所示。安装过程中，通过进度条来显示安装的进度。

（7）安装完成后，进入说明界面，如图 2.6 所示。

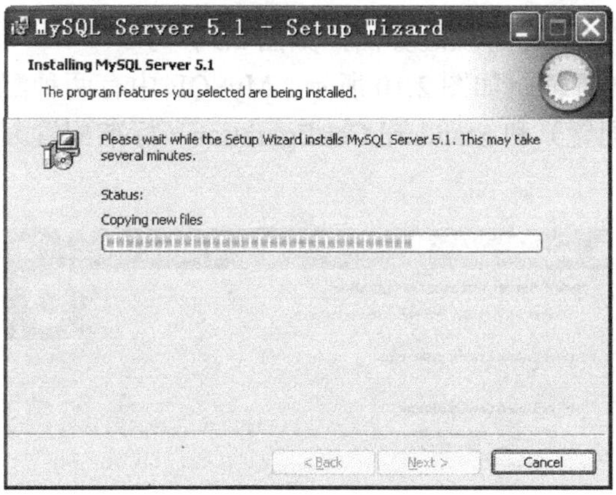

图 2.5　MySQL 安装界面

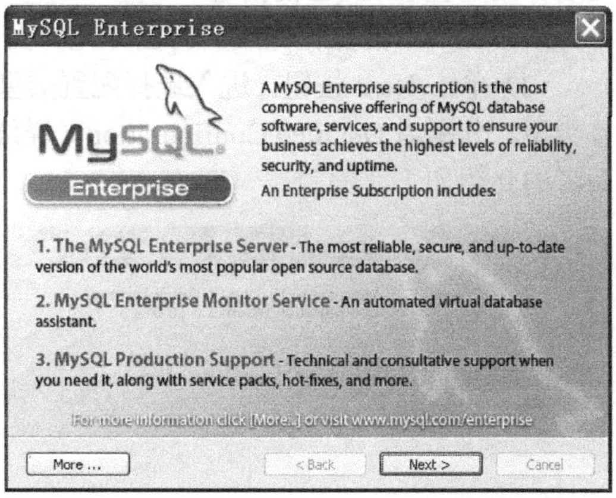

图 2.6　安装完成后说明界面 1

（8）如果单击 More 按钮，会自动弹出一个说明网页。单击 Next 按钮，进入图 2.7 所示的说明界面。

（9）单击 Next 按钮后进入安装完成的界面，如图 2.8 所示。此处有两个选项，分别是 Configure the MySQL Serve now 和 Register the MySQL Server now。这两个选项的说明如下：

- Configure the MySQL Server now，表示是否现在就配置 MySQL 服务。如果读者不想现在就配置，就可以不选择该选项。

- ❑ Register the MySQL Server now，表示是否现在注册 MySQL 服务。

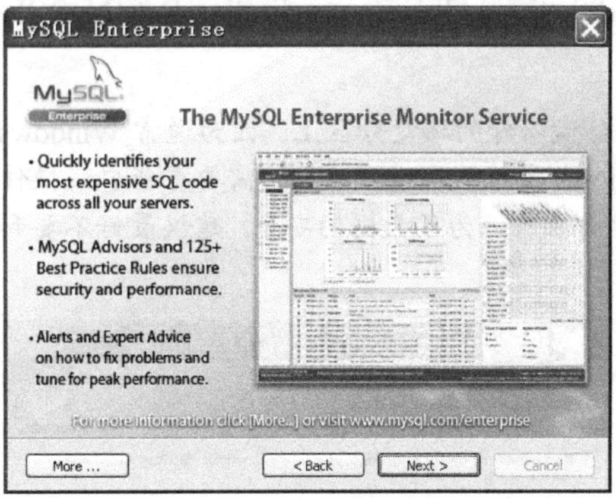

图 2.7　安装完成后说明界面 2

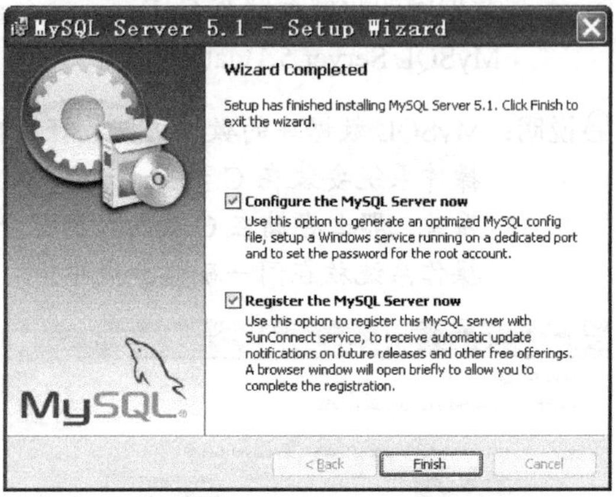

图 2.8　安装完成的界面

为了使读者更加全面地了解安装过程，此处就进行简单的配置。并且，注册 MySQL 服务。因此，选择这两个选项。

（10）单击 Finish 按钮，MySQL 数据库就完成了安装。然后进入 MySQL 配置的欢迎界面。

2.1.2　配置 MySQL

安装完成时，选择 Configure the MySQL Server now 选项，图形化安装向导将进入 MySQL 配置欢迎界面。通过配置向导，可以设置 MySQL 数据库的各种参数。本小节将为读者介绍配置 MySQL 的内容。

（1）上一节的操作完成后，图形化界面将进入配置欢迎界面，如图 2.9 所示。

（2）单击 Next 按钮，进入选择配置类型的界面，如图 2.10 所示。MySQL 中有两种配置类型，分别为 Detailed Configuration（详细配置）和 Standard Configuration（标准配置）。两者的介绍如下。

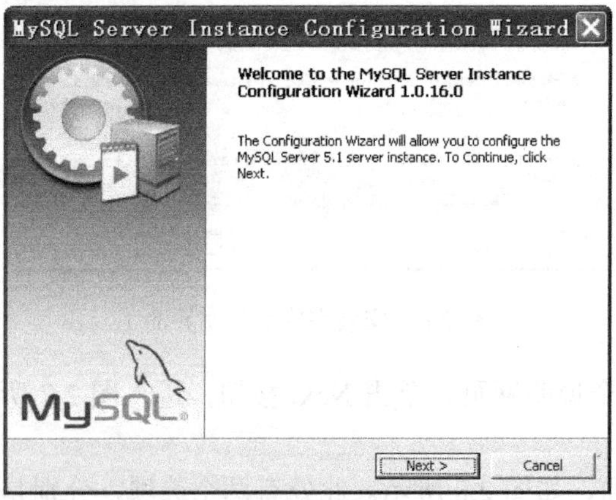

图 2.9　MySQL 配置欢迎界面

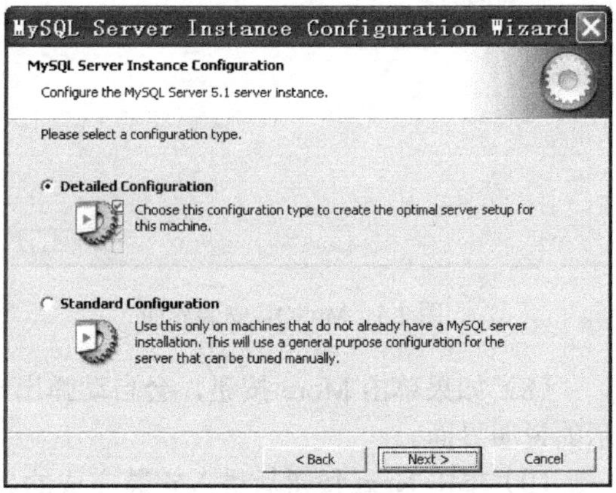

图 2.10　选择配置类型

- ❑ Detailed Configuration 将详细配置用户的连接数、字符编码等信息。
- ❑ Standard Configuration 将按照 MySQL 最常用的配置进行设置。

为了了解 MySQL 详细的配置过程，本书选择 Detailed Configuration 进行配置。

（3）选择 Detailed Configuration 选项，然后单击 Next 按钮，进入选择服务器类型的界面，如图 2.11 所示。

选择服务器类型的界面有 3 个选项，分别是 Developer Machine（开发者类型）、Server Machine（服务器类型）和 Dedicate MySQL Server Machine（专用数据库服务器）。这 3 种类型的介绍如下：

- Developer Machine（开发者类型）只占用很少的资源，消耗的内存资源最少。该选项主要适用于软件开发的读者。该选项也是默认选项，建议一般用户选择该项。
- Server Machine（服务器类型）占用的内存资源稍多一些。主要用于做服务器的机器可以选择该选项
- Dedicate MySQL Server Machine（专用数据库服务器）占用所有的可用资源，消耗内存最大。专门用来做数据库服务器的机器可以选择该选项。

技巧： 选择服务器类型时，一定要根据自己的实际需求。如果主要来做软件开发之用，最好选择 Developer Machine 选项。这样 MySQL 数据库可以使用很少的系统资源，可以将更多的资源留做开发之用。读者在学习过程中，也最好选择这种类型。

读者可以根据自己的需要来选择相应的服务器类型。本书将选择 Developer Machine 进行安装。

（4）选择 Developer Machine 选项，然后单击 Next 按钮，进入选择数据库用途的界面，如图 2.12 所示。选择数据库用途的界面有 3 个选项，分别是 Multifunctional Database、Transaction Database Only 和 Non-Transactional Database Only。这 3 种用途的介绍如下。

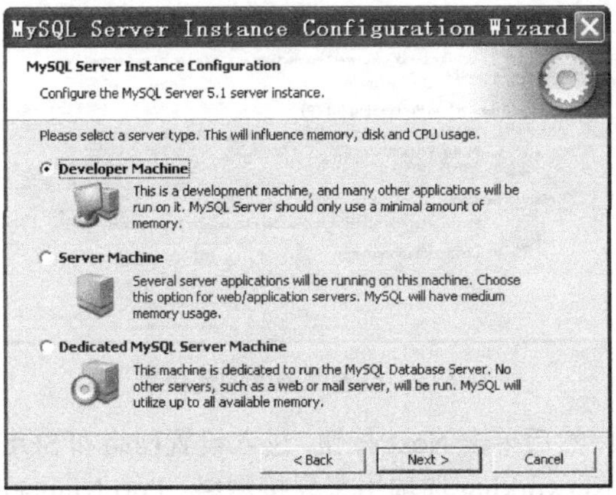

图 2.11　选择服务器类型

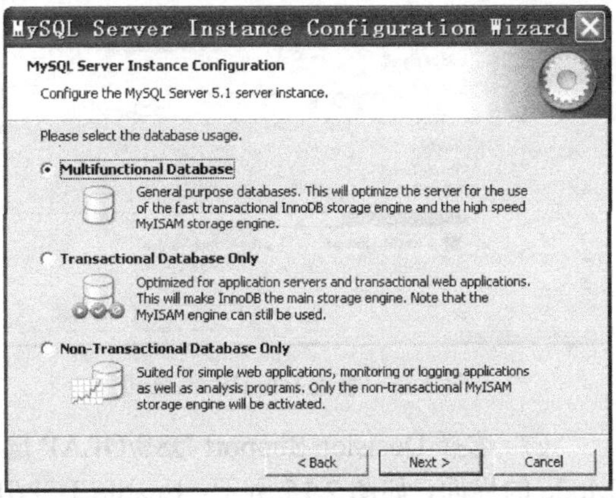

图 2.12　选择数据库用途

- Multifunctional Database 是多功能数据库，支持所有数据库的操作。能够很好的支持 InnoDB 存储引擎和 MyISAM 存储引擎。
- Transaction Database Only 主要用于进行事务处理。这类数据库能够很好的支持事务处理类型的表。因为 InnoDB 存储引擎主要是进行事务处理，所以能够很好的支持 InnoDB 存储引擎。但是，也支持非事务处理的 MyISAM 存储引擎，不过效果没有 InnoDB 好。
- Non-Transactional Database Only 主要用于非事务性的处理。通常用于进行监控、应用程序的数据分析等。而且只支持 MyISAM 存储引擎的非事务处理。

读者可以根据自己的需要来选择数据库的用途。本书将选择 Multifunctional Database 进行安装。

（5）选择 Multifunctional Database 选项，然后单击 Next 按钮，进入设置 InnoDB 表空间（Tablespace）的界面，如图 2.13 所示。设置 InnoDB 的表空间就是选择 MySQL 数据存放的位置。这个位置设置好了以后，数据文件将存放在此处。因此，必须保证数据存放处的数据文件不会丢失或损坏。单击界面中的下拉菜单，可以选择数据的存储位置。本书将选择安装路径来存储数据。

（6）单击 Next 按钮进入设置服务器连接数的界面，如图 2.14 所示。设置服务器连接数的界面有 3 个选项，分别是 Decision Support DSS/OLAP、Online Transaction Processing（OLTP）和 Manual Setting。这 3 个选项的说明如下：

- Decision Support DSS/OLAP 主要用于决策支持。该类型不需要很多的连接数，默认连接数为 20 个左右。
- Online Transaction Processing（OLTP）主要用于联机事务处理。默认连接数为 500 个。
- Manual Setting 可以手动设置连接数。通过下拉菜单来选择需要设置的连接数，也可以通过手工输入连接数。该选项的默认值是 15。

读者可以根据自己的需求来选择服务器的连接数。本书将选择 Decision Support DSS/OLAP。

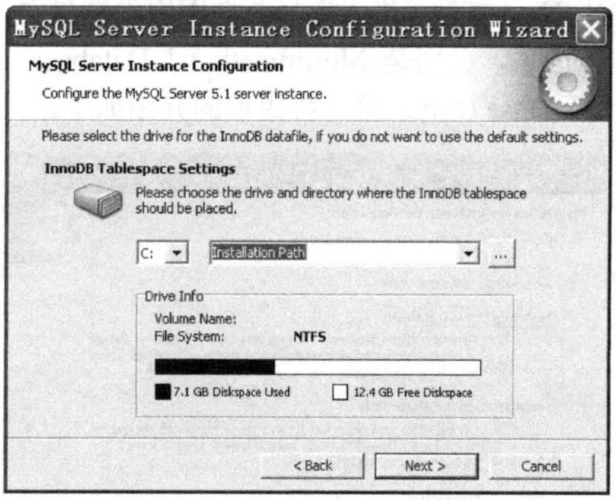

图 2.13　设置 InnoDB 表空间

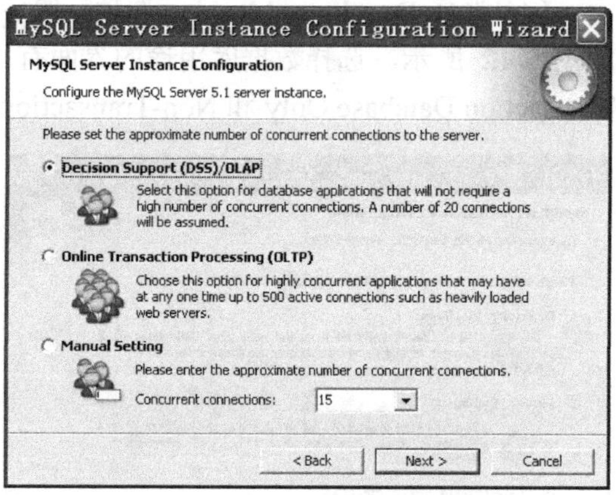

图 2.14　设置服务器的连接数

（7）选择 Decision Support DSS/OLAP 选项，然后单击 Next 按钮，进入设置网络和 SQL Mode 的界面，如图 2.15 所示；Enable TCP/ID Networking 选项用来联接网络；Port Number 用来设置端口号，默认端口是 3306；Add firewall exception for this port 选项用来在防火墙上注册这个端口；Enable Strict Mode 选项用来设置 SQL Mode 为严格格式。这可以保证严格的检验输入的数据，可以控制 MySQL 的数据的安全性。

说明：MySQL 的默认端口号是 3306，实际应用中可以选择其他的端口号。如果使用默认的 3306 端口，可能会受到非法的攻击。而且，一定要选择 Add firewall exception for this port 选项，否则同一网络内的用户将无法访问端口。

（8）选择 Enable TCP/ID Networking 选项、Add firewall exception for this port 选项和 Enable Strict Mode 选项，端口为默认的 3306。然后单击 Next 按钮，进入字符集配置的界面，如图 2.16 所示。

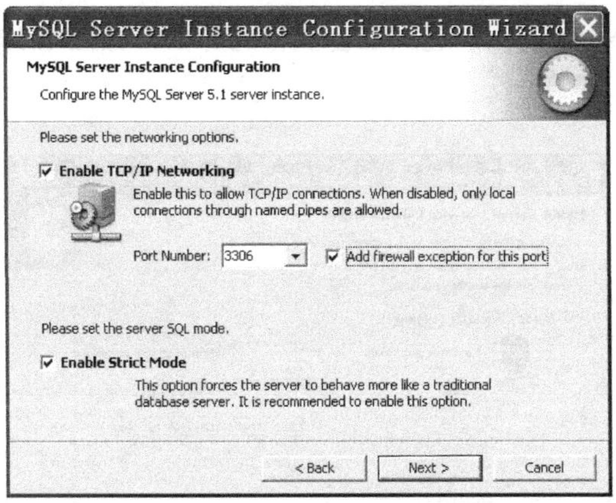

图 2.15　设置网络选项和 SQL Mode

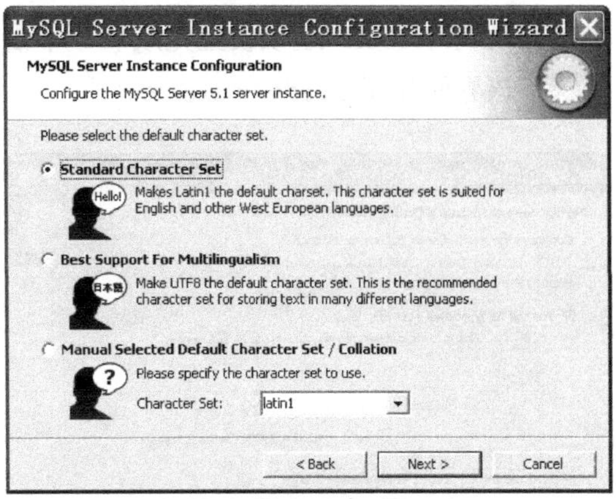

图 2.16　设置字符集

这个界面有 3 个选项，分别是 Standard Character Set、Best Support For Multilingualism 和 Manual Selected Default Character Set/Collation。这 3 个选项的说明如下：

- Standard Character Set 是默认字符集，支持英文和其他的西欧语言。默认值为 Latin1。
- Best Support For Multilingualism 能支持大部分语系的字符，默认字符集是 UTF-8。
- Manual Selected Default Character Set/ Collation 是手动设置字符集。可以通过后面的下拉菜单来选择支持的字符集。

如果需要使用中文，最好选择手动设置字符集，并将字符集设置为 GBK 或 GB2312。本小节只是简单的进行配置，暂时选择 Standard Character Set 选项。

（9）选择 Standard Character Set 选项，然后单击 Next 按钮，进入设置 Windows 选项的界面，如图 2.17 所示。

其中，在 Install As Windows Server 选项下可以设置服务名称（Service Name），默认情况下为 MySQL。此处设置的名字会出现在 Windows 服务列表中。Launch the MySQL Server automatically 选项设置启动计算机后自动开启 MySQL 服务。Include Bin Directory in Windows PATH 选项将 MySQL 的应用程序的目录添加到 Windows 系统的 Path 中。这样就可以直接在 DOS 窗口中访问 MySQL，而不需要到 MySQL 的 bin 目录下进行访问。

技巧： 推荐读者一定要选中 Include Bin Directory in Windows PATH 选项。因为选择这个选项后，MySQL 的应用程序的目录就添加到系统变量的 Path 变量中。以后就可以直接在 DOS 窗口执行 mysql 等 MySQL 数据库的命令。否则，后面还需要手动进行配置。

（10）选择所有选项，然后单击 Next 按钮，进入设置安全选项的界面，如图 2.18 所示。Modify Security Settings 选项可以设置 root 用户的密码。New root password 表示为 root 用户设置密码密码；Confirm 表示再次输入密码，保证两次输入的密码一致；Enable root access from remote machines 选项用来设置能否从远程的机器使用 root 权限登录；Create An Anonymous Account 选项可以设置一个匿名用户，建议不要设置该选项。

（11）选择 Modify Security Settings 和 Enable root access from remote machines 选项，并将 root 用户的密码设置为 root。此处只是为了方便记忆，如果在实际工程应用时最好不要

将密码设置为 root。选项设置完成后，单击 Next 按钮，进入准备执行的界面，如图 2.19 所示。该界面显示 Ready to excute。

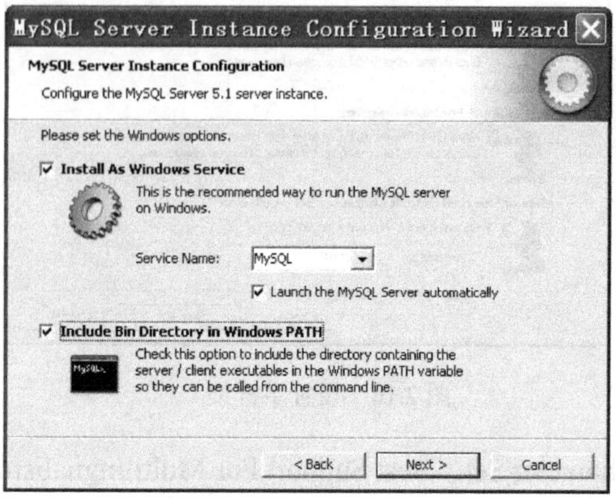

图 2.17　设置 Windows 选项

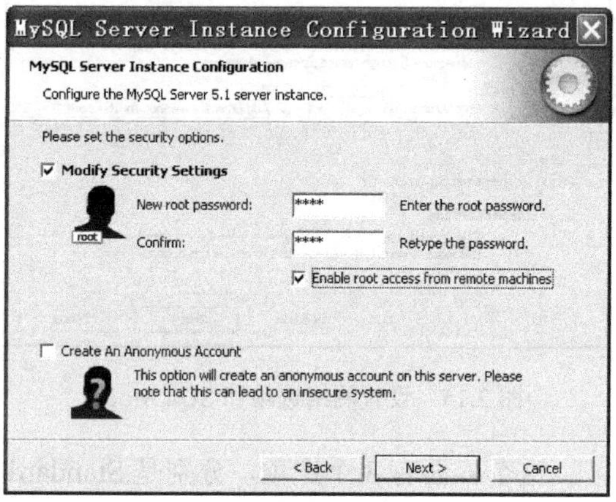

图 2.18　设置安全选项

（12）单击 Execute 来执行配置。配置过程要经过 Prepare configuration、Write configuration file、Start service 和 Apply security settings 这 4 个阶段。这 4 个阶段的含义介绍如下：

- Prepare configuration 表示准备进行配置。完成这个阶段后才可以更新配置文件。
- Write configuration file 表示更新配置文件。这个阶段将安装向导中的配置写入到配置文件中。
- Start service 表示启动 MySQL 服务。完成这个阶段后，MySQL 服务就已经启动。
- Apply security settings 表示应用安全设置。这个阶段主要是设置 root 权限的密码等。

如果这 4 个阶段都执行完毕，将进入配置完成的界面，如图 2.20 所示。

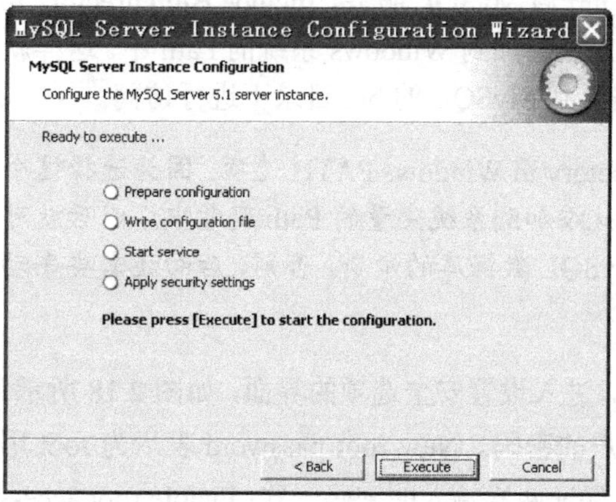

图 2.19　准备执行配置

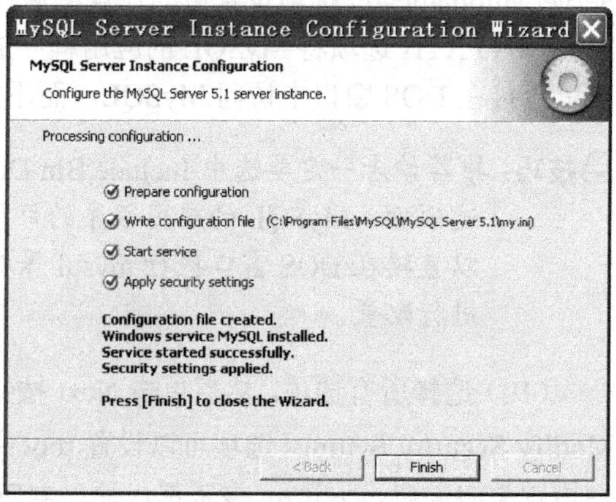

图 2.20　配置完毕

（13）单击 Finish 按钮整个安装与配置过程就完成了。

如果顺利的执行了上述步骤，MySQL 就已经安装成功了。而且，MySQL 的服务已经启动。安装完成后，可以在 DOS 窗口登录数据库。下一节将为读者介绍启动服务和登录 MySQL 数据库的方法。

2.2　启动服务并登录 MySQL 数据库

MySQL 数据库分为服务器端（Server）和客户端（Client）两部分。只有服务器端的服务开启以后，才可以通过客户端来登录到 MySQL 数据库。本节将为读者介绍启动服务和登录 MySQL 数据库的方法。

2.2.1　启动 MySQL 服务

只有启动 MySQL 服务，客户端才可以登录到 MySQL 数据库。在 Windows 操作系统中，可以设置自动启动 MySQL 服务，也可以手动来启动 MySQL 服务。本小节将为读者介绍启动 MySQL 服务的方法。

在安装 MySQL 的过程时，已经设置了 MySQL 服务的自动启动。在图 2.17 中可以看到，已经选择了 Launch the MySQL Server automatically 选项。这样就可以设置 MySQL 服务是自动启动。

如果读者想自己来设置 MySQL 服务的启动，可以在【控制面板】中设置。【控制面板】有两种模式，分别是【分类视图】和【经典视图】。在【控制面板】的左上角有【分类视图】和【经典视图】之间进行切换的按钮。先通过【切换到经典视图】按钮将【控制面板】切换到【经典视图】的状态。然后，在【控制面板】|【管理工具】|【服务】命令下可以找到 MySQL 的服务，如图 2.21 所示。

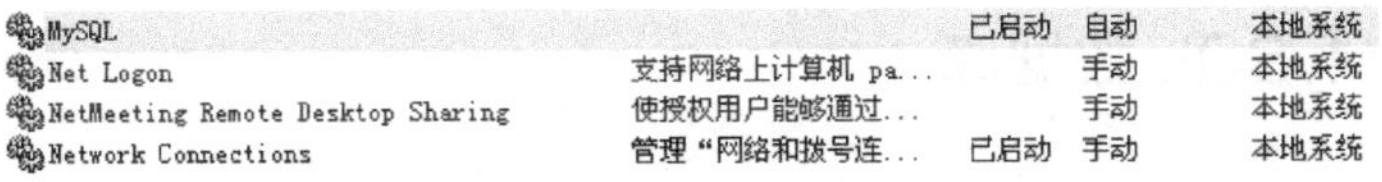
MySQL　已启动　自动　本地系统
Net Logon　支持网络上计算机 pa...　手动　本地系统
NetMeeting Remote Desktop Sharing　使授权用户能够通过...　手动　本地系统
Network Connections　管理“网络和拨号连...　已启动　手动　本地系统

图 2.21　MySQL 服务

图 2.21 中的第一个服务就是 MySQL 服务。从图中可以看出，服务已经启动。而且，服务的启动类型为自动启动。在此处的 MySQL 服务上右击 MySQL 服务选项，选择【暂停】、【停止】和【重新启动】来改变 MySQL 服务的状态。也可以在右击后，选择【属性】命令后进入【MySQL 的属性】的界面，如图 2.22 所示。

可以在【MySQL 的属性】界面中设置服务状态。可以将服务状态设置为【启动】、【停止】、【暂停】和【恢复】命令。而且还可以设置启动类型，在启动类型处的下拉菜单中可以选择【自动】、【手动】和【已禁用】命令。这 3 种启动类型的说明如下：

- 【自动】：MySQL 服务是自动启动，可以手动将状态变为停止、暂停和重新启动等。
- 【手动】：MySQL 服务需要手工启动，启动后可以改变服务状态，如停止、暂停等。
- 【已禁用】：MySQL 服务不能启动，也不能改变服务状态。

MySQL 服务启动以后，可以在 Windows 的任务管理器中查看 MySQL 的服务是否已经运行。通过 Ctrl+Alt+Delete 组合键来打开任务管理器，可以看到 mysqld.exe 的进程正在运行，如图 2.23 所示。这说明 MySQL 服务已经启动，可以通过客户端来访问 MySQL 数据库。

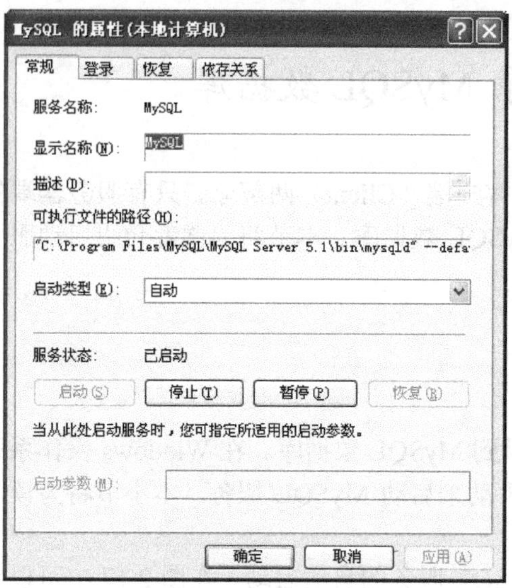

图 2.22　MySQL 的属性

图 2.23　任务管理器

🔔技巧：如果读者需要经常练习 MySQL 数据库的操作，那么最好将 MySQL 设置为自动启动。这样可以避免每次手动启动 MySQL 服务。当然，如果读者使用 MySQL 数据库的频率很低，可以考虑将 MySQL 服务设置为手动启动。这样可以避免 MySQL 服务长时间占用系统资源。

2.2.2　登录 MySQL 数据库

当 MySQL 服务开启后，用户可以通过客户端来登录 MySQL 数据库。在 Windows 操作系统下可以在 DOS 窗口中登录 MySQL 数据库。登录可以通过 DOS 命令完成。本小节将为读者介绍使用命令方式登录 MySQL 数据库的方法。

在 Windows 操作系统下要使用 DOS 窗口来执行命令，读者可以在【开始】|【运行】命令中打开【运行】对话框，如图 2.24 所示。在“运行”对话框的“打开”文本框中输入 cmd 命令，即可进入 DOS 窗口，如图 2.25 所示。

图 2.24　运行对话框图

图 2.25　DOS 窗口

在图 2.25 的 DOS 窗口中，可以通过命令登录 MySQL 数据库，命令如下：

```
mysql -h 127.0.0.1 -u root -p
```

其中，mysql 是登录 MySQL 数据库的命令；-h 后面加上服务器的 IP，因为 MySQL 服务器在本地计算机上，因此 IP 为 127.0.0.1；-u 后面接数据库的用户名，此处用 root 用户登录；-p 后面接用户的密码。在 DOS 窗口下运行该命令后，系统会提示输入密码。密码输入正确以后，即可登录到 MySQL 数据库，如图 2.26 所示。

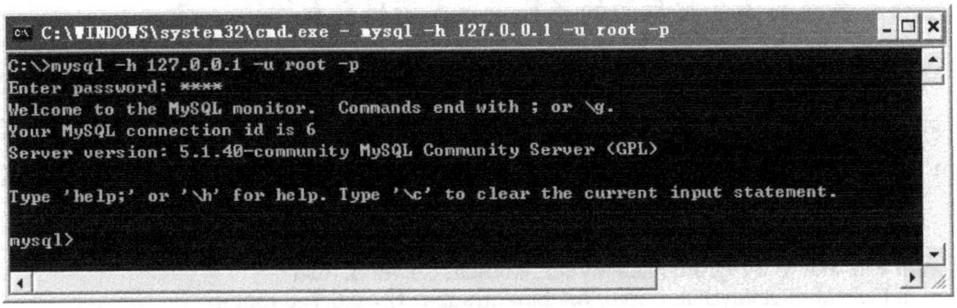

图 2.26　登录到 MySQL 数据库

说明： 图 2.26 是直接在 DOS 窗口中使用 mysql 命令的。因为在安装过程中已经将 MySQL 的安装路径加入到系统的 Path 中。如图 2.17 所示，已经选择了 Include Bin Directory in Windows PATH。该选项将 MySQL 的应用程序的目录添加到 Windows 系统的 Path 中。

登录成功以后，会出现“Welcome to the MySQL monitor”的欢迎语。然后下面还有一些说明性的语句。这些说明性的语句介绍如下：

- Commands end with; or \g，说明 mysql 命令行下的命令是以分号（;）或“\g”来结束的，遇到这个结束符就开始执行命令。
- Your MySQL connection id is 1 to server version: 5.1.40-community 中，id 表示 MySQL 数据库的连接次数。因为这个数据库是新安装，这是第一次登录，所以 id 的值为 1。server version 后面说明数据库的版本，这个版本为 5.1.40-community。community 表示该版本是社区版。
- Type 'help;' or '\h' for help 表示输入 help;或者\h 可以看到帮助信息。
- Type '\c' to clear the buffer，表示遇到\c 就清除前面的命令。

在“mysql>”提示符后面可以输入 SQL 语句。SQL 语句以分号（;）或\g 来结束，按下 Enter 键来执行 SQL 语句。

用户也可以执行【开始】|【运行】命令打开“运行”对话框。在“打开”文本框中输入 mysql 命令登录 MySQL 数据库，如图 2.27 所示。

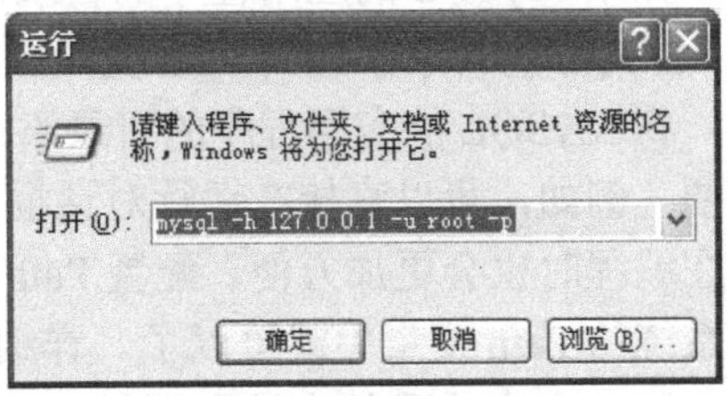

图 2.27　直接在运行对话框中输入 mysql 命令

单击【确定】按钮后，会进入提示输入密码的 DOS 窗口中，如图 2.28 所示。

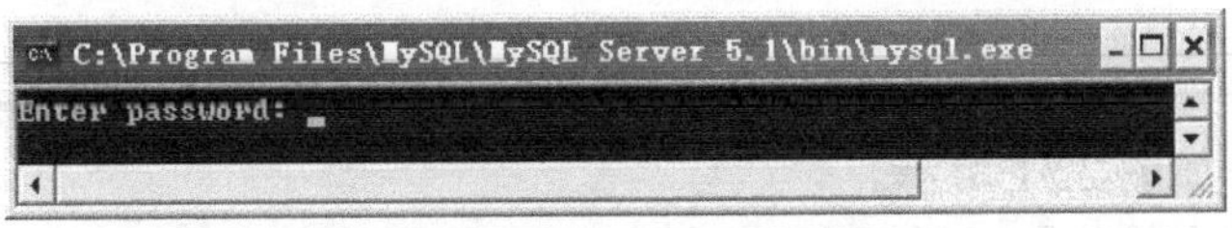

图 2.28　提示输入密码的 DOS 窗口

输入正确的密码后，就可以登录到 MySQL 数据库了。登录后的情况与图 2.26 一致。如果要使用这种方式登录 MySQL 数据库时，必须保证 MySQL 的应用程序的目录已经添加到 Windows 系统的 Path 中。

说明：可以在 mysql 命令中直接加上密码，该命令为 mysql -h 127.0.0.1 -u root -proot。这里的-p 后面的 root 就是密码。此处特别注意-p 和密码之间没有空格。如果出现空格，系统将不会把后面的字符串当成密码来看待。

如果 MySQL 应用程序的目录没有添加到 Windows 系统的 Path 中，就必须在 DOS 窗口中输入 mysql 命令的完整路径。因为 MySQL 数据库是默认安装的，所以安装路径为 C:\Program Files\MySQL\MySQL Server 5.1。而 MySQL 数据库的所有命令都在这个路径的 bin 文件夹下。因此，可以输入下面的命令来登录 MySQL 数据库。

```
C:\Program Files>cd "c:\Program Files\MySQL\MySQL Server 5.1\bin"
C:\Program Files\MySQL\MySQL Server 5.1\bin>mysql -h 127.0.0.1 -u root -p
```

如上面命令所示，先用 cd 命令跳转到 MySQL 数据库安装路径下的 bin 文件夹下，然后在该文件夹下执行 mysql 命令。

除了上述方法以外，还可以直接通过【开始】|【所有程序】| MySQL | MySQL Server 5.1 | MySQL Command Line Client 命令登录 MySQL 数据库。单击【MySQL Command Line Client】按钮进入到提示输入密码的界面，如图 2.29 所示。

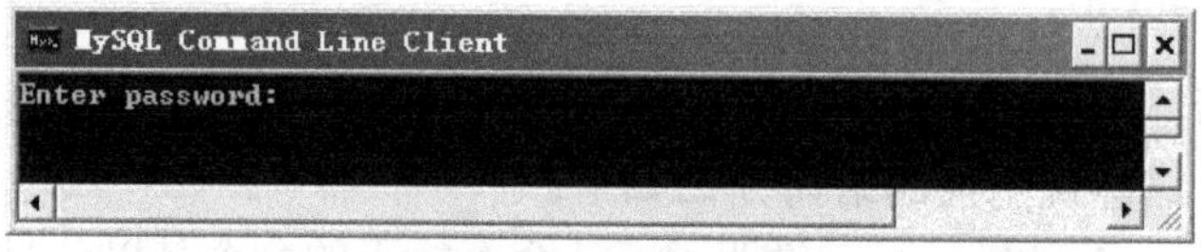

图 2.29　MySQL 命令行窗口

然后，输入正确的密码就可以成功登录到 MySQL 数据库中了。注意图 2.29 窗口是 MySQL 的命令行窗口。窗口标题栏的名称为 MySQL Command Line Client。而图 2.28 窗口标题栏上的名称为 C:\Program Files\MySQL\MySQL Server 5.1\bin\mysql.exe。

2.2.3　配置 Path 变量

如果 MySQL 的应用程序的目录没有添加到 Windows 系统的 Path 中，这时可以手工的将 MySQL 的目录添加到 Path 变量中。本小节将介绍配置 Path 变量的方法。

将 MySQL 的应用程序的目录添加到 Windows 系统的 Path 中，可以使以后的操作更加方便。例如，可以直接在运行对话框（图 2.27）中输入 MySQL 数据库的命令。而且，以后在编程时也会更加方便。配置 Path 路径很简单，只要将 MySQL 的应用程序的目录添加到系统的 Path 变量中就可以了。详细步骤如下：

（1）右击【我的电脑】图标，选择【属性】命令。然后在系统属性中选择【高级】|【环境变量】命令，这样就可以进入环境变量的界面，如图 2.30 所示。图 2.30 中可以看到系统变量的内容。

（2）在系统变量区域中选择【Path】变量选项，然后单击【编辑】按钮，进入编辑环境变量的对话框，如图 2.31 所示。

（3）可以在【变量值】对话框中添加 MySQL 的应用程序的目录。已经存在的目录用分号隔开。添加的 MySQL 的目录为 C:\Program Files\MySQL\MySQL Server 5.1\bin。将该目录添加到【变量值】中，然后单击【确定】按钮。这样 MySQL 数据库的 Path 变量就添加好了，可以直接在 DOS 窗口中输入 mysql 等命令了。如果在 DOS 窗口中执行 mysql 命令，就能够成功的登录到 MySQL 数据库中，这说明 Path 变量已经配置成功。

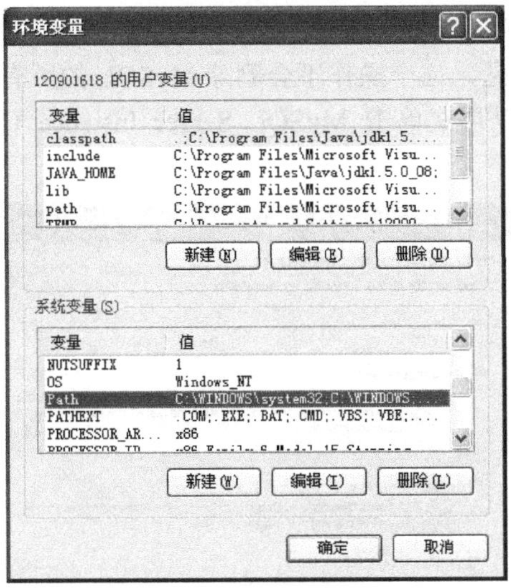

图 2.30　环境变量的界面

图 2.31　编辑环境变量的对话框

2.3　更改 MySQL 的配置

MySQL 数据库安装好了以后，可能会根据实际情况更改 MySQL 的某些配置。一般可以通过两种方式来更改。一种是通过配置向导来更改配置，另一种是手工来更改配置。本节将为读者详细介绍更改 MySQL 配置的方法。

2.3.1　通过配置向导来更改配置

MySQL 提供了一个人性化的配置向导。通过配置向导可以很方便进行配置。对于初级用户而言，这种配置的方式很容易使用。本小节将为读者介绍使用配置向导来更改配置的方法。

MySQL 的配置向导在【开始】|【所有程序】|MySQL|MySQL Server 5.1 中。在该位置可以看到 MySQL Command Line Client、MySQL Server Instance Config Wizard 和 SunInventory Registration。这 3 个内容的介绍如下：

- MySQL Command Line Client 是 MySQL 客户端的命令行，通过该命令行可以登录到 MySQL 数据库中。然后可以在该命令行中执行 SQL 语句、操作数据库等。
- MySQL Server Instance Config Wizard 是配置向导。通过该向导可以配置 MySQL 数据库的各种配置。
- SunInventory Registration 是注册的网页链接。

通过配置向导进行配置的操作如下：

（1）单击 MySQL Server Instance Config Wizard 命令，将进入到配置的欢迎窗口，如图 2.32 所示。

（2）单击 Next 按钮，将进入到选择配置选项的窗口，如图 2.33 所示。该窗口中有两个选项，分别是 Reconfigure Instance 和 Remove Instance 两个选项。两个选项的说明如下：

- Reconfigure Instance，为重新配置实例。选择该项后，可以对 MySQL 的各项参数进行配置。

- ❑ Remove Instance，为删除实例。选择该项后，将会删除之前对 MySQL 服务的配置。删除之后，MySQL 服务将会停止。但是，这个操作不会删除 MySQL 的所有安装文件。如果还想恢复之前的状态，可以再次单击 MySQL Server Instance Config Wizard 按钮，来进行配置。

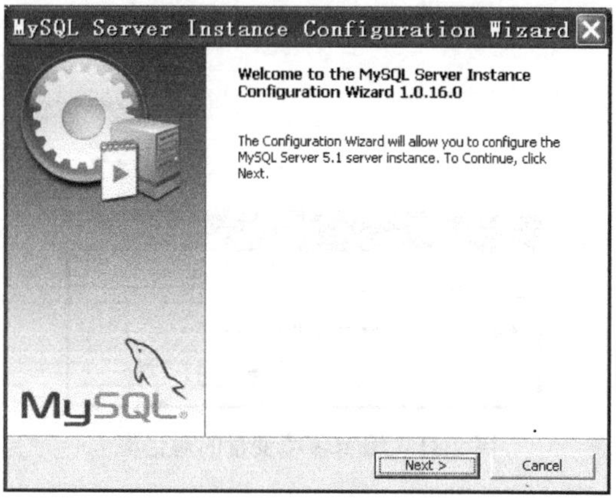

图 2.32　环境变量的界面

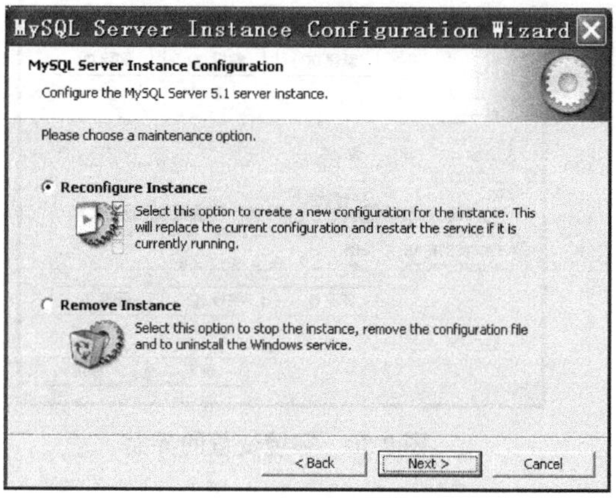

图 2.33　选择配置选项

（3）选择【Reconfigure Instance】选项，然后单击【Next】按钮进入配置过程。接下来的配置过程与 2.1 节的配置过程大致相同，读者可以根据 2.2 节的步骤（11）到（20）来进行配置。其中配置向导的图几乎都是一样的，只有图 2.18 有所不同。因为图 2.18 处是第一次安装，所以只需要输入两次密码即可，而在重新配置时，需要输入旧密码，然后输入两次新密码，如图 2.34 所示。

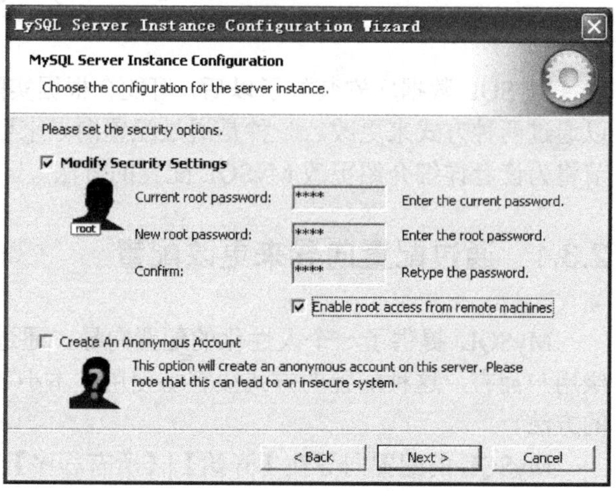

图 2.34　选择配置选项

图 2.34 中可以看到 Modify Security Settings 选项下面有 3 个文本框。Current root password 后面的文本框要输入当前 root 权限的密码，New root password 后的文本框要输入新的密码；Confirm 后的文本框中需要确认新密码；然后单击 Next 按钮，可以进行下一步操作。剩下的操作与 2.1 节的操作一样。

2.3.2　手工更改配置

用户可以通过修改 MySQL 配置文件的方式来进行配置。这种配置方式更加灵活，但是相对来说比较难。初级用户可以通过手工配置的方式来学习 MySQL 的配置。这样可以了解的更加透彻。本小节将向读者介绍手工更改配置的方法。

在进行手工配置之前，读者需要对 MySQL 的文件有所了解。前面已经介绍过，MySQL 的文件安装在 C:\Program Files\MySQL\MySQL Server 5.1 这个目录下。而 MySQL 数据库的数据文件安装在 C:\Documents and Settings\All Users\Application Data\MySQL\MySQL Server 5.1\data 目录下。这些都是在安装时就设置好了的，如图 2.6 所示。

安装文件夹中有 4 个文件夹和若干文件。这 4 个文件夹分别是 bin、include、lib 和 share。下面分别对这 4 个文件夹进行介绍。

- bin 文件夹下都是可执行文件，如 mysql.exe、mysqld.exe 和 myslqadmin.exe 等；
- include 文件夹下都是头文件，如 decimal.h、errmsg.h 和 mysql.h 等；
- lib 文件夹下都是库文件。该文件夹下有两个文件夹，分别是 opt 和 plugin；
- share 文件夹下是字符集、语言等信息。

因为安装的是 Windows Essentials 的软件包，所以不包含 Embedded 和 sql-bench 这些文件夹。除了这 4 个文件夹以外，还有几个后缀名为.ini 的文件。不同的.ini 文件代表不同的意思。其中只有 my.ini 是正在使用的配置文件。其他.ini 文件都是适合不同数据库的配置文件的模板。文件名中的单词说明了其适合的数据库的类型。下面分别进行介绍。

- my.ini 是 MySQL 数据库中使用的配置文件。修改这个文件可以达到更新配置的目的；
- my-huge.ini 是适合超大型数据库的配置文件；
- my-large.ini 是适合大型数据库的配置文件；
- my-medium.ini 是适合中型数据库的配置文件；
- my-small.ini 是适合小型数据库的配置文件；
- my-template.ini 是配置文件的模板。MySQL 配置向导将该配置文件中选择项写入到 my.ini 文件中；
- my-innodb-heavy-4G.ini 表示该配置文件只对于 InnoDB 存储引擎有效，而且服务器的内存不能小于 4GB。

MySQL 数据库中使用的配置文件是 my.ini。因此，只要修改 my.ini 中的内容就可以达到更改配置的目的。下面是 my.ini 中的主要内容。

```
# MySQL Server Instance Configuration File
# ----------------------------------------------------------------------
# Generated by the MySQL Server Instance Configuration Wizard
# 该文件是使用 MySQL 配置向导后生成的
# CLIENT SECTION
# ----------------------------------------------------------------------
# The following options will be read by MySQL client applications.
#下面将会是客户端的各个参数的介绍。[client]和[mysql]都是客户端的。
[client]
# password 参数表示用户的登录密码。用户可以将密码存入该文件中，登录时就可以不用输入密码了。
#password= your_password
# port 参数表示 MySQL 数据库的端口。默认端口是 3306。如果读者希望更改端口，可以直接在下面修改。
port=3306

[mysql]
# default-character-set 参数是客户端的默认字符集。这个字符集是客户端的。现在该参数的值是 latin1。
# 如果希望其支持中文，可以将该参数的值设置为 gbk 或者 utf8 等。
default-character-set=latin1

# 下面是服务器端各个参数的介绍。[mysqld]表示下面的内容属于服务器端。
# SERVER SECTION
# ----------------------------------------------------------------------
[mysqld]
# port 参数表示 MySQL 数据库的端口。默认端口是 3306。
port=3306
# basedir 参数表示 MySQL 的安装路径。此处显示安装路径为 C:/Program Files/MySQL/MySQL Server 5.1/
basedir="C:/Program Files/MySQL/MySQL Server 5.1/"
# datadir 参数表示 MySQL 数据文件的存储位置。
datadir="C:/Documents and Settings/All Users/Application Data/MySQL/MySQL Server 5.1/Data/"
# default-character-set 参数表示默认的字符集。这个字符集是服务器端的。改变字符集的方法与上面一样。
```

```
default-character-set=latin1
# default-storage-engine 参数表示默认的存储引擎。存储引擎表示数据的存储方式，在后面会详细的讲解。
# 如果希望改变默认的存储引擎，可以直接在这后面修改。
default-storage-engine=INNODB
# sql-mode 参数表示 SQL 模式的参数。通过这个参数，可以设置检验 SQL 语句的严格程度。
sql-mode="STRICT_TRANS_TABLES,NO_AUTO_CREATE_USER,NO_ENGINE_SUBSTITUTION"
# max_connections 参数表示允许同时访问 MySQL 服务器的最大连接数。其中一个连接将保留，作为管理员登录。
# 如果希望改变最大连接数，可以在此处进行修改。
max_connections=100
# query_cache_size 参数表示查询时的缓存大小。缓存中可以存储以前的 SELECT 语句查询过的信息。遇到相同的查询时，可以直接从缓存中取出结果。
query_cache_size=0
# table_cache 参数表示所有进程打开表的总数。
table_cache=256
# tmp_table_size 参数表示内存中临时表的最大值。
tmp_table_size=9M
# thread_cache_size 参数表示保留客户端线程的缓存。
thread_cache_size=8
# myisam_max_sort_file_size 参数表示 MySQL 重建索引时所允许的最大临时文件的大小。此处的默认值为 100G。
myisam_max_sort_file_size=100G
# myisam_sort_buffer_size 参数表示重建索引时的缓存大小。
myisam_sort_buffer_size=18M
# key_buffer_size 参数表示关键词缓冲的大小。该缓冲区一般用来缓冲 MyISAM 表的索引块。
key_buffer_size=11M
# read_buffer_size 参数表示 MyISAM 表全表扫描的缓冲大小。
read_buffer_size=64K
# read_rnd_buffer_size 参数表示将排序好的数据存入该缓存中。
read_rnd_buffer_size=256K
# sort_buffer_size 参数表示用于排序的缓存的大小。
sort_buffer_size=256K

# 下面的参数是 InnoDB 存储引擎使用的参数。
#*** INNODB Specific options ***
# innodb_additional_mem_pool_size 参数表示附加的内存池。用来存储 InnoDB 表的内容。
innodb_additional_mem_pool_size=2M
# innodb_flush_log_at_trx_commit 参数设置提交日志的时机。
# 设置为 1，InnoDB 会在每次提交后将事务日志写到磁盘上。
innodb_flush_log_at_trx_commit=1
# innodb_log_buffer_size 参数表示用来存储日志数据的缓冲区的大小。
innodb_log_buffer_size=1M
# innodb_buffer_pool_size 参数表示缓存的大小。InnoDB 使用一个缓冲池来保存索引和原始数据。
innodb_buffer_pool_size=18M
# innodb_log_file_size 参数表示日志文件的大小。
innodb_log_file_size=10M
# innodb_thread_concurrency 参数表示在 InnoDB 存储引擎允许的线程最大数。
innodb_thread_concurrency=8
```

上面是去掉了大量注释之后的 my.ini 文件。如果读者安装时选择的配置不一样，那么配置文件会稍有不同。上面将每个参数都做出了解释。读者可以根据自己的需要来更改相应参数的值。

通常情况下，普通读者经常修改的参数是 default-character-set（默认字符集）、default-storage-engine（默认存储引擎）和 port（端口）等信息。其他的参数都比较复杂，修改的机会不是很多。

注意：每次修改参数后，必须重新启动 MySQL 服务才会有效。在【控制面板】|【管理工具】|【服务】命令下可以找到 MySQL 的服务，在这里可以用右键菜单来选择重启服务。重启服务以后，各项配置参数都会开始生效。

2.4　MySQL 常用图形管理工具

MySQL 图形管理工具可以在图形界面上操作 MySQL 数据库。在命令行中操作 MySQL 数据库时，需要使用很多的命令。而图像管理工具则是使用鼠标单击即可，这使 MySQL 数据库的操作更加简单。本节将介绍一些常用的 MySQL 图形管理工具。

MySQL 的图形管理工具很多。常用的有 MySQL GUI Tools、phpMyAdmin、Navicat 等。通过这些图像管理工具，可以使 MySQL 的管理更加的方便。每种图形管理工具各有特点，下面分别进行简单的介绍。

1. MySQL GUI Tools

MySQL GUI Tools 是 MySQL 官方提供的图形管理工具。这个管理工具的功能非常强大，其中包括了 4 个管理工具。这 4 个管理工具分别是 MySQL Administrator、MySQL Query Browser、MySQL Migration Toolkit 和 MySQL System Tray Monitor。这 4 个工具地介绍如下：

- MySQL Administrator 是 MySQL 管理器。主要在服务端使用，对 MySQL 服务进行管理。可以启动或关闭 MySQL 服务、查看连接情况、配置参数、查看管理日志和备份等。
- MySQL Query Browser 是 MySQL 数据查询界面。主要用于客户端，进行数据查询、创建表、创建视图和插入数据等操作。
- MySQL Migration Toolkit 是 MySQL 数据库迁移工具。其可以实现不同数据库之间的数据迁移。
- MySQL System Tray Monitor 是 MySQL 系统的托盘监视器。从这个监视器中可以打开上面的三个工具。

MySQL GUI Tools 现在的版本是 5.0，下载地址是 http://dev.mysql.com/downloads/gui-tools/5.0.html。这个图形管理工具安装非常简单，使用也非常容易。虽然该工具只有英文版，但是这些英文都很简单，很容易看懂。

2. phpMyAdmin

phpMyAdmin 是使用 PHP 语言开发的 MySQL 图形管理工具。该工具基于 Web 方式架构在网站主机上。该工具管理数据库非常方便。拥有超级用户权限的用户可以管理整个 MySQL 服务器。普通用户可以管理单个数据库。但是管理单个数据库需要进行简单的配置，有兴趣使用的读者可以查找相关资料。

phpMyAdmin 的使用非常广泛，尤其是进行 Web 开发方面。因为该工具是使用 PHP 语言开发的，熟悉 PHP 语言的读者会很喜欢这款工具，而且该工具支持中文。但是其对大型数据库的备份和恢复不方便。phpMyAdmin 的下载网址是 http://www.phpmyadmin.net/。

3. Navicat

Navicat 是一款功能非常强大的 MySQL 数据库管理和开发工具，其可以支持 MySQL 3.21 及以上的版本。而且，这款工具支持触发器、存储过程、函数、事务处理、视图和用户管理等功能。Navicat 的图形化界面非常的友善，用户使用和管理都很方便。而且这款工具支持中文，并且有免费版本提供。下载网址是 http://www.navicat.com/。

4. SQLyog

SQLyog 是一款简洁高效，且功能强大的图形化 MySQL 数据库管理工具。这款工具是使用 C++语言开发的。用户可以使用这款软件来有效的管理 MySQL 数据库。该工具可以方便的创建数据库、表、视图和索引等，还可以方便地进行插入、更新和删除等操作。它可以方便地进行数据库、数据表备份与还原。该工具不仅可以通过 SQL 文件进行大量文件的导入与导出。而且还可以导入与导出 XML、HTML 和 CSV 等多种格式的数据。下载网址为 http://www.webyog.com/en/index.php。

除了上述 MySQL 图形管理工具以外，还有 MySQLDumper（http://www.mysqldumper.net/）、MySQL ODBC/Connector 5.1（http://dev.mysql.com/downloads/connector/odbc/5.1.html）等非常优秀的 MySQL 图形管理工具。

2.5　使用免安装的 MySQL

Windows 操作系统下有免安装的 MySQL 软件包。用户直接解压这个软件包，进行简单地配置就可以使用了。免安装包省略了安装过程，使用起来也很方便。本小节将为读者详细介绍免安装的 MySQL 的使用。

读者可以在 MySQL 官方网站上下载免安装的 MySQL 软件包。现在的最新的稳定版本是 5.1.40。下载网址是 http://dev.mysql.com/downloads/mysql/5.1.html。在这个网址中选择 Without installer (unzip in C:\)版本进行下载。下载后软件包的名称为 mysql-noinstall-5.1.40-win32.zip。其中，noinstall 表示该软件包是免安装的，解压就可以使用；5.1.40 表示该软件的版本号，如果软件升级后版本号就不同了；win32 表示该软件是在 Window 操作系统下，而且处理器是 32 位的。下载后进行设置的操作如下：

1. 解压软件包

将下载的免安装 MySQL 软件包解压到 Windows 系统的 C 盘里。该软件包解压后，文件夹的默认名称为 mysql-5.1.40-win32。为了使用方便，将文件夹改名为 mysql。该文件夹下面有 10 个文件夹。下面作详细介绍。

- bin 文件夹下是各种执行文件，如 mysql.exe、mysqld.exe 等；
- data 文件夹下存储着日志文件和数据库；
- Docs 文件夹下存储着版权信息、MySQL 的更新日志和安装信息等文档；
- Embedded 文件夹下是嵌入式服务器的文件；
- include 文件夹下存储着头文件；
- lib 文件夹下存储着库文件；
- mysql-test 文件夹下与测试有关的文件；
- scripts 文件夹下存储着用 Perl 语言编写的实用工具脚本；

- share 文件夹下是字符集和语言的信息；
- sql-bench 文件夹下存储着多种数据库之间性能比较的信息和基准程序。

如果读者下载的版本不一样，可能文件夹会有一些不一样。但是不管是哪个版本，最主要的文件夹都是 bin、data、include、lib 和 share 这几个。

除了这几个文件夹以外，还有几个后缀名为.ini 的文件。但是，没有 my.ini 这个文件。这个文件是需要用户自己创建的。下面将为介绍读者如何创建 my.ini 文件。

2．创建my.ini文件

mysql 文件夹下有多个后缀名为 ini 的文件。需要将其中一个复制到 C:\WINDOWS 文件夹下，并将其改名为 my.ini。现在计算机的内存一般都会达到 256MB，因此选择 my-large.ini，将这个文件拷贝到 C:\WINDOWS，并改名为 my.ini。

3．修改my.ini文件

在 C:\WINDOWS 文件夹下打开 my.ini 文件。在“[mysqld]”这个组中加入如下两条记录：

```
basedir="C:/mysql/"
datadir="C:/mysql/data/"
```

上面内容说明如下：

- basedir 参数表示 MySQL 软件的安装路径。这个 MySQL 软件的路径为“C:/mysql/”；
- datadir 参数表示 MySQL 数据库中数据文件的存储位置。这个 MySQL 软件的数据文件存储在 data 文件夹下。

除了上述内容外，还需要加入一个组和一条记录。内容如下：

```
[WindowsMySQLServer]
Server="C/mysql/bin/mysqld.exe"
```

这个组的名称为 WindowsMySQLServer，意思是 Windows 操作系统下的 MySQL 服务。Server 参数表示 MySQL 服务端程序。“C:/mysql/bin/mysqld.exe”这个可执行文件就是 MySQL 的服务端程序。这个组的内容可以直接加到前面的两条记录之后。

说明：不同版本的 MySQL 数据库，其服务端的程序是不一样的。5.1.40 中的服务端程序是 mysqld.exe。而 MySQL 5.0 的服务端的程序是 mysqld-nt.exe。这两个可执行文件的作用是一样的，只是名字和部分功能不同。请读者一定要留意这个问题，以免造成困惑。

上述内容加入后，保存，并且关闭 my.ini 文件。这样，配置文件 my.ini 就配置好了。下面可以设置 MySQL 的服务了。

4．设置MySQL服务

现在各种配置文件都已经配置好，需要将 MySQL 的服务端程序添加到系统的服务中。在【开始】|【运行】的窗口中执行如下命令：

```
C:/mysql/bin/mysqld.exe –install
```

单击【确定】按钮后，会出现一个 DOS 窗口一闪而过。这就说明这个命令已经执行了。如果这个命令执行成功，那么 MySQL 服务就已经添加到系统服务中了。在【控制面板】|【管理工具】|【服务】命令下可以找到 MySQL 的服务。2.2.1 小节已经详细介绍。

5. 配置系统Path变量

为了方便命令的执行，需要将 MySQL 的 bin 目录添加到 Path 变量中。右击【我的电脑】图标，选择【属性】命令。然后在系统属性中选择【高级】|【环境变量】命令。在系统变量中选择 Path 变量，然后单击【编辑】按钮，进入编辑环境变量的窗口。将 C:/mysql/bin 添加到参数的最后，然后单击【确定】按钮。上述配置 Path 变量的方法在 2.2.3 小节中已经详细介绍过了。读者可以根据 2.2.3 小节的内容来配置。唯一需要注意的是，这里添加的路径是 C:/mysql/bin。

6. 启动和关闭服务

上面的设置完毕后，可以启动 MySQL 服务了。启动和关闭服务有两种方式。一种是使用命令来启动和关闭服务；另一种是到系统服务中去启动和关闭服务。

在【开始】|【运行】命令下进入 DOS 窗口。然后在 DOS 窗口执行启动和关闭服务的命令。命令如下。

```
net start mysql                                                   // 启动服务
net stop mysql                                                    // 关闭服务
```

如果是要在系统服务中来操作，在【控制面板】|【管理工具】|【服务】命令下可以找到 MySQL 的服务。在这个服务上可以进行 MySQL 服务的启动、暂停和停止等操作。这些操作方式在 2.2.1 小节已经详细介绍过了。

通过这些设置，MySQL 数据库就配置完毕了。启动服务后，就可以登录到 MySQL 数据库中。登录和操作的方式与图形化安装后的 MySQL 软件是一样的。

2.6 上机实践

1. 通过图形化方式安装MySQL数据库

（1）在 MySQL 的官方网站下载 MySQL 数据库软件，网址是 http://dev.mysql.com/downloads/。这里的软件版本很多，希望读者能够选择最新最稳定的版本。最新的稳定版本都会有“Current Release (Recommended)”这样的说明信息。而且，版本信息为“Generally Available (GA)”。

（2）根据本章的内容，练习安装与配置 MySQL 数据库。安装完成后，不仅要练习一下通过配置向导来配置 MySQL 服务，还要练习手工修改配置。通过手工修改配置文件的方法，可以让读者对 MySQL 的配置了解得更加透彻。

（3）练习手工配置环境变量。

（4）练习删除 MySQL 服务的方法。进入配置向导后，可以选择 Remove 来删除 MySQL 服务。

2. 配置免安装的MySQL

（1）在 MySQL 的官方网站下载免安装的 MySQL 软件包，网址是 http://dev.mysql.com/downloads/。免安装的软件包有 noinstall 的信息。

（2）解压该软件包，并进行相应的配置。注意，最好将之前安装的 MySQL 软件删除，以免给配置带来麻烦。

2.7 常见问题及解答

1. 如何选择字符集?

MySQL 数据库中最常用的字符集是 latin1、utf8 和 gbk。latin1 主要用于西欧的语言，这种编码格式存储汉字、日文等会出现乱码现象。utf8 是一种国际字符集。这种字符集支持很多种语言，包括中文、日文、韩文等。gbk 是中国汉字的字符集，对汉字的支持非常好。如果读者主要是存储汉字和英文，可以使用 gbk 字符集。如果需要存储日文、韩文等，最好选择 utf8。

2. 如何删除MySQL数据库?

使用不同的安装方式安装的 MySQL 数据库，其删除方式是不一样的。下面是通过安装向导安装的 MySQL 数据库和免安装的 MySQL 数据库的删除方法：

（1）如果使用图形化向导安装的 MySQL 数据库，可以在【开始】|【所有程序】|MySQL|MySQL Server 5.1 中点击 MySQL Server Instance Config Wizard。选择 Remove Instance 选项，然后单击 Next 按钮，就可以删除 MySQL。

但是，这样不能完全删除 MySQL 数据库。如果希望彻底删除 MySQL 数据库，需要使用 MySQL 安装文件。例如，使用 mysql-5.1.40-win32.msi 安装文件安装的 MySQL 数据库。那么，双击 mysql-5.1.40-win32.msi 安装文件，在安装向导窗口中选择 Remove 选项。单击 Next 后即可彻底删除 MySQL 数据库。

（2）如果使用免安装的 MySQL 数据库，先应该在 DOS 窗口执行“c:/mysql/bin/mysqld.exe --remove”命令。这里假设免安装的 MySQL 数据库是在 C:/mysql 目录下。命令执行完成后，就可以直接删除整个目录了。最后，需要删除 C:/WINDOW 目录下的 my.ini 文件。

2.8 小 结

本章主要介绍了在 Window 操作系统上安装和配置 MySQL 数据库的方法。通过本章的学习，读者需要掌握下载 MySQL 数据库、使用图形化方式安装 MySQL 数据库、配置 MySQL 数据库、启动 MySQL 服务和登录 MySQL 数据库等内容。使用免安装的 MySQL 软件包和手动配置 MySQL 数据库是本章的难点。读者在学习本章时一定要结合实践，只有在安装与配置的过程中才会真正掌握本章的内容。下一章将为读者介绍在 Linux 操作系统下安装和配置 MySQL 数据库的方法。

2.9 本 章 习 题

1. 练习使用图形化方式安装 MySQL 数据库。
2. 练习使用配置向导配置 MySQL 数据库。
3. 练习使用免安装的 MySQL 软件包安装。
4. 练习通过手工修改 my.ini 文件的方式更改配置。

第 3 章　Linux 平台下安装与配置 MySQL

在 Linux 操作系统下，一般都使用命令来安装 MySQL 数据库。因为 Linux 操作系统的发行版比较多，所以相应的 MySQL 版本也比较多。相同 Linux 发行版也有不同的 MySQL 软件包。读者需要根据自己的操作系统的版本来下载和安装不同的 MySQL 版本。本章将向读者介绍的内容如下：

- Linux 操作系统下的 MySQL 版本介绍；
- 安装和配置 MySQL 的 RPM 包；
- 安装和配置 MySQL 的二进制包；
- 安装和配置 MySQL 的源码包。

通过本章的学习，读者可以了解 MySQL 数据库可以在哪些版本的 Linux 操作系统下运行。同时还可以学会不同的 Linux 操作系统下选择、安装和配置 MySQL 数据库的方法。

3.1　Linux 操作系统下的 MySQL 版本介绍

Linux 操作系统的发行版很多，不同 Linux 发行版的 MySQL 版本是不同的。MySQL 数据库主要支持的 Linux 版本是 Red Hat Enterprise Linux 和 SUSE Linux Enterprise Server。这两个版本下也有不同的安装包。本小节将为读者介绍一些 Linux 操作系统下的 MySQL 版本的内容。

Linux 操作系统的 MySQL 软包一般分为 3 类，分别是 RPM 软件包，二进制软件包和源码包。这 3 类 MySQL 软件包的介绍如下：

- RPM 软件包是红帽（Red Hat）公司设计的软件包管理器，RPM 是 Redhat Package Manager 的英文缩写。这种软件包安装和卸载都很方便。RPM 软件包的服务器端（Server）软件和客户端（Client）软件是分开安装的。
- 二进制软件包，这是已经编译过成二进制文件的 MySQL 软件包。
- 源码包中是 MySQL 数据库的源代码。用户需要自己编译才可以使用。

除此之外，不同 Linux 发行版的 MySQL 软件包也是不一样的。下面是 Red Hat Enterprise Linux 和 SUSE Linux Enterprise Server 这两个发行版的 MySQL 软件包的介绍。

1．Red Hat Enterprise Linux发行版

Red Hat Enterprise Linux 是红帽公司的产品。现在已经是第 5 个版本了，即 Red Hat Enterprise Linux 5。MySQL 官方网站能够下载到 Red Hat Enterprise Linux 3 到 Red Hat Enterprise Linux 5 的 MySQL 软件，这些 MySQL 软件大部分是 RPM 软件包。每个 Red Hat Enterprise Linux 版本下的 MySQL 软件包的版本也不同，主要区别是支持的处理器架构不一样。例如 Red Hat Enterprise Linux 5 RPM（AMD64/Intel EM64T），这个 RPM 包能够在 Red Hat Enterprise Linux 5 上运行，支持的处理器的架构是 AMD 64 或者是 Intel EM 64T。

Red Hat Enterprise Linux 5 上的 MySQL 软件包有以下几方面：

- Red Hat Enterprise Linux 5 RPM（x86），该软件包支持 x86 架构；
- Red Hat Enterprise Linux 5 RPM（AMD64 / Intel EM64T），该软件包支持 AMD 64 或 Intel EM64T 架构；
- Red Hat Enterprise Linux 5 RPM（Intel IA64），该软件包支持 Intel IA64 架构。

除了这 3 个 RPM 包的版本以外，在 Red Hat Enterprise Linux 5 中还有二进制的 MySQL 软件包和源码的 MySQL 软件包。RPM 软件包、二进制软件包和源码包的安装方式是不一样的。RPM 包安装最容易。源码包安装最灵活。

2. SUSE Linux Enterprise Server发行版

SUSE Linux Enterprise Server 是德国 SuSE Linux AG 公司发行和维护的 Linux 发行版。该公司在 2004 年被 Novell 公司收购。MySQL 官方网站能够下载到 SUSE Linux Enterprise Server 9 和 SUSE Linux Enterprise Server 10 的 MySQL 软件。这些 MySQL 软件大部分也是 RPM 软件包。每个 SUSE Linux Enterprise Server 版本下的 MySQL 软件包的版本也不同，也是因为支持的处理器架构不同。它的情况与 Red Hat Enterprise Linux 版的一样。除了 RPM 包的 MySQL 软件以外，也有二进制的 MySQL 软件包和源码的 MySQL 软件包。

除了上述两个 Linux 的发行版以外，还有其他 Linux 发行版，例如比较流行的 Fedora、Ubuntu 和 CentOS 等。还有国内比较好的 Linux 发行版，如红旗、中标普华等。这些 Linux 发行版上都可以安装 MySQL 数据库。

说明： 选择 Linux 版本的 MySQL 时，首先要确定自己 Linux 版本。确定版本后，再根据自己电脑的硬件不同选择相应的版本。如果有相应的 RPM 软件包，最好选择 RPM 软件包。如果没有相应的 RPM 软件包和二进制软件包，那只能使用源码包进行安装。

下面是常用的 Linux 版本和推荐的 MySQL 版本，如表 3.1 所示。

表 3.1　常用的Linux版本与推荐的MySQL版本

Linux 版本	推荐安装的 MySQL 版本
Red Hat Enterprise Linux	RPM 软件包
SUSE Linux Enterprise Server	RPM 软件包
Fedora	RPM 软件包
Ubuntu	源码包
CentOS	RPM 软件包

如果读者的 Linux 发行版能够支持 RPM 软件包，尽量选择 RPM 包进行安装。因为，这种方式安装比较简单，而且管理比较方便。

3.2　安装和配置 MySQL 的 RPM 包

大部分 Linux 版本的 MySQL 软件是以 RPM 包的形式发布的。RPM 包的安装和卸载都很方便。通过简单的命令就可以实现 RPM 包的安装与卸载。可以通过手工修改配置文件的方式来进行配置。本小节将介绍 MySQL 的 RPM 包的安装和配置。

先必须到 MySQL 官方网站下载 RPM 包，网址为 http://dev.mysql.com/downloads/mysql/5.1.html。在该网站上有很多种类的 RPM 安装包，读者必须根据自己的操作系统和处理器类型来选择。本书选择 Red Hat Enterprise Linux 5 RPM (x86)来安装。单击这个链接，可以进入如图 3.1 所示的网页。

Red Hat Enterprise Linux 5 RPM (x86) downloads

Server	5.1.40-0	20.3M	Download | Pick a mirror MD5: 897095124067232129d776515046434e
Client	5.1.40-0	432.8K	Download | Pick a mirror MD5: 470a563f1d3607865e569143ebcc4198
Shared libraries	5.1.40-0	1.8M	Download | Pick a mirror MD5: 9496d5218533bd426580f1c9beb6ee87
Shared compatibility libraries (3.23, 4.x, 5.x libs in same package)	5.1.40-0	5.1M	Download | Pick a mirror MD5: b82f326e234a3b3a069b660003873386
Headers and libraries	5.1.40-0	10.9M	Download | Pick a mirror MD5: d46395024ed7a7c59e439afae1c28f57
Embedded server	5.1.40-0	30.8M	Download | Pick a mirror MD5: eb870f104212750af585937637dd4777
Test suite	5.1.40-0	12.1M	Download | Pick a mirror MD5: 8a9c39cd50e597fbd6ff51eff8129c8c
Debug information	5.1.40-0	55.2M	Download | Pick a mirror MD5: b35631bc366528c957f4334ecbe55e71

图 3.1　下载 RPM 包

从图 3.1 可以看出，这下面包括 Server、Client 和 Shared libraries 等多个 RPM 包。其中，Server 的 RPM 包是安装 MySQL 服务的，Client 的 RPM 包是安装 MySQL 客户端的。通常安装这两个包就可以了，因此就下载并安装这两个 RPM 包。Server 软件包为 MySQL-server-community-5.1.40-0.rhel5.i386.rpm 。Client 软件包为 MySQL-client-community-5.1.40-0.rhel5.i386.rpm。假设将这两个 RPM 包下载到 download 文件夹下。下面可以安装 MySQL 的 Server 软件和 Client 软件了，具体步骤如下：

（1）登录到 root 用户，并将 RPM 包拷贝到/usr/local/src/文件夹下。登录到 root 用户的命令如下：

```
shell>su root
```

输入命令并按下回车键后，系统会提示输入密码。密码输入正确后，就可以登录到 root 用户下。然后执行 cp 命令将 RPM 包拷贝到/usr/local/src/文件夹下。命令如下：

```
shell>cp download_path/MySQL-server-community-5.1.40-0.rhel5.i386.rpm /usr/local/src/
shell>cp download_path/MySQL-client-community-5.1.40-0.rhel5.i386.rpm /usr/local/src/
```

上面的第一条命令是将 MySQL 的 RPM 包拷贝到/usr/local/src 文件夹下。download_path 是 RPM 包下载后放置的路径。这些代码执行如下：

```
[hjh@localhost download]$ su root
password:
[root@localhost download]# cp ./MySQL-server-community-5.1.40-0.rhel5.i386.rpm /usr/local/src/
[root@localhost download]# cp ./MySQL-client-community-5.1.40-0.rhel5.i386.rpm /usr/local/src/
```

用 root 用户登录成功后，系统从用户 hjh 切换到 root 用户。因为这两个 RPM 包就存储在 download 目录下，因此用“.”表示当前目录。

说明：在 Linux 操作系统下安装 MySQL 时，一定要注意权限问题。安装 RPM 软件包时，需要使用 root 权限。如果没有 root 权限，安装时会提示权限不够的信息。安装完成后，需要使用 root 权限启动和关闭 MySQL 服务。

（2）切换到/usr/local/src 目录下，然后安装 MySQL 数据库。RPM 软件包使用命令 rpm 进行安装。代码如下：

```
shell>cd /usr/local/src/
shell>rpm -ivh MySQL-server-community-5.1.40-0.rhel5.i386.rpm
shell>rpm -ivh MySQL-client-community-5.1.40-0.rhel5.i386.rpm
```

第一条命令是将目录切换到/usr/local/src 目录下。第二条和第三条命令是用来安装 RPM 软件包的。rpm 命令后面跟着 3 个参数。这 3 个参数的介绍如下：

- -i 参数表示安装后面的一个或多个 RPM 软件包；
- -v 参数表示安装过程中显示详细的信息；
- -h 参数表示使用“#”来显示安装进度。

这几个命令的执行如下：

```
[root@localhost download]# cd /usr/local/src/
[root@localhost src]# rpm -ivh MySQL-server-community-5.1.40-0.rhel5.i386.rpm
Preparing...                ########################################### [100%]
   1:MySQL-server-community ########################################### [100%]
PLEASE REMEMBER TO SET A PASSWORD FOR THE MySQL root USER !
To do so, start the server, then issue the following commands:
/usr/bin/mysqladmin -u root password 'new-password'
/usr/bin/mysqladmin -u root -h localhost.localdomain password 'new-password'
Alternatively you can run:
/usr/bin/mysql_secure_installation
which will also give you the option of removing the test
databases and anonymous user created by default.  This is
strongly recommended for production servers.
See the manual for more instructions.
Please report any problems with the /usr/bin/mysqlbug script!
The latest information about MySQL is available at http://www.mysql.com/
Support MySQL by buying support/licenses from http://shop.mysql.com/
Starting MySQL..[确定]
Giving mysqld 2 seconds to start
[root@localhost src]# rpm -ivh MySQL-client-community-5.1.40-0.rhel5.i386.rpm
Preparing...                ########################################### [100%]
   1:MySQL-client-community ########################################### [100%]
```

上面显示，Server 包和 Client 包都已经安装好。而且 mysqld 服务已经启动。上面的安装信息中有几点提示需要注意，具体如下：

- “/usr/bin/mysqladmin -u root password 'new-password'”提示使用 mysqladmin 命令来为 root 用户创建新的密码；
- “/usr/bin/mysql_secure_installation”可以用来删除测试数据库和匿名用户；
- “/usr/bin/mysqlbug”提示通过这个文件夹下的脚本来报告错误信息。

（3）启动和关闭 MySQL 服务。在/etc/init.d/文件夹下面有一个名为 mysql 的文件。可以通过这个文件来启动和关键 MySQL 服务。命令如下：

```
shell>/etc/init.d/mysql start|stop|restart|status
```

这几个参数的含义如下：

- start 参数表示开启 MySQL 服务；
- stop 参数表示停止 MySQL 服务；
- restart 参数表示重启 MySQL 服务；

- ❑ status 参数表示查看 MySQL 服务的状态。

通过这个命令可以启动和关闭 MySQL 服务，但是必须使用 root 权限。

（4）登录 MySQL 数据库。使用 mysql 命令可以登录到 MySQL 数据库。命令如下：

```
shell>bin/mysql -u root
```

因为这时还没有初始密码，所以直接输入用户名 root 就可以登录了。该命令的执行结果如下。

```
[root@localhost src]# mysql -u root
Welcome to the MySQL monitor.   Commands end with ; or \g.
Your MySQL connection id is 1
Server version: 5.1.40-community MySQL Community Server (GPL)
Type 'help;' or '\h' for help. Type '\c' to clear the current input statement.
mysql>
```

可以看出上面代码登录成功，并显示了相应的信息。这些信息的介绍如下：

- ❑ Commands end with; or \g，说明 mysql 命令行下的命令是以分号（;）或者“\g”来结束的，遇到这个结束符就开始执行命令。
- ❑ Your MySQL connection id is 1 中，id 表示 MySQL 数据库的连接次数。因为这个数据库是新安装的，是第一次登录，所以 id 的值为 1。
- ❑ Server version: 5.1.40-community MySQL Community Server (GPL)中，server version 后面说明数据库的版本，这个版本是 5.1.40-community MySQL Community Server; community 表示该版本是社区版；GPL 表示该版本是遵循 GPL 协议的。
- ❑ Type 'help;' or '\h' for help 表示输入 help;或者\h 可以看到帮助信息；
- ❑ Type '\c' to clear the buffer 表示遇到\c 就清除前面的命令；
- ❑ mysql>后面可以输入 SQL 语句和其他操纵数据库的语句。

因为没有初始密码，可能会存在潜在的危险，所以需要设置一个初始密码。设置密码之前，必须输入 exit 来退出 MySQL 数据库，然后再设置密码。设置初始密码的命令执行如下：

```
[root@localhost mysql]# /usr/bin/mysqladmin -u root password “123456”
```

这个命令将密码设置为“123456”。至此，RPM 包的 MySQL 数据库已经安装成功。

（5）了解安装后的文件夹。使用 RPM 包安装时，系统不会提示各种文件安装在哪个文件夹下。下面将介绍每个主要的文件在什么目录下。

- ❑ /usr/share/mysql/文件夹下是安装文件和配置文件；
- ❑ /var/lib/mysql/文件夹下是 MySQL 数据库、错误日志和 socket 文件；
- ❑ /usr/share/doc/MySQL-server-community-5.1.40/文件夹下是文档和配置文件；
- ❑ /usr/bin/文件夹下存储着 MySQL 软件各种命令；
- ❑ /etc/init.d/文件夹下存储着 mysql 文件。这个文件可以用来启动和停止 MySQL 服务。

（6）配置 MySQL 服务。将/usr/share/mysql/或/usr/share/doc/MySQL-server-community-5.1.40/文件夹下的某一个后缀名为 cnf 的文件拷贝到/etc/文件夹下，并且改名为 my.cnf。使用 vi 编辑器来编辑 my.cnf。命令如下：

```
shell>cp /usr/share/mysql/my-large.cnf /etc/my.cnf
shell>vi /etc/my.cnf
```

第一个命令可以完成复制和改名的工作，第二个命令可以编辑 my.cnf。这两个命令执行如下：

```
[root@localhost src]# cp /usr/share/mysql/my-large.cnf /etc/my.cnf
[root@localhost src]# vi /etc/my.cnf
```

使用 vi 进入 my.cnf 文件后，按 I 键就可以进行编辑了。按 Esc 键，然后输入:wq 就可以保存并退出 vi 编辑器。my.cnf 文件中的各个参数的含义请参考 2.3.2 小节的内容。

技巧： vi 编辑器是 Linux 下的常用编辑器。使用 vi 编辑器打开文件后，输入 i 就可以插入数据。按下 Esc 键就可以退出编辑状态，转为进入命令状态。如果要保存修改的数据，输入:w 即可；如果希望不保存而直接退出，输入:q!。

编辑并保存 my.cnf 文件后，必须要重新启动 MySQL 服务。重启服务后，my.cnf 中的配置才会起作用。到此为止，使用 RPM 包安装 MySQL 的内容已经讲解完成了。如果读者希望了解二进制包的安装方法，请进入下面章节的学习。

3.3 安装和配置 MySQL 的二进制包

Linux 操作系统下有以二进制的形式发布的 MySQL 软件包。这些二进制的 MySQL 软件包比 RPM 包要灵活，但是安装没有 RPM 包那么容易。本小节将为读者介绍 MySQL 的二进制包的安装与配置。

在讲解二进制的安装和配置前，必须要在 MySQL 官方网站下载二进制包，网址为 http://dev.mysql.com/downloads/ mysql/5.1.html。在该网站上单击 Linux (non RPM packages) 链接，就可以跳转到下载二进制包的位置，如图 3.2 所示。

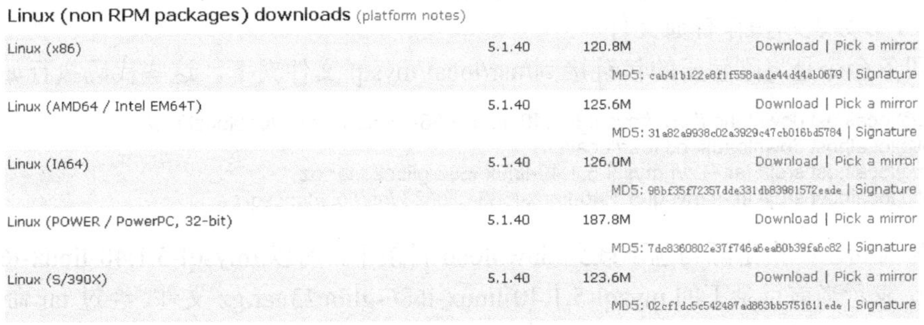

图 3.2 下载二进制包

图 3.2 中显示的都是 MySQL 二进制包。其中包括支持 x86、AMD 64 和 Intel EM64T 等处理器架构的二进制包。还包括支持所有 IA64、POWER 等处理器架构的二进制包。本书选择下载并安装支持 x86 的二进制包。下载后该源码包的名称为 mysql-5.1.40-linux-i686-glibc23.tar.gz。其中，5.1.40 为该源码包的版本号；tar.gz 为该源码包的压缩包的后缀名。假设该源码包下载到/home/hjh/download/目录下。下面可以安装 MySQL 数据库软件了，具体步骤如下：

（1）登录到 root 用户，并增加 mysql 用户和组。登录到 root 用户的命令如下：

```
shell>su root
```

输入命令并按下 Enter 键后，系统会提示输入密码。密码输入正确后，就可以登录到 root 用户下。然后执行 groupadd 和 useradd 命令来增加 mysql 用户和组，命令如下：

```
shell>groupadd mysql
shell>useradd –g mysql mysql
```

其中，useradd 的参数-g 表示为新建用户分配组；第一个 mysql 为新用户所属的组；第二个 mysql 为新用户的名称。这个用户和组是为 MySQL 数据库准备的，读者也可以换成别的名称。如果换成别的名称，后面命令中用到 mysql 组和 mysql 用户的地方均进行相应的替换。这几个命令在 Linux 操作系统中的执行如下：

```
[hjh@localhost download]$ su root
password:
[root@localhost download]# groupadd mysql
[root@localhost download]# useradd –g mysql mysql
```

执行命令后，用户从 hjh 变成了 root。而且创建了 mysql 组和 mysql 用户。

（2）将二进制包复制到/usr/local/src/文件夹下，并且解压源码包。代码如下：

```
shell>cp download_path/mysql-VERSION.tar.gz /usr/local/src/
shell>cd /usr/local/src/
shell>tar –xzvf mysql-VERSION.tar.gz
shell>ln -s mysql-VERSION /usr/local/mysql
```

上面的第一条命令是将 MySQL 二进制包拷贝到/usr/local/src 文件夹下。download_path 是二进制包下载后放置的路径；mysql-VERSION.tar.gz 是下载的二进制包的名称，VERSION 表示版本号；第二条命令表示切换目录到/usr/local/src/文件夹下；第三条命令是解压 tar.gz 包。后面几个参数的介绍如下：

- -x 参数表示从压缩包中解压出文件；
- -z 参数表示调用 gzip 来压缩文件，与-x 联用时调用 gzip 完成解压缩；
- -v 参数表示处理过程中输出相关信息；
- -f 参数表示操作普通文件。

第四条命令是将刚解压的包链接到/usr/local/mysql 文件夹下。这些代码执行如下：

```
[root@localhost download]# cp ./mysql-5.1.40-linux-i686-glibc23.tar.gz /usr/local/src/
[root@localhost download]# cd /usr/local/src/
[root@localhost src]# tar –xzvf mysql-5.1.40-linux-i686-glibc23.tar.gz
[root@localhost src]# ln -s mysql-5.1.40-linux-i686-glibc23 /usr/local/mysql
```

因为前面已经指定源码包下载到 download 目录下，所以./mysql-5.1.40-linux-i686-glibc23.tar.gz，表示当前目录下的 mysql-5.1.40-linux-i686-glibc23.tar.gz 文件。经过 tar 命令解压，并且通过 ln 命令将 mysql-5.1.40-linux-i686-glibc23 文件夹链接到 mysql 文件夹。下面就可以进入 mysql 文件夹进行安装了。

（3）编译并安装 MySQL。命令如下：

```
shell>cd /usr/local/mysql/
shell>scripts/mysql_install_db --user=mysql
```

通过 cd 命令跳转到/usr/local/mysql/目录下。该目录下有一个名为 scripts 的目录。可以通过 scripts 目录下的 mysql_install_db 命令来创建系统自带的数据库和表。其中，--user 参数表示使用哪个用户的权限来创建数据库和表，此处使用的是 mysql 用户。数据库和表默认安装在/usr/local/mysql/data/目录下。这些命令执行如下：

```
[root@localhost src]# cd /usr/local/mysql/
[root@localhost mysql]# scripts/mysql_install_db --user=mysql
Installing MySQL system tables...
OK
Filling help tables...
```

```
OK
To start mysqld at boot time you have to copy
support-files/mysql.server to the right place for your system
PLEASE REMEMBER TO SET A PASSWORD FOR THE MySQL root USER !
To do so, start the server, then issue the following commands:
./bin/mysqladmin -u root password 'new-password'
./bin/mysqladmin -u root -h localhost.localdomain password 'new-password'
Alternatively you can run:
./bin/mysql_secure_installation
which will also give you the option of removing the test
databases and anonymous user created by default.  This is
strongly recommended for production servers.
See the manual for more instructions.
You can start the MySQL daemon with:
cd . ; ./bin/mysqld_safe &
You can test the MySQL daemon with mysql-test-run.pl
cd ./mysql-test ; perl mysql-test-run.pl
Please report any problems with the ./bin/mysqlbug script!
The latest information about MySQL is available at http://www.mysql.com/
Support MySQL by buying support/licenses from http://shop.mysql.com/
```

创建系统数据库和表时，会有很多输出信息。这些输出信息里有一些重要的提示。这些提示的介绍如下：

- . /bin/mysqladmin -u root password 'new-password'，即提示使用 mysqladmin 命令来为 root 用户创建新的密码；
- ./bin/mysql_secure_installation 可以用来删除测试数据库和匿名用户；
- ./bin/mysqld_safe &提示使用 mysqld_safe 命令来启动 MySQL 服务；
- cd ./mysql-test ; perl mysql-test-run.pl 提示使用 mysql-test 目录下的 mysql-test-run.pl 脚本来测试 MySQL 数据库；
- ./bin/mysqlbug 提示通过这个文件夹下的脚本来报告错误信息。

（4）创建并配置 my.cnf 文件。support-files 文件夹下存储了几个后缀名为 cnf 的文件。从中选取一个合适的来创建 my.cnf。命令如下：

```
shell> cp support-files/my-large.cnf my.cnf
shell>vi my.cnf
```

vi 是文本编辑工具，可以用来编辑文本文件。vi 的功能很强大，使用也很简单。因此这是 Linux 操作系统下最常用的文本编辑工具之一。这些命令执行如下：

```
[root@localhost mysql]# vi my.cnf
```

使用 vi 进入 my.cnf 文件后，按 I 键就可以进行编辑了。按 Esc 键，然后输入:wq 就可以保存退出 vi 编辑器。my.cnf 文件中的各个参数的含义请参考 2.3.2 小节的内容。

（5）设置 MySQL 安装目录的权限。将/usr/local/mysql/目录下的 data 文件夹的用户设置为 mysql。其他文件夹的用户设置为 root。这下所有文件夹和文件的组都为 root。命令如下：

```
shell>chown -R root .
shell>chown -R mysql data
shell>chgrp -R mysql .
```

其中，chown 命令用来改变文件所属用户的；-R 表示用递归的方式来设置，可以设置子文件夹下的所有文件；“.”表示当前文件夹下的所有文件夹和文件；chgrp 命令用来改变文件所属的组。这些命令执行如下：

```
[root@localhost mysql]# chown -R root .
[root@localhost mysql]# chown -R mysql data
[root@localhost mysql]# chgrp -R mysql .
```

（6）启动 MySQL 服务。一般都用 mysql 用户的身份来启动 MySQL 服务，命令如下：

```
shell> bin/mysqld_safe --user=mysql
```

mysqld_safe 是启动 MySQL 服务的程序。--user 参数可以指定用哪个用户登录。命令执行结果如下：

```
[root@localhost mysql]# bin/mysqld_safe --user=mysql
091114 11:08:32 mysqld_safe Logging to '/usr/local/mysql/data/localhost.localdomain.err'.
091114 11:08:32 mysqld_safe Starting mysqld daemon with databases from /usr/local/mysql/data
```

输出的提示信息表示，日志信息存储在 localhost.localdomain.err 文件中。数据库存储在/usr/local/mysql/data/文件夹下。

注意： 使用二进制包安装 MySQL 数据库时，数据文件存储在安装路径的 data 路径下；rpm 包安装 MySQL 数据库时，数据文件存储在/var/lib/mysql/目录下。希望读者注意这个问题，以免需要查找数据所在目录时造成困惑。

（7）登录 MySQL 数据库。可以使用 bin 目录下的 mysql 程序来登录数据库。命令如下：

```
shell>bin/mysql -u root
```

因为现在还没有初始密码，所以直接输入用户名 root 就可以登录了。该命令的执行结果如下：

```
[root@localhost mysql]# bin/mysql -u root
Welcome to the MySQL monitor.   Commands end with ; or \g.
Your MySQL connection id is 1
Server version: 5.1.40-log MySQL Community Server (GPL)
Type 'help;' or '\h' for help. Type '\c' to clear the current input statement.
mysql>
```

以上结果显示登录成功，并显示了相应信息。这些信息的介绍如下：

- Commands end with ; or \g 说明 mysql 命令行下的命令是以分号（;）或\g 来结束的，遇到这个结束符就开始执行命令；
- Your MySQL connection id is 1 中，id 表示 MySQL 数据库的连接次数。因为这个数据库是新安装的，是第一次登录，所以 id 的值为 1；
- Server version: 5.1.40-log MySQL Community Server (GPL)中，server version 后面说明数据库的版本，这个版本为 5.1.40-log MySQL Community Server。community 表示该版本是社区版。GPL 表示该版本是遵循 GPL 协议的；
- Type 'help;' or '\h' for help 表示输入 help;或者\h 可以看到帮助信息；
- Type '\c' to clear the buffer 表示遇到\c 就清除前面的命令；
- mysql>后面可以输入 SQL 语句和其他操纵数据库的语句。

因为没有初始密码，可能会存在潜在的危险，所以需要设置一个初始密码。设置密码之前，必须输入 exit 来退出 MySQL 数据库，然后再设置密码。设置初始密码的命令执行如下：

```
[root@localhost mysql]# bin/mysqladmin -u root password "123456"
```

这个命令将密码设置为“123456”。到此为止，二进制包 MySQL 数据库已经安装成功。如果希望了解源码包安装的读者可以继续看下一小节。如果不想使用源码包，就可以直接进入上机实践来练习用二进制包的方式安装 MySQL 数据库。

3.4　安装和配置 MySQL 的源码包

在 Linux 操作系统下，有以源码的形式发布的 MySQL 软件包。这样的软件包中是 MySQL 的源代码，需要用户自己进行编译。这种 MySQL 软件包的灵活性最高，用户可以根据自己的需要进行定制。而且，感兴趣的用户可以查看 MySQL 的源代码。但是编译代码耗费的时间比较长。本小节将为读者介绍 MySQL 的源码包的安装与配置。

先必须到 MySQL 官方网站下载源码包，网址为 http://dev.mysql.com/downloads/mysql/5.1.html。在该网站上单击 Source 链接，就可以跳转到下载源码包的位置，如图 3.3 所示。

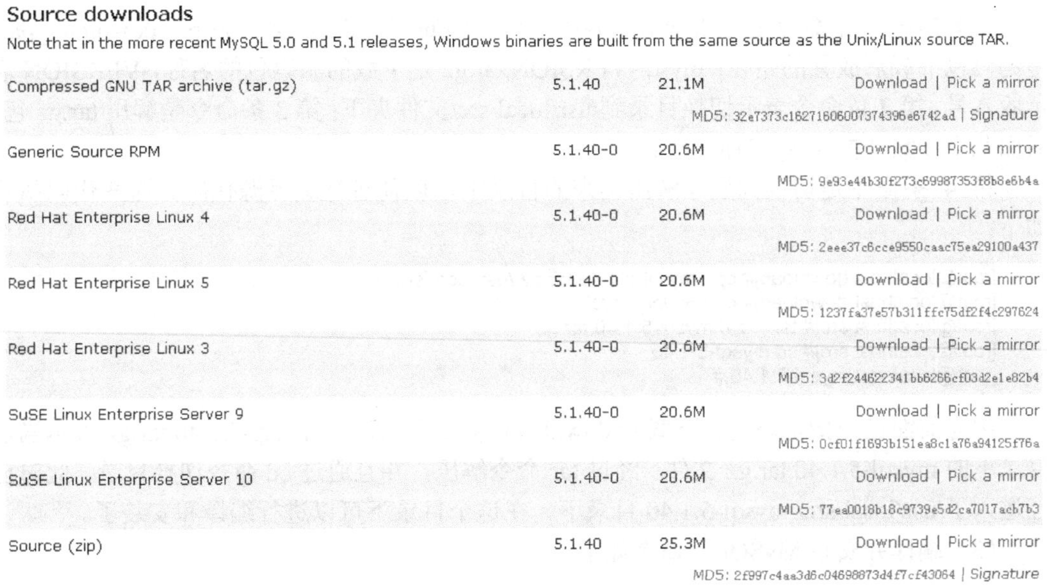

Source downloads

Note that in the more recent MySQL 5.0 and 5.1 releases, Windows binaries are built from the same source as the Unix/Linux source TAR.

Compressed GNU TAR archive (tar.gz)	5.1.40	21.1M	Download | Pick a mirror
			MD5: 32e7373c16271606007374396e6742ad | Signature
Generic Source RPM	5.1.40-0	20.6M	Download | Pick a mirror
			MD5: 9e93e44b30f273c69987353f8b8e6b4a
Red Hat Enterprise Linux 4	5.1.40-0	20.6M	Download | Pick a mirror
			MD5: 2eee37c6cce9550caac75ea29100a437
Red Hat Enterprise Linux 5	5.1.40-0	20.6M	Download | Pick a mirror
			MD5: 1237fa37e57b311ffc75df2f4c297624
Red Hat Enterprise Linux 3	5.1.40-0	20.6M	Download | Pick a mirror
			MD5: 3d2f244622341bb6266cf03d2e1e82b4
SuSE Linux Enterprise Server 9	5.1.40-0	20.6M	Download | Pick a mirror
			MD5: 0cf01f1693b151ea8c1a76a94125f76a
SuSE Linux Enterprise Server 10	5.1.40-0	20.6M	Download | Pick a mirror
			MD5: 77ea0018b18c9739e5d2ca7017acb7b3
Source (zip)	5.1.40	25.3M	Download | Pick a mirror
			MD5: 2f997c4aa3d6c04698873d4f7cf43064 | Signature

图 3.3　下载源码包

图 3.3 中显示的都是 MySQL 源码包。其中包括支持 Red Hat Enterprise Linux 和 SUSE Linux Enterprise Server 的源码包。还包括支持所有 Linux 和 UNIX 操作系统的 Compressed GNU TAR archive (tar.gz)、Generic Source RPM 和 Source (zip)。本书选择下载并安装 Compressed GNU TAR archive (tar.gz)。下载后该源码包的名称为 mysql-5.1.40.tar.gz。其中，5.1.40 为该源码包的版本号；tar.gz 为该源码包的压缩包的后缀名。假设该源码包下载到/home/hjh/download/目录下。下面开始编译并安装 MySQL 数据库软件。具体步骤如下：

（1）登录到 root 用户，并增加 mysql 用户和组。登录到 root 用户的命令如下：

```
shell>su root
```

输入命令并按下回车键后，系统会提示输入密码。密码输入正确后，就可以登录到 root 用户下。然后执行 groupadd 和 useradd 命令来增加 mysql 用户和组，命令如下：

```
shell>groupadd mysql
shell>useradd –g mysql mysql
```

其中，useradd 的参数-g 表示为新建用户分配组；第一个 mysql 为新用户所属的组；第二个 mysql 为新用户的名称。这个用户和组是为 MySQL 数据库准备的，读者也可以换成别的名称。如果换成别的名称，后面命令中用到 mysql 组和 mysql 用户的地方均进行相应的替换。这几个命令在 Linux 操作系统中的执行如下：

```
[hjh@localhost download]$ su root
password:
[root@localhost download]# groupadd mysql
[root@localhost download]# useradd –g mysql mysql
```

执行命令后，用户从 hjh 变成了 root。而且创建了 mysql 组和 mysql 用户。

（2）将源码包拷贝到/usr/local/src/文件夹下，并且解压源码包。代码如下：

```
shell>cp download_path/mysql-VERSION.tar.gz /usr/local/src/
shell>cd /usr/local/src/
shell>tar –xzvf mysql-VERSION.tar.gz
shell>cd mysql-VERSION
```

上面的第 1 条命令是将 MySQL 源码包拷贝到/usr/local/src 文件夹下。download_path 是源码包下载后放置的路径；mysql-VERSION.tar.gz 是下载的源码包的名称，VERSION 表示版本号。第 2 条命令表示切换目录到/usr/local/src/文件夹下；第 3 条命令是解压 tar.gz 包，后面几个参数请参照 3.3 节的介绍。

第 4 条命令是切换到刚才解压出来的目录中，以便进行编译源代码。这些代码执行如下：

```
[root@localhost download]# cp ./mysql-5.1.40.tar.gz /usr/local/src/
[root@localhost download]# cd /usr/local/src/
[root@localhost src]# tar –xzvf mysql-5.1.40.tar.gz
[root@localhost src]# cd mysql-5.1.40
[root@localhost mysql-5.1.40]#
```

因为前面已经指定源码包下载到 download 目录下，所以./ mysql-5.1.40.tar.gz 表示当前目录下的 mysql-5.1.40.tar.gz 文件。经过 tar 命令解压，并且通过 cd 命令切换目录，此时已经进入了/usr/local/src/ mysql-5.1.40 目录下。在这个目录下可以进行编译和安装了。

（3）编译并安装 MySQL。命令如下：

```
shell>./configure –prefix=/usr/local/mysql/
shell>make
shell>make install
```

第 1 条命令是进行配置，configure 是 mysql-5.1.40 目录下的一个配置文件。--prefix 参数表示设置安装路径，这里将按照路径设置为/usr/local/mysql/；第 2 条命令是对源码进行编译；第 3 条命令是进行安装。

说明：configure 文件主要是对需要编译的文件进行处理，例如设置安装路径等参数。配置好 configure 文件后，可以执行 make 命令进行编译。编译过程需要很长的时间。编译完成后，可以执行 make install 命令进行安装。安装完成后，最好执行 make clean 命令清除编译的文件。

第 1 条命令的执行如下：

```
[root@localhost mysql-5.1.40]# ./configure --prefix=/usr/local/mysql
checking build system type... i686-pc-linux-gnu
checking host system type... i686-pc-linux-gnu
checking target system type... i686-pc-linux-gnu
......
MySQL has a Web site at http://www.mysql.com/ which carries details on the
latest release, upcoming features, and other information to make your
```

```
work or play with MySQL more productive. There you can also find
information about mailing lists for MySQL discussion.
Remember to check the platform specific part of the reference manual for
hints about installing MySQL on your platform. Also have a look at the
files in the Docs directory.
Thank you for choosing MySQL!
```

命令执行后，开始检查系统和参数。执行完成后会出现一些关于 MySQL 的提示信息，并且出现感谢选择 MySQL 的感谢语。下面执行第 2 条和第 3 条命令，代码执行如下：

```
[root@localhost mysql-5.1.40]# make
[root@localhost mysql-5.1.40]# make insatll
```

这两条命令在执行时都会输出大量的信息，此处未列出。同时，执行这两个命令都会耗费一些时间，请读者在安装时能够耐心等待。这两个命令执行成功后，MySQL 软件就已经安装好了。

（4）选择配置文件，并改名为 my.cnf。在 mysql-5.1.40 文件夹下有一个名为 support-files 文件夹，这个文件夹下有很多后缀名为 cnf 的配置文件。本书选择 my-large.cnf 文件，将其改名为 my.cnf 并拷贝到/usr/local/mysql/目录下。详细命令如下：

```
shell>cp support-files/my-medium.cnf /usr/local/mysql/my.cnf
```

my.cnf 是 MySQL 的配置文件，启动 MySQL 服务后就会读取这个配置文件。这个配置文件可以放置在/etc/目录下，也可以放置在 MySQL 的安装目录下。my.cnf 放置在这两个目录下的作用范围是不一样的，详细介绍如下：

- /etc/my.cnf 是全局变量，每个用户都可以读取。而且，也是最先读取的。
- /usr/local/mysql/my.cnf 是 mysql 用户的变量，只能 root 用户和 mysql 用户才能读取。

这个命令的执行如下：

```
[root@localhost mysql-5.1.40]# cp support-files/my-medium.cnf /usr/local/mysql/my.cnf
```

（5）切换到/usr/local/mysql/目录下，并且创建系统自带的数据库和表。命令如下：

```
shell>cd /usr/local/mysql/
shell>bin/mysql_install_db --user=mysql
```

通过 cd 命令跳转到/usr/local/mysql/目录下，该目录下有一个名为 bin 的目录。可以通过 bin 目录下的 mysql_install_db 命令来创建系统自带的数据库和表。其中，--user 参数表示使用哪个用户的权限来创建数据库和表，此处使用的是 mysql 用户。数据库和表默认安装在/usr/local/mysql/var/目录下。这些命令执行如下：

```
[root@localhost mysql-5.1.40]# cd /usr/local/mysql/
[root@localhost mysql]# bin/mysql_install_db --user=mysql
Installing MySQL system tables...
OK
Filling help tables...
OK
To start mysqld at boot time you have to copy
support-files/mysql.server to the right place for your system
PLEASE REMEMBER TO SET A PASSWORD FOR THE MySQL root USER !
To do so, start the server, then issue the following commands:
/usr/local/mysql/bin/mysqladmin -u root password 'new-password'
/usr/local/mysql/bin/mysqladmin -u root -h localhost.localdomain password 'new-password'
Alternatively you can run:
/usr/local/mysql/bin/mysql_secure_installation
which will also give you the option of removing the test
databases and anonymous user created by default.   This is
strongly recommended for production servers.
See the manual for more instructions.
```

```
You can start the MySQL daemon with:
cd /usr/local/mysql ; /usr/local/mysql/bin/mysqld_safe &
You can test the MySQL daemon with mysql-test-run.pl
cd /usr/local/mysql/mysql-test ; perl mysql-test-run.pl
Please report any problems with the /usr/local/mysql/bin/mysqlbug script!
The latest information about MySQL is available at http://www.mysql.com/
Support MySQL by buying support/licenses from http://shop.mysql.com/
```

创建系统数据库和表时，会有很多输出信息。这些输出信息里有一些重要的提示。这些提示的介绍如下：

- /usr/local/mysql/bin/mysqladmin -u root password 'new-password'，提示使用 mysqladmin 命令来为 root 用户创建新的密码；
- /usr/local/mysql/bin/mysql_secure_installation 可以用来删除测试数据库和匿名用户；
- /usr/local/mysql/bin/mysqld_safe &，提示使用 mysqld_safe 命令来启动 MySQL 服务；
- cd /usr/local/mysql/mysql-test; perl mysql-test-run.pl，提示使用/usr/local/mysql/mysql-test 目录下的 mysql-test-run.pl 脚本来测试 MySQL 数据库；
- /usr/local/mysql/bin/mysqlbug，提示通过这个文件夹下的脚本来报告错误信息。

注意：源码包中的 mysql_install_db 程序是存储在/usr/local/mysql/bin 目录下的。这与二进制包的不同。二进制包的 mysql_install_db 程序是存储在/usr/local/mysql/scripts 目录下的。这一点必须要注意，不然很可能就会找不到 mysql_install_db 程序。

（6）设置 MySQL 安装目录的权限。将/usr/local/mysql/目录下的 var 文件夹的用户设置为 mysql。其他文件夹的用户设置为 root。这下所有文件夹和文件的组都为 root。命令如下：

```
shell>chown -R root .
shell>chown -R mysql var
shell>chgrp -R mysql .
```

chown 命令用来改变文件所属用户的；-R 表示用递归的方式来设置，可以设置子文件夹下的所有文件；“.”表示当前文件夹下的所有文件夹和文件；chgrp 命令用来改变文件所属的组。这些命令执行如下：

```
[root@localhost mysql]# chown -R root .
[root@localhost mysql]# chown -R mysql var
[root@localhost mysql]# chgrp -R mysql .
```

代码执行完毕，可以通过 ls -l 命令来查看/usr/local/mysql/文件夹下各个文件夹所属的用户和组。

```
[root@localhost mysql]# ls -l /usr/local/mysql/
总计 36
drwxr-xr-x   2 root   mysql 4096 11-14 00:04 bin
drwxr-xr-x   2 root   mysql 4096 11-14 00:03 docs
drwxr-xr-x   3 root   mysql 4096 11-14 00:03 include
drwxr-xr-x   3 root   mysql 4096 11-14 00:03 lib
drwxr-xr-x   2 root   mysql 4096 11-14 00:04 libexec
drwxr-xr-x 10 root   mysql 4096 11-14 00:04 mysql-test
drwxr-xr-x   5 root   mysql 4096 11-14 00:04 share
drwxr-xr-x   5 root   mysql 4096 11-14 00:04 sql-bench
rw-rw-rw-   5 root   mysql 4096 11-14 00:04 my.cnf
drwx------   4 mysql mysql 4096 11-14 10:09 var
```

从上面结果可以看出，除 var 文件夹以外所有的文件夹都是 root 用户的。var 文件夹是 mysql 用户的。所有的文件夹都是属于 mysql 组的。

（7）配置 my.cnf 文件。命令如下：

```
shell>vi my.cnf
```

vi 是文本编辑工具，可以用来编辑文本文件，前面也已经提到过。这些命令执行如下：

```
[root@localhost mysql]# vi my.cnf
```

执行 cd 命令后，目录已经切换到 mysql 目录下。使用 vi 进入 my.cnf 文件后，按 I 键就可以进行编辑了。按 Esc 键，然后输入:wq 就可以保存退出 vi 编辑器。my.cnf 文件中的各个参数的含义请参考 2.3.2 小节的内容。

（8）启动 MySQL 服务。一般都用 mysql 用户的身份来启动 MySQL 服务。命令如下：

```
shell> bin/mysqld_safe --user=mysql
```

mysqld_safe 是启动 MySQL 服务的程序。--user 参数可以指定用哪个用户登录。命令执行结果如下：

```
[root@localhost mysql]# bin/mysqld_safe --user=mysql
091114 10:49:44 mysqld_safe Logging to '/usr/local/mysql/var//localhost.localdomain.err'.
091114 10:49:44 mysqld_safe Starting mysqld daemon with databases from /usr/local/mysql/var/
```

输出的提示信息表示，日志信息存储在 localhost.localdomain.err 文件中。数据库存储在/usr/local/mysql/var/文件夹下。

（9）登录 MySQL 数据库。可以使用 bin 目录下的 mysql 程序来登录数据库，命令如下：

```
shell>bin/mysql -u root
```

因为现在还没有初始密码，所以直接输入用户名 root 就可以登录了。该命令的执行结果如下：

```
[root@localhost mysql]# bin/mysql -u root
Welcome to the MySQL monitor.  Commands end with ; or \g.
Your MySQL connection id is 1
Server version: 5.1.40-log Source distribution
Type 'help;' or '\h' for help. Type '\c' to clear the current input statement.
mysql>
```

结果显示登录成功，并显示了相应信息。其中，Server version: 5.1.40-log Source distribution，表示这个 MySQL 数据库是使用源码包安装的。因为没有初始密码，可能会存在潜在的危险，所以需要设置一个初始密码。设置密码之前，必须输入 exit 来退出 MySQL 数据库，然后再设置密码。设置初始密码的命令执行如下。

```
[root@localhost mysql]# bin/mysqladmin -u root password "123456"
```

这个命令将密码设置为“123456”。到此为止，使用源码包 MySQL 数据库已经安装成功。

3.5　上 机 实 践

1．在Linux操作系统下用RPM包安装MySQL数据库

（1）下载 MySQL 数据库的 RPM 包。因为不同 Linux 发行版使用的 RPM 包是不一样的，所以必须先弄清楚自己的操作系统的版本。然后必须了解自己机器的处理器架构。根据操作系统的版本和处理器的架构来下载对应的 RPM 包。下载地址是 http://dev.mysql.com/downloads/mysql/5.1.html。

（2）根据 3.1 节的内容来安装 RPM 包。
（3）配置 MySQL。通过手工的方式来修改配置文件。
（4）启动服务，并且登录到 MySQL 数据库。

2．在Linux操作系统下用二进制包安装MySQL数据库

（1）下载 MySQL 数据库的二进制包。下载地址是 http://dev.mysql.com/downloads/mysql/5.1.html。当前最新的稳定版本是 5.1.40。
（2）根据 3.2 节的内容来安装二进制包。
（3）通过手工的方式来修改配置文件。
（4）启动服务，并且登录到 MySQL 数据库。

3．在Linux操作系统下用源码包安装MySQL数据库

（1）下载 MySQL 数据库的源码包。下载地址是 http://dev.mysql.com/downloads/mysql/5.1.html。当前最新的稳定版本是 5.1.40。
（2）根据 3.3 节的内容来编译源码包。
（3）手工修改配置文件。
（4）启动服务，并且登录到 MySQL 数据库。

3.6　常见问题及解答

1．如何选择Linux操作系统下的MySQL数据库？

MySQL 数据库主要支持 Red Hat Enterprise Linux 和 SUSE Linux Enterprise Server 这两个 Linux 发行版。因此，只要是这两种发行版的衍生版本都可以使用 MySQL 的 RPM 包。如果读者的 Linux 操作系统不支持 RPM 包，可以使用源码包来安装。例如，Ubuntu 就可以使用源码包来安装。

RPM 包安装最简单，但是不灵活。源码包安装最灵活，但是安装过程非常耗费时间。因为，使用源码包需要重新编译。二进制包介于两者中间，比 RPM 包灵活，速度也比源码包快。

2．Linux下如何卸载MySQL数据库？

RPM 包安装的 MySQL 可以使用 RPM 命令来删除，命令如下：

```
RPM -e 软件名
```

RPM 包最好不要手工删除，因为不能保证删除了所有的相关文件。二进制包和源码包安装的 MySQL 数据库可以直接手工删除。因为，这两种包安装的 MySQL 数据库的文件很集中，而且很好找。

3.7　小　　结

本章主要介绍 Linux 操作系统下安装和配置 MySQL 数据库的方法。通过本章的学习，

读者需要掌握在 Linux 操作系统下安装 MySQL 的 RPM 软件包、二进制软件包、源码包的方法。并且，应该掌握手动配置 MySQL 的方法。如果读者的 Linux 发行版能够使用 RPM 软件包，推荐首选 RPM 软件包来安装 MySQL 数据库。源码包安装的难度比较大，需要有熟练使用 Linux 操作系统的能力。因此，读者可以选择性的学习。读者在学习本章时一定要结合实践，只有在安装与配置的过程中才会真正掌握本章的内容。下一章将介绍 MySQL 的数据类型。

3.8　本 章 习 题

1．练习使用 RPM 软件包安装 MySQL 数据库。
2．练习使用二进制软件包安装 MySQL 数据库。
3．练习使用源码包安装 MySQL 数据库。
4．练习手动配置 MySQL 的配置文件。

第 2 篇　MySQL 数据库基本操作

第 4 章　MySQL 数据类型

数据类型是数据的一种属性，其可以决定数据的存储格式、有效范围和相应的限制。MySQL 的数据类型包括整数类型、浮点数类型、定点数类型、日期和时间类型、字符串类型和二进制数据类型。在本章中将讲解的内容包括：

- 整数类型、浮点数类型和定点数类型；
- 日期与时间类型；
- 字符串类型；
- 二进制类型；
- 如何选择数据类型。

通过本章的学习，读者可以了解各种数据类型的含义、特点、使用范围和存储方式。同时，读者可以了解如何选择合适的数据类型。

4.1　MySQL 数据类型介绍

MySQL 数据库提供了多种数据类型。其中包括整数类型、浮点数类型、定点数类型、日期和时间类型、字符串类型和二进制数据类型。不同的数据类型有各自的特点，使用范围不相同。而且，存储方式也不一样。本节将详细讲解各种数据类型。

4.1.1　整数类型

整数类型是数据库中最基本的数据类型。标准 SQL 中支持 INTEGER 和 SMALLINT 这两类整数类型。MySQL 数据库除了支持这两种类型以外，还扩展支持了 TINYINT、MEDIUMINT 和 BIGINT。本小节将讲解各种整数类型的取值范围、存储的字节数、特点等内容。下面从不同整数类型的字节数、取值范围等方面进行对比，如表 4.1 所示。

表 4.1　MySQL的整数类型

整 数 类 型	字节数	无符合数的取值范围	有符合数的取值范围
TINYINT	1	0～255	–128～127
SMALLINT	2	0～65535	–32768～32767
MEDIUMINT	3	0～16777215	–8388608～8388607
INT	4	0～4294967295	–2147483648～2147483647
INTEGER	4	0～4294967295	–2147483648～2147483647
BIGINT	8	0～18446744073709551615	–9223372036854775808～9223372036854775807

从表 4.1 中可以看到，INT 类型和 INTEGER 类型的字节数和取值范围都是一样的。其实，在 MySQL 中 INT 类型和 INTEGER 类型是一样的。TINYINT 类型占用的字节最小，

只需要 1 个字节。因此，其取值范围是最小的。BIGINT 类型占用的字节最大，需要 8 个字节。因此，其取值范围是最大的。

不同类型的整数类型的字节数不同。根据类型所占的字节数可以算出该类型的取值范围。例如，TINYINT 的空间为 1 个字节，1 个字节是 8 位。那么，TINYINT 无符号数的最大值为 2^8-1，即为 255。TINYINT 有符号数的最大值为 2^7-1，即为 127。同理可以算出其他不同整数类型的取值范围。

MySQL 支持数据类型的名称后面指定该类型的显示宽度。其基本形式如下：

```
数据类型  (显示宽度)
```

其中，数据类型参数是整数数据类型的名称；显示宽度参数是指定宽度的数值。显示宽度是指能够显示的最大数据的长度。例如，INT(4)就是指定 INT 类型的显示宽度为 4。在不指定宽度的情况下，每个整数类型都有默认的显示宽度。

【示例 4-1】 下面某表的字段 a、b、c、d 和 e 的数据类型分别为 TINYINT、SMALLINT、MEDIUMINT、INT 和 BIGINT。这些整数类型都没有设置显示宽度，都为其默认值。该表的数据类型显示如下：

```
+-------+------------------+
| Field | Type             |
+-------+------------------+
| a     | tinyint(4)       |
| b     | smallint(6)      |
| c     | mediumint(9)     |
| d     | int(11)          |
| e     | bigint(20)       |
+-------+------------------+
```

从上面结果可以看出各种整数类型的默认显示宽度。TINYINT 类型的默认显示宽度为 4；SMALLINT 类型的默认显示宽度为 6；MEDIUMINT 类型的默认显示宽度为 9；INT 类型的默认显示宽度为 11；BIGINT 类型的默认显示宽度为 20。仔细观察会发现，TINYINT 类型的默认显示宽度与其有符号数的最小值的显示宽度相同。因为此处负号是占一个位置的。依此类推，其他整数类型的默认显示宽度与其有符号数的最大值的显示宽度相同。这个可以理解为，一个数据类型的默认显示宽度刚好能显示该数据类型的所有值。

在整数类型使用时，还可以搭配使用 zerofill 参数。zerofill 参数表示数字不足的显示空间由 0 来填补。值得注意的是，使用 zerofill 参数时，MySQL 会自动加上 UNSIGNED 属性。那么，该整数类型只能表示无符号数，其显示宽度比默认宽度小 1。如果查询表中使用了 zerofill 参数，表的值将显示为：

```
+-----+-------+----------+------------+----------------------+
| a   | b     | c        | d          | e                    |
+-----+-------+----------+------------+----------------------+
| 001 | 00001 | 00000001 | 0000000001 | 00000000000000000001 |
+-----+-------+----------+------------+----------------------+
```

从上面显示结果可以看出，未达到显示宽度的位置由 0 来补全了。而且，显示宽度都不默认显示宽度小 1。

虽然上面提到可以设置显示宽度，但依然可以插入大于显示宽度的值。

【示例 4-2】 下面某表的字段 a 和 b 分别为 INT(4)和 INT，向表中插入 111111 和 22222222。其显示结果如下：

```
+---------+-----------+
| a       | b         |
```

```
+----------+-------------+
| 111111 | 22222222 |
+----------+-------------+
```

结果显示，a 字段中仍然可以显示 111111。这说明，当插入数据的显示宽度大于设置的显示宽度时，数据依然可以插入。而且，可以完整的显示出来，设置的显示宽度在显示该记录时失效。

注意：数据的宽度不能大于默认宽度。如果大于默认宽度，那该数据已经超过了该类型的最大值。因为最大值的宽度必须是小于等于默认宽度。如果一个值大于了这个类型的最大值，那么这个值是不可能插入的。

整数类型还有一个 AUTO_INCREMENT 属性。该属性可以使字段成为自增字段。具有该属性的字段，在插入新的记录时，该字段的值都会在前一条记录的基础上加 1。详细内容见 6.1.6 小节。

字段选择哪个整数类型，取决于该字段的范围。如果字段的最大值不超过 255，那么选择 TINYINT 类型就足够了。取值很大时，根据最大值的范围选择 INT 类型或 BIGINT 类型。现在最常用的整数类型是 INT 类型。

4.1.2　浮点数类型和定点数类型

MySQL 中使用浮点数类型和定点数类型来表示小数。浮点数类型包括单精度浮点数（FLOAT 型）和双精度浮点数（DOUBLE 型）。定点数类型就是 DECIMAL 型。本小节中将讲解 FLOAT 型、DOUBLE 型和 DECIMAL 型的取值范围、存储的字节数和特点等内容。

下面从这三种类型的字节数、取值范围等方面进行对比，如表 4.2 所示。

表 4.2　MySQL的浮点数类型和定点数类型

整 数 类 型	字节数	负数的取值范围	非负数的取值范围
FLOAT	4	–3.402823466E+38～ –1.175494351E–38	0 和 1.175494351E–38～ 3.402823466E+38
DOUBLE	8	–1.7976931348623157E+308～ –2.2250738585072014E–308	0 和 2.2250738585072014E–308～ 1.7976931348623157E+308
DECIMAL(M,D) 或 DEC(M,D)	M+2	同 DOUBLE 型	同 DOUBLE 型

从上面表中可以看到，DECIMAL 型的取值范围与 DOUBLE 相同。但是，DECIMAL 的有效取值范围由 M 和 D 决定。而且，DECIMAL 型的字节数是 M+2。也就是说，定点数的存储空间是根据其精度决定的。

MySQL 中可以指定浮点数和定点数的精度。其基本形式如下：

```
数据类型  (M,D)
```

其中，“数据类型”参数是浮点数或定点数的数据类型名称；M 参数称为精度，是数据的总长度，小数点不占位置；D 参数成为标度，是指小数点后的长度为 D。例如，FLOAT(6,2)的含义数据 FLOAT 型，数据长度为 6，小数点后保留 2 位。按此定义，1234.56 是符合要求的。

注意：上述指定小数精度的方法虽然都适合于浮点数和定点数，但不是浮点数的标准用法。建议在定义浮点数时，如果不是实际情况需要，最好不要使用。如果使用了，可能会影响数据库的迁移。对定点数而言，DECIMAL(M,D)是定点数的标准格式，一般情况下可以选择这种数据类型。

如果插入值的精度高于实际定义的精度，系统会自动进行四舍五入处理，使值的精度达到要求。不同的是，FLOAT 型和 DOUBLE 型在四舍五入时不会报错，而 DECIMAL 型会有警告。

【示例 4-3】 下面某表的字段 a、b 和 c 的数据类型分别是 FLOAT(6,2)、DOUBLE(6,2) 和 DECIMAL(6,2)，向表中插入 3.143、3.145 和 3.1434。其显示结果如下：

```
+------+------+-------+
| a    | b    | c     |
+------+------+-------+
| 3.14 | 3.15 | 3.14 |
+------+------+-------+
```

结果显示，插入的数值都进行了四舍五入处理。同时系统出现警告，显示如下：

```
+---------+--------+----------------------------------------------+
| Level   | Code | Message                                        |
+---------+--------+----------------------------------------------+
| Note    | 1265    | Data truncated for column 'c' at row 1 |
+---------+--------+----------------------------------------------+
```

警告显示，字段 c 插入的信息被截断。而 a 和 b 字段却没有警告。

如果不指定精度，浮点数和定点数有其默认的精度。FLOAT 型和 DOUBLE 型默认会保存实际精度，但这与操作系统和硬件的精度有关。DECIMAL 型默认整数位为 10，小数位为 0，即默认为整数。

【示例 4-4】 下面某表的字段 a、b 和 c 的数据类型分别是 FLOAT、DOUBLE 和 DECIMAL，向表中插入 3.143、3.145 和 3.1434。其显示结果如下：

```
+--------+--------+-------+
| a      | b      | c     |
+--------+--------+-------+
| 3.143 | 3.145 |     3 |
+--------+--------+-------+
```

上面程序结果显示，字段 a 和 b 是按照实际精度保存的。而字段 c 进行了四舍五入处理，而且没有小数位。同时系统出现警告，显示如下：

```
+-------+--------+----------------------------------------------+
| Level | Code | Message                                        |
+-------+--------+----------------------------------------------+
| Note | 1265    | Data truncated for column 'c' at row 1 |
+-------+--------+----------------------------------------------+
```

字段 c 的值被截断时依然出现了系统报警。

技巧： 在 MySQL 中，定点数以字符串形式存储。因此，其精度比浮点数要高。而且，浮点数会出现误差，这是浮点数一直存在的缺陷。如果要对数据的精度要求比较高，还是选择定点数（DECIMAL）比较安全。

4.1.3　日期与时间类型

日期与时间类型是为了方便在数据库中存储日期和时间而设计的。MySQL 中有多种表示日期和时间的数据类型。其中，YEAR 类型表示时间；DATE 类型表示日期；TIME 类型表示时间；DATETIME 和 TIMESTAMP 表示日期和时间。本小节将介绍上述类型的存储的字节数、取值范围和特点。

下面从这 5 种日期与时间类型的字节数、取值范围和零值等方面进行对比，如表 4.3 所示。

表 4.3　MySQL的日期与时间类型

整数类型	字节数	取值范围	零　值
YEAR	1	1901～2155	0000
DATE	4	1000-01-01～9999-12-31	0000:00:00
TIME	3	–838:59:59～838:59:59	00:00:00
DATETIME	8	1000-01-01 00:00:00～9999-12-31 23:59:59	0000-00-00 00:00:00
TIMESTAMP	4	19700101080001～20380119111407	00000000000000

从上表中可以看到，每种日期与时间类型都有一个有效范围。如果插入的值超过了这个范围，系统会报错，并将零值插入到数据库中。不同的日期与时间类型有不同的零值，上表中已经详细列出。

1．YEAR类型

YEAR 类型使用 1 个字节来表示年份。MySQL 中以 YYYY 的形式显示 YEAR 类型的值。给 YEAR 类型的字段赋值的表示方法如下：

- 使用 4 位字符串或数字表示。其范围从 1901～2155。输入格式为‘YYYY’或 YYYY。例如，输入‘2008’或者 2008，可直接保存为 2008。如果超过了范围，就会插入 0000。

【示例 4-5】 下面某表的字段 a 的数据类型是 YEAR 类型，向表中插入 1997、‘1998’和‘1900’。其显示结果如下：

```
+------+
| a    |
+------+
| 1997 |
| 1998 |
| 0000 |
+------+
```

结果显示，1997 和‘1998’直接存储到字段 a 中。而‘1900’没有插入到字段 a 中，而是显示 0000。此处还有“Out of range value for column 'a' at row 1”的警告信息。

- 使用 2 位字符串表示。‘00’～‘69’转换为 2000～2069，‘70’～‘99’转换为 1970～1999。例如，输入‘35’，YEAR 值会转换为 2035；输入‘90’，YEAR 值会转换为 1990。‘0’和‘00’的效果是一样的。

【示例 4-6】 下面某表的字段 a 的数据类型是 YEAR 类型，向表中插入‘24’、‘86’、‘0’、‘00’。其显示结果如下：

```
+------+
| a    |
+------+
| 2024 |
| 1986 |
| 2000 |
| 2000 |
+------+
```

结果显示，‘24’转换为 2024；‘86’转换为 1986；‘0’和‘00’转换为 2000，这说明‘0’和‘00’表示相同的年份。

- 使用 2 位数字表示。1～69 转换为 2001～2069，70～99 转换为 1970～1999。注意，2 位数字与 2 位字符串是不一样的。因为，如果插入 0，转换后的 YEAR 值不是 2000，而是 0000。

【示例 4-7】 下面某表的字段 a 的数据类型是 YEAR 类型，向表中插入 24、86 和 0。其显示结果如下：

```
+------+
| a    |
+------+
| 2024 |
| 1986 |
| 0000 |
+------+
```

结果显示，24 转换为 2024；86 转换为 1986；0 转换为 0000，这里一定要与‘0’区分开来。因为 YEAR 类型只占 1 个字节。如果只需要记录年份，选择 YEAR 类型可以节约空间。

注意： 使用 YEAR 类型时，一定要注意区分 0 和‘0’。如果向 YEAR 类型的字段插入 0，存入该字段的年份是 0000。如果向 YEAR 类型的字段插入‘0’，存入的年份是 2000。‘00’和‘0’是一样的效果。因此，插入记录时一定要注意，虽然只相差个引号，实际却是相差了 2000 年。

2．TIME类型

TIME 类型使用 3 个字节来表示时间。MySQL 中以 HH:MM:SS 的形式显示 TIME 类型的值。其中，HH 表示时；MM 表示分，取值范围为 0～59；SS 表示秒，取值范围是 0～59。TIME 类型的范围可以从‘–838:59:59’～‘838:59:59’。虽然，小时的范围是 0～23。但是为了表示某种特殊需要的时间间隔，将 TIME 类型的范围扩大了。而且，还支持了负值。TIME 类型的字段赋值的表示方法如下。

- ‘D HH:MM:SS’格式的字符串表示。其中，D 表示天数，取值范围是 0～34。保存时，小时的值等于（D*24+HH）。例如，输入‘2 11:30:50’，TIME 类型会转换为 59:30:50。当然，输入时可以不严格按照这个格式，也可以是“HH:MM:SS”、“HH:MM”、“D HH:MM”、“D HH”或者“SS”等形式。例如，输入‘30’，TIME 类型会转换为 00:00:30。

【示例 4-8】 下面某表的字段 a 的数据类型是 TIME 类型，向表中插入‘2 23:50:50’、‘22:22:22’、‘11:11’、‘2 20:20’、‘2 20’和‘30’。其显示结果如下：

```
+----------+
| a        |
+----------+
| 71:50:50 |
| 22:22:22 |
| 11:11:00 |
| 68:20:00 |
| 68:00:00 |
| 00:00:30 |
+----------+
```

结果显示，‘2 23:50:50’转换为 71:50:50；‘11:11’转换为 11:11:00；‘2 20:20’转换为 68:20:00；‘2 20’转换为 68:00:00；‘30’转换为 00:00:30。

- ‘HHMMSS’格式的字符串或 HHMMSS 格式的数值表示。例如，输入‘345454’，TIME 类型会转换为 34:54:54；输入值为数值 345454，TIME 类型也会转换为 34:54:54。如果输入 0 和‘0’，那么 TIME 类型会转换为 0000:00:00。

【示例 4-9】 下面某表的字段 a 的数据类型是 TIME 类型，向表中插入 121212、‘131313’、‘0’和 0。其显示结果如下：

```
+-----------+
| a         |
+-----------+
| 12:12:12 |
| 13:13:13 |
| 00:00:00 |
| 00:00:00 |
+-----------+
```

结果显示，121212 转换为 12:12:12；‘131313’转换为 13:13:13；‘0’和 0 转换为 00:00:00。如果分钟和秒钟大于 60 时，系统会出现“Out of range value for column 'a' at row 1”这样的警告信息。

- 使用 CURRENT_TIME 或者 NOW()输入当前系统时间。

【示例 4-10】 下面某表的字段 a 的数据类型是 TIME 类型，向表中插入 CURRENT_TIME 和 NOW()。其显示结果如下：

```
+-----------+
| a         |
+-----------+
| 09:51:15 |
| 09:51:15 |
+-----------+
```

结果显示，CURRENT_TIME 和 NOW()都转换为当前系统时间。因此，如果要获取当前的系统时间，最好选择 CURRENT_TIME 和 NOW()。

一个合法的 TIME 值，如果超出 TIME 的范围，将被裁为范围最接近的端点，如，‘880:00:00’被转换为 838:59:59。无效 TIME 值，在命令行下是无法被插入到表中的。

注意： 如果插入的 TIME 值是无效的，系统会提示“ERROR 1292 (22007): Incorrect time value”。即使这个无效值被插入到表中，其值也会被转换为 00:00:00。例如，‘877034’就是一个无效的值，因为分钟部分超出了范围。

TIME 类型专门用来存储时间数据，而且只占 3 个字节。如果只需要记录时间，选择 TIME 类型是最合适的。

3. DATE类型

DATE 类型使用 4 个字节来表示日期。MySQL 中是以 YYYY-MM-DD 的形式显示 DATE 类型的值。其中，YYYY 表示年；MM 表示月；DD 表示日。DATE 类型的范围可以从‘1000-01-01’～‘9999-12-31’。给 DATE 类型的字段赋值的表示方法如下：

- ‘YYYY-MM-DD’或‘YYYYMMDD’格式的字符串表示。这种方式可以表达的范围是‘1000-01-01’～‘9999-12-31’。例如，输入‘4008-2-8’，DATE 类型将转换为 4008-02-08；输入‘20220308’，DATE 类型将转换为 2022-03-08。

MySQL 中还支持一些不严格的语法格式，任何标点都可以用来做间隔符。如‘YYYY/MM/DD’、‘YYYY@MM@DD’、‘YYYY.MM.DD’等分隔形式。例如，输入‘2011.3.8’，DATE 类型将转换为 2011-03-08。

【示例 4-11】下面某表的字段 a 的数据类型是 DATE 类型，向表中插入‘1949-10-01’、‘1950#2#3’、‘1951@3@4’和‘19520101’。其显示结果如下：

```
+---------------+
| a             |
+---------------+
| 1949-10-01 |
| 1950-02-03 |
| 1951-03-04 |
| 1952-01-01 |
+---------------+
```

结果显示，‘1949-10-01’保持原样的保存到字段中；‘1950#2#3’转换为 1950-02-03；‘1951@3@4’转换为 1951-03-04；‘19520101’转换为 1952-01-01。

- ‘YY-MM-DD’或者‘YYMMDD’格式的字符串表示。其中‘YY’的取值，‘00’～‘69’转换为 2000～2069，‘70’～‘99’转换为 1970～1999。与 YEAR 类型类似。例如，输入‘35-01-02’，DATE 类型将转换为 2035-01-02；输入‘800102’，DATE 类型将转换为 1980-01-02。

而且，MySQL 中也支持一些不严格的语法格式，如‘YY/MM/DD’、‘YY@MM@DD’、‘YY.MM.DD’等分隔形式。例如，输入‘89@3@8’，DATE 类型将转换为 1989-03-08。

【示例 4-12】下面某表的字段 a 的数据类型是 DATE 类型，向表中插入‘53-01-01’、‘78@1@1’、‘540101’和‘790101’。其显示结果如下：

```
+---------------+
| a             |
+---------------+
| 2053-01-01 |
| 1978-01-01 |
| 2054-01-01 |
| 1979-01-01 |
+---------------+
```

结果显示，‘53-01-01’转换为 2053-01-01；‘78@1@1’转换为 1978-01-01；‘540101’转换为 2054-01-01；‘790101’转换为 1979-01-01。

技巧：虽然 MySQL 支持 DATA 类型的一些不严格的语法格式。但是，在实际应用中，最好还是选择标准形式。日期中使用“-”做分隔符，时间用“:”做分隔符。如果有特殊需要，可以使用“@”、“*”等特殊字符做分隔符。

- YYYYMMDD 或 YYMMDD 格式的数字表示。其中‘YY’的取值，‘00’～‘69’转换为 2000～2069，‘70’～‘99’转换为 1970～1999。例如，输入 20080808，DATE 类型将转换为 2008-08-08；输入 790808，DATE 类型将转换为 1979-08-08。如果如果输入的值为 0，那么 DATE 类型会转化为 0000-00-00。

【示例 4-13】下面某表的字段 a 的数据类型是 DATE 类型，向表中插入 20080808、800101、090101 和 0。其显示结果如下：

```
+---------------+
| a             |
+---------------+
| 2008-08-08 |
| 1980-01-01 |
| 2009-01-01 |
| 0000-00-00 |
+---------------+
```

结果显示，20080808 转换为 2008-08-08；800101 转换为 1980-01-01；090101 转换为 2009-01-01；0 转换为 0000-00-00。

- 使用 CURRENT_DATE 或 NOW()来输入当前系统日期。

【示例 4-14】 下面某表的字段 a 的数据类型为 DATE 类型，向表中插入 CURRENT_DATE 和 NOW()。其显示结果如下：

```
+------------+
| a          |
+------------+
| 2009-09-30 |
| 2009-09-30 |
+------------+
```

结果显示，CURRENT_DATE 和 NOW()转换为当前系统日期。DATE 类型只占用 4 个字节。如果只需要记录日期，选择 DATE 类型是最合适的。

4. DATETIME类型

DATETIME 类型使用 8 个字节来表示日期和时间。MySQL 中以‘YYYY-MM-DD HH:MM:SS’的形式显示 DATETIME 类型的值。从其形式可以看出，DATETIME 类型可以直接用 DATE 类型和 TIME 类型组合而成。给 DATETIME 类型的字段赋值的表示方法如下：

- ‘YYYY-MM-DD HH:MM:SS’或‘YYYYMMDDHHMMSS’格式的字符串表示。这种方式可以表达的范围是‘1000-01-01 00:00:00’～‘9999-12-31 23:59:59’。例如，输入‘2008-08-08 08:08:08’，DATETIME 类型转换为 2008-08-08 08:08:08；输入‘20080808080808’，同样转换为 2008-08-08 08:08:08。

MySQL 中还支持一些不严格的语法格式，任何标点都可以用来做间隔符。情况与 DATE 类型相同。而且，时间部分也可以用任意分隔符隔开，这与 TIME 类型不同。TIME 类型只能用“：”隔开。例如，输入‘2008@08@08 08*08*08’，同样转换为 2008-08-08 08:08:08。

【示例 4-15】 下面某表的字段 a 的数据类型是 DATETIME 类型，向表中插入‘1949-10-01 11:11:11’、‘1950#2#3 11+11+11’和‘19510101121212’。其显示结果如下。

```
+---------------------+
| a                   |
+---------------------+
| 1949-10-01 11:11:11 |
| 1950-02-03 11:11:11 |
| 1951-01-01 12:12:12 |
+---------------------+
```

结果显示，‘1949-10-01 11:11:11’直接存储到字段中；‘1950#2#3 11+11+11’转换为 1950-02-03 11:11:11；‘19510101121212’转换为 1951-01-01 12:12:12。

- ‘YY-MM-DD HH:MM:SS’或‘YYMMDDHHMMSS’格式的字符串表示。其中‘YY’的取值，‘00’～‘69’转换为 2000～2069，‘70’～‘99’转换为 1970～1999。与 YEAR 型和 DATE 型相同。

【示例 4-16】 下面某表的字段 a 的数据类型是 DATETIME 类型，向表中插入‘52-01-01 11:11:11’、‘53@1@1 11*11*11’和‘790101121212’。其显示结果如下：

```
+---------------------+
| a                   |
+---------------------+
```

```
| 2052-01-01 11:11:11 |
| 2053-01-01 11:11:11 |
| 1979-01-01 12:12:12 |
+---------------------+
```

结果显示，‘52-01-01 11:11:11’直接存储到字段中；‘53@1@1 11*11*11’转换为2053-01-01 11:11:11；‘790101121212’转换为 1979-01-01 12:12:12。

- YYYYMMDDHHMMSS 或 YYMMDDHHMMSS 格式的数字表示。例如，输入20080808080808，DATETIME 类型转换为 2008-08-08 08:08:08；输入080808080808，同样转换为 2008-08-08 08:08:08。如果输入的值为 0，那么DATETIME 类型转换为 0000-00-00 00-00-00。

【示例 4-17】 下面某表的字段 a 的数据类型是 DATETIME 类型，向表中插入20080808080808、090101080808、790101080808 和 0。其显示结果如下：

```
+---------------------+
| a                   |
+---------------------+
| 2008-08-08 08:08:08 |
| 2009-01-01 08:08:08 |
|1979-01-01 08:08:08 |
| 0000-00-00 00:00:00 |
+---------------------+
```

结果显示，20080808080808 转换为 2008-08-08 08:08:08；090101080808 转换为2009-01-01 08:08:08；790101080808 转换为 1979-01-01 08:08:08；0 转换为 0000-00-00 00:00:00。

- 使用 NOW()来输入当前系统日期和时间。

【示例 4-18】 下面某表的字段 a 的数据类型是 DATETIME 类型，向表中插入 NOW()。其显示结果如下：

```
+---------------------+
| a                   |
+---------------------+
| 2009-09-30 11:35:32 |
+---------------------+
```

结果显示，NOW()转换为当前系统日期和时间。

说明： DATETIME 类型用于记录日期和时间，其作用等价于 DATE 类型和 TIME 类型的组合。一个 DATETIME 类型的字段可以用一个 DATE 类型的字段和一个 TIME 类型的字段代替。但是，如果需要同时记录日期和时间，选择 DATETIME 类型是个不错的选择。

下面会详细介绍 TIMESTAMP 类型，这种类型也是存储日期和时间的。DATETIME 类型和 TIMESTAMP 类型存在很多不同之处。在讲解完 TIMESTAMP 类型之后，读者会有深刻的认识。

5. TIMESTAMP类型

TIMESTAMP 类型使用 4 个字节来表示日期和时间。TIMESTAMP 类型的范围是从1970-01-01 08:00:01～2038-01-19 11:14:07。MySQL 中也是以‘YYYY-MM-DD HH:MM:SS’的形式显示 TIMESTAMP 类型的值。从其形式可以看出，TIMESTAMP 类型与 DATETIME 类型显示的格式是一样的。给 TIMESTAMP 类型的字段赋值的表示方法基本与 DATETIME

类型相同。值得注意的是，TIMESTAMP 类型范围比较小，没有 DATETIME 类型的范围大。因此，输入值时要保证在 TIMESTAMP 类型的有效范围内。

【示例 4-19】 下面某表的字段 a 的数据类型是 TIMESTAMP 类型，向表中插入‘1979-10-01 11:11:11’、‘1970#2#3 11+11+11’、‘19710101121212’、‘28-01-01 11:11:11’、‘33@1@1 11*11*11’、‘790101121212’、20080808080808、090101080808、0 和 NOW()。其显示结果如下：

```
+------------------------+
| a                      |
+------------------------+
| 1979-10-01 11:11:11 |
| 1970-02-03 11:11:11 |
| 1971-01-01 12:12:12 |
| 2028-01-01 11:11:11 |
| 2033-01-01 11:11:11 |
| 1979-01-01 12:12:12 |
| 2008-08-08 08:08:08 |
| 2009-01-01 08:08:08 |
| 0000-00-00 00:00:00 |
| 2009-09-30 12:17:25 |
+------------------------+
```

结果显示，‘1970#2#3 11+11+11’转换为 1970-02-03 11:11:11；‘33@1@1 11*11*11’转换为 2033-01-01 11:11:11；090101080808 转换为 2009-01-01 08:08:08；0 转换为 0000-00-00 00:00:00；NOW()转换为系统当前时间。

下面介绍 TIMESTAMP 类型的几种与 DATETIME 类型不同的形式。内容如下：

（1）使用 CURRENT_TIMESTAMP 来输入系统当前日期与时间。

（2）输入 NULL 时，系统会输入系统当前日期与时间。

（3）无任何输入时，系统会输入系统当前日期与时间。

【示例 4-20】 下面某表的字段 a 的数据类型是 TIMESTAMP 类型，不向表中插入值和向表中插入 CURRENT_TIMESTAMP 和 NULL。其显示结果如下：

```
+------------------------+
| a                      |
+------------------------+
| 2009-09-30 12:21:09 |
| 2009-09-30 12:21:20 |
| 2009-09-30 12:21:25 |
+------------------------+
```

结果显示，插入的都是系统的当前时间。

TIMESTAMP 类型还有一个很大的特殊点，就是时间是根据时区来显示的。例如，在东八区插入的 TIMESTAMP 类型为 2009-09-30 14:21:25。在东七区显示时，时间部分就变成了 13:21:25。在东九区显示时，时间部分就变成了 15:21:25。

需要显示日期与时间，TIMESTAMP 类型能够根据不同地区的时区来转换时间。但是，TIMESTAMP 类型的范围太小。其最大时间为 2038-01-19 11:14:07。如果插入的时间比这个大，将会出错。例如，输入 2038-01-19 11:14:08，系统会出现“ERROR 1292 (22007): Incorrect datetime value: '2038-01-19 11:15:08' for column 'a' at row 1”这样的错误提示。因此，若需要的时间范围比较大，还是选择 DATETIME 类型比较安全。

4.1.4 字符串类型

字符串类型是在数据库中存储字符串的数据类型。字符串类型包括 CHAR、

VARCHAR、BLOB、TEXT、ENUM 和 SET。本小节将讲解各种字符串类型的特点和差异。

1．CHAR类型和VARCHAR类型

CHAR 类型和 VARCHAR 类型都是在创建表时指定了最大长度，其基本形式如下：

```
字符串类型(M)
```

其中，“字符串类型”参数指定了数据类型为 CHAR 类型还是 VARCHAR 类型；M 参数指定了该字符串的最大长度为 M。例如，CHAR(4)就是指数据类型为 CHAR 类型，其最大长度为 4。

CHAR 类型的长度是固定的，在创建表时就指定了。其长度可以是 0～255 的任意值。例如，CHAR(100)就是指定 CHAR 类型的长度为 100。

VARCHAR 类型的长度是可变的，在创建表时指定了最大长度。定义时，其最大值可以取 0～65535 之间的任意值。指定 VARCHAR 类型的最大值以后，其长度可以在 0 到最大长度之间。例如，VARCHAR(100)的最大长度是 100。但是，不是每条记录都要占用 100 个字节。而是在这个最大值范围内，使用多少分配多少。VARCHAR 类型实际占用的空间为字符串的实际长度加 1。这样，即可有效节约系统的空间。

【示例 4-21】 下面向 CHAR(5)与 VARCHAR(5)中存入不同长度的字符串。将数据库中的存储形式和占用的字节数进行对比，如表 4.4 所示。

表 4.4　CHAR(5)与VARCHAR(5)的对比

插　入　值	CHAR(5)	占用字节数	VARCHAR(5)	占用字节数
‘’	‘’	5 个字节	‘’	1 个字节
‘1’	‘1’	5 个字节	‘1’	2 个字节
‘123’	‘123’	5 个字节	‘123’	4 个字节
‘123 ’	‘123’	5 个字节	‘123 ’	5 个字节
‘12345’	‘12345’	5 个字节	‘12345’	6 个字节

表 4.4 显示，CHAR(5)所占用的空间都是 5 个字节。这表示 CHAR(5)的固定长度就是 5 个字节。而 VARCHAR(5)所占的字节数是实际长度的基础上加 1。因为字符串的结束标志符占用了 1 个字节。从表的第三行可以看到，VARCHAR 将字符串‘123 ’最后面的空格依然保留着。为了确认空格是否保留，将所有数据后面加上“*”字符，结果显示如下：

```
+-------------+----------------+
| char_part | varchar_part |
+-------------+----------------+
| *           | *              |
| 1*          | 1*             |
| 123*        | 123*           |
| 123*        | 123 *          |
| 12345*      | 12345*         |
+-------------+----------------+
```

由此可见，VARCHAR 类型将‘123 ’最后面的空格保留着。而 CHAR 类型中将‘123 ’后面的空格自动删除了。

注意：如果 CHAR 和 VARCHAR 的长度为 5，而插入的值为‘123456’。那么系统会阻止这个值的插入，并且会报错。错误信息是“ERROR 1406 (22001): Data too long for column”。这说明插入的字符串的长度已经大于了可以插入的最大值。

2. TEXT类型

TEXT 类型是一种特殊的字符串类型。TEXT 只能保存字符数据，如新闻的内容等。TEXT 类型包括 TINYTEXT、TEXT、MEDIUMTEXT 和 LONGTEXT。下面将从 4 种 TEXT 类型允许的长度和存储空间进行对比，如表 4.5 所示。

表 4.5　各种TEXT类型的对比

类　型	允许的长度	存 储 空 间
TINYTEXT	0～255 字节	值的长度+2 个字节
TEXT	0～65535 字节	值的长度+2 个字节
MEDIUMTEXT	0～167772150 字节	值的长度+3 个字节
LONGTEXT	0～4294967295 字节	值的长度+4 个字节

从表 4.5 可以看出，各种 TEXT 类型的区别在于允许的长度和存储空间不同。因此在这几种 TEXT 类型中，根据需求选取既能满足需要又最节约空间的类型即可。

3. ENUM类型

ENUM 类型又称为枚举类型。在创建表时，ENUM 类型的取值范围就以列表的形式指定了。其基本形式如下：

```
属性名  ENUM( '值 1',  '值 2' ,…,  '值 n' )
```

其中，属性名参数指字段的名称；“值 n”参数表示列表中的第 n 个值，这些值末尾的空格将会被系统直接删除。ENUM 类型的值只能取列表中的一个元素。其取值列表中最多能有 65535 个值。列表中的每个值都有一个顺序排列的编号，MySQL 中存入的是这个编号，而不是列表中的值。

如果 ENUM 类型加上了 NOT NULL 属性，其默认值为取值列表的第一个元素。如果不加 NOT NULL 属性，ENUM 类型将允许插入 NULL，而且 NULL 为默认值。

【示例 4-22】 下面定义 ENUM 类型的取值类表为('woman', 'man')，而且不加 NOT NULL 属性。不指定插入值，以及向该字段中插入 NULL、woman 和 man 值。结果显示如下：

```
+---------+
| a       |
+---------+
| NULL    |
| NULL    |
| woman   |
| man     |
+---------+
```

结果显示，不指定插入值时，插入的是 NULL；插入 NULL 时，可以成功的将 NULL 插入到表中。如果插入的值为‘boy’，系统会出现“ERROR 1265 (01000): Data truncated for column” 这样的错误提示。

【示例 4-23】 下面定义 ENUM 类型的取值类表为('woman', 'man')，而且加上 NOT NULL 属性。不指定插入值时，结果显示如下：

```
+---------+
| a       |
+---------+
| woman   |
+---------+
```

结果显示，不指定插入值时，插入的是“woman”，也就是列表的第一个元素。如果插入的值为 NULL，则会出现“ERROR 1048 (23000): Column 'a' cannot be null”这样的错误提示。

如果只能选取列表中的一个值，就选择 ENUM 类型；如果需要选取列表中多个值得组合，则需要选择 SET 类型。下面将会详细讲解。

4．SET类型

在创建表时，SET 类型的取值范围就以列表的形式指定了。其基本形式如下。

```
属性名  SET ( '值 1',  '值 2' , …,  '值 n' )
```

其中，“属性名”参数指字段的名称；“值 n”参数表示列表中的第 n 个值，这些值末尾的空格将会被系统直接删除。其基本形式与 ENUM 类型一样。SET 类型的值可以取列表中的一个元素或者多个元素的组合。取多个元素时，不同元素之间用逗号隔开。SET 类型的值最多只能是有 64 个元素构成的组合。

同 ENUM 类型一样，列表中的每个值都有一个顺序排列的编号。MySQL 中存入的是这个编号，而不是列表中的值。

插入记录时，SET 字段中的元素顺序无关紧要。存入 MySQL 数据库后，数据库系统会自动按照定义时的顺序显示。

【示例 4-24】 下面定义 SET 类型的取值类表为('A', 'B', 'C', 'D', 'E')。插入值为('B')和('C, B, D')时，结果显示如下：

```
+---------+
| a       |
+---------+
| B       |
| B,C,D   |
+---------+
```

结果显示，'C,B,D'插入后依然按照'B,C,D'的顺序存储。如果插入的值为'B,E,F'，系统会出现“ERROR 1265 (01000): Data truncated for column”这样的错误提示。这说明，插入的值必须是在定义的集合中的元素。否则，系统会报错。

技巧： SET 类型和 ENUM 类型对于取值在一定范围的离散值很有效。ENUM 类型只能在取值列表内取一个值，SET 类型可以在取值列表内取多个值。这两个类型的数据都不是直接将数据存入数据库，而是将其列表中的编号存入数据库。

4.1.5　二进制类型

二进制类型是在数据库中存储二进制数据的数据类型。二进制类型包括 BINARY、VARBINARY、BIT、TINYBLOB、BLOB、MEDIUMBLOB 和 LONGBLOB。本小节将讲解各种二进制类型的特点和差异。

下面将从各种二进制类型进行对比，如表 4.6 所示。

表 4.6　MySQL的二进制类型

整 数 类 型	取 值 范 围
BINARY(M)	字节数为 M，允许长度为 0～M 的定长二进制字符串
VARBINARY(M)	允许长度为 0～M 的变长二进制字符串，字节数为值的长度加 1

续表

整数类型	取值范围
BIT(M)	M 位二进制数据，M 最大值为 64
TINYBLOB	可变长二进制数据，最多 255 个字节
BLOB	可变长二进制数据，最多（2^{16}–1）个字节
MEDIUMBLOB	可变长二进制数据，最多（2^{24}–1）个字节
LONGBLOB	可变长二进制数据，最多（2^{32}–1）个字节

1．BINARY和VARBINARY类型

BINARY 类型和 VARBINARY 类型都是在创建表时指定了最大长度，其基本形式如下：

```
字符串类型(M)
```

其中，“字符串类型”参数指定了数据类型为 BINARY 类型还是 VARBINARY 类型；M 参数指定了该二进制数的最大字节长度为 M。这与 CHAR 类型和 VARCHAR 类型相似。例如，BINARY (10)就是指数据类型为 BINARY 类型，其最大长度为 10。

BINARY 类型的长度是固定的，在创建表时就指定了。不足最大长度的空间由“\0”补全。例如，BINARY (50)就是指定 BINARY 类型的长度为 50。

VARBINARY 类型的长度是可变的，在创建表时指定了最大长度。指定好了 VARBINARY 类型的最大值以后，其长度可以在 0 到最大长度之间。例如，VARBINARY (50)的最大字节长度是 50。但是，不是每条记录的字节长度都是 50。在这个最大值范围内，使用多少分配多少。VARBINARY 类型实际占用的空间为实际长度加 1。这样，可以有效的节约系统的空间。

【示例 4-25】 下面的表中包含类型为 BINARY(4)的字段 b 和类型为 VARBINARY(4)的字段 vb。向表中两个字段中插入值都为“d”后，比较两个字段的存储空间的大小。比较结果显示如下：

```
+--------------+---------------+
| length(b)  | length(vb)  |
+--------------+---------------+
|          4 |             1 |
+--------------+---------------+
```

上述结果说明，BINARY 类型使用了最大的长度。而 VARBINARY 类型只使用了这个字符占用的长度。更进一步了解一下‘d’在表中的存储情况，如下所示：

```
+-------+-------+-------------+--------+--------+---------------+
| b     | b='d' | b='d\0\0\0' | vb     | vb='d' | vb='d\0\0\0' |
+-------+-------+-------------+--------+--------+---------------+
| d     |     0 |           1 | d      |      1 |             0 |
+-------+-------+-------------+--------+--------+---------------+
```

由上面结果可以看出，b='d\0\0\0'的值为 1，表示两个是相等的。同理，vb='d'的值为 1，表示这两者也是相等的。这就说明，BINARY 类型需要用“\0”来补足空余的空间，而 VARBINARY 不需要。这也解释了“d”在 b 字段和 vb 字段中长度不同的原因。

2．BIT类型

BIT 类型也是在创建表时指定了最大长度，其基本形式如下：

```
BIT(M)
```

其中，“M”指定了该二进制数的最大字节长度为 M，M 的最大值为 64。例如，BIT(4)就是数据类型为 BIT 类型，长度为 4。若字段的类型 BIT(4)，存储的数据是从 0～15。因为，变成二进制以后，15 的值为 1111，其长度为 4。如果插入的值为 16，其二进制数为 10000，长度为 5，超过了最大长度。因此，大于等于 16 的数是不能插入到 BIT(4)类型的字段中的。

在查询 BIT 类型类型的数据时，要用 BIN(字段名+0)来将值转换为二进制显示。

【示例 4-26】 下面表 bt 中包含 BIT 类型的字段 b。向表中插入 0、8 和 14 等值后，查询其结果显示如下：

```
mysql> SELECT BIN(b+0) FROM bt;
+-----------+
| BIN(b+0) |
+-----------+
| 0        |
| 1000     |
| 1110     |
+-----------+
```

其结果以二进制显示。最大长度为 4。

3．BLOB类型

BLOB 类型是一种特殊的二进制类型。BLOB 可以用来保存数据量很大的二进制数据，如图片等。BLOB 类型包括 TINYBLOB、BLOB、MEDIUMBLOB 和 LONGBLOB。这几种 BLOB 类型最大的区别就是能够保存的最大长度不同。LONGBLOB 的长度最大，TINYBLOB 的长度最小。

BLOB 类型与 TEXT 类型很类似。不同点在于 BLOB 类型用于存储二进制数据，BLOB 类型数据是根据其二进制编码进行比较和排序。而 TEXT 类型是文本模式进行比较和排序的。

技巧： BLOB 类型主要用来存储图片、PDF 文档等二进制文件。通常情况下，可以将图片、PDF 文档都可以存储在文件系统中，然后在数据库中存储这些文件的路径。这种方式存储比直接存储在数据库中简单，但是访问速度比存储在数据库中慢。

4.2　如何选择数据类型

在 MySQL 中创建表时，需要考虑为字段选择哪种数据类型是最合适的。只有选择了合适的数据类型，才能提高数据库的效率。本小节将讲解选择数据类型的原则。

1．整数类型和浮点数类型

整数类型和浮点数类型最大的区别在于能否表达小数。整数类型不能表示小数，而浮点数类型可以表示小数。不同的整数类型的取值范围不同。TINYINT 类型的取值范围为 0～255。如果字段的最大值不超过 255，那选择 TINYINT 类型就足够了。BIGINT 类型的取值范围最大。最常用的整数类型是 INT 类型。

浮点数类型包括 FLOAT 类型和 DOUBLE 类型。DOUBLE 类型的精度比 FLOAT 类型高。如果需要精确到小数点后 10 位以上，就应该选择 DOUBLE 类型，而不应该选择 FLOAT

类型。

2. 浮点数类型和定点数类型

对于浮点数和定点数，当插入值的精度高于实际定义的精度时，系统会自动进行四舍五入处理。其目的是为了使该值的精度达到要求。浮点数进行四舍五入时系统不会报警，定点数会出现警告。

在未指定精度的情况下，浮点数和定点数有其默认的精度。FLOAT 型和 DOUBLE 型默认会保存实际精度。这个精度与操作系统和硬件的精度有关。DECIMAL 型默认整数位为 10，小数位为 0，即默认为整数。

在 MySQL 中，定点数精度比浮点数要高。而且，浮点数会出现误差。如果要对数据的精度要求比较高，应该选择定点数。

3. CHAR类型和VARCHAR类型

CHAR 类型的长度是固定的，而 VARCHAR 类型的长度是在范围内可变的。因此，VARCHAR 类型占用的空间比 CHAR 类型小。而且，VARCHAR 类型比 CHAR 类型灵活。对于长度变化比较大的字符串类型，最好是选择 VARCHAR 类型。

虽然 CHAR 类型占用的空间比较大，但是 CHAR 类型的处理速度比 VARCHAR 快。因此，对于长度变化不大和查询速度要求较高的字符串类型，最好选择 CHAR 类型。

4. 时间和日期类型

YEAR 类型只表示年份。如果只需要记录年份，选择 YEAR 类型可以节约空间。TIME 类型只表示时间。如果只需要记录时间，选择 TIME 类型是最合适的。DATE 类型只表示日期。如果只需要记录日期，选择 DATE 类型是最合适的。

如果需要记录日期和时间，可以选择 DATETIME 类型和 TIMESTAMP 类型。DATETIME 类型表示的时间范围比 TIMESTAMP 类型大。因此，若需要的时间范围比较大，选择 DATETIME 类型比较合适。TIMESTAMP 类型的时间是根据时区来显示的。如果需要显示的时间与时区对应，那就应该选择 TIMESTAMP 类型。

5. ENUM类型和SET类型

ENUM 类型最多可以有 65535 个成员，而 SET 类型最多只能包含 64 个成员。两者的取值只能在成员列表中选取。ENUM 类型只能从成员中选择一个，而 SET 类型可以选择多个。

因此，对于多个值中选取一个的，可以选择 ENUM 类型。例如，“性别”字段就可以定义成 ENUM 类型，因为只能在“男”和“女”中选其中一个。对于可以选取多个值的字段，可以选择 SET 类型。例如，“爱好”字段就可以选择 SET 类型，因为可能有多种爱好。

6. TEXT类型和BLOB类型

TEXT 类型与 BLOB 类型很类似。TEXT 类型存储只能存储字符数据。而 BLOB 类型可以用于存储二进制数据。如果要存储文章等纯文本的数据，应该选择 TEXT 类型。如果需要存储图片等二进制的数据，应该选择 BLOB 类型。

TEXT 类型包括 TINYTEXT、TEXT、MEDIUMTEXT 和 LONGTEXT。这 4 者最大的

不同是内容的长度不同。TINYTEXT 类型允许的长度最小，LONGTEXT 类型允许的长度最大。BLOB 类型也是如此。

4.3　常见问题及解答

1. MySQL中什么数据类型能够储存路径？

MySQL 中，CHAR、VARCHAR 和 TEXT 等字符串类型都可以存储路径。但是，如果路径中使用“\”符合时，这个符号会被过滤。解决的办法是，路径中用“/”或“\\”来代替“\”。这样，MySQL 就不会自动过滤路径的分隔字符，可以完整的表示路径。

2. MySQL中如何使用布尔类型？

在 SQL 标准中，存在 BOOL 和 BOOLEAN 类型。MySQL 为了支持 SQL 标准，也是可以定义 BOOL 和 BOOLEAN 类型的。但是，BOOL 和 BOOLEAN 类型最后转换成的是 TINYINT(1)。也就是说，在 MySQL 中，布尔类型等价于 TINYINT(1)。因此，创建表的时候将一个字段定义成 BOOL 和 BOOLEAN 类型，数据库中真实定义的是 TINYINT(1)。

3. MySQL中如何存储JPG图片和MP3音乐？

一般情况下，数据库中不直接存储图片和音频文件。而是存储图片和音频文件的路径。如果实在需要在 MySQL 数据库中存储图片和音频文件，就选择 BLOB 类型。因为，BLOB 类型可以用来存储二进制类型的文件。

4.4　小　　结

本章介绍了 MySQL 数据库常见的数据类型。整数类型、浮点数类型、日期和时间类型和字符串类型是数据库中使用最频繁的数据类型。定点数类型、二进制数据类型使用相对比较少。因此，读者应该重点掌握前面那几种数据类型。选择数据库类型是本章的难点。读者应该考虑各种数据类型的特点，根据不同的需要选择相应的数据类型。下一章将介绍创建和删除数据库的基本方法，以及各种 MySQL 存储引擎的特点。

4.5　本 章 习 题

1. 浮点数类型和定点数类型的区别是什么？
2. DATETIME 类型和 TIMESTAMP 类型的相同点和不同点是什么？
3. 如果一篇新闻中包含文字和图片，应该选择哪种数据类型进行存储？
4. 举例说明哪种情况下使用 ENUM 类型？哪种情况下用 SET 类型？

第 5 章　操作数据库

数据库是指长期存储在计算机内、有组织的和可共享的数据集合。简而言之，数据库就是一个存储数据的地方。只是，其存储方式有特定的规律。这样可以方便处理数据。数据库的操作包括创建数据库和删除数据库。这些操作都是数据库管理的基础。在本章中将讲解的内容包括：

- 创建数据库；
- 删除数据库；
- 数据库的存储引擎；
- 如何选择存储引擎。

通过本章的学习，读者可以了解创建数据库和删除数据库的方法。同时，读者可以了解数据库存储引擎的基本内容和分类。最后，读者将会了解如何选择一个合适的存储引擎。

5.1　创建数据库

创建数据库是指在数据库系统中划分一块空间，用来存储相应的数据。这是进行表操作的基础，也是进行数据库管理的基础。本节主要讲解如何创建数据库。

在 MySQL 中，创建数据库须通过 SQL 语句 CREATE DATABASE 实现的。其语法形式如下：

```
CREATE   DATABASE   数据库名;
```

其中，“数据库名”参数表示所要创建的数据库的名称。在创建数据库之前，可以使用 SHOW 语句来显示现在已经存在的数据库。语法形式如下：

```
SHOW   DATABASES;
```

使用 SHOW 语句执行的结果如下：

```
mysql> SHOW DATABASES;
+--------------------------+
| Database                 |
+--------------------------+
| information_schema |
| mysql                    |
| test                     |
+--------------------------+
3 rows in set (0.00 sec)
```

从上面查询结果看，该数据库系统中存在3个数据库。这3个数据库分别为 information_schema、mysql 和 test。

【示例 5-1】 下面执行 CREATE DATABASE 语句，在数据库系统中创建名为 example 的数据库。执行代码如下：

```
CREATE  DATABASE  example ;
```

执行结果显示如下：

```
mysql> CREATE  DATABASE  example ;
Query OK, 1 row affected (0.01 sec)
```

结果显示，数据库创建成功。为了检验数据库系统中是否已经存在名为 example 的数据库，使用 SHOW 语句来查看一下数据库。执行结果如下：

```
mysql> SHOW DATABASES;
+--------------------------+
| Database                 |
+--------------------------+
| information_schema |
| example                  |
| mysql                    |
| test                     |
+--------------------------+
4 rows in set (0.00 sec)
```

查询结果显示，已经存在 example 数据库。数据库创建成功。

说明： 信息显示"Query OK, 1 rows affected (0.01 sec)"表示创建成功，1 行受到影响，处理时间为 0.01 秒。"Query OK"表示创建、修改和删除成功。信息为"4 rows in set (0.00 sec)"表示集合中有 4 行信息，处理时间为 0.00 秒。时间为 0.00 秒并不代表没有花费时间，而是时间非常短，小于 0.01 秒。

5.2　删除数据库

删除数据库是指在数据库系统中删除已经存在的数据库。删除数据库之后，原来分配的空间将被收回。值得注意的是，删除数据库会删除该数据库中所有的表和所有数据。因此，应该特别小心。本节主要讲解如何删除数据库。

MySQL 中，删除数据库是通过 SQL 语句 DROP DATABASE 实现的。其语法形式如下：

```
DROP  DATABASE  数据库名 ;
```

其中，"数据库名"参数表示所要删除的数据库的名称。

【示例 5-2】 下面执行 DROP DATABASE 语句来删除一个数据库。这个示例中准备删除一个名为 mybook 的数据库。在删除数据库之前，使用 CREATE DATABASE 语句创建一个名为 mybook 的数据库。执行结果如下：

```
CREATE  DATABASE  mybook ;
```

执行结果如下：

```
mysql> CREATE  DATABASE  mybook ;
Query OK, 1 row affected (0.02 sec)
```

可以使用 SHOW 语句来显示现在是否已经存在名为 mybook 的数据库。使用 SHOW 语句执行的结果如下：

```
mysql> SHOW DATABASES;
+--------------------------+
```

```
| Database           |
+--------------------+
| information_schema |
| example            |
| mybook             |
| mysql              |
| test               |
+--------------------+
5 rows in set (0.00 sec)
```

查询结果显示，数据库系统中已经存在一个名为 mybook 的数据库。进行示例的条件已经准备好了，现在可以执行 DROP DATABASE 语句来删除数据库，代码如下：

```
DROP   DATABASE   mybook   ;
```

代码执行如下：

```
mysql> DROP DATABASE mybook;
Query OK, 0 rows affected (0.00 sec)
```

执行结果显示，数据库删除成功。可以执行 SHOW DATABASES 语句来查看数据库是否已经删除。执行结果如下：

```
mysql> SHOW DATABASES;
+--------------------+
| Database           |
+--------------------+
| information_schema |
| example            |
| mysql              |
| test               |
+--------------------+
4 rows in set (0.00 sec)
```

结果显示，数据库系统中已经不存在 mybook 数据库了。数据库删除成功，之前分配给 mybook 数据库的空间将收回。

注意：在此提醒读者特别注意，删除数据库要慎重。因为删除数据库会删除数据库中所有的表和表中所有的数据。如果确定要删除某一个数据库，可以先将该数据库备份，然后再删除。这样，可以避免不必要的麻烦。

5.3　数据库存储引擎

MySQL 中提到了存储引擎的概念。简而言之，存储引擎就是指表的类型。数据库的存储引擎决定了表在计算机中的存储方式。本节将讲解存储引擎的内容和分类，以及如何选择合适的存储引擎。

5.3.1　MySQL 存储引擎简介

存储引擎的概念是 MySQL 的特点，而且是一种插入式的存储引擎概念。这决定了 MySQL 数据库中的表可以用不同的方式存储。用户可以根据自己的不同要求，选择不同的存储方式、是否进行事务处理等。

【示例 5-3】下面使用 SHOW ENGINES 语句可以查看 MySQL 数据库支持的存储引擎

类型。查询方法如下：

```
SHOW  ENGINES ;
```

SHOW ENGINES 语句可以用“;”结束，也可以使用“\g”或者“\G”结束。“\g”与“;”的作用相同，“\G”可以让结果显示得更加美观。SHOW ENGINES 语句查询的结果显示如下：

```
mysql> SHOW  ENGINES \G
*************************** 1. row ***************************
      Engine: Falcon
     Support: YES
     Comment: Falcon storage engine
Transactions: YES
          XA: NO
  Savepoints: YES
*************************** 2. row ***************************
      Engine: BLACKHOLE
     Support: YES
     Comment: /dev/null storage engine (anything you write to it disappears)
Transactions: NO
          XA: NO
  Savepoints: NO
*************************** 3. row ***************************
      Engine: MRG_MYISAM
     Support: YES
     Comment: Collection of identical MyISAM tables
Transactions: NO
          XA: NO
  Savepoints: NO
*************************** 4. row ***************************
      Engine: MARIA
     Support: YES
     Comment: Crash-safe tables with MyISAM heritage
Transactions: YES
          XA: NO
  Savepoints: NO
*************************** 5. row ***************************
      Engine: CSV
     Support: YES
     Comment: CSV storage engine
Transactions: NO
          XA: NO
  Savepoints: NO
*************************** 6. row ***************************
      Engine: FEDERATED
     Support: NO
     Comment: Federated MySQL storage engine
Transactions: NULL
          XA: NULL
  Savepoints: NULL
*************************** 7. row ***************************
      Engine: ARCHIVE
     Support: YES
     Comment: Archive storage engine
Transactions: NO
          XA: NO
  Savepoints: NO
*************************** 8. row ***************************
      Engine: InnoDB
     Support: DEFAULT
     Comment: Supports transactions, row-level locking, and foreign keys
Transactions: YES
          XA: YES
  Savepoints: YES
```

```
*************************** 9. row ***************************
      Engine: MyISAM
     Support: YES
     Comment: Default engine as of MySQL 3.23 with great performance
Transactions: NO
          XA: NO
  Savepoints: NO
*************************** 10. row ***************************
      Engine: MEMORY
     Support: YES
     Comment: Hash based, stored in memory, useful for temporary tables
Transactions: NO
          XA: NO
  Savepoints: NO
10 rows in set (0.00 sec)
```

查询结果中，Engine 参数指存储引擎名称；Support 参数说明 MySQL 是否支持该类引擎，YES 表示支持；Comment 参数指对该引擎的评论；Transactions 参数表示是否支持事务处理，YES 表示支持；XA 参数表示是否分布式交易处理的 XA 规范，YES 表示支持；Savepoints 参数表示是否支持保存点，以便事务回滚到保存点，YES 表示支持。

从查询结果中可以看出，MySQL 支持的存储引擎包括 MyISAM、MEMORY、InnoDB、ARCHIVE 和 MRG_MYISAM 等。其中 InnoDB 为默认（DEFAULT）存储引擎。

说明：MySQL 5.1.40 安装时默认的存储引擎是 InnoDB。如果通过图形界面安装 MySQL 时，选择 Non-Transactional Database Only 这个选项，那么 MySQL 的存储引擎将会是 MyISAM。如果使用免安装的 MySQL，其默认存储引擎是 MyISAM。

MySQL 中另一个 SHOW 语句也可以显示支持的存储引擎的信息。

【示例 5-4】 下面使用 SHOW 语句查询 MySQL 支持的存储引擎。其代码如下：

```
SHOW   VARIABLES   LIKE   'have%' ;
```

查询结果如下：

```
mysql> SHOW   VARIABLES   LIKE   'have%' ;
+-------------------------+----------+
| Variable_name           | Value    |
+-------------------------+----------+
| have_community_features | YES      |
| have_compress           | YES      |
| have_crypt              | NO       |
| have_csv                | YES      |
| have_dynamic_loading    | YES      |
| have_geometry           | YES      |
| have_innodb             | YES      |
| have_ndbcluster         | NO       |
| have_openssl            | DISABLED |
| have_partitioning       | YES      |
| have_query_cache        | YES      |
| have_rtree_keys         | YES      |
| have_ssl                | DISABLED |
| have_symlink            | YES      |
+-------------------------+----------+
14 rows in set (0.00 sec)
```

查询结果中，第一列 Variable_name 表示存储引擎的名称，第二列 Value 表示 MySQL 的支持情况。YES 表示支持，NO 表示不支持，DISABLED 表示支持但还没有开启。Variable_name 列有取值为 have_innodb 的记录，对应 Value 的值为 YES，这表示支持 InnoDB 存储引擎。

在创建表时，若没有指定存储引擎，表的存储引擎将为默认的存储引擎。本书使用的

MySQL 软件的默认存储引擎为 InnoDB。读者也可以使用下面介绍这个 SHOW 语句查看默认的存储引擎。

【示例 5-5】 下面是用 SHOW 语句查询默认存储引擎。语句的代码如下：

```
SHOW  VARIABLES  LIKE  'storage_engine' ;
```

代码执行结果如下：

```
mysql> SHOW  VARIABLES  LIKE  'storage_engine' ;
+-------------------+-----------+
| Variable_name | Value   |
+-------------------+-----------+
| storage_engine | InnoDB |
+-------------------+-----------+
1 row in set (0.03 sec)
```

结果显示，默认的存储引擎为 InnoDB。读者可以使用该方式查看 MySQL 数据库的默认存储引擎。如果读者想更改默认的存储引擎，可以在 my.ini 中进行修改。将“default-storage-engine=INNODB”更改为“default-storage-engine= MyISAM”。然后重启服务，修改生效。

下面的几个小节中，将详细讲解 InnoDB、MyISAM 和 MEMORY 等 3 种存储引擎。

5.3.2　InnoDB 存储引擎

InnoDB 是 MySQL 数据库的一种存储引擎。InnoDB 给 MySQL 的表提供了事务、回滚、崩溃修复能力和多版本并发控制的事务安全。在 MySQL 从 3.23.34a 开始包含 InnoDB 存储引擎。InnoDB 是 MySQL 上第一个提供外键约束的表引擎。而且 InnoDB 对事务处理的能力，也是 MySQL 其他存储引擎所无法与之比拟的。笔者安装的 MySQL 的默认存储引擎就是 InnoDB。下文中将讲解 InnoDB 存储引擎的特点及其优缺点。

InnoDB 存储引擎中支持自动增长列 AUTO_INCREMENT。自动增长列的值不能为空，且值必须唯一。MySQL 中规定自增列必须为主键。在插入值时，如果自动增长列不输入值，则插入的值为自动增长后的值；如果输入的值为 0 或空（NULL），则插入的值也为自动增长后的值；如果插入某个确定的值，且该值在前面没有出现过，则可以直接插入。关于 AUTO_INCREMENT 的具体内容，请参照 6.1.6 小节。

InnoDB 存储引擎中支持外键（FOREIGN KEY）。外键所在的表为子表，外键所依赖的表为父表。父表中被子表外键关联的字段必须为主键。当删除、更新父表的某条信息时，子表也必须有相应的改变。关于外键的详细内容，请参照 6.1.3 小节。

InnoDB 存储引擎中，创建的表的表结构存储在.frm 文件中。数据和索引存储在 innodb_data_home_dir 和 innodb_data_file_path 定义的表空间中。

InnoDB 存储引擎的优势在于提供了良好的事务管理、崩溃修复能力和并发控制。缺点是其读写效率稍差，占用的数据空间相对比较大。

5.3.3　MyISAM 存储引擎

MyISAM 存储引擎是 MySQL 中常见的存储引擎，曾是 MySQL 的默认存储引擎。MyISAM 存储引擎是基于 ISAM 存储引擎发展起来的。MyISAM 增加了很多有用的扩展。本小节将讲解 MyISAM 存储引擎的文件类型、存储格式和优缺点。

MyISAM 存储引擎的表存储成 3 个文件。文件的名字与表名相同。扩展名包括 frm、MYD 和 MYI。其中，frm 为扩展名的文件存储表的结构；MYD 为扩展名的文件存储数据，其是 MYData 的缩写；MYI 为扩展名的文件存储索引，其是 MYIndex 的缩写。

基于 MyISAM 存储引擎的表支持 3 种不同的存储格式。包括静态型、动态型和压缩型。其中，静态型为 MyISAM 存储引擎的默认存储格式，其字段是固定长度的；动态型包含变长字段，记录的长度不是固定的；压缩型需要使用 myisampack 工具创建，占用的磁盘空间较小。

MyISAM 存储引擎的优势在于占用空间小，处理速度快。缺点是不支持事务的完整性和并发性。

5.3.4　MEMORY 存储引擎

MEMORY 存储引擎是 MySQL 中的一类特殊的存储引擎。其使用存储在内存中的内容来创建表，而且所有数据也放在内存中。这些特性都与 InooDB 存储引擎、MyISAM 存储引擎不同。下面将讲解 MEMORY 存储引擎的文件存储形式、索引类型、存储周期和优缺点。

每个基于 MEMORY 存储引擎的表实际对应一个磁盘文件。该文件的文件名与表名相同，类型为 frm 类型。该文件中只存储表的结构。而其数据文件，都是存储在内存中。这样有利于对数据的快速的处理，提高整个表的处理效率。值得注意的是，服务器需要有足够的内存来维持 MEMORY 存储引擎的表的使用。如果不需要使用了，可以释放这些内存，甚至可以删除不需要的表。

MEMORY 存储引擎默认使用哈希（HASH）索引。其速度要比使用 B 型树（BTREE）索引快。如果读者希望使用 B 型树索引，可以在创建索引时选择使用。

技巧： MEMORY 存储引擎通常很少用到。因为 MEMORY 表的所有数据是存储在内存上的，如果内存出现异常就会影响到数据的完整性。如果重启机器或者关机，表中的所有数据将消失。因此，基于 MEMORY 存储引擎的表的生命周期很短，一般都是一次性的。

MEMORY 表的大小是受到限制的。表的大小主要取决于两个参数，分别是 max_rows 和 max_heap_table_size。其中，max_rows 可以在创建表时指定；max_heap_table_size 的大小默认为 16MB，可以按需要进行扩大。因此，其存在于内存中的特性，这类表的处理速度非常快。但是，其数据易丢失，生命周期短。基于其这个缺陷，选择 MEMORY 存储引擎时需要特别小心。

5.3.5　存储引擎的选择

在实际工作中，选择一个合适的存储引擎是一个很复杂的问题。每种存储引擎都有各自的优势，不能笼统的说谁比谁更好。本小节将对各个存储引擎的特点进行对比，给出不同情况下选择存储引擎的建议。

下面从存储引擎的事务安全、存储限制、空间使用、内存使用、插入数据的速度和对外键的支持这几个角度做一个比较，如表 5.1 所示：

表 5.1　存储引擎的对比

特　　性	InnoDB	MyISAM	MEMORY
事务安全	支持	无	无
存储限制	64TB	有	有
空间使用	高	低	低
内存使用	高	低	高
插入数据的速度	低	高	高
对外键的支持	支持	无	无

表 5.1 中介绍了 InnoDB、MyISAM、MEMORY 这 3 种存储引擎特性的对比。下面根据其不同的特性，给出选择存储引擎的建议。

- InnoDB 存储引擎：InnoDB 存储引擎支持事务处理，支持外键。同时支持崩溃修复能力和并发控制。如果需要对事务的完整性要求比较高，要求实现并发控制，那选择 InnoDB 存储引擎有其很大的优势。如果需要频繁的进行更新、删除操作的数据库，也可以选择 InnoDB 存储引擎。因为，该类存储引擎可以实现事务的提交（Commit）和回滚（Rollback）。
- MyISAM 存储引擎：MyISAM 存储引擎的插入数据快，空间和内存使用比较低。如果表主要是用于插入新纪录和读出记录，那么选择 MyISAM 存储引擎能实现处理的高效率。如果应用的完整性、并发性要求很低，也可以选择 MyISAM 存储引擎。
- MEMORY 存储引擎：MEMORY 存储引擎的所有数据都在内存中，数据的处理速度快，但安全性不高。如果需要很快的读写速度，对数据的安全性要求较低，可以选择 MEMORY 存储引擎。MEMORY 存储引擎对表的大小有要求，不能建立太大的表。所以，这类数据库只使用与相对较小的数据库表。

这些选择存储引擎的建议都是根据不同存储引擎的特点提出的。这些建议方案并不是绝对的。实际应用中还需要根据实际情况进行分析。

技巧： 同一个数据库中可以使用多种存储引擎的表。如果一个表要求较高的事务处理，可以选择 InnoDB。这个数据库中可以将查询要求比较高的表选择 MyISAM 存储引擎。如果需要该数据库中需要一个用于查询的临时表，可以选择 MEMORY 存储引擎。

5.4　本 章 实 例

学校需要建立信息化的管理，必须要建立一个信息完备的数据库系统。这个数据库系统中存储着学校的教师、学生、课程安排和考试成绩等各种信息。本章实例将和读者一起建立一个名为 school 的数据库。

1. 登录数据库系统

在命令行中登录 MySQL 数据库管理系统，输入内容如下：

```
mysql –h localhost –u root -p
```

其中，“-h”参数指连接的主机名，因为此处是连接本机，所以后面的内容为 localhost；

“-u”参数表示用户名，此处的用户名为 root；“-p”参数指用户密码。按下 Enter 键后，显示输入密码的提示，结果如下：

```
Enter password:
```

输入密码，显示为：

```
Enter password: ****
```

显示中的密码为 4 个“*”。这样是为了保证密码的安全，避免在输入密码时，被周围的人看到密码的信息。按 Enter 后，检验密码正确后进入 MySQL 管理系统。显示如下：

```
Welcome to the MySQL monitor.   Commands end with ; or \g.
Your MySQL connection id is 1
Server version: 5.1.40-community MySQL Community Server (GPL)
Type 'help;' or '\h' for help. Type '\c' to clear the buffer.
mysql>
```

显示上述内容，说明数据库管理系统登录成功。

2. 查看已存在的数据库

在创建数据库之前，先确实数据库系统中已经存在哪些数据库。执行 SHOW DATABASES 语句，查询数据库系统中现在已经存在的数据库。显示如下：

```
mysql> SHOW DATABASES;
+--------------------+
| Database           |
+--------------------+
| information_schema |
| example            |
| mysql              |
| test               |
+--------------------+
4 rows in set (0.06 sec)
```

结果显示数据库系统中已经存在了 4 个数据库。这 4 个数据库的名字分别为 information_schema、example、mysql 和 test。

3. 查看默认存储引擎

在创建数据库之前，先查看一下系统默认的存储引擎是什么。使用 SHOW 语句的查询显示如下：

```
mysql> SHOW   VARIABLES   LIKE   'storage_engine' ;
+----------------+--------+
| Variable_name  | Value  |
+----------------+--------+
| storage_engine | InnoDB |
+----------------+--------+
1 row in set (0.03 sec)
```

结果显示，默认的存储引擎为 InnoDB 存储引擎。

4. 创建数据库

上面已经确认数据库系统不存在名为 school 的数据库。而且，已经了解默认存储引擎为 InnoDB。现在，执行 CREATA DATABASE 语句来创建一个名为 school 的数据库。代码执行如下：

```
mysql> CREATE DATABASE school;
```

```
Query OK, 1 row affected (0.09 sec)
```

结果显示创建数据库成功。为了确认数据库系统是否已经存在这个名为 school 的数据库，执行 SHOW DATABASES 语句来查看数据库系统中的数据库。代码执行如下：

```
mysql> SHOW DATABASES;
+--------------------+
| Database           |
+--------------------+
| information_schema |
| example            |
| mysql              |
| school             |
| test               |
+--------------------+
5 rows in set (0.00 sec)
```

结果显示，已经存在一个名为 school 的数据库。创建数据库成功。

5．删除数据库

由于某种特定的原因，需要将名为 school 的数据库删除。执行 DROP DATABASE 语句，删除 school 数据库。代码执行如下：

```
mysql> DROP DATABASE school;
Query OK, 0 rows affected (0.31 sec)
```

结果显示，删除成功。为了确认数据库系统中是否已经不存在 school 数据库，执行 SHOW DATABASES 语句来查看数据库系统中的数据库。代码执行如下：

```
mysql>  SHOW DATABASES;
+--------------------+
| Database           |
+--------------------+
| information_schema |
| example            |
| mysql              |
| test               |
+--------------------+
4 rows in set (0.00 sec)
```

结果显示，已经不存在 school 数据库。删除数据库成功。

5.5 上机实践

题目要求：登录数据库系统以后，创建 student 数据库和 teacher 数据库。都创建成功后，删除 teacher 数据库。然后查看数据库系统中还存在哪些数据库。

主要实现过程如下所示：

（1）登录数据库

（2）查看数据库系统中已存在的数据库，代码如下：

```
SHOW  DATABASES ;
```

（3）查看该数据库系统支持的存储引擎的类型，代码如下：

```
SHOW  ENGINES ;
```

（4）创建 student 数据库和 teacher 数据库。

```
CREATE   DATABASE   student ;
CREATE   DATABASE   teacher ;
```

（5）再次查看数据库系统中已经存在的数据库，确保 student 和 teacher 数据库已经存在。

（6）删除 teacher 数据库，代码如下：

```
DROP   DATABASE   teacher ;
```

（7）再次查看数据库系统中已经存在的数据库，确保 teacher 数据库已经删除。

5.6　常见问题及解答

1．如何修改默认存储引擎？

在 MySQL 的安装目录下能找到一个名为 my.ini 的配置文件。该文件中的 mysqld 部分存在“default-storage-engine=INNODB”语句。将该语句的“INNODB”改为需要的存储引擎。注意，该配置文件只有重启服务后才会生效。执行 SHOW VARIABLES LIKE 'storage_engine'查看默认存储引擎是否修改成功。

2．如何选择存储引擎？

如何去选择一个合适的存储引擎，这没有一个确切的答案。5.3.5 小节中讲解的选择方法是最基本的建议。但是，实际应用时还是要根据实际情况进行选择。对应非常复杂的应用系统，可以依照情况选择多种存储引擎的组合。这样可以有效的利用各种存储引擎的优势，避开各自的缺陷，实现最优的选择。

5.7　小　　结

本章主要介绍了创建数据库、删除数据库和 MySQL 存储引擎的知识。创建和删除数据库是本章的重点。读者应该在计算机上练习创建和删除数据库的方法，这样可以更加透彻的理解这部分的内容。存储引擎的知识比较难，读者只要了解相应的知识即可。读者应该特别注意，安装 MySQL 数据库的方式不同，造成默认存储引擎也就不同。因此，读者一定要了解自己的 MySQL 数据库默认使用哪一个存储引擎。下一章将介绍创建表、修改表和删除表的基本方法。

5.8　本 章 习 题

1．练习在 MySQL 数据库系统中创建一个名为 worker 的数据库。创建成功后，删除该数据库。

2．练习用三种不同的方法找出所使用的 MySQL 数据库的默认存储引擎。

3．存储引擎 InnoDB、MyISAM 和 MEMORY 各有什么优缺点？

第 6 章　创建、修改和删除表

表是数据库存储数据的基本单位。一个表包含若干个字段或记录。表的操作包括创建新表、修改表和删除表。这些操作都是数据库管理中最基本，也是最重要的操作。本章中将讲解如何在数据库中操作表，内容包括：

- 创建表的方法；
- 表的完整性约束条件；
- 查看表结构的方法；
- 修改表的方法；
- 删除表的方法。

通过本章的学习，读者可以了解表的基本操作。读者可以熟练的掌握创建表、查看表的结构、修改已经存在的表和删除表等操作。

6.1 创 建 表

创建表是指在已存在的数据库中建立新表。这是建立数据库最重要的一步，是进行其他表操作的基础。本节主要讲解如何创建表。

6.1.1 创建表的语法形式

MySQL 中，创建表是通过 SQL 语句 CREATE TABLE 实现的。其语法形式如下。

```
CREATE TABLE  表名 ( 属性名 数据类型 [完整性约束条件],
                    属性名 数据类型 [完整性约束条件],
                    :
                    属性名 数据类型
                    );
```

其中，“表名”参数表示所要创建的表的名称；“属性名”参数表示表中字段的名称；“数据类型”参数指定字段的数据类型，具体内容参照第 4 章；“完整性约束条件”参数指定字段的某些特殊约束条件。下文中会详细讲解。

注意：在使用 CREATE TABLE 语句创建表时，首先要使用 USE 语句选择数据库。选择数据库语句的基本格式为“USE 数据库名”。如果没有选择数据库，创建表时会出现“ERROR 1046 (3D000): No database selected”错误。

表名不能为 SQL 语言的关键字，如 create、updata 和 order 等都不能做表名。一个表中可以有一个或多个属性。定义时，字母大小写均可，各属性之间用逗号隔开，最后一个属性后不需要加逗号。

【示例 6-1】 下面创建一个表名为 example0 的表，SQL 代码如下：

```
CREATE  TABLE  example0(id      INT ,
                        name    VARCHAR(20) ,
                        sex     BOOLEAN
                        );
```

代码运行后，example0 表包含 3 个字段。其中，id 字段是整型；name 字段是字符串型；sex 字段是布尔型。

完整性约束条件是对字段进行限制。要求用户对该属性进行的操作符合特定的要求。如果不满足完整性约束条件，数据库系统将不执行用户的操作。其目的是为了保证数据库中数据的完整性。MySQL 中基本的完整性约束条件如表 6.1 所示。

表 6.1　完整性约束条件表

约 束 条 件	说　　明
PRIMARY KEY	标识该属性为该表的主键，可以唯一的标识对应的元组
FOREIGN KEY	标识该属性为该表的外键，是与之联系的某表的主键
NOT NULL	标识该属性不能为空
UNIQUE	标识该属性的值是唯一的
AUTO_INCREMENT	标识该属性的值自动增加，这是MySQL的SQL语句的特色
DEFAULT	为该属性设置默认值

下面几个小节将详细讲解上述完整性约束条件。

6.1.2　设置表的主键

主键是表的一个特殊字段。该字段能唯一地标识该表中的每条信息。主键和记录的关系，如同身份证和人的关系。主键用来标识每个记录，每个记录的主键值都不同。身份证是用来标明人的身份，每个人都具有唯一的身份证号。设置表的主键指在创建表时设置表的某个字段为该表的主键。

主键的主要目的是帮助 MySQL 以最快的速度查找到表中的某一条信息。主键必须满足的条件就是主键必须是唯一的，表中任意两条记录的主键字段的值不能相同；主键的值是非空值。主键可以是单一的字段，也可以是多个字段的组合。

1. 单字段主键

主键是由一个字段构成时，可以直接在该字段的后面加上 PRIMARY KEY 来设置主键。语法规则如下：

```
属性名  数据类型  PRIMARY KEY
```

其中，“属性名”参数表示表中字段的名称；“数据类型”参数指定字段的数据类型。

【示例 6-2】 下面在 example1 表中设置 stu_id 作为主键，SQL 代码如下：

```
CREATE  TABLE  example1( stu_id  INT  PRIMARY KEY,
                         stu_name  VARCHAR(20) ,
                         stu_sex  BOOLEAN
                         );
```

代码运行后，example1 表中包含 3 个字段。stu_id 字段是整型；stu_name 字段是字符串型；stu_sex 是布尔型。其中，stu_id 字段是主键。

2. 多字段主键

主键是由多个属性组合而成时，在属性定义完之后统一设置主键。语法规则如下：

```
PRIMARY KEY( 属性名 1, 属性名 2, …, 属性名 n)
```

【示例 6-3】下面在 example2 表中设置 stu_id 与 course_id 两个字段为主键，SQL 代码如下：

```
CREATE  TABLE  example2( stu_id   INT ,
                         course_id   INT,
                         grade   FLOAT,
                         PRIMARY KEY(stu_id, course_id)
                         );
```

代码运行后，example2 表中包含 3 个字段。其中，stu_id 和 course_id 两个字段成为主键；stu_id 和 course_id 两者的组合可以确定唯一的一条记录。

6.1.3　设置表的外键

外键是表的一个特殊字段。如果字段 sno 是一个表 A 的属性，且依赖于表 B 的主键。那么，称表 B 为父表，表 A 为子表，sno 为表 A 的外键。通过 sno 字段将父表 B 和子表 A 建立关联关系。设置表的外键指在创建表设置某个字段为外键。本小节主要讲解外键设置的原则和外键的作用和设置外键的方法。

设置外键的原则就是必须依赖于数据库中已存在的父表的主键；外键可以为空值。

外键的作用是建立该表与其父表的关联关系。父表中删除某条信息时，子表中与之对应的信息也必须有相应的改变。例如，stu_id 是 student 表的主键，stu_id 是 grade 表的外键。当 stu_id 为‘123’同学退学了，需要从 student 表中删除该学生的信息。那么，grade 表中 stu_id 为‘123’的所有信息也应该同时删除。这样可以保证信息的完整性。

设置外键的基本语法规则如下：

```
CONSTRAINT   外键别名   FOREIGN KEY (属性 1.1, 属性 1.2, … , 属性 1.n)
             REFERENCES   表名(属性 2.1, 属性 2.2, … , 属性 2.n)
```

其中，“外键别名”参数是为外键的代号；“属性 1” 参数列表是子表中设置的外键；“表名”参数是指父表的名称；“属性 2”参数列表是父表的主键。

【示例 6-4】下面在 example3 表中设置 stu_id 和 course_id 为外键。与之相关联的是 example2 表中的主键 stu_id 和 course_id。SQL 代码如下：

```
CREATE  TABLE  example3(id   INT   PRIMARY KEY,
                        stu_id   INT,
                        course_id   INT,
                        CONSTRAINT   c_fk   FOREIGN KEY (stu_id, course_id)
                           REFERENCES   example2(stu_id, course_id)
                        );
```

代码运行后，example3 表中包含 3 个字段。其中，id 字段是主键；stu_id 和 course_id 字段为外键；c_fk 是外键的别名；example2 表称为 example3 表的父表；example3 表的外键依赖于父表 example3 的主键 stu_id 和 course_id。

注意：子表的外键关联的必须是父表的主键。而且，数据类型必须是一致。例如，两者都是 INT 类型，或者都是 CHAR 类型。如果不满足这样的要求，在创建子表时，就会出现“ERROR 1005 (HY000): Can't create table”错误。

6.1.4　设置表的非空约束

非空性是指字段的值不能为空值（NULL）。非空约束将保证所有记录中该字段都有值。如果用户新插入的记录中，该字段为空值，则数据库系统会报错。例如，在 id 字段加上非空约束，id 字段的值就不能为空值。如果插入记录的 id 字段的值为空，该记录将不能插入。设置表的非空约束是指在创建表时为表的某些特殊字段加上 NOT NULL 约束条件。设置非空约束的基本语法规则如下：

```
属性名　数据类型　NOT NULL
```

【示例 6-5】 下面在 example4 表中设置字段 id 和 name 的非空约束。SQL 代码如下：

```
CREATE   TABLE   example4(id   INT   NOT NULL   PRIMARY KEY,
                          name   VARCHAR(20)   NOT NULL,
                          stu_id   INT,
                          CONSTRAINT   d_fk   FOREIGN KEY (stu_id)
                            REFERENCES   example1(stu_id)
                          );
```

代码运行后，example4 表中包含 3 个字段。其中，id 字段为主键；id 和 name 字段为非空字段，这两个字段的值不能为空值（NULL）；stu_id 字段为外键；d_fk 为外键的别名；example1 表为 example4 表的父表；example4 的外键依赖于父表的主键 stu_id。

6.1.5　设置表的唯一性约束

唯一性是指所有记录中该字段的值不能重复出现。设置表的唯一性约束是指在创建表时，为表的某些特殊字段加上 UNIQUE 约束条件。唯一性约束将保证所有记录中该字段的值不能重复出现。例如，在 id 字段加上唯一性约束，所以记录中 id 字段上不能出现相同的值。例如，在表的 id 字段加上唯一性约束，那么每条记录的 id 值都是唯一的，不能出现重复的情况。如果一条的记录的 id 为‘0001’，那么该表中就不能出现另一条记录的 id 为‘0001’。设置唯一性约束的基本语法规则如下：

```
属性名　数据类型　UNIQUE
```

【示例 6-6】下面在 example5 表中设置字段 id 和 stu_id 的唯一性约束。SQL 代码如下：

```
CREATE   TABLE   example5(id   INT   PRIMARY KEY,
                          stu_id   INT   UNIQUE,
                          name   VARCHAR(20)   NOT NULL
                          );
```

代码运行后，example5 表中包含 3 个字段。其中，id 字段为主键；stu_id 字段为唯一值，该字段的值不能重复；name 字段为非空字段，该字段的值不能为空值（NULL）。

6.1.6　设置表的属性值自动增加

AUTO_INCREMENT 是 MySQL 数据库中一个特殊的约束条件。其主要用于为表中插入的新记录自动生成唯一的 ID。一个表只能有一个字段使用 AUTO_INCREMENT 约束，且该字段必须为主键的一部分。AUTO_INCREMENT 约束的字段可以是任何整数类型（TINYINT、SMALLINT、INT 和 BIGINT 等）。默认情况下，该字段的值是从 1 开始自增。

设置属性值字段增加的基本语法规则如下：

```
属性名  数据类型  AUTO_INCREMENT
```

【示例 6-7】 下面在 example6 表中设置字段 id 的值自动增加。SQL 代码如下：

```
CREATE  TABLE  example6(id  INT  PRIMARY KEY  AUTO_INCREMENT,
                    stu_id  INT  UNIQUE,
                    name  VARCHAR(20)  NOT NULL
                    );
```

代码运行后，example6 表中包含 3 个字段。其中，id 字段为主键，且每插入一条新纪录 id 的值会自动增加；stu_id 字段为唯一值，该字段的值不能重复；name 字段为非空字段，该字段的值不能为空值（NULL）。

在插入记录时，默认的情况下自增字段的值从 1 开始自增。例如，example6 表中的 id 字段被设置成自动增加，默认情况第一条记录的 id 值为 1。以后每增加一条记录，该纪录的 id 值都会在前一条记录的基础上加 1。

如果第一条记录设置了该字段的初值，那么新增加的记录就从初值开始自增。例如，如果 example6 表中插入的第一条记录的 id 值设置为 8，那么再插入记录的 id 值就会从 8 开始往上增加。

技巧： 加上 AUTO_INCREMENT 约束条件，那么字段的每个值都是自动增加的。因此，这个字段不可能出现相同的值。通常情况下，AUTO_INCREMENT 都是作为 ID 字段的约束条件，而且将 ID 字段作为表的主键。

6.1.7　设置表的属性的默认值

在创建表时可以指定表中字段的默认值。如果插入一条新的记录时没有为这个字段赋值，那么数据库系统会自动为这个字段插入默认值。默认值是通过 DEFAULT 关键字来设置的。设置默认值的基本语法规则如下：

```
属性名  数据类型  DEFAULT  默认值
```

【示例 6-8】 下面在 example7 表中设置字段 id 的值自动增加。SQL 代码如下：

```
CREATE  TABLE  example7(id  INT  PRIMARY KEY  AUTO_INCREMENT,
                    stu_id  INT  UNIQUE,
                    name  VARCHAR(20)  NOT NULL,
                    English  VARCHAR(20)  DEFAULT  'zero',
                    Math  FLOAT  DEFAULT  0,
                    Computer  FLOAT  DEFAULT  0
                    );
```

代码运行后，example7 表中包含 6 个字段。其中，id 字段为主键，且每插入一条新纪录 id 的值会自动增加；stu_id 字段为唯一值，该字段的值不能重复；name 字段为非空字段，该字段的值不能为空值（NULL）；English 字段的默认值为 zero；Math 字段和 Computer 字段的默认值为 0。如果没有使用 DEFAULT 关键字指定字段的默认值，也没有指定字段为非空，那么字段的默认值为空（NULL）。

6.2 查看表结构

查看表结构是指查看数据库中已存在的表的定义。查看表结构的语句包括 DESCRIBE 语句和 SHOW CREATE TABLE 语句。通过这两个语句，可以查看表的字段名、字段的数据类型和完整性约束条件等。本节将详细讲解查看表结构的方法。

6.2.1 查看表基本结构语句 DESCRIBE

MySQL 中，DESCRIBE 语句可以查看表的基本定义。其中包括，字段名、字段数据类型、是否为主键和默认值等。DESCRIBE 语句的语法形式如下：

```
DESCRIBE  表名;
```

其中，“表名”参数指所要查看的表的名称。

【示例 6-9】 下面是用 DESCRIBE 语句查看 example1 表的定义，代码如下：

```
DESCRIBE  example1;
```

代码运行后，结果显示如下：

```
mysql>  DESCRIBE example1;
+-----------+--------------+--------+------+------------+---------+
| Field     | Type         | Null   | Key  | Default    | Extra   |
+-----------+--------------+--------+------+------------+---------+
| stu_id    | int(11)      | NO     | PRI  |            |         |
| stu_name  | varchar(20)  | YES    |      | NULL       |         |
| stu_sex   | tinyint(1)   | YES    |      | NULL       |         |
+-----------+--------------+--------+------+------------+---------+
3 rows in set (0.05 sec)
```

通过 DESCRIBE 语句，可以查出 example1 表包含 stu_id、stu_name 和 stu_sex 字段。同时，结果中显示了字段的数据类型（Type）、是否为空（Null）、是否为主外键（Key）、默认值（Default）和额外信息（Extra）。

DESCRIBE 可以缩写成 DESC。

【示例 6-10】 下面直接使用 DESC 查看 example1 表的结构。代码如下：

```
DESC  example1;
```

代码运行后，结果显示如下：

```
mysql> DESC example1;
+-----------+--------------+--------+------+------------+---------+
| Field     | Type         | Null   | Key  | Default    | Extra   |
+-----------+--------------+--------+------+------------+---------+
| stu_id    | int(11)      | NO     | PRI  |            |         |
| stu_name  | varchar(20)  | YES    |      | NULL       |         |
| stu_sex   | tinyint(1)   | YES    |      | NULL       |         |
+-----------+--------------+--------+------+------------+---------+
3 rows in set (0.00 sec)
```

使用 DESC 语句运行后的结果，与 DESCRIBE 语句运行后的结果一致。

6.2.2 查看表详细结构语句 SHOW CREATE TABLE

MySQL 中，SHOW CREATE TABLE 语句可以查看表的详细定义。该语句可以查看表的字段名、字段的数据类型、完整性约束条件等信息。除此之外，还可以查看表默认的存储引擎和字符编码。SHOW CREATE TABLE 语句的语法形式如下：

```
SHOW  CREATE  TABLE  表名;
```

其中，“表名”参数指所要查看的表的名称。

【示例 6-11】 下面是用 SHOW CREATE TABLE 语句查看 example1 表的定义，代码如下：

```
SHOW  CREATE  TABLE  example1  \G
```

技巧：如果直接使用 SHOW CREATE TABLE example1 语句，结果的显示效果会比较差。尤其是遇到内容比较长的记录，显示的结果会很混乱。代码最后加上“\G”参数，可以更加美观的显示内容，对内容比较长的记录效果尤为明显。

代码的运行结果如下：

```
mysql> SHOW CREATE TABLE example1 \G
*************************** 1. row ***************************
       Table: example1
Create Table: CREATE TABLE `example1` (
  `stu_id` int(11) NOT NULL,
  `stu_name` varchar(20) default NULL,
  `stu_sex` tinyint(1) default NULL,
  PRIMARY KEY  (`stu_id`)
) ENGINE=InnoDB DEFAULT CHARSET=utf8
1 row in set (0.00 sec)
```

通过 SHOW CREATE TABLE 语句，可以查出 example1 表中包含 stu_id、stu_name 和 stu_sex 字段。还可以查出各字段的数据类型、完整性约束条件。而且，可以查出表的存储引擎（ENGINE）为 innoDB，字符编码（CHARSET）为 utf8。该语句显示 example1 表的信息，比 DESCRIBE 语句的显示的信息全面。

6.3 修　改　表

修改表是指修改数据库中已存在的表的定义。修改表比重新定义表简单，不需要重新加载数据，也不会影响正在进行的服务。MySQL 中通过 ALTER TABLE 语句来修改表。修改表包括修改表名、修改字段数据类型、修改字段名、增加字段、删除字段、修改字段的排列位置、更改默认存储引擎和删除表的外键约束等。本节将详细讲解上述几种修改表的方式。

6.3.1 修改表名

表名可以在一个数据库中唯一的确定一张表。数据库系统通过表名来区分不同的表。例如，数据库 school 中有 student 表。那么，student 表就是唯一的。在数据库 school 中不可能存在另一个名为 student 的表。MySQL 中，修改表名是通过 SQL 语句 ALTER TABLE 实现的。其语法形式如下：

```
ALTER  TABLE  旧表名  RENAME  [TO]  新表名 ;
```

其中，“旧表名”参数表示修改前的表名；“新表名”参数表示修改后的新表名； TO 参数是可选参数，其是否在语句中出现不会影响语句的执行。

【示例 6-12】 下面是将 example0 表改名为 user 表，SQL 代码如下：

```
ALTER  TABLE  example0  RENAME  user ;
```

执行修改表名的 SQL 代码之前，先用 DES 语句查看 example0 表，查看结果如下：

```
mysql> DESC example0;
+----------+---------------+---------+-------+------------+----------+
| Field    | Type          | Null    | Key | Default    | Extra    |
+----------+---------------+---------+-------+------------+----------+
| id       | int(11)       | YES     |       | NULL       |          |
| name     | varchar(20) | YES     |       | NULL       |          |
| sex      | tinyint(1)    | YES     |       | NULL       |          |
+----------+---------------+---------+-------+------------+----------+
3 rows in set (0.00 sec)
```

结果显示了 example0 表的结构。然后，使用 ALTER TABLE 语句修改表名，执行结果如下：

```
mysql> ALTER TABLE example0 RENAME user;
Query OK, 0 rows affected (0.01 sec)
```

代码执行完毕，结果显示修改成功。为检验 example0 表是否已经改名，使用 DESC 语句重新查看 example0 表。查看结果如下：

```
mysql> DESC example0;
ERROR 1146 (42S02): Table 'example.example0' doesn't exist
```

查询结果显示，数据库 example 中已经不存在 example0 表。为查看 user 表是否存在，仍然使用 DESC 语句来查看 user 表，执行结果如下：

```
mysql> DESC user;
+----------+---------------+---------+-------+------------+----------+
| Field    | Type          | Null    | Key | Default    | Extra    |
+----------+---------------+---------+-------+------------+----------+
| id       | int(11)       | YES     |       | NULL       |          |
| name     | varchar(20) | YES     |       | NULL       |          |
| sex      | tinyint(1)    | YES     |       | NULL       |          |
+----------+---------------+---------+-------+------------+----------+
3 rows in set (0.00 sec)
```

查询结果显示数据库 example 中存在 user 表，且其结构与原 example0 表一样。由此可以确定，通过 ALTER TABLE 语句已经将 example0 表改名为 user 表。

6.3.2　修改字段的数据类型

字段的数据类型包括整数型、浮点数型、字符串型、二进制类型、日期和时间类型等。数据类型决定了数据的存储格式、约束条件和有效范围。表中的每个字段都有数据类型。有关数据类型的详细内容见第 4 章。MySQL 中，ALTER TABLE 语句也可以修改字段的数据类型。其基本语法如下：

```
ALTER  TABLE  表名  MODIFY  属性名  数据类型 ;
```

其中，“表名”参数指所要修改的表的名称；“属性名”参数指需要修改的字段的名称；“数据类型”参数指修改后的新数据类型。

【示例 6-13】下面将修改 user 表中 name 字段的数据类型。SQL 代码如下：

```
ALTER  TABLE  user  MODIFY  name  VARCHAR(30) ;
```

如果代码运行成功，user 表中 name 字段的数据类型变为 VARCHAR(30)。在执行代码之前，先用 DESC 语句查看 user 表的结构。其中可以看到 name 字段修改前的数据类型，以便与修改后进行对比。DESC 语句执行后的显示结果如下：

```
mysql> DESC user;
+----------+----------------+---------+-------+------------+---------+
| Field    | Type           | Null    | Key | Default    | Extra   |
+----------+----------------+---------+-------+------------+---------+
| id       | int(11)        | YES     |       | NULL       |         |
| name     | varchar(20)    | YES     |       | NULL       |         |
| sex      | tinyint(1)     | YES     |       | NULL       |         |
+----------+----------------+---------+-------+------------+---------+
3 rows in set (0.00 sec)
```

从查询结果可以看出，name 字段的数据类型为 VARCHAR(20)。然后，执行 ALTER TABLE 语句修改字段数据类型。执行结果如下：

```
mysql> ALTER  TABLE  user  MODIFY  name  VARCHAR(30) ;
Query OK, 0 rows affected (0.02 sec)
Records: 0  Duplicates: 0  Warnings: 0
```

代码执行完毕，结果显示修改成功。为检验 name 字段的数据类型是否已经改变，使用 DESC 语句重新查看 user 表。查看结果如下：

```
mysql> DESC user;
+----------+----------------+---------+-------+------------+---------+
| Field    | Type           | Null    | Key | Default    | Extra   |
+----------+----------------+---------+-------+------------+---------+
| id       | int(11)        | YES     |       | NULL       |         |
| name     | varchar(30)    | YES     |       | NULL       |         |
| sex      | tinyint(1)     | YES     |       | NULL       |         |
+----------+----------------+---------+-------+------------+---------+
3 rows in set (0.00 sec)
```

查询结果显示，name 字段的数据类型已经变为 VARCHAR(30)，修改成功。

6.3.3　修改字段名

字段名可以在一张表中唯一的确定一个字段。数据库系统通过字段名来区分表中的不同字段。例如，student 表中包含 id 字段。那么，id 字段在 student 表中是唯一的。student 表中不可能存在另一个名为“id”的字段。MySQL 中，ALTER TABLE 语句也可以修改表的字段名。其基本语法如下：

```
ALTER  TABLE  表名  CHANGE  旧属性名  新属性名  新数据类型 ;
```

其中，“旧属性名”参数指修改前的字段名；“新属性名”参数指修改后的字段名；“新数据类型”参数修改后的数据类型，如不需要修改，则将新数据类型设置成与原来一样。

1. 只修改字段名

使用 ALTER TABLE 语句可以直接修改字段名，不改变该字段的数据类型。

【示例 6-14】 下面将 example1 表中 stu_name 字段改名为 name，且不改变数据类型。由于不改变该字段的数据类型，需要知道该字段现在的数据类型。

在执行 ALTER TBALE 语句之前，先用 DESC 语句查看 example1 表的结构。其中可以看到 example1 表中存在 stu_name 字段，以便与修改后进行对比。并且可以知道 stu_nam 字段现在的数据类型。DESC 语句执行后的显示结果如下：

```
mysql> DESC example1;
+-------------+---------------+--------+------+------------+---------+
| Field       | Type          | Null   | Key  | Default    | Extra   |
+-------------+---------------+--------+------+------------+---------+
| stu_id      | int(11)       | NO     | PRI  |            |         |
| stu_name    | varchar(20)   | YES    |      | NULL       |         |
| stu_sex     | tinyint(1)    | YES    |      | NULL       |         |
+-------------+---------------+--------+------+------------+---------+
3 rows in set (0.02 sec)
```

从查询结果可以看出，example1 表中存在 stu_name 字段，且数据类型为 VARCHAR(20)。修改 example1 表中字段名的 SQL 代码如下：

```
ALTER  TABLE  example1  CHANGE  stu_name  name  VARCHAR(20);
```

如果代码运行成功，example1 表中 stu_name 字段将不存在，取而代之的是 name 字段。然后，执行 ALTER TABLE 语句修改字段名。执行结果如下：

```
mysql> ALTER  TABLE  example1  CHANGE  stu_name  name  VARCHAR(20);
Query OK, 4 rows affected (0.02 sec)
Records: 4  Duplicates: 0  Warnings: 0
```

代码执行完毕，结果显示修改成功。为检验 stu_name 字段是否已经改名为 name，使用 DESC 语句重新查看 example1 表。查看结果如下：

```
mysql> DESC example1;
+-------------+---------------+--------+------+------------+---------+
| Field       | Type          | Null   | Key  | Default    | Extra   |
+-------------+---------------+--------+------+------------+---------+
| stu_id      | int(11)       | NO     | PRI  |            |         |
| name        | varchar(20)   | YES    |      | NULL       |         |
| stu_sex     | tinyint(1)    | YES    |      | NULL       |         |
+-------------+---------------+--------+------+------------+---------+
3 rows in set (0.01 sec)
```

查询结果显示，example1 表中已经不存在 stu_name 字段，取而代之的是 name 字段。而且，字段的数据类型没有发生改变。

2．修改字段名和字段数据类型

使用 ALTER TABLE 语句可以直接修改字段名和该字段的数据类型。

【示例 6-15】 下面将 example1 表中 stu_sex 字段改名为 sex，且数据类型改为 INT(2)。SQL 代码如下：

```
ALTER  TABLE  example1  CHANGE  stu_sex  sex  INT(2);
```

说明： MODIFY 和 CHANGE 都可以改变字段的数据类型。不同的是，CHANGE 可以在改变字段数据类型的同时，改变字段名。如果要使用 CHANGE 修改字段数据类型，那么 CHANGE 后面必需跟两个同样的字段名。

如果代码运行成功，example1 表中 stu_sex 字段变为 sex 字段，数据类型变为 INT(2)。在执行代码之前，先用 DESC 语句查看 example1 表的结构。其中可以看到 stu_sex 字段，以及修改前的数据类型，以便与修改后进行对比。DESC 语句执行后的显示结果如下：

```
mysql> DESC example1;
+-----------+----------------+--------+------+------------+----------+
| Field     | Type           | Null   | Key | Default    | Extra    |
+-----------+----------------+--------+------+------------+----------+
| stu_id    | int(11)        | NO     | PRI |            |          |
| name      | varchar(20)    | YES    |     | NULL       |          |
| stu_sex   | tinyint(1)     | YES    |     | NULL       |          |
+-----------+----------------+--------+------+------------+----------+
3 rows in set (0.01 sec)
```

从查询结果可以看出，example1 表中存在 stu_sex 字段，且数据类型为 TINYINT(1)。然后，执行 ALTER TABLE 语句修改字段名和数据类型。执行结果如下：

```
mysql> ALTER   TABLE   example1   CHANGE   stu_sex   sex   INT(2);
Query OK, 4 rows affected (0.01 sec)
Records: 4   Duplicates: 0   Warnings: 0
```

代码执行完毕，结果显示修改成功。为检验 stu_sex 字段是否存在，其数据类型是否已经改变，使用 DESC 语句重新查看 user 表。查看结果如下：

```
mysql> DESC example1;
+-----------+----------------+--------+-------+------------+----------+
| Field     | Type           | Null   | Key | Default     | Extra    |
+-----------+----------------+--------+-------+------------+----------+
| stu_id    | int(11)        | NO     | PRI |             |          |
| name      | varchar(20)    | YES    |     | NULL        |          |
| sex       | int(2)         | YES    |     | NULL        |          |
+-----------+----------------+--------+-------+------------+----------+
3 rows in set (0.00 sec)
```

查询结果显示，example1 表中已经不存在 stu_sex 字段，取而代之的是 name 字段。数据类型也从 TINYINT(1)变成了 INT(2)。如果表中已经有记录，修改数据类型时应该特别小心。因为，修改数据类型时可能会影响表中的数据。特别值得注意的是，字符类型的字段最好不要改成整数类型、浮点数类型。

6.3.4　增加字段

在创建表时，表中的字段就已经定义完成。如果要增加新的字段，可以通过 ALTER TABLE 语句进行增加。在 MySQL 中，ALTER TABLE 语句增加字段的基本语法如下：

```
ALTER   TABLE   表名   ADD   属性名 1     数据类型   [完整性约束条件]   [FIRST |   AFTER   属性名 2] ;
```

其中，“属性名 1”参数指需要增加的字段的名称；“数据类型”参数指新增加字段的数据类型；“完整性约束条件”是可选参数，用来设置新增字段的完整性约束条件；“FIRST”参数也是可选参数，其作用是将新增字段设置为表的第一个字段；“AFTER 属性名 2”参数也是可选参数，其作用是将新增字段添加到“属性名 2”所指的字段后。如果执行的 SQL 语句中没有“FIRST”“AFTER 属性名 2”参数指定新增字段的位置，新增的字段默认为表的最后一个字段。

1．增加无完整性约束条件的字段

一个完整的字段包括字段名、数据类型和完整性约束条件。增加字段一般包括上述内容。根据实际情况，一些字段可以不用完整性约束条件进行约束。

【示例 6-16】下面将在 user 表中增加一个没有完整性约束条件约束的 phone 字段。SQL 代码如下：

```
ALTER  TABLE  user  ADD  phone   VARCHAR(20)  ;
```

如果代码运行成功，user 表中将增加 phone 字段，其数据类型为 VARCHAR(20)。在执行代码之前，先用 DESC 语句查看 user 表的结构。检查 user 表中是否已经存在 phone 字段，以便与增加字段后进行对比。DESC 语句执行后的显示结果如下：

```
mysql> DESC user;
+----------+---------------+--------+-------+------------+---------+
| Field    | Type          | Null   | Key | Default    | Extra   |
+----------+---------------+--------+-------+------------+---------+
| id       | int(11)       | YES    |     | NULL       |         |
| name     | varchar(30)   | YES    |     | NULL       |         |
| sex      | tinyint(1)    | YES    |     | NULL       |         |
+----------+---------------+--------+-------+------------+---------+
3 rows in set (0.00 sec)
```

从查询结果可以看出，user 表中现在并没有 phone 字段。然后，执行 ALTER TABLE 语句增加 phone 字段。执行结果如下：

```
mysql> ALTER  TABLE  user  MODIFY  name  VARCHAR(30) ;
Query OK, 0 rows affected (0.02 sec)
Records: 0   Duplicates: 0   Warnings: 0
```

代码执行完毕，结果显示修改成功。为检验 user 表中是否已经增加了 phone 字段，使用 DESC 语句重新查看 user 表。查看结果如下：

```
mysql> DESC user;
+---------+---------------+--------+-------+------------+---------+
| Field   | Type          | Null   | Key | Default    | Extra   |
+---------+---------------+--------+-------+------------+---------+
| id      | int(11)       | YES    |     | NULL       |         |
| name    | varchar(30)   | YES    |     | NULL       |         |
| sex     | tinyint(1)    | YES    |     | NULL       |         |
| phone   | varchar(20)   | YES    |     | NULL       |         |
+---------+---------------+--------+-------+------------+---------+
4 rows in set (0.00 sec)
```

查询结果显示，user 表的最后一个字段为 phone 字段，数据类型为 VARCHAR(20)。是否为空（Null）、是否为主外键（Key）、默认值（Default）和额外信息（Extra）等内容均为默认值。增加字段成功。没有“FIRST”和“AFTER 属性名 2”参数来指定插入位置的情况下，新增字段默认为表的最后一个字段。

2．增加有完整性约束条件的字段

增加字段时可以设置该字段的完整性约束条件，如设置字段是否为空（Null）、是否为主外键（Key）、默认值（Default）和是否为自增类型等约束条件。

【示例 6-17】 下面将在 user 表中增加一个有非空约束的 age 字段，SQL 代码如下：

```
ALTER  TABLE  user  ADD  age   INT(4)  NOT NULL ;
```

如果代码运行成功，user 表中将增加 age 字段，其数据类型为 INT(4)。而且，age 字段为非空约束，值不能为空（NULL）。在执行代码之前，先用 DESC 语句查看 user 表的结构。检查 user 表中是否已经存在 age 字段，以便与增加字段后进行对比。DESC 语句执行后的显示结果如下：

```
mysql> DESC user;
+----------+---------------+--------+-------+------------+---------+
| Field    | Type          | Null   | Key | Default    | Extra   |
```

```
+----------+---------------+---------+-------+------------+----------+
| id       | int(11)       | YES     |       | NULL       |          |
| name     | varchar(30)   | YES     |       | NULL       |          |
| sex      | tinyint(1)    | YES     |       | NULL       |          |
| phone    | varchar(20)   | YES     |       | NULL       |          |
+----------+---------------+---------+-------+------------+----------+
4 rows in set (0.00 sec)
```

从查询结果可以看出，user 表中现在并没有 phone 字段。然后，执行 ALTER TABLE 语句增加 phone 字段。执行结果如下：

```
mysql> ALTER  TABLE  user  ADD  age  INT(4)  NOT NULL ;
Query OK, 0 rows affected (0.00 sec)
Records: 0  Duplicates: 0  Warnings: 0
```

代码执行完毕，结果显示修改成功。为检验 user 表中是否已经增加了 age 字段，使用 DESC 语句重新查看 user 表。查看结果如下：

```
mysql> DESC user;
+----------+---------------+---------+-------+------------+----------+
| Field    | Type          | Null    | Key   | Default    | Extra    |
+----------+---------------+---------+-------+------------+----------+
| id       | int(11)       | YES     |       | NULL       |          |
| name     | varchar(30)   | YES     |       | NULL       |          |
| sex      | tinyint(1)    | YES     |       | NULL       |          |
| phone    | varchar(20)   | YES     |       | NULL       |          |
| age      | int(4)        | NO      |       |            |          |
+----------+---------------+---------+-------+------------+----------+
5 rows in set (0.00 sec)
```

查询结果显示，user 表的最后一个字段为 age 字段，数据类型为 INT(4)。是否为空（Null）的值为 NO，表示 age 字段的值不能为空。默认值（Default）的值没有 NULL，表示默认值不为空。是否为主外键（Key）和额外信息（Extra）等内容均为默认值。增加字段成功。与上一个例子一样，新增字段默认为表的最后一个字段。

注意： 增加字段时，如果能够加上完整性约束条件，一定要加上。这样可以保证此字段的安全性，甚至可以提高整个表的数据的安全性。因此，使用 ALTER 语句增加字段时，一定要仔细考虑这个问题。

3．表的第一个位置增加字段

默认情况下，新增字段为表的最后一个字段。如果加上 FIRST 参数，则可以将新增字段设置为表的第一个字段。

【示例 6-18】 下面将在 user 表中第一个位置增加 num 字段，并设置 num 字段为主键。SQL 代码如下：

```
ALTER  TABLE  user  ADD  num  INT(8)  PRIMARY KEY  FIRST ;
```

如果代码运行成功，user 表中将增加 num 字段，其数据类型为 INT(8)。而且，num 字段为 user 表的主键。在执行代码之前，先用 DESC 语句查看 user 表的结构。检查 user 表中是否已经存在 num 字段，以便与增加字段后进行对比。DESC 语句执行后的显示结果如下：

```
mysql> DESC user;
+----------+---------------+---------+-------+------------+----------+
| Field    | Type          | Null    | Key   | Default    | Extra    |
+----------+---------------+---------+-------+------------+----------+
```

```
| id       | int(11)      | YES  |     | NULL    |       |
| name     | varchar(30)  | YES  |     | NULL    |       |
| sex      | tinyint(1)   | YES  |     | NULL    |       |
| phone    | varchar(20)  | YES  |     | NULL    |       |
| age      | int(4)       | NO   |     |         |       |
+----------+--------------+------+-----+---------+-------+
5 rows in set (0.00 sec)
```

从查询结果可以看出，user 表中现在并没有 num 字段。然后，执行 ALTER TABLE 语句，在 user 表的第一个位置增加 num 字段。而且，设置 num 字段为 user 表的主键。执行结果如下：

```
mysql> ALTER  TABLE  user  ADD  num  INT(8)  PRIMARY KEY  FIRST ;
Query OK, 0 rows affected (0.02 sec)
Records: 0   Duplicates: 0   Warnings: 0
```

代码执行完毕，结果显示修改成功。为检验 user 表的第一个位置是否已经增加了 num 字段，使用 DESC 语句重新查看 user 表，查看结果如下：

```
mysql> DESC user;
+----------+--------------+------+-----+---------+-------+
| Field    | Type         | Null | Key | Default | Extra |
+----------+--------------+------+-----+---------+-------+
| num      | int(8)       | NO   | PRI |         |       |
| id       | int(11)      | YES  |     | NULL    |       |
| name     | varchar(30)  | YES  |     | NULL    |       |
| sex      | tinyint(1)   | YES  |     | NULL    |       |
| phone    | varchar(20)  | YES  |     | NULL    |       |
| age      | int(4)       | NO   |     |         |       |
+----------+--------------+------+-----+---------+-------+
6 rows in set (0.00 sec)
```

查询结果显示，user 表的第一个字段为 num，数据类型为 INT(4)。而且，num 字段为 user 表的主键。

4．表的指定位置之后增加字段

在增加字段时，由于特殊原因需要在表的指定位置增加字段。如果加上“AFTER 属性名 2”参数，那么新增的字段插入在“属性名 2”后面。

【示例 6-19】 下面将在 user 表的 phone 字段后增加 address 字段，并设置 address 字段为非空。SQL 代码如下：

```
ALTER  TABLE  user  ADD  address  VARCHAR(30)  NOT NULL  AFTER phone ;
```

如果代码运行成功，user 表中将增加 address 字段，该字段排在 phone 字段后面。数据类型为 VARCHAR(30)，且该字段的值为非空。在执行代码之前，先用 DESC 语句查看 user 表的结构。检查 user 表中是否已经存在 address 字段，以便与增加字段后进行对比。DESC 语句执行后的显示结果如下：

```
mysql> DESC user;
+----------+--------------+------+-----+---------+-------+
| Field    | Type         | Null | Key | Default | Extra |
+----------+--------------+------+-----+---------+-------+
| num      | int(8)       | NO   | PRI |         |       |
| id       | int(11)      | YES  |     | NULL    |       |
| name     | varchar(30)  | YES  |     | NULL    |       |
| sex      | tinyint(1)   | YES  |     | NULL    |       |
| phone    | varchar(20)  | YES  |     | NULL    |       |
| age      | int(4)       | NO   |     |         |       |
+----------+--------------+------+-----+---------+-------+
6 rows in set (0.00 sec)
```

从查询结果可以看出，user 表中现在并没有 address 字段。然后，执行 ALTER TABLE 语句，在 user 表的 phone 字段位置后增加 address 字段。而且，设置 address 字段为非空。执行结果如下：

```
mysql> ALTER  TABLE  user  ADD  address  VARCHAR(30)  NOT NULL  AFTER phone ;
Query OK, 0 rows affected (0.02 sec)
Records: 0  Duplicates: 0  Warnings: 0
```

代码执行完毕，结果显示修改成功。为检验 user 表的 phone 字段后面是否已经增加了 address 字段，使用 DESC 语句重新查看 user 表。查看结果如下：

```
mysql> DESC user;
+-----------+---------------+--------+------+----------+--------+
| Field     | Type          | Null   | Key  | Default  | Extra  |
+-----------+---------------+--------+------+----------+--------+
| num       | int(8)        | NO     | PRI  |          |        |
| id        | int(11)       | YES    |      | NULL     |        |
| name      | varchar(30)   | YES    |      | NULL     |        |
| sex       | tinyint(1)    | YES    |      | NULL     |        |
| phone     | varchar(20)   | YES    |      | NULL     |        |
| address   | varchar(30)   | NO     |      |          |        |
| age       | int(4)        | NO     |      |          |        |
+-----------+---------------+--------+------+----------+--------+
7 rows in set (0.02 sec)
```

查询结果显示，user 表的 phone 字段后新增了 address 字段，数据类型为 VARCHAR(30)。而且，address 字段为非空字段。

说明： 对于一个数据表而言，其中字段的排列顺序对表不会有什么影响。但是，对于创建的人来说，将有某种直接或者间接关系的字段放在一起，会更加好的理解这个表的结构。例如，grade 表中的 English 字段、Math 字段和 Computer 字段表示对应科目的成绩，那么放在一起就知道这些都是表示成绩。

6.3.5 删除字段

删除字段是指删除已经定义好的表中的某个字段。在表创建完之后，如果发现某个字段需要删除，可以采用将整个表都删除，然后重新创建一张表的做法。这样做是可以达到目的，但必然会影响到表中的数据。而且，操作比较麻烦。MySQL 中，ALTER TABLE 语句也可以删除表中的字段。其基本语法如下：

```
ALTER  TABLE  表名  DROP  属性名 ;
```

其中，“属性名”参数指需要从表中删除的字段的名称。

【示例 6-20】 下面将从 user 表中删除 id 字段。SQL 代码如下：

```
ALTER  TABLE  user  DROP  id ;
```

如果代码运行成功，将从 user 表中删除 id 字段。在执行代码之前，先用 DESC 语句查看 user 表的结构。其中可以看到是否存在 id 字段，以便与删除后进行对比。DESC 语句执行后的显示结果如下：

```
mysql> DESC user;
+-----------+---------------+--------+------+----------+--------+
| Field     | Type          | Null   | Key  | Default  | Extra  |
```

```
+------------+---------------+--------+------+------------+--------+
| num        | int(8)        | NO     | PRI  |            |        |
| id         | int(11)       | YES    |      | NULL       |        |
| name       | varchar(30)   | YES    |      | NULL       |        |
| sex        | tinyint(1)    | YES    |      | NULL       |        |
| phone      | varchar(20)   | YES    |      | NULL       |        |
| address    | varchar(30)   | NO     |      |            |        |
| age        | int(4)        | NO     |      |            |        |
+------------+---------------+--------+------+------------+--------+
7 rows in set (0.02 sec)
```

从查询结果可以看出，user 表的第二个字段为 id 字段。然后，执行 ALTER TABLE 语句删除字段。执行结果如下：

```
mysql> ALTER  TABLE  user  DROP  id ;
Query OK, 0 rows affected (0.00 sec)
Records: 0   Duplicates: 0   Warnings: 0
```

代码执行完毕，结果显示修改成功。为检验 user 表中是否还存在 id 字段，使用 DESC 语句重新查看 user 表。查看结果如下：

```
mysql> DESC user;
+------------+---------------+--------+------+------------+--------+
| Field      | Type          | Null   | Key  | Default    | Extra  |
+------------+---------------+--------+------+------------+--------+
| num        | int(8)        | NO     | PRI  |            |        |
| name       | varchar(30)   | YES    |      | NULL       |        |
| sex        | tinyint(1)    | YES    |      | NULL       |        |
| phone      | varchar(20)   | YES    |      | NULL       |        |
| address    | varchar(30)   | NO     |      |            |        |
| age        | int(4)        | NO     |      |            |        |
+------------+---------------+--------+------+------------+--------+
6 rows in set (0.00 sec)
```

查询结果显示，id 字段已经从 user 表中删除，操作成功。

6.3.6　修改字段的排列位置

创建表的时候，字段在表中的排列位置就已经确定了。如果要改变字段在表中的排列位置，则需要 ALTER TABLE 语句来处理。MySQL 中，修改字段排列位置的 ALTER TABLE 语句的基本语法如下：

```
ALTER  TABLE  表名  MODIFY  属性名 1  数据类型  FIRST | AFTER  属性名 2;
```

其中，“属性名 1”参数指需要修改位置的字段的名称；“数据类型”参数指“属性名 1”的数据类型；“FIRST”参数指定位置为表的第一个位置；“AFTER 属性名 2”参数指定“属性名 1”插入在“属性名 2”之后。

1．字段修改到第一个位置

FIRST 参数可以指定字段为表的第一个字段。

【示例 6-21】 下面将 user 表中 name 字段修改为该表的第一个字段。SQL 代码如下：

```
ALTER  TABLE  user  MODIFY  name  VARCHAR(30)  FIRST ;
```

如果代码运行成功，将 user 表中 name 字段修改为第一个字段。在执行代码之前，先用 DESC 语句查看 user 表的结构。其中可以看到 name 字段的排列位置，以便与修改后进行对比。DESC 语句执行后的显示结果如下：

```
mysql> DESC user;
+-----------+--------------+--------+------+-----------+--------+
| Field     | Type         | Null   | Key  | Default   | Extra  |
+-----------+--------------+--------+------+-----------+--------+
| num       | int(8)       | NO     | PRI  |           |        |
| name      | varchar(30)  | YES    |      | NULL      |        |
| sex       | tinyint(1)   | YES    |      | NULL      |        |
| phone     | varchar(20)  | YES    |      | NULL      |        |
| address   | varchar(30)  | NO     |      |           |        |
| age       | int(4)       | NO     |      |           |        |
+-----------+--------------+--------+------+-----------+--------+
6 rows in set (0.00 sec)
```

从查询结果可以看出，name 字段为 user 表的第二个字段。然后，执行 ALTER TABLE 语句修改字段的位置。执行结果如下：

```
mysql> ALTER  TABLE  user  MODIFY  name  VARCHAR(30)  FIRST ;
Query OK, 0 rows affected (0.00 sec)
Records: 0   Duplicates: 0   Warnings: 0
```

代码执行完毕，结果显示修改成功。为检验 name 字段在 user 表中的位置，使用 DESC 语句重新查看 user 表。查看结果如下：

```
mysql> DESC user;
+-----------+--------------+--------+------+-----------+--------+
| Field     | Type         | Null   | Key  | Default   | Extra  |
+-----------+--------------+--------+------+-----------+--------+
| name      | varchar(30)  | YES    |      | NULL      |        |
| num       | int(8)       | NO     | PRI  |           |        |
| sex       | tinyint(1)   | YES    |      | NULL      |        |
| phone     | varchar(20)  | YES    |      | NULL      |        |
| address   | varchar(30)  | NO     |      |           |        |
| age       | int(4)       | NO     |      |           |        |
+-----------+--------------+--------+------+-----------+--------+
6 rows in set (0.00 sec)
```

查询结果显示，name 字段已经成为了 user 表的第一个字段，操作成功。

2. 字段修改到指定位置

“AFTER”参数可以将字段排在表中指定的字段之后。

【示例 6-22】 下面将 user 表中 sex 字段修改到 age 字段之后，SQL 代码如下：

```
ALTER  TABLE  user  MODIFY  sex  TINYINT(1)  AFTER  age ;
```

如果代码运行成功，将 user 表中 sex 字段排到 age 字段之后。在执行代码之前，先用 DESC 语句查看 user 表的结构。其中可以看到 name 字段的排列位置，以便与修改后进行对比。DESC 语句执行后的显示结果如下：

```
mysql> DESC user;
+-----------+--------------+--------+------+-----------+--------+
| Field     | Type         | Null   | Key  | Default   | Extra  |
+-----------+--------------+--------+------+-----------+--------+
| name      | varchar(30)  | YES    |      | NULL      |        |
| num       | int(8)       | NO     | PRI  |           |        |
| sex       | tinyint(1)   | YES    |      | NULL      |        |
| phone     | varchar(20)  | YES    |      | NULL      |        |
| address   | varchar(30)  | NO     |      |           |        |
| age       | int(4)       | NO     |      |           |        |
+-----------+--------------+--------+------+-----------+--------+
6 rows in set (0.00 sec)
```

从查询结果可以看出，sex 字段为 user 表的第 3 个字段，age 字段为最后一个字段。然后，执行 ALTER TABLE 语句修改字段的位置。执行结果如下：

```
mysql> ALTER  TABLE  user  MODIFY  sex  TINYINT(1)  AFTER  age ;
Query OK, 0 rows affected (0.09 sec)
Records: 0   Duplicates: 0   Warnings: 0
```

代码执行完毕，结果显示修改成功。为检验 sex 字段是否排到了 age 字段之后，使用 DESC 语句重新查看 user 表。查看结果如下：

```
mysql> DESC user;
+-----------+-------------+------+-----+---------+-------+
| Field     | Type        | Null | Key | Default | Extra |
+-----------+-------------+------+-----+---------+-------+
| name      | varchar(30) | YES  |     | NULL    |       |
| num       | int(8)      | NO   | PRI |         |       |
| phone     | varchar(20) | YES  |     | NULL    |       |
| address   | varchar(30) | NO   |     |         |       |
| age       | int(4)      | NO   |     |         |       |
| sex       | tinyint(1)  | YES  |     | NULL    |       |
+-----------+-------------+------+-----+---------+-------+
6 rows in set (0.00 sec)
```

查询结果显示，sex 字段排到了 age 字段之后，操作成功。

6.3.7 更改表的存储引擎

MySQL 存储引擎是指 MySQL 数据库中表的存储类型。MySQL 存储引擎包括 InnoDB、MyISAM、MEMORY 等。不同的表类型有着不同的优缺点，在第 5 章有详细的介绍。在创建表时，存储引擎就已经设定好了。如果要改变，可以通过重新创建一张表来实现。这样做是可以达到目的的，但必然会影响到表中的数据。而且，操作比较麻烦。MySQL 中，ALTER TABLE 语句也可以更改表的存储引擎的类型。其基本语法如下：

```
ALTER  TABLE  表名  ENGINE=存储引擎名 ;
```

其中，“存储引擎名”参数指设置的新存储引擎的名称。

【示例 6-23】 下面将 user 表的存储引擎改为 MyISAM，SQL 代码如下：

```
ALTER  TABLE  user  ENGINE=MyISAM ;
```

如果代码运行成功，user 表的存储引擎将变为 MyISAM。在执行代码之前，先用 SHOW CREATE TABLE 语句查看 user 表的结构。其中可以看到 user 表当前的存储引擎，以便于更改后进行对比。SHOW CREATE TABLE 语句执行后的显示结果如下：

```
mysql> SHOW CREATE TABLE user \G;
*************************** 1. row ***************************
       Table: user
Create Table: CREATE TABLE `user` (
  `name` varchar(30) default NULL,
  `num` int(8) NOT NULL,
  `phone` varchar(20) default NULL,
  `address` varchar(30) NOT NULL,
  `age` int(4) NOT NULL,
  `sex` tinyint(1) default NULL,
  PRIMARY KEY  (`num`)
) ENGINE=InnoDB DEFAULT CHARSET=utf8
1 row in set (0.03 sec)
```

从查询结果可以看出，user 表存储引擎（ENGINE）为 InnoDB。然后，执行 ALTER TABLE 语句更改存储引擎。执行结果如下：

```
mysql> ALTER   TABLE   user   ENGINE=MyISAM ;
Query OK, 0 rows affected (0.03 sec)
Records: 0   Duplicates: 0   Warnings: 0
```

代码执行完毕，结果显示修改成功。为检验 user 表的存储引擎是否变为 MyISAM，使用 SHOW CREATE TABLE 语句重新查看 user 表，结果如下：

```
mysql> SHOW CREATE TABLE user \G;
*************************** 1. row ***************************
       Table: user
Create Table: CREATE TABLE `user` (
  `name` varchar(30) default NULL,
  `num` int(8) NOT NULL,
  `phone` varchar(20) default NULL,
  `address` varchar(30) NOT NULL,
  `age` int(4) NOT NULL,
  `sex` tinyint(1) default NULL,
  PRIMARY KEY   (`num`)
) ENGINE=MyISAM DEFAULT CHARSET=utf8
1 row in set (0.00 sec)
```

查询结果显示，user 表的存储引擎（ENGINE）变为 MyISAM，操作成功。

注意：使用 ALTER 语句可以改变表的存储引擎，这可以避免重新创建表。但是，如果表中已经有很多的数据，改变存储引擎可能会造成一些意料之外的影响。如果一个表中已经存在了很多数据，最好不要轻易更改其存储引擎。

6.3.8　删除表的外键约束

外键是一个特殊字段，其将某一表与其父表建立关联关系。在创建表的时候，外键约束就已经设定好了。由于特殊需要，与父表之间的关联关系需要去除，要求删除外键约束。MySQL 中，ALTER TABLE 语句也可以删除表的外键约束。其基本语法如下：

```
ALTER   TABLE   表名   DROP   FOREIGN   KEY   外键别名 ;
```

其中，“外键别名”参数指创建表时设置的外键的代号。

【示例 6-24】 下面将删除 example3 表的外键约束。先用 SHOW CREATE TABLE 语句查看 example3 表的结构，确定 example3 表中外键的代号。SHOW CREATE TABLE 语句执行后的显示结果如下：

```
mysql> SHOW CREATE TABLE example3 \G;
*************************** 1. row ***************************
       Table: example3
Create Table: CREATE TABLE `example3` (
  `id` int(11) NOT NULL,
  `stu_id` int(11) default NULL,
  `course_id` int(11) default NULL,
  PRIMARY KEY   (`id`),
  KEY `c_fk` (`stu_id`,`course_id`),
  CONSTRAINT `c_fk` FOREIGN KEY (`stu_id`, `course_id`) REFERENCES `example2` (`stu_id`,
  `course_id`)
) ENGINE=InnoDB DEFAULT CHARSET=utf8
1 row in set (0.00 sec)
```

从查询结果可以看出，example3 表的外键别名为 c_fk。删除 example3 表的外键约束的 SQL 代码为：

```
ALTER  TABLE  example3  DROP  FOREIGN  KEY  c_fk ;
```

执行 ALTER TABLE 语句删除表的外键约束。执行结果如下：

```
mysql> ALTER  TABLE  example3  DROP  FOREIGN  KEY  c_fk ;
Query OK, 0 rows affected (0.02 sec)
Records: 0   Duplicates: 0   Warnings: 0
```

代码执行完毕，结果显示修改成功。为检验 example3 表的外键约束是否还存在，使用 SHOW CREATE TABLE 语句重新查看 example3 表。查看结果如下：

```
mysql> SHOW CREATE TABLE example3 \G;
*************************** 1. row ***************************
       Table: example3
Create Table: CREATE TABLE `example3` (
  `id` int(11) NOT NULL,
  `stu_id` int(11) default NULL,
  `course_id` int(11) default NULL,
  PRIMARY KEY   (`id`),
  KEY `c_fk` (`stu_id`,`course_id`)
) ENGINE=InnoDB DEFAULT CHARSET=utf8
1 row in set (0.00 sec)
```

查询结果显示，example3 表已经不存在外键（FOREIGN KEY），原来的外键变成了普通键（KEY），操作成功。

6.4　删　除　表

删除表是指删除数据库中已存在的表。删除表时，会删除表中的所有数据。因此，在删除表时要特别注意。MySQL 中通过 DROP TABLE 语句来删除表。由于创建表时可能存在外键约束，一些表成为了与之关联的表的父表。要删除这些父表，情况比较复杂。本节将详细讲解删除没有被关联的普通表和被其他表关联的父表的方法。

6.4.1　删除没有被关联的普通表

MySQL 中，直接使用 DROP TABLE 语句可以删除没有被其他关联的普通表。其基本语法如下：

```
DROP  TABLE  表名 ;
```

其中，“表名”参数为要删除的表的名称。

【示例 6-25】 下面将删除 example5 表。SQL 代码如下：

```
DROP  TABLE  example5 ;
```

如果代码运行成功，将从数据库中删除 example5 表。在执行代码之前，先用 DESC 语句查看是否存在 example5 表，以便与删除后进行对比。DESC 语句执行后的显示结果如下：

```
mysql> DESC example5;
+----------+--------------+--------+-------+-----------+---------+
| Field    | Type         | Null   | Key | Default    | Extra   |
+----------+--------------+--------+-------+-----------+---------+
| id       | int(11)      | NO     | PRI |            |         |
| stu_id   | int(11)      | YES    | UNI | NULL       |         |
| name     | varchar(20)  | NO     |     |            |         |
+----------+--------------+--------+-------+-----------+---------+
```

```
3 rows in set (0.00 sec)
```

从查询结果可以看出，当前存在 example5 表。然后，执行 DROP TABLE 语句删除表。执行结果如下：

```
mysql> DROP   TABLE   example5 ;
Query OK, 0 rows affected (0.02 sec)
```

代码执行完毕，结果显示修改成功。为检验数据库中是否还存在 example5 表，使用 DESC 语句重新查看 example5 表。查看结果如下：

```
mysql> DESC example5;
ERROR 1146 (42S02): Table 'example.example5' doesn't exist
```

查询结果显示，example5 表已经不存在，操作成功。

技巧：删除一个表时，表中的所有数据也会被删除。因此，在删除表的时候一定要慎重。最稳妥的做法是先将表中所有的数据备份出来，然后再删除表。一旦删除表后发现造成了损失，可以通过备份的数据还原表，以便将损失降低到最小。

6.4.2　删除被其他表关联的父表

在 6.1.3 小节中讲解了创建表时设置表的外键。这样就使数据库中的某些表之间建立了关联关系。一些表成为了父表，这些表被其子表关联着。要删除这些父表，情况不像上一节那么简单。

【示例 6-26】 下面将要删除 6.1 节中创建的 example1 表。SQL 代码如下：

```
DROP   TABLE   example1 ;
```

代码执行后，结果显示如下：

```
mysql> DROP TABLE example1;
ERROR 1217 (23000): Cannot delete or update a parent row: a foreign key constraint fails
```

结果显示删除失败，原因为有外键依赖于该表。因为 6.1 节中创建了 example4 表依赖于 example1 表。example4 表的外键 stu_id 依赖于 example1 表的主键。example1 表是 example4 表的父表。如果要删除 example4 表，必须先去掉这种依赖关系。最简单直接的办法是，先删除子表 example4，然后再删除父表 example1。但这样可能会影响子表的其他数据；另一种办法是，先删除子表的外键约束，然后再删除父表。这种办法，不会影响子表的其他数据，可以保证数据库的安全。因此，本小节将重点讲解这种办法。

首先，根据 6.3.8 小节的方法，删除 example4 表的外键约束。先用 SHOW CREATE TABLE 语句查看 example4 表的外键别名，执行如下：

```
mysql> show create table example4 \G;
*************************** 1. row ***************************
       Table: example4
Create Table: CREATE TABLE `example4` (
  `id` int(11) NOT NULL,
  `name` varchar(20) NOT NULL,
  `stu_id` int(11) default NULL,
  PRIMARY KEY   (`id`),
  KEY `d_fk` (`stu_id`),
  CONSTRAINT `d_fk` FOREIGN KEY (`stu_id`) REFERENCES `example1` (`stu_id`)
) ENGINE=InnoDB DEFAULT CHARSET=utf8
1 row in set (0.09 sec)
```

查询结果显示，example4 表的外键别名为 d_fk。然后执行 ALTER TABLE 语句，删除 example4 表的外键约束，详细知识见 6.3.8 小节。删除 example4 表的外键的 SQL 语句如下：

```
ALTER   TABLE   example4   DROP   FOREIGN   KEY   d_fk ;
```

执行结果如下：

```
mysql> ALTER   TABLE   example4   DROP   FOREIGN   KEY   d_fk ;
Query OK, 3 rows affected (0.01 sec)
Records: 3   Duplicates: 0   Warnings: 0
```

为查看 example4 表的外键约束是否已经被删除，使用 SHOW CREATE TABLE 语句查询，查询结果如下：

```
mysql>   show create table example4 \G;
*************************** 1. row ***************************
       Table: example4
Create Table: CREATE TABLE `example4` (
  `id` int(11) NOT NULL,
  `name` varchar(20) NOT NULL,
  `stu_id` int(11) default NULL,
  PRIMARY KEY   (`id`),
  KEY `d_fk` (`stu_id`)
) ENGINE=InnoDB DEFAULT CHARSET=utf8
1 row in set (0.00 sec)
```

查询结果显示，example4 表中已经不存在外键了。现在，已经消除了 example4 表与 example1 表的关联关系，即可直接使用 DROP TABLE 语句删除 example1 表。SQL 代码如下：

```
DROP   TABLE   example1;
```

执行结果如下：

```
mysql> DROP   TABLE   example1;
Query OK, 0 rows affected (0.00 sec)
```

结果显示，操作成功。可以使用 DESC 语句查询 example1 表是否存在，结果如下：

```
mysql> DESC example1;
ERROR 1146 (42S02): Table 'example.example1' doesn't exist
```

执行结果显示，example1 表已经不存在，说明 example1 表已经删除成功。

6.5 本章实例

在本节中将在 example 数据库创建一个 student 表和一个 grade 表，内容如表 6.2 和表 6.3 所示。

表 6.2　student表的内容

字段名	字段描述	数据类型	主键	外键	非空	唯一	自增
num	学号	INT(10)	是	否	是	是	否
name	姓名	VARCHAR(20)	否	否	是	否	否
sex	性别	VARCHAR(4)	否	否	是	否	否
birthday	出生日期	DATETIME	否	否	否	否	否
address	家庭住址	VARCHAR(50)	否	否	否	否	否

表 6.3　grade表的内容

字段名	字段描述	数据类型	主键	外键	非空	唯一	自增
id	编号	INT(10)	是	否	是	是	是
course	课程名	VARCHAR(10)	否	否	是	否	否
s_num	学号	INT(10)	否	是	是	否	否
grade	成绩	VARCHAR(4)	否	否	否	否	否

表创建成功后，查看两个表的结构。然后按照下列要求进行表操作：

（1）将 grade 表的 course 字段的数据类型改为 VARCHAR(20)。

（2）将 s_num 字段的位置改到 course 字段的前面。

（3）将 grade 字段改名为 score。

（4）删除 grade 表的外键约束。

（5）将 grade 表的存储引擎更改为 MyISAM 类型。

（6）将 student 表的 address 字段删除。

（7）在 student 表中增加名为 phone 的字段，数据类型为 INT(10)。

（8）将 grade 表改名为 gradeInfo。

（9）删除 student 表。

本实例的执行过程如下：

1. 登录数据库系统

在命令行中登录 MySQL 数据库管理系统，输入内容如下：

```
mysql –h localhost –u root –p
```

提示输入密码后，按要求输入密码，显示为：

```
Enter password: ****
```

按 Enter 键后，检验密码正确后进入 MySQL 管理系统。显示如下：

```
Welcome to the MySQL monitor.  Commands end with ; or \g.
Your MySQL connection id is 7
Server version: 5.1.40-community MySQL Community Server (GPL)

Type 'help;' or '\h' for help. Type '\c' to clear the buffer.

mysql>
```

由上面程序结果，说明数据库管理系统登录成功。

2. 选择example数据库

先查看数据库系统中是否存在 example 数据库，执行 SHOW DATABASES 语句。代码执行如下：

```
mysql> SHOW DATABASES;
+--------------------------+
| Database                 |
+--------------------------+
| information_schema |
| example                  |
| mysql                    |
| test                     |
+--------------------------+
```

```
4 rows in set (0.14 sec)
```

结果显示数据库系统中已经存在名为 example 的数据库。要创建表，就必须先选择数据库。MySQL 中使用 USE 语句选择数据库。代码执行如下：

```
mysql> USE example;
Database changed
```

结果显示数据库选择成功。

3．创建student表和grade表

按表 6.2 的要求创建 student 表，SQL 代码如下：

```
CREATE   TABLE   student( num    INT(10)    NOT NULL    UNIQUE    PRIMARY KEY ,
                          name    VARCHAR(20)    NOT NULL ,
                          sex    VARCHAR(4)    NOT NULL ,
                          birthday    DATETIME ,
                          address    VARCHAR(50)
                          );
```

代码执行后，使用 DESC 语句来查看表结构。DESC 语句执行如下：

```
mysql> DESC student;
+------------+----------------+---------+-------+-------------+----------+
| Field      | Type           | Null    | Key | Default     | Extra    |
+------------+----------------+---------+-------+-------------+----------+
| num        | int(10)        | NO      | PRI   | NULL        |          |
| name       | varchar(20)    | NO      |       | NULL        |          |
| sex        | varchar(4)     | NO      |       | NULL        |          |
| birthday   | datetime       | YES     |       | NULL        |          |
| address    | varchar(50)    | YES     |       | NULL        |          |
+------------+----------------+---------+-------+-------------+----------+
5 rows in set (0.06 sec)
```

再按表 6.3 的要求创建 grade 表。SQL 代码如下：

```
CREATE   TABLE   grade( id    INT(10)    NOT NULL UNIQUE PRIMARY KEY AUTO_INCREMENT,
                        course    VARCHAR(10)    NOT NULL ,
                        s_num    INT(10)    NOT NULL ,
                        grade    VARCHAR(4),
                        CONSTRAINT    grade_fk    FOREIGN KEY (s_num)
                        REFERENCES    student(num)
                        );
```

代码执行后，使用 SHOW CREATE TABLE 语句来查看表结构。语句执行如下：

```
mysql> SHOW CREATE TABLE grade \G;
*************************** 1. row ***************************
       Table: grade
Create Table: CREATE TABLE `grade` (
  `id` int(10) NOT NULL AUTO_INCREMENT,
  `course` varchar(10) NOT NULL,
  `s_num` int(10) NOT NULL,
  `grade` varchar(4) DEFAULT NULL,
  PRIMARY KEY (`id`),
  UNIQUE KEY `id` (`id`),
  KEY `grade_fk` (`s_num`),
  CONSTRAINT `grade_fk` FOREIGN KEY (`s_num`) REFERENCES `student` (`num`)
) ENGINE=InnoDB DEFAULT CHARSET=utf8
1 row in set (0.00 sec)
```

执行结果显示，grade 表的外键 s_num 字段依赖于 student 表的 num 字段。默认的存储引擎为 InnoDB。

4．将grade表的course字段的数据类型改为VARCHAR(20)

上面程序的查询结果显示，course 的数据类型为 VARCHAR(10)。下面执行 ALTER 语句，将其数据类型改为 VARCHAR(20)。代码执行如下：

```
mysql> ALTER  TABLE  grade  MODIFY  course  VARCHAR(20) ;
Query OK, 0 rows affected (0.06 sec)
Records: 0  Duplicates: 0  Warnings: 0
```

执行结果显示修改成功。执行 DESC 语句查询 grade 表的结构，代码执行如下：

```
mysql> DESC grade;
+----------+---------------+--------+-------+------------+------------------+
| Field    | Type          | Null   | Key   | Default    | Extra            |
+----------+---------------+--------+-------+------------+------------------+
| id       | int(10)       | NO     | PRI   | NULL       | auto_increment   |
| course   | varchar(20)   | YES    |       | NULL       |                  |
| s_num    | int(10)       | NO     | MUL   | NULL       |                  |
| grade    | varchar(4)    | YES    |       | NULL       |                  |
+----------+---------------+--------+-------+------------+------------------+
4 rows in set (0.00 sec)
```

结果显示，course 字段的数据类型已经变成 VARCHAR(20)。

5．将s_num字段的位置改到course字段的前面

上面的查询结果显示，s_num 字段排在 course 字段之后。执行 ALTER 语句，来改变 s_num 字段的排列位置。执行代码如下：

```
mysql> ALTER  TABLE  grade  MODIFY  s_num  INT(10)  AFTER  id ;
Query OK, 0 rows affected (0.02 sec)
Records: 0  Duplicates: 0  Warnings: 0
```

执行结果显示修改成功。执行 DESC 语句查询 grade 表的结构。代码执行如下：

```
mysql> DESC grade;
+----------+---------------+--------+-------+------------+------------------+
| Field    | Type          | Null   | Key   | Default    | Extra            |
+----------+---------------+--------+-------+------------+------------------+
| id       | int(10)       | NO     | PRI   | NULL       | auto_increment   |
| s_num    | int(10)       | YES    | MUL   | NULL       |                  |
| course   | varchar(20)   | YES    |       | NULL       |                  |
| grade    | varchar(4)    | YES    |       | NULL       |                  |
+----------+---------------+--------+-------+------------+------------------+
4 rows in set (0.00 sec)
```

结果显示，s_num 字段已经排在 course 字段之前了。

6．将grade字段改名为score

使用 ALTER 语句将 grade 字段改名为 score。代码执行如下：

```
mysql> ALTER  TABLE  grade  CHANGE  grade  score  VARCHAR(4) ;
Query OK, 0 rows affected (0.01 sec)
Records: 0  Duplicates: 0  Warnings: 0
```

执行结果显示修改成功。执行 DESC 语句查询 grade 表的结构，代码执行如下：

```
mysql> DESC grade;
+----------+---------------+--------+-------+------------+------------------+
| Field    | Type          | Null   | Key   | Default    | Extra            |
+----------+---------------+--------+-------+------------+------------------+
| id       | int(10)       | NO     | PRI   | NULL       | auto_increment   |
```

```
| s_num    | int(10)       | YES   | MUL | NULL       |                     |
| course   | varchar(20) | YES   |       | NULL       |                     |
| score     | varchar(4)   | YES   |       | NULL       |                     |
+----------+---------------+--------+-------+-------------+--------------------+
4 rows in set (0.00 sec)
```

结果显示，grade 表中已经不存在 grade 字段，取而代之的是 score 字段。

7．删除grade表的外键约束

上面已经知道 grade 表的存储引擎为 InnoDB。下面执行 ALTER 语句将其存储引擎改为 MyISAM。代码执行如下：

```
mysql> ALTER   TABLE   grade   ENGINE=MyISAM;
ERROR 1217 (23000): Cannot delete or update a parent row: a foreign key constrant fails
```

执行失败。结果显示为外键约束限制了本次操作。为了更改存储引擎，先将外键约束删除。删除外键约束的代码执行如下：

```
mysql> ALTER   TABLE   grade   DROP   FOREIGN KEY   grade_fk ;
Query OK, 0 rows affected (0.03 sec)
Records: 0    Duplicates: 0    Warnings: 0
```

代码执行成功。为了确定外键是否已经删除，执行 SHOW CREATE TABLE 来查看一下。代码执行如下：

```
mysql> SHOW CREATE TABLE grade \G;
*************************** 1. row ***************************
        Table: grade
Create Table: CREATE TABLE `grade` (
  `id` int(10) NOT NULL AUTO_INCREMENT,
  `s_num` int(10) DEFAULT NULL,
  `course` varchar(20) DEFAULT NULL,
  `score` varchar(4) DEFAULT NULL,
  PRIMARY KEY (`id`),
  UNIQUE KEY `id` (`id`),
  KEY `grade_fk` (`s_num`)
) ENGINE=InnoDB DEFAULT CHARSET=utf8
1 row in set (0.00 sec)
```

结果显示，grade 表已经不存在外键了。

8．将grade表的存储引擎更改为MyISAM类型

删除了外键约束，现在可以安全的更改存储引擎的类型了。代码执行如下：

```
mysql> ALTER   TABLE   grade   ENGINE=MyISAM;
Query OK, 0 rows affected (0.05 sec)
Records: 0    Duplicates: 0    Warnings: 0
```

代码执行成功。为了确定存储引擎是否已经发生改变，执行 SHOW CREATE TABLE 语句来查看一下。代码执行如下：

```
mysql> SHOW CREATE TABLE grade \G;
*************************** 1. row ***************************
        Table: grade
Create Table: CREATE TABLE `grade` (
  `id` int(10) NOT NULL AUTO_INCREMENT,
  `s_num` int(10) DEFAULT NULL,
  `course` varchar(20) DEFAULT NULL,
  `score` varchar(4) DEFAULT NULL,
  PRIMARY KEY (`id`),
  UNIQUE KEY `id` (`id`),
```

```
  KEY `grade_fk` (`s_num`)
) ENGINE=MyISAM DEFAULT CHARSET=utf8
1 row in set (0.02 sec)
```

结果显示，存储引擎已经变成了 MyISAM。

9．将student表的address字段删除

使用 ALTER 语句可以删除表的字段。代码执行如下：

```
mysql> ALTER   TABLE   student   DROP   address ;
Query OK, 0 rows affected (0.01 sec)
Records: 0   Duplicates: 0   Warnings: 0
```

代码执行成功。为了确定 student 表中是否还存在 address 字段，执行 DESC 语句来查看一下。代码执行如下：

```
mysql> DESC student;
+-------------+---------------+---------+-------+------------+---------+
| Field       | Type          | Null    | Key   | Default    | Extra   |
+-------------+---------------+---------+-------+------------+---------+
| num         | int(10)       | NO      | PRI   | NULL       |         |
| name        | varchar(20)   | NO      |       | NULL       |         |
| sex         | varchar(4)    | NO      |       | NULL       |         |
| birthday    | datetime      | YES     |       | NULL       |         |
+-------------+---------------+---------+-------+------------+---------+
4 rows in set (0.02 sec)
```

结果显示，student 表中已经不存在 address 字段。

10．在student表中增加名为phone的字段

在 student 表中增加名为 phone 的字段，其数据类型为 INT(10)。代码执行如下：

```
mysql> ALTER   TABLE   student   ADD   phone   INT(10) ;
Query OK, 0 rows affected (0.02 sec)
Records: 0   Duplicates: 0   Warnings: 0
```

代码执行成功。为了确定 student 表中是否已经存在 phone 字段，执行 DESC 语句来查看一下。代码执行如下：

```
mysql> DESC student;
+-------------+---------------+---------+-------+------------+---------+
| Field       | Type          | Null    | Key   | Default    | Extra   |
+-------------+---------------+---------+-------+------------+---------+
| num         | int(10)       | NO      | PRI   | NULL       |         |
| name        | varchar(20)   | NO      |       | NULL       |         |
| sex         | varchar(4)    | NO      |       | NULL       |         |
| birthday    | datetime      | YES     |       | NULL       |         |
| phone       | int(10)       | YES     |       | NULL       |         |
+-------------+---------------+---------+-------+------------+---------+
5 rows in set (0.00 sec)
```

结果显示，student 表中已经存在 phone 字段。

11．将grade表改名为gradeInfo

使用 ALTER 语句可以更改表的名称。代码执行如下：

```
mysql> ALTER  TABLE  grade  RENAME  gradeInfo ;
Query OK, 0 rows affected (0.01 sec)
```

代码执行成功。为了确定 example 数据库中是否已经存在 gradeInfo 表，执行 SHOW TABLES 语句来查看一下。代码执行如下：

```
mysql> SHOW TABLES;
+------------------------+
| Tables_in_example |
+------------------------+
| gradeinfo           |
| student             |
+------------------------+
2 rows in set (0.00 sec)
```

结果显示，example 数据库只有 gradeInfo 表和 student 表。example 数据库中已经不存在 grade 表，取而代之的是 gradeInfo 表。

12．删除student表

执行 DROP TABLE 语句可以删除表。代码执行如下：

```
mysql> DROP TABLE student;
Query OK, 0 rows affected (0.00 sec)
```

代码执行成功。为了确定example数据库中是否还存在student表，执行SHOW TABLES 语句来查看一下。代码执行如下：

```
mysql> SHOW TABLES;
+------------------------+
| Tables_in_example |
+------------------------+
| gradeinfo           |
+------------------------+
1 row in set (0.00 sec)
```

结果显示，example 数据库只有 gradeInfo 表。student 表已经成功删除。此处要特别注意，因为在创建表时 student 表是 grade 表的父表，不能直接删除。但是，在更改存储引擎时，已经将 grade 表的外键约束删除了。这样，就解除了两者之间的父子关系，才可以直接用这个方法删除 student 表。详细内容参照 6.4 节。

到现在为止，本实例算是成功完成了。希望读者通过本实例能够对本章的内容有个更加深刻的理解。

6.6　上 机 实 践

1．操作teacher表

题目要求：本题将在 school 数据库创建一个 teacher 表，内容如表 6.4 所示。

表 6.4　teacher表的内容

字段名	字段描述	数据类型	主键	外键	非空	唯一	自增
id	编号	INT(4)	是	否	是	是	是
num	教工号	INT(10)	否	否	是	是	否
name	姓名	VARCHAR(20)	否	否	是	否	否

续表

字段名	字段描述	数据类型	主键	外键	非空	唯一	自增
sex	性别	VARCHAR(4)	否	否	是	否	否
birthday	出生日期	DATETIME	否	否	否	否	否
address	家庭住址	VARCHAR(50)	否	否	否	否	否

按照下列要求进行表操作：

（1）首先创建数据库 school。

（2）创建 teacher 表。

（3）将 teacher 表的 name 字段的数据类型改为 VARCHAR(30)。

（4）将 birthday 字段的位置改到 sex 字段的前面。

（5）将 num 字段改名为 t_id。

（6）将 teacher 表的 address 字段删除。

（7）在 teacher 表中增加名为 wages 的字段，数据类型为 FLOAT。

（8）将 teacher 表改名为 teacherInfo。

（9）将 teacher 表的存储引擎更改为 MyISAM 类型。

操作如下：

（1）首先创建数据库 school，代码如下：

```
CREATE  DATABASE  school;
```

（2）创建 teacher 表，代码如下：

```
CREATE  TABLE  teacher( id  INT(4)  NOT NULL  UNIQUE  PRIMARY KEY  AUTO_INCREMENT,
                        num  INT(10)  NOT NULL  UNIQUE ,
                        name  VARCHAR(20)  NOT NULL ,
                        sex  VARCHAR(4)  NOT NULL ,
                        birthday  DATETIME ,
                        address  VARCHAR(50)
                        );
```

（3）将 teacher 表的 name 字段的数据类型改为 VARCHAR(30)，代码如下：

```
ALTER  TABLE  teacher  MODIFY  name  VARCHAR(30)  NOT NULL ;
```

（4）将 birthday 字段的位置改到 sex 字段的前面，代码如下：

```
ALTER  TABLE  teacher  MODIFY  birthday  DATETIME  AFTER  name ;
```

（5）将 num 字段改名为 t_id，代码如下：

```
ALTER  TABLE  teacher  CHANGE  num  t_id  INT(10)  NOT NULL;
```

（6）将 teacher 表的 address 字段删除，代码如下：

```
ALTER  TABLE  teacher  DROP  address ;
```

（7）在 teacher 表中增加名为 wages 的字段，数据类型为 FLOAT，代码如下：

```
ALTER  TABLE  teacher  ADD  wages  FLOAT ;
```

（8）将 teacher 表改名为 teacherInfo，代码如下：

```
ALTER  TABLE  teacher  RENAME  teacherInfo;
```

（9）将 teacher 表的存储引擎更改为 MyISAM 类型，代码如下：

```
ALTER TABLE teacherInfo ENGINE=MyISAM;
```

2．操作department表和worker表

题目要求：本题将在 example 数据库创建一个 department 表和一个 worker 表，内容如表 6.5 和表 6.6 所示。

表 6.5　department表的内容

字段名	字段描述	数据类型	主键	外键	非空	唯一	自增
d_id	部门号	INT(4)	是	否	是	是	否
d_name	部门名	VARCHAR(20)	否	否	是	是	否
function	部门职能	VARCHAR(50)	否	否	否	否	否
address	部门位置	VARCHAR(20)	否	否	否	否	否

表 6.6　worker表的内容

字段名	字段描述	数据类型	主键	外键	非空	唯一	自增
id	编号	INT(4)	是	否	是	是	是
num	员工号	INT(10)	否	否	是	是	否
d_id	部门号	INT(4)	否	是	否	否	否
name	姓名	VARCHAR(20)	否	否	是	否	否
sex	性别	VARCHAR(4)	否	否	是	否	否
birthday	出生日期	DATE	否	否	否	否	否
address	家庭住址	VARCHAR(50)	否	否	否	否	否

按照下列要求进行表操作：

（1）在 example 数据库下创建 department 表和 worker 表。

（2）删除 department 表。

操作如下：

（1）创建 department 表，代码如下：

```
CREATE TABLE department(d_id INT(4) NOT NULL UNIQUE PRIMARY KEY ,
                        d_name VARCHAR(20) NOT NULL UNIQUE ,
                        function VARCHAR(50) ,
                        address VARCHAR(50)
                        );
```

（2）创建 worker 表，代码如下：

```
CREATE TABLE worker ( id INT(4) NOT NULL UNIQUE PRIMARY KEY AUTO_INCREMENT,
                     num INT(10) NOT NULL UNIQUE ,
                     d_id INT(4) ,
                     name VARCHAR(20) NOT NULL ,
                     sex VARCHAR(4) NOT NULL ,
                     birthday DATE ,
                     address VARCHAR(50) ,
                     CONSTRAINT worker_fk FOREIGN KEY (d_id)
                        REFERENCES department (d_id)
                     );
```

（3）删除 department 表，代码如下：

```
DROP TABLE department ;
```

此操作会出现如下提示：

```
ERROR 1217 (23000): Cannot delete or update a parent row: a foreign key constraint fails
```

错误信息显示：存在外键约束，不能删除和更新父表。因此，必须先删除外键约束，才能删除 department 表。

（4）删除 worker 表的外键约束，代码如下：

```
ALTER  TABLE  worker  DROP  FOREIGN KEY  worker_fk ;
```

（5）重新删除 department 表，代码如下：

```
DROP  TABLE  department ;
```

6.7　常见问题及解答

1. 字段改名后，为什么会有部分约束条件丢失？

上一节中，将 teacher 表的 num 字段改名为 t_id 字段时，如果执行下面的语句：

```
ALTER  TABLE  teacher  CHANGE  num  t_id  INT(10) ;
```

那么，原来的非空属性将会丢失。因为，字段的默认的值是空值（NULL）。所以，会出现这种丢失约束条件的情况。为了保证约束条件与原来一样，在执行改名操作时，需要加上原字段一样的约束条件。

同理，修改字段的数据类型也会出现这样的问题。解决办法也是如此。读者在以后的操作中，每次改变字段或数据类型，都应该用 DESC 语句查看结构。这样可以确认字段是否满足要求。

2. 如何设置外键？

子表的外键必须依赖父表的某个字段，因此父表必须先于子表建立。而且，父表中的被依赖字段必须是主键或者组合主键中的一个。如果不满足这些条件，子表将不能创建成功。系统会报“ERROR 1005 (HY000): Can't create table”这样的错误。

3. 为什么自增字段不能设置默认值？

自增字段必须是主键的一部分。一个表只能有一个自增字段。可以是任何整数类型。而且，自增字段没有默认值。如果设置自增字段默认值为“default '3'”，系统会报错。

在没有设置初值的情况下，自增字段从 1 开始增加。插入记录时，不设置自增字段的值、自增字段处插入的值为 NULL 或者为 0 时，该字段的值在上一条记录的基础上加 1。

如果插入的条记录中该字段的值为 7。那么下一条记录如果没有指定值，则该字段的值就在此基础上加 1。以后记录以此类推。

4. 如何删除父表？

删除父表是很麻烦的过程。因为子表的外键约束限制着父表的删除。有两种方法可以解决这个问题。第一种方法，先删除子表，然后再删除父表。这样做完全可以达到删除父表的目的，但是必须要牺牲子表。第二种方法，先删除子表的外键约束，然后再删除父表。

详细内容见 6.4.2 小节。

6.8　小　　结

本章介绍了创建表、查看表结构、修改表和删除表的方法。创建表、修改表是本章最重要的内容。创建表和修改表的内容比较多，难度也非常大。这两个部分需要不断的练习。只有通过实践练习，才会对这两部分了解得更加透彻。而且，这两部分很容易出现语法错误，必须在练习中掌握正确的语法规则。创建表和修改表后一定要查看表的结构，这样可以确认操作是否正确。本章中的完整性约束条件是难点，希望读者在以后的学习和实践中多思考，以便对完整性约束条件了解的更加透彻。删除表时一定要特别小心，因为删除表的同时会删除表中的所有记录。下一章将介绍索引的相关知识。

6.9　本 章 习 题

1．在本题中将在 example 数据库创建一个 animal 表，内容如表 6.7 所示。

表 6.7　animal表的内容

字段名	字段描述	数据类型	主键	外键	非空	唯一	自增
id	编号	INT(4)	是	否	是	是	是
name	名称	VARCHAR(20)	否	否	是	否	否
kinds	种类	VARCHAR(8)	否	否	是	否	否
legs	腿的条数	INT(4)	否	否	否	否	否
behavior	习性	VARCHAR(50)	否	否	否	否	否

按照下列要求进行表操作：

（1）将 name 字段的数据类型改为 VARCHAR(30)，且保留非空约束。

（2）将 behavior 字段的位置改到 legs 字段的前面。

（3）将 kinds 字段改名为 category。

（4）在表中增加 fur 字段，数据类型为 VARCHAR(10)。

（5）删除 legs 字段。

（6）将 animal 表的存储引擎更改为 MyISAM 类型。

（7）将 animal 表更名为 animalInfo。

2．在本题中将在 transport 数据库创建一个 transport 表和一个 car 表，内容如表 6.8 和表 6.9 所示。

表 6.8　transport表的内容

字段名	字段描述	数据类型	主键	外键	非空	唯一	自增
id	编号	INT(4)	是	否	是	是	否
type	类型	VARCHAR(20)	否	否	是	是	否
function	功能	VARCHAR(50)	否	否	否	否	否

表 6.9　car表的内容

字段名	字段描述	数据类型	主键	外键	非空	唯一	自增
id	编号	INT(4)	是	否	是	是	是
num	类型号	INT(10)	否	是	是	否	否
name	名称	VARCHAR(20)	否	否	是	否	否
company	生产商名	VARCHAR(50)	否	否	否	否	否
address	生产地址	VARCHAR(50)	否	否	否	否	否

先按上述内容创建这两个表。其中，car 表的 num 字段依赖于 transport 表的 id 字段。然后，在保留 car 表的情况下删除 transport 表。

第 7 章　索　　引

索引是一种特殊的数据库结构，可以用来快速查询数据库表中的特定记录。索引是提高数据库性能的重要方式。MySQL 中，所有的数据类型都可以被索引。MySQL 的索引包括普通索引、唯一性索引、全文索引、单列索引、多列索引和空间索引等。本章主要讲解的内容包括以下几个方面：

- 索引的含义和特点；
- 索引的分类；
- 如何设计索引；
- 如何创建索引；
- 如何删除索引。

通过本章的学习，读者可以了解索引的含义、作用，以及索引不同类别。还可以了解用不同的方法创建索引。同时，读者可以了解删除索引的方法。

7.1　索 引 简 介

索引由数据库表中一列或多列组合而成，其作用是提高对表中数据的查询速度。本节将详细讲解索引的含义、作用、分类和设计索引的原则。

7.1.1　索引的含义和特点

索引是创建在表上的，是对数据库表中一列或多列的值进行排序的一种结构。索引可以提高查询的速度。本小节将详细讲解索引的含义、作用和优缺点。

通过索引，查询数据时可以不必读完记录的所有信息，而只是查询索引列。否则，数据库系统将读取每条记录的所有信息进行匹配。例如，索引相当于新华字典的音序表。如果要查“库”字，如果不使用音序，需要从字典的 400 页中逐页来找。但是，如果提取拼音出来，构成音序表，就只需要从 10 多页的音序表中直接查找。这样就可以大大节省时间。因此，使用索引可以很大程度上提高数据库的查询速度。这样有效的提高了数据库系统的性能。

不同的存储引擎定义了每个表的最大索引数和最大索引长度。所有存储引擎对每个表至少支持 16 个索引，总索引长度至少为 256 字节。有些存储引擎支持更多的索引数和更大的索引长度。索引有两种存储类型，包括 B 型树（BTREE）索引和哈希（HASH）索引。InnoDB 和 MyISAM 存储引擎支持 BTREE 索引，MEMORY 存储引擎支持 HASH 索引和 BTREE 索引，默认为前者。

索引有其明显的优势，也有其不可避免的缺点。

- 索引的优点是可以提高检索数据的速度，这是创建索引的最主要的原因；对于有依赖关系的子表和父表之间的联合查询时，可以提高查询速度；使用分组和排序子句进行数据查询时，同样可以显著节省查询中分组和排序的时间。

- 索引的缺点是创建和维护索引需要耗费时间，耗费时间的数量随着数据量的增加而增加；索引需要占用物理空间，每一个索引要占一定的物理空间；增加、删除和修改数据时，要动态的维护索引，造成数据的维护速度降低了 。

因此，选择使用索引时，需要综合考虑索引的优点和缺点。

技巧：索引可以提高查询的速度，但是会影响插入记录的速度。因为，向有索引的表中插入记录时，数据库系统会按照索引进行排序。这样就降低了插入记录的速度，插入大量记录时的速度影响更加明显。这种情况下，最好的办法是先删除表中的索引，然后插入数据。插入完成后，再创建索引。

7.1.2　索引的分类

MySQL 的索引包括普通索引、唯一性索引、全文索引、单列索引、多列索引和空间索引等。本小节将详细讲解这几种索引的含义和特点。

1．普通索引

在创建普通索引时，不附加任何限制条件。这类索引可以创建在任何数据类型中，其值是否唯一和非空由字段本身的完整性约束条件决定。建立索引以后，查询时可以通过索引进行查询。例如，在 student 表的 stu_id 字段上建立一个普通索引。查询记录时，就可以根据该索引进行查询。

2．唯一性索引

使用 UNIQUE 参数可以设置索引为唯一性索引。在创建唯一性索引时，限制该索引的值必须是唯一的。例如，在 student 表的 stu_name 字段中创建唯一性索引，那么 stu_name 字段的值就必需是唯一的。通过唯一性索引，可以更快速地确定某条记录。主键就是一种特殊唯一性索引。

3．全文索引

使用 FULLTEXT 参数可以设置索引为全文索引。全文索引只能创建在 CHAR、VARCHAR 或 TEXT 类型的字段上。查询数据量较大的字符串类型的字段时，使用全文索引可以提高查询速度。例如，student 表的 information 字段是 TEXT 类型，该字段包含了很多的文字信息。在 information 字段上建立全文索引后，可以提高查询 information 字段的速度。MySQL 数据库从 3.23.23 版开始支持全文索引，但只有 MyISAM 存储引擎支持全文检索。在默认情况下，全文索引的搜索执行方式不区分大小写。但索引的列使用二进制排序后，可以执行区分大小写的全文索引。

4．单列索引

在表中的单个字段上创建索引。单列索引只根据该字段进行索引。单列索引可以是普通索引，也可以是唯一性索引，还可以是全文索引。只要保证该索引只对应一个字段即可。

5．多列索引

多列索引是在表的多个字段上创建一个索引。该索引指向创建时对应的多个字段，可以通过这几个字段进行查询。但是，只有查询条件中使用了这些字段中第一个字段时，索引才会被使用。例如，在表中的 id、name 和 sex 字段上建立一个多列索引，那么，只有查询条件使用了 id 字段时该索引才会被使用。

6．空间索引

使用 SPATIAL 参数可以设置索引为空间索引。空间索引只能建立在空间数据类型上，这样可以提高系统获取空间数据的效率。MySQL 中的空间数据类型包括 GEOMETRY 和 POINT、LINESTRING 和 POLYGON 等。目前只有 MyISAM 存储引擎支持空间检索，而且索引的字段不能为空值。对于初学者来说，这类索引很少会用到。

7.1.3　索引的设计原则

为了使索引的使用效率更高，在创建索引时，必须考虑在哪些字段上创建索引和创建什么类型的索引。本小节将向读者介绍一些索引的设计原则。

1．选择唯一性索引

唯一性索引的值是唯一的，可以更快速的通过该索引来确定某条记录。例如，学生表中学号是具有唯一性的字段。为该字段建立唯一性索引可以很快的确定某个学生的信息。如果使用姓名的话，可能存在同名现象，从而降低查询速度。

2．为经常需要排序、分组和联合操作的字段建立索引

经常需要 ORDER BY、GROUP BY、DISTINCT 和 UNION 等操作的字段，排序操作会浪费很多时间。如果为其建立索引，可以有效地避免排序操作。

3．为常作为查询条件的字段建立索引

如果某个字段经常用来做查询条件，那么该字段的查询速度会影响整个表的查询速度。因此，为这样的字段建立索引，可以提高整个表的查询速度。

4．限制索引的数目

索引的数目不是越多越好。每个索引都需要占用磁盘空间，索引越多，需要的磁盘空间就越大。修改表时，对索引的重构和更新很麻烦。越多的索引，会使更新表变得很浪费时间。

5．尽量使用数据量少的索引

如果索引的值很长，那么查询的速度会受到影响。例如，对一个 CHAR(100)类型的字段进行全文检索需要的时间肯定要比对 CHAR(10)类型的字段需要的时间要多。

7．尽量使用前缀来索引

如果索引字段的值很长，最好使用值的前缀来索引。例如，TEXT 和 BLOG 类型的字

段，进行全文检索会很浪费时间。如果只检索字段的前面的若干个字符，这样可以提高检索速度。

8．删除不再使用或者很少使用的索引

表中的数据被大量更新，或者数据的使用方式被改变后，原有的一些索引可能不再需要。数据库管理员应当定期找出这些索引，将它们删除，从而减少索引对更新操作的影响。

注意：选择索引的最终目的是为了使查询的速度变快。上面给出的原则是最基本的准则，但不能拘泥于上面的准则。读者要在以后的学习和工作中进行不断的实践。根据应用的实际情况进行分析和判断，选择最合适的索引方式。

7.2 创建索引

创建索引是指在某个表的一列或多列上建立一个索引，以便提高对表的访问速度。创建索引有 3 种方式，这 3 种方式分别是创建表的时候创建索引、在已经存在的表上创建索引和使用 ALTER TABLE 语句来创建索引。本节将详细讲解这 3 种创建索引的方法。

7.2.1 创建表的时候创建索引

创建表时可以直接创建索引，这种方式最简单、方便。其基本形式如下：

```
CREATE TABLE  表名 ( 属性名 数据类型 [完整性约束条件],
                     属性名 数据类型 [完整性约束条件],
                     ......
                     属性名 数据类型
                     [ UNIQUE | FULLTEXT | SPATIAL ]   INDEX | KEY
                           [ 别名 ]  ( 属性名 1  [(长度)]  [ ASC | DESC] )
                     );
```

其中，UNIQUE 是可选参数，表示索引为唯一性索引；FULLTEXT 是可选参数，表示索引为全文索引；SPATIAL 也是可选参数，表示索引为空间索引；INDEX 和 KEY 参数用来指定字段为索引的，两者选择其中之一就可以了，作用是一样的；“别名”是可选参数，用来给创建的索引取的新名称；“属性 1”参数指定索引对应的字段的名称，该字段必须为前面定义好的字段；“长度”是可选参数，其指索引的长度，必须是字符串类型才可以使用；“ASC”和“DESC”都是可选参数，“ASC”参数表示升序排列，“DESC”参数表示降序排列。

1．创建普通索引

创建一个普通索引时，不需要加任何 UNIQUE、FULLTEXT 或者 SPATIAL 参数。

【示例 7-1】 下面创建一个表名为 index1 的表，在表中的 id 字段上建立索引。SQL 代码如下：

```
CREATE  TABLE  index1 (id      INT ,
                       name    VARCHAR(20) ,
                       sex     BOOLEAN ,
                       INDEX ( id)
                       );
```

运行结果显示创建成功，使用 SHOW CREATE TABLE 语句查看表的结构。显示如下：

```
mysql> SHOW CREATE TABLE index1 \G
*************************** 1. row ***************************
       Table: index1
Create Table: CREATE TABLE `index1` (
  `id` int(11) DEFAULT NULL,
  `name` varchar(20) DEFAULT NULL,
  `sex` tinyint(1) DEFAULT NULL,
  KEY `index1_id` (`id`)
) ENGINE=InnoDB DEFAULT CHARSET=utf8
1 row in set (0.00 sec)
```

结果可以看到，id 字段上已经建立了一个名为 index1_id 的索引。使用 EXPLAIN 语句可以查看索引是否被使用，SQL 代码如下：

```
mysql> EXPLAIN SELECT * FROM index1 where id=1 \G
*************************** 1. row ***************************
           id: 1
  select_type: SIMPLE
        table: index1
         type: ref
possible_keys: index1_id
          key: index1_id
      key_len: 5
          ref: const
         rows: 1
        Extra:
1 row in set (0.00 sec)
```

上面结果显示，possible_keys 和 key 处的值都为 index1_id。说明 index1_id 索引已经存在，而且已经开始起作用。

2．创建唯一性索引

创建唯一性索引时，需要使用 UNIQUE 参数进行约束。

【示例 7-2】 下面创建一个表名为 index2 的表，在表中的 id 字段上建立名为 index2_id 的唯一性索引，且以升序的形式排列。SQL 代码如下：

```
CREATE   TABLE   index2 (id      INT   UNIQUE ,
                          name      VARCHAR(20) ,
                          UNIQUE   INDEX   index2_id ( id   ASC)
                          );
```

运行结果显示创建成功，使用 SHOW CREATE TABLE 语句查看表的结构。显示如下：

```
mysql> SHOW CREATE TABLE index2 \G
*************************** 1. row ***************************
       Table: index2
Create Table: CREATE TABLE `index2` (
  `id` int(11) DEFAULT NULL,
  `name` varchar(20) DEFAULT NULL,
  UNIQUE KEY `id` (`id`),
  UNIQUE KEY `index2_id` (`id`)
) ENGINE=InnoDB DEFAULT CHARSET=utf8
1 row in set (0.00 sec)
```

结果可以看到，id 字段上已经建立了一个名为 index2_id 的唯一性索引。这里的 id 字段可以没有进行唯一性约束，也可以在该字段上成功创建唯一性索引。但是，这样可能达不到提高查询速度的目的。

3．创建全文索引

全文索引只能创建在 CHAR、VARCHAR 或 TEXT 类型的字段上。而且，现在只有 MyISAM 存储引擎支持全文索引。

【示例 7-3】 下面创建一个表名为 index3 的表，在表中的 info 字段上建立名为 index3_info 的全文索引。SQL 代码如下：

```
CREATE  TABLE  index3 (id      INT   ,
                      info     VARCHAR(20) ,
                      FULLTEXT  INDEX  index3_info ( info )
                      )ENGINE=MyISAM;
```

运行结果显示创建成功，使用 SHOW CREATE TABLE 语句查看表的结构。显示如下：

```
mysql> SHOW CREATE TABLE index3 \G
*************************** 1. row ***************************
       Table: index3
Create Table: CREATE TABLE `index3` (
  `id` int(11) DEFAULT NULL,
  `info` varchar(20) DEFAULT NULL,
  FULLTEXT KEY `index3_info` (`info`)
) ENGINE=MyISAM DEFAULT CHARSET=utf8
1 row in set (0.00 sec)
```

结果可以看到，info 字段上已经建立了一个名为 index3_info 的全文索引。如果表的存储引擎不是 MyISAM 存储引擎，系统会提示“ERROR 1214 (HY000): The used table type doesn't support FULLTEXT indexes”。

注意： 目前只有 MyISAM 存储引擎支持全文索引，InnoDB 存储引擎还不支持全文索引。因此，在创建全文索引时一定注意表的存储引擎的类型。对于经常需要索引的字符串、文字数据等信息，可以考虑存储到 MyISAM 存储引擎的表中。

4．创建单列索引

单列索引是在表的单个字段上创建索引。

【示例 7-4】 下面创建一个表名为 index4 的表，在表中的 subject 字段上建立名为 index4_st 的单列索引。SQL 代码如下：

```
CREATE  TABLE  index4 (id      INT   ,
                      subject    VARCHAR(30) ,
                      INDEX   index4_st ( subject(10) )
                      );
```

运行结果显示创建成功，使用 SHOW CREATE TABLE 语句查看表的结构。显示如下：

```
mysql> SHOW CREATE TABLE index4 \G
*************************** 1. row ***************************
       Table: index4
Create Table: CREATE TABLE `index4` (
  `id` int(11) DEFAULT NULL,
  `subject` varchar(30) DEFAULT NULL,
  KEY `index4_st` (`subject`(10))
) ENGINE=InnoDB DEFAULT CHARSET=utf8
1 row in set (0.00 sec)
```

结果可以看到，subject 字段上已经建立了一个名为 index4_st 的单列索引。细心的读者可能会发现，subject 字段长度为 20，而 index4_st 索引的长度只有 10。这样做的目的还是为了提高查询速度。对于字符型的数据，可以不用查询全部信息，而只查询其前面的若干字符信息。

5．创建多列索引

创建多列索引是在表的多个字段上创建一个索引。

【示例 7-5】 下面创建一个表名为 index5 的表，在表中的 name 和 sex 字段上建立名为 index5_ns 的多列索引。SQL 代码如下：

```
CREATE   TABLE   index5 (id   INT   ,
                          name    VARCHAR(20) ,
                          sex    CHAR(4) ,
                          INDEX   index5_ns ( name, sex )
                          );
```

运行结果显示创建成功，使用 SHOW CREATE TABLE 语句查看表的结构。显示如下：

```
mysql> SHOW CREATE TABLE index5 \G
*************************** 1. row ***************************
       Table: index5
Create Table: CREATE TABLE `index5` (
  `id` int(11) DEFAULT NULL,
  `name` varchar(20) DEFAULT NULL,
  `sex` char(4) DEFAULT NULL,
  KEY `index5_ns` (`name`,`sex`)
) ENGINE=InnoDB DEFAULT CHARSET=utf8
1 row in set (0.00 sec)
```

结果可以看到，name 和 sex 字段上已经建立了一个名为 index5_ns 的单列索引。多列索引中，只有查询条件中使用了这些字段中第一个字段时，索引才会被使用。用 EXPLAIN 语句可以查看索引的使用情况。如果只是有 name 字段作为查询条件进行查询，显示结果如下：

```
mysql> EXPLAIN select * from index5 where name='hjh' \G
*************************** 1. row ***************************
           id: 1
  select_type: SIMPLE
        table: index5
         type: ref
possible_keys: index5_ns
          key: index5_ns
      key_len: 83
          ref: const
         rows: 1
        Extra: Using index condition
1 row in set (0.00 sec)
```

结果显示，possible_keys 和 key 的值都是 index5_ns。额外信息（Extra）显示正在使用索引。这说明使用 name 字段进行索引时，索引 index5_ns 已经被使用。如果只使用 sex 字段作为查询条件进行查询，显示结果如下：

```
mysql> EXPLAIN select * from index5 where sex='n' \G
*************************** 1. row ***************************
           id: 1
  select_type: SIMPLE
        table: index5
         type: ALL
possible_keys: NULL
          key: NULL
```

```
        key_len: NULL
            ref: NULL
           rows: 1
          Extra: Using where
1 row in set (0.00 sec)
```

此时的结果显示，possible_keys 和 key 的值都为 NULL。额外信息（Extra）显示正在使用 Where 条件查询，而未使用索引。

技巧： 使用多列索引时一定要特别注意，只有使用了索引中的第一个字段时才会触发索引。如果没有使用索引中的第一个字段，那么这个多列索引就不会起作用。因此，在优化查询速度时，可以考虑优化多列索引。

6. 创建空间索引

创建空间索引时必须使用 SPATIAL 参数来设置。创建空间索引时，表的存储引擎必须是 MyISAM 类型。而且，索引字段必须有非空约束。

【示例 7-6】 下面创建一个表名为 index6 的表，在表中的 space 字段上建立名为 index6_sp 的空间索引。SQL 代码如下：

```
CREATE   TABLE   index6 (id   INT   ,
                        space   GEOMETRY   NOT NULL,
                        SPATIAL   INDEX   index6_sp (space )
                        )ENGINE=MyISAM;
```

运行结果显示创建成功，使用 SHOW CREATE TABLE 语句查看表的结构。显示如下：

```
mysql> SHOW CREATE TABLE index6 \G
*************************** 1. row ***************************
       Table: index6
Create Table: CREATE TABLE `index6` (
  `id` int(11) DEFAULT NULL,
  `space` geometry NOT NULL,
  SPATIAL KEY `index6_sp` (`space`)
) ENGINE=MyISAM DEFAULT CHARSET=utf8
1 row in set (0.00 sec)
```

结果可以看到，space 字段上已经建立了一个名为 index6_sp 的空间索引。值得注意的是，space 字段是非空的，而且数据类型是 GEOMETRY 类型。这个类型是空间数据类型。空间类型包括 GEOMETRY、POINT、LINESTRING 和 POLYGON 类型等。这些空间数据类型平时很少用到。

7.2.2　在已经存在的表上创建索引

在已经存在的表中，可以直接为表上的一个或几个字段创建索引。基本形式如下：

```
CREATE   [ UNIQUE | FULLTEXT | SPATIAL ]   INDEX   索引名
 ON   表名   (属性名   [ (长度) ]   [   ASC | DESC] );
```

其中，UNIQUE 是可选参数，表示索引为唯一性索引；FULLTEXT 是可选参数，表示索引为全文索引；SPATIAL 也是可选参数，表示索引为空间索引；“INDEX”参数用来指定字段为索引的；“索引名”参数是给创建的索引取的新名称；“表名”参数是指需要创建索引的表的名称，该表必须是已经存在的，如果不存在，需要先创建；“属性名”参数指定索引对应的字段的名称，该字段必须为前面定义好的字段；“长度”是可选参数，其指索引的长度，必须是字符串类型才可以使用；ASC 和 DESC 都是可选参数，ASC 参数表示升序排列，DESC 参数表示降序排列。

1．创建普通索引

【示例 7-7】 下面在 example0 表中的 id 字段上建立名为 index7_id 的索引。SQL 代码如下：

```
CREATE   INDEX   index7_id   ON   example0 ( id );
```

在创建索引之前，先使用 SHOW CREATE TABLE 语句查看 example0 表的结构，显示如下：

```
mysql> SHOW CREATE TABLE example0 \G
*************************** 1. row ***************************
       Table: example0
Create Table: CREATE TABLE `example0` (
  `id` int(11) DEFAULT NULL,
  `name` varchar(20) DEFAULT NULL,
  `sex` tinyint(1) DEFAULT NULL
) ENGINE=InnoDB DEFAULT CHARSET=utf8
1 row in set (0.08 sec)
```

查询结果显示，example0 表还没有索引。下面使用 CREATE INDEX 语句创建索引。CREATE INDEX 语句执行结果如下：

```
mysql> CREATE   INDEX   index7_id   ON   example0 ( id );
Query OK, 0 rows affected (0.06 sec)
Records: 0   Duplicates: 0   Warnings: 0
```

运行结果显示创建成功，使用 SHOW CREATE TABLE 语句查看表的结构。显示如下：

```
mysql> SHOW CREATE TABLE example0 \G
*************************** 1. row ***************************
       Table: example0
Create Table: CREATE TABLE `example0` (
  `id` int(11) DEFAULT NULL,
  `name` varchar(20) DEFAULT NULL,
  `sex` tinyint(1) DEFAULT NULL,
  KEY `index7_id` (`id`)
) ENGINE=InnoDB DEFAULT CHARSET=utf8
1 row in set (0.00 sec)
```

结果可以看到，example0 表中的 id 字段上已经创建了一个名为 index7_id 的索引。这表示使用 CREATE INDEX 语句成功的在 example0 表上创建了普通索引。

2．创建唯一性索引

【示例 7-8】 下面在 index8 表中的 course_id 字段上建立名为 index8_id 的唯一性索引。SQL 代码如下：

```
CREATE   UNIQUE   INDEX   index8_id   ON   index8( course_id );
```

其中，index8_id 为索引的名词；UNIQUE 用来设置索引为唯一性索引；表 index8 中的 course_id 字段可以有唯一性约束，也可以没有唯一性约束。

3．创建全文索引

【示例 7-9】 下面在 index9 表中的 info 字段上建立名为 index9_info 的全文索引。SQL

代码如下：

```
CREATE  FULLTEXT  INDEX  index9_info  ON  index9( info );
```

其中，FULLTEXT 用来设置索引为全文索引；表 index9 的存储引擎必须是 MyISAM 类型；info 字段必须为 CHAR、VARCHAR 和 TEXT 等类型。

4．创建单列索引

【示例 7-10】 下面在 index10 表中的 address 字段上建立名为 index10_addr 的单列索引。address 字段的数据类型为 VARCHAR(20)，索引的数据类型为 CHAR(4)。SQL 代码如下：

```
CREATE  INDEX  index10_addr  ON  index10( address(4) );
```

这样，查询时可以只查询 address 字段的前 4 个字符，而不需要全部查询。

5．创建多列索引

【示例 7-11】 下面在 index11 表中的 name 和 address 字段上建立名为 index11_na 的多列索引。SQL 代码如下：

```
CREATE  INDEX  index11_na  ON  index11( name, address );
```

该索引创建好了以后，查询条件中必须有 name 字段才能使用索引。

6．创建空间索引

【示例 7-12】 下面在 index12 表中的 line 字段上建立名为 index12_line 的多列索引。SQL 代码如下：

```
CREATE  SPATIAL  INDEX  index12_line  ON  index12( line );
```

其中，SPATIAL 用来设置索引为空间索引；表 index12 的存储引擎必须是 MyISAM 类型；line 字段必须为空间数据类型，而且是非空的。

7.2.3　用 ALTER TABLE 语句来创建索引

在已经存在的表上，可以通过 ALTER TABLE 语句直接为表上的一个或几个字段创建索引。基本形式如下：

```
ALTER  TABLE  表名  ADD  [ UNIQUE | FULLTEXT | SPATIAL ]  INDEX
                        索引名（属性名  [ (长度) ]  [ ASC | DESC]）;
```

其中的参数与上面的两种方式的参数是一样的。

1．创建普通索引

【示例 7-13】 下面在 example0 表中的 name 字段上建立名为 index13_name 的索引。SQL 代码如下：

```
ALTER  TABLE  example0  ADD  INDEX  index13_name ( name(20) );
```

使用 ALTER TABLE 语句创建索引之前，先执行 SHOW CREATE TABLE 语句查看 example0 表的结构。SHOW CREATE TABLE 语句执行结果如下：

```
mysql> SHOW CREATE TABLE example0 \G
```

```
*************************** 1. row ***************************
       Table: example0
Create Table: CREATE TABLE `example0` (
  `id` int(11) DEFAULT NULL,
  `name` varchar(20) DEFAULT NULL,
  `sex` tinyint(1) DEFAULT NULL,
  KEY `index7_id` (`id`)
) ENGINE=InnoDB DEFAULT CHARSET=utf8
1 row in set (0.00 sec)
```

结果显示，example0 表上只有 index7_id 索引。下面执行 ALTER TABLE 语句创建 index13_name 索引。ALTER TABLE 语句执行结果如下：

```
mysql> ALTER  TABLE  example0  ADD  INDEX  index13_name ( name(20) ) ;
Query OK, 0 rows affected (0.01 sec)
Records: 0  Duplicates: 0  Warnings: 0
```

运行结果显示创建成功，使用 SHOW CREATE TABLE 语句查看 example0 表的结构。显示如下：

```
mysql> SHOW CREATE TABLE example0 \G
*************************** 1. row ***************************
       Table: example0
Create Table: CREATE TABLE `example0` (
  `id` int(11) DEFAULT NULL,
  `name` varchar(20) DEFAULT NULL,
  `sex` tinyint(1) DEFAULT NULL,
  KEY `index7_id` (`id`),
  KEY `index13_name` (`name`)
) ENGINE=InnoDB DEFAULT CHARSET=utf8
1 row in set (0.00 sec)
```

结果可以看到，name 字段已经创建了一个名为 index13_name 的索引。

2．创建唯一性索引

【示例 7-14】 下面在 index14 表中的 course_id 字段上，建立名为 index14_id 的唯一性索引。SQL 代码如下：

```
ALTER  TABLE  index14  ADD  UNIQUE  INDEX  index14_id ( course_id ) ;
```

其中，index14_id 为索引的名词；UNIQUE 用来设置索引为唯一性索引；表 index14 中的 course_id 字段可以有唯一性约束，也可以没有唯一性约束。

3．创建全文索引

【示例 7-15】 下面在 index15 表中的 info 字段上建立名为 index15_info 的全文索引。SQL 代码如下：

```
ALTER  TABLE  index15  ADD  FULLTEXT  INDEX  index15_info ( info ) ;
```

其中，FULLTEXT 用来设置索引为全文索引；表 index15 的存储引擎必须是 MyISAM 类型；info 字段必须为 CHAR、VARCHAR 和 TEXT 等类型。

4．创建单列索引

【示例 7-16】 下面在 index16 表中的 address 字段上建立名为 index16_addr 的单列索引。address 字段的数据类型为 VARCHAR(20)，索引的数据类型为 CHAR(4)。SQL 代码如下：

```
ALTER  TABLE  index16 ADD  INDEX  index16_addr( address(4) ) ;
```

这样，查询时可以只查询 address 字段的前 4 个字符，而不需要全部查询。

5. 创建多列索引

【示例 7-17】 下面在 index17 表中的 name 和 address 字段上建立名为 index17_na 的多列索引。SQL 代码如下：

```
ALTER  TABLE  index17  ADD  INDEX  index17_na( name, address ) ;
```

该索引创建好了以后，查询条件中必须有 name 字段才能使用索引。

6. 创建空间索引

【示例 7-18】 下面在 index18 表中的 line 字段上建立名为 index18_line 的多列索引。SQL 代码如下：

```
ALTER  TABLE  index18  ADD  SPATIAL  INDEX  index18_line( line ) ;
```

其中，SPATIAL 用来设置索引为空间索引；表 index18 的存储引擎必须是 MyISAM 类型；line 字段必须是非空的，而且必须是空间数据类型。

7.3 删除索引

删除索引是指将表中已经存在的索引删除掉。一些不再使用的索引会降低表的更新速度，影响数据库的性能。对于这样的索引，应该将其删除。本节将详细讲解删除索引的方法。

对应已经存在的索引，可以通过 DROP 语句来删除索引。基本形式如下：

```
DROP  INDEX  索引名  ON  表名 ;
```

其中，“索引名”参数指要删除的索引的名称；“表名”参数指索引所在的表的名称。

【示例 7-19】 下面删除 index1 表的索引。在删除索引之前，使用 SHOW CREATE TABLE 语句来查看索引的名称。SHOW CREATE TABLE 语句执行如下：

```
mysql> SHOW CREATE TABLE index1 \G
*************************** 1. row ***************************
       Table: index1
Create Table: CREATE TABLE `index1` (
  `id` int(11) DEFAULT NULL,
  `name` varchar(20) DEFAULT NULL,
  `sex` tinyint(1) DEFAULT NULL,
  KEY `id` (`id`)
) ENGINE=InnoDB DEFAULT CHARSET=utf8
1 row in set (0.00 sec)
```

结果显示，索引的名称为 id。然后执行 DROP 语句来删除索引。SQL 代码如下：

```
DROP  INDEX  id  ON  index1 ;
```

代码执行结果如下：

```
mysql> DROP  INDEX  id  ON  index1 ;
Query OK, 0 rows affected (0.02 sec)
Records: 0   Duplicates: 0   Warnings: 0
```

结果显示索引删除成功。为了确认索引是否已经成功删除，再次执行 SHOW CREATE TABLE 语句来查看 index1 表的结构。SHOW CREATE TABLE 语句执行如下：

```
mysql> SHOW CREATE TABLE index1 \G
*************************** 1. row ***************************
       Table: index1
Create Table: CREATE TABLE `index1` (
  `id` int(11) DEFAULT NULL,
  `name` varchar(20) DEFAULT NULL,
  `sex` tinyint(1) DEFAULT NULL
) ENGINE=InnoDB DEFAULT CHARSET=utf8
1 row in set (0.00 sec)
```

结果显示，名为 id 的索引已经不存在了。

7.4　本 章 实 例

在本小节将在 job 数据库中创建一个 user 表和一个 information 表。具体如表 7.1 和表 7.2 所示。

表 7.1　user表的内容

字段名	字段描述	数据类型	主键	外键	非空	唯一	自增
userid	编号	INT(10)	是	否	是	是	是
username	用户名	VARCHAR(20)	否	否	是	否	否
passwd	密码	VARCHAR(20)	否	否	是	否	否
info	附加信息	TEXT	否	否	否	否	否

表 7.2　information表的内容

字段名	字段描述	数据类型	主键	外键	非空	唯一	自增
id	编号	INT(10)	是	否	是	是	是
name	姓名	VARCHAR(20)	否	否	是	否	否
sex	性别	VARCHAR(4)	否	否	是	否	否
birthday	出生日期	DATE	否	否	否	否	否
address	家庭住址	VARCHAR(50)	否	否	否	否	否
tel	电话号码	VARCHAR(20)	否	否	否	否	否
pic	照片	BLOB	否	否	否	否	否

按照下列要求进行操作：

（1）登录数据库系统后创建 job 数据库。

（2）创建 user 表。存储引擎为 MyISAM 类型。创建表的时候同时几个索引，在 userid 字段上创建名为 index_uid 的唯一性索引，并且以降序的形式排列；在 username 和 passwd 字段上创建名为 index_user 的多列索引；在 info 字段上创建名为 index_info 的全文索引。

（3）创建 information 表。

（4）在 name 字段创建名为 index_name 的单列索引，索引长度为 10。

（5）在 birthday 和 address 字段是创建名为 index_bir 的多列索引，然后判断索引的使用情况。

（6）用 ALTER TABLE 语句在 id 字段上创建名为 index_id 的唯一性索引，而且以升序排列。

（7）删除 user 表上的 index_user 索引。

（8）删除 information 表上的 index_name 索引。

本实例的执行过程如下：

1. 登录数据库系统并创建job数据库

在命令行中登录 MySQL 数据库管理系统，输入内容如下：

```
mysql –h localhost –u root –p
```

提示输入密码后，按要求输入密码，显示为：

```
Enter password: ****
```

按 Enter 键后，检验密码正确后进入 MySQL 管理系统。执行 SHOW 语句来查看数据库系统中已经存在的数据库，代码执行如下：

```
mysql> SHOW DATABASES;
+--------------------------+
| Database                 |
+--------------------------+
| information_schema |
| example                  |
| mysql                    |
| school                   |
| test                     |
+--------------------------+
6 rows in set (0.08 sec)
```

结果显示，数据库系统中不存在名为 job 的数据库。执行 CREATE DATABASE 语句来创建数据库，代码执行如下：

```
mysql> CREATE DATABASE job;
Query OK, 1 row affected (0.08 sec)
```

执行结果显示，数据库创建成功。再次执行 SHOW 语句来查看 job 数据库是否已经存在。代码执行如下：

```
mysql> SHOW DATABASES;
+------------------------+
| Database               |
+------------------------+
| information_schema |
| example                |
| job                    |
| mysql                  |
| school                 |
| test                   |
+------------------------+
7 rows in set (0.00 sec)
```

结果显示，已经存在名为 job 的数据库。

2. 创建user表

先使用 USE 语句选择 job 数据库。代码执行如下：

```
mysql> USE job;
Database changed
```

结果显示，数据库已经选择成功。然后可以执行 CREATE TABLE 语句来创建 user 表。根据实例要求，存储引擎为 MyISAM 类型；在 userid 字段上创建名为 index_uid 的唯一性索引，并且以降序的形式排列；在 username 和 passwd 字段上创建名为 index_user 的多列索引；在 info 字段上创建名为 index_info 的全文索引。SQL 代码如下：

```
CREATE   TABLE   user( userid   INT(10)   NOT NULL   UNIQUE   PRIMARY KEY   AUTO_INCREMENT ,
                       username   VARCHAR(20)   NOT NULL ,
                       passwd   VARCHAR(20)   NOT NULL ,
                       info   TEXT ,
                       UNIQUE   INDEX   index_uid ( userid   DESC ) ,
                       INDEX   index_user ( username, passwd ) ,
                       FULLTEXT   INDEX   index_info( info )
                       ) ENGINE=MyISAM ;
```

执行结果显示，user 表创建成功。执行 SHOW CREATE TABLE 语句来查看 use 表的结构。执行结果如下：

```
mysql> SHOW CREATE TABLE user \G
*************************** 1. row ***************************
       Table: user
Create Table: CREATE TABLE `user` (
  `userid` int(10) NOT NULL AUTO_INCREMENT,
  `username` varchar(20) NOT NULL,
  `passwd` varchar(20) NOT NULL,
  `info` text,
  PRIMARY KEY (`userid`),
  UNIQUE KEY `userid` (`userid`),
  UNIQUE KEY `index_uid` (`userid`),
  KEY `index_user` (`username`,`passwd`),
  FULLTEXT KEY `index_info` (`info`)
) ENGINE=MyISAM DEFAULT CHARSET=utf8
1 row in set (0.00 sec)
```

结果显示，index_uid 是 userid 字段上的唯一性索引；index_user 是 user 字段和 passwd 字段上的索引；index_info 是 info 字段上的全文索引；存储引擎为 MyISAM。

3．创建information表

在 job 数据库下创建名为 information 的表。代码如下：

```
CREATE TABLE information ( id   INT(10)   NOT NULL   UNIQUE   PRIMARY KEY   AUTO_INCREMENT,
                           name   VARCHAR(20)   NOT NULL ,
                           sex   VARCHAR(4)   NOT NULL ,
                           birthday   DATE ,
                           address   VARCHAR(50) ,
                           tel   VARCHAR(20) ,
                           pic   BLOB
                           );
```

执行结果显示，information 表创建成功。执行 SHOW CREATE TABLE 语句来查看 information 表的结构。执行结果如下：

```
mysql> SHOW CREATE TABLE information \G
*************************** 1. row ***************************
       Table: information
Create Table: CREATE TABLE `information` (
  `id` int(10) NOT NULL AUTO_INCREMENT,
  `name` varchar(20) NOT NULL,
  `sex` varchar(4) NOT NULL,
  `birthday` date DEFAULT NULL,
  `address` varchar(50) DEFAULT NULL,
  `tel` varchar(20) DEFAULT NULL,
  `pic` blob,
```

```
  PRIMARY KEY (`id`),
  UNIQUE KEY `id` (`id`)
) ENGINE=InnoDB DEFAULT CHARSET=utf8
1 row in set (0.00 sec)
```

查询结果显示，id 字段是主键，而且有唯一性约束。

4．在name字段创建名为index_name的索引

使用 CREATE INDEX 语句创建 index_name 索引。代码执行如下：

```
mysql> CREATE   INDEX   index_name   ON   information( name(10) ) ;
Query OK, 0 rows affected (0.02 sec)
Records: 0   Duplicates: 0   Warnings: 0
```

结果显示 index_name 索引创建成功。

5．创建名为index_bir的多列索引

使用 CREATE INDEX 语句创建 index_bir 索引。代码执行如下：

```
mysql> CREATE   INDEX   index_bir   ON   information(birthday, address ) ;
Query OK, 0 rows affected (0.02 sec)
Records: 0   Duplicates: 0   Warnings: 0
```

结果显示，index_bir 索引创建成功。

6．用ALTER TABLE语句创建名为index_id的唯一性索引

使用 ALTER TABLE 语句创建 index_id 索引。代码执行如下：

```
mysql> ALTER   TABLE   information   ADD   INDEX   index_id( id   ASC ) ;
Query OK, 0 rows affected (0.02 sec)
Records: 0   Duplicates: 0   Warnings: 0
```

结果显示index_id索引创建成功。执行 SHOW CREATE TABLE 语句来查看 information 表的结构。执行结果如下：

```
mysql> SHOW CREATE TABLE information \G
*************************** 1. row ***************************
       Table: information
Create Table: CREATE TABLE `information` (
  `id` int(10) NOT NULL AUTO_INCREMENT,
  `name` varchar(20) NOT NULL,
  `sex` varchar(4) NOT NULL,
  `birthday` datetime DEFAULT NULL,
  `address` varchar(50) DEFAULT NULL,
  `tel` varchar(20) DEFAULT NULL,
  `pic` blob,
  PRIMARY KEY (`id`),
  UNIQUE KEY `id` (`id`),
  KEY `index_name` (`name`(10)),
  KEY `index_bir` (`birthday`,`address`),
  KEY `index_id` (`id`)
) ENGINE=InnoDB DEFAULT CHARSET=utf8
1 row in set (0.00 sec)
```

执行结果显示，information 表中已经存在 index_name、index_bir 和 index_id 等 3 个索引。

7．删除user表上的index_user索引

执行 DROP 语句可以删除 user 表上的索引。代码执行结果如下：

```
mysql> DROP INDEX index_user ON user;
Query OK, 0 rows affected (0.14 sec)
Records: 0  Duplicates: 0  Warnings: 0
```

结果显示删除成功。执行 SHOW CREATE TABLE 语句来查看 user 表的结构。执行结果如下：

```
mysql> SHOW CREATE TABLE user \G
*************************** 1. row ***************************
       Table: user
Create Table: CREATE TABLE `user` (
  `userid` int(10) NOT NULL AUTO_INCREMENT,
  `username` varchar(20) NOT NULL,
  `passwd` varchar(20) NOT NULL,
  `info` text,
  PRIMARY KEY (`userid`),
  UNIQUE KEY `userid` (`userid`),
  UNIQUE KEY `index_uid` (`userid`),
  FULLTEXT KEY `index_info` (`info`)
) ENGINE=MyISAM DEFAULT CHARSET=utf8
1 row in set (0.00 sec)
```

结果显示，index_user 索引已经不存在了。

8．删除information表上的index_name索引

执行 DROP 语句可以删除 information 表上的 index_name 索引。代码执行结果如下：

```
mysql> DROP INDEX index_name ON information ;
Query OK, 0 rows affected (0.03 sec)
Records: 0  Duplicates: 0  Warnings: 0
```

结果显示删除成功。执行 SHOW CREATE TABLE 语句来查看 information 表的结构。执行结果如下：

```
mysql> SHOW CREATE TABLE information \G
*************************** 1. row ***************************
       Table: information
Create Table: CREATE TABLE `information` (
  `id` int(10) NOT NULL AUTO_INCREMENT,
  `name` varchar(20) NOT NULL,
  `sex` varchar(4) NOT NULL,
  `birthday` datetime DEFAULT NULL,
  `address` varchar(50) DEFAULT NULL,
  `tel` varchar(20) DEFAULT NULL,
  `pic` blob,
  PRIMARY KEY (`id`),
  UNIQUE KEY `id` (`id`),
  KEY `index_bir` (`birthday`,`address`),
  KEY `index_id` (`id`)
) ENGINE=InnoDB DEFAULT CHARSET=utf8
1 row in set (0.00 sec)
```

结果显示，index_name 索引已经不存在了。

7.5　上机实践

题目要求：

（1）在数据库 job 下创建 workInfo 表。创建表的同时在 id 字段上创建名为 index_id 的唯一性索引，而且以降序的格式排列。workInfo 表内容如表 7.3 所示。

表 7.3　workInfo表的内容

字段名	字段描述	数据类型	主键	外键	非空	唯一	自增
id	编号	INT(10)	是	否	是	是	是
name	职位名称	VARCHAR(20)	否	否	是	否	否
type	职位类别	VARCHAR(10)	否	否	否	否	否
address	工作地址	VARCHAR(50)	否	否	否	否	否
wages	工资	INT	否	否	否	否	否
contents	工作内容	TINYTEXT	否	否	否	否	否
extra	附加信息	TEXT	否	否	否	否	否

（2）使用 CREATE INDEX 语句为 name 字段创建长度为 10 的索引 index_name。

（3）使用 ALTER TABLE 语句在 type 和 address 上创建名为 index_t 的索引。

（4）将 workInfo 表的存储引擎更改为 MyISAM 类型。

（5）使用 ALTER TABLE 语句在 extra 字段上创建名为 index_ext 的全文索引。

（6）删除 workInfo 表的唯一性索引 index_id。

操作如下：

（1）先查看是否存在 job 数据库。如果存在，用 USE 语句选择 job 数据库。如果不存在，用 CREATE DATABASE 语句创建该数据库。然后，用 CREATE TABLE 语句创建 workInfo 表，SQL 代码如下：

```
CREATE  TABLE  workInfo ( id  INT(10)  NOT NULL  UNIQUE  PRIMARY KEY  AUTO_INCREMENT,
                         name  VARCHAR(20)  NOT NULL ,
                         type  VARCHAR(10) ,
                         address  VARCHAR(50) ,
                         tel  VARCHAR(20) ,
                         wages  INT ,
                         contents  TINYTEXT ,
                         extra  TEXT ,
                         UNIQUE  INDEX  index_id (id  DESC)
                         );
```

（2）使用 CREATE INDEX 语句为 name 字段创建长度为 10 的索引 index_name。代码如下：

```
CREATE  INDEX  index_name  ON  workInfo( name(10) ) ;
```

（3）使用 ALTER TABLE 语句在 type 和 address 上创建名为 index_t 的索引。代码如下：

```
ALTER  TABLE  workInfo  ADD  INDEX  index_t( type, address ) ;
```

（4）使用 ALTER TABLE 语句将 workInfo 表的存储引擎更改为 MyISAM 类型。代码如下：

```
ALTER  TABLE  workInfo  ENGINE=MyISAM;
```

（5）使用 ALTER TABLE 语句在 extra 字段上创建名为 index_ext 的全文索引。代码如下：

```
ALTER  TABLE  workInfo  ADD  FULLTEXT  INDEX  index_ext (extra ) ;
```

（6）使用 DROP 语句删除 workInfo 表的唯一性索引 index_id。代码如下：

```
DROP  INDEX index_id  ON  workInfo ;
```

通过本小节的上机实践，希望读者对创建索引的 3 种方式有一个更加深入的认识，对创建和删除索引的方法能够熟练的掌握。同时，本小节还回顾了上一章中更改表的存储引擎的方法。

7.6 常见问题及解答

1. MySQL中索引、主键和唯一性的区别是什么？

索引建立在一个或者几个字段上。建立了索引后，表中的数据就按照索引的一定规则排列。这样可以提高查询速度。

主键是表中数据的唯一标识。不同的记录的主键值不同。例如，身份证好比主键，每个身份证号都可以唯一的确定一个人。在建立主键时，系统会自动建立一个唯一性索引。

唯一性也是建立在表中一个或者几个字段上。其目的是为了对于不同的记录，具有唯一性的字段的值是不同的。

2. 表中建立了索引以后，导入大量数据为什么会很慢？

对已经建立了索引的表中插入数据时，插入一条数据就要对该记录按索引排序。因此，导入大量数据的时候速度会很慢。解决这种情况的办法是，在没有任何索引的情况插入数据，然后建立索引。

7.7 小　　结

本章介绍了MySQL数据库的索引的基础知识、创建索引的方法和删除索引的方法。创建索引的内容是本章的重点。读者应该重点掌握创建索引的3种方法。这3种方法分别是创建表的时候创建索引、使用CREATE INDEX语句来创建索引和使用ALTER TABLE语句来创建索引。设计索引的基本原则是本章的难点。读者应该根据本章介绍的基本原则，结合表的实际情况进行设计。下一章将介绍视图的定义、视图的作用、创建视图、删除视图、查询视图和更新视图等内容。

7.8 本章习题

1. 索引的作用、优点和缺点各是什么？
2. 各种索引的特点，包括适合的数据类型、表的存储引擎等。
3. 在job数据库的work表中使用3种不同的方式创建索引。work表的内容如表7.4所示。

表7.4 work表的内容

字段名	字段描述	数据类型	主键	外键	非空	唯一	自增
id	编号	INT(10)	是	否	是	是	是
name	姓名	VARCHAR(20)	否	否	是	否	否
address	工作地址	VARCHAR(50)	否	否	否	否	否
info	备注信息	TEXT	否	否	否	否	否

其中，在id字段上创建名为work_id的唯一性索引；在name和address字段上创建名为work_na的多列索引，且name字段的索引长度为10；在info字段上创建名为work_info的全文索引。所有的索引都创建好之后，使用DROP INDEX语句删除所有的索引。

第8章　视　　图

视图是从一个或多个表中导出来的表，是一种虚拟存在的表。视图就像一个窗口，通过这个窗口可以看到系统专门提供的数据。这样，用户可以不用看到整个数据库表中的数据，而只关心对自己有用的数据。视图可以使用户的操作更方便，而且可以保障数据库系统的安全性。本章主要讲解的内容包括：

- ❑ 视图的含义和作用；
- ❑ 如何创建视图；
- ❑ 如何修改视图；
- ❑ 如何查看视图；
- ❑ 如何删除视图。

通过本章的学习，读者可以了解视图的含义和作用，还可以了解视图定义的原则和创建视图的方法。同时，读者可以了解修改视图、查看视图和删除视图的方法。

8.1　视图简介

视图由数据库中的一个表或多个表导出的虚拟表。其作用是方便用户对数据的操作。本节将详细讲解视图的含义及作用。

8.1.1　视图的含义

视图是一种虚拟的表，是从数据库中一个或多个表中导出来的表。视图还可以从已经存在的视图的基础上定义。数据库中只存放了视图的定义，而并没有存放视图中的数据。这些数据存放在原来的表中。使用视图查询数据时，数据库系统会从原来的表中取出对应的数据。因此，视图中的数据是依赖于原来的表中的数据的。一旦表中的数据发生改变，显示在视图中的数据也会发生改变。

下面用一个例子来具体讲解视图的含义。

【示例8-1】 下面一个公司的数据库中有一张公司部门表department。表中包括部门号（d_id）、部门名称（d_name）、功能（function）和办公地址（address）。department表结构如下：

```
mysql> DESC department;
+------------+-------------+------+-----+---------+-------+
| Field      | Type        | Null | Key | Default | Extra |
+------------+-------------+------+-----+---------+-------+
| d_id       | int(4)      | NO   | PRI | NULL    |       |
| d_name     | varchar(20) | NO   | UNI | NULL    |       |
| function   | varchar(50) | YES  |     | NULL    |       |
| address    | varchar(50) | YES  |     | NULL    |       |
+------------+-------------+------+-----+---------+-------+
4 rows in set (0.14 sec)
```

还有一张员工表 worker。表中包含了员工的工作号（num）、部门号（d_id）、姓名（name）、性别（sex）、出生日期（birthday）和家庭住址（homeaddress）。worker 表结构如下：

```
mysql> DESC worker;
+-------------+-------------+------+-----+---------+-------+
| Field       | Type        | Null | Key | Default | Extra |
+-------------+-------------+------+-----+---------+-------+
| num         | int(10)     | NO   | PRI | NULL    |       |
| d_id        | int(4)      | YES  | MUL | NULL    |       |
| name        | varchar(20) | NO   |     | NULL    |       |
| sex         | varchar(4)  | NO   |     | NULL    |       |
| birthday    | datetime    | YES  |     | NULL    |       |
| homeaddress | varchar(50) | YES  |     | NULL    |       |
+-------------+-------------+------+-----+---------+-------+
7 rows in set (0.00 sec)
```

由于各部门的领导的权力范围不同。因此，各部门的领导只能看到该部门的员工的信息。而且，领导可能不关心员工的生日和家庭住址。为了达到这个目的，可以为各部门的领导建立一个视图。通过该视图，领导只能看到本部门的员工的指定信息。

例如，为生产部门建立一个名为 product view 的视图。通过视图 product_view，生产部门的领导只能看到生产部门员工的工作号、姓名和性别等信息。这些 department 表的信息和 worker 表的信息依然存在于各自的表中，而视图 product_view 中不保存任何数据信息。当 department 表和 worker 表的信息发生改变时，视图 product_view 展示的信息也发生相应的变化。

技巧： 如果经常需要从多个表查询指定字段的数据，可以在这些表上建立一个视图。通过这个视图显示这些字段的数据。如果表中修改了与视图相关的字段的名称，可以通过修改视图来解决可能引起的问题。

MySQL 的视图不支持输入参数的功能，因此交互性上还有欠缺。但对于变化不是很大的操作，使用视图可以很大程度上简化用户的操作。

8.1.2 视图的作用

视图是在原有的表或者视图的基础上重新定义的虚拟表，这可以从原有的表上选取对用户有用的信息。那些对用户没有用，或者用户没有权限了解的信息，都可以直接屏蔽掉。这样做既使应用简单化，也保证了系统的安全。视图起着类似于筛选的作用。视图的作用归纳为如下几点：

1. 使操作简单化

视图需要达到的目的就是所见即所需。也就是说，从视图看到的信息就是所需要了解的信息。视图可以简化对数据的操作。例如，可以为经常使用的查询定义一个视图，使用户不必为同样的查询操作指定条件。这样可以很大程度上方便用户的操作。

2. 增加数据的安全性

通过视图，用户只能查询和修改指定的数据。指定数据以外的信息，用户根本接触不到。数据库授权命令可以限制用户的操作权限，但不能限制到特定行和列上。使用视图后，可以简单方便地将用户的权限限制到特定的行和列上。这样可以保证敏感信息不会被没有权限的人看到，可以保证一些机密信息的安全。

3．提高表的逻辑独立性

视图可以屏蔽原有表结构变化带来的影响。例如，原有表增加列和删除未被引用的列，对视图不会造成影响。同样，如果修改了表中的某些列，可以使用修改视图来解决这些列带来的影响。

8.2　创建视图

创建视图是指在已存在的数据库表上建立视图。视图可以建立在一张表中，也可以建立在多张表中。本节主要讲解创建视图的方法。

8.2.1　创建视图的语法形式

MySQL中，创建视图是通过SQL语句CREATE VIEW实现的。其语法形式如下：

```
CREATE   [ ALGORITHM = { UNDEFINED | MERGE | TEMPTABLE } ]
         VIEW  视图名  [ ( 属性清单 ) ]
         AS  SELECT 语句
         [ WITH  [ CASCADED | LOCAL ]  CHECK  OPTION ] ;
```

其中，ALGORITHM是可选参数，表示视图选择的算法；“视图名”参数表示要创建的视图的名称；“属性清单”是可选参数，其指定了视图中各个属性的名词，默认情况下与SELECT语句中查询的属性相同；SELECT语句参数是一个完整的查询语句，表示从某个表中查出某些满足条件的记录，将这些记录导入视图中；WITH CHECK OPTION是可选参数，表示更新视图时要保证在该视图的权限范围之内。

ALGORITHM包括3个选项UNDEFINED、MERGE和TEMPTABLE。其中，UNDEFINED选项表示MySQL将自动选择所要使用的算法；MERGE选项表示将使用视图的语句与视图定义合并起来，使得视图定义的某一部分取代语句的对应部分；TEMPTABLE选项表示将视图的结果存入临时表，然后使用临时表执行语句。

CASCADED是可选参数，表示更新视图时要满足所有相关视图和表的条件，该参数为默认值；LOCAL表示更新视图时，要满足该视图本身的定义的条件即可。

技巧： 使用CREATE VIEW语句创建视图时，最好加上WITH CHECK OPTION参数。而且，最好加上CASCADED参数。这样，从视图上派生出来的新视图后，更新新视图需要考虑其父视图的约束条件。这种方式比较严格，可以保证数据的安全性。

创建视图时，需要有CREATE VIEW的权限。同时，应该具有查询涉及的列的SELECT权限。在MySQL数据库下面的user表中保存这些权限信息，可以使用SELECT语句查询。

SELECT 语句查询的方式如下：

```
SELECT Select_priv, Create_view_priv FROM mysql.user WHERE user='用户名'
```

其中，Select _priv 属性表示用户是否具有 SELECT 权限，Y 表示拥有 SELECT 权限，N 表示没有；Create_view_priv 属性表示用户是否具有 CREATE VIEW 权限；mysql.user 表示 MySQL 数据库下面的 user 表；“用户名”参数表示要查询哪个用户是否拥有 DROP 权限，该参数需要单引号引起来。因为该数据库系统中只有 root 用户，所以查询出来的结果只有 root 用户的权限。

该语句的执行结果如下：

```
mysql> SELECT Select_priv, Create_view_priv FROM mysql.user WHERE user='root';
+-------------+------------------+
| Select_priv | Create_view_priv |
+-------------+------------------+
| Y           | Y                |
+-------------+------------------+
1 row in set (0.00 sec)
```

结果显示，“Select_priv”属性和“Create_view_priv”属性的值都为 Y。这表示其具有 SELECT 权限和 CREATE VIEW 权限。

8.2.2　在单表上创建视图

MySQL 中可以在单个表上创建视图。

【示例 8-2】 下面在 department 表上创建一个简单的视图，视图名称为 department_view1。创建视图的代码如下：

```
CREATE  VIEW  department_view1
AS  SELECT * FROM department;
```

代码执行如下：

```
mysql> CREATE  VIEW  department_view1
    -> AS  SELECT * FROM department;
Query OK, 0 rows affected (0.03 sec)
```

执行结果显示 Query OK，表示代码执行成功；0 rows affected 表示创建视图并不影响以前的数据，因为视图只是一个虚拟表。使用 DESC 语句查询表的结构，结果显示如下：

```
mysql> DESC department_view1;
+----------+-------------+------+-----+---------+-------+
| Field    | Type        | Null | Key | Default | Extra |
+----------+-------------+------+-----+---------+-------+
| d_id     | int(4)      | NO   |     | NULL    |       |
| d_name   | varchar(20) | NO   |     | NULL    |       |
| function | varchar(50) | YES  |     | NULL    |       |
| address  | varchar(50) | YES  |     | NULL    |       |
+----------+-------------+------+-----+---------+-------+
4 rows in set (0.01 sec)
```

结果显示，视图 department_view1 的属性与 department 表的结果一样。因为，在未指定视图的属性列表的情况下，视图的属性名与 SELECT 语句查询的属性名相同。该示例中的 SELECT 语句查询出了 department 表的所有列。那么，视图 department_view1 就包含了 department 表的所有列。

【示例 8-3】 下面在 department 表上创建一个名为 department_view2 的视图。创建视图的代码如下：

```
CREATE   VIEW
            department_view2 ( name, fuction, location )
            AS   SELECT   d_name, function, address
             FROM department;
```

代码执行如下：

```
mysql> CREATE   VIEW
    -> department_view2 ( name, fuction, location )
    -> AS   SELECT   d_name, function, address
    ->   FROM department;
Query OK, 0 rows affected (0.00 sec)
```

执行结果显示代码执行成功。使用 DESC 语句查询表的结构，结果显示如下：

```
mysql> DESC department_view2;
+-----------+-------------+------+-----+---------+-------+
| Field     | Type        | Null | Key | Default | Extra |
+-----------+-------------+------+-----+---------+-------+
| name      | varchar(20) | NO   |     | NULL    |       |
| fuction   | varchar(50) | YES  |     | NULL    |       |
| location  | varchar(50) | YES  |     | NULL    |       |
+-----------+-------------+------+-----+---------+-------+
3 rows in set (0.00 sec)
```

结果显示，视图 department_view2 的属性分别为 name、fuction 和 location。因为，在创建视图时指定了属性列表。视图的属性名与属性列表中的属性名相同。该示例中的 SELECT 语句查询出了 department 表的 d_name、function 和 address 这 3 列。那么，视图 department_view2 中的列就分别对应着这 3 列。使用视图时，用户接触不到实际操作的表和字段。这样可以保证数据库的安全。

8.2.3 在多表上创建视图

MySQL 中也可以在两个或两个以上的表上创建视图，也是使用 CREATE VIEW 语句实现的。

【示例 8-4】 下面在 department 表和 worker 表上创建一个名为 worker_view1 的视图。创建视图的代码如下：

```
CREATE   ALGORITHM=MERGE   VIEW
            worker_view1 ( name, department,sex, age,address )
            AS   SELECT   name, department.d_name, sex, 2009-birthday, address
                 FROM   worker , department   WHERE   worker.d_id= department.d_ld
                 WITH   LOCAL   CHECK   OPTION;
```

代码执行如下：

```
mysql> CREATE   ALGORITHM=MERGE   VIEW
    -> worker_view1 ( name, department,sex, age,address )
    -> AS   SELECT   name, department.d_name, sex, 2009-birthday, address
    -> FROM   worker , department   WHERE   worker.d_id= department.d_id
    -> WITH   LOCAL   CHECK   OPTION;
Query OK, 0 rows affected (0.05 sec)
```

执行结果显示代码执行成功。使用 DESC 语句查询表的结构，结果显示如下：

```
mysql> DESC worker_view1;
+----------------+-----------------+---------+-------+------------+----------+
| Field          | Type            | Null    | Key   | Default    | Extra    |
+----------------+-----------------+---------+-------+------------+----------+
| name           | varchar(20)     | NO      |       | NULL       |          |
| department     | varchar(20)     | NO      |       | NULL       |          |
| sex            | varchar(4)      | NO      |       | NULL       |          |
| age            | double(23,6)    | YES     |       | NULL       |          |
| address        | varchar(50)     | YES     |       | NULL       |          |
+----------------+-----------------+---------+-------+------------+----------+
5 rows in set (0.00 sec)
```

结果显示，视图 worker_view1 的属性分别为 name、department、sex、age 和 location。视图指定的属性列表对应着两个不同的表的属性列。视图的属性名与属性列表中的属性名相同。该示例中的 SELECT 语句查询出了 department 表的 d_name 字段，还有 worker 表的 name、sex、birthday 和 address。其中，department 表的 d_name 字段对应视图的 department 字段；worker 表的 birthday 字段进行减法操作后，对应视图的 age 字段。而且，视图 worker_view1 的 ALGORITHM 的值指定为 MERGE。还增加了 WITH LOCAL CHECK OPTION 约束。本实例说明，视图可以将多个表上的操作简洁的表示出来。

技巧： 同时在多个表上创建视图是非常有用的。比如，系统中有 student 表、department 表、score 表和 grade 表，分别存储学生的信息、院系信息、课程信息和成绩信息。可以在这 4 个表上创建一个视图，用来显示学生姓名、学号、班级、院系、所选课程和课程成绩。

8.3　查看视图

查看视图是指查看数据库中已存在的视图的定义。查看视图必须要有 SHOW VIEW 的权限，MySQL 数据库下的 user 表中保存着这个信息。查看视图的方法包括 DESCRIBE 语句、SHOW TABLE STATUS 语句、SHOW CREATE VIEW 语句和查询 information_schema 数据库下的 views 表等。本节将详细讲解查看视图的方法。

8.3.1　DESCRIBE 语句查看视图基本信息

在 6.2.1 小节中已经详细讲解过使用 DESCRIBE 语句来查看表的基本定义。因为，视图也是一张表。只是这张表比较特殊，是一张虚拟的表。因此，同样可以使用 DESCRIBE 语句可以用来查看视图的基本定义。DESCRIBE 语句查看视图的基本形式与查看表的形式是一样的。基本形式如下：

```
DESCRIBE  视图名 ;
```

其中，“视图名”参数指所要查看的视图的名称。

【示例 8-5】 下面是用 DESCRIBE 语句查看视图 worker_view1 的定义，代码如下：

```
DESCRIBE  worker_view1;
```

查询结果如下：

```
mysql> DESCRIBE worker_view1;
+----------------+----------------+--------+-------+------------+----------+
| Field          | Type           | Null   | Key | Default    | Extra    |
+----------------+----------------+--------+-------+------------+----------+
| name           | varchar(20)    | NO     |       | NULL       |          |
| department     | varchar(20)    | NO     |       | NULL       |          |
| sex            | varchar(4)     | NO     |       | NULL       |          |
| age            | double(23,6)   | YES    |       | NULL       |          |
| address        | varchar(50)    | YES    |       | NULL       |          |
+----------------+----------------+--------+-------+------------+----------+
5 rows in set (0.00 sec)
```

结果中显示了字段的名称（Field）、数据类型（Type）、是否为空（Null）、是否为主外键（Key）、默认值（Default）和额外信息（Extra）。

DESCRIBE 可以缩写成 DESC。可以直接使用 DESC 查看 worker_view1 表的结构，代码如下：

```
DESC    worker_view1 ;
```

使用 DESC 语句运行后的结果，与 DESCRIBE 语句运行后的结果一致。

说明： 如果只需要了解视图中的各个字段的简单信息，可以使用 DESCRIBE 语句。DESCRIBE 语句查看视图的方式与查看普通表的方式是一样的，结果显示的方式也是一样的。通常情况下，都是使用 DESC 代替 DESCRIBE。

8.3.2　SHOW TABLE STATUS 语句查看视图基本信息

在 MySQL 中，可以使用 SHOW TABLE STATUS 语句来查看视图的信息。其语法形式如下：

```
SHOW   TABLE   STATUS   LIKE   '视图名' ;
```

其中，“LIKE”表示后面匹配的是字符串；“视图名”参数指要查看的视图的名称，需要用单引号引起了。

【示例 8-6】 下面是用 SHOW TABLE STATUS 语句查看视图'worker_view1'的信息，代码如下：

```
SHOW   TABLE   STATUS   LIKE   'worker_view1' ;
```

代码执行结果如下：

```
mysql> SHOW   TABLE   STATUS   LIKE   'worker_view1' \G
*************************** 1. row ***************************
           Name: worker_view1
         Engine: NULL
        Version: NULL
     Row_format: NULL
           Rows: NULL
 Avg_row_length: NULL
    Data_length: NULL
Max_data_length: NULL
   Index_length: NULL
      Data_free: NULL
```

```
Auto_increment: NULL
    Create_time: NULL
    Update_time: NULL
     Check_time: NULL
      Collation: NULL
       Checksum: NULL
 Create_options: NULL
        Comment: VIEW
1 row in set (0.00 sec)
```

执行结果显示，表的说明（Comment）项的值为 VIEW，说明该表为视图。存储引擎、数据长度等信息都显示为 NULL，说明视图是虚拟表，与普通表是有差异的。同样使用 SHOW TABLE STATUS 语句来查看 department 表的信息。查询结果如下：

```
mysql> SHOW   TABLE   STATUS   LIKE   'department' \G
*************************** 1. row ***************************
           Name: department
         Engine: InnoDB
        Version: 10
     Row_format: Compact
           Rows: 2
 Avg_row_length: 8192
    Data_length: 16384
Max_data_length: 0
   Index_length: 32768
      Data_free: 3145728
 Auto_increment: NULL
    Create_time: 2009-10-04 09:21:55
    Update_time: NULL
     Check_time: NULL
      Collation: utf8_general_ci
       Checksum: NULL
 Create_options:
        Comment:
1 row in set (0.00 sec)
```

从结果可以看出，department 表的基本信息都显示出来，包括存储引擎、创建时间等。但是 Comment 项没有信息。这就是视图和普通表最直接的区别。

说明： SHOW TABLE STATUS 语句虽然也可以查看视图的基本信息，但是通常很少使用。因为，使用 SHOW TABLE STATUS 语句查询视图信息时，各个属性显示的值都是 NULL。只有 Comment 属性显示值为 VIEW。

8.3.3 SHOW CREATE VIEW 语句查看视图详细信息

在 MySQL 中，SHOW CREATE VIEW 语句可以查看视图的详细定义。其语法形式如下：

```
SHOW   CREATE   VIEW   视图名
```

【示例 8-7】 下面是用 SHOW CREATE VIEW 语句查看视图 worker_view1 的信息，代码如下：

```
SHOW   CREATE   VIEW   worker_view1 ;
```

代码执行结果如下：

```
mysql> SHOW   CREATE   VIEW   worker_view1 \G
```

```
*************************** 1. row ***************************
                View: worker_view1
         Create View: CREATE ALGORITHM=MERGE DEFINER=`root`@`localhost` SQL
          SECU
RITY DEFINER VIEW `worker_view1` AS SELECT `worker`.`name` AS `name`,`department
`.`d_name` AS `department`,`worker`.`sex` AS `sex`,(2009 - `worker`.`birthday`)
AS `age`,`department`.`address` AS `address` FROM (`worker` join `department`) w
here (`worker`.`d_id` = `department`.`d_id`) WITH LOCAL CHECK OPTION
character_set_client: latin1
collation_connection: latin1_swedish_ci
1 row in set (0.00 sec)
```

执行结果显示了详细的信息。包括视图的各个属性、WITH LOCAL CHECK OPTION 条件和字符编码（character_set_client）等信息。通过 SHOW CREATE VIEW 语句，可以查看视图的所有信息。

8.3.4　在 views 表中查看视图详细信息

在 MySQL 中，所有视图的定义都存在 information_schema 数据库下的 views 表中。查询 views 表，可以查看到数据库中所有视图的详细信息。查询的语句如下：

```
SELECT  *  FROM  information_schema.views ;
```

其中，"*"表示查询所有的列的信息；information_schema.views 表示 information_schema 数据库下面的 views 表。

【示例 8-8】 下面是用 SELECT 语句查询 views 表中的信息。代码执行如下：

```
mysql> SELECT * FROM information_schema.views \G;
*************************** 1. row ***************************
       TABLE_CATALOG: def
        TABLE_SCHEMA: example
          TABLE_NAME: department_view1
     VIEW_DEFINITION: SELECT `example`.`department`.`d_id` AS `d_id`,`example`.`
department`.`d_name` AS `d_name`,`example`.`department`.`function` AS `function`
,`example`.`department`.`address` AS `address` FROM `example`.`department`
        CHECK_OPTION: NONE
        IS_UPDATABLE: YES
             DEFINER: root@localhost
       SECURITY_TYPE: DEFINER
CHARACTER_SET_CLIENT: latin1
COLLATION_CONNECTION: latin1_swedish_ci
*************************** 2. row ***************************
       TABLE_CATALOG: def
        TABLE_SCHEMA: example
          TABLE_NAME: department_view2
     VIEW_DEFINITION: SELECT `example`.`department`.`d_name` AS `name`,`example`
.`department`.`function` AS `fuction`,`example`.`department`.`address` AS `locat
ion` FROM `example`.`department`
        CHECK_OPTION: NONE
        IS_UPDATABLE: YES
             DEFINER: root@localhost
       SECURITY_TYPE: DEFINER
CHARACTER_SET_CLIENT: latin1
COLLATION_CONNECTION: latin1_swedish_ci
```

读者现在看到查询结果只是显示结果的一部分。因为数据库中的视图不止这两个，还有很多视图的信息没有贴出来。查询结果显示，数据库中已经存在 department_view1 和

department_view2 这两个视图。结果中显示了这两个视图的详细信息。

技巧：SHOW CREATE VIEW 语句可以查看视图的详细信息，如果读者希望了解详细信息可以使用这个语句。所有视图的定义都是存储在 information_schema 数据库下的 views 表中，也可以在这个表中查看视图的定义。不过，通常情况下都是使用 SHOW CREATE VIEW 语句。

8.4　修改视图

修改视图是指修改数据库中已存在的表的定义。当基本表的某些字段发生改变时，可以通过修改视图来保持视图和基本表之间一致。MySQL 中通过 CREATE OR REPLACE VIEW 语句和 ALTER 语句来修改视图。本节将详细讲解修改视图的方式。

8.4.1　CREATE OR REPLACE VIEW 语句修改视图

在 MySQL 中，CREATE OR REPLACE VIEW 语句可以用来修改视图。该语句的使用非常灵活。在视图已经存在的情况下，对视图进行修改；视图不存在时，可以创建视图。CREATE OR REPLACE VIEW 语句的语法形式如下：

```
CREATE   OR   REPLACE   [ ALGORITHM = { UNDEFINED | MERGE | TEMPTABLE } ]
                        VIEW   视图名   [ ( 属性清单 ) ]
                        AS   SELECT 语句
                        [ WITH   [ CASCADED | LOCAL ]   CHECK   OPTION ] ;
```

这里的所有参数都与创建视图的参数是一样的。

【示例 8-9】下面是用 CREATE OR REPLACE VIEW 语句修改视图 department_view1。代码如下：

```
CREATE   OR   REPLACE   ALGORITHM=TEMPTABLE
              VIEW   department_view1 (department, function, location )
                   AS   SELECT d_name, function, address   FROM department ;
```

在执行代码之前，先执行 DESC 语句查看 department_view1 的结构，以便与修改后进行对比。DESC 语句执行结果如下：

```
mysql> DESC department_view1;
+--------------+---------------+--------+-------+------------+----------+
| Field        | Type          | Null   | Key   | Default    | Extra    |
+--------------+---------------+--------+-------+------------+----------+
| d_id         | int(4)        | NO     |       | NULL       |          |
| d_name       | varchar(20)   | NO     |       | NULL       |          |
| function     | varchar(50)   | YES    |       | NULL       |          |
| address      | varchar(50)   | YES    |       | NULL       |          |
+--------------+---------------+--------+-------+------------+----------+
4 rows in set (0.01 sec)
```

查询结果可以看到，视图 department_view1 有 4 个属性。这 4 个属性分别为 d_id、d_name、function 和 address。执行 CREATE OR REPLACE VIEW 语句来修改视图。代码执行如下：

```
mysql> CREATE   OR   REPLACE   ALGORITHM=TEMPTABLE
```

```
    -> VIEW   department_view1 (department, function, location )
    -> AS   SELECT d_name, function, address   FROM department ;
Query OK, 0 rows affected (0.00 sec)
```

结果显示，修改成功。执行 DESC 语句来查看视图的详细信息。代码执行如下：

```
mysql> DESC department_view1 ;
+------------+-------------+------+-----+---------+-------+
| Field      | Type        | Null | Key | Default | Extra |
+------------+-------------+------+-----+---------+-------+
| department | varchar(20) | NO   |     | NULL    |       |
| function   | varchar(50) | YES  |     | NULL    |       |
| location   | varchar(50) | YES  |     | NULL    |       |
+------------+-------------+------+-----+---------+-------+
3 rows in set (0.02 sec)
```

结果显示，department_view1 中只有 3 个属性。这 3 个属性分别为 department、function 和 location。视图修改成功。

技巧： CREATE OR REPLACE VIEW 语句不仅可以修改已经存在的视图，也可以创建新的视图。下面会介绍使用 ALTER 语句修改视图的方法，不过 ALTER 语句只能修改已经存在的视图。通常情况下，最好选择 CREATE OR REPLACE VIEW 语句修改视图。

8.4.2 ALTER 语句修改视图

在 MySQL 中，ALTER 语句可以修改表的定义，可以创建索引。不仅如此，ALTER 语句还可以用来修改视图。ALTER 语句修改视图的语法格式如下：

```
ALTER  [ ALGORITHM = { UNDEFINED | MERGE | TEMPTABLE } ]
                        VIEW  视图名  [ ( 属性清单 ) ]
                        AS  SELECT 语句
                        [ WITH  [ CASCADED | LOCAL ]  CHECK  OPTION ] ;
```

这里的所有参数都跟创建视图的参数是一样的，不再进行赘述。

【示例 8-10】 下面是用 ALTER 语句修改视图 department_view2。代码如下：

```
ALTER   VIEW  department_view2 ( department, name, sex, location )
            AS  SELECT  d_name, worker.name , worker.sex, address
                FROM  department , worker  WHERE  department.d_id=worker.d_id
              WITH  CHECK  OPTION;
```

在执行代码之前，先执行 DESC 语句查看 department_view2 的结构，以便于修改后进行对比。DESC 语句执行结果如下：

```
mysql> DESC department_view2;
+----------+-------------+------+-----+---------+-------+
| Field    | Type        | Null | Key | Default | Extra |
+----------+-------------+------+-----+---------+-------+
| name     | varchar(20) | NO   |     | NULL    |       |
| fuction  | varchar(50) | YES  |     | NULL    |       |
| location | varchar(50) | YES  |     | NULL    |       |
+----------+-------------+------+-----+---------+-------+
3 rows in set (0.00 sec)
```

查询结果可以看到，视图 department_view2 有 3 个属性。这 3 个属性分别是"name"、"function"和"location"。执行 ALTER 语句来修改视图。代码执行如下：

```
mysql> ALTER   VIEW   department_view2 ( department, name, sex, location )
    -> AS   SELECT   d_name, worker.name , worker.sex, address
    ->   FROM department , worker    WHERE   department.d_id=worker.d_id
    -> WITH   CHECK   OPTION;
Query OK, 0 rows affected (0.00 sec)
```

结果显示，修改成功。执行 DESC 语句来查看视图的详细信息。代码执行如下：

```
mysql> DESC department_view2;
+----------------+---------------+--------+-------+------------+----------+
| Field          | Type          | Null   | Key   | Default    | Extra    |
+----------------+---------------+--------+-------+------------+----------+
| department     | varchar(20)   | NO     |       | NULL       |          |
| name           | varchar(20)   | NO     |       | NULL       |          |
| sex            | varchar(4)    | NO     |       | NULL       |          |
| location       | varchar(50)   | YES    |       | NULL       |          |
+----------------+---------------+--------+-------+------------+----------+
4 rows in set (0.00 sec)
```

结果显示，department_view2 中只有 4 个属性。这 4 个属性分别是 department、name、sex 和 location。视图修改成功。

8.5　更新视图

更新视图是指通过视图来插入（INSERT）、更新（UPDATE）和删除（DELETE）表中的数据。因为视图是一个虚拟表，其中没有数据。通过视图更新时，都是转换到基本表来更新。更新视图时，只能更新权限范围内的数据。超出了范围，就不能更新。本小节将重点讲解更新视图的方法和更新视图的限制。

【示例 8-11】 下面在视图 department_view3 中对视图进行更新。department_view3 是 department 表的视图。department 表的记录如下：

```
mysql> SELECT * FROM department;
+-------+----------+----------------------+--------------+
| d_id | d_name | function             | address      |
+-------+----------+----------------------+--------------+
| 1001 |  人事部  |  管理公司人事变动  | 2 号楼 3 层 |
| 1002 |  生产部  |  主管生产          | 5 号楼 1 层 |
+-------+----------+----------------------+--------------+
2 rows in set (0.00 sec)
```

在更新之前，先创建视图 department_view3。代码如下：

```
CREATE   VIEW   department_view3( name, function, address)
AS   SELECT   d_name, function, address FROM   department   WHERE   d_id=1001;
```

向视图 department_view3 中更新一条记录。新记录的 name 的值为“科研部”，function 的值为“新产品研发”，address 的值为“3 号楼 5 层”。更新语句执行如下：

```
mysql> UPDATE department_view3 SET name='科研部',function='新产品研发',address='3 号楼 5 层';
Query OK, 1 row affected (0.05 sec)
Rows matched: 1   Changed: 1   Warnings: 0
```

执行结果显示更新成功。查看视图 department_view3 的记录。记录显示如下：

```
mysql> SELECT * FROM department_view3;
+------------+----------------+---------------+
```

```
| name    | function      | address     |
+-----------+---------------+--------------+
| 科研部  | 新产品研发 | 3 号楼 5 层 |
+-----------+---------------+--------------+
1 row in set (0.00 sec)
```

结果显示，视图已经更新成功。再查询 department 表的记录。记录显示如下：

```
mysql> SELECT * FROM department;
+-------+-----------+---------------+--------------+
| d_id | d_name | function      | address    |
+-------+-----------+---------------+--------------+
| 1001 | 科研部 | 新产品研发 | 3 号楼 5 层 |
| 1002 | 生产部 | 主管生产    | 5 号楼 1 层 |
+-------+-----------+---------------+--------------+
2 rows in set (0.00 sec)
```

结果显示，d_id 为 1001 的记录已经更新。虽然，UPDATE 语句更新的是视图 department_view3。但实际上更新的是 department 表。上面的 UPDATE 语句可以等价为：

```
UPDATE department SET d_name='科研部',function='新产品研发',address='3 号楼 5 层'
                    WHERE d_id=1001;
```

由上面可以看出，对视图的更新最后都是实现在基本表上的。更新视图时，实际上更新的是基本表上的记录。但是，并不是所有的视图都可以更新的。以下这几种情况是不能更新视图的：

（1）视图中包含 SUM()、COUNT()、MAX()和 MIN()等函数。

【示例 8-12】 下面视图 worker_view4 创建视图的代码如下：

```
CREATE   VIEW   worker_view4( name, sex, total)
AS   SELECT   name, sex, COUNT(name) FROM   worker ;
```

因为该视图包含 COUNT()，所以该视图是不能更新的。

（2）视图中包含 UNION、UNION ALL、DISTINCT、GROUP BY 和 HAVIG 等关键字。

【示例 8-13】 下面视图 worker_view5 创建视图的代码如下：

```
CREATE   VIEW   worker_view5( name, sex, address)
          AS   SELECT   name, sex, homeaddress   FROM   worker   GROUP BY d_id;
```

因为该视图包含 GROUP BY，所以该视图也是不能更新的。

（3）常量视图。

【示例 8-14】 下面视图 worker_view6 创建视图的代码如下：

```
CREATE   VIEW   worker_view6
          AS   SELECT   'Aric'   as   name;
```

因为该视图的 name 字段是个字符串常量“Aric”，所以该视图也是不能更新的。使用 UPDATE 语句更新时，会出现系统报错。信息显示如下：

```
mysql> UPDATE worker_view6 SET name='hjh';
FRROR 1288 (HY000): The target table worker_view6 of the UPDATE is not updatable
```

（4）视图中的 SELECT 中包含子查询。

【示例 8-15】 下面视图 worker_view7 创建视图的代码如下：

```
CREATE   VIEW   worker_view7 ( name )
        AS   SELECT   ( SELECT name FROM worker );
```

该视图包含了子查询，因此也是不能更新的。

（5）由不可更新的视图导出的视图。

【示例 8-16】 下面视图 worker_view8 创建视图的代码如下：

```
CREATE   VIEW   worker_view8
              AS   SELECT * FROM worker_view7 ;
```

因为 worker_view7 是不可更新的视图，所以 worker_view8 也是不可以更新的视图。使用 UPDATE 语句更新时，会出现系统报错。信息显示如下：

```
mysql> UPDATE worker_view8 SET name='Aric';
ERROR 1288 (HY000): The target table worker_view8 of the UPDATE is not updatable
```

（6）创建视图时，ALGORITHM 为 TEMPTABLE 类型。

【示例 8-17】 下面视图 worker_view9 创建视图的代码如下：

```
CREATE   ALGORITHM=TEMPTABLE
         VIEW   worker_view9
            AS   SELECT * FROM worker ;
```

因为该视图的 ALGORITHM 为 TEMPTABLE 类型，所以 worker_view9 为不可以更新的视图。TEMPTABLE 类型就是临时表类型。系统默认临时表是不能更新的。

（7）视图对应的表上存在没有默认值的列，而且该列没有包含在视图里。例如，表中包含的 name 字段没有默认值，但是视图中不包括该字段。那么这个视图是不能更新的。因为，在更新视图时，这个没有默认值的记录将没有值插入，也没有 NULL 值插入。数据库系统是不会允许这样的情况出现的，其会阻止这个视图更新。

注意： 视图中虽然可以更新数据，但是有很多的限制。一般情况下，最好将视图作为查询数据的虚拟表，而不要通过视图更新数据。因为，使用视图更新数据时，如果没有全面考虑在视图中更新数据的限制，可能会造成数据更新失败。

除了上述条件不能更新视图以外，WITH [CASCADED| LOCAL]CHECK OPTION 也将决定视图能否更新。LOCAL 参数表示更新视图时要满足该视图本身的定义的条件即可；CASCADED 参数表示更新视图时要满足所有相关视图和表的条件。没有指明时，默认为 CASCADED。

【示例 8-18】 下面在 worker 表上建立 view_test，并且 view_test 上建立 view_test1 和 view_test2 两个视图。创建视图的代码执行如下：

```
mysql> CREATE   VIEW   view_test
    -> AS   SELECT   *   FROM   worker   WHERE age<25
    -> WITH   LOCAL   CHECK   OPTION ;
Query OK, 0 rows affected (0.00 sec)

mysql> CREATE   VIEW   view_test1
    -> AS   SELECT   *   FROM   view_test   WHERE age>15
    -> WITH   LOCAL   CHECK   OPTION ;
Query OK, 0 rows affected (0.02 sec)

mysql> CREATE   VIEW   view_test2
    -> AS   SELECT   *   FROM   worker   WHERE   sex='F'
    -> WITH   CASCADED   CHECK   OPTION ;
Query OK, 0 rows affected (0.00 sec)
```

上面结果显示这 3 个视图已经创建成功。view_test1 和 view_test2 这两个视图是视图

view_test 的基础上创建而成的。下面，分别更新这两个视图。更新 view_test1 的代码执行如下：

```
mysql> UPDATE view_test1 SET age=26 WHERE num=1 ;
Query OK, 1 row affected (0.00 sec)
Rows matched: 1   Changed: 1   Warnings: 0
```

视图 view_test1 更新成功。因为条件 age=26 满足 view_test1 中 age>15 的条件。更新 view_test2 的代码执行如下：

```
mysql> UPDATE view_test2 SET age=26 WHERE num=2 ;
ERROR 1369 (HY000): CHECK OPTION failed 'example.view_test2'
```

视图 view_test2 更新失败。因为 age=26 不满足视图 view_test 中 age<25 的条件，所以更新失败。从本例可以看出，而视图 view_test2 更新时，还要检查 view_test 的条件。只要有一个不满足条件就不能更新。视图 view_test1 更新时，只检查了 view_test1 自身的条件。满足了 view_test1 自身的条件就可以更新了。

8.6 删除视图

删除视图是指删除数据库中已存在的视图。删除视图时，只能删除视图的定义，不会删除数据。MySQL 中，使用 DROP VIEW 语句来删除视图。但是，用户必须拥有 DROP 权限。本节将详细讲解删除视图的方法。

对需要删除的视图，使用 DROP VIEW 语句进行删除。基本形式如下：

```
DROP   VIEW   [ IF EXISTS]   视图名列表   [ RESTRICT | CASCADE]
```

其中，IF EXISTS 参数指判断视图存在，如果存在则执行，不存在则不执行；“视图名列表”参数表示要删除的视图的名称的列表，各个视图名称之间用逗号隔开。

【示例 8-19】 下面将删除视图 worker_view1。代码如下：

```
DROP   VIEW   IF EXISTS   worker_view1 ;
```

代码执行结果如下：

```
mysql> DROP   VIEW   IF EXISTS   worker_view1 ;
Query OK, 0 rows affected (0.08 sec)
```

执行结果显示，视图删除成功。为了验证视图是否确实已经删除，执行 SHOW CREATE VIEW 语句查看。执行结果如下：

```
mysql> SHOW CREATE VIEW worker_view1;
ERROR 1146 (42S02): Table 'example.worker_view1' doesn't exist
```

结果显示，视图 worker_view1 已经不存在了。这说明 DROP VIEW 语句删除视图成功。

【示例 8-20】 下面将同时删除 department_view1 和 department_view2 这两个视图。代码如下：

```
DROP   VIEW   IF   EXISTS   department_view1, department_view2 ;
```

代码执行结果如下：

```
mysql> DROP VIEW IF EXISTS department_view1, department_view2 ;
Query OK, 0 rows affected (0.09 sec)
```

执行结果显示，这两个视图已经删除成功。为了确保这两个视图已经删除，执行 SHOW CREATE VIEW 语句查看。执行结果如下：

```
mysql> SHOW CREATE VIEW department_view1;
ERROR 1146 (42S02): Table 'example.department_view1' doesn't exist
mysql> SHOW CREATE VIEW department_view2;
ERROR 1146 (42S02): Table 'example.department_view2' doesn't exist
```

结果显示，department_view1 和 department_view2 这两个视图已经不存在了。该示例说明，DROP 语句可以同时删除多个视图。

用户必须拥有 DROP 权限才可以删除视图。MySQL 中，MySQL 数据库下的 user 表中可以查询到是否存在 DROP 权限。查看 DROP 权限的语句如下：

```
SELECT Drop_priv FROM mysql.user WHERE user='用户名' ;
```

其中，“Drop_priv”属性表示用户是否具有 DROP 权限，Y 表示拥有 DROP 权限，N 表示没有；“用户名”参数表示要查询哪个用户是否拥有 DROP 权限，该参数需要单引号引起来。因为该数据库系统中只有 root 用户，所以查询出来的结果只有 root 用户的权限。

该语句的执行结果如下：

```
mysql> SELECT Drop_priv FROM mysql.user WHERE user='root';
+-------------+
| Drop_priv |
+-------------+
| Y           |
+-------------+
1 row in set (0.03 sec)
```

结果显示，“Drop_priv”属性的值为 Y，表示具有 DROP 权限。

8.7　本章实例

在本小节中将在 test 数据库中 work_info 表上进行视图操作。work_info 表的内容如表 8.1 所示。

表 8.1　work_info表的内容

字段名	字段描述	数据类型	主键	外键	非空	唯一	自增
id	编号	INT(10)	是	否	是	是	否
name	姓名	VARCHAR(20)	否	否	是	否	否
sex	性别	VARCHAR(4)	否	否	是	否	否
age	年龄	INT(5)	否	否	否	否	否
address	家庭住址	VARCHAR(50)	否	否	否	否	否
tel	电话号码	VARCHAR(20)	否	否	否	否	否

按照下列要求进行操作：

（1）创建 work_info 表。

（2）向表中插入几条记录。需要插入的数据如表 8.2 所示。

表 8.2　work_info表中的信息

id	name	sex	age	address	tel
1	张三	M	18	北京市海淀区	1234567
2	李四	M	22	北京市昌平区	2345678
3	王五	F	17	湖南省永州市	3456789
4	赵六	F	25	辽宁省阜新市	4567890

（3）创建视图 info_view。从 work_info 表中选出 age>20 的记录来创建视图。视图的字段包括 id、name、sex 和 address。ALGORITHM 设置为 MERGE 类型。加上 WITH LOCAL CHECK OPTION 条件。

（4）查看视图 info_view 的基本结构和详细结构。

（5）查看视图 info_view 的所有记录。

（6）修改视图 info_view，使其显示 age<20 的信息，其他条件不变。

（7）更新视图，将 id 为 3 的记录进行更新。设置其 sex 为 M。

（8）删除视图。

本实例的执行过程如下：

1．在test数据库中work_info表

在命令行中登录 MySQL 数据库管理系统。登录成功后选择 test 数据库，代码执行如下：

```
mysql> USE test;
Database changed
```

结果显示，数据库已经选择成功。然后可以执行 CREATE TABLE 语句来创建 work_info 表。SQL 代码如下：

```
CREATE   TABLE work_info (id   INT(10)   NOT NULL   UNIQUE   PRIMARY KEY   ,
                          name   VARCHAR(20)   NOT NULL ,
                          sex   VARCHAR(4)   NOT NULL ,
                          age   INT(5),
                          address   VARCHAR(50) ,
                          tel   VARCHAR(20)
                          );
```

执行结果显示，work_info 表创建成功。

2．插入记录

为了进行后面的视图操作，先向 work_info 表中插入几条记录。插入记录使用 INSERT 语句，第 11 章会详细讲解 INSERT 语句的内容。插入记录的 SQL 代码如下：

```
INSERT INTO work_info VALUES( 1,'张三', 'M',18,'北京市海淀区','1234567');
INSERT INTO work_info VALUES( 2,'李四', 'M', 22,'北京市昌平区','2345678');
INSERT INTO work_info VALUES( 3,'王五', 'F', 17,'湖南省永州市','3456789');
INSERT INTO work_info VALUES( 4,'赵六', 'F', 25,'辽宁省阜新市','4567890');
```

结果显示，数据插入成功。执行 SELECT 语句来查看记录，代码如下：

```
mysql> SELECT * FROM work_info;
+----+--------+-------+-------+-------------------+------------+
| id   | name | sex | age   | address          | tel          |
```

```
+----+--------+-------+-------+------------------+------------+
|  1 | 张三 | M    |    18 | 北京市海淀区  | 1234567 |
|  2 | 李四 | M    |    22 | 北京市昌平区  | 2345678 |
|  3 | 王五 | F    |    17 | 湖南省永州市  | 3456789 |
|  4 | 赵六 | F    |    25 | 辽宁省阜新市  | 4567890 |
+----+--------+-------+-------+------------------+------------+
4 rows in set (0.00 sec)
```

3．创建视图info_view

在 work_info 表上创建视图，代码如下：

```
CREATE   ALGORITHM=MERGE   VIEW
            info_view ( id,name, sex, address )
            AS   SELECT   id,name, sex, address
               FROM   work_info   WHERE   age>20
               WITH   LOCAL   CHECK   OPTION;
```

执行结果显示，视图 work_info 创建成功。

4．查看视图info_view的基本结构和详细结构

执行 DESC 语句来查询视图 info_view 的基本结构。代码执行如下：

```
mysql> DESC info_view;
+------------+---------------+---------+-------+------------+---------+
| Field      | Type          | Null    | Key | Default    | Extra   |
+------------+---------------+---------+-------+------------+---------+
| id         | int(10)       | NO      |     | NULL       |         |
| name       | varchar(20) | NO      |     | NULL       |         |
| sex        | varchar(4)    | NO      |     | NULL       |         |
| address    | varchar(50) | YES     |     | NULL       |         |
+------------+---------------+---------+-------+------------+---------+
4 rows in set (0.00 sec)
```

执行 DESC 语句可以看到视图 info_view 的基本信息。包括字段名（Field）、数据类型（Type）等。如果要查看视图的详细信息，应该执行 SHOW CREATE VIEW 语句来查看。SHOW CREATE VIEW 语句执行结果如下：

```
mysql> SHOW CREATE VIEW info_view \G
*************************** 1. row ***************************
                View: info_view
         Create View: CREATE ALGORITHM=MERGE DEFINER=`root`@`localhost` SQL
          SECU
RITY DEFINER VIEW `info_view` AS SELECT `work_info`.`id` AS `id`,`work_info`.`na
me` AS `name`,`work_info`.`sex` AS `sex`,`work_info`.`address` AS `address` FROM
 `work_info` WHERE (`work_info`.`age` > 20) WITH LOCAL CHECK OPTION
character_set_client: latin1
collation_connection: latin1_swedish_ci
1 row in set (0.00 sec)
```

HOW CREATE VIEW 语句可以看到视图的 ALGORITHM 值、WITH LOCAL CHECK OPTION 条件等信息。

5．查看视图info_view的所有记录

执行 SELECT 语句查询 info_view 的所有记录。SELECT 语句执行如下：

```
mysql> SELECT * FROM info_view;
+----+--------+-------+------------------+
```

```
| id   | name | sex | address          |
+----+--------+-------+------------------+
|  2 | 李四 | M    | 北京市昌平区 |
|  4 | 赵六 | F    | 辽宁省阜新市 |
+----+--------+-------+------------------+
2 rows in set (0.00 sec)
```

因为，视图定义时，查询的记录的 age 都是大于 20 的，所以，视图中只有满足条件的这两条记录。视图中的字段都是在视图定义时设置的。

6. 修改视图info_view

可以通过 CREATE OR REPLACE VIEW 语句和 ALTER 语句来修改视图。本实例中只使用 ALTER 语句来修改视图。代码如下：

```
ALTER   ALGORITHM=MERGE   VIEW
        info_view ( id,name, sex, address )
        AS   SELECT   id,name, sex, address
             FROM   work_info   WHERE   age<20
             WITH   LOCAL   CHECK   OPTION;
```

代码执行后，重新查看视图的详细结构。代码执行结果如下：

```
mysql>   SHOW CREATE VIEW info_view \G
*************************** 1. row ***************************
                View: info_view
         Create View: CREATE ALGORITHM=MERGE DEFINER=`root`@`localhost` SQL
          SECU
RITY DEFINER VIEW `info_view` AS SELECT `work_info`.`id` AS `id`,`work_info`.`na
me` AS `name`,`work_info`.`sex` AS `sex`,`work_info`.`address` AS `address` FROM
 `work_info` WHERE (`work_info`.`age` < 20) WITH LOCAL CHECK OPTION
character_set_client: latin1
collation_connection: latin1_swedish_ci
1 row in set (0.00 sec)
```

结果显示，视图中的条件已经变成 age<20 了。执行 SELECT 语句，查询视图中的记录。SELECT 语句执行结果如下：

```
mysql> SELECT * FROM info_view;
+----+--------+-------+------------------+
| id   | name | sex | address          |
+----+--------+-------+------------------+
|  1 | 张三 | M    | 北京市海淀区 |
|  3 | 王五 | F    | 湖南省永州市 |
+----+--------+-------+------------------+
2 rows in set (0.00 sec)
```

因为，修改了视图的定义后，查询的记录的 age 都是小于 20 的，所以，只有 id 为 1 和 3 的记录才满足条件。

7. 更新视图

更新 id 为 3 的记录。设置其 sex 为 M。执行 UPDATE 语句更新视图。UPDATE 语句执行如下：

```
mysql> UPDATE info_view SET sex='M' WHERE id=3;
Query OK, 1 row affected (0.00 sec)
Rows matched: 1    Changed: 1    Warnings: 0
```

结果显示更新成功，执行 SELECT 语句来查看视图中的记录。SELECT 语句执行如下：

```
mysql> SELECT * FROM info_view;
+----+--------+------+-------------------+
| id  | name | sex | address           |
+----+--------+------+-------------------+
|  1 | 张三  | M    | 北京市海淀区 |
|  3 | 王五  | M    | 湖南省永州市 |
+----+--------+------+-------------------+
2 rows in set (0.00 sec)
```

结果显示，视图 info_view 中的数据已经更新。id 为 3 的记录中，sex 字段的值已经从 F 变成了 M。再执行 SELECT 语句来查看 work_info 表中的记录是否发生改变。SELECT 语句执行如下：

```
mysql> SELECT * FROM work_info;
+----+--------+------+--------+-------------------+-----------+
| id  | name | sex | age   | address           | tel        |
+----+--------+------+--------+-------------------+-----------+
|  1 | 张三  | M    |     18 | 北京市海淀区 | 1234567 |
|  2 | 李四  | M    |     22 | 北京市昌平区 | 2345678 |
|  3 | 王五  | M    |     17 | 湖南省永州市 | 3456789 |
|  4 | 赵六  | F    |     25 | 辽宁省阜新市 | 4567890 |
+----+--------+------+--------+-------------------+-----------+
4 rows in set (0.00 sec)
```

结果显示，work_info 表中的数据也已经更新。这说明视图已经更新成功。

8．删除视图

使用 DROP 语句可以删除视图。代码执行如下：

```
mysql> DROP VIEW info_view;
Query OK, 0 rows affected (0.00 sec)
```

结果显示，视图删除成功。执行 DESC 语句来查看视图 info_view，以确保视图已经从数据库中删除。DESC 语句执行如下：

```
mysql> DESC info_view;
ERROR 1146 (42S02): Table 'test.info_view' doesn't exist
```

结果显示，视图不存在。这说明视图已经删除成功。

通过本节的实例，希望读者对本章的内容有个更加具体的认识。能够真正掌握创建视图、查看视图结构、修改视图、更新视图和删除视图的方法。

8.8　上机实践

题目要求：

（1）在数据库 example 下创建 college 表。college 表内容如表 8.3 所示。

表 8.3　college表的内容

字段名	字段描述	数据类型	主键	外键	非空	唯一	自增
number	学号	INT(10)	是	否	是	是	否
name	姓名	VARCHAR(20)	否	否	是	否	否

续表

字段名	字段描述	数据类型	主键	外键	非空	唯一	自增
major	专业	VARCHAR(20)	否	否	是	否	否
age	年龄	INT(5)	否	否	否	否	否

（2）在 student 表上创建视图 college_view。视图的字段包括 student_num、student_name、student_age 和 department。ALGORITHM 设置为 UNDEFINED 类型，并且为视图加上 WITH LOCAL CHECK OPTION 条件。

（3）查看视图 college_view 的详细结构。

（4）更新视图。向视图中插入 3 条记录。记录的内容如表 8.4 所示。

表 8.4　需要插入college_view表中的信息

Number	name	major	age
0901	张三	外语	20
0902	李四	计算机	22
0903	王五	计算机	19

（5）修改视图，使其显示专业为计算机的信息，其他条件不变。

（6）删除视图 college_view。

操作如下：

（1）在 example 数据库下创建 college 表。SQL 代码如下：

```
CREATE   TABLE   college ( number   INT(10)   NOT NULL   UNIQUE   PRIMARY KEY ,
                           name   VARCHAR(20)   NOT NULL ,
                           major   VARCHAR(20)   NOT NULL ,
                           age   INT(5)
                           );
```

（2）使用 CREATE VIEW 语句来创建视图 college_view。SQL 代码如下：

```
CREATE   ALGORITHM=UNDEFINED   VIEW
          college_view (student_num, student_name, student_age, department )
          AS   SELECT   number, name, age, major   FROM   college
             WITH   LOCAL   CHECK   OPTION;
```

（3）执行 SHOW CREATE VIEW 语句来查看视图的详细结构。代码如下：

```
SHOW CREATE VIEW college_view \G
```

（4）更新视图。向视图中插入 3 条记录，SQL 代码如下：

```
INSERT   INTO   college_view   VALUES( 0901, '张三', 20, '外语' );
INSERT   INTO   college_view   VALUES( 0902, '李四', 22, '计算机' );
INSERT   INTO   college_view   VALUES( 0903, '王五', 19, '计算机' );
```

执行 SELECT 语句来查看 college 和 college_view 中的记录。

（5）修改视图，使视图中只显示专业为‘计算机’的信息。SQL 代码如下：

```
CREATE OR REPLACE   ALGORITHM=UNDEFINED   VIEW
           college_view (student_num, student_name, student_age, department )
           AS   SELECT   number, name, age, major
           FROM   college   WHERE   major='计算机'
             WITH   LOCAL   CHECK   OPTION;
```

读者也可以使用 ALTER 语句来修改视图的定义。视图修改完成后，可以执行 DESC

语句来查看 college_view 的基本结构。也可以执行 SELECT 语句来查看 college_view 中的记录。

（6）删除视图。SQL 代码如下：

```
DROP VIEW college_view;
```

执行完成后，可以查看视图是否还依然存在。

通过本小节的上机实践，希望读者对创建视图的方式有更加深入的认识。掌握查看视图结构、修改视图、更新视图和删除视图的基本方法。

8.9　常见问题及解答

1．MySQL中视图和表的区别及联系是什么？

两者的区别：

（1）视图是按照 SQL 语句生成的一个虚拟的表。

（2）视图不占实际的物理空间。而表中的记录需要占物理空间。

（3）建立和删除视图只影响视图本身，不会影响实际的记录。而建立和删除表会影响实际的记录。

两者的联系：

（1）视图是在基本表之上建立的表，其字段和记录都来自基本表，其依赖基本表而存在。

（2）一个视图可以对应一个基本表，也可以对应多个基本表。

（3）视图是基本表的抽象，在逻辑意义上建立的新关系。

2．为什么视图更新不了？

造成视图不能更新的原因很多。其中可能的原因包括视图中包含 SUM()、COUNT()、MAX()和 MIN()等函数；视图中包含 UNION、UNION ALL、DISTINCT、GROUP BY 和 HAVIG 等关键字；视图是一个常量视图；视图对应的表上存在没有默认值的列，而且该列没有包含在视图中等。需要逐个排除这些因素。

8.10　小　　结

本章介绍了 MySQL 数据库的视图的含义和作用，并且讲解了创建视图、修改视图和删除视图的方法。创建视图和修改视图是本章的重点内容。这两部分的内容比较多，而且比较复杂。希望读者能够认真学习这两部分的内容，并且需要在计算机上实际操作。读者在创建视图和修改视图后，一定要查看视图的结构，以确保创建和修改的操作是否正确。更新视图是本章的一个难点。因为实际中存在一些造成视图不能更新的因素。本章中介绍了一些造成视图不能更新的因素，希望读者在练习中认真分析。下一章将介绍触发器的基本内容，包括创建触发器、删除触发器和查询触发器。

8.11　本章习题

1．视图的作用、特点各是什么？

2．在 job 数据库的 mytable 表中创建视图。mytable 表的内容如表 8.5 所示。

表 8.5　mytable表的内容

字段名	字段描述	数据类型	主键	外键	非空	唯一	自增
id	编号	INT(10)	是	否	是	是	否
name	姓名	VARCHAR(20)	否	否	是	否	否
sex	性别	VARCHAR(4)	否	否	否	否	否
info	备注信息	TEXT	否	否	否	否	否

（1）在 mytable 表上创建视图 mytable_view。视图的字段包括 number、name 和 sex。ALGORITHM 设置为 UNDEFINED 类型，并且为视图加上 WITH LOCAL CHECK OPTION 条件。

（2）在视图中插入几条信息记录。然后查询记录是否插入成功。

（3）修改视图，将视图的条件设置成 sex 等于“男”。

（4）删除视图。

第 9 章 触 发 器

触发器（TRIGGER）是由事件来触发某个操作。这些事件包括 INSERT 语句、UPDATE 语句和 DELETE 语句。当数据库系统执行这些事件时，就会激活触发器执行相应的操作。MySQL 从 5.0.2 版本开始支持触发器。本章主要讲解的内容包括：

- ❑ 触发器的含义和作用；
- ❑ 如何创建触发器；
- ❑ 如何查看触发器；
- ❑ 如何删除触发器。

通过本章的学习，读者可以了解触发器的含义、作用。还可以了解创建触发器、查看触发器和删除触发器的方法。同时，读者可以了解各种事件的触发器的执行情况。

9.1 创建触发器

触发器是由 INSERT、UPDATE 和 DELETE 等事件来触发某种特定操作。满足触发器的触发条件时，数据库系统就会执行触发器中定义的程序语句。这样做可以保证某些操作之间的一致性。例如，当学生表中增加了一个学生的信息时，学生的总数就必须同时改变。可以在这里创建一个触发器，每次增加一个学生的记录，就执行一次计算学生总数的操作。这样就可以保证每次增加学生的记录后，学生总数是与记录数是一致的。触发器触发的执行语句可能只有一个，也可能有多个。本节将详细讲解创建触发器的方法。

9.1.1 创建只有一个执行语句的触发器

在 MySQL 中，创建只有一个执行语句的触发器的基本形式如下：

```
CREATE  TRIGGER  触发器名  BEFORE | AFTER  触发事件
            ON  表名  FOR  EACH  ROW  执行语句
```

其中，触发器名参数指要创建的触发器的名字；BEFORE 和 AFTER 参数指定了触发器执行的时间，“BEFORE”指在触发事件之前执行触发语句，AFTER 表示在触发事件之后执行触发语句；“触发事件”参数指触发的条件，其中包括 INSERT、UPDATE 和 DELETE；“表名”参数指触发事件操作的表的名称；FOR EACH ROW 表示任何一条记录上的操作满足触发事件都会触发该触发器；“执行语句”参数指触发器被触发后执行的程序。

【示例 9-1】 下面创建一个由 INSERT 触发的触发器 dept_trig1。代码如下：

```
CREATE  TRIGGER  dept_trig1  BEFORE  INSERT
            ON  department  FOR  EACH  ROW
            INSERT INTO  trigger_time  VALUES(NOW());
```

代码执行如下：

```
mysql> CREATE   TRIGGER   dept_trig1   BEFORE   INSERT
    -> ON   department   FOR   EACH   ROW
    -> INSERT INTO   trigger_time   VALUES(NOW());
Query OK, 0 rows affected (0.13 sec)
```

结果显示触发器 dept_trig1 已经创建成功。当向 department 表中执行 INSERT 操作时，数据库系统都会在 INSERT 语句执行之前向 trigger_time 表中插入当前时间。下面向 department 表中插入一条记录，然后查看 trigger_time 表中是否执行 INSERT 操作。代码执行如下：

```
mysql> INSERT INTO department VALUES(1003,'销售部','负责产品销售','1 号楼销售大厅');
Query OK, 1 row affected (0.00 sec)

mysql> SELECT * FROM   trigger_time ;
+--------------+
| exec_time |
+--------------+
| 16:57:05   |
+--------------+
1 row in set (0.00 sec)
```

执行结果显示，在向 department 表中执行 INSERT 操作时，trigger_time 中插入了当前的系统时间。从这个例子可以看出，INSERT 成功的触发了触发器。

9.1.2　创建有多个执行语句的触发器

MySQL 中，触发器触发的执行语句可能有多个。创建有多个执行语句的触发器的基本形式如下：

```
CREATE   TRIGGER   触发器名   BEFORE | AFTER   触发事件
            ON   表名   FOR   EACH   ROW
            BEGIN
                  执行语句列表
            END
```

其中，BEGIN 与 END 直接的“执行语句列表”参数表示需要执行的多个执行语句的内容。不同的执行语句之间用分号隔开。

注意：一般情况下，MySQL 默认是以“;”作为结束执行语句。在创建触发器过程中需要用到“;”。为了解决这个问题，可以用 DELIMITER 语句。如“DELIMITER &&”，可以将结束符号变成“&&”。当触发器创建完成后，可以用命令“DELIMITER ;”来将结束符号变成“;”。

【示例 9-2】 下面创建一个由 DELETE 触发多个执行语句的触发器 dept_trig2。代码如下：

```
DELIMITER &&
CREATE   TRIGGER   dept_trig2   AFTER   DELETE
            ON   department   FOR   EACH   ROW
            BEGIN
                  INSERT   INTO   trigger_time   VALUES('21:01:01');
                  INSERT   INTO   trigger_time   VALUES('22:01:01');
            END
            &&
DELIMITER ;
```

代码的执行如下：

```
mysql> DELIMITER &&
mysql> CREATE  TRIGGER  dept_trig2  AFTER  DELETE
    -> ON  department  FOR  EACH  ROW
    -> BEGIN
    -> INSERT  INTO  trigger_time  VALUES('21:01:01');
    -> INSERT  INTO  trigger_time  VALUES('22:01:01');
    -> END
    -> &&
Query OK, 0 rows affected (0.11 sec)

mysql> DELIMITER ;
```

执行结果显示，触发器创建成功。当在 department 表中执行 DELETE 操作后，trigger_time 表中将插入两条记录。代码执行如下：

```
mysql> DELETE FROM department WHERE d_id=1003;
Query OK, 1 row affected (0.05 sec)
mysql> SELECT * FROM dept_trig2;
ERROR 1146 (42S02): Table 'example.dept_trig2' doesn't exist
mysql> SELECT * FROM trigger_time;
+-------------+
| exec_time |
+-------------+
| 20:02:43   |
| 21:01:01   |
| 22:01:01   |
+-------------+
3 rows in set (0.00 sec)
```

执行结果显示，在向 department 表中执行 DELETE 操作时，trigger_time 中插入了两条记录。从这个例子可以看出，触发器可以同时执行多条执行语句。

注意：MySQL 中，一个表在相同触发时间的相同触发事件，只能创建一个触发器。例如，在 department 表中，触发事件 INSERT，触发时间为 AFTER 的触发器只能有一个。但是，可以定义触发事件为 BEFORE 的触发器。如果该表中执行 INSERT 语句，那么这个触发器就会自动执行。

9.2　查看触发器

查看触发器是指查看数据库中已存在的触发器的定义、状态和语法等信息。查看触发器的方法包括 SHOW TRIGGERS 语句和查询 information_schema 数据库下的 triggers 表等。本节将详细讲解查看触发器的方法。

9.2.1　SHOW TRIGGERS 语句查看触发器信息

MySQL 中，可以执行 SHOW TRIGGERS 语句来查看触发器的基本信息。其基本形式如下：

```
SHOW  TRIGGERS ;
```

【示例 9-3】 下面执行 SHOW TRIGGERS 语句的结果如下：

```
mysql> SHOW TRIGGERS \G
*************************** 1. row ***************************
```

```
               Trigger: dept_trig1
                 Event: INSERT
                 Table: department
             Statement: INSERT INTO   trigger_time   VALUES(NOW())
                Timing: BEFORE
               Created: NULL
              sql_mode: STRICT_TRANS_TABLES,NO_AUTO_CREATE_USER,NO_ENGINE_
              SUBSTITTION
               Definer: root@localhost
character_set_client: latin1
collation_connection: latin1_swedish_ci
  Database Collation: utf8_general_ci
*************************** 2. row ***************************
               Trigger: dept_trig2
                 Event: DELETE
                 Table: department
             Statement: BEGIN
INSERT   INTO   trigger_time   VALUES('21:01:01');
INSERT   INTO   trigger_time   VALUES('22:01:01');
END
                Timing: AFTER
               Created: NULL
              sql_mode: STRICT_TRANS_TABLES,NO_AUTO_CREATE_USER,NO_ENGINE_
              UBSTITTION
               Definer: root@localhost
character_set_client: latin1
collation_connection: latin1_swedish_ci
  Database Collation: utf8_general_ci
2 rows in set (0.00 sec)
```

结果显示了所有触发器的基本信息。因为数据库中暂时只有两个触发器，所以只显示了这两个触发器的基本信息。

技巧： SHOW TRIGGERS 语句无法查询指定的触发器，该语句只能查询所有触发器的信息。如果数据库系统中的触发器很多，将显示很多信息。这样不方便找到所需要的触发器的信息。因此，在触发器很少时，可以选择 SHOW TRIGGERS 语句。

9.2.2　在 triggers 表中查看触发器信息

在 MySQL 中，所有触发器的定义都存在 information_schema 数据库下的 triggers 表中。查询 triggers 表，可以查看到数据库中所有触发器的详细信息。查询的语句如下：

```
SELECT  *  FROM   information_schema. triggers ;
```

其中，“*”表示查询所有的列的信息；“information_schema. triggers”表示 information_schema 数据库下面的 triggers 表。

【示例 9-4】 下面是用 SELECT 语句查询 triggers 表中的信息。代码执行如下：

```
mysql> SELECT  *  FROM   information_schema.triggers \G
*************************** 1. row ***************************
           TRIGGER_CATALOG: def
            TRIGGER_SCHEMA: example
              TRIGGER_NAME: dept_trig1
        EVENT_MANIPULATION: INSERT
      EVENT_OBJECT_CATALOG: def
       EVENT_OBJECT_SCHEMA: example
        EVENT_OBJECT_TABLE: department
              ACTION_ORDER: 0
          ACTION_CONDITION: NULL
          ACTION_STATEMENT: INSERT INTO   trigger_time   VALUES(NOW())
```

```
         ACTION_ORIENTATION: ROW
              ACTION_TIMING: BEFORE
ACTION_REFERENCE_OLD_TABLE: NULL
ACTION_REFERENCE_NEW_TABLE: NULL
  ACTION_REFERENCE_OLD_ROW: OLD
  ACTION_REFERENCE_NEW_ROW: NEW
                    CREATED: NULL
                   SQL_MODE:
STRICT_TRANS_TABLES,NO_AUTO_CREATE_USER,NO_ENGINE_SUBSTITU TION
                    DEFINER: root@localhost
      CHARACTER_SET_CLIENT: latin1
      COLLATION_CONNECTION: latin1_swedish_ci
        DATABASE_COLLATION: utf8_general_ci
*************************** 2. row ***************************
           TRIGGER_CATALOG: def
            TRIGGER_SCHEMA: example
              TRIGGER_NAME: dept_trig2
        EVENT_MANIPULATION: DELETE
      EVENT_OBJECT_CATALOG: def
       EVENT_OBJECT_SCHEMA: example
        EVENT_OBJECT_TABLE: department
              ACTION_ORDER: 0
          ACTION_CONDITION: NULL
          ACTION_STATEMENT: BEGIN
INSERT   INTO   trigger_time   VALUES('21:01:01');
INSERT   INTO   trigger_time   VALUES('22:01:01');
END
         ACTION_ORIENTATION: ROW
              ACTION_TIMING: AFTER
ACTION_REFERENCE_OLD_TABLE: NULL
ACTION_REFERENCE_NEW_TABLE: NULL
  ACTION_REFERENCE_OLD_ROW: OLD
  ACTION_REFERENCE_NEW_ROW: NEW
                    CREATED: NULL
                   SQL_MODE: STRICT_TRANS_TABLES,NO_AUTO_CREATE_USER,
                   NO_ENGINE_SUBSTITU TION
                    DEFINER: root@localhost
      CHARACTER_SET_CLIENT: latin1
      COLLATION_CONNECTION: latin1_swedish_ci
        DATABASE_COLLATION: utf8_general_ci
2 rows in set (0.03 sec)
```

结果显示了所有触发器的详细信息。同时，该方法可以查询指定触发器的详细信息。其语句基本形式如下：

```
SELECT  *  FROM   information_schema.triggers   WHERE   TRIGGER_NAME='触发器名';
```

其中，“触发器名”参数指要查看的触发器的名称，需要用单引号引起来。

【示例 9-5】 下面是用 SELECT 语句查询触发器 dept_trig1 的信息。代码执行如下：

```
mysql> SELECT  *  FROM   information_schema.triggers   WHERE   TRIGGER_NAME='dept_trig1'\G
*************************** 1. row ***************************
           TRIGGER_CATALOG: def
            TRIGGER_SCHEMA: example
              TRIGGER_NAME: dept_trig1
        EVENT_MANIPULATION: INSERT
      EVENT_OBJECT_CATALOG: def
       EVENT_OBJECT_SCHEMA: example
        EVENT_OBJECT_TABLE: department
              ACTION_ORDER: 0
          ACTION_CONDITION: NULL
          ACTION_STATEMENT: INSERT INTO   trigger_time   VALUES(NOW())
         ACTION_ORIENTATION: ROW
              ACTION_TIMING: BEFORE
ACTION_REFERENCE_OLD_TABLE: NULL
ACTION_REFERENCE_NEW_TABLE: NULL
```

```
  ACTION_REFERENCE_OLD_ROW: OLD
  ACTION_REFERENCE_NEW_ROW: NEW
                   CREATED: NULL
                  SQL_MODE:
STRICT_TRANS_TABLES,NO_AUTO_CREATE_USER,NO_ENGINE_SUBSTITU TION
                   DEFINER: root@localhost
      CHARACTER_SET_CLIENT: latin1
      COLLATION_CONNECTION: latin1_swedish_ci
        DATABASE_COLLATION: utf8_general_ci
1 row in set (0.03 sec)
```

结果显示了触发器 dept_trig1 的详细信息。这种方式可以查询指定的触发器，使用起来更加方便、灵活。

技巧： 所有触发器的信息都存储在 information_schema 数据库下的 triggers 表中，可以使用 SELECT 语句从 triggers 表中查询触发器的信息。如果数据库中的触发器比较多时，那么 triggers 表中记录会比较多。使用 SELECT 语句查询时，最好通过 TRIGGER_NAME 字段进行查询。

9.3 触发器的使用

在 MySQL 中，触发器执行的顺序是 BEFORE 触发器、表操作（INSERT、UPDATE 和 DELETE）和 AFTER 触发器。下面通过一个示例演示这三者的执行顺序。

【示例 9-6】 下面在 department 表上创建 BEFORE INSERT 和 AFTER INSERT 这两个触发器。在向 department 表中插入数据时，观察这两个触发器的触发顺序。创建触发器的代码如下：

```
//创建 BEFORE INSERT 触发器
CREATE   TRIGGER   before_insert   BEFORE   INSERT
             ON   department   FOR   EACH   ROW
             INSERT INTO   trigger_test   VALUES(null, " before_insert ");
//创建 AFTER INSERT 触发器
CREATE   TRIGGER   after_insert   AFTER   INSERT
             ON   department   FOR   EACH   ROW
             INSERT INTO   trigger_test   VALUES(null, " after_insert ");
```

触发器都创建好以后，向 department 表中插入一条记录。代码执行如下：

```
mysql> INSERT INTO department VALUES(1003,'销售部','负责产品销售','1 号楼销售大厅');
Query OK, 1 row affected (0.08 sec)
```

执行结果显示，记录插入成功。现在可以查看 trigger_test 表中的记录。代码执行如下：

```
mysql> SELECT * FROM trigger_test;
+----+-------------------+
| id | info              |
+----+-------------------+
|  1 | before_insert |
|  2 |   after_insert |
+----+-------------------+
2 rows in set (0.00 sec)
```

查询结果显示，before_insert 和 after_insert 触发器被激活。先激活 before_insert 触发器，然后再激活 after_insert 触发器。

在激活触发器时，对触发器中的执行语句存在一些限制。例如，触发器中不能包含 START TRANSACTION、COMMIT 或 ROLLBACK 等关键词，也不能包含 CALL 语句。

在触发器执行过程中，任何步骤出错都会阻止程序向下执行。但是对于普通表来说，已经更新过的记录是不能回滚的。更新后的数据将继续保持在表中。因此，设计触发器时要认真考虑。

9.4　删除触发器

删除触发器指删除数据库中已经存在的触发器。MySQL 中使用 DROP TRIGGER 语句来删除触发器。其基本形式如下：

```
DROP　TRIGGER　触发器名；
```

其中，“触发器名”参数指要删除的触发器的名称。如果只指定触发器名称，数据库系统会在当前数据库下查找该触发器。如果找到，就执行删除。如果指定数据库，数据库系统就会到指定的数据库下去查找触发器。例如，job.worker_trig 表示 job 数据库下的触发器 worker_trig。

注意： 如果不再需要某个触发器时，一定要将这个触发器删除。如果没有将这个触发器删除，那么每次执行触发事件时，都会执行触发器中的执行语句。执行语句会对数据库中的数据进行某些操作，这会造成数据的变化。因此，一定要删除不需要的触发器。

【示例 9-7】 下面是执行 DROP TRIGGER 语句来删除触发器 dept_trig1。代码执行如下：

```
mysql> DROP TRIGGER dept_trig1;
Query OK, 0 rows affected (0.01 sec)
```

结果显示删除成功。为确定触发器是否真的删除，可以用 SELECT 语句来查询‘dept_trig1’的信息。SELECT 语句执行如下：

```
mysql> SELECT * FROM  information_schema.triggers WHERE TRIGGER_NAME='dept_trig1'\G
Empty set (0.01 sec)
```

执行结果显示，不存在该记录。这说明触发器 dept_trig1 已经删除成功。

9.5　本 章 实 例

在本小节中将在 product 表上创建 3 个触发器。每次激活触发器后，都会更新 operate 表。product 表和 operate 表的内容如表 9.1 和表 9.2 所示。

表 9.1　product表的内容

字 段 名	字 段 描 述	数 据 类 型	主　键	外　键	非　空	唯　一	自　增
id	产品编号	INT(10)	是	否	是	是	否
name	产品名称	VARCHAR(20)	否	否	是	否	否
function	主要功能	VARCHAR(50)	否	否	否	否	否
company	生产厂商	VARCHAR(20)	否	否	是	否	否
address	家庭住址	VARCHAR(50)	否	否	否	否	否

表 9.2　operate表的内容

字 段 名	字 段 描 述	数 据 类 型	主　键	外　键	非　空	唯　一	自　增
op_id	编号	INT(10)	是	否	是	是	是
op_type	操作方式	VARCHAR(20)	否	否	是	否	否
op_time	操作时间	TIME	否	否	是	否	否

按照下列要求进行操作：

（1）在 product 表上分别创建 BEFORE INSERT、AFTER UPDATE 和 AFTER DELETE 3 个触发器，触发器的名称分别为 product_bf_insert、product_af_update 和 product_af_del。执行语句部分都是向 operate 表插入操作方法和操作时间。

（2）对 product 表分别执行 INSERT、UPDATE 和 DELETE 操作。

（3）删除 product_bf_insert 和 product_af_update 这两个触发器。

本实例的执行过程如下：

1．创建product表和operate表

创建 product 表的 SQL 代码如下：

```
CREATE   TABLE   product ( id   INT(10)   NOT NULL   UNIQUE   PRIMARY KEY   ,
                           name   VARCHAR(20)   NOT NULL ,
                           function   VARCHAR(50) ,
                           company   VARCHAR(20)   NOT NULL,
                           address   VARCHAR(50)
                           );
```

创建 operate 表的 SQL 代码如下：

```
CREATE  TABLE  operate ( op_id  INT(10)  NOT NULL  UNIQUE  PRIMARY KEY  AUTO_INCREMENT ,
                         op_name   VARCHAR(20)   NOT NULL ,
                         op_time   TIME   NOT NULL
                         );
```

2．创建product_bf_insert触发器

创建 product_bf_insert 的 SQL 代码如下：

```
CREATE   TRIGGER   product_bf_insert   BEFORE   INSERT
         ON   product   FOR   EACH   ROW
         INSERT INTO   operate   VALUES(null, 'Insert product', now());
```

创建完成后，执行 SELECT 语句来查看触发器的基本信息。代码执行结果如下：

```
mysql> SELECT * FROM information_schema.triggers WHERE TRIGGER_NAME='product_bf_insert'\G
*************************** 1. row ***************************
           TRIGGER_CATALOG: def
            TRIGGER_SCHEMA: example
              TRIGGER_NAME: product_bf_insert
        EVENT_MANIPULATION: INSERT
      EVENT_OBJECT_CATALOG: def
       EVENT_OBJECT_SCHEMA: example
        EVENT_OBJECT_TABLE: product
              ACTION_ORDER: 0
          ACTION_CONDITION: NULL
          ACTION_STATEMENT: INSERT INTO   operate   VALUES(null, 'Insert product', now())
        ACTION_ORIENTATION: ROW
             ACTION_TIMING: BEFORE
ACTION_REFERENCE_OLD_TABLE: NULL
ACTION_REFERENCE_NEW_TABLE: NULL
```

```
  ACTION_REFERENCE_OLD_ROW: OLD
  ACTION_REFERENCE_NEW_ROW: NEW
                  CREATED: NULL
                 SQL_MODE:
STRICT_TRANS_TABLES,NO_AUTO_CREATE_USER,NO_ENGINE_SUBSTITU TION
                  DEFINER: root@localhost
      CHARACTER_SET_CLIENT: latin1
      COLLATION_CONNECTION: latin1_swedish_ci
        DATABASE_COLLATION: utf8_general_ci
1 row in set (0.05 sec)
```

执行结果显示，触发器 product_bf_insert 已经创建成功。

3．创建product_af_update触发器

创建 product_af_update 的 SQL 代码如下：

```
CREATE   TRIGGER   product_af_update   AFTER   UPDATE
             ON   product   FOR   EACH   ROW
             INSERT INTO   operate   VALUES(null, 'Update product', now());
```

创建完成后，执行 SELECT 语句来查看触发器 product_af_update 的基本信息。

4．创建product_af_del触发器

创建 product_af_del 的 SQL 代码如下：

```
CREATE   TRIGGER   product_af_del   AFTER   DELETE
             ON   product   FOR   EACH   ROW
             INSERT INTO   operate   VALUES(null, 'delete product', now());
```

创建完成后，执行 SELECT 语句来查看触发器 product_af_del 的基本信息。

5．对product表进行操作

向 product 表中插入一条记录。SQL 代码执行如下：

```
mysql> INSERT INTO product VALUES(1, 'abc','治疗感冒', '北京 abc 制药厂','北京市昌平区');
Query OK, 1 row affected (0.00 sec)
//查看 operate 表的记录
mysql> SELECT * FROM operate;
+----+--------------+-------+
| op_id  | op_name       | op_time |
+----+--------------+-------+
|      1 | Insert product | 22:07:35 |
+----+--------------+-------+
1 row in set (0.00 sec)
```

结果显示，product 表的记录插入完成。而且，成功的触发了 product_bf_insert 触发器。然后，更新 product 表的记录。将地址变为‘北京市海淀区’。SQL 代码执行如下：

```
mysql> UPDATE product SET address='北京市海淀区' WHERE id=1;
Query OK, 1 row affected (0.00 sec)
Rows matched: 1   Changed: 1   Warnings: 0
//查看 operate 表的记录
mysql> SELECT * FROM operate;
+-----+------------+-------+
| op_id  | op_name         | op_time   |
+-----+------------+-------+
|      1 | Insert product    | 22:07:35 |
|      2 | Update product | 22:11:51 |
+-----+------------+-------+
2 rows in set (0.00 sec)
```

结果显示，product 表的记录更新完成。而且，成功的触发了 product_af_update 触发器。最后，要在 product 表中删除一条记录。SQL 代码执行如下：

```
mysql> DELETE FROM product WHERE id=1;
Query OK, 1 row affected (0.00 sec)
//查看 operate 表的记录
mysql> SELECT * FROM operate;
+----+--------------+------+
| op_id   | op_name        | op_time  |
+----+--------------+------+
|       1 | Insert product    | 22:07:35 |
|       2 | Update product   | 22:11:51 |
|       3 | delete product    | 22:14:31 |
+----+--------------+------+
3 rows in set (0.00 sec)
```

结果显示，记录删除成功。而且，成功触发了 product_af_del 触发器。

6．删除触发器

删除触发器 product_bf_insert。SQL 代码执行如下：

```
mysql> DROP TRIGGER product_bf_insert;
Query OK, 0 rows affected (0.00 sec)
```

触发器删除完成。执行 SELECT 语句来查看触发器是否还存在，SELECT 语句执行如下：

```
mysql>SELECT * FROM information_schema.triggers WHERE TRIGGER_NAME='product_bf_insert'\G
Empty set (0.03 sec)
```

结果显示，触发器 product_bf_insert 已经不存在了。下面将删除触发器 product_af_update，SQL 代码执行如下：

```
mysql> DROP TRIGGER product_af_update;
Query OK, 0 rows affected (0.01 sec)
```

触发器 product_af_update 删除完成。

9.6　上机实践

题目要求：

（1）9.5 节中的在 product 表上分别创建 AFTER INSERT、BEFORE UPDATE 和 BEFORE DELETE 3 个触发器，触发器的名称分别为 product_af_insert、product_bf_update 和 product_bf_del。执行语句部分都是向 operate 表中插入操作方法和操作时间。

（2）查看 product_bf_del 触发器的基本结构。

（3）分别执行 INSERT、UPDATE 和 DELETE 操作来触发这 3 个触发器。

（4）删除 product_bf_update 和 product_bf_del 这两个触发器。

操作如下：

（1）创建触发器，SQL 代码如下：

```
//创建 product_af_insert 触发器
CREATE   TRIGGER   product_af_insert   AFTER   INSERT
            ON   product   FOR   EACH   ROW
```

```
                INSERT INTO   operate   VALUES(null, 'Insert product', now());
//创建 product_bf_update 触发器
CREATE   TRIGGER   product_bf_update   BEFORE   UPDATE
                ON   product   FOR   EACH   ROW
                INSERT INTO   operate   VALUES(null, 'Update product', now());
//创建 product_bf_update 触发器
CREATE   TRIGGER   product_bf_del   BEFORE   DELETE
                ON   product   FOR   EACH   ROW
                INSERT INTO   operate   VALUES(null, 'delete product', now());
```

（2）查看 product_bf_del 触发器的基本结构，代码如下：

```
SELECT * FROM information_schema.triggers WHERE TRIGGER_NAME='product_bf_del'\G
```

（3）插入、更新和删除 product 表中的信息，SQL 代码如下：

```
INSERT INTO product VALUES(2, 'ccc','止血', '北京 ccc 制药厂','北京市昌平区');
UPDATE product SET address='天津市开发区' WHERE id=2;
DELETE FROM product WHERE id=2;
```

然后查看 operate 表的记录的变化。代码如下：

```
SELECT * FROM operate;
```

（4）删除触发器 product_bf_update 和 product_bf_del，代码如下：

```
DROP TRIGGER product_bf_update;
DROP TRIGGER product_bf_del;
```

通过本小节的上机实践，希望读者对创建触发器和删除索引的方法能够熟练的掌握。同时，还可以掌握触发器在什么情况下触发。

9.7　常见问题及解答

1．MySQL中创建多条执行语句的触发器总是遇到分号就结束创建，然后报错？

MySQL 中，创建多条执行语句的触发器时，需要用到 BEGIN…END 的形式。每个执行语句都必须是以分号结束。但是，这样就会出问题。因为，系统默认分号是 SQL 程序结束的标志，遇到分号整个程序就结束了。要解决这个问题，就需要使用 DELIMITER 语句来改变程序的结束符号。如 “DELIMITER &&”，可以将程序的结束符号变成“&&”。如果要把结束符号变回分号，只要执行“DELIMITER ;”即可。

9.8　小　　结

本章介绍了 MySQL 数据库的触发器的定义和作用、创建触发器、查看触发器、使用触发器和删除触发器等内容。创建触发器和使用触发器是本章的重点内容。读者在创建触发器后，一定要查看触发器的结构。使用触发器时，触发器执行的顺序为 BEFORE 触发器、表操作（INSERT、UPDATE 和 DELETE）和 AFTER 触发器。创建触发器是本章的难点。读者需要将本章的知识结合实际需要来设计触发器。下一章将介绍查询语句的使用。

9.9 本章习题

1．各种触发器的触发顺序是什么？

2．触发器执行的语句的限制条件是什么？

3．在 9.5 节上的 product 表上创建 BEFORE INSERT 和 AFTER INSERT 两种触发器。这两个触发器触发后都是更新 test_trigger 表。test_trigger 表的内容如表 9.3 所示。

表 9.3　test_trigger表的内容

字段名	字段描述	数据类型	主键	外键	非空	唯一	自增
id	编号	INT(10)	是	否	是	是	是
information	信息	VARCHAR(20)	否	否	是	否	否

触发器的名称分别为 test_bf_insert 和 test_af_insert，触发的执行语句分别如下所示：

```
INSERT INTO test_trigger VALUES(null,'before insert');
INSERT INTO test_trigger VALUES(null,'after insert');
```

这两个触发器创建成功后，执行如下操作：

（1）查看两个触发器的基本结构。

（2）向 product 表中插入记录。插入语句如下所示：

```
INSERT INTO product VALUES(10, 'ccc','治疗头痛', '北京 ccc 制药厂','北京市昌平区');
```

（3）查看 test_trigger 表的记录，分析触发器的触发顺序。

（4）删除触发器 test_bf_insert 和 test_af_insert。

第3篇 SQL查询语句

第 10 章　查 询 数 据

查询数据是指从数据库中获取所需要的数据。查询数据是数据库操作中最常用，也是最重要的操作。用户可以根据自己对数据的需求，使用不同的查询方式。通过不同的查询方式，可以获得不同的数据。在 MySQL 中是使用 SELECT 语句来查询数据的。本章将讲解的内容包括：

- ❑ 查询语句的基本语法；
- ❑ 在单表上查询数据；
- ❑ 使用聚合函数查询数据；
- ❑ 多表上联合查询；
- ❑ 子查询；
- ❑ 合并查询结果；
- ❑ 为表和字段取别名；
- ❑ 使用正则表达式查询。

通过本章的学习，读者可以了解查询数据的基本方法。并且，可以学会查询指定字段的数据、查询指定记录的数据、分组查询、查询结果排序、用 LIMIT 限制查询条数、多表连接查询和子查询等内容。学习完本章之后，读者可以使用所学的知识查询自己需要的数据。因为查询数据是操作数据库中最重要的操作，所以希望读者认真学习本章。

10.1　基本查询语句

查询数据是数据库操作中最常用的操作。通过对数据库的查询，用户可以从数据库中获取需要的数据。数据库中可能包含着无数的表，表中可能包含着无数的记录。因此，要获得所需的数据并非易事。MySQL 中可以使用 SELECT 语句来查询数据。根据查询的条件的不同，数据库系统会找到不同的数据。通过 SELECT 语句可以很方便地获取所需的信息。

MySQL 中，SELECT 的基本语法形式如下：

```
SELECT   属性列表
         FROM  表名和视图列表
         [ WHERE  条件表达式 1 ]
         [ GROUP BY  属性名 1  [ HAVING 条件表达式 2 ] ]
         [ ORDER BY  属性名 2  [ ASC | DESC ] ]
```

其中，“属性列表”参数表示需要查询的字段名；“表名和视图列表”参数表示从此处指定的表或者视图中查询数据，表和视图可以有多个；“条件表达式 1”参数指定查询条件；“属性名 1”参数指按该字段中的数据进行分组；“条件表达式 2”参数表示满足该表达式的数据才能输出；“属性名 2”参数指按该字段中的数据进行排序，排序方式由 ASC

和 DESC 两个参数指出；ASC 参数表示按升序的顺序进行排序，这是默认参数；DESC 参数表示按降序的顺序进行排序。

说明：升序表示值按从小到大的顺序排列。例如，{1，2，3}这个顺序就是升序。降序表示值按从大到小的顺序排列。例如，{3，2，1}这个顺序就是降序。对记录进行排序时，如果没有指定是 ASC 还是 DESC，默认情况下是 ASC。

如果有 WHERE 子句，就按照“条件表达式 1”指定的条件进行查询；如果没有 WHERE 子句，就查询所有记录。

如果有 GROUP BY 子句，就按照“属性名 1”指定的字段进行分组；如果 GROUP BY 子句后带着 HAVING 关键字，那么只有满足“条件表达式 2”中指定的条件的才能够输出。GROUP BY 子句通常和 COUNT()、SUM()等聚合函数一起使用。

如果有 ORDER BY 子句，就按照“属性名 2”指定的字段进行排序。排序方式由“ASC”和“DESC”两个参数指出。默认的情况下是“ASC”。

【示例 10-1】 下面是一个简单 SELECT 语句来查询 employee 表。SELECT 语句的代码如下：

```
SELECT num,name,age,sex,homeaddr FROM employee;
```

语句执行如下：

```
mysql> SELECT num,name,age,sex,homeaddr FROM employee;
+------+--------+--------+-------+-------------------+
| num | name | age  | sex  | homeaddr      |
+------+--------+--------+-------+-------------------+
|   1 | 张三 |    26 | 男   | 北京市海淀区 |
|   2 | 李四 |    24 | 女   | 北京市昌平区 |
|   3 | 王五 |    25 | 男   | 湖南长沙市   |
|   4 | Aric |    15 | 男   | England       |
+------+--------+--------+-------+-------------------+
4 rows in set (0.00 sec)
```

语句执行后，从 employee 表中查询出 num、name、age、sex 和 homeaddr 等 5 个字段的所有记录。因为没有 WHERE 子句来控制查询条件，默认情况下显示了所有记录。因为没有 GROUP BY 子句和 ORDER BY 子句，记录按照 employee 表中存储的顺序显示。

【示例 10-2】 下面是一个包含 WHERE 子句和 ORDER BY 子句的 SELECT 语句。SELECT 语句的代码如下：

```
SELECT   num, d_id ,name,age,sex,homeaddr
         FROM   employee
         WHERE   age<26
         ORDER BY   d_id   DESC ;
```

该 SELECT 语句是指从 employee 表中查询出 age 小于 26 的记录，然后按照 d_id 字段降序的顺序进行排列。语句执行如下：

```
mysql> SELECT    num, d_id ,name,age,sex,homeaddr
    -> FROM    employee
    -> WHERE    age<26
    -> ORDER BY    d_id    DESC ;
+------+-------+--------+--------+--------+-------------------+
| num | d_id | name | age   | sex   | homeaddr       |
+------+-------+--------+--------+--------+-------------------+
|   4 | 1004 | Aric  |    15 | 男    | England        |
|   3 | 1002 | 王五 |    25 | 男    | 湖南长沙市    |
|   2 | 1001 | 李四 |    24 | 女    | 北京市昌平区 |
```

```
+------+-------+--------+--------+--------+-------------------+
3 rows in set (0.00 sec)
```

查询结果的记录中，age 字段的值都是小于 26 的，而且，都是按照 d_id 字段的数据从大到小排列的。通过这两个例子，读者可以了解 SELECT 语句的基本语法和使用。

10.2 单表查询

单表查询是指从一张表中查询所需要的数据。查询数据时，可以从一张表中查询数据，也可以从多张表中同时查询数据。两者的查询方式上有一定的区别。因为单表查询只在一张表上进行操作，所以查询比较简单。本小节将讲解在单表上查询所有的字段、查询指定的字段、查询指定的行、多条件查询、查询结果不重复、给查询结果排序、分组查询和用 LIMIT 限制查询结果的数量等内容。

10.2.1 查询所有字段

查询所有字段是指查询表中所有字段的数据。这种方式可以将表中所有字段的数据都查询出来。MySQL 中有两种方式可以查询表中所有的字段。本小节将详细讲解这两种方法。

1. 列出表的所有字段

MySQL 中，可以在 SELECT 语句的“属性列表”中列出所要查询的表中的所有的字段。下文中用一个例子来详细说明这种方法。

【示例 10-3】 下面用 SELECT 语句查询 employee 表中的所有字段的数据。在执行 SELECT 语句之前，先看一下 employee 表中的所有记录。记录显示如下：

```
+------+-------+--------+--------+--------+-------------------+
| num | d_id | name | age   | sex   | homeaddr          |
+------+-------+--------+--------+--------+-------------------+
|    1 | 1001 | 张三 |     26 | 男     | 北京市海淀区 |
|    2 | 1001 | 李四 |     24 | 女     | 北京市昌平区 |
|    3 | 1002 | 王五 |     25 | 男     | 湖南长沙市     |
|    4 | 1004 | Aric   |     15 | 男     | England           |
+------+-------+--------+--------+--------+-------------------+
```

上面可以看到，employee 表中包含 6 个字段，分别是 num、d_id、name、age、sex 和 homeaddr。下面是要查询 employee 表的所有字段的 SELECT 语句：

```
SELECT num,d_id,name,age,sex,homeaddr FROM employee;
```

代码执行如下：

```
mysql> SELECT num,d_id,name,age,sex,homeaddr FROM employee;
+------+-------+--------+--------+--------+-------------------+
| num | d_id | name | age   | sex   | homeaddr          |
+------+-------+--------+--------+--------+-------------------+
|    1 | 1001 | 张三 |     26 | 男     | 北京市海淀区 |
|    2 | 1001 | 李四 |     24 | 女     | 北京市昌平区 |
|    3 | 1002 | 王五 |     25 | 男     | 湖南长沙市     |
|    4 | 1004 | Aric   |     15 | 男     | England           |
+------+-------+--------+--------+--------+-------------------+
4 rows in set (0.00 sec)
```

查询结果显示，已经成功查询了 employee 表的所有字段的数据。这个方式比较灵活，可以改变字段显示的顺序。例如，可以将 d_id 字段显示为最后一列。代码执行如下：

```
mysql> SELECT num,name,age,sex,homeaddr,d_id FROM employee;
+------+--------+--------+-------+------------------+--------+
| num | name | age  | sex  | homeaddr      | d_id  |
+------+--------+--------+-------+------------------+--------+
|   1 | 张三 |    26 | 男   | 北京市海淀区 | 1001 |
|   2 | 李四 |    24 | 女   | 北京市昌平区 | 1001 |
|   3 | 王五 |    25 | 男   | 湖南长沙市   | 1002 |
|   4 | Aric |    15 | 男   | England       | 1004 |
+------+--------+--------+-------+------------------+--------+
4 rows in set (0.00 sec)
```

结果显示，d_id 字段已经被在最后一列显示。

2．使用“*”查询所有字段

在 MySQL 中，SELECT 语句的“属性列表”中可以为“*”。其基本语法形式为：

```
SELECT * FROM  表名;
```

“*”可以表示所有的字段。这样就不用列出表中所有字段的名称了。但是，使用这种方式查询时，只能按照表中字段的顺序进行排列，不能改变字段的排列顺序。

【示例 10-4】 下面用 SELECT 语句来查询 employee 表的所有字段的数据，此处用“*”来代替“属性列表”。SELECT 语句的代码如下：

```
SELECT * FROM  employee;
```

代码执行如下：

```
mysql> SELECT * FROM  employee;
+------+-------+--------+--------+--------+------------------+
| num | d_id | name | age  | sex  | homeaddr      |
+------+-------+--------+--------+--------+------------------+
|   1 | 1001 | 张三 |    26 | 男   | 北京市海淀区 |
|   2 | 1001 | 李四 |    24 | 女   | 北京市昌平区 |
|   3 | 1002 | 王五 |    25 | 男   | 湖南长沙市   |
|   4 | 1004 | Aric |    15 | 男   | England       |
+------+-------+--------+--------+--------+------------------+
4 rows in set (0.00 sec)
```

这种方式同样也查询出了表中所有字段的数据。这种方式比较方便，但是显示的结果不够灵活。

技巧： 虽然列出表的所有字段的方式比较灵活，但是查询所有字段时通常使用“SELECT * FROM 表名”。使用这种方式比较简单。尤其是表中的字段很多的时候，这种方式的优势就更加明显。当然，如果需要改变字段显示的顺序，就选择列表的所有字段。

10.2.2　查询指定字段

查询数据时，可以在 SELECT 语句的“属性列表”中列出所要查询的字段。这种方式可以指定需要查询的字段，而不需要查询出所有的字段。

【示例 10-5】 下面查询 employee 表中 num、name、sex 和 homeaddr 等 4 个字段的数

据。SELECT 语句的代码如下：

```
SELECT num, name, sex,homeaddr FROM employee;
```

代码执行如下：

```
mysql> SELECT num, name, sex,homeaddr FROM employee;
+------+--------+--------+------------------+
| num | name | sex   | homeaddr         |
+------+--------+--------+------------------+
|    1 | 张三 | 男    | 北京市海淀区 |
|    2 | 李四 | 女    | 北京市昌平区 |
|    3 | 王五 | 男    | 湖南长沙市   |
|    4 | Aric  | 男    | England          |
+------+--------+--------+------------------+
4 rows in set (0.00 sec)
```

结果显示了 num、name、sex 和 homeaddr 等 4 个字段的数据。结果中字段的排列顺序与 SELECT 语句中字段的排列顺序相同。如果改变 SELECT 语句中字段的排列顺序，可以改变结果中字段的显示顺序。例如，将 homeaddr 字段排到 sex 字段前面，其代码执行如下：

```
mysql> SELECT num, name, homeaddr,sex FROM employee;
+------+--------+------------------+--------+
| num | name | homeaddr         | sex  |
+------+--------+------------------+--------+
|    1 | 张三 | 北京市海淀区 | 男    |
|    2 | 李四 | 北京市昌平区 | 女    |
|    3 | 王五 | 湖南长沙市   | 男    |
|    4 | Aric  | England          | 男    |
+------+--------+------------------+--------+
4 rows in set (0.00 sec)
```

结果显示，homeaddr 字段和 sex 字段的顺序发生了变化。这一特性可以让用户根据自己的需要来显示查询结果。

注意： 查询的字段必须包含在表中。如果查询的字段不在表中，系统会报错。例如，在 employee 表中查询 money 字段，系统会出现“ERROR 1054 (42S22): Unknown column 'money' in 'field list'”这样的错误提示信息。

10.2.3 查询指定记录

SELECT 语句中可以设置查询条件。用户可以根据自己的需要来设置查询条件，按条件进行查询。查询的结果必须满足查询条件。例如，用户需要查找 d_id 为 1001 的记录，那么可以设置“d_id=1001”为查询条件。这样查询结果中的记录就都会满足“d_id=1001”这个条件。WHERE 子句可以用来指定查询条件。其语法规则如下：

```
WHERE  条件表达式
```

其中，“条件表达式”参数指定 SELECT 语句的查询条件。

【示例 10-6】 下面查询 employee 表中 d_id 为 1001 的记录。SELECT 语句的代码如下：

```
SELECT * FROM  employee  WHERE  d_id=1001;
```

代码执行如下：

```
mysql> SELECT * FROM  employee  WHERE  d_id=1001;
```

```
+------+-------+--------+--------+--------+-------------------+
| num | d_id | name | age   | sex     | homeaddr          |
+------+-------+--------+--------+--------+-------------------+
|    1 | 1001 | 张三 |    26 | 男      | 北京市海淀区 |
|    2 | 1001 | 李四 |    24 | 女      | 北京市昌平区 |
+------+-------+--------+--------+--------+-------------------+
2 rows in set (0.01 sec)
```

查询结果中只包含 d_id 为 1001 的记录。如果根据指定的条件进行查询时，没有查出任何结果，系统会提示“Empty set (0.00 sec)”。

【示例 10-7】 下面查询 employee 表中 d_id 为 1005 的记录。代码执行如下：

```
mysql> SELECT * FROM   employee   WHERE   d_id=1005;
Empty set (0.00 sec)
```

因为，employee 表中没有满足“d_id=1005”的记录，所以结果显示“Empty set”。

WHERE 子句常用的查询条件有很多种，如表 10.1 所示。

表 10.1　查询条件

查 询 条 件	符号或关键字
比较	=、<、<=、>、>=、!=、<>、!>、!<
指定范围	BETWEEN AND、NOT BETWEEN AND
指定集合	IN、NOT IN
匹配字符	LIKE、NOT LIKE
是否为空值	IS NULL、IS NOT NULL
多个查询条件	AND、OR

表中，“<>”表示不等于，其作用等价于“!=”；“!>”表示不大于，等价于“<=”；“!<”表示不小于，等价于“>=”；BETWEEN AND 指定了某字段的取值范围；“IN”指定了某字段的取值的集合；IS NULL 用来判断某字段的取值是否为空；AND 和 OR 用来连接多个查询条件。关于这些查询条件的内容，后面的章节中会详细地介绍。下一个小节将介绍“IN”关键字在查询数据时的使用。

注意：条件表达式中设置的条件越多，查询出来的记录就会越少。因为，设置的条件越多，查询语句的限制就更多，能够满足所有条件的记录就更少。为了使查询出来的记录正是自己想要查询的记录，可以在 WHERE 语句中将查询条件设置得更加具体。

10.2.4　带 IN 关键字的查询

IN 关键字可以判断某个字段的值是否在指定的集合中。如果字段的值在集合中，则满足查询条件，该记录将被查询出来；如果不在集合中，则不满足查询条件。其语法规则如下：

```
[ NOT ]   IN   ( 元素 1, 元素 2, ..., 元素 n )
```

其中，“NOT”是可选参数，加上 NOT 表示不在集合内满足条件；“元素 n”表示集合中的元素，各元素之间用逗号隔开，字符型元素需要加上单引号。

【示例 10-8】 下面使用 IN 关键字进行查询。SELECT 语句的代码如下：

```
SELECT * FROM   employee   WHERE d_id   IN ( 1001, 1004 );
```

代码执行如下：

```
mysql> SELECT * FROM   employee   WHERE d_id   IN ( 1001, 1004 );
+------+-------+--------+-------+---------+-------------------+
| num | d_id | name | age   | sex    | homeaddr          |
+------+-------+--------+-------+---------+-------------------+
|    1 | 1001 | 张三 |    26 | 男     | 北京市海淀区 |
|    2 | 1001 | 李四 |    24 | 女     | 北京市昌平区 |
|    4 | 1004 | Aric  |    15 | 男     | England           |
+------+-------+--------+-------+---------+-------------------+
3 rows in set (0.00 sec)
```

结果显示，d_id 字段的取值为 1001 或 1004 的记录都被查询出来。如果集合中的元素为字符时，须加上单引号。

【示例 10-9】 下面使用 NOT IN 关键字进行查询，而且集合的元素为字符型数据。SELECT 语句的代码如下：

```
SELECT * FROM   employee   WHERE   name   NOT IN ('张三', '李四');
```

代码执行如下：

```
mysql> SELECT * FROM   employee   WHERE   name   NOT IN ('张三', '李四');
+------+-------+--------+--------+--------+-----------------+
| num | d_id | name | age   | sex    | homeaddr      |
+------+-------+--------+--------+--------+-----------------+
|    3 | 1002 | 王五 |    25 | 男     | 湖南长沙市 |
|    4 | 1004 | Aric  |    15 | 男     | England        |
+------+-------+--------+--------+--------+-----------------+
2 rows in set (0.00 sec)
```

结果显示，name 字段的取值为“张三”和“李四”的记录都被排除掉了。通过这两个例子，读者可以清楚的了解到 IN 关键字的语句和用处。

10.2.5　带 BETWEEN AND 的范围查询

BETWEEN AND 关键字可以判读某个字段的值是否在指定的范围内。如果字段的值在指定范围内，则满足查询条件，该记录将被查询出来。如果不在指定范围内，则不满足查询条件。其语法规则如下：

```
[ NOT ]   BETWEEN  取值 1    AND    取值 2
```

其中，“NOT”是可选参数，加上 NOT 表示不在指定范围内满足条件；“取值 1”表示范围的起始值；“取值 2”表示范围的终止值。

【示例 10-10】 下面使用 BETWEEN AND 关键字进行查询，查询条件是 age 字段的取值从 15～25。SELECT 语句的代码如下：

```
SELECT * FROM   employee   WHERE   age   BETWEEN 15 AND 25 ;
```

代码执行如下：

```
mysql> SELECT * FROM   employee   WHERE   age   BETWEEN 15 AND 25 ;
+------+-------+--------+--------+--------+-------------------+
| num | d_id | name | age   | sex    | homeaddr          |
+------+-------+--------+--------+--------+-------------------+
|    2 | 1001 | 李四 |    24 | 女     | 北京市昌平区 |
|    3 | 1002 | 王五 |    25 | 男     | 湖南长沙市    |
|    4 | 1004 | Aric  |    15 | 男     | England           |
```

```
+------+-------+--------+--------+--------+-------------------+
3 rows in set (0.00 sec)
```

结果显示，age 字段的取值是大于等于 15，且小于等于 25。由此可以知道，BETWEEN AND 的范围是大于等于“取值 1”，而小于等于“取值 2”的。

NOT BETWEEN AND 的取值范围是小于“取值 1”，而大于“取值 2”。

【示例 10-11】 下面使用 NOT BETWEEN AND 关键字查询 employee 表。查询条件是 age 字段的取值不在 15～25 之间。SELECT 语句的代码如下：

```
SELECT * FROM  employee  WHERE  age  NOT BETWEEN 15 AND 25 ;
```

代码执行如下：

```
mysql> SELECT * FROM  employee  WHERE  age NOT BETWEEN 15 AND 25 ;
+------+-------+--------+--------+--------+-------------------+
| num | d_id | name | age  | sex   | homeaddr    |
+------+-------+--------+--------+--------+-------------------+
|   1 | 1001 | 张三 |   26 | 男   | 北京市海淀区 |
+------+-------+--------+--------+--------+-------------------+
1 row in set (0.00 sec)
```

结果显示，只有 age 等于 26 的记录满足条件。可以看出，NOT BETWEEN AND 的取值是小于 15，或大于 25。

技巧：BETWEEN AND 和 NOT BETWEEN AND 关键字在查询指定范围的记录时很有用。例如，查询学生表的年龄段、分数段等。还有查询员工的工资水平时也可以使用这两个关键字。

10.2.6　带 LIKE 的字符匹配查询

LIKE 关键字可以匹配字符串是否相等。如果字段的值与指定的字符串相匹配，则满足查询条件，该记录将被查询出来。如果与指定的字符串不匹配，则不满足查询条件。其语法规则如下：

```
[ NOT ]  LIKE  '字符串'
```

其中，“NOT”是可选参数，加上 NOT 表示与指定的字符串不匹配时满足条件；“字符串”表示指定用来匹配的字符串，该字符串必须加单引号或者双引号。“字符串”参数的值可以是一个完整的字符串，也可以是包含百分号（%）或者下划线（_）的通配字符。但是%和_有很大的差别：

- “%”可以代表任意长度的字符串，长度可以为 0。例如，b%k 表示以字母 b 开头，以字母 k 结尾的任意长度的字符串。该字符串可以代表 bk、buk、book、break、bedrock 等字符串。
- “_”只能表示单个字符。例如，b_k 表示以字母 b 开头，以字母 k 结尾的 3 个字符。中间的“_”可以代表任意一个字符。字符串可以代表 bok、bak 和 buk 等字符串。

【示例 10-12】 下面使用 LIKE 关键字来匹配一个完整的字符串‘Aric’。SELECT 语句的代码如下：

```
SELECT * FROM  employee  WHERE  name  LIKE  'Aric' ;
```

代码执行如下：

```
mysql> SELECT * FROM  employee  WHERE  name  LIKE 'Aric' ;
+------+-------+--------+--------+-------+-------------+
| num | d_id | name | age  | sex  | homeaddr |
+------+-------+--------+--------+-------+-------------+
|   4 | 1004 | Aric  |    15 | 男    | England   |
+------+-------+--------+--------+-------+-------------+
1 row in set (0.20 sec)
```

结果显示，查询出 name 字段的取值是 Aric 的记录。其他不满足条件的记录都被忽略掉了。此处的 LIKE 与等于号（=）是等价的。可以直接换成“=”，查询结果是一样的。代码的执行结果如下：

```
mysql> SELECT * FROM  employee  WHERE  name='Aric' ;
+------+-------+--------+--------+-------+-------------+
| num | d_id | name | age  | sex  | homeaddr |
+------+-------+--------+--------+-------+-------------+
|   4 | 1004 | Aric  |    15 | 男    | England   |
+------+-------+--------+--------+-------+-------------+
1 row in set (0.03 sec)
```

结果可以看出，使用 LIKE 关键字和使用“=”的效果是一样的。但是，这只对匹配一个完整的字符串这种情况有效。如果字符串中包含了通配符，就不能这样进行替换了。

【示例 10-13】下面使用 LIKE 关键字来匹配带有通配符‘%’的字符串‘北京%’。SELECT 语句的代码如下：

```
SELECT * FROM  employee  WHERE  homeaddr  LIKE  '北京%' ;
```

代码执行如下：

```
mysql> SELECT * FROM  employee  WHERE  homeaddr  LIKE  '北京%' ;
+------+-------+--------+--------+--------+------------------+
| num | d_id | name | age  | sex   | homeaddr        |
+------+-------+--------+--------+--------+------------------+
|   1 | 1001 | 张三 |    26 | 男     | 北京市海淀区 |
|   2 | 1001 | 李四 |    24 | 女     | 北京市昌平区 |
+------+-------+--------+--------+--------+------------------+
2 rows in set (0.00 sec)
```

结果显示，查询出 homeaddr 字段以“北京”开头的记录。如果使用“=”来代替 LIKE，该 SELECT 语句的执行结果如下：

```
mysql> SELECT * FROM  employee  WHERE  homeaddr='北京%' ;
Empty set (0.00 sec)
```

结果显示，没有查询出任何记录。这说明字符串中包含了通配符时，“=”就不能代替 LIKE。

【示例 10-14】 下面使用 LIKE 关键字来匹配带有通配符‘_’的字符串‘Ar_c’。SELECT 语句的代码如下：

```
SELECT * FROM  employee  WHERE  name  LIKE  "Ar_c" ;
```

代码执行如下：

```
mysql> SELECT * FROM  employee  WHERE  name  LIKE  "Ar_c" ;
+------+-------+--------+--------+-------+-------------+
| num | d_id | name | age  | sex  | homeaddr |
+------+-------+--------+--------+-------+-------------+
|   4 | 1004 | Aric  |    15 | 男    | England   |
+------+-------+--------+--------+-------+-------------+
1 row in set (0.00 sec)
```

结果显示，查询出 name 字段的取值是 Aric 的记录。“_”只能代表一个字符。如果字符串为“Ar_”，将不能查询出结果。匹配“Ar_”字符串的代码执行如下：

```
mysql> SELECT * FROM   employee   WHERE   name   LIKE   "Ar_";
Empty set (0.00 sec)
```

结果显示，没有查询出任何记录。因为 name 字段中不存在以“Ar”开头，长度为 3 的记录。

注意：需要匹配的字符串需要加引号。可以是单引号，也可以是双引号。如果要匹配姓张且名字只有两个字的人的记录，“张”字后面必须有两个“_”符号。因为一个汉字是两个字符，而一个“_”符号只能代表一个字符。因此，匹配的字符串应该为“张_ _”，必须是两个“_”符号。

NOT LIKE 表示字符串不匹配的情况下满足条件。

【示例 10-15】 下面使用 NOT LIKE 关键字来查询不是姓张的所有人的记录。SELECT 语句的代码如下：

```
SELECT * FROM   employee   WHERE   name   NOT LIKE   "张%";
```

代码执行如下：

```
mysql> SELECT * FROM   employee   WHERE   name   NOT LIKE   "张%";
+------+-------+--------+--------+--------+------------------+
| num | d_id | name | age   | sex    | homeaddr    |
+------+-------+--------+--------+--------+------------------+
|    2 | 1001 | 李四 |    24 | 女    | 北京市昌平区 |
|    3 | 1002 | 王五 |    25 | 男    | 湖南长沙市    |
|    4 | 1004 | Aric  |    15 | 男    | England      |
+------+-------+--------+--------+--------+------------------+
3 rows in set (0.00 sec)
```

结果显示，name 字段的值为“张三”的记录被排除出去。使用 LIKE 和 NOT LIKE 关键字可以很好的匹配字符串。而且，可以使用“%”和“_”这两个通配字符来简化查询。

10.2.7　查询空值

IS NULL 关键字可以用来判断字段的值是否为空值（NULL）。如果字段的值是空值，则满足查询条件，该记录将被查询出来。如果字段的值不是空值，则不满足查询条件。其语法规则如下：

```
IS  [NOT]  NULL
```

其中，“NOT”是可选参数，加上 NOT 表示字段不是空值时满足条件。

【示例 10-16】 下面使用 IS NULL 关键字来查询 work 表中 info 字段为空值的记录。SELECT 语句的代码如下：

```
SELECT * FROM   work   WHERE   info   IS   NULL;
```

代码执行如下：

```
mysql> SELECT * FROM   work   WHERE   info   IS   NULL;
+-------+--------+---------+--------+
| id    | name | sex     | info  |
+-------+--------+---------+--------+
```

```
| 1001 | hjh     | NULL | NULL |
| 1002 | cch     | NULL | NULL |
+-------+--------+---------+--------+
2 rows in set (0.00 sec)
```

结果显示，info 字段为空值的记录都被查询出来。

注意：IS NULL 是一个整体，不能将 IS 换成“=”。如果将 IS 换成“=”将不能查询出任何结果，数据库系统会出现“Empty set (0.00 sec)”这样的提示。同理，IS NOT NULL 中的 IS NOT 不能换成“!=”或“<>”。

如果使用 IS NOT NULL 关键字，将查询出该段的值不为空的所有记录。

【示例 10-17】 下面使用 IS NOT NULL 关键字来查询 work 表中 info 字段不为空值的记录。SELECT 语句的代码如下：

```
SELECT * FROM  work  WHERE  info  IS NOT NULL ;
```

代码执行如下：

```
mysql> SELECT * FROM  work  WHERE  info  IS NOT NULL ;
+-------+-------+--------+---------+
| id    | name | sex    | info    |
+-------+-------+--------+---------+
| 1003 | zk    | NULL | student |
+-------+-------+--------+---------+
1 row in set (0.00 sec)
```

结果显示，查询出来的记录中 info 字段不为空值。

10.2.8　带 AND 的多条件查询

AND 关键字可以用来联合多个条件进行查询。使用 AND 关键字时，只有同时满足所有查询条件的记录会被查询出来。如果不满足这些查询条件的其中一个，这样的记录将被排除掉。AND 关键字的语法规则如下：

```
条件表达式 1  AND  条件表达式 2  [ … AND  条件表达式 n ]
```

其中，AND 可以连接两个条件表达式。而且，可以同时使用多个 AND 关键字，这样可以连接更多的条件表达式。

【示例 10-18】 下面使用 AND 关键字来查询 employee 表中 d_id 为 1001，而且 sex 为‘男’的记录。SELECT 语句的代码如下：

```
SELECT * FROM  employee  WHERE
           d_id=1001  AND  sex  LIKE  '男';
```

代码执行如下：

```
mysql> SELECT * FROM  employee  WHERE
    -> d_id=1001  AND  sex  LIKE  '男';
+------+-------+--------+--------+--------+------------------+
| num | d_id | name | age   | sex    | homeaddr        |
+------+-------+--------+--------+--------+------------------+
|    1 | 1001 | 张三 |     26 | 男     | 北京市海淀区 |
+------+-------+--------+--------+--------+------------------+
1 row in set (0.00 sec)
```

结果显示，满足 d_id 为 1001，而且 sex 为“男”的记录被查询出来。因为要同时满足

AND 的所有条件，所以查询出来的记录会相对较少。

【示例 10-19】下面在 employee 表中查询 d_id 小于 1004，age 小于 26，而且 sex 为“男”的记录。SELECT 语句的代码如下：

```
SELECT * FROM   employee   WHERE
            d_id<1004   AND   age<26   AND sex='男' ;
```

代码执行如下：

```
mysql> SELECT * FROM   employee   WHERE
     -> d_id<1004   AND   age<26   AND sex='男' ;
+------+-------+--------+--------+--------+----------------+
| num | d_id | name | age   | sex    | homeaddr   |
+------+-------+--------+--------+--------+----------------+
|    3 | 1002 | 王五 |     25 | 男     | 湖南长沙市 |
+------+-------+--------+--------+--------+----------------+
1 row in set (0.00 sec)
```

查询出来的结果正好满足这 3 个条件。本例中使用了“<”和“=”这两个运算符。其中，“=”可以用 LIKE 替换。

【示例 10-20】 下面使用 AND 关键字查询 employee 表中的记录。查询条件为 num 取值在{1,2,3}这个集合中，age 范围从 15～25，而且，homeaddr 的取值中包含‘北京市’。

```
SELECT * FROM   employee   WHERE
             num IN (1,2,3)   AND   age BETWEEN 15 AND 25
             AND   homeaddr   LIKE   '%北京市%' ;
```

代码执行如下：

```
mysql> SELECT * FROM   employee   WHERE
     -> num IN (1,2,3)   AND   age BETWEEN 15 AND 25
     -> AND   homeaddr   LIKE   '%北京市%' ;
+------+-------+--------+--------+--------+-------------------+
| num | d_id | name | age   | sex    | homeaddr     |
+------+-------+--------+--------+--------+-------------------+
|    2 | 1001 | 李四 |     24 | 女     | 北京市昌平区 |
+------+-------+--------+--------+--------+-------------------+
1 row in set (0.05 sec)
```

本例中使用了前面学过的 IN、BETWEEN AND 和 LIKE 关键字。还使用了通配符“%”。结果中显示的记录同时满足这 3 个条件表达式。

10.2.9　带 OR 的多条件查询

OR 关键字也可以用来联合多个条件进行查询，但是与 AND 关键字不同。使用 OR 关键字时，只要满足这几个查询条件的其中一个，这样的记录将会被查询出来。如果不满足这些查询条件中的任何一个，这样的记录将被排除掉。OR 关键字的语法规则如下：

```
条件表达式 1   OR   条件表达式 2   [ ...OR   条件表达式 n ]
```

其中，OR 可以用来连接两个条件表达式。而且，可以同时使用多个 OR 关键字，这样可以连接更多的条件表达式。

【示例 10-21】下面使用 OR 关键字来查询 employee 表中 d_id 为 1001，或者 sex 为‘男’的记录。SELECT 语句的代码如下：

```
SELECT * FROM   employee   WHERE
            d_id=1001   OR   sex   LIKE   '男' ;
```

代码执行如下：

```
mysql> SELECT * FROM  employee  WHERE
    -> d_id=1001  OR  sex  LIKE  '男';
+------+-------+--------+--------+--------+------------------+
| num | d_id | name | age  | sex   | homeaddr       |
+------+-------+--------+--------+--------+------------------+
|   1 | 1001 | 张三 |    26 | 男    | 北京市海淀区 |
|   2 | 1001 | 李四 |    24 | 女    | 北京市昌平区 |
|   3 | 1002 | 王五 |    25 | 男    | 湖南长沙市   |
|   4 | 1004 | Aric  |    15 | 男    | England        |
+------+-------+--------+--------+--------+------------------+
4 rows in set (0.05 sec)
```

结果显示，num 的值为 3 和 4 的记录 d_id 不等于 1001。但是，这两条记录的 sex 字段为“男”。这两条记录也被查询出来。这说明，使用 OR 关键字时，只要满足多个条件中的其中一个，就可以被查询出来。

【示例 10-22】 下面使用 OR 关键字查询 employee 表中的记录。查询条件为 num 取值在{1，2，3}这个集合中，或者 age 从 24～25 这个范围，或者 homeaddr 的取值中包含‘北京市’。

```
SELECT * FROM  employee  WHERE
        num IN (1,2,3)  OR  age BETWEEN 24 AND 25
        OR  homeaddr  LIKE  '%北京市%';
```

代码执行如下：

```
mysql> SELECT * FROM  employee  WHERE
    -> num IN (1,2,3)  OR  age BETWEEN 24 AND 25
    -> OR  homeaddr  LIKE  '%北京市%';
+------+-------+--------+--------+--------+------------------+
| num | d_id | name | age  | sex   | homeaddr       |
+------+-------+--------+--------+--------+------------------+
|   1 | 1001 | 张三 |    26 | 男    | 北京市海淀区 |
|   2 | 1001 | 李四 |    24 | 女    | 北京市昌平区 |
|   3 | 1002 | 王五 |    25 | 男    | 湖南长沙市   |
+------+-------+--------+--------+--------+------------------+
3 rows in set (0.00 sec)
```

本例中也使用了前面学过的 IN、BETWEEN AND 和 LIKE 关键字。同样使用了通配符“%”。只要满足这三个条件表达式中的任何一个，这样的记录将被查询出来。

OR 可以和 AND 一起使用。当两者一起使用时，AND 要比 OR 先运算。

【示例 10-23】 下面同时使用 OR 和 AND 关键字查询 employee 表中的记录。

```
SELECT * FROM  employee  WHERE
        num IN (1,3,4) AND age=25
        OR sex='女';
```

代码执行如下：

```
mysql> SELECT * FROM  employee  WHERE
    -> num IN (1,3,4) AND age=25
    -> OR sex='女';
+------+-------+--------+--------+--------+------------------+
| num | d_id | name | age  | sex   | homeaddr       |
+------+-------+--------+--------+--------+------------------+
|   2 | 1001 | 李四 |    24 | 女    | 北京市昌平区 |
|   3 | 1002 | 王五 |    25 | 男    | 湖南长沙市   |
+------+-------+--------+--------+--------+------------------+
2 rows in set (0.00 sec)
```

根据查询结果可知，“num IN (1,3,4) AND age=25”这个两个条件确定了 num=3 这条记录。而“sex='女'”这个条件确定了 num=2 这条记录。如果将条件的顺序换一下，将 SELECT 语句变成如下情况：

```
SELECT * FROM   employee   WHERE
         sex='女'   OR
         num IN (1,3,4) AND age=25 ;
```

代码执行如下：

```
mysql> SELECT * FROM   employee   WHERE
    -> sex='女' OR
    -> num IN (1,3,4) AND age=25 ;
+------+-------+--------+--------+--------+-------------------+
| num | d_id | name | age   | sex    | homeaddr       |
+------+-------+--------+--------+--------+-------------------+
|    2 | 1001 | 李四 |    24 | 女     | 北京市昌平区 |
|    3 | 1002 | 王五 |    25 | 男     | 湖南长沙市     |
+------+-------+--------+--------+--------+-------------------+
2 rows in set (0.00 sec)
```

执行结果与前面的 SELECT 语句的执行结果是一样的。这说明 AND 关键字前后的条件先结合，然后再与 OR 关键字的条件结合。也就是说，AND 要比 OR 先运算。

说明： AND 和 OR 关键字可以连接条件表达式。这些条件表达式中可以使用“=”、“>”等操作符，也可以使用 IN、BETWEEN AND 和 LIKE 等关键字。而且，LIKE 关键字匹配字符串时可以使用“%”和“_”等通配字符。

10.2.10　查询结果不重复

如果表中的某些字段上没有唯一性约束，这些字段可能存在着重复的值。例如，employee 表中的 d_id 字段就存在着重复的情况。

```
+-------+
| d_id |
+-------+
| 1001 |
| 1001 |
| 1002 |
| 1004 |
+-------+
```

employee 表中有两条记录的 d_id 的值为 1001。SELECT 语句中可以使用 DISTINCT 关键字来消除重复的记录。其语法规则如下：

```
SELECT   DISTINCT   属性名
```

其中，“属性名”参数表示要消除重复记录的字段的名词。

【示例10-24】 下面使用DISTINCT关键字来消除d_id字段中的重复记录。带DISTINCT关键字的 SELECT 语句如下：

```
SELECT   DISTINCT   d_id   FROM   employee ;
```

在执行该 SELECT 语句之前，先查看 d_id 字段的实际情况。代码执行如下：

```
mysql> SELECT   d_id   FROM   employee ;
+-------+
```

```
| d_id |
+-------+
| 1001 |
| 1001 |
| 1002 |
| 1004 |
+-------+
4 rows in set (0.00 sec)
```

结果显示，employee 表中存在两条值为 1001 的记录。下面执行带 DISTINCT 关键字的 SELECT 语句。比较使用 DISTINCT 关键字前后的差异。代码执行如下：

```
mysql> SELECT  DISTINCT  d_id  FROM  employee ;
+-------+
| d_id |
+-------+
| 1001 |
| 1002 |
| 1004 |
+-------+
3 rows in set (0.02 sec)
```

结果显示，d_id 字段只有一条值为 1001 的记录。这说明，使用 DISTINCT 关键字消除了重复的记录。

技巧：DISTINCT 关键字非常有用，尤其是重复的记录非常多时。例如，需要从消息表中查询有哪些消息。但是，这个表中可能有很多相同的消息，将这些相同的消息都查询出来显然是没有必要的。那么，这就需要 DISTINCT 关键字消除相同的记录。

10.2.11　对查询结果排序

从表中查询出来的数据可能是无序的，或者其排列顺序不是用户所期望的顺序。为了使查询结果的顺序满足用户的要求，可以使用 ORDER BY 关键字对记录进行排序。其语法规则如下：

```
ORDER  BY  属性名  [ ASC | DESC ]
```

其中，“属性名”参数表示按照该字段进行排序；ASC 参数表示按升序的顺序进行排序；DESC 参数表示按降序的顺序进行排序。默认的情况下，按照 ASC 方式进行排序。

【示例 10-25】 下面查询 employee 表中所有记录，按照 age 字段进行排序。带 ORDER BY 关键字的 SELECT 语句如下：

```
SELECT  *  FROM  employee  ORDER BY  age ;
```

在执行该 SELECT 语句之前，先查看 employee 表中的原始的排序情况。代码执行如下：

```
mysql> select * from employee;
+------+-------+--------+--------+--------+------------------+
| num | d_id | name | age  | sex    | homeaddr     |
+------+-------+--------+--------+--------+------------------+
|    1 | 1001 | 张三 |    26 | 男     | 北京市海淀区 |
|    2 | 1001 | 李四 |    24 | 女     | 北京市昌平区 |
|    3 | 1002 | 王五 |    25 | 男     | 湖南长沙市    |
|    4 | 1004 | Aric  |    15 | 男     | England         |
```

```
+------+-------+--------+--------+--------+------------------+
4 rows in set (0.08 sec)
```

结果显示，employee 表中的记录是按照 num 字段的值进行排序的。而 age 字段的值是无序的。下面执行带 ORDER BY 关键字的 SELECT 语句。比较使用 ORDER BY 关键字前后的差异。代码执行如下：

```
mysql> SELECT  *  FROM  employee  ORDER BY age ;
+------+-------+--------+-------+--------+------------------+
| num | d_id | name | age  | sex  | homeaddr       |
+------+-------+--------+-------+--------+------------------+
|   4 | 1004 | Aric  |   15 | 男   | England        |
|   2 | 1001 | 李四  |   24 | 女   | 北京市昌平区 |
|   3 | 1002 | 王五  |   25 | 男   | 湖南长沙市   |
|   1 | 1001 | 张三  |   26 | 男   | 北京市海淀区 |
+------+-------+--------+-------+--------+------------------+
4 rows in set (0.05 sec)
```

结果显示，employee 表中的记录是按照 age 字段的值进行排序的。而且，是按照 age 字段的升序方式进行排序。本例说明，ORDER BY 关键字可以设置查询结果按某个字段进行排序。而且，默认情况下是按升序排列的。

【示例 10-26】 下面查询 employee 表中所有记录，按照 age 字段的升序方式进行排序。SELECT 语句如下：

```
SELECT  *  FROM  employee  ORDER BY  age  ASC ;
```

代码执行如下：

```
mysql> SELECT  *  FROM  employee  ORDER BY  age  ASC ;
+------+-------+--------+-------+--------+------------------+
| num | d_id | name | age  | sex   | homeaddr      |
+------+-------+--------+-------+--------+------------------+
|   4 | 1004 | Aric  |   15 | 男   | England        |
|   2 | 1001 | 李四  |   24 | 女   | 北京市昌平区 |
|   3 | 1002 | 王五  |   25 | 男   | 湖南长沙市   |
|   1 | 1001 | 张三  |   26 | 男   | 北京市海淀区 |
+------+-------+--------+-------+--------+------------------+
4 rows in set (0.00 sec)
```

结果显示，记录按照 age 字段的升序的方式进行排序。本例说明，加上 ASC 参数，记录是按照升序的方式排列的。

【示例 10-27】 下面查询 employee 表中所有记录，按照 age 字段的降序方式进行排序。SELECT 语句如下：

```
SELECT  *  FROM  employee  ORDER BY  age  DESC ;
```

代码执行如下：

```
mysql> SELECT  *  FROM  employee  ORDER BY  age  DESC ;
+------+-------+--------+-------+--------+------------------+
| num | d_id | name | age  | sex   | homeaddr      |
+------+-------+--------+-------+--------+------------------+
|   1 | 1001 | 张三  |   26 | 男   | 北京市海淀区 |
|   3 | 1002 | 王五  |   25 | 男   | 湖南长沙市   |
|   2 | 1001 | 李四  |   24 | 女   | 北京市昌平区 |
|   4 | 1004 | Aric  |   15 | 男   | England        |
+------+-------+--------+-------+--------+------------------+
4 rows in set (0.00 sec)
```

结果显示，记录按照 age 字段的降序的方式进行排序。本例说明，加上 DESC 参数，记录是按照升序的方式排列的。

注意：在【示例 10-26】中，如果存在一条记录 age 字段的值为空值（NULL）时，这条记录将显示为第一条记录。因为，按升序排序时，含空值的记录将最先显示。可以理解为空值是该字段的最小值。而按降序排列时，age 字段为空值的记录将最后显示。

MySQL 中，可以指定按多个字段进行排序。例如，可以使 employee 表按照 d_id 字段和 age 字段进行排序。排序过程中，先按照 d_id 字段进行排序。遇到 d_id 字段的值相等的情况时，再把 d_id 值相等的记录按照 age 字段进行排序。

【示例 10-28】 下面查询 employee 表中所有记录，按照 d_id 字段的升序方式和 age 字段的降序方式进行排序。SELECT 语句如下：

```
SELECT * FROM employee ORDER BY d_id ASC, age DESC ;
```

代码执行如下：

```
mysql> SELECT * FROM employee ORDER BY d_id ASC, age DESC ;
+------+-------+-------+-------+-------+------------------+
| num | d_id | name | age | sex | homeaddr |
+------+-------+-------+-------+-------+------------------+
| 1 | 1001 | 张三 | 26 | 男 | 北京市海淀区 |
| 2 | 1001 | 李四 | 24 | 女 | 北京市昌平区 |
| 3 | 1002 | 王五 | 25 | 男 | 湖南长沙市 |
| 4 | 1004 | Aric | 15 | 男 | England |
+------+-------+-------+-------+-------+------------------+
4 rows in set (0.00 sec)
```

查询结果排序时，先按照 d_id 字段的升序进行排序。因为有两条 d_id=1001 的记录，这两条记录按照 age 字段的降序进行排列。

10.2.12 分组查询

GROUP BY 关键字可以将查询结果按某个字段或多个字段进行分组。字段中值相等的为一组。其语法规则如下：

```
GROUP BY 属性名 [HAVING 条件表达式 ] [ WITH ROLLUP ]
```

其中，“属性名”是指按照该字段的值进行分组；“HAVING 条件表达式”用来限制分组后的显示，满足条件表达式的结果将被显示；WITH ROLLUP 关键字将会在所有记录的最后加上一条记录。该记录是上面所有记录的总和。

GROUP BY 关键字可以和 GROUP_CONCAT()函数一起使用。GROUP_CONCAT()函数会把每个分组中指定字段值都显示出来。同时，GROUP BY 关键字通常与集合函数一起使用。集合函数包括 COUNT()、SUM()、AVG()、MAX()和 MIN()。其中，COUNT()用来统计记录的条数；SUM()用来计算字段的值的总和；AVG()用来计算字段的值的平均值；MAX()用来查询字段的最大值；MIN()用来查询字段的最小值。关于集合函数的详细内容见 10.3 节。如果 GROUP BY 不与上述函数一起使用，那么查询结果就是字段取值的分组情况。字段中取值相同的记录为一组，但只显示该组的第一条记录。

1．单独使用GROUP BY关键字来分组

如果单独使用 GROUP BY 关键字，查询结果只显示一个分组的一条记录。

【示例 10-29】 下面按 employee 表的 sex 字段进行分组查询，查询结果与分组前结果进行对比。先执行不带 GROUP BY 关键字的 SELECT 语句。语句执行如下：

```
mysql> SELECT * FROM   employee ;
+------+-------+--------+--------+--------+-----------------+
| num | d_id | name | age    | sex     | homeaddr         |
+------+-------+--------+--------+--------+-----------------+
|    1 | 1001 | 张三 |    26 | 男      | 北京市海淀区 |
|    2 | 1001 | 李四 |    24 | 女      | 北京市昌平区 |
|    3 | 1002 | 王五 |    25 | 男      | 湖南长沙市   |
|    4 | 1004 | Aric  |    15 | 男      | England          |
+------+-------+--------+--------+--------+-----------------+
4 rows in set (0.00 sec)
```

带有 GROUP BY 关键字的 SELECT 语句的代码如下：

```
SELECT * FROM   employee   GROUP BY   sex ;
```

代码执行如下：

```
mysql> SELECT * FROM   employee   GROUP BY   sex ;
+------+-------+--------+--------+--------+-----------------+
| num | d_id | name | age    | sex     | homeaddr         |
+------+-------+--------+--------+--------+-----------------+
|    2 | 1001 | 李四 |    24 | 女      | 北京市昌平区 |
|    1 | 1001 | 张三 |    26 | 男      | 北京市海淀区 |
+------+-------+--------+--------+--------+-----------------+
2 rows in set (0.00 sec)
```

结果中只显示了两条记录。这两条记录的 sex 字段的值分别为“女”和“男”。查询结果进行比较，GROUP BY 关键字只显示每个分组的一条记录。这说明，GROUP BY 关键字单独使用时，只能查询出每个分组的一条记录。这样使用的意义不大。因此，一般在使用集合函数时才使用 GROUP BY 关键字。

2．GROUP BY关键字与GROUP_CONCAT()函数一起使用

GROUP BY 关键字与 GROUP_CONCAT()函数一起使用时，每个分组中指定字段值都显示出来。

【示例 10-30】 下面按 employee 表的 sex 字段进行分组查询。使用 GROUP_CONCAT()函数将每个分组的 name 字段的值显示出来。SELECT 语句的代码如下：

```
SELECT sex, GROUP_CONCAT(name)   FROM   employee   GROUP BY   sex ;
```

代码执行如下：

```
mysql> SELECT sex, GROUP_CONCAT(name)   FROM   employee   GROUP BY   sex ;
+--------+-------------------------------+
| sex     | GROUP_CONCAT(name) |
+--------+-------------------------------+
| 女      | 李四                            |
| 男      | 张三,王五,Aric              |
+--------+-------------------------------+
2 rows in set (0.00 sec)
```

结果显示，查询结果分为两组。sex 字段取值为“女”的记录是一组，取值为“男”

的记录为一组。而且，每一组中所有人的名字都被查询出来。该例说明，使用 GROUP_CONCAT()函数可以很好的把分组情况表示出来。

3．GROUP BY关键字与集合函数一起使用

GROUP BY 关键字与集合函数一起使用时，可以通过集合函数计算分组中的总记录、最大值、最小值等。

【示例 10-31】 下面按 employee 表的 sex 字段进行分组查询。sex 字段取值相同的为一组。然后对每一组使用集合函数 COUNT()进行计算，求出每一组的记录数。SELECT 语句的代码如下：

```
SELECT sex, COUNT(sex)   FROM   employee   GROUP BY   sex ;
```

代码执行如下：

```
mysql> SELECT sex, COUNT(sex)   FROM   employee   GROUP BY   sex ;
+--------+-------------------+
| sex    | COUNT(num) |
+--------+-------------------+
| 女     |                 1 |
| 男     |                 3 |
+--------+-------------------+
2 rows in set (0.05 sec)
```

结果显示，查询结果按 sex 字段取值进行分组。取值为“女”的记录是一组，取值为“男”的记录是一组。COUNT(sex)计算出了 sex 字段不同分组的记录数。第一组只有 1 条记录，第二组共有 3 条记录。

技巧：通常情况下，GROUP BY 关键字与集合函数一起使用。集合函数包括 COUNT()、SUM()、AVG()、MAX()和 MIN()。通常先使用 GROUP BY 关键字将记录分组，然后每组都使用集合函数进行计算。在统计时经常需要使用 GROUP BY 关键字和集合函数。

4．GROUP BY关键与HAVING一起使用

如果加上“HAVING 条件表达式”，可以限制输出的结果。只有满足条件表达式的结果才会显示。

【示例 10-32】 下面按 employee 表的 sex 字段进行分组查询。然后显示记录数大于等于 3 的分组。SELECT 语句的代码如下：

```
SELECT sex, COUNT(sex)   FROM   employee
      GROUP BY   sex   HAVING   COUNT(sex)>=3 ;
```

代码执行如下：

```
mysql> SELECT sex, COUNT(sex)   FROM   employee
    -> GROUP BY   sex   HAVING   COUNT(sex)>=3 ;
+--------+------------------+
| sex    | COUNT(sex) |
+--------+------------------+
| 男     |                3 |
+--------+------------------+
1 row in set (0.05 sec)
```

查询结果只显示了取值为“男”的记录的情况。因为，该分组的记录数为 3，刚好满

足 HAVING COUNT(sex)>=3 的条件。从本例可以看出，“HAVING 条件表达式”可以限制查询结果的显示情况。

说明：“HAVING 条件表达式”与“WHERE 条件表达式”都是用来限制显示的。但是，两者起作用的地方不一样。“WHERE 条件表达式”作用于表或者视图，是表和视图的查询条件。“HAVING 条件表达式”作用于分组后的记录，用于选择满足条件的组。

5．按多个字段进行分组

MySQL 中，还可以按多个字段进行分组。例如，employee 表按照 d_id 字段和 sex 字段进行分组。分组过程中，先按照 d_id 字段进行分组。遇到 d_id 字段的值相等的情况时，再把 d_id 值相等的记录按照 sex 字段进行分组。

【示例 10-33】 下面 employee 表按照 d_id 字段和 sex 字段进行分组。SELECT 语句如下：

```
SELECT * FROM   employee   GROUP BY   d_id, sex ;
```

代码执行如下：

```
mysql> SELECT * FROM   employee   GROUP BY   d_id, sex ;
+------+-------+--------+--------+--------+------------------+
| num | d_id | name | age   | sex    | homeaddr          |
+------+-------+--------+--------+--------+------------------+
|    2 | 1001 | 李四 |    24 | 女     | 北京市昌平区 |
|    1 | 1001 | 张三 |    26 | 男     | 北京市海淀区 |
|    3 | 1002 | 王五 |    25 | 男     | 湖南长沙市      |
|    4 | 1004 | Aric  |    15 | 男     | England           |
+------+-------+--------+--------+--------+------------------+
4 rows in set (0.00 sec)
```

查询结果显示，记录先按照 d_id 字段进行分组。因为有两条记录的 d_id 值为 1001，所以这两条记录按照 sex 字段的取值进行分组。

6．GROUP BY关键与WITH ROLLUP一起使用

使用 WITH ROLLUP 时，将会在所有记录的最后加上一条记录。这条记录是上面所有记录的总和。

【示例 10-34】 下面按 employee 表的 sex 字段进行分组查询。使用 COUNT()函数来计算每组的记录数。并且加上 WITH ROLLUP。SELECT 语句如下：

```
SELECT sex, COUNT(sex) FROM   employee
         GROUP BY sex   WITH ROLLUP;
```

代码执行如下：

```
mysql> SELECT sex, COUNT(sex) FROM   employee
    -> GROUP BY sex   WITH ROLLUP;
+--------+----------------+
| sex    | COUNT(sex) |
+--------+----------------+
| 女     |               1 |
| 男     |               3 |
| NULL |               4 |
+--------+----------------+
3 rows in set (0.00 sec)
```

查询结果显示，计算出了各个分组的记录数。并且，在记录的最后加上了一条新的记录。该记录的 COUNT(sex)列的值刚好是上面分组的值的总和。

【示例 10-35】下面按 employee 表的 sex 字段进行分组查询。使用 GROUT_CONCAT()函数查看每组的 name 字段的值。并且加上 WITH ROLLUP。SELECT 语句如下：

```
SELECT sex, GROUP_CONCAT(name)   FROM   employee
            GROUP BY sex   WITH ROLLUP;
```

代码执行如下：

```
mysql> SELECT sex, GROUP_CONCAT(name)   FROM   employee
    -> GROUP BY sex   WITH ROLLUP;
+--------+------------------------------------+
| sex    | GROUP_CONCAT(name)  |
+--------+------------------------------------+
| 女     | 李四                               |
| 男     | 张三,王五,Aric                     |
| NULL | 李四,张三,王五,Aric                  |
+--------+------------------------------------+
3 rows in set (0.02 sec)
```

查询结果显示，GROUP_CONCAT(name)显示了每个分组的 name 字段的值。同时，最后一条记录的 GROUP_CONCAT(name)列的值刚好是上面分组 name 取值的总和。

10.2.13　用 LIMIT 限制查询结果的数量

查询数据时，可能会查询出很多的记录。而用户需要的记录可能只是很少的一部分。这样就需要来限制查询结果的数量。LIMIT 是 MySQL 中的一个特殊关键字。其可以用来指定查询结果从哪条记录开始显示。还可以指定一共显示多少条记录。LIMIT 关键字有两种使用方式。这两种方式分别是不指定初始位置和指定初始位置。

1．不指定初始位置

LIMIT 关键字不指定初始位置时，记录从第一条记录开始显示。显示记录的条数有 LIMIT 关键字指定。其语法规则如下：

```
LIMIT   记录数
```

其中，“记录数”参数表示显示记录的条数。如果“记录数”的值小于查询结果的总记录数，将会从第一条记录开始，显示指定条数的记录。如果“记录数”的值大于查询结果的总记录数，数据库系统会直接显示查询出来的所有记录。

【示例 10-36】 下面查询 employee 表的所有记录。但只显示前两条。SELECT 语句如下：

```
SELECT * FROM   employee   LIMIT 2 ;
```

执行结果如下：

```
mysql> SELECT * FROM   employee   LIMIT 2 ;
+------+-------+--------+--------+--------+------------------+
| num | d_id | name | age   | sex    | homeaddr      |
+------+-------+--------+--------+--------+------------------+
|    1 | 1001 | 张三 |     26 | 男     | 北京市海淀区 |
|    2 | 1001 | 李四 |     24 | 女     | 北京市昌平区 |
+------+-------+--------+--------+--------+------------------+
2 rows in set (0.00 sec)
```

结果中只显示了两条记录。该例说明“LIMIT 2”限制了显示条数为 2。

【示例 10-37】 下面查询 employee 表的所有记录，但只显示前 6 条。SELECT 语句如下：

```
SELECT * FROM  employee  LIMIT 6 ;
```

执行结果如下：

```
mysql> SELECT * FROM  employee  LIMIT 6 ;
+------+-------+--------+--------+--------+------------------+
| num | d_id | name | age  | sex   | homeaddr     |
+------+-------+--------+--------+--------+------------------+
|   1 | 1001 | 张三 |   26 | 男   | 北京市海淀区 |
|   2 | 1001 | 李四 |   24 | 女   | 北京市昌平区 |
|   3 | 1002 | 王五 |   25 | 男   | 湖南长沙市   |
|   4 | 1004 | Aric |   15 | 男   | England      |
+------+-------+--------+--------+--------+------------------+
4 rows in set (0.00 sec)
```

结果中只显示了 4 条记录。虽然 LIMIT 关键字指定了显示 6 条记录。但是查询结果中只有 4 条记录。因此，数据库系统就将这 4 条记录全部显示出来。

2．指定初始位置

LIMIT 关键字可以指定从哪条记录开始显示，并且可以指定显示多少条记录。其语法规则如下：

```
LIMIT  初始位置, 记录数
```

其中，“初始位置”参数指定从哪条记录开始显示；“记录数”参数表示显示记录的条数。第一条记录的位置是 0，第二条记录的位置是 1。后面的记录依次类推。

【示例 10-38】 下面查询 employee 表的所有记录，显示前两条记录。SELECT 语句如下：

```
SELECT * FROM  employee  LIMIT 0, 2 ;
```

执行结果如下：

```
mysql> SELECT * FROM  employee  LIMIT 0,2 ;
+------+-------+--------+--------+--------+------------------+
| num | d_id | name | age  | sex   | homeaddr     |
+------+-------+--------+--------+--------+------------------+
|   1 | 1001 | 张三 |   26 | 男   | 北京市海淀区 |
|   2 | 1001 | 李四 |   24 | 女   | 北京市昌平区 |
+------+-------+--------+--------+--------+------------------+
2 rows in set (0.00 sec)
```

结果中只显示了前两条记录。从结果可以看出，“LIMIT 0,2”和“LIMIT 2”是一个意思，都是显示前两条记录。

【示例 10-39】 下面查询 employee 表的所有记录。从第二条记录开始显示，共显示两条记录。SELECT 语句如下：

```
SELECT * FROM  employee  LIMIT 1, 2 ;
```

执行结果如下：

```
mysql> SELECT * FROM   employee   LIMIT 1, 2;
+------+-------+--------+--------+--------+------------------+
| num | d_id | name | age   | sex    | homeaddr        |
+------+-------+--------+--------+--------+------------------+
|    2 | 1001 | 李四 |     24 | 女     | 北京市昌平区 |
|    3 | 1002 | 王五 |     25 | 男     | 湖南长沙市     |
+------+-------+--------+--------+--------+------------------+
2 rows in set (0.00 sec)
```

结果中只显示了第 2 和第 3 条记录。这个例子可以看出，LIMIT 关键字可以指定从哪条记录开始显示，也可以指定显示多少条记录。

技巧：LIMIT 关键字是 MySQL 中所特有的。LIMIT 关键字可以指定需要显示的记录的初始位置，0 表示第一条记录。如果需要查询成绩在前十名的学生的信息，可以使用 ORDER BY 关键字将记录按照分数的降序排列，然后使用 LIMIT 关键字指定只查询前 10 条记录。

10.3　使用集合函数查询

集合函数包括 COUNT()、SUM()、AVG()、MAX()和 MIN()。其中，COUNT()用来统计记录的条数；SUM()用来计算字段的值的总和；AVG()用来计算字段的值的平均值；MAX()用来查询字段的最大值；MIN()用来查询字段的最小值。当需要对表中的记录求和、求平均值、查询最大值和查询最小值等操作时，可以使用集合函数。例如，需要计算学生成绩表中的平均成绩，可以使用 AVG()函数。GROUP BY 关键字通常需要与集合函数一起使用。本节中将详细讲解各种集合函数。

10.3.1　COUNT()函数

COUNT()函数用来统计记录的条数。如果要统计 employee 表中有多少条记录，可以使用 COUNT()函数。如果要统计 employee 表中不同部门的人数，也可以使用 COUNT()函数。

【示例 10-40】 下面使用 COUNT()函数统计 employee 表的记录数。SELECT 语句如下：

```
SELECT   COUNT(*)   FROM   employee ;
```

执行结果如下：

```
mysql> SELECT   COUNT(*)   FROM   employee ;
+-------------+
| COUNT(*) |
+-------------+
|           4 |
+-------------+
1 row in set (0.00 sec)
```

结果显示 employee 表中共有 4 条记录。本例说明，COUNT()函数计算出了 employee 表中的所有记录的总数。

【示例 10-41】 下面使用 COUNT()函数统计 employee 表中不同 d_id 值的记录数。COUNT()函数与 GOUPE BY 关键字一起使用。SELECT 语句如下：

```
SELECT  d_id, COUNT(*)  FROM  employee  GROUP BY  d_id;
```

执行结果如下：

```
mysql> SELECT  d_id, COUNT(*)  FROM  employee  GROUP BY  d_id;
+-------+-------------+
| d_id | COUNT(*) |
+-------+-------------+
| 1001 |          2 |
| 1002 |          1 |
| 1004 |          1 |
+-------+-------------+
3 rows in set (0.00 sec)
```

结果显示，employee 表中 d_id 为 1001 的记录有两条；d_id 为 1002 的记录有一条；d_id 为 1003 的记录也是一条。从这个例子可以看出，表中的记录先通过 GROUP BY 关键字进行分组。然后，再计算每个分组的记录数。

10.3.2　SUM()函数

SUM()函数是求和函数。使用 SUM()函数可以求出表中某个字段取值的总和。例如，可以用 SUM()函数来求学生的总成绩。

【示例 10-42】 下面使用 SUM()函数统计 grade 表中学号为 1001 的同学的总成绩。SELECT 语句如下：

```
SELECT  num, SUM(score)  FROM  grade  WHERE  num=1001;
```

在执行该 SELECT 语句之前，可以先查看学号为 1001 的同学的各科成绩。查询结果如下：

```
mysql> SELECT  * FROM  grade  WHERE  num=1001;
+-------+-----------+---------+
| num   | course | score |
+-------+-----------+---------+
| 1001 | 数学    |     80 |
| 1001 | 语文    |     90 |
| 1001 | 英语    |     85 |
| 1001 | 计算机 |     95 |
+-------+-----------+---------+
4 rows in set (0.00 sec)
```

现在执行带 SUM()函数的 SELECT 语句，来计算学生的总成绩。执行结果如下：

```
mysql> SELECT  num, SUM(score)  FROM  grade  WHERE  num=1001;
+--------+-----------------+
| num   | SUM(score) |
+--------+-----------------+
| 1001 |           350 |
+--------+-----------------+
1 row in set (0.03 sec)
```

结果显示，学号为 1001 的同学的总成绩为 350，正好是他各科成绩的总和。本例可以看出，使用 SUM()函数计算出了指定字段取值的总和。

SUM()函数通常和 GROUP BY 关键字一起使用。这样可以计算出不同分组中某个字段取值的总和。

【示例 10-43】 下面将 grade 表按照 num 字段进行分组。然后，使用 SUM()函数统计各分组的总成绩。SELECT 语句如下：

```
SELECT   num, SUM(score)   FROM   grade   GROUP BY   num;
```

执行结果如下：

```
mysql> SELECT   num, SUM(score)   FROM   grade   GROUP BY   num;
+--------+----------------+
| num    | SUM(score) |
+--------+----------------+
| 1001 |          350 |
| 1002 |          357 |
| 1003 |          358 |
+--------+----------------+
3 rows in set (0.00 sec)
```

grade 表按 num 字段分为 3 组，分别是 num 等于 1001、1002 和 1003。然后，分别计算出这 3 组的总成绩。

注意：SUM()函数只能计算数值类型的字段。包括 INT 类型、FLOAT 类型、DOUBLE 类型、DECIMAL 类型等。字符类型的字段不能使用 SUM()函数进行计算。使用 SUM()函数计算字符类型字段时，计算结果都为 0。

10.3.3　AVG()函数

AVG()函数是求平均值的函数。使用 AVG()函数可以求出表中某个字段取值的平均值。例如，可以用 AVG()函数来求平均年龄，也可以使用 AVG()函数来求学生的平均成绩。

【示例 10-44】 下面使用 AVG()函数计算 employee 表中平均年龄（age）。SELECT 语句如下：

```
SELECT   AVG(age)   FROM   employee ;
```

执行结果如下：

```
mysql> SELECT   AVG(age)   FROM   employee ;
+--------------+
| AVG(age) |
+--------------+
|   22.5000 |
+--------------+
1 row in set (0.00 sec)
```

结果显示，AVG()函数计算出 age 字段的平均值。AVG()函数经常与 GROUP BY 字段一起使用，来计算每个分组的平均值。

【示例 10-45】 下面使用 AVG()函数计算 grade 表中不同科目的平均成绩。SELECT 语句如下：

```
SELECT   course, AVG(score)   FROM   grade   GROUP BY   course;
```

执行结果如下：

```
mysql> SELECT   course, AVG(score)   FROM   grade   GROUP BY   course;
+-----------+---------------+
| course    | AVG(score) |
+-----------+---------------+
| 数学     |      82.6667 |
| 语文     |      92.6667 |
| 英语     |      86.3333 |
| 计算机 |      93.3333 |
+-----------+---------------+
4 rows in set (0.01 sec)
```

使用 GROUP BY 关键字将 grade 表的记录按照 course 字段进行分组。然后计算出每组的平均成绩。本例可以看出，AVG()函数与 GROUP BY 关键字结合后可以灵活的计算平均值。通过这种方式可以计算各个科目的平均分数，还可以计算每个人的平均分数。如果按照班级和科目两个字段进行分组，还可以计算出每个班级不同科目的平均分数。

10.3.4　MAX()函数

MAX()函数是求最大值的函数。使用 MAX()函数可以求出表中某个字段取值的最大值。例如，可以用 MAX()函数来查询最大年龄，也可以使用 MAX()函数来求各科的最高成绩。

【示例 10-46】 下面使用 MAX ()函数查询 employee 表中的最大年龄（age）。SELECT 语句如下：

```
SELECT   MAX(age)   FROM   employee ;
```

执行结果如下：

```
mysql> SELECT   MAX(age)   FROM   employee ;
+------------+
| MAX(age) |
+------------+
|          26 |
+------------+
1 row in set (0.00 sec)
```

结果显示，MAX()函数查询出了 age 字段的最大值为 26。MAX()函数通常与 GROUP BY 字段一起使用，来计算每个分组的最大值。

【示例 10-47】 下面使用 MAX()函数查询 grade 表中不同科目的最高成绩。SELECT 语句如下：

```
SELECT   num, course, MAX(score)   FROM   grade   GROUP BY   course;
```

执行结果如下：

```
mysql> SELECT   course, MAX(score)   FROM   grade   GROUP BY   course;
+----------+---------------+
| course | MAX(score) |
+----------+---------------+
| 数学    |            88 |
| 语文    |            98 |
| 英语    |            89 |
| 计算机 |            95 |
+----------+---------------+
4 rows in set (0.00 sec)
```

先将 grade 表的记录按照 course 字段进行分组。然后查询出每组的最高成绩。本例可以看出，MAX()函数与 GROUP BY 关键字结合后可以查询出不同分组的最大值。通过这种方式可以计算各个科目的最高分。如果按照班级和科目两个字段进行分组，还可以计算出每个班级不同科目的最高分。

MAX()不仅仅适用于数值类型，也适用于字符类型。

【示例 10-48】 下面使用 MAX()函数查询 work 表中 name 字段的最大值。SELECT 语句如下：

```
SELECT   MAX(name)   FROM   work;
```

执行该 SELECT 语句之前，先查看 work 表中的 name 字段的信息。查询结果如下：

```
mysql> SELECT   id, name   FROM   work;
+-------+-------+
| id    | name |
+-------+-------+
| 1001 | hjh   |
| 1002 | cch   |
| 1003 | zk    |
+-------+-------+
3 rows in set (0.00 sec)
```

执行带 MAX()函数的 SELECT 语句。执行结果如下：

```
mysql> SELECT   MAX(name)   FROM   work;
+---------------+
| MAX(name) |
+---------------+
| zk            |
+---------------+
1 row in set (0.00 sec)
```

结果显示，name 字段中 zk 是最大值。本示例说明，MAX()可以计算字符和字符串的最大值。MAX()函数是使用字符对应的 ASCII 码进行计算的。

说明： 在 MySQL 表中，字母 a 最小，字母 z 最大。因为，a 的 ASCII 码值最小。在使用 MAX()函数进行比较时，先比较第一个字母。如果第一个字母相等时，再继续往下一个字母进行比较。例如，hhc 和 hhz 只有比较到第 3 个字母时才能比出大小。

10.3.5　MIN()函数

MIN()函数是求最小值的函数。使用 MIN()函数可以求出表中某个字段取值的最小值。例如，可以用 MIN()函数来查询最小年龄，也可以使用 MIN()函数来求各科的最低成绩。

【示例 10-49】 下面使用 MIN ()函数查询 employee 表中的最小年龄。SELECT 语句如下：

```
SELECT   MIN(age)   FROM   employee ;
```

执行结果如下：

```
mysql> SELECT   MIN(age)   FROM   employee ;
+------------+
| MIN(age) |
+------------+
|         15 |
+------------+
1 row in set (0.00 sec)
```

结果显示，MIN()函数查询出了 age 字段的最小值为 15。

MIN()函数经常与 GROUP BY 字段一起使用，来计算每个分组的最小值。

【示例 10-50】 下面使用 MIN()函数查询 grade 表中不同科目的最低成绩。SELECT 语句如下：

```
SELECT   course, MIN(score)   FROM   grade   GROUP BY   course;
```

执行结果如下：

```
mysql> SELECT   course, MIN(score)   FROM   grade   GROUP BY   course;
+----------+---------------+
| course   | MIN(score) |
+----------+---------------+
| 数学     |          80 |
| 语文     |          90 |
| 英语     |          85 |
| 计算机   |          90 |
+----------+---------------+
4 rows in set (0.00 sec)
```

先将 grade 表的记录按照 course 字段进行分组，然后查询出每组的最低成绩。MIN()函数也可以用来查询字符类型的数据。其基本方法与 MAX()函数相似。

10.4 连 接 查 询

连接查询是将两个或两个以上的表按某个条件连接起来，从中选取需要的数据。连接查询是同时查询两个或两个以上的表时使用的。当不同的表中存在表示相同意义的字段时，可以通过该字段来连接这几个表。例如，学生表中有 course_id 字段来表示所学课程的课程号，课程表中有 num 字段来表示课程号。那么，可以通过学生表中的 course_id 字段与课程表中的 num 字段来进行连接查询。连接查询包括内连接查询和外连接查询。本小节将详细讲解内连接查询和外连接查询。同时，还会讲解多个条件结合在一起进行复合连接查询。

10.4.1 内连接查询

内连接查询是一种最常用的连接查询。内连接查询可以查询两个或两个以上的表。为了读者更好的理解，暂时只讲解两个表的连接查询。当两个表中存在表示相同意义的字段时，可以通过该字段来连接这两个表；当该字段的值相等时，就查询出该记录。

说明：两个表中表示相同意义的字段可以是指父表的主键和子表的外键。例如，student 表中 id 字段表示学生的学号，并且 id 字段是 student 表的主键。grade 表的 stu_id 字段也表示学生的学号。而且，stu_id 字段是 grade 表的外键。stu_id 字段依赖于 student 表的 id 字段。那么，这两个字段有相同的意义。

【示例 10-51】 下面使用内连接查询的方式查询 employee 表和 department。在执行内连接查询之前，先分别查看 employee 表和 department 表中的记录，以便进行比较。查询结果如下：

```
//查询 employee 表的所有记录
mysql> SELECT * FROM employee;
+------+-------+--------+-------+--------+-----------------+
| num | d_id | name | age   | sex    | homeaddr        |
+------+-------+--------+-------+--------+-----------------+
|    1 | 1001 | 张三 |    26 | 男     | 北京市海淀区 |
|    2 | 1001 | 李四 |    24 | 女     | 北京市昌平区 |
|    3 | 1002 | 王五 |    25 | 男     | 湖南长沙市     |
|    4 | 1004 | Aric  |    15 | 男     | England         |
+------+-------+--------+-------+--------+-----------------+
4 rows in set (0.00 sec)
//查询 department 表的所有记录
```

```
mysql> SELECT * FROM department;
+-------+-----------+-------------+---------------------+
| d_id | d_name | function     | address             |
+-------+-----------+-------------+---------------------+
| 1001 | 科研部 | 研发产品 | 3 号楼 5 层         |
| 1002 | 生产部 | 生产产品 | 5 号楼 1 层         |
| 1003 | 销售部 | 策划销售 | 1 号楼销售大厅     |
+-------+-----------+-------------+---------------------+
3 rows in set (0.00 sec)
```

查询结果显示，employee 表和 department 表的 d_id 字段都是表示部门号。通过 d_id 字段可以将 employee 表和 department 表进行内连接查询。从 employee 表中查询出 num、name、d_id、age 和 sex 这几个字段。从 department 表中查询出 d_name 和 function 这两个字段。内连接查询的 SELECT 语句如下：

```
SELECT num,name,employee.d_id,age,sex,d_name,function
          FROM employee, department
          WHERE employee.d_id=department.d_id;
```

SELECT 语句执行如下：

```
mysql> SELECT num,name,employee.d_id,age,sex,d_name,function
    -> FROM employee, department
    -> WHERE employee.d_id=department.d_id;
+------+--------+-------+--------+--------+----------+-------------+
| num | name | d_id | age   | sex   | d_name | function   |
+------+--------+-------+--------+--------+----------+-------------+
|    1 | 张三 | 1001 |     26 | 男     | 科研部 | 研发产品 |
|    2 | 李四 | 1001 |     24 | 女     | 科研部 | 研发产品 |
|    3 | 王五 | 1002 |     25 | 男     | 生产部 | 生产产品 |
+------+--------+-------+--------+--------+----------+-------------+
3 rows in set (0.00 sec)
```

查询结果共显示了 3 条记录。这 3 条记录的数据是从 employee 表和 department 表中取出来的。这 3 条记录的 d_id 字段的取值分别为 1001 和 1002。employee 表中 d_id 字段取值为 1004 的记录没有被查询，因为 department 表中没有 d_id 等于 1004 的记录。而 department 表中 d_id 字段取值为 1003 的记录没有被查询，因为 employee 表中没有 d_id 等于 1003 的记录。通过本例可以看出，只有表中有意义相同的字段时才能进行连接。而且，内连接查询只查询出指定字段取值相同的记录。

10.4.2　外连接查询

外连接查询可以查询两个或两个以上的表。外连接查询也需要通过指定字段来进行连接。当该字段取值相等时，可以查询出该记录。而且，该字段取值不相等的记录也可以查询出来。外连接查询包括左连接查询和右连接查询。其基本语法如下：

```
SELECT 属性名列表
         FROM 表名 1   LEFT | RIGHT JOIN 表名 2
         ON 表名 1.属性名 1=表名 2.属性名 2 ;
```

其中，“属性名列表”参数表示要查询的字段的名称，这些字段可以来自不同的表；“表名 1”和“表名 2”参数表示将这两个表进行外连接；LEFT 参数表示进行左连接查询；RIGHT 参数表示进行右连接查询；ON 后面接的就是连接条件；“属性名 1”参数是“表名 1”中的一个字段，用“.”符号来表示字段属于哪个表；“属性名 2”参数是“表名 2”中的一个字段。

1．左连接查询

进行左连接查询时，可以查询出“表名 1”所指的表中的所有记录。而“表名 2”所指的表中，只能查询出匹配的记录。

【示例 10-52】 下面使用左连接查询的方式查询 employee 表和 department。两表通过 d_id 字段进行连接。左连接的 SELECT 语句如下：

```
SELECT num,name,employee.d_id,age,sex,d_name,function
        FROM employee   LEFT JOIN department
        ON employee.d_id=department.d_id;
```

SELECT 语句执行如下：

```
mysql> SELECT num,name,employee.d_id,age,sex,d_name,function
    -> FROM employee   LEFT JOIN department
    -> ON employee.d_id=department.d_id;
+------+--------+-------+--------+--------+----------+-------------+
| num | name | d_id | age   | sex   | d_name | function    |
+------+--------+-------+--------+--------+----------+-------------+
|    1 | 张三  | 1001 |    26 | 男    | 科研部 | 研发产品 |
|    2 | 李四  | 1001 |    24 | 女    | 科研部 | 研发产品 |
|    3 | 王五  | 1002 |    25 | 男    | 生产部 | 生产产品 |
|    4 | Aric  | 1004 |    15 | 男    | NULL   | NULL       |
+------+--------+-------+--------+--------+----------+-------------+
4 rows in set (0.03 sec)
```

查询结果共显示了 4 条记录。这 4 条记录的数据是从 employee 表和 department 表中取出来的。因为 employee 表和 department 表中都包含 d_id 值为 1001 和 1002 的记录，所有这些记录都能查询出来。但查询结果中比内查询多出了 d_id 等于 1004 的记录。因为 department 表中没有 d_id 等于 1004 的记录，所以该记录只从 employee 表中取出了相应的值。而对应需要从 department 表中取的值都是空值（NULL）。

2．右连接查询

进行右连接查询时，可以查询出“表名 2”所指的表中的所有记录。而“表名 1”所指的表中，只能查询出匹配的记录。

【示例 10-53】 下面使用右连接查询的方式查询 employee 表和 department。两表通过 d_id 字段进行连接。右连接的 SELECT 语句如下：

```
SELECT num,name, age,sex, department.d_id,d_name,function
        FROM employee   RIGHT JOIN department
        ON employee.d_id=department.d_id;
```

SELECT 语句执行如下：

```
mysql> SELECT num,name, age,sex, department.d_id,d_name,function
    -> FROM employee   RIGHT JOIN department
    -> ON employee.d_id=department.d_id;
+--------+--------+---------+--------+--------+-----------+-------------+
| num    | name | age    | sex    | d_id  | d_name | function   |
+--------+--------+---------+--------+--------+-----------+-------------+
|      1 | 张三  |      26 | 男     | 1001 | 科研部   | 研发产品 |
|      2 | 李四  |      24 | 女     | 1001 | 科研部   | 研发产品 |
|      3 | 王五  |      25 | 男     | 1002 | 生产部   | 生产产品 |
| NULL | NULL | NULL | NULL | 1003 | 销售部   | 策划销售 |
+--------+--------+---------+--------+--------+-----------+-------------+
4 rows in set (0.00 sec)
```

查询结果也显示了 4 条记录。因为 employee 表和 department 表中都包含了 d_id 值为

1001 和 1002 的记录，所有这些记录都能查询出来。但查询结果中比内查询多出了 d_id 等于 1003 的记录。因为 employee 表中没有 d_id 等于 1003 的记录，所以该记录只从 department 表中取出了相应的值。而对应需要从 employee 表中取的值都是空值（NULL）。

通过上述两个例子，读者可以明白左连接查询和右连接查询的不同。

10.4.3　复合条件连接查询

在连接查询时，也可以增加其他的限制条件。通过多个条件的复合查询，可以使查询结果更加准确。例如，employee 表和 department 表进行连接查询时，可以限制 age 字段的取值必须大于 24。这样，可以更加准确的查询出年龄大于 24 岁的员工的信息。

【示例 10-54】 下面使用内连接查询的方式查询 employee 表和 department。并且 employee 表中的 age 字段的值必须大于 24。内连接的 SELECT 语句如下：

```
SELECT num,name,employee.d_id,age,sex,d_name,function
        FROM employee, department
        WHERE employee.d_id=department.d_id
                AND age>24;
```

SELECT 语句执行如下：

```
mysql> SELECT num,name,employee.d_id,age,sex,d_name,function
    -> FROM employee, department
    -> WHERE employee.d_id=department.d_id
    -> AND age>24;
+------+--------+------+--------+--------+----------+-----------+
| num | name | d_id | age  | sex   | d_name | function  |
+------+--------+------+--------+--------+----------+-----------+
|    1 | 张三  | 1001 |     26 | 男     | 科研部 | 研发产品 |
|    3 | 王五  | 1002 |     25 | 男     | 生产部 | 生产产品 |
+------+--------+------+--------+--------+----------+-----------+
2 rows in set (0.00 sec)
```

查询结果只显示了 age 字读取值大于 24 的记录。本例可以看出，在进行连接查询时可以加上其他的条件表达式。

此外，还可以加上 GROUP BY、ORDER BY 等关键字。这可以将连接查询的结果进行分组和排序。

【示例 10-55】 下面使用内连接查询的方式查询 employee 表和 department。并且以 age 字段的升序方式显示查询结果。SELECT 语句如下：

```
SELECT num,name,employee.d_id,age,sex,d_name,function
        FROM employee, department
        WHERE employee.d_id=department.d_id
                ORDER BY age ASC;
```

执行结果如下：

```
mysql> SELECT num,name,employee.d_id,age,sex,d_name,function
    -> FROM employee, department
    -> WHERE employee.d_id=department.d_id
    -> ORDER BY age ASC;
+------+--------+------+--------+--------+----------+-----------+
| num | name | d_id | age  | sex  | d_name | function  |
+------+--------+------+--------+--------+----------+-----------+
|    2 | 李四  | 1001 |     24 | 女    | 科研部 | 研发产品 |
|    3 | 王五  | 1002 |     25 | 男    | 生产部 | 生产产品 |
|    1 | 张三  | 1001 |     26 | 男    | 科研部 | 研发产品 |
+------+--------+------+--------+--------+----------+-----------+
```

```
3 rows in set (0.00 sec)
```

SELECT 语句先按照内连接的方式从 employee 表和 department 表中查询出数据。然后，查询结果按照 age 字段从小到大的顺序进行排列。

技巧：连接查询中使用最多的内连接查询。而外连接查询中的左连接查询和右连接查询使用的频率比较低。连接查询时可以加上一些限制条件，这样只会对满足限制条件的记录进行连接操作。还可以将连接查询的结果排序。

10.5　子　查　询

子查询是将一个查询语句嵌套在另一个查询语句中。内层查询语句的查询结果，可以为外层查询语句提供查询条件。因为在特定情况下，一个查询语句的条件需要另一个查询语句来获取。例如，现在需要从学生成绩表中查询计算机系学生的各科成绩。那么，首先就必须知道哪些课程是计算机系学生选修的。因此，必须先查询计算机系学生选修的课程，然后根据这些课程来查询计算机系学生的各科成绩。通过子查询，可以实现多表之间的查询。子查询中可能包括 IN、NOT IN、ANY、ALL、EXISTS 和 NOT EXISTS 等关键字。子查询中还可能包含比较运算符，如“=”、“!=”、“>”和“<”等。本小节将详细讲解子查询的知识。

10.5.1　带 IN 关键字的子查询

一个查询语句的条件可能落在另一个 SELECT 语句的查询结果中。这可以通过 IN 关键字来判断。例如，要查询哪些同学选择了计算机系开设的课程。先必须从课程表中查询出计算机系开设了哪些课程。然后再从学生表中进行查询。如果学生选修的课程在前面查询出来的课程中，则查询出该同学的信息。这可以用带 IN 关键字的子查询来实现。

【示例 10-56】 下面查询 employee 表中的记录。这些记录的 d_id 字段的值必须在 department 表中出现过。SELECT 语句如下：

```
SELECT *  FROM employee
          WHERE  d_id   IN
                   (SELECT   d_id   FROM   department);
```

在执行该语句之前，先查看一下 department 表和 employee 表的情况，以便进行对比。department 表的查询结果如下：

```
mysql> SELECT *  FROM department;
+-------+----------+-------------+----------------------+
| d_id | d_name | function     | address              |
+-------+----------+-------------+----------------------+
| 1001 | 科研部  | 研发产品  | 3 号楼 5 层          |
| 1002 | 生产部  | 生产产品  | 5 号楼 1 层          |
| 1003 | 销售部  | 策划销售  | 1 号楼销售大厅       |
+-------+----------+-------------+----------------------+
3 rows in set (0.00 sec)
```

查询结果显示，department 表中 d_id 字段取值分别为 1001、1002 和 1003。下面是 employee 表的查询结果：

```
mysql> SELECT * FROM employee;
+------+-------+--------+-------+---------+-------------------+
| num | d_id | name | age  | sex   | homeaddr          |
+------+-------+--------+-------+---------+-------------------+
|    1 | 1001 | 张三 |    26 | 男     | 北京市海淀区 |
|    2 | 1001 | 李四 |    24 | 女     | 北京市昌平区 |
|    3 | 1002 | 王五 |    25 | 男     | 湖南长沙市     |
|    4 | 1004 | Aric  |    15 | 男     | England          |
+------+-------+--------+-------+---------+-------------------+
4 rows in set (0.00 sec)
```

查询结果显示，employee 表中的 d_id 字段取值分别为 1001、1002 和 1004。可以看出 1004 不在 department 表中。

然后执行带 IN 关键字的子查询。执行结果如下：

```
mysql> SELECT *   FROM employee
    -> WHERE   d_id   IN
    -> (SELECT   d_id   FROM    department);
+------+-------+--------+--------+--------+-------------------+
| num | d_id | name | age  | sex   | homeaddr          |
+------+-------+--------+--------+--------+-------------------+
|    1 | 1001 | 张三 |    26 | 男     | 北京市海淀区 |
|    2 | 1001 | 李四 |    24 | 女     | 北京市昌平区 |
|    3 | 1002 | 王五 |    25 | 男     | 湖南长沙市     |
+------+-------+--------+--------+--------+-------------------+
3 rows in set (0.00 sec)
```

查询结果中只有 d_id 值为 1001 和 1002 的记录。而 d_id 值为 1004 的记录没有被查询出来。这是因为 department 表中没有任何记录的 d_id 字段取值为 1004。NOT IN 关键字的作用于 IN 关键字刚好相反。

【示例 10-57】 下面查询 employee 表中的记录。这些记录的 d_id 字段的值必须没有在 department 表中出现过。SELECT 语句如下：

```
SELECT *   FROM employee
         WHERE   d_id   NOT IN
                  (SELECT   d_id   FROM    department);
```

语句执行结果如下：

```
mysql> SELECT *   FROM employee
    -> WHERE   d_id    NOT IN
    -> (SELECT   d_id   FROM    department);
+------+-------+--------+--------+-------+--------------+
| num | d_id | name | age  | sex  | homeaddr |
+------+-------+--------+--------+-------+--------------+
|    4 | 1004 | Aric  |    15 | 男    | England   |
+------+-------+--------+--------+-------+--------------+
1 row in set (0.09 sec)
```

结果中只查询出了 d_id 值为 1004 的记录。因为，department 表中没有任何记录的 d_id 字段取值为 1004。

10.5.2　带比较运算符的子查询

子查询可以使用比较运算符。这些比较运算符包括=、!=、>、>=、<、<=和<>等。其中，<>与!=是等价的。比较运算符在子查询时使用的非常广泛。如查询分数、年龄、价格和收入等。

【示例 10-58】 下面从 computer_stu 表中查询获得一等奖学金的学生的学号、姓名和分数。各个等级的奖学金的最低分存储在 scholarship 表中。

先查看一下 scholarship 表和 computer_stu 表的记录，以便进行对比。scholarship 表的查询结果如下：

```
mysql> SELECT * FROM scholarship;
+---------+---------+
| level   | score   |
+---------+---------+
|       1 |      90 |
|       2 |      80 |
|       3 |      70 |
+---------+---------+
3 rows in set (0.00 sec)
```

查询结果显示，一等奖学金的最低分为 90；二等奖学金的最低分为 80；三等奖学金的最低分为 70。下面是 computer_stu 表的查询结果。

```
mysql> SELECT * FROM computer_stu;
+-------+---------+---------+
| id    | name | score |
+-------+---------+---------+
| 1001 | Lily   |    85 |
| 1002 | Tom    |    91 |
| 1003 | Jim    |    87 |
| 1004 | Aric   |    77 |
| 1005 | Lucy   |    65 |
| 1006 | Andy   |    99 |
| 1007 | Ada    |    85 |
| 1008 | Jeck   |    70 |
+-------+---------+---------+
8 rows in set (0.00 sec)
```

查询结果显示表中每个同学的学号、姓名和分数。其中，学号为 1002 和 1006 的两个人的分数都大于 90。下面来查询谁是一等奖学金的得主。首先必须从 scholarship 表中查询出一等奖学金要求的最低分。然后再从 computer_stu 表中查询哪些学生的分数高于这个最低分。SELECT 语句如下：

```
SELECT id, name,score   FROM computer_stu
          WHERE   score>=
                  (SELECT   score   FROM   scholarship
                  WHERE   level=1);
```

代码执行结果如下：

```
mysql> SELECT id, name,score   FROM computer_stu
    -> WHERE   score>=
    -> (SELECT   score   FROM   scholarship
    -> WHERE   level=1);
+-------+---------+---------+
| id    | name    | score |
+-------+---------+---------+
| 1002 | Tom    |    91 |
| 1006 | Andy   |    99 |
+-------+---------+---------+
2 rows in set (0.00 sec)
```

结果显示，id 为 1002 和 1006 的学生获得了一等奖学金。因为他们成绩分别是 91 和 99，这都大于一等奖学金的最低分。

【示例 10-59】 下面在 department 表中查询哪些部门没有年龄为 24 岁的员工。员工的年龄存储在 employee 表中。先查询一下 employee 表和 department 表，以便进行对比。查询结果如下：

```
//employee 表中的记录
mysql> SELECT * FROM employee;
+------+-------+--------+--------+--------+-------------------+
| num | d_id | name | age   | sex    | homeaddr      |
+------+-------+--------+--------+--------+-------------------+
|    1 | 1001 | 张三 |    26 | 男    | 北京市海淀区 |
|    2 | 1001 | 李四 |    24 | 女    | 北京市昌平区 |
|    3 | 1002 | 王五 |    25 | 男    | 湖南长沙市    |
|    4 | 1004 | Aric  |    15 | 男    | England       |
+------+-------+--------+--------+--------+-------------------+
4 rows in set (0.00 sec)
//department 表中的记录
mysql> SELECT *   FROM department;
+-------+-----------+-------------+---------------------+
| d_id | d_name | function    | address          |
+-------+-----------+-------------+---------------------+
| 1001 | 科研部 | 研发产品 | 3 号楼 5 层       |
| 1002 | 生产部 | 生产产品 | 5 号楼 1 层       |
| 1003 | 销售部 | 策划销售 | 1 号楼销售大厅  |
+-------+-----------+-------------+---------------------+
3 rows in set (0.00 sec)
```

从 employee 表中可以看出，只有部门号（d_id）为 1001 的部门有员工的年龄（age）为 24。而部门名称存储在 department 表中，只有根据部门号来查找相应部门的名称。因此，需要先从 employee 表中查询哪个人为 24 岁。取出这个人的部门号。然后在 department 表中查询与该部门号不同的部门。SELECT 语句如下：

```
SELECT d_id, d_name   FROM department
            WHERE   d_id!=
                    (SELECT   d_id   FROM   employee
                      WHERE   age=24);
```

代码执行结果如下：

```
mysql> SELECT d_id, d_name   FROM department
    -> WHERE   d_id!=
    -> (SELECT   d_id   FROM   employee
    -> WHERE   age=24);
+-------+-----------+
| d_id | d_name |
+-------+-----------+
| 1002 | 生产部 |
| 1003 | 销售部 |
+-------+-----------+
2 rows in set (0.05 sec)
```

结果显示，“生产部”和“销售部”没有员工是 24 岁。从上面的 employee 表中可以看到，d_id 为 1002 的部门中，只有年龄为 25 岁的员工。由于 employee 表中没有 d_id 为 1003 的记录，因此“销售部”也是满足例题要求的。本例中用到的比较运算符是!=。运算符<>与!=是等价的。

【示例 10-60】 下面用<>替代!=来完成上一个例子。SELECT 语句如下：

```
SELECT d_id, d_name   FROM department
            WHERE   d_id<>
                    (SELECT   d_id   FROM   employee
                      WHERE   age=24);
```

代码执行结果如下：

```
mysql> SELECT d_id, d_name   FROM department
```

```
    -> WHERE   d_id<>
    -> (SELECT   d_id   FROM   employee
    -> WHERE   age=24);
+-------+-----------+
| d_id | d_name |
+-------+-----------+
| 1002 | 生产部 |
| 1003 | 销售部 |
+-------+-----------+
2 rows in set (0.00 sec)
```

结果与上个例子是一样的。本例说明运算符<>与!=是等价的。比较运算符中还有其他的等价情况。例如，!>等价于<=，!<等价于>=。

10.5.3　带 EXISTS 关键字的子查询

EXISTS 关键字表示存在。使用 EXISTS 关键字时，内层查询语句不返回查询的记录。而是返回一个真假值。如果内层查询语句查询到满足条件的记录，就返回一个真值（true），否则，将返回一个假值（false）。当返回的值为 true 时，外层查询语句将进行查询；当返回的为 false 时，外层查询语句不进行查询或者查询不出任何记录。

【示例 10-61】下面如果 department 表中存在 d_id 取值为 1003 的记录，则查询 employee 表的记录。SELECT 语句如下：

```
SELECT  *  FROM   employee
               WHERE   EXISTS
                    (SELECT   d_name   FROM department
                       WHERE   d_id=1003);
```

代码执行结果如下：

```
mysql> SELECT   *   FROM   employee
    -> WHERE   EXISTS
    -> (SELECT   d_name   FROM department
    -> WHERE   d_id=1003);
+------+-------+--------+--------+--------+------------------+
| num | d_id | name | age   | sex    | homeaddr        |
+------+-------+--------+--------+--------+------------------+
|    1 | 1001 | 张三 |    26 | 男     | 北京市海淀区 |
|    2 | 1001 | 李四 |    24 | 女     | 北京市昌平区 |
|    3 | 1002 | 王五 |    25 | 男     | 湖南长沙市     |
|    4 | 1004 | Aric  |    15 | 男     | England          |
+------+-------+--------+--------+--------+------------------+
4 rows in set (0.00 sec)
```

结果显示，查询出了 employee 表中的所有记录。因为，department 表中存在 d_id 值为 1003 的记录，内层查询语句返回一个 true。外层查询语句接收 true 后，开始查询 employee 表中的记录。因为没有设置查询 employee 表的查询条件，所以查询出了 employee 表的所有记录。

【示例 10-62】下面如果 department 表中存在 d_id 取值为 1004 的记录，则查询 employee 表的记录。SELECT 语句如下：

```
SELECT  *  FROM   employee
         WHERE   EXISTS
                (SELECT   d_name   FROM department
                WHERE   d_id=1004);
```

代码执行结果如下：

```
mysql> SELECT  *  FROM  employee
    -> WHERE  EXISTS
    -> (SELECT  d_name  FROM department
    -> WHERE  d_id=1004);
Empty set (0.00 sec)
```

结果显示，没有查询出任何记录。只是因为 department 表中根本不存在 d_id 等于 1004 的记录。内层查询语句返回一个 false。外层查询语句接收到 false 后，不进行任何查询。所以，才没有查询出任何记录。

当然，EXISTS 关键字可以与其他的查询条件一起使用。条件表达式与 EXISTS 关键字之间用 AND 或者 OR 来连接。

【示例 10-63】下面如果 department 表中存在 d_id 取值为 1003 的记录，则查询 employee 表中 age 大于 24 的记录。SELECT 语句如下：

```
SELECT  *  FROM  employee
        WHERE  age>24  AND  EXISTS
              (SELECT  d_name  FROM department
              WHERE  d_id=1003);
```

代码执行结果如下：

```
mysql> SELECT  *  FROM  employee
    -> WHERE  age>24  AND  EXISTS
    -> (SELECT  d_name  FROM department
    -> WHERE  d_id=1003);
+------+-------+--------+--------+--------+------------------+
| num | d_id | name | age  | sex   | homeaddr      |
+------+-------+--------+--------+--------+------------------+
|    1 | 1001 | 张三 |    26 | 男    | 北京市海淀区 |
|    3 | 1002 | 王五 |    25 | 男    | 湖南长沙市    |
+------+-------+--------+--------+--------+------------------+
2 rows in set (0.00 sec)
```

结果显示，从 employee 表中查询出了两条记录。这两条记录的 age 字段的取值分别是 25 和 26。因为，当内层查询语句从 department 表中查询到记录，返回一个 true。外层查询语句开始进行查询。根据查询条件，从 employee 表中查询出 age 大于 24 的两条记录。

NOT EXISTS 与 EXISTS 刚好相反。使用 NOT EXISTS 关键字时，当返回的值是 true 时，外层查询语句不进行查询或者查询不出任何记录。当返回值是 false 时，外层查询语句将进行查询。

【示例 10-64】 下面如果 department 表中不存在 d_id 取值为 1003 的记录，则查询 employee 表的记录。SELECT 语句如下：

```
SELECT  *  FROM  employee
        WHERE  NOT EXISTS
              (SELECT  d_name  FROM department
              WHERE  d_id=1003);
```

代码执行结果如下：

```
mysql> SELECT  *  FROM  employee
    -> WHERE  NOT EXISTS
    -> (SELECT  d_name  FROM department
    -> WHERE  d_id=1003);
Empty set (0.00 sec)
```

结果显示，没有查询出任何记录。因为 department 表中存在 d_id 为 1003 的记录，内层查询语句返回了一个 true。外层查询语句接收到 true 后，将不从 employee 表中查询记录。

注意：EXISTS 关键字与前面的关键字很不一样。使用 EXISTS 关键字时，内层查询语句只返回 true 和 false。如果内层查询语句查询到记录，那么返回 true，否则，将返回 false。如果返回 true，那么就可以执行外层查询语句。使用前面介绍的其他关键字时，其内层查询语句都会返回查询到的记录。

10.5.4　带 ANY 关键字的子查询

ANY 关键字表示满足其中任一条件。使用 ANY 关键字时，只要满足内层查询语句返回的结果中的任何一个，就可以通过该条件来执行外层查询语句。例如，需要查询哪些同学能够获得奖学金。那么，首先必须从奖学金表中查询出各种奖学金要求的最低分。只要一个同学的成绩高于不同奖学金最低分的任何一个，这个同学就可以获得奖学金。ANY 关键字通常与比较运算符一起使用。例如，>ANY 表示大于任何一个值，=ANY 表示等于任何一个值。

【示例 10-65】 下面从 computer_stu 表中查询出哪些同学可以获得奖学金。奖学金的信息存储在 scholarship 表中。先查看一下 computer_stu 表和 scholarship 表。查询结果如下：

```
//computer_stu 表的记录
mysql> SELECT * FROM computer_stu;
+-------+---------+----------+
| id    | name | score   |
+-------+---------+----------+
| 1001 | Lily    |     85 |
| 1002 | Tom    |     91 |
| 1003 | Jim     |     87 |
| 1004 | Aric    |     77 |
| 1005 | Lucy    |     65 |
| 1006 | Andy    |     99 |
| 1007 | Ada     |     85 |
| 1008 | Jeck    |     70 |
+-------+---------+----------+
8 rows in set (0.00 sec)
// scholarship 表的记录
mysql> SELECT * FROM scholarship;
+---------+---------+
| level   | score   |
+---------+---------+
|       1 |     90 |
|       2 |     80 |
|       3 |     70 |
+---------+---------+
3 rows in set (0.00 sec)
```

下面来查询到底谁能得奖学金。先需要从 scholarship 表中查询出各种奖学金的最低分。然后，从 computer_stu 表中查询哪些人的分数高于其中任何一个奖学金的最低分。SELECT 语句代码如下：

```
SELECT  *  FROM  computer_stu
        WHERE  score>=ANY
              (SELECT  score  FROM  scholarship);
```

代码执行结果如下：

```
mysql> SELECT  *  FROM  computer_stu
    -> WHERE  score>=ANY
```

```
    -> (SELECT  score  FROM  scholarship);
+-------+---------+---------+
| id    | name | score |
+-------+---------+---------+
| 1001 | Lily    |     85 |
| 1002 | Tom    |     91 |
| 1003 | Jim     |     87 |
| 1004 | Aric    |     77 |
| 1006 | Andy   |     99 |
| 1007 | Ada    |     85 |
| 1008 | Jeck   |     70 |
+-------+---------+---------+
7 rows in set (0.00 sec)
```

结果显示，有 7 个人可以获得奖学金。只有 id 为 1005 的学生没有获得奖学金。因为，他的分数为 65，不高于奖学金指定最低分的任何一个。

10.5.5　带 ALL 关键字的子查询

ALL 关键字表示满足所有条件。使用 ALL 关键字时，只有满足内层查询语句返回的所有结果，才可以执行外层查询语句。例如，需要查询哪些同学能够获得一等奖学金。首先必须从奖学金表中查询出各种奖学金要求的最低分。因为一等奖学金要求的分数最高。只有当同学的成绩高于所有奖学金最低分时，这个同学才可能获得一等奖学金。ALL 关键字也经常与比较运算符一起使用。例如，>ALL 表示大于所有值，<ALL 表示小于所有值。

【示例 10-66】 下面从 computer_stu 表中查询出哪些同学可以获得一等奖学金。奖学金的信息存储在 scholarship 表中。先需要从 scholarship 表中查询出各种奖学金的最低分。然后，从 computer_stu 表中查询哪些人的分数高于所有奖学金的最低分。SELECT 语句代码如下：

```
SELECT  *  FROM  computer_stu
        WHERE  score>=ALL
               (SELECT  score  FROM  scholarship);
```

代码执行结果如下：

```
mysql> SELECT  *  FROM  computer_stu
    -> WHERE  score>=ALL
    -> (SELECT  score  FROM  scholarship);
+-------+---------+---------+
| id    | name | score  |
+-------+---------+---------+
| 1002 | Tom    |     91 |
| 1006 | Andy   |     99 |
+-------+---------+---------+
2 rows in set (0.00 sec)
```

结果显示，只有两个人可以获得一等奖学金。因为这两个人的分数比所有奖学金要求的分数都高。

注意：ANY 关键字和 ALL 关键字的使用方式是一样的，但是这两者有很大的区别。使用 ANY 关键字时，只要满足内层查询语句返回的结果中的任何一个，就可以通过该条件来执行外层查询语句。而 ALL 关键字刚好相反，只有满足内层查询语句返回的所有结果，才可以执行外层查询语句。

10.6　合并查询结果

合并查询结果是将多个 SELECT 语句的查询结果合并到一起。因为某种情况下，需要将几个 SELECT 语句查询出来的结果合并起来显示。例如，现在需要查询公司甲和公司乙这两个公司所有员工的信息。这就需要从公司甲中查询出所有员工的信息，再从公司乙中查询出所有员工的信息。然后将两次的查询结果合并到一起。进行合并操作使用 UNION 和 UNION ALL 关键字。本小节将详细讲解合并查询结果的方法。

使用 UNION 关键字时，数据库系统会将所有的查询结果合并到一起，然后去除掉相同的记录。而 UNION ALL 关键字则只是简单的合并到一起。其语法规则如下：

```
SELECT 语句 1
  UNION | UNION ALL
SELECT 语句 2
  UNION | UNION ALL ...
SELECT 语句 n ;
```

从上面可以知道，可以合并多个 SELECT 语句的查询结果。而且，每个 SELECT 语句之间使用 UNION 或 UNION ALL 关键字连接。

【示例 10-67】 下面从 department 表和 employee 表中查询 d_id 字段的取值。然后通过 UNION 关键字将结果合并到一起。首先，先查看 department 表和 employee 表中 d_id 字段的取值。查询结果如下：

```
//department 表中 d_id 字段的取值
mysql> SELECT d_id FROM department;
+-------+
| d_id |
+-------+
| 1001 |
| 1002 |
| 1003 |
+-------+
3 rows in set (0.00 sec)
//employee 表中 d_id 字段的取值
mysql> SELECT d_id FROM employee;
+-------+
| d_id |
+-------+
| 1001 |
| 1001 |
| 1002 |
| 1004 |
+-------+
4 rows in set (0.00 sec)
```

从查询结果可以看到，department 表的 d_id 字段取值分别为 1001、1002 和 1003。而 employee 表的 d_id 字段取值分别为 1001、1002 和 1004。其中，d_id 为 1001 的记录有两条。现在这两个表中的 d_id 字段的取值合并在一起。语句如下：

```
SELECT d_id   FROM   department
  UNION
SELECT d_id   FROM   employee;
```

两个 SELECT 语句之间用 UNION 关键字进行连接。代码执行结果如下：

```
mysql> SELECT d_id   FROM   department
    -> UNION
```

```
    -> SELECT d_id   FROM   employee;
+-------+
| d_id |
+-------+
| 1001 |
| 1002 |
| 1003 |
| 1004 |
+-------+
4 rows in set (0.00 sec)
```

从查询结果可以看出，d_id 字段的取值为 1001、1002、1003 和 1004。这刚好是 department 表和 employee 表 d_id 字段的所有取值。而且，结果中没有任何重复的记录。

如果使用 UNION ALL 关键字，那么只是将查询结果直接合并到一起。结果中可能存在相同的记录。

【示例 10-68】 下面从 department 表和 employee 表中查询 d_id 字段的取值。然后通过 UNION ALL 关键字将结果合并到一起。语句如下：

```
SELECT d_id   FROM   department
  UNION ALL
SELECT d_id   FROM   employee;
```

两个 SELECT 语句之间用 UNION ALL 关键字进行连接。代码执行结果如下：

```
mysql> SELECT d_id   FROM   department
    -> UNION ALL
    -> SELECT d_id   FROM   employee;
+-------+
| d_id |
+-------+
| 1001 |
| 1002 |
| 1003 |
| 1001 |
| 1001 |
| 1002 |
| 1004 |
+-------+
7 rows in set (0.00 sec)
```

从上面可以看出，结果中存在相同的记录。这说明 UNION ALL 关键字只是将查询结果直接合并到一起，没有消除相同的记录。

注意：UNION 关键字和 UNION ALL 关键字都可以合并查询结果，但是两者有一点区别。UNION 关键字合并查询结果时，需要将相同的记录消除掉。而 UNION ALL 关键字则相反，它不会消除掉相同的记录，而是将所有的记录合并到一起。

10.7　为表和字段取别名

在查询时，可以为表和字段取一个别名。这个别名可以代替其指定的表和字段。本小节将详细讲解如何为表和字段取别名。

10.7.1　为表取别名

当表的名称特别长时，在查询中直接使用表名很不方便。这时可以为表取一个别名。

用这个别名来代替表的名称。例如，电力软件中的变压器表的名称为 power_system_transform。如果要使用该表下面的字段 id，但同时查询的其他表中也有 id 字段。这样就必须指明是哪个表下的 id 字段，如 power_system_transform.id。因为变压器表的表名太长，使用起来不是很方便。为了解决这个问题，可以为变压器表取一个别名，如将 power_system_transform 取个别名为 t，那么 t 就代表了变压器表。t.id 与 power_system_transform.id 表示的意思就相同了。本小节中将讲解怎么样为表取一个别名，以及查询时如何使用别名。

MySQL 中为表取别名的基本形式如下：

```
表名　表的别名
```

通过这种方式，“表的别名”就能在此次查询中代替“表名”了。

【示例 10-69】 下面为 department 表取个别名 d。然后查询表中 d_id 字段取值为 1001 的记录。SQL 代码如下：

```
SELECT  *  FROM  department  d
          WHERE  d.d_id=1001;
```

代码中“department d”表示 department 表的别名为 d；d.d_id 表示 department 表的 d_id 字段。代码执行结果如下：

```
mysql> SELECT  *  FROM  department  d
    -> WHERE  d.d_id=1001;
+------+--------+----------+------------+
| d_id | d_name | function  | address    |
+------+--------+----------+------------+
| 1001 | 科研部 | 研发产品 | 3 号楼 5 层 |
+------+--------+----------+------------+
1 row in set (0.00 sec)
```

结果查询出了 d_id 字段取值为 1001 的记录。为表取名必须保证该数据库中没有其他表与该别名相同。如果相同了，数据库系统将不知道该名称指代的是哪个表了。

10.7.2　为字段取别名

当查询数据时，MySQL 会显示每个输出列的名词。默认的情况下，显示的列名是创建表是定义的列名。例如，department 表的列名分别是 d_id、d_name、function 和 address。当查询 department 表时，就会相应显示这几个列名。有时为了显示结果更加直观，需要一个更加直观的名字来表示这一列。如 department_name 可以很直接的知道是部门名称。这时就需要将 d_name 字段取别名为 department_name。本小节将详细讲解如何为字段取别名。

MySQL 中为字段取别名的基本形式如下：

```
属性名　[AS]　别名
```

其中，“属性名”参数为字段原来的名称；“别名”参数为字段新的名称；“AS”关键字可有可无，实现的作用都是一样的。通过这种方式，显示结果中“别名”就代替“属性名”了。

【示例 10-70】 下面为 department 表中 d_id 字段取名为 department_id，d_name 字段取名为 department_name。在改名前，先查看 department 表的 d_id 字段和 d_name 字段的数据，以便与改名后进行对比。查询结果如下：

```
mysql> SELECT d_id,d_name FROM department;
+-------+-----------+
| d_id | d_name |
+-------+-----------+
| 1002 | 生产部 |
| 1003 | 销售部 |
| 1001 | 科研部 |
+-------+-----------+
3 rows in set (0.00 sec)
```

查询结果中直接显示 d_id 和 d_name 这两个名称。下面将 d_id 字段取名为 department_id，d_name 字段取名为 department_name。SQL 代码如下：

```
SELECT   d_id AS department_id,   d_name AS department_name
         FROM   department;
```

代码执行结果如下：

```
mysql> SELECT   d_id AS department_id,   d_name AS department_name
    -> FROM   department;
+--------------------+-----------------------+
| department_id   | department_name |
+--------------------+-----------------------+
|            1002 | 生产部                |
|            1003 | 销售部                |
|            1001 | 科研部                |
+--------------------+-----------------------+
3 rows in set (0.00 sec)
```

查询结果中直接显示 department_id 和 department_name 两个名称。说明，这两个新的名称已经代替了 d_id 和 d_name。为字段取名必须保证该表中没有其他字段与该别名相同。如果名称相同，数据库系统将不知道该名称指代的是哪个字段了。而且，字段的别名只是显示的时候替代字段本来的名称。在查询条件中是不能使用新定义的别名的。如果查询条件中使用了别名，系统会报错。例如，将上面例子中的 department_id 作为查询条件，那么系统会出现报错。情况如下：

```
mysql> SELECT   d_id AS department_id,   d_name AS department_name
    -> FROM   department where department_id=1001;
ERROR 1054 (42S22): Unknown column 'department_id' in 'where clause'
```

错误显示，department_id 是一个未知列。因为，department_id 只是在显示时代替 d_id，而表中的实际字段名依然为 d_id。所以，使用 department_id 来查询时会出现这样的错误。

MySQL 数据库中可以同时为表和字段取别名。

【示例 10-71】 下面为 department 表中 d_id 字段取名为 department_id，d_name 字段取名为 department_name。而且 department 表取名为 d。然后查询表中 d_id 字段取值为 1001 的记录。SQL 代码如下：

```
SELECT   d.d_id AS department_id,   d.d_name AS department_name, d.function, d.address
         FROM   department   d
         WHERE   d.d_id=1001;
```

代码执行结果如下：

```
mysql> SELECT   d.d_id AS department_id,   d.d_name AS department_name, d.function, d.address
    -> FROM   department   d
    -> WHERE   d.d_id=1001;
+-------------------+-----------------------+-------------+---------------+
| department_id   | department_name | function    | address      |
+-------------------+-----------------------+-------------+---------------+
|           1001 | 科研部                | 研发产品 | 3 号楼 5 层 |
+-------------------+-----------------------+-------------+---------------+
1 row in set (0.00 sec)
```

通过为表和字段取别名的方式，能够使查询更加方便。而且可以使查询结果按更加合理的方式显示。

注意： 表的别名不能与该数据库的其他表同名。字段的别名不能与该表的其他字段同名。在条件表达式中不能使用字段的别名，否则将会出现“ERROR 1054 (42S22): Unknown column”这样的错误提示信息。显示查询结果时字段的别名代替了字段名。

10.8　使用正则表达式查询

正则表达式是用某种模式去匹配一类字符串的一个方式。例如，使用正则表达式可以查询出包含 A、B 和 C 其中任一字母的字符串。正则表达式的查询能力比通配字符的查询能力更强大，而且更加的灵活。正则表达式可以应用于非常复杂查询。本节将详细讲解如何使用正则表达式来查询。

MySQL 中，使用 REGEXP 关键字来匹配查询正则表达式。其基本形式如下：

```
属性名 REGEXP '匹配方式'
```

其中，“属性名”参数表示需要查询的字段的名称；“匹配方式”参数表示以哪种方式来进行匹配查询。“匹配方式”参数中有很多的模式匹配的字符，它们分别表示不同的意思，如表 10.2 所示。

表 10.2　正则表达式的模式字符

正则表达式的模式字符	含　义
^	匹配字符串开始的部分
$	匹配字符串结束的部分
.	代表字符串中的任意一个字符，包括回车和换行
[字符集合]	匹配“字符集合”中的任何一个字符
[^字符集合]	匹配除了“字符集合”以外的任何一个字符
S1 | S2 | S3	匹配S1、S2和S3中的任意一个字符串
*	代表多个该符号之前的字符，包括0和1个
+	代表多个该符号之前的字符，包括1个
字符串{N}	字符串出现N次
字符串{M,N}	字符串出现至少M次，最多N次

这里的正则表达式与 Java 语言、PHP 语言等编程语言中的正则表达式基本一致。

10.8.1　查询以特定字符或字符串开头的记录

使用字符“^”可以匹配以特定字符或字符串开头的记录。

【示例 10-72】 下面从 info 表 name 字段中查询以字母‘L’开头的记录。SQL 代码如下：

```
SELECT * FROM info WHERE name REGEXP '^L';
```

代码执行结果如下：

```
mysql> SELECT * FROM info WHERE name REGEXP '^L';
+----+-------+
| id | name |
+----+-------+
|  5 | Lucy |
|  6 | Lily  |
+----+-------+
2 rows in set (0.00 sec)
```

结果显示，查询出了 name 字段中以字母 L 开头的两条记录。

【示例 10-73】 下面从 info 表 name 字段中查询以字符串‘aaa’开头的记录。SQL 代码如下：

```
SELECT * FROM info WHERE name REGEXP '^aaa';
```

代码执行结果如下：

```
mysql> SELECT * FROM info WHERE name REGEXP '^aaa';
+----+---------+
| id  | name |
+----+---------+
|  8 | aaa    |
| 10 | aaabd |
+----+---------+
2 rows in set (0.00 sec)
```

结果显示，查询出了 name 字段中以字母 aaa 开头的两条记录。

10.8.2 查询以特定字符或字符串结尾的记录

使用字符“$”，可以匹配以特定字符或字符串结尾的记录。

【示例 10-74】 下面从 info 表 name 字段中查询以字母 c 结尾的记录。SQL 代码如下：

```
SELECT * FROM info WHERE name REGEXP 'c$';
```

代码执行结果如下：

```
mysql> SELECT * FROM info WHERE name REGEXP 'c$';
+----+------+
| id | name |
+----+------+
|  1 | Aric |
|  2 | Eric |
+----+------+
2 rows in set (0.00 sec)
```

结果显示，查询出了 name 字段中以字母 c 结尾的两条记录。

【示例 10-75】 下面从 info 表 name 字段中查询以字符串“aaa”结尾的记录。SQL 代码如下：

```
SELECT * FROM info WHERE name REGEXP 'aaa$';
```

代码执行结果如下：

```
mysql> SELECT * FROM info WHERE name REGEXP 'aaa$';
+----+----------+
| id  | name   |
+----+----------+
```

```
|  8 | aaa      |
|  9 | dadaaa |
+----+-----------+
2 rows in set (0.00 sec)
```

结果显示，查询出了 name 字段中以字母 aaa 结尾的两条记录。

10.8.3　用符号“.”来替代字符串中的任意一个字符

用正则表达式来查询时，可以用“.”来替代字符串中的任意一个字符。

【示例 10-76】 下面从 info 表 name 字段中查询以字母‘L’开头，以字母‘y’结尾，中间有两个任意字符的记录。SQL 代码如下：

```
SELECT * FROM info WHERE name REGEXP '^L..y$';
```

其中，^L 表示以字母 L 开头；两个“.”表示两个任意字符；y$表示以字母 y 结尾。代码执行结果如下：

```
mysql> SELECT * FROM info WHERE name REGEXP '^L..y$';
+----+--------+
| id  | name |
+----+--------+
|  5 | Lucy |
|  6 | Lily   |
+----+--------+
2 rows in set (0.00 sec)
```

查询结果为 Lucy 和 Lily。这刚好是以字母 L 开头，以字母 y 结尾，中间有两个任意字符的记录。

10.8.4　匹配指定字符中的任意一个

使用方括号（[]）可以将需要查询字符组成一个字符集。只要记录中包含方括号中的任意字符，该记录将会被查询出来。例如，通过“[abc]”可以查询包含 a、b 和 c 等 3 个字母中任何一个的记录。

【示例 10-77】 下面从 info 表 name 字段中查询包含 c、e 和 o 3 个字母中任意一个的记录。SQL 代码如下：

```
SELECT * FROM info WHERE name REGEXP '[ceo]';
```

代码执行结果如下：

```
mysql> SELECT * FROM info WHERE name REGEXP '[ceo]';
+----+-----------+
| id  | name     |
+----+-----------+
|  1 | Aric      |
|  2 | Eric      |
|  4 | Jack      |
|  5 | Lucy      |
|  7 | Tom       |
| 11 | abc12   |
+----+-----------+
6 rows in set (0.00 sec)
```

查询结果都包含这 3 个字母中任意一个。

使用方括号（[]）可以指定集合的区间。如“[a-z]”表示从 a～z 的所有字母；“[0-9]”表示从 0～9 的所有数字；“[a-z0-9]”表示包含所有的小写字母和数字。

【示例 10-78】 下面从 info 表 name 字段中查询包含数字的记录。SQL 代码如下：

```
SELECT * FROM info WHERE name REGEXP '[0-9]';
```

代码执行结果如下：

```
mysql> SELECT * FROM info WHERE name REGEXP '[0-9]';
+----+---------+
| id | name |
+----+---------+
| 11 | abc12 |
| 12 | ad321 |
+----+---------+
2 rows in set (0.00 sec)
```

查询结果中，name 字段取值都包含数字。

【示例 10-79】 下面从 info 表 name 字段中查询包含数字或者字母 a、b 和 c 的记录。SQL 代码如下：

```
SELECT * FROM info WHERE name REGEXP '[0-9a-c]';
```

代码执行结果如下：

```
mysql> SELECT * FROM info WHERE name REGEXP '[0-9a-c]';
+----+----------+
| id | name |
+----+----------+
|  1 | Aric |
|  2 | Eric |
|  4 | Jack |
|  5 | Lucy |
|  8 | aaa |
|  9 | dadaaa |
| 10 | aaabd |
| 11 | abc12 |
| 12 | ad321 |
+----+----------+
9 rows in set (0.00 sec)
```

查询结果中，name 字段取值都包含数字或者字母 a、b 和 c 中的任意一个。

注意：使用方括号（[]）可以指定需要匹配字符的集合。如过需要匹配字母 a、b 和 c 时，可以使用[abc]指定字符集合。每个字符之间不需要用符号隔开。如果要匹配所有字母，可以使用[a-zA-Z]。字母 a 和 z 之间用“-”隔开，字母 z 和 A 之间不要用符号隔开。

10.8.5　匹配指定字符以外的字符

使用“[^字符集合]”可以匹配指定字符以外的字符。

【示例 10-80】 下面从 info 表 name 字段中查询包含‘a’到‘w’字母和数字以外的字符的记录。SQL 代码如下：

```
SELECT * FROM info WHERE name REGEXP '[^a-w0-9]';
```

代码执行结果如下：

```
mysql> SELECT * FROM info WHERE name REGEXP '[^a-w0-9]';
+----+-------+
| id | name |
+----+-------+
|  5 | Lucy |
|  6 | Lily  |
+----+-------+
2 rows in set (0.00 sec)
```

查询结果为 Lucy 和 Lily。因为这两个字符串包含字母 y，这个字母是在指定范围之外的。

10.8.6　匹配指定字符串

正则表达式可以匹配字符串。当表中的记录包含这个字符串时，就可以将该记录查询出来。如果指定多个字符串时，需要用符号“|”隔开。只要匹配这些字符串中的任意一个即可。

【示例 10-81】 下面从 info 表 name 字段中查询包含‘ic’的记录。SQL 代码如下：

```
SELECT * FROM info WHERE name REGEXP 'ic';
```

代码执行结果如下：

```
mysql> SELECT * FROM info WHERE name REGEXP 'ic';
+----+------+
| id | name |
+----+------+
|  1 | Aric |
|  2 | Eric |
+----+------+
2 rows in set (0.00 sec)
```

查询结果为 Airc 和 Eric。这两条记录中都包含 ic。

【示例 10-82】 下面从 info 表 name 字段中查询包含 ic、uc 和 ab 这 3 个字符串中任意一个的记录。SQL 代码如下：

```
SELECT * FROM info WHERE name REGEXP 'ic|uc |ab';
```

代码执行结果如下：

```
mysql> SELECT * FROM info WHERE name REGEXP 'ic|uc|ab';
+----+----------+
| id  | name    |
+----+----------+
|  1 | Aric     |
|  2 | Eric     |
|  5 | Lucy     |
| 10 | aaabd    |
| 11 | abc12    |
+----+----------+
5 rows in set (0.00 sec)
```

查询结果中包含 ic、uc 和 ab 3 个字符串中的任意一个。

注意：指定多个字符串时，需要用符号“|”将这些字符串隔开。每个字符串与“|”之间不能有空格。因为，查询过程中，数据库系统会将空格也当作一个字符。这样就查询不出想要的结果。查询可以指定的字符串不止 3 个。

10.8.7　使用“*”和“+”来匹配多个字符

正则表达式中，“*”和“+”都可以匹配多个该符号之前的字符。但是，“+”至少表示一个字符，而“*”可以表示 0 个字符。

【示例 10-83】 下面从 info 表 name 字段中查询字母‘c’之前出现过‘a’的记录。SQL 代码如下：

```
SELECT * FROM info WHERE name REGEXP 'a*c';
```

代码执行结果如下：

```
mysql> SELECT * FROM info WHERE name REGEXP 'a*c';
+----+---------+
| id  | name |
+----+---------+
|   1 | Aric  |
|   2 | Eric  |
|   4 | Jack   |
|   5 | Lucy   |
| 11 | abc12 |
+----+---------+
5 rows in set (0.00 sec)
```

查询结果显示，Aric、Eric 和 Lucy 中的字母 c 之前并没有 a。因为“*”可以表示 0 个，所以“a*c”表示字母 c 之前有 0 个或者多个 a 出现。上述的情况都是属于前面出现过 0 个的情况。如果使用‘+’，其 SQL 代码如下：

```
SELECT * FROM info WHERE name REGEXP 'a+c';
```

代码执行结果如下：

```
mysql> SELECT * FROM info WHERE name REGEXP 'a+c';
+----+-------+
| id | name |
+----+-------+
|   4 | Jack |
+----+-------+
1 row in set (0.00 sec)
```

查询结果只有一条。只有 Jack 是刚好字母 c 前面出现了 a。因为 a+c 表示字母 c 前面至少有一个字母 a。

10.8.8　使用{M}或者{M,N}来指定字符串连续出现的次数

正则表达式中，“字符串{M}”表示字符串连续出现 M 次；“字符串{M,N}”表示字符串联连续出现至少 M 次，最多 N 次。例如，“ab{2}”表示字符串“ab”连续出现两次。“ab{2,4}”表示字符串“ab”连续出现至少两次，最多 4 次。

【示例 10-84】 下面从 info 表 name 字段中查询出现过‘a’ 3 次的记录。SQL 代码如下：

```
SELECT * FROM info WHERE name REGEXP 'a{3}';
```

代码执行结果如下：

```
mysql> SELECT * FROM info WHERE name REGEXP 'a{3}';
+----+----------+
```

```
| id  | name      |
+----+-----------+
|   8 | aaa       |
|   9 | dadaaa |
| 10 | aaabd    |
+----+-----------+
3 rows in set (0.00 sec)
```

查询结果中都包含了 aaa。

【示例 10-85】 下面从 info 表 name 字段中查询出现过'ab'最少一次，最多 3 次的记录。SQL 代码如下：

```
SELECT  *  FROM  info  WHERE  name  REGEXP  'ab{1,3}';
```

代码执行结果如下：

```
mysql> SELECT  *  FROM  info  WHERE  name  REGEXP  'ab{1,3}';
+----+-----------+
| id  | name      |
+----+-----------+
| 10 | aaabd    |
| 11 | abc12     |
| 17 | ababab |
+----+----------+
3 rows in set (0.00 sec)
```

查询结果中，aaabd 和 abc12 中 ab 出现了一次；ababab 中 ab 出现了 3 次。

使用正则表达式可以灵活的设置查询条件。这样，可以让 MySQL 数据库的查询功能更加的强大。因此希望读者能够认真了解正则表达式的知识。而且 MySQL 中的正则表达式与编程语言中的很相似，这对读者的编程也有好处。

说明： 正则表达式的功能非常强大，使用正则表达式可以灵活的设置字符串匹配的条件。而且，Java 语言、C#语言、PHP 语言和 Shell 脚本语言都使用正则表达式。因此，希望读者能够查阅有关正则表达式的资料，可以进一步了解关于正则表达式的知识。

10.9 本 章 实 例

在本小节中将在 student 表和 score 表上进行查询。student 表和 score 表的定义如表 10.3 和表 10.4 所示。

表 10.3　student表的定义

字段名	字段描述	数据类型	主键	外键	非空	唯一	自增
id	学号	INT(10)	是	否	是	是	否
name	姓名	VARCHAR(20)	否	否	是	否	否
sex	性别	VARCHAR(4)	否	否	否	否	否
birth	出生年分	YEAR	否	否	否	否	否
department	院系	VARCHAR(20)	否	否	是	否	否
address	家庭住址	VARCHAR(50)	否	否	否	否	否

表 10.4　score表的定义

字　段　名	字段描述	数据类型	主　键	外　键	非　空	唯　一	自　增
id	编号	INT(10)	是	否	是	是	是
stu_id	学号	INT(10)	否	否	是	否	否
c_name	课程名	VARCHAR(20)	否	否	否	否	否
grade	分数	INT(10)	否	否	否	否	否

student 表和 score 表中记录如表 10.5 和表 10.6 所示：

表 10.5　student表的记录

id	name	sex	birth	department	address
901	张老大	男	1985	计算机系	北京市海淀区
902	张老二	男	1986	中文系	北京市昌平区
903	张三	女	1990	中文系	湖南省永州市
904	李四	男	1990	英语系	辽宁省阜新市
905	王五	女	1991	英语系	福建省厦门市
906	王六	男	1988	计算机系	湖南省衡阳市

表 10.6　score表的记录

id	stu_id	c_name	grade
1	901	计算机	98
2	901	英语	80
3	902	计算机	65
4	902	中文	88
5	903	中文	95
6	904	计算机	70
7	904	英语	92
8	905	英语	94
9	906	计算机	90
10	906	英语	85

执行的操作如下：

（1）在查询之前，先按照表 10.3 和表 10.4 的内容创建 student 表和 score 表。

（2）按照表 10.5 和表 10.6 的内容为 student 表和 score 表增加记录。

（3）查询 student 表的所有记录。

（4）查询 student 表的第 2 条到第 4 条记录。

（5）从 student 表查询所有学生的学号（id）、姓名（name）和院系（department）的信息。

（6）从 student 表中查询计算机系和英语系的学生的信息。

（7）从 student 表中查询年龄为 18～22 岁的学生的信息。

（8）从 student 表中查询每个院系有多少人。

（9）从 score 表中查询每个科目的最高分。

（10）查询李四的考试科目（c_name）和考试成绩（grade）。

（11）用连接查询的方式查询所有学生的信息和考试信息。

（12）计算每个学生的总成绩。

（13）计算每个考试科目的平均成绩。

（14）查询计算机成绩低于 95 的学生的信息。

（15）查询同时参加计算机和英语考试的学生的信息。

（16）将计算机考试成绩按从高到低进行排序。

（17）从 student 表和 score 表中查询出学生的学号，然后合并查询结果。

（18）查询姓张或者姓王的同学的姓名、院系和考试科目及成绩。

（19）查询都是湖南的同学的姓名、年龄、院系和考试科目及成绩。

本实例的执行过程如下：

（1）按照表 10.3 的内容创建 student 表。SQL 代码如下：

```
CREATE TABLE student (id INT(10) NOT NULL UNIQUE PRIMARY KEY ,
                      name VARCHAR(20) NOT NULL ,
                      sex VARCHAR(4) ,
                      birth YEAR,
                      department VARCHAR(20) ,
                      address VARCHAR(50)
                      );
```

然后，按照表 10.4 的内容创建 score 表。SQL 代码如下：

```
CREATE TABLE score (id INT(10) NOT NULL UNIQUE PRIMARY KEY AUTO_INCREMENT ,
                    stu_id INT(10) NOT NULL ,
                    c_name VARCHAR(20) ,
                    grade INT(10)
                    );
```

代码执行后出现“Query OK, 0 rows affected”，说明表已经创建成功。

（2）为进行查询，需要向 student 表和 score 表中插入一些数据。插入数据用 INSERT 语句。在第 11 章中会详细讲解。先按照表 10.5 中的内容向 student 表插入数据。INSERT 语句的代码如下：

```
INSERT INTO student VALUES( 901,'张老大', '男',1985,'计算机系', '北京市海淀区');
INSERT INTO student VALUES( 902,'张老二', '男',1986,'中文系', '北京市昌平区');
INSERT INTO student VALUES( 903,'张三', '女',1990,'中文系', '湖南省永州市');
INSERT INTO student VALUES( 904,'李四', '男',1990,'英语系', '辽宁省阜新市');
INSERT INTO student VALUES( 905,'王五', '女',1991,'英语系', '福建省厦门市');
INSERT INTO student VALUES( 906,'王六', '男',1988,'计算机系', '湖南省衡阳市');
```

其中，各个字段之间用逗号隔开。字符串需要加上单引号。然后按照表 10.6 中的内容向 score 表中插入数据。INSERT 语句的代码如下：

```
INSERT INTO score VALUES(NULL,901, '计算机',98);
INSERT INTO score VALUES(NULL,901, '英语', 80);
INSERT INTO score VALUES(NULL,902, '计算机',65);
INSERT INTO score VALUES(NULL,902, '中文',88);
INSERT INTO score VALUES(NULL,903, '中文',95);
INSERT INTO score VALUES(NULL,904, '计算机',70);
INSERT INTO score VALUES(NULL,904, '英语',92);
INSERT INTO score VALUES(NULL,905, '英语',94);
INSERT INTO score VALUES(NULL,906, '计算机',90);
INSERT INTO score VALUES(NULL,906, '英语',85);
```

因为 score 表的 id 字段是自动增加的。将其值赋值为 NULL 后，id 值会自动从 1 开始增加。代码执行后出现“Query OK, 1 row affected”，说明记录已经插入到表中。

（3）查询 student 表的所有记录。可以通过两种方式进行查询。第一种方法是用“*”来表示所有字段。SQL 代码如下：

```
SELECT * FROM student;
```

代码执行结果如下：

```
mysql> SELECT * FROM student;
+-----+----------+--------+---------+---------------+------------------+
| id  | name     | sex    | birth   | department | address          |
+-----+----------+--------+---------+---------------+------------------+
| 901 | 张老大 | 男     |    1985 | 计算机系      | 北京市海淀区 |
| 902 | 张老二 | 男     |    1986 | 中文系        | 北京市昌平区 |
| 903 | 张三     | 女     |    1990 | 中文系        | 湖南省永州市 |
| 904 | 李四     | 男     |    1990 | 英语系        | 辽宁省阜新市 |
| 905 | 王五     | 女     |    1991 | 英语系        | 福建省厦门市 |
| 906 | 王六     | 男     |    1988 | 计算机系      | 湖南省衡阳市 |
+-----+----------+--------+---------+---------------+------------------+
6 rows in set (0.02 sec)
```

结果显示了 student 表的所有记录。第二种方法是在 SELECT 语句中列出 student 表的所有字段。SQL 代码如下：

```
SELECT id, name, sex, birth, department, address FROM student;
```

代码执行结果如下：

```
mysql> SELECT id, name, sex, birth, department, address FROM student;
+-----+----------+--------+---------+---------------+------------------+
| id  | name     | sex    | birth   | department | address          |
+-----+----------+--------+---------+---------------+------------------+
| 901 | 张老大 | 男     |    1985 | 计算机系      | 北京市海淀区 |
| 902 | 张老二 | 男     |    1986 | 中文系        | 北京市昌平区 |
| 903 | 张三     | 女     |    1990 | 中文系        | 湖南省永州市 |
| 904 | 李四     | 男     |    1990 | 英语系        | 辽宁省阜新市 |
| 905 | 王五     | 女     |    1991 | 英语系        | 福建省厦门市 |
| 906 | 王六     | 男     |    1988 | 计算机系      | 湖南省衡阳市 |
+-----+----------+--------+---------+---------------+------------------+
6 rows in set (0.00 sec)
```

查询结果与第一种方法的结果是一样的。

（4）查询 student 表的第 2～4 条记录，可以通过 LIMIT 关键字来实现。SQL 代码如下：

```
SELECT * FROM student LIMIT 1,3;
```

其中，1 表示从第 2 条记录开始查询；3 表示查询出 3 条记录。代码执行结果如下：

```
mysql> SELECT * FROM student LIMIT 1,3;
+-----+----------+--------+---------+---------------+------------------+
| id  | name     | sex    | birth   | department | address          |
+-----+----------+--------+---------+---------------+------------------+
| 902 | 张老二 | 男     |    1986 | 中文系        | 北京市昌平区 |
| 903 | 张三     | 女     |    1990 | 中文系        | 湖南省永州市 |
| 904 | 李四     | 男     |    1990 | 英语系        | 辽宁省阜新市 |
+-----+----------+--------+---------+---------------+------------------+
3 rows in set (0.03 sec)
```

结果显示，查询出 student 表的第 2～4 条记录。

（5）要从 student 表查询所有学生的学号、姓名和院系的信息，就必须在 SELECT 语句中指定 id、name、department 字段。SQL 代码如下：

```
SELECT id, name, department FROM student;
```

代码执行结果如下：

```
mysql> SELECT id, name, department FROM student;
+-----+----------+---------------+
| id  | name     | department |
+-----+----------+---------------+
| 901 | 张老大 | 计算机系   |
| 902 | 张老二 | 中文系     |
| 903 | 张三     | 中文系     |
| 904 | 李四     | 英语系     |
| 905 | 王五     | 英语系     |
| 906 | 王六     | 计算机系   |
+-----+----------+---------------+
6 rows in set (0.00 sec)
```

结果中只显示了学号、姓名和院系的信息。

（6）查询计算机系和英语系的学生的信息有两种方法。第一种方法是使用 IN 关键字。SQL 代码如下：

```
SELECT * FROM student
        WHERE   department   IN   ('计算机系','英语系');
```

代码执行结果如下：

```
mysql> SELECT * FROM student
    -> WHERE   department   IN   ('计算机系','英语系');
+-----+----------+-------+---------+---------------+------------------+
| id  | name     | sex   | birth   | department | address        |
+-----+----------+-------+---------+---------------+------------------+
| 901 | 张老大 | 男    |   1985 | 计算机系    | 北京市海淀区 |
| 904 | 李四     | 男    |   1990 | 英语系      | 辽宁省阜新市 |
| 905 | 王五     | 女    |   1991 | 英语系      | 福建省厦门市 |
| 906 | 王六     | 男    |   1988 | 计算机系    | 湖南省衡阳市 |
+-----+----------+-------+---------+---------------+------------------+
4 rows in set (0.09 sec)
```

结果显示，所有计算机系和英语系学生的信息都被查询出来。第二种方法是使用 OR 关键字。SQL 代码如下：

```
SELECT * FROM student
        WHERE   department='计算机系'   OR   department='英语系';
```

其中，代码中的“=”可以用 LIKE 代替。代码结果如下：

```
mysql> SELECT * FROM student
    -> WHERE   department='计算机系'   OR   department='英语系';
+-----+----------+-------+---------+---------------+------------------+
| id  | name     | sex   | birth   | department | address        |
+-----+----------+-------+---------+---------------+------------------+
| 901 | 张老大 | 男    |   1985 | 计算机系    | 北京市海淀区 |
| 904 | 李四     | 男    |   1990 | 英语系      | 辽宁省阜新市 |
| 905 | 王五     | 女    |   1991 | 英语系      | 福建省厦门市 |
| 906 | 王六     | 男    |   1988 | 计算机系    | 湖南省衡阳市 |
+-----+----------+-------+---------+---------------+------------------+
4 rows in set (0.05 sec)
```

从查询结果可以看出，这两种方法可以达到同样的目的。使用 OR 关键字时，只要满足 OR 前后的任意一个条件即可。

（7）从 student 表中查询年龄为 18～22 岁的学生的信息。首先必须知道学生的年龄。因为 student 表中只有出生年份的字段，所以必须用表达式获取学生的年龄。计算年龄的表达式为“当前年份-出生年份”。这里可以用“2009-birth”来计算年龄。而且可以通过 AS 关键字将 2009-birth 取名为 age。例如，从 student 表中查询所有学生的姓名和年龄，代码执行如下。

```
mysql> SELECT name,2009-birth AS age FROM student;
+----------+-------+
| name     | age   |
+----------+-------+
| 张老大   |    24 |
| 张老二   |    23 |
| 张三     |    19 |
| 李四     |    19 |
| 王五     |    18 |
| 王六     |    21 |
+----------+-------+
6 rows in set (0.06 sec)
```

从结果可以看出，通过“2009-birth”表达式可以算出每个学生的年龄。而且结果中显示的名称是 age。现在，要查询出年龄为 18～22 岁的学生。可以通过两种方式来查询。第一种方法是使用 BETWEEN AND 关键字来查询，其 SQL 代码如下：

```
SELECT id, name, sex, 2009-birth AS age, department, address
        FROM student
        WHERE   2009-birth   BETWEEN 18   AND 22;
```

代码执行结果如下：

```
mysql> SELECT id, name, sex, 2009-birth AS age, department, address
    -> FROM student
    -> WHERE   2009-birth   BETWEEN 18   AND 22;
+-----+------+------+------+------------+--------------+
| id  | name | sex  | age  | department | address      |
+-----+------+------+------+------------+--------------+
| 903 | 张三 | 女   |   19 | 中文系     | 湖南省永州市 |
| 904 | 李四 | 男   |   19 | 英语系     | 辽宁省阜新市 |
| 905 | 王五 | 女   |   18 | 英语系     | 福建省厦门市 |
| 906 | 王六 | 男   |   21 | 计算机系   | 湖南省衡阳市 |
+-----+------+------+------+------------+--------------+
4 rows in set (0.00 sec)
```

结果显示，成功的查询出了年龄从 18～22 岁的所有学生的信息。因为 BETWEEN AND 关键字设置了年龄的查询范围。第二种方式使用 AND 关键字和比较运算符。SQL 代码如下：

```
SELECT id, name, sex, 2009-birth AS age, department, address
        FROM student
        WHERE   2009-birth>=18   AND 2009-birth<=22;
```

代码执行结果如下：

```
mysql> SELECT id, name, sex, 2009-birth AS age, department, address
    -> FROM student
    -> WHERE   2009-birth>=18   AND 2009-birth<=22;
+-----+------+------+------+------------+--------------+
| id  | name | sex  | age  | department | address      |
+-----+------+------+------+------------+--------------+
| 903 | 张三 | 女   |   19 | 中文系     | 湖南省永州市 |
| 904 | 李四 | 男   |   19 | 英语系     | 辽宁省阜新市 |
| 905 | 王五 | 女   |   18 | 英语系     | 福建省厦门市 |
| 906 | 王六 | 男   |   21 | 计算机系   | 湖南省衡阳市 |
+-----+------+------+------+------------+--------------+
4 rows in set (0.01 sec)
```

这种方法的查询结果与第一种方法是一样的。

（8）student 表中查询每个院系有多少人。先必须按院系进行分组。然后，再计算每组的人数。SQL 代码如下：

```
SELECT department, COUNT(id)
          FROM student GROUP BY department;
```

代码中使用 GROUP BY 关键字进行分组，然后使用 COUNT()函数计算每组有多少记录。代码执行结果如下：

```
mysql> SELECT department, COUNT(id)
    -> FROM student GROUP BY department;
+--------------+-----------+
| department   | COUNT(id) |
+--------------+-----------+
| 英语系        |         2 |
| 中文系        |         2 |
| 计算机系      |         2 |
+--------------+-----------+
3 rows in set (0.03 sec)
```

结果显示，每个系都是两个人。也可以为 COUNT(id)取名为 sum_of_department，这样更加直观的知道显示的结果是院系的总人数。代码如下：

```
SELECT department, COUNT(id) AS sum_of_department
          FROM student GROUP BY department;
```

代码执行结果如下：

```
mysql> SELECT department, COUNT(id) AS sum_of_department
    -> FROM student GROUP BY department;
+------------+-------------------+
| department | sum_of_department |
+------------+-------------------+
| 英语系      |                 2 |
| 中文系      |                 2 |
| 计算机系    |                 2 |
+------------+-------------------+
3 rows in set (0.06 sec)
```

结果中输出了 sum_of_department，用该名称代替了 COUNT(id)。

（9）从 score 表中查询每个科目的最高分。首先按照 c_name 字段对 score 表中的记录进行分组。然后使用 MAX()函数计算每组的最大值。SQL 代码如下：

```
SELECT c_name, MAX(grade)
          FROM score GROUP BY c_name;
```

代码中使用 GROUP BY 关键字进行分组，然后使用 MAX()函数计算每组的最大值。代码执行结果如下：

```
mysql> SELECT c_name, MAX(grade)
    -> FROM score GROUP BY c_name;
+--------+------------+
| c_name | MAX(grade) |
+--------+------------+
| 英语    |         94 |
| 中文    |         95 |
| 计算机  |         98 |
+--------+------------+
3 rows in set (0.06 sec)
```

结果显示，英语的最高分是 94；中文的最高分是 95；计算机的最高分是 98。

（10）查询李四的考试科目（c_name）和考试成绩（grade）。科目和成绩都存储在 score

表中。但是 score 表中只有学生的学号，没有学生的姓名。所以必须根据学生姓名从 student 表中取出学生的学号。然后再从 score 表中查询该学生的考试科目和成绩。SQL 代码如下：

```
SELECT c_name, grade
          FROM score WHERE stu_id=
            (SELECT id FROM student
              WHERE name= '李四' );
```

代码执行结果如下：

```
mysql> SELECT c_name, grade
    -> FROM score WHERE stu_id=
    -> (SELECT id FROM student
    -> WHERE name= '李四' );
+-----------+--------+
| c_name | grade |
+-----------+--------+
| 计算机 |     70 |
| 英语   |     92 |
+-----------+--------+
2 rows in set (0.03 sec)
```

查询结果显示，李四参加了计算机和英语的考试。其成绩分别为 70 和 92。

（11）用连接查询的方式查询所有学生的信息和考试信息。因为 student 表的 id 字段和 score 表的 stu_id 字段都是表示学号。通过这两个字段可以连接这两个表。SQL 代码如下：

```
SELECT student.id, name, sex, birth, department, address, c_name, grade
          FROM student, score
          WHERE student.id=score.stu_id;
```

其中，student.id 表示 student 表中的 id 字段。代码执行结果如下：

```
mysql> SELECT student.id, name, sex, birth, department, address, c_name, grade
    -> FROM student, score
    -> WHERE student.id=score.stu_id;
+-----+----------+--------+---------+---------------+----------------+----------+---------+
| id  | name     | sex    | birth   | department | address        | c_name | grade |
+-----+----------+--------+---------+---------------+----------------+----------+---------+
| 901 | 张老大 | 男   |    1985 | 计算机系    | 北京市海淀区 | 计算机 |      98 |
| 901 | 张老大 | 男   |    1985 | 计算机系    | 北京市海淀区 | 英语   |      80 |
| 902 | 张老二 | 男   |    1986 | 中文系      | 北京市昌平区 | 计算机 |      65 |
| 902 | 张老二 | 男   |    1986 | 中文系      | 北京市昌平区 | 中文   |      88 |
| 903 | 张三   | 女   |    1990 | 中文系      | 湖南省永州市 | 中文   |      95 |
| 904 | 李四   | 男   |    1990 | 英语系      | 辽宁省阜新市 | 计算机 |      70 |
| 904 | 李四   | 男   |    1990 | 英语系      | 辽宁省阜新市 | 英语   |      92 |
| 905 | 王五   | 女   |    1991 | 英语系      | 福建省厦门市 | 英语   |      94 |
| 906 | 王六   | 男   |    1988 | 计算机系    | 湖南省衡阳市 | 计算机 |      90 |
| 906 | 王六   | 男   |    1988 | 计算机系    | 湖南省衡阳市 | 英语   |      85 |
+-----+----------+--------+---------+---------------+----------------+----------+---------+
10 rows in set (0.05 sec)
```

通过连接查询，从 student 表和 score 表中查询出了所有同学的资料和考试信息。但是需要注意的是，student 表和 score 表中都有 id 字段，而且两者的意义是不一样的。因此，必须要说明字段是属于哪个表的，如 score.id 表示 score 表的 id 字段。

查询中可以为 student 表和 score 表取个别名，用别名代替这两个表。例如，将 student 表取名为 s1，将 score 表取名为 s2。SQL 代码如下：

```
SELECT s1.id, name, sex, birth, department, address, c_name, grade
          FROM student   s1, score s2
          WHERE s1.id=s2.stu_id;
```

代码执行结果与上面的执行结果是一样的。

（12）计算每个学生的总成绩。所有学生的成绩都存储在 score 表中。要计算每个同学的总成绩，必须按学号进行分组。然后用 SUM()函数来计算总成绩。SQL 代码如下：

```
SELECT stu_id, SUM(grade)
        FROM score GROUP BY stu_id;
```

代码执行结果如下：

```
mysql> SELECT stu_id, SUM(grade)
    -> FROM score GROUP BY stu_id;
+---------+------------+
| stu_id  | SUM(grade) |
+---------+------------+
|     901 |        178 |
|     902 |        153 |
|     903 |         95 |
|     904 |        162 |
|     905 |         94 |
|     906 |        175 |
+---------+------------+
6 rows in set (0.00 sec)
```

结果显示了每个学生的总成绩。如果还需要显示学生的姓名，就需要先将两个表连接。将连接好的结果进行分组。然后在计算每组的总成绩。SQL 代码如下：

```
SELECT student.id, name, SUM(grade)
        FROM student, score
        WHERE student.id=score.stu_id
        GROUP BY student.id;
```

代码执行结果如下：

```
mysql> SELECT student.id, name, SUM(grade)
    -> FROM student, score
    -> WHERE student.id=score.stu_id
    -> GROUP BY student.id;
+-----+--------+------------+
| id  | name   | SUM(grade) |
+-----+--------+------------+
| 901 | 张老大 |        178 |
| 902 | 张老二 |        153 |
| 903 | 张三   |         95 |
| 904 | 李四   |        162 |
| 905 | 王五   |         94 |
| 906 | 王六   |        175 |
+-----+--------+------------+
6 rows in set (0.00 sec)
```

结果显示了所有同学的学号（id）、姓名（name）和总成绩（SUM(grade)）。

（13）计算每个考试科目的平均成绩。先必须将 score 表按照科目（c_name）进行分组。然后，再使用 AVG()函数计算每组的平均值。这样就可以计算出每科的平均成绩。SQL 代码如下：

```
SELECT c_name, AVG(grade)
        FROM score GROUP BY c_name;
```

执行结果如下：

```
mysql> SELECT c_name, AVG(grade)
    -> FROM score GROUP BY c_name;
+--------+------------+
| c_name | AVG(grade) |
```

```
+----------+---------------+
| 英语     |      87.7500 |
| 中文     |      91.5000 |
| 计算机   |      80.7500 |
+----------+---------------+
3 rows in set (0.00 sec)
```

结果显示了科目和每个科目的平均成绩。

（14）查询计算机成绩低于 95 的学生的信息。科目和成绩都存储在 score 表中。因此，先必须从 score 表中查询出参加了计算机考试，而且成绩低于 95 的学生的学号。然后根据学号到 student 表中来查询该学生的信息。这需要使用比较运算符。而且需要在 student 表和 score 表两个表之间进行查询。SQL 代码如下：

```
SELECT *  FROM student
          WHERE id IN
          ( SELECT stu_id FROM score
          WHERE c_name= "计算机" AND grade<95);
```

上面的代码中，使用了双引号来引用字符串。这样也是可以的。引用字符串时，可以使用单引号，也可以使用双引号。上面的代码执行结果如下：

```
mysql> SELECT *  FROM student
    -> WHERE id IN
    -> ( SELECT stu_id FROM score
    -> WHERE c_name= "计算机" AND grade<95);
+-----+----------+--------+----------+---------------+------------------+
| id  | name     | sex    | birth    | department | address          |
+-----+----------+--------+----------+---------------+------------------+
| 902 | 张老二   | 男     |   1986 | 中文系        | 北京市昌平区     |
| 904 | 李四     | 男     |   1990 | 英语系        | 辽宁省阜新市     |
| 906 | 王六     | 男     |   1988 | 计算机系      | 湖南省衡阳市     |
+-----+----------+--------+----------+---------------+------------------+
3 rows in set (0.00 sec)
```

查询出了 3 个学生的记录。这 3 个学生都参加了计算机考试，成绩都低于 95。

（15）查询同时参加计算机和英语考试的学生的信息。先必须从 score 表中查询谁同时参加了计算机和英语这两门考试。取出该同学的学号，再去 student 表中查询其信息。SQL 代码如下：

```
SELECT *  FROM student
          WHERE id =ANY
          ( SELECT stu_id FROM score
            WHERE stu_id IN (
                    SELECT stu_id FROM
                    score WHERE c_name=   '计算机')
            AND c_name= '英语' );
```

上面的例子中使用了，层嵌套的查询。先从 score 表中查询参加计算机考试的学号，然后从这些学号中选择参加英语考试的学号，最后，到 student 表中查询对应学生的信息。代码执行结果如下：

```
mysql> SELECT *  FROM student
    -> WHERE id =ANY
    -> ( SELECT stu_id FROM score
    -> WHERE stu_id IN (
    ->              SELECT stu_id FROM
    ->              score WHERE c_name= '计算机')
    -> AND c_name= '英语');
```

```
+-----+----------+--------+--------+---------------+------------------+
| id  | name     | sex    | birth  | department | address          |
+-----+----------+--------+--------+---------------+------------------+
| 901 | 张老大 | 男     |   1985 | 计算机系     | 北京市海淀区 |
| 904 | 李四     | 男     |   1990 | 英语系       | 辽宁省阜新市 |
| 906 | 王六     | 男     |   1988 | 计算机系     | 湖南省衡阳市 |
+-----+----------+--------+--------+---------------+------------------+
3 rows in set (0.00 sec)
```

查询出 3 条记录。这 3 个人同时参加了计算机和英语考试。

（16）将计算机成绩按从高到低进行排序。先从 score 表中查询出所有计算机考试的成绩，然后使用 ORDER BY 来排序。加上 DESC 是按照从高到低来排序。SQL 代码如下：

```
SELECT stu_id, grade
         FROM score WHERE c_name= '计算机'
         ORDER BY grade DESC;
```

代码执行结果如下：

```
mysql> SELECT stu_id, grade
    -> FROM score WHERE c_name= '计算机'
    -> ORDER BY grade DESC;
+----------+--------+
| stu_id   | grade  |
+----------+--------+
|      901 |     98 |
|      906 |     90 |
|      904 |     70 |
|      902 |     65 |
+----------+--------+
4 rows in set (0.00 sec)
```

结果显示成绩按照从高到低的顺序排列。

（17）从 student 表和 score 表中查询出学生的学号，然后合并查询结果。先从 student 表中查询出所有学生的学号，然后从 score 表中查询所有的学号，最后通过 UNION 来合并查询结果。SQL 代码如下：

```
SELECT id   FROM student
         UNION
         SELECT stu_id   FROM score;
```

代码执行结果如下：

```
mysql> SELECT id   FROM student
    -> UNION
    -> SELECT stu_id   FROM score;
+-----+
| id  |
+-----+
| 901 |
| 902 |
| 903 |
| 904 |
| 905 |
| 906 |
+-----+
6 rows in set (0.00 sec)
```

结果中将两个查询语句的结果合并起来。而且，使用 UNION 时，自动去除相同的记录。

（18）查询姓张或者姓王的同学的姓名、院系、考试科目和成绩。学生的姓名存储在 student 表中。先要从 student 表中匹配出姓张和姓王的同学的学号。匹配名字是使用 LIKE

关键字。而且要使用通配字符%。然后通过学号从 score 表中查询考试科目和成绩。

```
SELECT student.id, name,sex,birth,department, address, c_name,grade
FROM student, score
WHERE
      (name LIKE   '张%'   OR name LIKE   '王%')
      AND
      student.id=score.stu_id ;
```

代码执行结果如下：

```
mysql> SELECT student.id, name,sex,birth,department, address, c_name,grade
    -> FROM student, score
    -> WHERE
    -> (name LIKE   '张%'   OR name LIKE   '王%')
    -> AND
    -> student.id=score.stu_id ;
+-----+----------+--------+---------+---------------+------------------+----------+--------+
| id  | name     | sex    | birth   | department | address         | c_name | grade |
+-----+----------+--------+---------+---------------+------------------+----------+--------+
| 901 | 张老大 | 男     |    1985 | 计算机系      | 北京市海淀区 | 计算机   |      98 |
| 901 | 张老大 | 男     |    1985 | 计算机系      | 北京市海淀区 | 英语     |      80 |
| 902 | 张老二 | 男     |    1986 | 中文系        | 北京市昌平区 | 计算机   |      65 |
| 902 | 张老二 | 男     |    1986 | 中文系        | 北京市昌平区 | 中文     |      88 |
| 903 | 张三   | 女     |    1990 | 中文系        | 湖南省永州市 | 中文     |      95 |
| 905 | 王五   | 女     |    1991 | 英语系        | 福建省厦门市 | 英语     |      94 |
| 906 | 王六   | 男     |    1988 | 计算机系      | 湖南省衡阳市 | 计算机   |      90 |
| 906 | 王六   | 男     |    1988 | 计算机系      | 湖南省衡阳市 | 英语     |      85 |
+-----+----------+--------+---------+---------------+------------------+----------+--------+
8 rows in set (0.00 sec)
```

结果查询了所有姓张和姓王的同学的所有信息。

（19）查询都是湖南的同学的姓名、年龄、院系、考试科目和成绩。先从 student 表匹配家庭住址是湖南的同学的学号。然后到 score 表中查询考试科目和成绩。SQL 代码如下：

```
SELECT student.id, name,sex,birth,department, address, c_name,grade
FROM student, score
WHERE
      address LIKE '湖南%'     AND
      student.id=score.stu_id ;
```

代码执行结果如下：

```
mysql> SELECT student.id, name,sex,birth,department, address, c_name,grade
    -> FROM student, score
    -> WHERE
    -> address LIKE '湖南%'     AND
    -> student.id=score.stu_id ;
+-----+--------+--------+---------+---------------+------------------+----------+--------+
| id  | name | sex    | birth   | department    | address          | c_name | grade |
+-----+--------+--------+---------+---------------+------------------+----------+--------+
| 903 | 张三 | 女     |    1990 | 中文系        | 湖南省永州市 | 中文     |      95 |
| 906 | 王六 | 男     |    1988 | 计算机系      | 湖南省衡阳市 | 计算机 |      90 |
| 906 | 王六 | 男     |    1988 | 计算机系      | 湖南省衡阳市 | 英语     |      85 |
+-----+--------+--------+---------+---------------+------------------+----------+--------+
3 rows in set (0.00 sec)
```

结果显示家庭是湖南的所有学生的信息和考试信息。

10.10　上 机 实 践

题目要求：

在 department 表和 employee 表上进行信息查询。department 表和 employee 表的定义

如表 10.7 和表 10.8 所示。

表 10.7　department表的定义

字　段　名	字段描述	数据类型	主　键	外　键	非　空	唯　一	自　增
d_id	部门号	INT(10)	是	否	是	是	否
d_name	部门名称	VARCHAR(20)	否	否	是	否	否
function	部门职责	VARCHAR(20)	否	否	否	否	否
address	工作地点	VARCHAR(30)	否	否	否	否	否

表 10.8　employee表的定义

字　段　名	字段描述	数据类型	主　键	外　键	非　空	唯　一	自　增
id	学号	INT(10)	是	否	是	是	否
name	姓名	VARCHAR(20)	否	否	是	否	否
sex	性别	VARCHAR(4)	否	否	否	否	否
age	年龄	INT(5)	否	否	否	否	否
d_id	部门号	VARCHAR(20)	否	否	否	否	否
salary	工资	FLOAT	否	否	否	否	否
address	家庭住址	VARCHAR(50)	否	否	否	否	否

student 表和 score 表中记录如表 10.9 和表 10.10 所示：

表 10.9　student 表的记录

d_id	d_name	function	address
1001	人事部	人事管理	北京
1002	科研部	研发产品	北京
1003	生产部	产品生产	天津
1004	销售部	产品销售	上海

表 10.10　score 表的记录

id	name	sex	age	d_id	salary	address
9001	Aric	男	25	1002	4000	北京市海淀区
9002	Jim	男	26	1001	2500	北京市昌平区
9003	Tom	男	20	1003	1500	湖南省永州市
9004	Eric	男	30	1001	3500	北京市顺义区
9005	Lily	女	21	1002	3000	北京市昌平区
9006	Jack	男	28	1003	1800	天津市南开区

然后在 department 表和 employee 表查询记录。查询的要求如下：

（1）查询 employee 表的所有记录。

（2）查询 employee 表的第 4～5 条记录。

（3）从 department 表查询部门号（d_id）、部门名称（d_name）和部门职能（function）。

（4）从 employee 表中查询人事部和科研部的员工的信息。

（5）从 employee 表中查询年龄在 25～30 之间的员工的信息。

（6）查询每个部门有多少员工。

（7）查询每个部门的最高工资。

（8）用左连接的方式查询 department 表和 employee 表。

（9）计算每个部门的总工资。

（10）查询 employee 表，按照工资从高到低的顺序排列。

（11）从 department 表和 employee 表中查询出部门号，然后合并查询结果。

（12）查询家是北京市员工的姓名、年龄和家庭住址。

（13）查询名字由 4 个字母组成，而且最后 3 个字母是“ric”的员工的信息。

（14）查询名字由 4 个字母组成，以 L 开头，字母 y 结尾的员工的信息。

上机操作如下：

（1）登录数据库系统后，在数据库下创建 department 表和 employee 表。创建 department 表的 SQL 代码如下：

```
CREATE   TABLE   department (d_id   INT(10)   NOT NULL   UNIQUE   PRIMARY KEY   ,
                                d_name   VARCHAR(20)   NOT NULL,
                                function   VARCHAR(20) ,
                                address   VARCHAR(30)
                                );
```

创建 employee 表的 SQL 代码如下：

```
CREATE   TABLE   employee (id   INT(10)   NOT NULL   UNIQUE   PRIMARY KEY   ,
                            name   VARCHAR(20)   NOT NULL ,
                            sex   VARCHAR(4)   ,
                            age   INT(5),
                            d_id   INT(10) ,
                            salary   FLOAT ,
                            address   VARCHAR(50)
                            );
```

（2）将表 10.8 中的记录插入到 department 表。INSERT 语句如下：

```
INSERT INTO department VALUES( 1001,'人事部', '人事管理', '北京');
INSERT INTO department VALUES( 1002,'科研部', '研发产品', '北京');
INSERT INTO department VALUES( 1003,'生产部', '产品生产', '天津');
INSERT INTO department VALUES( 1004,'销售部', '产品销售', '上海');
```

将表 10.9 中的记录插入到 employee 表中。INSERT 语句如下：

```
INSERT INTO employee VALUES( 9001,'Aric', '男',25, 1002,4000, '北京市海淀区');
INSERT INTO employee VALUES( 9002,'Jim ', '男',26, 1001,2500, '北京市昌平区');
INSERT INTO employee VALUES( 9003,'Tom', '男',20, 1003,1500, '湖南省永州市');
INSERT INTO employee VALUES( 9004,'Eric', '男',30, 1001,3500, '北京市顺义区');
INSERT INTO employee VALUES( 9005,'Lily', '女',21, 1002,3000, '北京市昌平区');
INSERT INTO employee VALUES( 9006,'Jack', '男',28, 1003,1800, '天津市南开区');
```

（3）查询 employee 表的所有记录。SQL 代码如下：

```
SELECT *   FROM   employee;
```

或者列出 employee 表的所有字段名称。SQL 代码如下：

```
SELECT id, name, sex, age,d_id, salary, address
         FROM   employee;
```

（4）查询 employee 表的第 4～5 条记录。使用 LIMIT 关键字来限制查询的条数。SQL 代码如下：

```
SELECT id, name, sex, age,d_id, salary, address
         FROM   employee   LIMIT 3, 2;
```

（5）从 department 表查询部门号（d_id）、部门名称（d_name）和部门职能（function）。SQL 代码如下：

```
SELECT d_id, d_name, function   FROM   department;
```

（6）从 employee 表中查询人事部和科研部的员工的信息。先从 department 表查询出人事部和科研部的部门号。然后到 employee 表中去查询员工的信息。SQL 代码如下：

```
SELECT *   FROM   employee
  WHERE d_id=ANY (
      SELECT d_id FROM department
      WHERE d_name IN('人事部', '科研部' ) );
```

或者使用下面的代码。代码如下：

```
SELECT *   FROM   employee
  WHERE d_id IN (
      SELECT d_id FROM department
      WHERE d_name='人事部' OR d_name='科研部' );
```

（7）从 employee 表中查询年龄在 25～30 岁之间的员工的信息。可以通过两种方式来查询。第一种方式的 SQL 代码如下：

```
SELECT *   FROM   employee
  WHERE age BETWEEN 25 AND 30;
```

第二种方式的 SQL 代码如下：

```
SELECT *   FROM   employee
  WHERE age>=25 AND age<=30;
```

（8）查询每个部门有多少员工。先按部门号进行分组，然后用 COUNT()函数来计算每组的人数。SQL 代码如下：

```
SELECT d_id, COUNT(id)   FROM   employee
  GROUP BY d_id;
```

或者给 COUNT(id)取名为 sum。其 SQL 代码为：

```
SELECT d_id, COUNT(id) AS sum   FROM   employee
  GROUP BY d_id;
```

（9）查询每个部门的最高工资。先按部门号进行分组，然后用 MAX()函数来计算最大值。SQL 代码如下：

```
SELECT d_id, MAX(salary)   FROM   employee
  GROUP BY d_id;
```

（10）用左连接的方式查询 department 表和 employee 表。使用 LEFT JOIN ON 来实现左连接。SQL 代码如下：

```
SELECT department.d_id, d_name, function, department.address, id, name, age, sex, salary, employee.address
        FROM department   LEFT JOIN   employee
        ON employee.d_id=department.d_id;
```

（11）计算每个部门的总工资。先按部门号进行分组，然后用 SUM()函数来求和。SQL 代码如下：

```
SELECT d_id, SUM(salary)   FROM   employee
  GROUP BY d_id;
```

（12）查询 employee 表，按照工资从高到低的顺序排列。使用 ORDER BY 关键字来排序。排序按照 DESC 的方式。SQL 代码如下：

```
SELECT * FROM employee
  ORDER BY salary DESC;
```

（13）从 department 表和 employee 表中查询出部门号，然后使用 UNION 合并查询结果。SQL 代码如下：

```
SELECT d_id FROM employee
  UNION
SELECT d_id FROM department;
```

（14）查询家是北京市员工的姓名、年龄和家庭住址。这里使用 LIKE 关键字。还需要使用通配符'%'。SQL 代码如下：

```
SELECT name, age, address FROM employee
        WHERE address LIKE '北京%';
```

（15）查询名字由 4 个字母组成，而且最后 3 个字母是'ric'的员工的信息。这里也使用 LIKE 关键字。还需要使用通配符'_'。SQL 代码如下：

```
SELECT * FROM employee
        WHERE name LIKE '_ric';
```

也可以使用正则表达式。SQL 代码如下：

```
SELECT * FROM employee
        WHERE name REGEXP 'ric$';
```

（16）查询名字由 4 个字母组成，以字母 L 开头，字母 y 结尾的员工的信息。这里使用正则表达式，其 SQL 代码如下：

```
SELECT * FROM employee
        WHERE name REGEXP '^L..y$';
```

通过本小节的上机实践，希望读者对查询数据的方式有更加深入的认识。掌握查询单表、查询多表、分组查询和查询结果排序等基本方法。

10.11　常见问题及解答

1. MySQL中通配符与正则表达式的区别？

在 MySQL 中，通配符和正则表达式都是用来进行字符串匹配的。而且，两者都可以进行模糊查询。但是，两者有很大的区别。通配符与 LIKE 关键字一起使用。而且使用范围很有限。而正则表达式是要与 REGEXP 关键字一起使用。正则表达式的使用非常的灵活，可以表达很丰富的含义。而且，很多编程语言都可以使用正则表达式来编程，如 Java、JavaScript、PHP 等。所以，如果进行模糊查询时，可以使用正则表达式。

2. 什么情况下使用LIMIT来限制查询结果的数量？

使用 SELECT 语句查询数据时，可能会查询出很多的记录。而用户需要的记录可能只是很少的一部分。这样就需要来限制查询结果的数量。LIMIT 关键字可以用来指定查询结果从哪条记录开始显示，并显示多少条记录。例如，现在需要查询年级前 10 名的学生成绩。那就可以先按成绩的降序排序，然后用 LIMIT 关键字限制只查询前 10 条记录。例如，要查询第 5～8 名的信息，就可以用 LIMIT 关键字控制从第 5 条记录开始显示，显示 4 条记录。LIMIT 关键字让查询更加的灵活。

3．集合函数必须要用GROUP BY关键字吗？

集合函数可以不与 GROUP BY 关键字一起使用。例如，要计算表中的记录数时，就可以直接使用 COUNT()函数。例如，计算所有学生的平均分数时，可以直接使用 AVG()函数。

但是，集合函数一般情况还是与 GROUP BY 关键字一起使用。在 MySQL5.1 的官方手册中就将集合函数称为 GROUP BY 函数。因为，集合函数通常都是用来计算某一类数据的总量、平均值等。所以，经常先使用 GROUP BY 关键字来进行分组，然后再进行集合运算。

4．给表和字段取别名有什么用？

MySQL 中可以为表和字段取一个别名，通过别名来指代相应的表和字段。因为有些时候表和字段的名称特别长，使用起来很不方便。而且有时需要多次使用这样的表和字段，使得 SQL 语句变得很长。所以，可以为这样的表和字段取个短一点的别名。这样使用起来会很方便。另一个重要的原因是别名可以让查询结果的意思更加明确。例如，从通过当前时间与出生年月来计算出某个人的年龄，可以将这个表达式取个别名为 age，这样就可以很明确的知道查询出来的是年龄。而且，通过别名可以为同一个字段赋予不同的含义。

10.12　小　结

本章介绍了 MySQL 数据库常见的查询方法。查询指定字段、查询指定记录、使用 LIKE 关键字和通配符查询、使用 AND 和 OR 来实现多条件查询、分组查询、连接查询、子查询和查询结果排序是本章的重点内容。这些查询方式实际中使用最频繁。分组查询经常和集合函数一起使用，而且使用方法非常灵活。使用 LIMIT 关键字来限制查询结果的条数是 MySQL 数据库的特色。本章的难点是使用正则表达式来查询。正则表达式的功能很强大，使用起来很灵活。希望读者能够阅读有关正则表达式的相关知识，能够对正则表达式了解得更加透彻。由于字符串函数、日期和时间函数都还没有讲解，那么对字符串、日期和时间的查询将在第 13 章详细讲解。下一章将为读者讲解数据的插入、更新和删除。

10.13　本章习题

1．10.10 节中的 department 表和 employee 表中进行如下查询：

（1）计算 employee 表所有员工的出生年份，并且显示结果中字段的别名为 birth_year。

（2）用 LIMIT 关键字来查询工资最低的员工的信息。

（3）计算男性员工和女性员工的平均工资。

（4）查询在上海工作的员工的姓名、性别、年龄和部门名称。

（5）用右连接的方式查询 departmcnt 表和 employee 表。

（6）查询名字以字母 T 开头的员工的姓名、性别、年龄、部门和工作地点。

（7）查询年龄小于 25 岁或大于 30 岁的员工的信息。

（8）查询家庭住址是永州市的员工的信息

2．练习正则表达式的使用。

第 11 章　插入、更新与删除数据

数据库通过插入、更新和删除等方式来改变表中的记录。插入数据是向表中插入新的记录，通过 INSERT 语句来实现。更新数据是改变表中已经存在的数据，使用 UPDATE 语句来实现。删除数据是删除表中不再使用的数据，通过 DELETE 语句来实现。本章中将讲解的内容包括如下：

- ❑ 插入新记录；
- ❑ 更新数据；
- ❑ 删除记录。

通过本章的学习，读者可以学会插入记录、更新记录和删除记录的方法。这些操作都是数据库中最常用的操作。学习完本章后，读者可以熟练的向表中增加新的记录、修改表中的记录和删除记录。

11.1　插 入 数 据

插入数据是向表中插入新的记录。通过这种方式可以为表中增加新的数据。在 MySQL 中，通过 INSERT 语句来插入新的数据。使用 INSERT 语句可以同时为表的所有字段插入数据，也可以为表的指定字段插入数据。INSERT 语句可以同时插入多条记录，还可以将一个表中查询出来的数据插入到另一个表中。本小节将详细讲解这些内容。

11.1.1　为表的所有字段插入数据

通常情况下，插入的新记录要包含表的所有字段。INSERT 语句有两种方式可以同时为表的所有字段插入数据。第一种方式是不指定具体的字段名；第二种方式是列出表的所有字段。下面为读者详细讲解这两种方法。

1．INSERT语句中不指定具体的字段名

在 MySQL 中，可以通过不指定字段名的方式为表插入记录。其基本语句形式如下：

```
INSERT INTO 表名 VALUES(值 1,值 2, … , 值 n);
```

其中，“表名”参数指定记录插入到哪个表中；“值 n”参数表示要插入的数据。“值 1”到“值 n”分别对应着表中的每个字段。表中定义了几个字段，INSERT 语句中就应该对应有几个值。插入的顺序与表中字段的顺序相同。而且，取值的数据类型要与表中对应字段的数据类型一致。

【示例 11-1】 下面向 product 表中插入记录。插入记录之前，可以通过 DESC 语句来查看 product 表的基本结构。查询结果如下：

```
mysql> DESC product;
+-------------+---------------+---------+-------+------------+----------+
| Field       | Type          | Null    | Key   | Default    | Extra    |
+-------------+---------------+---------+-------+------------+----------+
| id          | int(10)       | NO      | PRI   | NULL       |          |
| name        | varchar(20)   | NO      |       | NULL       |          |
| function    | varchar(50)   | YES     |       | NULL       |          |
| company     | varchar(20)   | NO      |       | NULL       |          |
| address     | varchar(50)   | YES     |       | NULL       |          |
+-------------+---------------+---------+-------+------------+----------+
5 rows in set (0.00 sec)
```

从查询结果可以看出，product 表包含 5 个字段。那么 INSERT 语句中的值也应该是 5 个。INSERT 语句的代码如下：

```
INSERT INTO product VALUES(1001,'ABC 药物','治疗感冒','ABC 制药厂','北京市昌平区');
```

代码执行如下：

```
mysql> INSERT INTO product VALUES(1001,'ABC 药物','治疗感冒','ABC 制药厂','北京市昌平区');
Query OK, 1 row affected (0.11 sec)
```

结果显示记录插入成功。执行 SELECT 语句来查询一下 product 表，确认记录已经插入成功。SELECT 语句执行结果如下：

```
mysql> SELECT * FROM product;
+-------+------------+------------+--------------+----------------+
| id    | name       | function   | company      | address        |
+-------+------------+------------+--------------+----------------+
| 1001  | ABC 药物   | 治疗感冒   | ABC 制药厂   | 北京市昌平区   |
+-------+------------+------------+--------------+----------------+
1 row in set (0.00 sec)
```

查询结果显示，记录已经插入成功。

注意：product 表包含 5 个字段，那么 INSERT 语句中的值也应该是 5 个。而且数据类型也应该与字段的数据类型一致。name、function、company 和 address 这 4 个字段是字符串类型，取值必须加上引号。如果不加上引号，数据库系统会报错。

2. INSERT语句中列出所有字段

INSERT 语句中可以列出表的所有字段，为这些字段来插入数据。其基本语句形式如下：

```
INSERT INTO 表名(属性 1, 属性 2, … , 属性 n)
VALUES(值 1,值 2, …, 值 n);
```

其中，“属性 n”参数表示表中的字段名称，此处必须列出表的所有字段的名称；“值 n”参数表示每个字段的值，每个值与相应的字段对应。

【示例 11-2】 下面向 product 表中插入一条新记录。INSERT 语句的代码如下：

```
INSERT INTO product(id, name, function, company, address)
VALUES(1002,'BCD','治疗头疼','BCD 制药厂','北京市海淀区');
```

代码执行如下：

```
mysql> INSERT INTO product(id, name, function, company, address)
    -> VALUES(1002,'BCD','治疗头疼','BCD 制药厂','北京市海淀区');
Query OK, 1 row affected (0.00 sec)
```

执行结果显示，记录已经成功插入到 product 表中。通过 SELECT 语句来查询 product 表，来确认记录是否真的已经存在。SELECT 语句执行如下：

```
mysql> SELECT * FROM product WHERE id=1002;
+-------+---------+-------------+---------------+-----------------+
| id    | name | function    | company     | address         |
+-------+---------+-------------+---------------+-----------------+
| 1002 | BCD   | 治疗头疼  | BCD 制药厂  | 北京市海淀区 |
+-------+---------+-------------+---------------+-----------------+
1 row in set (0.06 sec)
```

查询结果显示，记录已经插入成功。如果表的字段比较多，用第二种方法就比较麻烦。但是，第二种方法比较灵活。可以随意的设置字段的顺序，而不需要按照表定义时的顺序。值的顺序也必须跟着字段顺序的改变而改变。

【示例 11-3】 下面向 product 表中插入一条新记录。INSERT 语句中字段的顺序与表定义时的顺序不同。INSERT 语句的代码如下：

```
INSERT INTO product(id, function, name, address , company)
VALUES(1003,'治疗癌症','AB 康复丸','北京市顺义区' ,'AB 康复制药厂');
```

name 字段和 company 字段的顺序发生了改变。其对于值的位置也跟着发生了改变。代码执行如下：

```
mysql> INSERT INTO product(id, function, name, address , company)
    -> VALUES(1003,'治疗癌症','AB 康复丸','北京市顺义区' ,'AB 康复制药厂');
Query OK, 1 row affected (0.00 sec)
```

结果显示，记录插入成功。执行 SELECT 语句查询 product 表。SELECT 语句执行结果如下：

```
mysql> SELECT * FROM product WHERE id=1003;
+-------+--------------+-------------+------------------+-----------------+
| id    | name         | function    | company          | address         |
+-------+--------------+-------------+------------------+-----------------+
| 1003 | AB 康复丸  | 治疗癌症  | AB 康复制药厂  | 北京市顺义区 |
+-------+--------------+-------------+------------------+-----------------+
1 row in set (0.00 sec)
```

查询结果显示，记录已经插入成功。

11.1.2　为表的指定字段插入数据

如果上一节中讲解的 INSERT 语句只是指定部分字段，这就可以为表中的部分字段插入数据了。其基本语句形式如下：

```
INSERT INTO 表名(属性 1, 属性 2, … , 属性 m)
        VALUES(值 1,值 2, …, 值 m);
```

其中，“属性 m”参数表示表中的字段名称，此处指定表的部分字段的名称；“值 m”参数表示指定字段的值，每个值与相应的字段对应。

【示例 11-4】 下面向 product 表的 id、name 和 company 这 3 个字段插入数据。INSERT 语句的代码如下：

```
INSERT INTO product(id, name, company)
        VALUES(1004, 'EF 咳嗽灵' ,'EF 制药厂');
```

代码执行如下：

```
mysql> INSERT INTO product(id, name, company)
     -> VALUES(1004, 'EF 咳嗽灵' ,'EF 制药厂');
Query OK, 1 row affected (0.00 sec)
```

结果显示，记录插入成功。执行 SELECT 语句查询 product 表。SELECT 语句执行结果如下：

```
mysql> SELECT * FROM product WHERE id=1004;
+------+-------------+-------------+-------------+-----------+
| id   | name        | function    | company     | address   |
+------+-------------+-------------+-------------+-----------+
| 1004 | EF 咳嗽灵   | NULL        | EF 制药厂   | NULL      |
+------+-------------+-------------+-------------+-----------+
1 row in set (0.00 sec)
```

查询结果显示，记录已经插入成功。但是，function 字段和 address 字段都为空值（NULL）。执行 SHOW CREATE TABLE 语句来查看 product 表的详细表结构。执行结果如下：

```
mysql> SHOW CREATE TABLE product \G
*************************** 1. row ***************************
       Table: product
Create Table: CREATE TABLE `product` (
  `id` int(10) NOT NULL,
  `name` varchar(20) NOT NULL,
  `function` varchar(50) DEFAULT NULL,
  `company` varchar(20) NOT NULL,
  `address` varchar(50) DEFAULT NULL,
  PRIMARY KEY (`id`),
  UNIQUE KEY `id` (`id`)
) ENGINE=InnoDB DEFAULT CHARSET=utf8
1 row in set (0.00 sec)
```

查询结果可以看出，function 字段和 address 字段的默认值为空值（NULL）。因为这两个没有插入值，数据库系统自动为其插入了默认值。所以这两个字段的值才为空值。

注意：没有赋值的字段，数据库系统会为其插入默认值。这个默认值是在创建表的时候定义的。如上面 function 字段和 address 字段的默认值为 NULL。如果某个字段没有设置默认值，而且是非空。这就必须为其赋值。不然数据库系统会提示“Field 'name' doesn't have a default value”这样的错误。

这种方式也可以随意的设置字段的顺序，而不需要按照表定义时的顺序。

【示例 11-5】 下面向 product 表的 id、name 和 company 字段插入数据。INSERT 语句中，这 3 个字段的顺序可以任意排列。INSERT 语句的代码如下：

```
INSERT INTO product(id, company, name)
VALUES(1005 ,'北京制药厂', 'OK 护嗓药');
```

代码执行如下：

```
mysql> INSERT INTO product(id, company, name)
     -> VALUES(1005 ,'北京制药厂', 'OK 护嗓药');
Query OK, 1 row affected (0.00 sec)
```

结果显示，记录插入成功。执行 SELECT 语句查询 product 表。SELECT 语句执行结果如下：

```
mysql> SELECT * FROM product WHERE id=1005;
+------+-------------+-------------+---------------+------------+
```

```
| id     | name        | function     | company       | address     |
+-------+-------------+-------------+--------------+------------+
| 1005 | OK 护嗓药 | NULL        | 北京制药厂 | NULL        |
+-------+-------------+-------------+--------------+------------+
1 row in set (0.00 sec)
```

查询结果显示，记录已经插入成功。

11.1.3　同时插入多条记录

同时插入多条记录，是指一个 INSERT 语句插入多条记录。当用户需要插入好几条记录，用户可以使用上面两个小节中的方法逐条插入记录。但是，每次都要写一个新的 INSERT 语句。这样比较麻烦。MySQL 中，一个 INSERT 语句可以同时插入多条记录。其基本语法形式如下：

```
INSERT INTO 表名 [ (属性列表) ]
          VALUES(取值列表 1),(取值列表 2)
          … ,
          (取值列表 n) ;
```

其中，“表名”参数指明向哪个表中插入数据；“属性列表”参数是可选参数，指定哪些字段插入数据，没有指定字段时向所有字段插入数据；“取值列表 n”参数表示要插入的记录，每条记录之间用逗号隔开。

技巧：向 MySQL 的某个表中插入多条记录时，可以使用多个 INSERT 语句逐条插入记录，也可以使用一个 INSERT 语句插入多条记录。选择哪种方式通常根据个人喜好来决定。如果插入的记录很多时，一个 INSERT 语句插入多条记录的方式的速度会比较快。

【示例 11-6】 下面向 product 表中插入 3 条新记录。INSERT 语句的代码如下：

```
INSERT INTO product VALUES
          (1006,'头疼灵 1 号','治疗头疼','DD 制药厂','北京市房山区'),
          (1007,'头疼灵 2 号','治疗头疼','DD 制药厂','北京市房山区'),
          (1008,'头疼灵 3 号','治疗头疼','DD 制药厂','北京市房山区');
```

代码执行如下：

```
mysql> INSERT INTO product VALUES
    -> (1006,'头疼灵 1 号','治疗头疼','DD 制药厂','北京市房山区'),
    -> (1007,'头疼灵 2 号','治疗头疼','DD 制药厂','北京市房山区'),
    -> (1008,'头疼灵 3 号','治疗头疼','DD 制药厂','北京市房山区');
Query OK, 3 rows affected (0.00 sec)
Records: 3   Duplicates: 0   Warnings: 0
```

执行结果显示，这 3 条记录已经成功插入到 product 表中。通过 SELECT 语句来查询 product 表，SELECT 语句执行如下：

```
mysql> SELECT * FROM product
    -> WHERE id>=1006 AND id<=1008;
+-------+---------------+-------------+--------------+----------------+
| id     | name          | function     | company       | address          |
+-------+---------------+-------------+--------------+----------------+
| 1006 | 头疼灵 1 号 | 治疗头疼 | DD 制药厂 | 北京市房山区 |
| 1007 | 头疼灵 2 号 | 治疗头疼 | DD 制药厂 | 北京市房山区 |
| 1008 | 头疼灵 3 号 | 治疗头疼 | DD 制药厂 | 北京市房山区 |
+-------+---------------+-------------+--------------+----------------+
3 rows in set (0.08 sec)
```

查询结果显示，这 3 条记录已经插入成功。

不指定字段时，必须为每个字段都插入数据。如果指定字段，就只需要为指定的字段插入数据。

【示例 11-7】下面向 product 表的 id、name 和 company 这 3 个字段插入数据。总共插入 3 条记录。INSERT 语句的代码如下：

```
INSERT INTO product(id, name, company)
        VALUES(1009,'护发 1 号' ,'北京护发素厂'), (1010,'护发 2 号' ,'北京护发素厂'),
                (1011,'护发 3 号' ,'北京护发素厂') ;
```

代码执行如下：

```
mysql> INSERT INTO product(id, name, company)
    -> VALUES(1009,'护发 1 号' ,'北京护发素厂'), (1010,'护发 2 号' ,'北京护发素厂')
    -> (1011,'护发 3 号' ,'北京护发素厂') ;
Query OK, 3 rows affected (0.00 sec)
Records: 3   Duplicates: 0   Warnings: 0
```

执行结果显示，已经成功将这 3 条记录插入到 product 表中。通过 SELECT 语句来查询 product 表，来确认记录是否真的已经存在。SELECT 语句执行如下：

```
mysql> SELECT * FROM product
    -> WHERE id>=1009 AND id<=1011;
+-------+-------------+--------------+------------------+-----------+
| id    | name        | function     | company          | address   |
+-------+-------------+--------------+------------------+-----------+
| 1009 | 护发 1 号 | NULL          | 北京护发素厂 | NULL       |
| 1010 | 护发 2 号 | NULL          | 北京护发素厂 | NULL       |
| 1011 | 护发 3 号 | NULL          | 北京护发素厂 | NULL       |
+-------+-------------+--------------+------------------+-----------+
3 rows in set (0.00 sec)
```

查询结果显示，记录已经插入成功。

11.1.4　将查询结果插入到表中

INSERT 语句可以将一个表中查询出来的数据插入到另一表中。这样，可以方便不同表之间进行数据交换。其基本语法形式如下：

```
INSERT INTO 表名 1 (属性列表 1)
        SELECT 属性列表 2 FROM 表名 2  WHERE  条件表达式;
```

其中，“表名 1”参数说明记录插入到哪个表中；“表名 2”参数表示记录是从哪个表中查询出来的；“属性列表 1”参数表示为哪些字段赋值；“属性列表 2”表示从表中查询出哪些字段的数据；“条件表达式”参数设置了 SELECT 语句的查询条件。

说明：使用这种方法时，必须保证“字段列表 1”和“字段列表 2”中的字段个数是一样的。而且，每个对应的字段的数据类型是一样的。如果数据类型不一样，数据库系统会报错。然后，阻止 INSERT 语句向下执行。

【示例 11-8】 下面将 medicine 表中所有数据查询出来，然后插入到 product 表中。插入之前，先执行 SELECT 语句来查看 medicine 表中的记录。SELECT 语句执行结果如下：

```
mysql> SELECT * FROM medicine;
+-------+-------------+------------+------------------+------------------+
```

```
| id    | name       | function  | company     | address    |
+-------+------------+-----------+-------------+------------+
| 2001 | 止咳 1 号 | 治疗咳嗽 | 咳嗽药制药厂 | 北京市顺义区 |
| 2002 | 止咳 2 号 | 治疗咳嗽 | 咳嗽药制药厂 | 北京市顺义区 |
| 2003 | 止咳 3 号 | 治疗咳嗽 | 咳嗽药制药厂 | 北京市顺义区 |
+-------+------------+-----------+-------------+------------+
3 rows in set (0.00 sec)
```

从查询结果可知，medicine 表共有 3 条记录。每条记录有 5 个字段。这 5 个字段分别是 id、name、function、company、address。下面将 medicine 表的所有数据查询出来，然后插入到 product 表中。INSERT 语句的代码如下：

```
INSERT INTO product(id, function, name, address , company)
                    SELECT id, function, name, address , company
                    FROM medicine ;
```

代码执行如下：

```
mysql> INSERT INTO product(id, function, name, address , company)
    -> SELECT id, function, name, address , company
    -> FROM medicine ;
Query OK, 3 rows affected (0.00 sec)
Records: 3  Duplicates: 0  Warnings: 0
```

执行结果显示，已经成功将 medicine 表中查询出来的 3 条记录插入到 product 表中。使用 SELECT 语句来查询 product 表，确保记录已经存在与 product 表中。SELECT 语句执行如下：

```
mysql> SELECT * FROM product
    -> WHERE id>=2001 AND id<=2003;
+-------+------------+-----------+-------------+------------+
| id    | name       | function  | company     | address    |
+-------+------------+-----------+-------------+------------+
| 2001 | 止咳 1 号 | 治疗咳嗽 | 咳嗽药制药厂 | 北京市顺义区 |
| 2002 | 止咳 2 号 | 治疗咳嗽 | 咳嗽药制药厂 | 北京市顺义区 |
| 2003 | 止咳 3 号 | 治疗咳嗽 | 咳嗽药制药厂 | 北京市顺义区 |
+-------+------------+-----------+-------------+------------+
3 rows in set (0.00 sec)
```

查询结果显示，记录已经插入成功。

11.2 更新数据

更新数据是更新表中已经存在的记录。通过这种方式可以改变表中已经存在的数据。例如，学生表中某个学生的家庭住址改变了，这就需要在学生表中修改该同学的家庭地址。在 MySQL 中，通过 UPDATE 语句来更新数据。本小节将详细讲解这些内容。

在 MySQL 中，UPDATE 语句的基本语法形式如下：

```
UPDATE 表名
          SET 属性名 1=取值 1, 属性名 2=取值 2,
          …,
          属性名 n=取值 n
          WHERE 条件表达式;
```

其中，“属性名 n”参数表示需要更新的字段的名称；“取值 n”参数表示为字段更新的新数据；“条件表达式”参数指定更新满足条件的记录。

【示例 11-9】 下面更新 product 表中 id 值为 1001 的记录。将 name 字段的值变为‘AAA

感冒药'。将 address 字段的值变为‘北京市朝阳区’。先用 SELECT 语句查询 id 值为 1001 的记录。SELECT 语句执行结果如下：

```
mysql> SELECT * FROM product WHERE id=1001;
+-------+-------------+-------------+---------------+-----------------+
| id    | name        | function    | company       | address         |
+-------+-------------+-------------+---------------+-----------------+
| 1001 | ABC 药物 | 治疗感冒 | ABC 制药厂 | 北京市昌平区 |
+-------+-------------+-------------+---------------+-----------------+
1 row in set (0.00 sec)
```

查询结果显示，name 字段的值为“ABC 药物”；address 字段的值为“北京市昌平区”。然后更新记录。UPDATE 语句的代码如下：

```
UPDATE product
        SET name='AAA 感冒药', address='北京市朝阳区'
        WHERE   id=1001;
```

代码执行如下：

```
mysql> UPDATE product
    -> SET name='AAA 感冒药', address='北京市朝阳区'
    -> WHERE   id=1001;
Query OK, 1 row affected (0.01 sec)
Rows matched: 1   Changed: 1   Warnings: 0
```

结果显示，数据更新成功。执行 SELECT 语句来查询更新后的记录。SELECT 语句执行结果如下：

```
mysql> SELECT * FROM product WHERE id=1001;
+-------+---------------+-------------+---------------+-----------------+
| id    | name          | function    | company       | address         |
+-------+---------------+-------------+---------------+-----------------+
| 1001 | AAA 感冒药 | 治疗感冒 | ABC 制药厂 | 北京市朝阳区 |
+-------+---------------+-------------+---------------+-----------------+
1 row in set (0.00 sec)
```

结果显示，name 字段的值已经变为“AAA 感冒药”；address 字段的值已经变为“北京市朝阳区”。这说明，数据已经更新成功。

表中满足条件表达式的记录可能不止一条。使用 UPDATE 语句会更新所有满足条件的记录。

【示例 11-10】 下面更新 product 表中 id 值为 1009～1011 的记录。将 function 字段的值变为“护理头发”。将 address 字段的值变为“北京市昌平区”。先用 SELECT 语句查询 id 值从 1009～1011 的记录。SELECT 语句执行结果如下：

```
mysql> SELECT * FROM product
    -> WHERE id>=1009 AND id<=1011;
+-------+-------------+-------------+-----------------+------------+
| id    | name        | function    | company         | address |
+-------+-------------+-------------+-----------------+------------+
| 1009 | 护发 1 号 | NULL        | 北京护发素厂 | NULL       |
| 1010 | 护发 2 号 | NULL        | 北京护发素厂 | NULL       |
| 1011 | 护发 3 号 | NULL        | 北京护发素厂 | NULL       |
+-------+-------------+-------------+-----------------+------------+
3 rows in set (0.00 sec)
```

查询结果显示，function 字段和 address 字段的取值都为空值（NULL）。使用 UPDATE 语句来更新这些记录。UPDATE 语句的代码如下：

```
UPDATE product
        SET function='护理头发', address='北京市昌平区'
        WHERE id>=1009 AND id<=1011;
```

代码执行如下：

```
mysql> UPDATE product
    -> SET function='护理头发', address='北京市昌平区'
    -> WHERE id>=1009 AND id<=1011;
Query OK, 3 rows affected (0.01 sec)
Rows matched: 3  Changed: 3  Warnings: 0
```

结果显示，数据更新成功。执行 SELECT 语句来查询更新后的记录。SELECT 语句执行结果如下：

```
mysql> SELECT * FROM product
    -> WHERE id>=1009 AND id<=1011;
+------+-----------+----------+--------------+--------------+
| id   | name      | function | company      | address      |
+------+-----------+----------+--------------+--------------+
| 1009 | 护发 1 号 | 护理头发 | 北京护发素厂 | 北京市昌平区 |
| 1010 | 护发 2 号 | 护理头发 | 北京护发素厂 | 北京市昌平区 |
| 1011 | 护发 3 号 | 护理头发 | 北京护发素厂 | 北京市昌平区 |
+------+-----------+----------+--------------+--------------+
3 rows in set (0.00 sec)
```

结果显示，这 3 条记录的 function 字段的值已经变为“护理头发”；address 字段的值已经变为“北京市昌平区”。这说明满足 WHERE 条件的所有数据已经更新成功。

注意： 使用 UPDATE 语句更新数据时，可能会有多条记录满足 WHERE 条件。这个时候一定要特别小心，最好先执行 SELECT 语句判断满足 WHERE 条件的记录是否确实是需要更新的。如果其中有些记录不需要更新，应该重新设置 WHERE 条件。

11.3 删除数据

删除数据是删除表中已经存在的记录。通过这种方式可以删除表中不再使用的记录。例如，学生表中某个学生退学了，这就需要从学生表中删除该同学的信息。MySQL 中，通过 DELETE 语句来删除数据。MySQL 中，DELETE 语句的基本语法形式如下：

```
DELETE FROM 表名 [ WHERE 条件表达式 ];
```

其中，“表名”参数指明从哪个表中删除数据；“WHERE 条件表达式”指定删除表中的哪些数据。如果没有该条件表达式，数据库系统就会删除表中的所有数据。

【示例 11-11】 下面删除 product 表中 id 值为 1001 的记录。在删除之前，使用 SELECT 语句来查看 id 为 1001 的记录。SELECT 语句查询结果如下：

```
mysql> SELECT * FROM product WHERE id=1001;
+------+-------------+----------+------------+--------------+
| id   | name        | function | company    | address      |
+------+-------------+----------+------------+--------------+
| 1001 | AAA 感冒药  | 治疗感冒 | ABC 制药厂 | 北京市朝阳区 |
+------+-------------+----------+------------+--------------+
1 row in set (0.00 sec)
```

查询结果显示，product 表中存在 id 为 1001 的记录。执行 DELETE 语句来删除该数据。DELETE 语句的代码如下：

```
DELETE  FROM  product  WHERE  id=1001 ;
```

代码执行如下：

```
mysql> DELETE  FROM  product  WHERE  id=1001 ;
Query OK, 1 row affected (0.02 sec)
```

结果显示删除成功。使用 SELECT 语句，查询是否还存在 id 为 1001 的记录。SELECT 语句执行结果如下：

```
mysql> SELECT * FROM product WHERE id=1001;
Empty set (0.00 sec)
```

查询结果显示，已经不存在 id 为 1001 的记录了。这说明记录删除成功。

DELETE 语句可以同时删除多条记录。

【示例 11-12】 下面删除 product 表中 address 值为‘北京市顺义区’的记录。在删除之前，使用 SELECT 语句来查看这些记录。SELECT 语句查询结果如下：

```
mysql> SELECT * FROM product WHERE address='北京市顺义区';
+-------+--------------+-------------+------------------+------------------+
| id    | name         | function    | company          | address          |
+-------+--------------+-------------+------------------+------------------+
| 1003 | AB 康复丸 | 治疗癌症 | AB 康复制药厂 | 北京市顺义区 |
| 2001 | 止咳 1 号 | 治疗咳嗽 | 咳嗽药制药厂 | 北京市顺义区 |
| 2002 | 止咳 2 号 | 治疗咳嗽 | 咳嗽药制药厂 | 北京市顺义区 |
| 2003 | 止咳 3 号 | 治疗咳嗽 | 咳嗽药制药厂 | 北京市顺义区 |
+-------+--------------+-------------+------------------+------------------+
4 rows in set (0.27 sec)
```

查询结果显示，product 表中存在 4 条满足条件的记录。执行 DELETE 语句来删除这 4 条记录。DELETE 语句的代码如下：

```
DELETE  FROM  product  WHERE  address='北京市顺义区' ;
```

代码执行如下：

```
mysql> DELETE  FROM  product  WHERE  address='北京市顺义区' ;
Query OK, 4 rows affected (0.00 sec)
```

结果显示删除成功。使用 SELECT 语句，查询这 4 条记录是否还存在。SELECT 语句执行结果如下：

```
mysql> SELECT * FROM product WHERE address='北京市顺义区';
Empty set (0.00 sec)
```

查询结果显示，已经不存在 address 字段取值为“北京市顺义区”的记录了。这说明记录删除成功。

DELETE 语句中如果不加上“WHERE 条件表达式”，数据库系统会删除指定表中的所有数据。

【示例 11-13】 下面删除 product 表中的所有记录。在删除之前，使用 SELECT 语句来查看这些记录。SELECT 语句查询结果如下：

```
mysql> SELECT * FROM product;
+-------+----------------+-------------+------------------+------------------+
| id    | name           | function    | company          | address          |
+-------+----------------+-------------+------------------+------------------+
| 1002 | BCD          | 治疗头疼 | BCD 制药厂    | 北京市海淀区 |
| 1004 | EF 咳嗽灵    | NULL     | EF 制药厂     | NULL         |
| 1005 | OK 护嗓药    | NULL     | 北京制药厂    | NULL         |
```

```
| 1006 | 头疼灵 1 号 | 治疗头疼 | DD 制药厂      | 北京市房山区 |
| 1007 | 头疼灵 2 号 | 治疗头疼 | DD 制药厂      | 北京市房山区 |
| 1008 | 头疼灵 3 号 | 治疗头疼 | DD 制药厂      | 北京市房山区 |
| 1009 | 护发 1 号   | 护理头发 | 北京护发素厂   | 北京市昌平区 |
| 1010 | 护发 2 号   | 护理头发 | 北京护发素厂   | 北京市昌平区 |
| 1011 | 护发 3 号   | 护理头发 | 北京护发素厂   | 北京市昌平区 |
+-------+----------------+-------------+-------------------+------------------+
9 rows in set (0.13 sec)
```

查询结果显示，product 表中存在 9 条记录。执行 DELETE 语句来删除这 9 条记录。DELETE 语句的代码如下：

```
DELETE   FROM   product;
```

代码执行如下：

```
mysql> DELETE   FROM   product;
Query OK, 9 rows affected (0.09 sec)
```

结果显示删除成功。使用 SELECT 语句，查询 product 表中是否还存在记录。SELECT 语句执行结果如下：

```
mysql> SELECT * FROM product;
Empty set (0.00 sec)
```

查询结果显示，product 表中已经不存在任何记录了。这说明已经成功将 product 表的所有记录删除成功了。

说明： 因为执行 DELETE 语句后，会将记录从表中删除。删除过程中不会有任何提示，因此必须要特别小心。在条件允许的情况下，最好先用 SELECT 语句查询准备删除的记录。这样可以确认这些记录确实是需要删除的。

11.4　本 章 实 例

在本小节中将在 food 表上插入数据、更新数据和删除数据。food 表的定义如表 11.1 所示。

表 11.1　food表的定义

字 段 名	字 段 描 述	数 据 类 型	主键	外键	非空	唯一	自增
id	编号	INT(10)	是	否	是	是	是
name	食品名称	VARCHAR(20)	否	否	是	否	否
company	生产厂商	VARCHAR(30)	否	否	是	否	否
price	价格（单位：圆）	FLOAT	否	否	否	否	否
produce_time	生产年份	YEAR	否	否	否	否	否
validity_time	保质期（单位：年）	INT(4)	否	否	否	否	否
address	厂址	VARCHAR(50)	否	否	否	否	否

按照下列要求进行操作：

（1）将表 11.2 的记录插入到 food 表中。表 11.2 的内容如下所示。

表 11.2　需要插入到food表的记录

id	name	Company	price	produce_time	validity_time	address
1	AA 饼干	AA 饼干厂	2.5	2008	3	北京
2	CC 牛奶	CC 牛奶厂	3.5	2009	1	河北
3	EE 果冻	EE 果冻厂	1.5	2007	2	北京
4	FF 咖啡	FF 咖啡厂	20	2002	5	天津
5	GG 奶糖	GG 奶糖厂	14	2003	3	广东

（2）将“CC 牛奶厂”的厂址（address）改为“内蒙古”，并且将价格改为 3.2。

（3）将厂址在北京的公司的保质期（validity_time）都改为 5 年。

（4）删除过期食品的记录。若当前时间-生产年份（produce_time）>保质期（validity_time），则视为过期食品。

（5）删除厂址为北京的食品的记录。

本实例的执行过程如下：

（1）按照表 11.1 的内容创建 food 表，其 SQL 代码如下：

```
CREATE   TABLE   food ( id   INT(10)   NOT NULL   UNIQUE   PRIMARY KEY AUTO_INCREMENT ,
                             name   VARCHAR(20)   NOT NULL ,
                             company   VARCHAR(30)   NOT NULL ,
                             price   FLOAT ,
                             produce_time   YEAR ,
                             validity_time   INT(4) ,
                             address   VARCHAR(50)
                             ) ;
```

（2）创建好 food 表以后，可以使用 INSERT 语句来插入记录。按照 11.2 表中的内容为 food 表增加记录。这里分别用了 3 种办法来插入这 5 条记录。第一种方法不指定具体的字段，该 INSERT 语句的代码如下：

```
INSERT   INTO   food   VALUES(1,'AA 饼干','AA 饼干厂', 2.5 ,'2008', 3 ,'北京');
```

这个 INSERT 语句没有指定 food 表中的字段，数据库系统会依次将数据插入到每个字段中。代码执行如下：

```
mysql> INSERT   INTO   food   VALUES(1,'AA 饼干','AA 饼干厂', 2.5 ,'2008', 3 ,'北京');
Query OK, 1 row affected (0.00 sec)
```

结果显示，成功将该记录插入到 food 表。第二种方法是依次指定 food 表的字段。该 INSERT 语句的代码如下：

```
INSERT   INTO   food( id, name, company, price, produce_time, validity_time, address)
           VALUES(2,'CC 牛奶','CC 牛奶厂', 3.5 ,'2009', 1 ,'河北');
```

这个 INSERT 语句指定了 food 表的所有记录。数据库系统会按照指定字段的顺序将数据依次插入。代码执行如下：

```
mysql> INSERT   INTO   food( id, name, company, price, produce_time, validity_time, address)
    -> VALUES(2,'CC 牛奶','CC 牛奶厂', 3.5 ,'2009', 1 ,'河北');
Query OK, 1 row affected (0.00 sec)
```

结果显示，成功将该记录插入到 food 表。第 3 种方法是同时插入多条记录。该 INSERT 语句的代码如下：

```
INSERT   INTO   food   VALUES
```

```
(NULL,'EE 果冻','EE 果冻厂', 1.5 ,'2007', 2 ,'北京') ,
(NULL,'FF 咖啡','FF 咖啡厂', 20 ,'2002', 5 ,'天津') ,
(NULL,'GG 奶糖','GG 奶糖', 14 ,'2003', 3 ,'广东') ;
```

注意：此处的 id 字段没有输入数字，而是空值（NULL）。id 字段是自动增加的字段。如果不为 id 字段赋值，或者将其赋为空值（NULL），数据库系统会自动为该字段添加一个值。这个值是前一条记录 id 字段取值的基础上加 1。因此，“EE 果冻”的 id 值将会是 3。

上面的 INSERT 语句执行如下：

```
mysql> INSERT   INTO   food   VALUES
    -> (NULL,'EE 果冻','EE 果冻厂', 1.5 ,'2007', 2 ,'北京') ,
    -> (NULL,'FF 咖啡','FF 咖啡厂', 20 ,'2002', 5 ,'天津') ,
    -> (NULL,'GG 奶糖','GG 奶糖', 14 ,'2003', 3 ,'广东') ;
Query OK, 3 rows affected (0.00 sec)
Records: 3   Duplicates: 0   Warnings: 0
```

结果显示，这 3 条记录插入成功。下面执行 SELECT 语句来查看 food 表中的记录。SELECT 语句执行结果如下：

```
mysql> SELECT * FROM   food;
+----+---------+-----------+-------+--------------+---------------+---------+
| id | name    | company   | price | produce_time | validity_time | address |
+----+---------+-----------+-------+--------------+---------------+---------+
|  1 | AA 饼干 | AA 饼干厂 |   2.5 |         2008 |             3 | 北京    |
|  2 | CC 牛奶 | CC 牛奶厂 |   3.5 |         2009 |             1 | 河北    |
|  3 | EE 果冻 | EE 果冻厂 |   1.5 |         2007 |             2 | 北京    |
|  4 | FF 咖啡 | FF 咖啡厂 |    20 |         2002 |             5 | 天津    |
|  5 | GG 奶糖 | GG 奶糖   |    14 |         2003 |             3 | 广东    |
+----+---------+-----------+-------+--------------+---------------+---------+
5 rows in set (0.00 sec)
```

查询结果显示，food 表中的记录与表 11.2 中的内容一致。

（3）将“CC 牛奶”的厂址（address）改为“内蒙古”，并且将价格改为 3.2。这通过 UPDATE 语句来实现。在执行 UPDATE 语句之前，先使用 SELECT 语句来查看“CC 牛奶”的情况。SELECT 语句执行结果如下：

```
mysql> SELECT * FROM food WHERE name='CC 牛奶';
+----+---------+-----------+-------+--------------+---------------+---------+
| id | name    | company   | price | produce_time | validity_time | address |
+----+---------+-----------+-------+--------------+---------------+---------+
|  2 | CC 牛奶 | CC 牛奶厂 |   3.5 |         2009 |             1 | 河北    |
+----+---------+-----------+-------+--------------+---------------+---------+
1 row in set (0.00 sec)
```

由查询结果可知，“CC 牛奶”厂址为河北，单价为 3.5 元。使用 UPDATE 语句来实现更新。UPDATE 语句的代码如下：

```
UPDATE   food
         SET address='内蒙古', price=3.2
         WHERE name='CC 牛奶';
```

代码执行如下：

```
mysql> UPDATE   food
    -> SET address='内蒙古', price=3.2
    -> WHERE name='CC 牛奶';
Query OK, 1 row affected (0.03 sec)
Rows matched: 1   Changed: 1   Warnings: 0
```

结果显示，记录更新成功。下面再执行 SELECT 语句来查询该记录。SELECT 语句的执行结果如下：

```
mysql> SELECT * FROM food WHERE name='CC 牛奶';
+----+------------+--------------+--------+------------------+--------------------+------------+
| id | name       | company      | price  | produce_time | validity_time       | address    |
+----+------------+--------------+--------+------------------+--------------------+------------+
|  2 | CC 牛奶    | CC 牛奶厂    |    3.2 |             2009 |                  1 | 内蒙古     |
+----+------------+--------------+--------+------------------+--------------------+------------+
1 row in set (0.00 sec)
```

结果显示，厂址已经变为“内蒙古”，单价已经变为 3.2 元。

（4）将厂址在北京的公司的保质期（validity_time）都改为 5 年。先执行 SELECT 语句来查看厂址在北京的公司的记录。SELECT 语句的执行结果如下：

```
mysql> SELECT * FROM food WHERE address='北京';
+----+-----------+--------------+--------+------------------+--------------------+------------+
| id | name      | company      | price | produce_time     | validity_time      | address    |
+----+-----------+--------------+--------+------------------+--------------------+------------+
|  1 | AA 饼干   | AA 饼干厂    |    2.5 |             2008 |                  3 | 北京       |
|  3 | EE 果冻   | EE 果冻厂    |    1.5 |             2007 |                  2 | 北京       |
+----+-----------+--------------+--------+------------------+--------------------+------------+
2 rows in set (0.00 sec)
```

查询结果显示，food 表中有两条满足条件的记录。这两种食品的保质期（validity_time）分别为 3 年和两年。下面通过 UPDATE 语句来进行更新。UPDATE 语句的代码如下：

```
UPDATE    food    SET validity_time=5
              WHERE address='北京';
```

代码的执行结果如下：

```
mysql> UPDATE    food    SET validity_time=5
     -> WHERE address='北京';
Query OK, 2 rows affected (0.00 sec)
Rows matched: 2    Changed: 2    Warnings: 0
```

结果显示，数据更新成功。下面再执行 SELECT 语句来查询该记录。SELECT 语句的执行结果如下：

```
mysql> SELECT * FROM food WHERE address='北京';
+----+-----------+--------------+--------+------------------+--------------------+------------+
| id | name      | company      | price | produce_time     | validity_time      | address    |
+----+-----------+--------------+--------+------------------+--------------------+------------+
|  1 | AA 饼干   | AA 饼干厂    |    2.5 |             2008 |                  5 | 北京       |
|  3 | EE 果冻   | EE 果冻厂    |    1.5 |             2007 |                  5 | 北京       |
+----+-----------+--------------+--------+------------------+--------------------+------------+
2 rows in set (0.00 sec)
```

结果显示，这两条记录的 validity_time 值都变为 5。

（5）删除过期食品的记录。当前时间为 2009 年。用 2009 减去生产年份，若这个值大于保质期，则说明食品已经过期。先用 SELECT 语句来查看一下哪些食品已经过期。SELECT 语句执行结果如下：

```
mysql> SELECT * FROM    food WHERE 2009-produce_time>validity_time;
+----+------------+--------------+---------+------------------+--------------------+------------+
| id | name       | company      | price   | produce_time | validity_time        | address    |
+----+------------+--------------+---------+------------------+--------------------+------------+
|  4 | FF 咖啡    | FF 咖啡厂    |      20 |             2002 |                  5 | 天津       |
|  5 | GG 奶糖    | GG 奶糖      |      14 |             2003 |                  3 | 广东       |
+----+------------+--------------+---------+------------------+--------------------+------------+
```

```
2 rows in set (0.03 sec)
```

查询结果显示，有两种食品已经过期。使用 DELETE 语句可以删除这两种食品的记录。DELETE 语句的代码如下：

```
DELETE   FROM   food
         WHERE 2009-produce_time>validity_time;
```

代码执行结果如下：

```
mysql> DELETE   FROM   food
    -> WHERE 2009-produce_time>validity_time;
Query OK, 2 rows affected (0.00 sec)
```

结果显示，记录已经删除。使用 SELECT 语句来查看是否还存在这两种食品的记录。SELECT 语句的执行结果如下：

```
mysql> SELECT * FROM   food WHERE 2009-produce_time>validity_time;
Empty set (0.00 sec)
```

查询结果显示，food 表中已经不存在这两种食品的记录了。这说明 DELETE 语句已经将这两条记录删除。

（6）删除厂址为北京的食品的记录。先用 SELECT 语句来查看一下哪些食品的厂址在'北京'。SELECT 语句执行结果如下：

```
mysql> SELECT * FROM   food WHERE address='北京';
+----+-----------+-------------+--------+------------------+------------------+----------+
| id  | name      | company     | price  | produce_time | validity_time     | address  |
+----+-----------+-------------+--------+------------------+------------------+----------+
|   1 | AA 饼干   | AA 饼干厂  |    2.5 |             2008 |                5 | 北京     |
|   3 | EE 果冻   | EE 果冻厂  |    1.5 |             2007 |                5 | 北京     |
+----+-----------+-------------+--------+------------------+------------------+----------+
2 rows in set (0.00 sec)
```

查询结果显示，有两种食品的厂址在北京。使用 DELETE 语句可以将这两种食品的记录删除。DELETE 语句的代码如下：

```
DELETE   FROM   food
        WHERE   address='北京';
```

代码执行结果如下：

```
mysql> DELETE   FROM   food
    -> WHERE   address='北京';
Query OK, 2 rows affected (0.00 sec)
```

结果显示，记录已经删除。使用 SELECT 语句来查看 food 表中是否还存在这两种食品的记录。SELECT 语句的执行结果如下：

```
mysql> SELECT * FROM   food WHERE address='北京';
Empty set (0.00 sec)
```

查询结果显示，DELETE 语句已经将这两条记录删除。

11.5　上机实践

题目要求：

（1）向 teacher 表中插入数据。teacher 表的定义如表 11.3 所示。

表 11.3　teacher表的定义

字　段　名	字 段 描 述	数 据 类 型	主键	外键	非空	唯一	自增
id	编号	INT(4)	是	否	是	是	是
num	教工号	INT(10)	否	否	是	是	否
name	姓名	VARCHAR(20)	否	否	是	否	否
sex	性别	VARCHAR(4)	否	否	是	否	否
birthday	出生日期	DATETIME	否	否	否	否	否
address	家庭住址	VARCHAR(50)	否	否	否	否	否

需要插入的数据如表 11.4 所示。

表 11.4　需要插入到teacher表的记录

id	num	name	sex	birthday	address
1	1001	张三	男	1984-11-08	北京市昌平区
2	1002	李四	女	1970-01-21	北京市海淀区
3	1003	王五	男	1976-10-30	北京市昌平区
4	1004	赵六	男	1980-06-05	北京市顺义区

（2）更新 id 为 1 的记录，将生日（birthday）改为“1982-11-08”。

（3）将性别（sex）为“男”的记录的家庭住址（address）都变为“北京市朝阳区”。

（4）删除教工号（num）为 1002 的记录删除。

操作如下：

（1）如果 teacher 表不存在，先创建 teacher 表。teacher 表的定义见表 11.3。SQL 代码如下：

```
CREATE  TABLE  teacher( id  INT(4)  NOT NULL  UNIQUE  PRIMARY KEY
AUTO_INCREMENT,
                         num  INT(10)  NOT NULL  UNIQUE ,
                         name  VARCHAR(20)  NOT NULL ,
                         sex  VARCHAR(4)  NOT NULL ,
                         birthday  DATETIME ,
                         address  VARCHAR(50)
                         );
```

然后向 teacher 表中插入记录。需要插入的记录见表 11.4。INSERT 语句的代码如下：

```
INSERT  INTO  teacher  VALUES(1, 1001, '张三','男' ,'1984-11-08' ,'北京市昌平区');
INSERT  INTO  teacher  VALUES
          (2, 1002, '李四','女' ,'1970-01-21' ,'北京市海淀区') ,
          (NULL, 1003, '王五','男' ,'1976-10-30' ,'北京市昌平区') ,
          (NULL, 1004, '赵六','男' ,'1980-06-05' ,'北京市顺义区') ;
```

（2）更新 id 为 1 的记录，将生日（birthday）改为‘1982-11-08’。UPDATE 语句的代码如下：

```
UPDATE  teacher  SET birthday='1982-11-08'
         WHERE  id=1 ;
```

（3）将性别（sex）为‘男’的记录的家庭住址（address）都变为‘北京市朝阳区’。UPDATE 语句的代码如下：

```
UPDATE  teacher  SET address='北京市朝阳区'
WHERE  sex='男' ;
```

（4）删除教工号（num）为 1002 的记录删除。DELETE 语句的代码如下：

```
DELETE  FROM  teacher  WHERE  num=1002;
```

通过本小节的上机实践，希望读者对插入数据、更新数据和删除数据的方法有更加深刻地理解。同时，还可以复习创建表的方法。

11.6　常见问题及解答

1．插入记录时，哪种情况不需要在INSERT语句中指定字段名？

INSERT 语句中指定字段名是为了指明将数据插入到那个字段中。如果 INSERT 语句为表中的所有字段赋值时，就可以不需要指明字段名。数据库系统会按顺序将数据依次插入到所有字段中。有些表的字段特别多，有些字段不要赋值。这样就必须指明为哪些字段赋值。

2．如何为自增字段（AUTO_INCREMENT）赋值？

在 INSERT 语句中可以直接为自增字段赋值。但是，大部分的自增字段是需要数据库系统为其自动生成一个值的。这样可以保证这个值的唯一性。用户可以通过两种方式来让数据库系统自动为自增字段赋值。第一种方法是在 INSERT 语句中不为该字段赋值；第二种方法是在 INSERT 语句中将该字段赋值为 NULL。这两种情况下，数据库系统会自动为自增字段赋值。而且，其值是上条记录中该字段的取值加 1。

3．如何进行联表删除？

如果某个学生退学了，那么就必须从学生表中删除这个学生的信息。同时，必须从数据库中删除所有与该同学图书信息、成绩信息等。这就必须进行联表删除。在学生表中删除这个学生的信息时，要同时删除所有其他表中该同学的信息。这个可以通过外键来实现。其他表中的信息与学生表中的信息都是通过学号来联系的。根据学号查询存在该同学信息的表，删除相应的数据。联表删除可以保证数据库中数据的一致性。

11.7　小　　结

本章介绍了如何向表中插入数据，如何更新表中已经存在的记录，以及如何删除数据。这些内容都是本章的重点内容。INSERT 语句使用非常灵活，读者需要多练习。更新语句和删除语句需要设置查询条件。查询条件一定要合理设置，否则会造成数据丢失。如果没有设置查询条件，更新语句将更新所有数据，删除语句将删除所有数据。学习本章时一定要多练习，在实际操作中掌握本章的内容。下一章将为读者讲解 MySQL 数据库的运算符。

11.8　本 章 习 题

1．向 6.9 小节的习题 1 中的 animal 表中插入记录，并进行更新和删除操作。animal 表的记录如表 11.5 所示。

表 11.5　animal表的记录

id	name	kinds	legs	behavior
1	米老鼠	鼠类	4	夜间活动
2	蜈蚣	多足纲	40	用毒液杀死食物
3	加菲猫	猫类	4	好吃懒做
4	唐老鸭	家禽	2	叫个不停
5	肥猪	哺乳动物	4	吃和睡

（1）使用 INSERT 语句将上述记录插入到 animal 表中。

（2）使用 UPDATE 语句将习题 1 中的第 3 条记录的“猫类”改成“猫科动物”。

（3）将习题 1 中四条腿的动物的 behavior 值都改为“四条腿运动”。

（4）从 animal 表中删除腿数大于 10 的动物的记录。

（5）删除 animal 表中所有记录的数据。

2．思考如何实现多个表之间的联表删除。

第 12 章　MySQL 运算符

运算符是用来连接表达式中各个操作数的符号，其作用是用来指明对操作数所进行的运算。MySQL 数据库支持使用运算符。通过运算符，可以使数据库的功能更加强大。而且，可以更加灵活的使用表中的数据。MySQL 运算符包括 4 类，分别是算术运算符、比较运算符、逻辑运算符和位运算符。本章将讲解的内容包括：

- 算术运算符；
- 比较运算符；
- 逻辑运算符；
- 位运算符；
- 运算符的优先级。

通过本章的学习，读者可以了解算术运算符、比较运算符、逻辑运算符和位运算符中的各种运算符的使用方法，还可以了解各种运算符的优先级别。在实际应用中需要经常使用运算符，学好本章可以让以后的操作更加简单。因此希望读者认真学习本章的内容。

12.1　运算符简介

当数据库中的表定义完成后，表中的数据代表的意义就已经定下来了。通过使用运算符进行运算，可以得到包含另一层意义的数据。例如，学生表中存在一个 birth 字段，这个字段是表示学生的出生年份。如果，用户现在希望查找这个学生的年龄。而学生表中只有出生年份，没有字段表示年龄。这就需要进行运算，用当前的年份减去学生的出生年份，这就可以计算出学生的年龄了。

从上面可以知道，MySQL 运算符可以指明对表中数据所进行的运算，以便得到用户希望得到的数据。这样可以使 MySQL 数据库更加灵活。MySQL 运算符包括算术运算符、比较运算符、逻辑运算符和位运算符等 4 类。

- 算术运算符：包括加、减、乘、除和求余这几种算数运算符。这类运算符主要是用在数值计算上。其中，求余运算也称为模运算。
- 比较运算符：包括大于、小于、等于、不等于和为空等比较运算符。主要用于数值的比较、字符串的匹配等方面。尤其值得注意的是，第 10 章介绍过的 LIKE、IN、BETWEEN AND 和 IS NULL 等都是比较运算符。还有用于使用正则表达式的 REGEXP 也是比较运算符。
- 逻辑运算符：包括与、或、非和异或等逻辑运算。这种运算的结果只返回真值（1 或 true）和假值（0 或 false）。
- 位运算符：包括按位与、按位或、按位取反、按位异或、按位左移和按位右移等位运算。这些运算都必须先数值变为二进制。然后在二进制数上进行操作的。

注意：逻辑运算符和位运算符都有与、或和异或等操作。但是，位运算必须先把数值变成二进制类型，然后再进行按位操作。运算完成后，将这些二进制的值再变回其原来的类型，返回给用户。逻辑运算直接进行运算，结果只返回真值（1 或 true）和假值（0 或 false）。

本小节对 MySQL 中的运算符作了简单介绍。让读者对运算符有个大致的了解。接下来的几个小节将详细讲解每种运算符。

12.2　算术运算符

算术运算符是 MySQL 中最常用的一类运算符。MySQL 支持的算术运算符包括加、减、乘、除、求余。下面是各种算术运算符的符号、作用、表达式的形式，如表 12.1 所示。

表 12.1　MySQL的算术运算符

符　号	表达式的形式	作　用
+	x1+x2+…+xn	加法运算
–	x1–x2–…–xn	减法运算
*	x1*x2*…*xn	乘法运算
/	x1/x2	除法运算，返回 x1 除以 x2 的商
DIV	x1 DIV x2	除法运算，返回商。同 “/”
%	x1%x2	求余运算，返回 x1 除以 x2 的余数
MOD	MOD(x1,x2)	求余运算，返回余数。同 “%”

说明：加号（+）、减号（–）和乘号（*）可以同时运算多个操作数。除号（/）和求余运算符（%）也可以同时计算多个操作数，但是这两个符号计算多个操作数不太好。DIV()和 MOD()这两个运算符只有两个参数。除法和求余的运算时，如果 x2 参数是 0 时，计算结果将是空值（NULL）。

【示例 12-1】 下面将 t1 表中字段 a 的值进行加法、减法和乘法运算。计算结果显示如下：

```
mysql> SELECT a,a+5+2,a-5-2,a*5*2 FROM t1;
+-------+---------+----------+---------+
| a     | a+5+2 | a-5-2   | a*5*2 |
+-------+---------+----------+---------+
|   24 |     31 |      17 |    240 |
+-------+---------+----------+---------+
1 row in set (0.03 sec)
```

结果显示，a 字段的原值为 24；加法运算后的值为 31；减法运算后的值为 17；乘法运算后的值为 240。通过这个例子可以看到加号（+）、减号（–）和乘号（*）的使用方法。

【示例 12-2】 下面将 t1 表中字段 a 的值进行除法和求余运算。计算结果显示如下：

```
mysql> SELECT a,a/3,a DIV 3,a%3,MOD(a,3) FROM t1;
+-------+----------+-----------+--------+------------+
| a     | a/3      | a DIV 3   | a%3 | MOD(a,3) |
+-------+----------+-----------+--------+------------+
|   24 | 8.0000 |          8 |      0 |           0 |
+-------+----------+-----------+--------+------------+
1 row in set (0.00 sec)
```

结果显示，除法运算后的值为 8；求余运算后的值为 0。因为，字段 a 的值为 24，刚好整除 3。所以，求余后的余数为 0。

进行除法和求余运算时，若操作数 x2 为 0，不管操作数 x1 的值是什么，计算的结果将为空值（NULL）。

【示例 12-3】 下面将除法和求余运输的操作数 x2 设置为 0。计算结果显示如下：

```
mysql> SELECT 5/0,5 DIV 0,5%0,MOD(5,0);
+--------+------------+---------+--------------+
| 5/0    | 5 DIV 0    | 5%0     | MOD(5,0)     |
+--------+------------+---------+--------------+
| NULL |      NULL | NULL |         NULL |
+--------+------------+---------+--------------+
1 row in set (0.00 sec)
```

结果显示，操作数 x2 为 0 时，除法和求余运算的结果为空值（NULL）。

注意：除法运算和求余运算中，x2 参数一定不能为 0。如果 x2 参数为 0 时，除法运算和求余运算的结果都是 NULL。而且，x2 参数也不能是 NULL。如果 x2 参数为 NULL 时，运算结果也会是 NULL。因此，在使用除法运算和求余运算时，一定要注意 x2 参数的值是否合法。

12.3　比较运算符

比较运算符是查询数据时最常用的一类运算符。SELECT 语句中的条件语句经常要使用比较运算符。通过这些比较运算符，可以判断表中的哪些记录是符合条件的。下面是各种比较运算符的符号、作用和表达式的形式，如表 12.2 所示。

表 12.2　MySQL的比较运算符

符　号	表达式的形式	作　用
=	x1=x2	判断 x1 是否等于 x2
<>或!=	x1<>x2 或 x1!=x2	判断 x1 是否不等于 x2
<=>	x1<=>x2	判断 x1 是否等于 x2
>	x1>x2	判断 x1 是否大于 x2
>=	x1>=x2	判断 x1 是否大于等于 x2
<	x1<x2	判断 x1 是否小于 x2
<=	x1<=x2	判断 x1 是否小于等于 x2
IS NULL	x1 IS NULL	判断 x1 是否等于 NULL
IS NOT NULL	x1 IS NOT NULL	判断 x1 是否不等于 NULL
BETWEEN AND	x1 BETWEEN m AND n	判断 x1 的取值是否落在 m 和 n 之间
IN	x1 IN(值 1,值 2, …,值 n)	判断 x1 的取值是否值 1 到值 n 中的一个
LIKE	x1 LIKE 表达式	判断 x1 是否与表达式匹配
REGEXP	x1 REGEXP 正则表达式	判断 x1 是否与正则表达式匹配

下面分别对表 12.2 中的比较运算符进行讲解。

1. 运算符“=”

“=”可以用来判断数字、字符串和表达式等是否相等。如果相等，结果返回 1；如果不相等，结果返回 0。空值（NULL）不能使用“=”来判断。

【示例 12-4】 下面是使用“=”的例子：

```
mysql> SELECT a,a=24,a=20 FROM t1;
+------+--------+-------+
| a    | a=24 | a=20 |
+------+--------+-------+
|   24 |      1 |     0 |
+------+--------+-------+
1 row in set (0.00 sec)

mysql> SELECT 'b'='b','b'='c',NULL=NULL
+-----------+-----------+----------------+
| 'b'='b'   | 'b'='c'   | NULL=NULL |
+-----------+-----------+----------------+
|         1 |         0 |           NULL |
+-----------+-----------+----------------+
1 row in set (0.03 sec)
```

结果显示，t1 表中的 a 字段取值为 24；判断 a=24 时，返回值是 1，这说明等号两边的值相等；判断 a=23 时，返回值为 0，这说明等号两边的值不相等；判断“'b'='b'”时，返回值是 1，因为这两个字符是一样的；判断“'b'='c'”时，返回值是 0，因为这两个字符不一样；判断 NULL=NULL 时，返回值是 NULL，这是因为“=”不能用来判断空值（NULL）。

说明：“=”可以用来判断两个字符是否相同，如果相同就返回 1，否则返回 0。判断字符时，数据库系统都是根据字符的 ASCII 码进行判断的。如果 ASCII 码相等，则表示这两个字符相同。如果 ASCII 码不相等，则表示两个字符不同。

2．运算符“<>”和“!= ”

“<>”和“!= ”可以用来判断数字、字符串、表达式等是否不相等。如果不相等，结果返回 1。如果相等，结果返回 0。这两个符号也不能用来判断空值（NULL）。

【示例 12-5】 下面是使用“<>”和“!= ”的例子：

```
mysql> SELECT a,a<>23,a!=23,a!=24,a!=NULL FROM t1;
+------+---------+---------+---------+-------------+
| a    | a<>23 | a!=23 | a!=24   | a!=NULL |
+------+---------+---------+---------+-------------+
|   24 |       1 |       1 |       0 |        NULL |
+------+---------+---------+---------+-------------+
1 row in set (0.00 sec)

mysql> SELECT 'b'<>'b','b'!='c';
+------------+-------------+
| 'b'<>'b'   | 'b'!='c'    |
+------------+-------------+
|          0 |           1 |
+------------+-------------+
1 row in set (0.00 sec)
```

结果显示，两个操作数不相等时返回 1，两个操作数相等时返回 0。用来判断 NULL，结果返回 NULL。

3．运算符“<=>”

“<=>”的作用与“=”是一样的，也是用来判断操作数是否相等。不同的是，“<=>”可以用来判断 NULL。

【示例 12-6】 下面是使用“<=>”的例子：

```
mysql> SELECT a,a<=>24,a<=>20 FROM t1;
```

```
+-------+----------+----------+
| a     | a<=>24 | a<=>20 |
+-------+----------+----------+
|   24 |        1 |        0 |
+-------+----------+----------+
1 row in set (0.00 sec)

mysql> SELECT 'b'<=>'b','b'<=>'c',NULL<=>NULL;
+-------------+-------------+------------------+
| 'b'<=>'b'   | 'b'<=>'c'   | NULL<=>NULL |
+-------------+-------------+------------------+
|           1 |           0 |                1 |
+-------------+-------------+------------------+
1 row in set (0.00 sec)
```

结果显示，两个操作数相等时返回 1，两个操作数不相等时返回 0。判断“NULL<=>NULL”时，结果返回 1，因为两者是相等的。

技巧： “=”只能用来判断数字是否相等、字符是否相同，不能用来判断是否为空值（NULL）。而“<=>”可以用来判断是否为空值（NULL）。如果判断“NULL<=>NULL”，结果会返回 1。“<=>”可以实现“=”的所有功能。但是通常情况一般很少使用“<=>”。

4．运算符“>”

“>”用来判断左边的操作数是否大于右边的操作数。如果大于，返回 1；如果不大于 1，返回 0。空值（NULL）不能使用“>”来判断。

【示例 12-7】 下面是使用“>”的例子：

```
mysql> SELECT a,a>24,a>23 FROM t1;
+-------+--------+-------+
| a     | a>24 | a>23 |
+-------+--------+-------+
|   24 |      0 |     1 |
+-------+--------+-------+
1 row in set (0.00 sec)

mysql> SELECT 'b'>'c','bc'>'bb',NULL>NULL;
+-----------+---------------+---------------+
| 'b'>'c'   | 'bc'>'bb'     | NULL>NULL |
+-----------+---------------+---------------+
|         0 |             1 |          NULL |
+-----------+---------------+---------------+
1 row in set (0.00 sec)
```

结果显示，左边的操作数大于右边的操作数时，返回 1，否则，返回 0。判断“'b'>'c'”时返回 0，因为字母 b 的 ASCII 码值比字母 c 小。判断“'bc'>'bb'”时，先判断第一个字母谁的 ASCII 码值大。第一个字母相等时，再判断第二个字母。判断 NULL>NULL 时结果返回 NULL，这是因为“>”不能用来判断 NULL。

5．运算符“>=”

“>=”用来判断左边的操作数是否大于或等于右边的操作数。如果大于或者等于，则返回 1。如果小于，返回 0。空值（NULL）不能使用“>=”来判断。

【示例 12-8】 下面是使用“>=”的例子：

```
mysql> SELECT a,a>=23,a>=25 FROM t1;
+-------+---------+---------+
```

```
| a      | a>=23 | a>=25 |
+-------+---------+---------+
|   24 |       1 |       0 |
+-------+---------+---------+
1 row in set (0.00 sec)

mysql> SELECT 'b'>='c','bc'>='bb',NULL>=NULL;
+------------+--------------+------------------+
| 'b'>='c'   | 'bc'>='bb'   | NULL>=NULL |
+------------+--------------+------------------+
|            0 |              1 |         NULL   |
+------------+--------------+------------------+
1 row in set (0.00 sec)
```

结果显示，左边的操作数大于或等于右边的操作数时，结果返回 1。左边的操作数小于右边的操作数时，结果返回 0。判断 NULL 时，结果返回 NULL。

6．运算符“<”

“<”用来判断左边的操作数是否小于右边的操作数。如果小于，返回 1；如果不小于 1，则返回 0。空值（NULL）不能使用“<”来判断。

【示例 12-9】 下面是使用“<”的例子：

```
mysql>    SELECT a,a<25,a<23 FROM t1;
+-------+--------+-------+
| a      | a<25 | a<23 |
+-------+--------+-------+
|   24 |      1 |     0 |
+-------+--------+-------+
1 row in set (0.00 sec)

mysql> SELECT 'b'<'c','bc'<'bb',NULL<NULL;
+-----------+--------------+-----------------+
| 'b'<'c'     | 'bc'<'bb'     | NULL<NULL |
+-----------+--------------+-----------------+
|            1 |              0 |         NULL   |
+-----------+--------------+-----------------+
1 row in set (0.00 sec)
```

结果显示，左边的操作数小于右边的操作数时，返回 1，否则，返回 0。判断 NULL 时，结果返回 NULL。

7．运算符“<=”

“<=”用来判断左边的操作数是否小于或等于右边的操作数。如果小于或者等于，返回 1。如果大于，返回 0。空值（NULL）不能使用“<=”来判断。

【示例 12-10】 下面是使用“<=”的例子：

```
mysql> SELECT a,a<=23,a<=25 FROM t1;
+-------+---------+---------+
| a      | a<=23 | a<=25 |
+-------+---------+---------+
|   24 |       0 |       1 |
+-------+---------+---------+
1 row in set (0.00 sec)

mysql> SELECT 'b'<='c','bc'<='bb',NULL<=NULL;
+------------+--------------+------------------+
| 'b'<='c'    | 'bc'<='bb'   | NULL<=NULL |
+------------+--------------+------------------+
|             1 |              0 |         NULL   |
+------------+--------------+------------------+
1 row in set (0.00 sec)
```

结果显示，左边的操作数小于或等于右边的操作数时，结果返回 1。左边的操作数大于右边的操作数时，结果返回 0。判断 NULL 时，结果返回 NULL。

8．运算符“IS NULL”

“IS NULL”用来判断操作数是否为空值（NULL）。操作数为 NULL 时，结果返回 1；操作数不为 NULL 时，结果返回 0。IS NOT NULL 刚好与 IS NULL 相反。

【示例 12-11】 下面是使用“IS NULL”和“IS NOT NULL”的例子：

```
mysql> SELECT a,a IS NULL,a IS NOT NULL FROM t1;
+-------+-------------+-----------------+
| a     | a IS NULL | a IS NOT NULL |
+-------+-------------+-----------------+
|    24 |           0 |               1 |
+-------+-------------+-----------------+
1 row in set (0.00 sec)

mysql> SELECT NULL IS NULL,NULL IS NOT NULL;
+----------------+-------------------+
| NULL IS NULL | NULL IS NOT NULL |
+----------------+-------------------+
|              1 |                 0 |
+----------------+-------------------+
1 row in set (0.00 sec)
```

结果显示，使用 IS NULL 和 IS NOT NULL 可以用来判断操作数是否为空值（NULL）。

注意：“=”、“<>”、“!= ”、“>”、“>=”、“<”和“<=”等操作数都不能用来判断空值（NULL）。一旦使用，结果将返回 NULL。如果需要判断一个值是否为空值，可以使用“<=>”、IS NULL 和 IS NOT NULL 来判断。NULL 和‘NULL’是不一样的。后者表示一个有 4 个字母组成的字符串。

9．运算符“BETWEEN AND”

“BETWEEN AND”可以判断操作数是否落在某个取值范围内。在表达式 x1 BETWEEN m AND n 中，如果 x1 大于等于 m，而且小于等于 n，结果将返回 1，如果不是，结果将返回 0。

【示例 12-12】 下面是使用“BETWEEN AND”的例子：

```
mysql> SELECT a,a BETWEEN 20 AND 28,a BETWEEN 25 AND 28 FROM t1;
+-------+---------------------------+---------------------------+
| a     | a BETWEEN 20 AND 28 | a BETWEEN 25 AND 28 |
+-------+---------------------------+---------------------------+
|    24 |                         1 |                         0 |
+-------+---------------------------+---------------------------+
1 row in set (0.00 sec)

mysql>   SELECT 'b' BETWEEN 'a' AND 'd', 'z' BETWEEN 'a' AND 'd';
+---------------------------+---------------------------+
| 'b' BETWEEN 'a' AND 'd' | 'z' BETWEEN 'a' AND 'd' |
+---------------------------+---------------------------+
|                         1 |                         0 |
+---------------------------+---------------------------+
1 row in set (0.00 sec)
```

结果显示，a 的取值在 20～28 之间，所以结果返回 1；a 的取值小于 25，不在 25～28 之间，所以结果返回 0；字母 b 是在字母 a～d 之间，所以结果返回 1；字母 z 是不在字母 a～d 之间，所以结果返回 0。

10．运算符“IN”

“IN”可以判断操作数是否落在某个集合中。表达式“x1 IN(值 1,值 2, …,值 n) ”中，如果 x1 等于值 1 到值 n 中的任何一个值，结果将返回 1。如果不是，结果将返回 0。

【示例 12-13】 下面是使用“IN”的例子：

```
mysql> SELECT a,a IN(2,20,24,28),a IN(3,7,9) FROM t1;
+-------+--------------------+--------------+
| a     | a IN(2,20,24,28) | a IN(3,7,9) |
+-------+--------------------+--------------+
|   24 |                    1 |             0 |
+-------+--------------------+--------------+
1 row in set (0.00 sec)

mysql> SELECT 'a' IN('a','c','e'),'a' IN('b','c','d');
+--------------------+--------------------+
| 'a' IN('a','c','e')  | 'a' IN('b','c','d')  |
+--------------------+--------------------+
|                      1 |                      0 |
+--------------------+--------------------+
1 row in set (0.00 sec)
```

结果显示，a 的取值为 24，正好集合（2，20，24，28）中有 24，所以结果返回 1；集合（3，7，9）中没有 24，所以结果返回 0；字母 a 正好在集合（'a','c','e'）中，所以结果返回 1；字母 a 不在集合('b','c','d')中，所以结果返回 0。

11．运算符“LIKE”

“LIKE”用来匹配字符串。在表达式 x1 LIKE s1 中，如果 x1 与字符串 s1 匹配，结果将返回 1。如果不匹配，结果将返回 0。

【示例 12-14】 下面是使用“LIKE”的例子：

```
mysql> SELECT s,s LIKE 'beijing',s LIKE '_ _ _jing',s LIKE 'b%',s LIKE 's%' FROM t2;
+----------+------------------+--------------------+--------------+--------------+
| s          | s LIKE 'beijing' | s LIKE '_ _ _jing' | s LIKE 'b%' | s LIKE 's%' |
+----------+------------------+--------------------+--------------+--------------+
| beijing  |                    1 |                      1 |               1 |               0 |
+----------+------------------+--------------------+--------------+--------------+
1 row in set (0.00 sec)
```

结果显示，t2 表中 s 字段取值为 beijing；s 的值与字符串‘beijing’匹配时，匹配成功，结果返回 1；s 的值与字符串“_ _ _jing”匹配时，匹配长度为 7 且最后 4 个字母为“jing”的字符串，结果返回 1；s 的值与字符串“b%”匹配时，匹配以字母 b 开头的字符串，结果返回 1；s 的值与字符串“s%”匹配时，匹配以字母 s 开头的字符串，结果返回 0。这里的 LIKE 运算符与第 10 章介绍的 LIKE 关键字是同一个意思。第 10 章中已经介绍了 LIKE 关键字在 SELECT 语句中的使用，请读者参照第 10.2.6 小节。

技巧： LIKE 关键字经常和通配符“_”和“%”一起使用。“_”代表单个字符，“%”代表任意长度的字符。只配置字符串开头或者末尾的几个字符，可以使用“%”来替代字符串中不需要匹配的字符。这样就不用关心那些字符的个数，因为“%”可以匹配任意长度的字符。

12. 运算符"REGEXP"

"REGEXP"也用来匹配字符串，但其是使用正则表达式进行匹配的。表达式"x1 REGEXP '匹配方式'"中，如果x1满足匹配方式，结果将返回1。如果不满足，结果将返回0。

【示例12-15】 下面是使用"REGEXP"的例子：

```
mysql> SELECT s,s REGEXP '^b',s REGEXP 'g$',s REGEXP 'y' FROM t2;
+----------+------------------+------------------+-----------------+
| s        | s REGEXP '^b' | s REGEXP 'g$' | s REGEXP 'y' |
+----------+------------------+------------------+-----------------+
| beijing  |                1 |                1 |               0 |
+----------+------------------+------------------+-----------------+
1 row in set (0.00 sec)
```

结果显示，s字段的取值为beijing；字段s的取值是以字母b开头的，结果返回1；字段s的取值是以字母g结束的，结果返回1；因为"beijing"中不包含字母y，所以结果返回0。这里的REGEXP运算符与第10章介绍的REGEXP关键字是同一个意思。第10章中已经介绍了REGEXP关键字在SELECT语句中的使用，请读者参照第10.8小节。

技巧： 使用REGEXP关键字可以匹配字符串，其使用方法非常灵活。REGEXP关键字经常与"^"、"$"和"."一起使用。"^"用来匹配字符串的开始部分，如"^L"可以匹配任何以字母L开头的字符串。"$"用来匹配字符串的末尾部分。"."用来代表字符串中的一个字符。

12.4 逻辑运算符

逻辑运算符用来判断表达式的真假。逻辑运算符的返回结果只有1和0。如果表达式是真，结果返回1。如果表达式是假，结果返回0。逻辑运算符又称为布尔运算符。MySQL中支持四种逻辑运算符。这四种逻辑运算符分别是与、或、非和异或。下面是4种逻辑运算符的符号、名称，如表12.3所示。

表12.3 MySQL的逻辑运算符

符 号	名 称	符 号	名 称
&&或者AND	与	!或者NOT	非
||或者OR	或	XOR	异或

下面分别对表12.3中的逻辑运算符进行讲解。

1. 与运算

"&&"或者AND表示与运算。所有操作数不为0且不为空值（NULL）时，结果返回1；存在任何一个操作数为0时，结果返回0；存在一个操作数为NULL且没有操作数为0时，结果返回NULL。与运算符"&&"可以有多个操作数同时进行与运算，其基本形式为"x1&&x2&&…&&xn"。

【示例12-16】 下面是使用"&&"的例子。

```
mysql> SELECT -1&&2&&3,0&&3,0&&NULL,3&&NULL ;
```

```
+-------------+--------+-------------+-------------+
| -1&&2&&3 | 0&&3 | 0&&NULL | 3&&NULL |
+-------------+--------+-------------+-------------+
|          1 |      0 |           0 |        NULL |
+-------------+--------+-------------+-------------+
1 row in set (0.00 sec)
```

结果显示，“-1&&2&&3”中没有值为 0 和 NULL，所以结果返回 1；“0&&3”和“0&&NULL”中存在操作数为 0，所以结果返回 0；“3&&NULL”中存在操作数为 NULL，且没有没有操作数为 0，所以结果返回 NULL。

与运算符 AND 可以有多个操作数同时进行与运算，其基本形式为 x1 AND x2 AND…AND xn。但是多操作数与 AND 之间要用空格隔开。

【示例 12-17】 下面是使用“AND”的例子。

```
mysql> SELECT -1 AND 2 AND 3,0 AND 3,0 AND NULL,3 AND NULL ;
+-------------------+-----------+----------------+----------------+
| -1 AND 2 AND 3 | 0 AND 3 | 0 AND NULL | 3 AND NULL |
+-------------------+-----------+----------------+----------------+
|                 1 |         0 |              0 |           NULL |
+-------------------+-----------+----------------+----------------+
1 row in set (0.00 sec)
```

结果显示，“-1 AND 2 AND 3”中没有值为 0 和 NULL，所以结果返回 1；“0 AND 3”和“0 AND NULL”中存在操作数为 0，所以结果返回 0；“3 AND NULL”中存在操作数为 NULL，且没有操作数为 0，所以结果返回 NULL。

注意：只要与运算中存在操作数为 0，则运算结果一定为 0。如“3&&-1&&NULL&&0”中，尽管表达式中包含 NULL 和负数，但是结果由操作数 0 最终决定。如果操作数都是非 0 数，而且不包含 NULL，那么结果返回 1。如“-1&&-2&&-3&&0.3”中，尽管操作数包括负数和小数，结果依然是 1。因为与运算时，负数和大于 0 的数都等价与 1。

2．或运算

“||”或者 OR 表示或运算。所有操作数中存在任何一个操作数不为非 0 的数字时，结果返回 1；如果操作数中不包含非 0 的数字，但包含 NULL 时，结果返回 NULL；如果操作数中只有 0 时，结果返回 0。或运算符“||”可以有多个操作数同时进行或运算，其基本形式为“x1||x2||…||xn”。

【示例 12-18】 下面是使用“||”的例子。

```
mysql> SELECT 1||-1||NULL||0, 3||NULL, 0||NULL, NULL||NULL, 0||0;
+-----------------+-----------+-----------+---------------+------+
| 1||-1||NULL||0 | 3||NULL | 0||NULL | NULL||NULL | 0||0 |
+-----------------+-----------+-----------+---------------+------+
|               1 |         1 |      NULL |          NULL |    0 |
+-----------------+-----------+-----------+---------------+------+
1 row in set (0.00 sec)
```

结果显示，“1||-1||NULL||0”中尽管包含 NULL 和 0，由于其中也包含 1 和–1 这两个非 0 的数字，所以结果返回 1；“3||NULL”中包含数字 3，所以结果也返回 1；“0||NULL”中只包含 0 和 NULL，所以结果返回 NULL；“NULL||NULL”中只包含 NULL，所以结果返回 NULL；“0||0”中只有数字 0，所以结果返回 0。

或运算符 OR 可以有多个操作数同时进行或运算，其基本形式为 x1 OR x2 OR…OR xn。

【示例 12-19】 下面是使用“OR”的例子。

```
mysql> SELECT 1 OR –1 OR NULL OR 0,3 OR NULL,0 OR NULL,NULL OR NULL,0 OR 0;
+----------------------------+----------------+---------------+-------------------+----------+
| 1 OR –1 OR NULL OR 0 | 3 OR NULL | 0 OR NULL | NULL OR NULL | 0 OR 0 |
+----------------------------+----------------+---------------+-------------------+----------+
|                          1 |              1 |          NULL |              NULL |        0 |
+----------------------------+----------------+---------------+-------------------+----------+
1 row in set (0.00 sec)
```

结果与上一个例子的结果是一样的。

3．非运算

“！”或者NOT表示非运算。通过非运算，将返回与操作数相反的结果。如果操作数是非0的数字，结果返回0；如果操作数是0，结果返回1；如果操作数是NULL，结果返回NULL。或运算符“！”只能有一个操作数进行非运算，其基本形式为“!x1”。

【示例12-20】 下面是使用“！”的例子。

```
mysql> SELECT !1, !0.3, ! –3, !0, !NULL;
+---+-----+----+----+---------+
| !1 | !0.3 | ! –3 | !0 | !NULL |
+---+-----+----+----+---------+
| 0 |    0 |   0 |  1 | NULL |
+---+-----+----+----+---------+
1 row in set (0.00 sec)
```

因为1、0.3和–3都是非0的数字，所以结果返回0；操作数是0时，返回结果为1；操作数是NULL时，返回结果为NULL。

或运算符NOT只能有一个操作数进行非运算，其基本形式为NOT x1。

【示例12-21】 下面是使用NOT的例子。

```
mysql> SELECT NOT 1, NOT 0.3, NOT –3, NOT 0, NOT NULL;
+---------+-----------+----------+---------+-------------+
| NOT 1 | NOT 0.3 | NOT –3 | NOT 0 | NOT NULL |
+---------+-----------+----------+---------+-------------+
|       0 |         0 |        0 |       1 |        NULL |
+---------+-----------+----------+---------+-------------+
1 row in set (0.00 sec)
```

结果与使用“!”的是一样的。

4．异或运算

XOR表示异或运算。异或运算符XOR的基本形式为“x1 XOR x2”。只要其中任何一个操作数为NULL时，结果返回NULL；如果x1和x2都是非0的数字或者都是0时，结果返回0；如果x1和x2中一个是非0，另一个是0时，结果返回1。

【示例12-22】 下面是使用“XOR”的例子。

```
mysql> SELECT NULL XOR 1, NULL XOR 0, 3 XOR 1, 1 XOR 0, 0 XOR 0, 3 XOR 2 XOR 0 XOR 1;
+--------------+--------------+---------+---------+---------+------------------------+
| NULL XOR 1 | NULL XOR 0 | 3 XOR 1 | 1 XOR 0 | 0 XOR 0 | 3 XOR 2 XOR 0 XOR 1 |
+--------------+--------------+---------+---------+---------+------------------------+
|      NULL    |         NULL |       0 |       1 |       0 |                      1 |
+--------------+--------------+---------+---------+---------+------------------------+
1 row in set (0.00 sec)
```

因为“NULL XOR 1”和“NULL XOR 0”中包含了NULL，所以返回结果是NULL；“3 XOR 1”两个操作数都是非0的数字，结果返回0；“1 XOR 0”中一个是非0数字，一个是 0，所以结果返回 1；“0 XOR 0”中的操作数都是 0，所以结果返回 0；“3 XOR 2 XOR 0 XOR 1”中有多个操作数，计算时是从左到右依次计算的。先将“3 XOR 2”计算出来，将计算结果与 0 再进行计算，依次类推。

说明：MySQL 中进行异或运算时，所有大于–1 小于 1 的数字都被视为逻辑 0，其他数字被视为逻辑 1。如果两个操作数同为逻辑 0，或者同为逻辑 1 时，结果返回 0。即逻辑相同时，返回 0。如果两个操作数一个是逻辑 0，另一个是逻辑 1，结果返回 1。即逻辑不同时，返回 1。“0.3 XOR 3.3”返回的结果是 1。因为 0.3 属于逻辑 0，3.3 属于逻辑 1。

12.5 位运算符

位运算符是在二进制数上进行计算的运算符。位运算会先将操作数变成二进制数，然后进行位运算，最后再将计算结果从二进制数变回十进制数。在 MySQL 中支持 6 种位运算符。这 6 种位运算符分别是按位与、按位或、按位取反、按位异或、按位左移和按位右移。下面是 4 种逻辑运算符的符号、名称，如表 12.4 所示。

表 12.4 MySQL的位运算符

符号	名称	符号	名称
&	按位与	^	按位异或
|	按位或	<<	按位左移
~	按位取反	>>	按位右移

下面分别对表 12.4 中的位运算符进行讲解。

1．按位与

“&”表示按位与。进行该运算时，数据库系统会先将十进制的数转换为二进制的数。然后对应操作数的每个二进制位上进行与运算。1 和 1 相与得 1，与 0 相与得 0。运算完成后再将二进制数变回十进制数。

【示例 12-23】 下面是使用“&”的例子。

```
mysql> SELECT 5&6, 5&6&7;
+------+---------+
| 5&6 | 5&6&7 |
+------+---------+
|   4 |       4 |
+------+---------+
1 row in set (0.00 sec)
```

5 的二进制数为 101，6 的二进制数为 110。两个二进制数的对应位上进行与运算，得到的结果为 100。然后将二进制数 100 转换十进制数，结果即为 4。在“5&6&7”中，先将“5&6”进行计算，得到结果为 4。然后再将 4 与 7 进行按位与。7 的二进制数为 111。按位与的结果为 110。转换为十进制就是 4。

2．按位或

“|”表示按位或。将操作数化为二进制数后，每位都进行或运算。1 和任何数进行或运

算的结果都是 1，0 与 0 或运算结果为 0。

【示例 12-24】 下面是使用“|”的例子。

```
mysql> SELECT 5|6, 5|6|7;
+------+--------+
| 5|6   | 5|6|7 |
+------+--------+
|    7 |      7 |
+------+--------+
1 row in set (0.00 sec)
```

5 的二进制数是 101，6 的二进制数是 110。两个二进制数的对应位上进行或运算，得到的结果为 111。然后将二进制数 111 转换十进制数，结果就是 7 了。“5|6|7”中，先将“5|6”进行计算，得到的结果为 4。然后再将 4 与 7 进行按位或。7 的二进制数为 111。按位与的结果为 111。转换为十进制即为 7。

3．按位取反

“~”表示按位取反。将操作数化为二进制数后，每位都进行取反运算。1 取反后变成 0，0 取反后变成 1。

【示例 12-25】 下面是使用“~”的例子。

```
mysql> SELECT ~1;
+----------------------+
| ~1                   |
+----------------------+
| 18446744073709551614 |
+----------------------+
1 row in set (0.00 sec)
```

对数字 1 进行按位取反后，结果变成了 18446744073709551614。因为在 MySQL 中常量是 8 个字节，每个字节是 8 位，那么一个常量就是 64 位。数字 1 变成二进制数以后，是由 64 位构成的，最后一位是 1，前面的 63 位是 0。进行按位取反后，前 63 位的值是 1，最后一位是 0。这个二进制数最后转换为十进制数就是 18446744073709551614。使用 BIN() 函数可以查看二进制数。下面使用 BIN()函数来查看常数 1 取反结果的二进制数，结果显示如下：

```
mysql> SELECT   BIN(~1);
+------------------------------------------------------------------+
| BIN(~1)                                                          |
+------------------------------------------------------------------+
| 1111111111111111111111111111111111111111111111111111111111111110 |
+------------------------------------------------------------------+
1 row in set (0.00 sec)
```

4．按位异或

“^”表示按位异或。将操作数化为二进制数后，每位都进行异或运算。相同的数异或之后结果是 0，不同的数异或之后结果为 1。

【示例 12-26】 下面是使用“^”的例子。

```
mysql> SELECT 5^6;
+------+
| 5^6 |
+------+
|    3 |
+------+
1 row in set (0.00 sec)
```

5 的二进制数是 101，6 的二进制数是 110。按位异或之后结果为 011。转换为十进制数就是 3。

5．按位左移与按位右移

“<<”表示按位左移。“m<<n”表示 m 的二进制数向左移 n 位，右边补上 n 个 0。例如，二进制数 001 左移 1 位后将变成 0010。“>>”表示按位右移。“m>>n”表示 m 的二进制数向右移 n 位，左边补上 n 个 0。二进制数 011 右移 1 位后变成 001，最后一个 1 被移出去了，直接就不要了。

【示例 12-27】 下面是使用“<<”和“>>”的例子。

```
mysql> SELECT 5<<2, 5>>2 ;
+-------+--------+
| 5<<2 | 5>>2 |
+-------+--------+
|    20 |      1 |
+-------+--------+
1 row in set (0.00 sec)
```

5 的二进制数为 101，左移两位后变为 10100。这个数转换为十进制数即为 20。101 右移两位后变为 001，这个数转换为二进制数即为 1。

注意： 位运算都是在二进制数上进行的。用户输入的操作数可能是十进制数，数据库系统在进行位运算之前会将其转换为二进制数。等位运算完成后，再将这些数字转换回十进制数。而且，位运算都是对应位上运算，如数 1 的第一位只与数 2 的第一位进行运算，数 1 的第二位只与数 2 的第二位进行运算。

12.6　运算符的优先级

由于在实际应用中可能需要同时使用多个运算符。这就必须考虑运算符的运算顺序。到底谁先运算。谁后运算？本小节将给读者讲解运算符的优先级。MySQL 的表达式都是从左到右开始运算，哪个运算符的优先级高？哪个运算符先进行计算？表 12.5 列出了 MySQL 支持的所有运算符的优先级。按照表从上到下，优先级依次降低。同一行中的优先级相同。优先级相同时，表达式左边的运算符先运算。

表 12.5　MySQL运算符的优先级

优先级	运　算　符	优先级	运　算　符
1	!	8	|
2	~	9	=,<=>,<,<=,>,>=,!=,<>,IN,IS NULL,LIKE,REGEXP
3	^	10	BETWEEN AND,CASE,WHEN,THEN,ELSE
4	*,/,DIV,%,MOD	11	NOT
5	+,–	12	&&,AND
6	>>,<<	13	||,OR,XOR
7	&	14	:=

读者可以根据上表的内容来参考运算符的优先级。但是，实际使用中更多的使用“()”来将优先计算的内容括起来。这样用起来更加简单，而且可读性更强。

12.7　本 章 实 例

1．在t表上使用算术运算符和比较运算符进行运算

（1）t 表中只包含两个字段。分别是字段 num 和字段 str，两者分别是 INT 类型和 VARCHAR 类型。代码运行如下：

```
mysql> CREATE TABLE t( num   INT, str   VARCHAR(20) ) ;
Query OK, 0 rows affected (0.01 sec)
```

（2）向 t 表中插入一条记录。num 值为 30，str 值为‘mysql’。代码执行如下：

```
mysql> INSERT   INTO   t   VALUES( 30, 'mysql') ;
Query OK, 1 row affected (0.00 sec)
```

（3）从 t 表中取出 num 的值与数字 4 进行加法、减法、乘法、除法和求余运算。代码执行如下：

```
mysql> SELECT num,num+4,num-4,num*4,num DIV 4,num%4 FROM t;
+--------+----------+---------+----------+-------------+----------+
| num    | num+4 | num-4 | num*4 | num DIV 4 | num%4 |
+--------+----------+---------+----------+-------------+----------+
|    30 |      34 |     26 |    120 |            7 |          2 |
+--------+----------+---------+----------+-------------+----------+
1 row in set (0.03 sec)
```

（4）使用比较运算符将 num 的值与 20 进行比较。代码执行如下：

```
mysql> SELECT num,num=20,num<>20,num>20,num>=20,num<20,num<=20,num<=>20 FROM t;
+--------+-----------+-------------+------------+-------------+-----------+-------------+--------------+
| num    | num=20 | num<>20 | num>20 | num>=20 | num<20 | num<=20 | num<=>20 |
+--------+-----------+-------------+------------+-------------+-----------+-------------+--------------+
|   30 |           0 |            1 |            1 |             1 |          0 |            0 |              0 |
+--------+-----------+-------------+------------+-------------+-----------+-------------+--------------+
1 row in set (0.00 sec)
```

（5）判断 num 的值是否落在 26～33 之间，并且判断 num 的值是否在（3，28，30，33）这个集合中。代码执行如下：

```
mysql> SELECT num,num BETWEEN 26 AND 33,num IN(3,28,30,33) FROM t;
+--------+----------------------------------+-------------------------+
| num    | num BETWEEN 26 AND 33 | num IN(3,28,30,33) |
+--------+----------------------------------+-------------------------+
|     30 |                                  1 |                          1 |
+--------+----------------------------------+-------------------------+
1 row in set (0.00 sec)
```

（6）判断 t 表的 str 字段的值是否为空；用 LIKE 来判断是否是以“my”这两个字母开头；用 REGEXP 来判断是否第一字母是 m，最后一个字母是 y。代码执行如下：

```
mysql> SELECT str,str IS NULL,str LIKE 'my%',str REGEXP '^m',str REGEXP 'y$' FROM t;
+--------+-----------------+------------------+---------------------+--------------------+
| str      | str IS NULL | str LIKE 'my%' | str REGEXP '^m' | str REGEXP 'y$' |
+--------+-----------------+------------------+---------------------+--------------------+
| mysql |                 0 |                  1 |                      1 |                     0 |
+--------+-----------------+------------------+---------------------+--------------------+
1 row in set (0.00 sec)
```

2．将数字2、0和NULL之间的任意两个进行逻辑运算

逻辑运算包括与、或、非和异或 4 种。分别将 2、0 和 NULL 中的任意两个进行逻辑运算。进行与和或运算的代码执行如下：

```
mysql> SELECT 2&&0,2&&NULL,0 AND NULL,2||0,2||NULL,0 OR NULL;
+------+----------+------------+------+---------+-----------+
| 2&&0 | 2&&NULL | 0 AND NULL | 2||0 | 2||NULL | 0 OR NULL |
+------+----------+------------+------+---------+-----------+
|    0 |     NULL |          0 |    1 |       1 |      NULL |
+------+----------+------------+------+---------+-----------+
1 row in set (0.00 sec)
```

进行非和异或运算的代码执行如下：

```
mysql> SELECT !2,!0,NOT NULL,2 XOR 0,2 XOR NULL,0 XOR NULL;
+----+----+----------+---------+------------+------------+
| !2  | !0 | NOT NULL | 2 XOR 0 | 2 XOR NULL | 0 XOR NULL |
+----+----+----------+---------+------------+------------+
|  0 |  1 |     NULL |       1 |       NULL |       NULL |
+----+----+----------+---------+------------+------------+
1 row in set (0.00 sec)
```

3．按下列要求进行位运算

（1）将数字 4 和 6 进行按位与、按位或。并将 4 按位取反。代码执行如下：

```
mysql> SELECT 4&6,4|6,~4;
+-----+-----+----------------------+
| 4&6 | 4|6 | ~4                   |
+-----+-----+----------------------+
|   4 |   6 | 18446744073709551611 |
+-----+-----+----------------------+
1 row in set (0.00 sec)
```

（2）将数字 6 分别左移两位和右移两位。代码执行如下：

```
mysql> SELECT 6<<2,6>>2;
+------+------+
| 6<<2 | 6>>2 |
+------+------+
|   24 |    1 |
+------+------+
1 row in set (0.00 sec)
```

12.8　上 机 实 践

题目要求：

（1）在 MySQL 中执行下面的表达式：4+3–1,3*2+7,8/3,9%2。代码如下：

```
SELECT 4+3-1,3*2+7,8/3,8 DIV 3,9%2,MOD(9,2);
```

（2）在 MySQL 中执行下面的表达式：30>28,17>=16,30<28,17<=16,17=17,16<>17,7<=>NULL, NULL<=>NULL。代码如下：

```
SELECT 30>28,17>=16,30<28,17<=16,17=17,16<>17,7<=>NULL,NULL<=>NULL;
```

（3）判断字符串‘mybook’是否为空，是否以字母‘m’开头，以字母‘k’结尾。代码如下：

```
SELECT 'mybook' IS NULL,'mybook' LIKE 'm%','mybook' REGEXP 'k$';
```

（4）在 MySQL 中执行下列逻辑运算：2&&0&&NULL, 1.5&&2, 3||NULL, NOT NULL, 3 XOR 2, 0 XOR NULL。代码如下：

```
SELECT 2&&0&&NULL,1.5&&2,3||NULL,NOT NULL,3 XOR 2,0 XOR NULL;
```

（5）在 MySQL 中执行下列位运算：3&5,3|5,3^5,~5。代码如下：

```
SELECT 3&5,3|5,3^5,~5;
```

（6）将 12 左移两位，将 9 右移 3 位。代码如下：

```
SELECT 12<<2,9>>3;
```

12.9　常见问题及解答

1．比较运算符的运算结果只能是0和1吗？

MySQL 中，比较运算符是用来判断运算符两边的操作数的大小关系。例如 a>b 就是用来判断 a 是否大于 b。如果大于，则返回 true。如果不大于，则返回 false。在 MySQL 中，真（True）是用 1 来表示的，假（False）是用 0 来表示的。所以，比较运算符的运算结果只有 0 和 1。不仅比较运算符是如此，逻辑运算符的运算结果也只有 0 和 1。

2．哪种运算符的优先级最高？

运算符的优先级参照 12.6 小节的表 12.5。其中，非运算（!）的级别最高，赋值符号（:=）的级别最低。但是，通常情况下可以使用括号来设定运算的先后顺序。使用括号可以使运算的层次更加清晰，而且可以不必局限于各种运算符的优先级别。

3．十进制的数也可以直接使用位运算符吗？

在进行位运算时，数据库系统会先将所有的操作数转换为二进制数。然后将这些二进制数进行位运算，然后将这些运算结果转换为十进制数。所以，位运算符的操作数是十进制数。十进制数与二进制数之间的互换是数据库系统实现的。因此，位运算的操作数必须是十进制数，否则计算的结果就会是错误的。在使用位运算符时，如果操作数是二进制数、八进制数、十六进制数时，要先通过 CONV()函数将操作数转换为十进制数。然后，才能进行相应的位运算。

12.10　小　　结

本章介绍了 MySQL 中的运算符。在 MySQL 中包括 4 类运算符，分别是算术运算符、比较运算符、逻辑运算符、位运算符。前 3 种运算符在实际操作中使用比较频繁，也是本章中重点讲述的内容。因此，读者需要认真学习这部分的内容。位运算符是本章的难点。因为，位运算符需要将操作数转换为二进制数，然后进行位运算。这要求读者能够掌握二进制运算的相关知识。位运算符在实际操作中使用的频率比较低。下一章将为读者讲解 MySQL 的函数。

12.11 本章习题

1．在 MySQL 中执行如下算术表达式：5*2–4，(2+7)/3，9 DIV 2，MOD(9,2)。

2．在 MySQL 中执行下面的比较运算的表达式：40>=30，40<=30，NULL<=>NULL，7<=>7。

3．在 MySQL 中执行下面的逻辑运算的表达式：–1&&2，–2||NULL，NULL XOR 0，1 XOR 0，!-1。

4．在 MySQL 中执行下列位运算：11&15，11|15，13^15，~15。

第 13 章　MySQL 函数

MySQL 数据库中提供了很丰富的函数。MySQL 函数包括数学函数、字符串函数、日期和时间函数、条件判断函数、系统信息函数、加密函数、格式化函数等。通过这些函数，可以简化用户的操作。例如，字符串连接函数可以很方便地将多个字符串连接在一起。本章将讲解的内容包括：

- 数学函数；
- 字符串函数；
- 日期和时间函数；
- 条件判断函数；
- 系统信息函数；
- 加密函数；
- 格式化函数。

通过本章的学习，读者可以了解数学函数、字符串函数、日期和时间函数、条件判断函数、系统信息函数、加密函数和格式化函数等各种函数的使用方法。使用函数可以简化数据库操作，而且函数让操作更加灵活。而且函数的执行速度非常快，可以提高 MySQL 的处理速度。希望读者能够认真学习本章。

13.1　MySQL 函数简介

MySQL 函数是 MySQL 数据库提供的内部函数。这些内部函数可以帮助用户更加方便地处理表中的数据。本小节中将简单介绍 MySQL 中包含哪几类函数，以及这几类函数的使用范围和作用。

MySQL 函数包括数学函数、字符串函数、日期和时间函数、条件判断函数、系统信息函数、加密函数等。SELECT 语句及其条件表达式都可以使用这些函数。同时，INSERT、UPDATE 和 DELECT 语句及其条件表达式也可以使用这些函数。例如，表中的某个数据是负数，现在需要将这个数据显示为正数。这就可以使用绝对值函数。从上面可以知道，MySQL 函数可以对表中数据进行相应的处理，以便得到用户希望得到的数据。这些函数可以使 MySQL 数据库的功能更加强大。下面介绍这几类函数的使用范围。

- 数学函数：这类函数主要用于处理数字。这类函数包括绝对值函数、正弦函数、余弦函数和获取随机数的函数等。
- 字符串函数：这类函数主要用于处理字符串。其中包括字符串连接函数、字符串比较函数、将字符串的字母都变成小写或大写字母的函数和获取子串的函数等。
- 日期和时间函数：这类函数主要用于处理日期和时间。其中包括获取当前时间的函数、获取当前日期的函数、返回年份的函数和返回日期的函数等。

- 条件判断函数：这类函数主要用于在 SQL 语句中控制条件选择。其中包括 IF 语句、CASE 语句和 WHEN 语句等。
- 系统信息函数：这类函数主要用于获取 MySQL 数据库的系统信息。其中包括获取数据库名的函数、获取当前用户的函数和获取数据库版本的函数等。
- 加密函数：这类函数主要用于对字符串进行加密解密。其中包括字符串加密函数和字符串解密函数等。
- 其他函数：包括格式化函数和锁函数等。

13.2 数学函数

数学函数是 MySQL 中常用的一类函数。主要用于处理数字，包括整型、浮点数等。数学函数包括绝对值函数、正弦函数、余弦函数和获取随机数的函数等。下面是各种数学函数的符号、作用，如表 13.1 所示。

表 13.1　MySQL的数学函数

函　　数	作　　用
ABS(x)	返回 x 的绝对值
CEIL(x),CEILING(x)	返回大于或等于 x 的最小整数
FLOOR(x)	返回小于或等于 x 的最大整数
RAND()	返回 0～1 的随机数
RAND(x)	返回 0～1 的随机数，x 值相同时返回的随机数相同
SIGN(x)	返回 x 的符号，x 是负数、0、正数分别返回-1、0 和 1
PI()	返回圆周率（3.141593）
TRUNCATE(x,y)	返回数值 x 保留到小数点后 y 位的值
ROUND(x)	返回离 x 最近的整数
ROUND(x,y)	保留 x 小数点后 y 位的值，但截断时要进行四舍五入
POW(x,y),POWER(x,y)	返回 x 的 y 次方（x^y）
SQRT(x)	返回 x 的平方根
EXP(x)	返回 e 的 x 次方（e^x）
MOD(x,y)	返回 x 除以 y 以后的余数
LOG(x)	返回自然对数（以 e 为底的对数）
LOG10(x)	返回以 10 为底的对数
RADIANS(x)	将角度转换为弧度
DEGREES(x)	将弧度转换为角度
SIN(x)	求正弦值
ASIN(x)	求反正弦值
COS(x)	求余弦值
ACOS(x)	求反余弦值
TAN(x)	求正切值
ATAN(x),ATAN2(x,y)	求反正切值
COT(x)	求余切值

下面分别对表 13.1 中的数学函数进行讲解。

13.2.1　绝对值函数 ABS(x)和返回圆周率的函数 PI()

ABS(x)用来求绝对值；PI()用来返回圆周率。

【示例 13-1】 下面将演示 ABS(x)、PI()这两个函数的使用。

```
mysql> SELECT ABS(0.5), ABS(-0.5), PI();
+-----------+-------------+-----------+
| ABS(0.5) | ABS(–0.5) | PI()      |
+-----------+-------------+-----------+
|       0.5 |         0.5 | 3.141593 |
+-----------+-------------+-----------+
1 row in set (0.08 sec)
```

结果显示，ABS(0.5)和 ABS(–0.5)返回结果都是 0.5，也就是返回了这两个数字的绝对值；PI()返回结果是常量 3.141593，这正是圆周率的值。

13.2.2　平方根函数 SQRT(x)和求余函数 MOD(x,y)

SQRT(x)用来求平方根；MOD(x,y)用来求余数。

【示例 13-2】 下面将演示 SQRT(x)、MOD(x,y)两个函数的使用。

```
mysql> SELECT SQRT(16), SQRT(2), MOD(5,2);
+------------+----------------------+------------+
| SQRT(16) | SQRT(2)              | MOD(5,2) |
+------------+----------------------+------------+
|          4 | 1.4142135623731   |          1 |
+------------+----------------------+------------+
1 row in set (0.00 sec)
```

结果显示，SQRT(16)和 SQRT(2)返回的值分别是 4 和 1.4142135623730951，结果正好分别是 16 和 2 的平方根；MOD(5,2)返回余数 1。

13.2.3　获取整数的函数 CEIL(x)、CEILING(x)和 FLOOR(x)

CEIL(x)和 CEILING(x)这两个函数返回大于或等于 x 的最小整数；FLOOR(x)函数返回小于或等于 x 的最大整数。

【示例 13-3】下面将演示 CEIL(x)、CEILING(x)和 FLOOR(x)3 个函数的使用。

```
mysql> SELECT CEIL(2.3), CEIL(-2.3), CEILING(2.3), CEILING(-2.3);
+------------+-------------+----------------+-----------------+
| CEIL(2.3) | CEIL(–2.3) | CEILING(2.3) | CEILING(–2.3) |
+------------+-------------+----------------+-----------------+
|          3 |          –2 |              3 |              –2 |
+------------+-------------+----------------+-----------------+
1 row in set (0.03 sec)

mysql> SELECT FLOOR(2.3), FLOOR(–2.3);
+---------------+----------------+
| FLOOR(2.3) | FLOOR(–2.3) |
+---------------+----------------+
|             2 |             –3 |
+---------------+----------------+
1 row in set (0.00 sec)
```

结果显示，CEIL(2.3)返回的结果为 3，因为 3 是大于 2.3 的最小整数；CEIL(–2.3)返回的结果为–2，因为–2 是大于–2.3 的最小整数；CEILING(2.3)与 CEIL(2.3)的结果是一样的，CEILING(–2.3)与 CEIL(–2.3)的结果是一样的；FLOOR(2.3)返回的结果为 2，因为 2 是小于 2.3 的最大整数；FLOOR(–2.3)返回的结果为–3，因为–3 是小于–2.3 的最大整数。

说明： CEIL(x)和 CEILING(x)函数返回大于或等于 x 的最小整数，这相当于直接进行进位处理。FLOOR(x)函数返回小于或等于 x 的最大整数，这相当于直接舍掉数字 x 的小数部分。读者要留意这两个函数与后面介绍的 ROUND(x)和 TRUNCATE(x,y)函数的区别。

13.2.4　获取随机数的函数 RAND()和 RAND(x)

RAND()和 RAND(x)这两个函数都是返回 0～1 的随机数。但是 RAND()返回的数是完全随机的，而 RAND(x)函数的 x 相同时返回的值是相同的。

【示例 13-4】 下面将演示 RAND()和 RAND(x)两个函数的使用。

```
mysql> SELECT RAND(), RAND(), RAND(2), RAND(2);
+--------------------+------------------+--------------------+--------------------+
| RAND()             | RAND()           | RAND(2)            | RAND(2)            |
+--------------------+------------------+--------------------+--------------------+
| 0.9852354330804529 | 0.92244033135701 | 0.6555866465490187 | 0.6555866465490187 |
+--------------------+------------------+--------------------+--------------------+
1 row in set (0.00 sec)
```

结果显示，两个 RAND()函数返回的结果是不一样的。而两个 RAND(2)返回的结果是一样的。

```
mysql> SELECT RAND(2), RAND(3);
+--------------------+--------------------+
| RAND(2)            | RAND(3)            |
+--------------------+--------------------+
| 0.6555866465490187 | 0.9057697559760601 |
+--------------------+--------------------+
1 row in set (0.00 sec)
```

结果显示，RAND(2)和 RAND(3)返回的结果是不同的。

13.2.5　四舍五入函数 ROUND(x)、ROUND(x,y)和 TRUNCATE(x,y)

ROUND(x)函数返回离 x 最近的整数，也就是对 x 进行四舍五入处理；ROUND(x,y)函数返回 x 保留到小数点后 y 位的值，截断时需要进行四舍五入处理；TRUNCATE(x,y)函数返回 x 保留到小数点后 y 位的值。

【示例 13-5】 下面将演示 ROUND(x)、ROUND(x,y)和 TRUNCATE(x,y)3 个函数的使用。

```
mysql> SELECT ROUND(2.3), ROUND(2.5), ROUND(2.53,1), ROUND(2.55,1);
+------------+------------+---------------+---------------+
| ROUND(2.3) | ROUND(2.5) | ROUND(2.53,1) | ROUND(2.55,1) |
+------------+------------+---------------+---------------+
|          2 |          3 |           2.5 |           2.6 |
+------------+------------+---------------+---------------+
1 row in set (0.00 sec)
```

结果显示，ROUND(2.3)返回的结果是 2，ROUND(2.5)返回的结果是 3。这说明

ROUND(x)函数返回了整数，而且进行四舍五入处理。ROUND(2.53,1)返回的结果是 2.5，ROUND(2.55,1)返回的结果是 2.6。这两个数都保留了小数点后一位，而且进行了四舍五入处理。

```
mysql> SELECT TRUNCATE(2.53,1), TRUNCATE(2.55,1);
+------------------------+------------------------+
| TRUNCATE(2.53,1) | TRUNCATE(2.55,1) |
+------------------------+------------------------+
|                  2.5 |                  2.5 |
+------------------------+------------------------+
1 row in set (0.00 sec)
```

结果显示，TRUNCATE(2.53,1)和 TRUNCATE(2.55,1)的结果都为 2.5。结果都保留到小数点后一位。但没有进行四舍五入，而是直接截断的。

注意：ROUND(x) 和 ROUND(x,y)可以对数字进行四舍五入处理。前者进位成整数，后者进位成指定长度的小数。TRUNCATE(x,y)直接将小数按照指定长度进行截断，不进行任何四舍五入的处理。因此，在选择这两种函数的时候一定特别注意。

13.2.6　符号函数 SIGN(x)

SIGN(x)函数返回 x 的符号，x 是负数、0、正数分别返回–1、0 和 1。

【示例 13-6】 下面将演示 SIGN(x)函数的使用。

```
mysql> SELECT SIGN(–2), SIGN(0), SIGN(2);
+------------+-----------+-----------+
| SIGN(–2) | SIGN(0) | SIGN(2) |
+------------+-----------+-----------+
|          –1 |           0 |           1 |
+------------+-----------+-----------+
1 row in set (0.00 sec)
```

结果显示，SIGN(–2)返回结果为–1；SIGN(0)返回结果为 0；SIGN(2)返回结果为 1。

13.2.7　幂运算函数 POW(x,y)、POWER(x,y)和 EXP(x)

POW(x,y)和 POWER(x,y)这两个函数计算 x 的 y 次方，即 x^y；EXP(x)函数计算 e 的 x 次方，即 e^x。

【示例 13-7】 下面将演示 POW(x,y)、POWER(x,y)和 EXP(x) 3 个函数的使用。

```
mysql> SELECT POW(3,2), POWER(3,2), EXP(2);
+-------------+----------------+------------------------+
| POW(3,2) | POWER(3,2) | EXP(2)                  |
+-------------+----------------+------------------------+
|            9 |                9 | 7.38905609893065 |
+-------------+----------------+------------------------+
1 row in set (0.09 sec)
```

结果显示，POW(3,2)和 POWER(3,2)返回的结果都是 9；EXP(2)的结果是 7.38905609893065。

13.2.8　对数运算函数 LOG(x)和 LOG10(x)

LOG(x)函数计算 x 的自然对数；LOG10(x)函数计算以 10 为底的对数。其中，EXP(x)

和 LOG(x)这两个函数互为反函数。

【示例 13-8】 下面将演示 LOG(x)和 LOG10(x)两个函数的使用。

```
mysql> SELECT LOG(7.3890560989306), LOG10(100);
+---------------------------------+----------------+
| LOG(7.38905609893065) | LOG10(100) |
+---------------------------------+----------------+
|                              2 |              2 |
+---------------------------------+----------------+
1 row in set (0.00 sec)
```

结果显示，LOG(7.38905609893065)的结果是 2，上个示例中 EXP(2)的结果是 7.38905609893065。这说明这两个函数互为反函数。因为 100 正好是 10^2，所以 LOG10(100)的结果为 2。

13.2.9　角度与弧度相互转换的函数 RADIANS(x)和 DEGREES(x)

RADIANS(x)函数将角度转换为弧度；DEGREES(x)函数将弧度转换为角度。这两个函数互为反函数。

【示例 13-9】 下面将演示 RADIANS(x)函数和 DEGREES(x)函数的使用。

```
mysql> SELECT RADIANS(180), DEGREES(3.141592653589793);
+---------------------------+----------------------------------------+
| RADIANS(180)              | DEGREES(3.141592653589793) |
+---------------------------+----------------------------------------+
| 3.141592653589793    |                                    180 |
+---------------------------+----------------------------------------+
1 row in set (0.00 sec)
```

结果显示，RADIANS(180)的值为 3.141592653589793，DEGREES(3.141592653589793)的值为 180。这说明 RADIANS(x)和 DEGREES(x)互为反函数。

13.2.10　正弦函数 SIN(x)和反正弦函数 ASIN(x)

SIN(x)函数用来求正弦值，其中 x 是弧度；ASIN(x)函数用来求反正弦值。ASIN(x)中 x 的取值必须在–1～1 之间。否则返回的结果将会是 NULL。

【示例 13-10】 下面将演示 SIN(x)、ASIN(x)两个函数的使用。

```
mysql> SELECT SIN(0.523598775598298 9),ASIN(0.5);
+-------------------------------+---------------------------+
| SIN(0.5235987755982989) |   ASIN(0.5)               |
+-------------------------------+---------------------------+
|                           0.5 |  0.523598775598299 |
+-------------------------------+---------------------------+
1 row in set (0.03 sec)
```

结果显示，SIN(x)与 ASIN(x)互为反函数。

```
mysql> SELECT ASIN(2);
+-------------+
| ASIN(2)   |
+-------------+
|      NULL |
+-------------+
1 row in set (0.00 sec)
```

因为 ASIN(2)中的参数都不在–1～1 之间，所以结果返回的是 NULL。

13.2.11　余弦函数 COS(x)和反余弦函数 ACOS(x)

COS(x)函数用来求余弦值，其中 x 是弧度；ACOS(x)函数用来求反余弦值。COS(x)和 ACOS(x)互为反函数。并且，ACOS(x)中 x 的取值必须在-1～1 之间。否则返回的结果将会是 NULL。

【示例 13-11】 下面将演示 COS(x)和 ACOS(x)两个函数的使用。

```
mysql> SELECT COS(1.0471975511965979),ACOS(0.5);
+------------------------------+--------------------+
| COS(1.0471975511965979) | ACOS(0.5)          |
+------------------------------+--------------------+
|                          0.5 | 1.0471975511966 |
+------------------------------+--------------------+
1 row in set (0.00 sec)
```

结果显示，COS(x)和 ACOS(x)互为反函数。

```
mysql> SELECT ACOS(–2);
+--------------+
| ACOS(–2)   |
+--------------+
|       NULL |
+--------------+
1 row in set (0.00 sec)
```

因为 ACOS(–2)中的参数都不在–1～1 之间，所以结果返回的是 NULL。

注意：ASIN(x)和 ACOS(x)中 x 的取值必须在–1～1 之间。因为 ASIN(x)和 ACOS(x)分别是 SIN(x)和 COS(x)的反函数，而 SIN(x)和 COS(x)函数的结果的范围是–1～1。如果 ASIN(x)和 ACOS(x)中 x 取值不在–1～1 之间，那么返回的结果将会是 NULL。

13.2.12　正切函数、反正切函数和余切函数

TAN(x)函数用来求正切值，其中 x 是弧度；ATAN(x)和 ATAN2(x)用来求反正切值；COT(x)函数用来求余切值。TAN(x)与 ATAN(x)、ATAN2(x)互为反函数。而且 TAN(x)返回值是 COT(x)返回值的倒数。

【示例 13-12】 下面将演示 TAN(x)、ATAN(x)、ATAN2(x)和 COT(x)4 个函数的使用。

```
mysql> SELECT TAN(0.7853981633974483),ATAN(1),ATAN2(1);
+------------------------------+--------------------------+--------------------------+
| TAN(0.7853981633974483) | ATAN(1)                | ATAN2(1)               |
+------------------------------+--------------------------+--------------------------+
|          0.9999999999999999 | 0.7853981633974483 | 0.7853981633974483 |
+------------------------------+--------------------------+--------------------------+
1 row in set (0.02 sec)
```

结果显示，TAN(x)与 ATAN(x)、ATAN2(x)互为反函数。

```
mysql> SELECT COT(1),1/TAN(1);
+--------------------------+----------------------+
| COT(1)                 | 1/TAN(1)           |
+--------------------------+----------------------+
```

```
| 0.6420926159343306 | 0.6420926159343306 |
+----------------------------+----------------------------+
1 row in set (0.00 sec)
```

结果显示，TAN(x)与 COT(x)互为倒数。

13.3　字符串函数

字符串函数是 MySQL 中最常用的一类函数。字符串函数主要用于处理表中的字符串。字符串函数包括求字符串长度、合并字符串、在字符串中插入子串和大小字母之间切换等函数。下面是各种字符串函数的符号、作用，如表 13.2 所示。

表 13.2　MySQL的字符串函数

函　　数	作　　用
CHAR_LENGTH(s)	返回字符串 s 的字符数
LENGTH(s)	返回字符串 s 的长度
CONCAT(s1,s2,…)	将字符串 s1,s2 等多个字符串合并为一个字符串
CONCAT_WS(x,s1,s2,…)	同 CONCAT(s1,s2,…)函数，但是每个字符串直接要加上 x
INSERT(s1,x,len,s2)	将字符串 s2 替换 s1 的 x 位置开始长度为 len 的字符串
UPPER(s),UCASE(s)	将字符串 s 的所有字母都变成大写字母
LOWER(s),LCASE(s)	将字符串 s 的所有字母都变成小写字母
LEFT(s,n)	返回字符串 s 的前 n 个字符
RIGHT(s,n)	返回字符串 s 的后 n 个字符
LPAD(s1,len,s2)	字符串 s2 来填充 s1 的开始处，使字符串长度达到 len
RPAD(s1,len,s2)	字符串 s2 来填充 s1 的结尾处，使字符串长度达到 len
LTRIM(s)	去掉字符串 s 开始处的空格
RTRIM(s)	去掉字符串 s 结尾处的空格
TRIM(s)	去掉字符串 s 开始和结尾处的空格
TRIM(s1 FROM s)	去掉字符串 s 中开始处和结尾处的字符串 s1
REPEAT(s,n)	将字符串 s 重复 n 次
SPACE(n)	返回 n 个空格
REPLACE(s,s1,s2)	用字符串 s2 替代字符串 s 中的字符串 s1
STRCMP(s1,s2)	比较字符串 s1 和 s2
SUBSTRING(s,n,len)	获取从字符串 s 中的第 n 个位置开始长度为 len 的字符串
MID(s,n,len)	同 SUBSTRING(s,n,len)
LOCATE(s1,s),POSITION(s1 IN s)	从字符串 s 中获取 s1 的开始位置
INSTR(s,s1)	从字符串 s 中获取 s1 的开始位置
REVERSE(s)	将字符串 s 的顺序反过来
ELT(n,s1,s2,…)	返回第 n 个字符串
EXPORT_SET(x,s1,s2)	
FIELD(s,s1,s2,…)	返回第一个与字符串 s 匹配的字符串的位置
FIND_IN_SET(s1,s2)	返回在字符串 s2 中与 s1 匹配的字符串的位置
MAKE_SET(x,s1,s2,…)	按 x 的二进制数从 s1,s2,…,sn 中选取字符串

下面分别对表 13.2 中的字符串函数进行讲解。

13.3.1　计算字符串字符数的函数和字符串长度的函数

CHAR_LENGTH(s)函数计算字符串 s 的字符数；LENGTH(s)函数计算字符串 s 的长度。

【示例 13-13】 下面将演示 CHAR_LENGTH(s)函数和 LENGTH(s)函数的使用。

```
mysql> SELECT   s, CHAR_LENGTH(s), LENGTH(s)   FROM   t2;
+-----------+-----------------------+---------------+
| s         | CHAR_LENGTH(s) | LENGTH(s) |
+-----------+-----------------------+---------------+
| beijing   |                      7 |            7 |
+-----------+-----------------------+---------------+
1 row in set (0.00 sec)
```

结果显示，t2 表中 s 字段的值为“beijing”。该字符串包含 7 个字符，长度为 7。

说明：字符串“beijing”共有 7 个字符，但是占用的空间是 8 个字节。因为，每个字符串都是以\0 结束的，\0 占用一个字节的空间。LENGTH(s)函数计算字符串 s 的长度，这个长度是指字符数，而不是指占用的空间。因此字符串“beijing”的长度为 7。

13.3.2　合并字符串的函数 CONCAT(s1,s2,…) 和 CONCAT_WS(x,s1,s2,…)

CONCAT(s1,s2,…)函数和 CONCAT_WS(x,s1,s2,…)函数都可以将 s1、s2 等多个字符串合并成一个字符串。但 CONCAT_WS(x,s1,s2,…)可以将各字符串直接用参数 x 隔开。

【示例 13-14】 下面将演示 CONCAT(s1,s2,…)函数和 CONCAT_WS(x,s1,s2,…)函数的使用。

```
mysql> SELECT   CONCAT('bei','ji','ng'), CONCAT_WS('-','bei','ji','ng');
+-----------------------------+-----------------------------------------+
| CONCAT('bei','ji','ng') | CONCAT_WS('-','bei','ji','ng') |
+-----------------------------+-----------------------------------------+
| beijing                   | bei-ji-ng                              |
+-----------------------------+-----------------------------------------+
1 row in set (0.00 sec)
```

结果显示，两个函数将 3 个字符串合并成一个字符串。但是后者使用“-”将每个字符串隔开。

技巧：CONCAT(s1,s2,…)函数和 CONCAT_WS(x,s1,s2,…)函数都是用来合并字符串，这两个函数在操作字符串时非常有用。例如，为了让空格显示更加明显，可以在空格两边加上“+”。这可以使用 CONCAT('+', '   ', '+')的方式组合起来，显示出来就会是“+   +”，这样空格看起来更加明显。

13.3.3　替换字符串的函数 INSERT(s1,x,len,s2)

INSERT(s1,x,len,s2)函数将字符串 s1 中 x 位置开始长度为 len 的字符串用 s2 替换。

【示例 13-15】 下面将演示 INSERT(s1,x,len,s2)函数的使用。

```
mysql> SELECT   s, INSERT(s,4,4,'fang')   FROM   t2;
```

```
+----------+-------------------------+
| s        | INSERT(s,4,4,'fang') |
+----------+-------------------------+
| beijing  | beifang               |
+----------+-------------------------+
1 row in set (0.02 sec)
```

结果显示，s 字段的值为字符串“beijing”。INSERT(s,4,4,'fang')是将 s 中的第 4 个字符开始的 4 个字符用“fang”替换。也就是“jing”被“fang”替换。所以替换后的结果是“beifang”。

13.3.4　字母大小写转换函数

UPPER(s)函数和 UCASE(s)函数将字符串 s 的所有字母变成大写字母；LOWER(s)函数和 LCASE(s)函数将字符串 s 的所有字母变成小写字母。

【示例 13-16】 下面将演示 UPPER(s)、UCASE(s)、LOWER(s)和 LCASE(s)4 个函数的使用。

```
mysql> SELECT UPPER('mysql'),UCASE('mysql'),LOWER('MYSQL'),LCASE('MYSQL');
+------------------+------------------+-------------------+------------------+
| UPPER('mysql') | UCASE('mysql') | LOWER('MYSQL') | LCASE('MYSQL') |
+------------------+------------------+-------------------+------------------+
| MYSQL          | MYSQL          | mysql           | mysql          |
+------------------+------------------+-------------------+------------------+
1 row in set (0.00 sec)
```

结果显示，UPPER('mysql')和 UCASE('mysql')将“mysql”变成“MYSQL”；LOWER('MYSQL')和 LCASE('MYSQL')将“MYSQL”变成“mysql”。

13.3.5　获取指定长度的字符串的函数 LEFT(s,n)和 RIGHT(s,n)

LEFT(s,n)函数返回字符串 s 的前 n 个字符；RIGHT(s,n)函数返回字符串 s 的后 n 个字符。

【示例 13-17】 下面将演示 LEFT(s,n)函数和 RIGHT(s,n)函数的使用。

```
mysql> SELECT   s, LEFT(s,3), RIGHT(s,4)   FROM   t2;
+----------+-------------+--------------+
| s        | LEFT(s,3) | RIGHT(s,4) |
+----------+-------------+--------------+
| beijing  | bei         | jing         |
+----------+-------------+--------------+
1 row in set (0.00 sec)
```

结果显示，s 字段的值为字符串“beijing”；LEFT(s,3)返回前 3 个字母“bei”；RIGHT(s,4)返回后 4 个字母“jing”。

13.3.6　填充字符串的函数 LPAD(s1,len,s2)和 RPAD(s1,len,s2)

LPAD(s1,len,s2)函数将字符串 s2 填充到 s1 的开始处，使字符串长度达到 len；RPAD(s1,len,s2)函数将字符串 s2 填充到 s1 的结尾处，使字符串长度达到 len。

【示例 13-18】 下面将演示 LPAD(s1,len,s2)函数和 RPAD(s1,len,s2)函数的使用。

```
mysql> SELECT   s, LPAD(s,10,'+-'), RPAD(s,10,'+-')   FROM t2;
+---------+--------------------+--------------------+
| s       | LPAD(s,10,'+-')  | RPAD(s,10,'+-')  |
+---------+--------------------+--------------------+
| beijing | +-+beijing         | beijing+-+         |
```

```
+---------+---------------------+--------------------+
1 row in set (0.00 sec)
```

结果显示，LPAD(s,10,'+-')将“+-”填充到字符串“beijing”的最前面，使字符串长度变为 10。填充后字符串变为“+-+beijing”。RPAD(s,10,'+-')将“+-”填充到字符串“beijing”的最后，使字符串长度变为 10。填充后字符串变为“beijing+-+”。

13.3.7　删除空格的函数 LTRIM(s)、RTRIM(s)和 TRIM(s)

LTRIM(s)函数将去掉字符串 s 开始处的空格；RTRIM(s)函数将去掉字符串 s 结尾处的空格；TRIM(s)函数将去掉字符串 s 开始处和结尾处的空格。

【示例 13-19】 下面将演示 LTRIM(s)、RTRIM(s)和 TRIM(s)3 个函数的使用。使用的字符串是‘me’。该字符串的开头和结尾各有一个空格。因为空格不好显示，所以使用 CONCAT()函数来将字符串与‘+’连接起来。

```
mysql>  SELECT CONCAT('+',' me ','+'), CONCAT('+',LTRIM(' me '),'+');
+------------------------+-------------------------------+
| CONCAT('+',' me ','+') | CONCAT('+',LTRIM(' me '),'+') |
+------------------------+-------------------------------+
| + me +                 | +me +                         |
+------------------------+-------------------------------+
1 row in set (0.00 sec)

mysql> SELECT CONCAT('+',RTRIM(' me '),'+'),CONCAT('+',TRIM(' me '),'+');
+-------------------------------+------------------------------+
| CONCAT('+',RTRIM(' me '),'+') | CONCAT('+',TRIM(' me '),'+') |
+-------------------------------+------------------------------+
| + me+                         | +me+                         |
+-------------------------------+------------------------------+
1 row in set (0.00 sec)
```

结果显示，直接使用 CONCAT('+',' me ','+')时，系统会保留“me”前面和后面的空格；LTRIM(' me ')将字符串前端的空格去掉了；RTRIM(' me ')将字符串最后的空格去掉了；TRIM(' me ')将字符串最前端和最后面的空格去掉。

13.3.8　删除指定字符串的函数 TRIM(s1 FROM s)

TRIM(s1 FROM s)函数将去掉字符串 s 中开始处和结尾处的字符串 s1。

【示例 13-20】 下面将演示 TRIM(s1 FROM s)函数的使用。

```
mysql> SELECT TRIM('ab' FROM 'ababddddabddab');
+----------------------------------+
| TRIM('ab' FROM 'ababddddabddab') |
+----------------------------------+
| ddddabdd                         |
+----------------------------------+
1 row in set (0.00 sec)
```

结果显示，字符串“ababddddabddab”最前端和最后面的字符串“ab”去掉。而中间的“ab”还保留着。

技巧： 通常，数据库中数据最好不要以空格开头或结尾。除非有特殊需要，例如，存储一篇文章时，需要使用空格调整格式。在输入字符串数据时，最好使用 TRIM(s)去掉字符串开始和结束部分的空格。如果需要过滤掉某些敏感字符，可以使用 TRIM(s1 FROM s)函数将指定字符过滤掉。

13.3.9　重复生成字符串的函数 REPEAT(s,n)

REPEAT(s,n)函数将字符串 s 重复 n 次。

【示例 13-21】 下面将演示 REPEAT(s,n)函数的使用。

```
mysql> SELECT REPEAT('mysql-',2);
+-------------------------+
| REPEAT('mysql-',2) |
+-------------------------+
| mysql-mysql-        |
+-------------------------+
1 row in set (0.05 sec)
```

结果显示，REPEAT('mysql-',2)返回的结果为 mysql-mysql-。

13.3.10　空格函数 SPACE(n)和替换函数 REPLACE(s,s1,s2)

SPACE(n)函数返回 n 个空格；REPLACE(s,s1,s2)函数将字符串 s2 替代字符串 s 中的字符串 s1。

【示例 13-22】 下面将演示 SPACE(n)和 REPLACE(s,s1,s2)两个函数的使用。

```
mysql> SELECT CONCAT('+',SPACE(4),'+'),REPLACE('mysql','sql','book');
+----------------------------------+------------------------------------+
| CONCAT('+',SPACE(4),'+') | REPLACE('mysql','sql','book') |
+----------------------------------+------------------------------------+
| +       +                          | mybook                               |
+----------------------------------+------------------------------------+
1 row in set (0.03 sec)
```

结果显示，SPACE(4)返回了 4 个空格；REPLACE('mysql','sql','book')将“mysql”中的“sql”用“book”替换。

13.3.11　比较字符串大小的函数 STRCMP(s1,s2)

STRCMP(s1,s2)函数用来比较字符串 s1 和 s2。如果 s1 大于 s2，结果返回 1；如果 s1 等于 s2，结果返回 0；如果 s1 小于 s2，结果返回–1。

【示例 13-23】 下面将演示 STRCMP(s1,s2)函数的使用。

```
mysql> SELECT STRCMP('abc','abb'),STRCMP('abc','abc'),STRCMP('abc','abd');
+------------------------+------------------------+------------------------+
| STRCMP('abc','abb') | STRCMP('abc','abc') | STRCMP('abc','abd') |
+------------------------+------------------------+------------------------+
|                              1 |                             0 |                           –1 |
+------------------------+------------------------+------------------------+
1 row in set (0.00 sec)
```

因为 abc 大于 abb，所以结果返回 1；因为 abc 等于 abc，所以结果返回 0；因为 abc 小于 abd，所以结果返回–1。

13.3.12　获取子串的函数 SUBSTRING(s,n,len)和 MID(s,n,len)

SUBSTRING(s,n,len)函数和 MID(s,n,len)函数从字符串 s 的第 n 个位置开始获取长度为

len 的字符串。

【示例 13-24】 下面将演示 SUBSTRING(s,n,len)函数和 MID(s,n,len)函数的使用。

```
mysql> SELECT   s, SUBSTRING(s,4,3), MID(s,4,3)   FROM    t2;
+---------+------------------------+-------------+
| s       | SUBSTRING(s,4,3)       | MID(s,4,3) |
+---------+------------------------+-------------+
| beijing | jin                    | jin         |
+---------+------------------------+-------------+
1 row in set (0.00 sec)
```

结果显示，两个函数从第 4 个位置开始，获取长度为 3 的字符串。

13.3.13　匹配子串开始位置的函数

LOCATE(s1,s)、POSITION(s1 IN s)和 INSTR(s,s1)3 个函数从字符串 s 中获取 s1 的开始位置。

【示例 13-25】 下面将演示 LOCATE(s1,s)、POSITION(s1 IN s)和 INSTR(s,s1)3 个函数的使用。

```
mysql> SELECT   s ,LOCATE('jin',s), POSITION('jin' IN s), INSTR(s,'jin')   FROM    t2;
+-----------+------------------+-----------------------+-----------------+
| s         | LOCATE('jin',s) | POSITION('jin' IN s) | INSTR(s,'jin') |
+-----------+------------------+-----------------------+-----------------+
| beijing   |                4 |                     4 |               4 |
+-----------+------------------+-----------------------+-----------------+
1 row in set (0.00 sec)
```

结果显示，s 字段的值中“jin”的起始位置为 4。

13.3.14　字符串逆序的函数 REVERSE(s)

REVERSE(s)函数将字符串 s 的顺序反过来。

【示例 13-26】 下面将演示 REVERSE(s)函数的使用。

```
mysql> SELECT   s, REVERSE(s)   FROM    t2;
+-----------+----------------+
| s         | REVERSE(s) |
+-----------+----------------+
| beijing   | gnijieb        |
+-----------+----------------+
1 row in set (0.00 sec)
```

结果显示，REVERSE(s)将字符串 s 的顺序都反过来。

13.3.15　返回指定位置的字符串的函数

ELT(n,s1,s2,…)函数返回第 n 个字符串。

【示例 13-27】 下面将演示 ELT(n,s1,s2,…)函数的使用。

```
mysql> SELECT   ELT(2,'me','my','he','she');
+-------------------------------+
| ELT(2,'me','my','he','she') |
+-------------------------------+
| my                            |
+-------------------------------+
1 row in set (0.00 sec)
```

结果显示，('me','my','he','she')的第二个字符串是“my”。

13.3.16　返回指定字符串位置的函数 FIELD(s,s1,s2,…)

FIELD(s,s1,s2,…)函数返回第一个与字符串 s 匹配的字符串的位置。

【示例 13-28】 下面将演示 FIELD(s,s1,s2,…)函数的使用。

```
mysql> SELECT FIELD('he','me','my','he','she');
+-----------------------------------+
| FIELD('he','me','my','he','she') |
+-----------------------------------+
|                                  3 |
+-----------------------------------+
1 row in set (0.05 sec)
```

结果显示，“he”是('me','my','he','she')中的第 3 个字符串。

13.3.17　返回子串位置的函数 FIND_IN_SET(s1,s2)

FIND_IN_SET(s1,s2)函数返回在字符串 s2 中与 s1 匹配的字符串的位置。其中，字符串 s2 中包含了若干个用逗号隔开的字符串。

【示例 13-29】 下面将演示 FIND_IN_SET(s1,s2)函数的使用。

```
mysql> SELECT   FIND_IN_SET('like','i,like,bei,jing');
+---------------------------------------+
| FIND_IN_SET('like','i,like,bei,jing') |
+---------------------------------------+
|                                     2 |
+---------------------------------------+
1 row in set (0.00 sec)
```

结果显示，字符串“like”在字符串“i,like,bei,jing”的第二个位置上。

13.3.18　选取字符串的函数 MAKE_SET(x,s1,s2,…)

MAKE_SET(x,s1,s2,…)函数按 x 的二进制数从 s1,s2,…,sn 中选取字符串。例如 12 的二进制是 1100。这个二进制数从右到左的第 3 位和第 4 位是 1，所以选取 s3 和 s4。

【示例 13-30】 下面将演示 MAKE_SET(x,s1,s2,…)函数的使用。

```
mysql> SELECT   MAKE_SET(11,'a','b','c','d'), MAKE_SET(7,'a','b','c','d');
+------------------------------+-----------------------------+
| MAKE_SET(11,'a','b','c','d') | MAKE_SET(7,'a','b','c','d') |
+------------------------------+-----------------------------+
| a,b,d                        | a,b,c                       |
+------------------------------+-----------------------------+
1 row in set (0.00 sec)
```

因为 11 的二进制数是 1011，从右到左的第 1 位、第 2 位和第 4 位是 1，所以结果选取 a、b 和 d；因为 7 的二进制数是 111，从右到左的第 1 位、第 2 位和第 3 位是 1，所以结果选取 a、b 和 c。

注意：使用 MAKE_SET(x,s1,s2,…)函数时一定要特别注意。该函数是按照 x 所指定的顺序查找指定字符串。数据库系统会先将 x 转换为二进制数，然后选取位数为 1 的位置对应的字符串。读取二进制数的顺序是从右到左的，最右边的是第一位。

13.4　日期和时间函数

日期和时间函数是 MySQL 中另一类最常用的函数。日期和时间函数主要用于处理表中的日期和时间数据。日期和时间函数包括获取当前日期的函数、获取当前时间的函数、计算日期的函数、计算时间的函数等。下面是各种日期和时间函数的符号、作用，如表 13.3 所示。

表 13.3　MySQL的日期和时间函数

函　数	作　用
CURDATE(),CURRENT_DATE()	返回当前日期
CURTIME(),CURRENT_TIME()	返回当前时间
NOW(),CURRENT_TIMESTAMP(), LOCALTIME(),SYSDATE(), LOCALTIMESTAMP()	返回当前日期和时间
UNIX_TIMESTAMP()	以 UNIX 时间戳的形式返回当前时间
UNIX_TIMESTAMP(d)	将时间 d 以 UNIX 时间戳的形式返回
FROM_UNIXTIME(d)	把 UNIX 时间戳的时间转换为普通格式的时间
UTC_DATE()	返回 UTC（Universal Coordinated Time，国际协调时间）日期
UTC_TIME()	返回 UTC 时间
MONTH(d)	返回日期 d 中的月份值，范围是 1～12
MONTHNAME(d)	返回日期 d 中的月份名称，如 January,February
DAYNAME(d)	返回日期 d 是星期几，如 Monday,Tuesday 等
DAYOFWEEK(d)	返回日期 d 是星期几，1 表示星期日，2 表示星期一等
WEEKDAY(d)	返回日期 d 是星期几，0 表示星期一，1 表示星期二等
WEEK(d)	计算日期 d 是本年的第几个星期，范围是 0～53
WEEKOFYEAR(d)	计算日期 d 是本年的第几个星期，范围是 1～53
DAYOFYEAR(d)	计算日期 d 是本年的第几天
DAYOFMONTH(d)	计算日期 d 是本月的第几天
YEAR(d)	返回日期 d 中的年份值
QUARTER(d)	返回日期 d 是第几季度，范围是 1～4
HOUR(t)	返回时间 t 中的小时值
MINUTE(t)	返回时间 t 中的分钟值
SECOND(t)	返回时间 t 中的秒钟值
EXTRACT(type FROM d)	从日期 d 中获取指定的值，type 指定返回的值，如 YEAR,HOUR 等
TIME_TO_SEC(t)	将时间 t 转换为秒
SEC_TO_TIME(s)	将以秒为单位的时间 s 转换为时分秒的格式
TO_DAYS(d)	计算日期 d～0000 年 1 月 1 日的天数
FROM_DAYS(n)	计算从 0000 年 1 月 1 日开始 n 天后的日期
DATEDIFF(d1,d2)	计算日期 d1～d2 之间相隔的天数
ADDDATE(d,n)	计算起始日期 d 加上 n 天的日期
ADDDATE(d,INTERVAL expr type)	计算起始日期 d 加上一个时间段后的日期
DATE_ADD(d,INTERVAL expr type)	同 ADDDATE(d,INTERVAL n type)
SUBDATE(d,n)	计算起始日期 d 减去 n 天的日期

续表

函　　数	作　　用
SUBDATE(d,INTERVAL expr type)	计算起始日期 d 减去一个时间段后的日期
ADDTIME(t,n)	计算起始时间 t 加上 n 秒的时间
SUBTIME(t,n)	计算起始时间 t 减去 n 秒的时间
DATE_FORMAT(d,f)	按照表达式 f 的要求显示日期 d
TIME_FORMAT(t,f)	按照表达式 f 的要求显示时间 t
GET_FORMAT(type,s)	根据字符串 s 获取 type 类型数据的显示格式

下面分别对表 13.3 中的日期和时间函数进行讲解。

13.4.1　获取当前日期的函数和获取当前时间的函数

CURDATE() 和 CURRENT_DATE() 函数获取当前日期；CURTIME() 和 CURRENT_TIME()函数获取当前时间。

【示例 13-31】 下面将演示 CURDATE()、CURRENT_DATE()、CURTIME()和 CURRENT_TIME()4 个函数的使用。

```
mysql> SELECT CURDATE(),CURRENT_DATE(),CURTIME(),CURRENT_TIME();
+-----------------+-----------------------+---------------+-----------------------+
| CURDATE()   | CURRENT_DATE() | CURTIME() | CURRENT_TIME() |
+-----------------+-----------------------+---------------+-----------------------+
| 2009-10-25   | 2009-10-25         | 15:47:56    | 15:47:56             |
+-----------------+-----------------------+---------------+-----------------------+
1 row in set (0.00 sec)
```

结果显示，CURDATE()和 CURRENT_DATE()的结果是一样的，都是当前日期；CURTIME()和 CURRENT_TIME()的结果也是一样的，都是当前时间。

13.4.2　获取当前日期和时间的函数

NOW()、CURRENT_TIMESTAMP()、LOCALTIME()和 SYSDATE()等 4 个函数都用来获取当前的日期和时间。这四个函数表示相同的含义。

【示例 13-32】 下面将演示 NOW()、CURRENT_TIMESTAMP()、LOCALTIME()和 SYSDATE()4 个函数的使用。

```
mysql> SELECT NOW(),CURRENT_TIMESTAMP(),LOCALTIME(),SYSDATE();
+-----------------------+-----------------------------+-----------------------+-----------------------+
| NOW()               | CURRENT_TIMESTAMP() | LOCALTIME()         | SYSDATE()          |
+-----------------------+-----------------------------+-----------------------+-----------------------+
| 2009-10-25 15:53:21 | 2009-10-25 15:53:21       | 2009-10-25 15:53:21 | 2009-10-25 15:53:21 |
+-----------------------+-----------------------------+-----------------------+-----------------------+
1 row in set (0.00 sec)
```

结果显示，这 4 个函数返回的结果都是“2009-10-25 15:53:21”。这正是当前的日期和时间。除了 4 个函数以外，LOCALTIMESTAMP()函数也可以获取当前时间和日期。其运行结果和上面四个函数是一样的。

说明：NOW()、CURRENT_TIMESTAMP()、LOCALTIME()、SYSDATE()和 LOCALTIMESTAMP()这几个函数都可以获取系统当前日期和时间。而且，显示时间格式也是一样的。通常情况下都是使用 NOW()函数。

13.4.3　UNIX 时间戳函数

UNIX_TIMESTAMP() 函数以 UNIX 时间戳的形式返回当前时间；UNIX_TIMESTAMP(d)函数将时间 d 以 UNIX 时间戳的形式返回；FROM_UNIXTIME(d)函数把 UNIX 时间戳的时间转换为普通格式的时间。UNIX_TIMESTAMP(d)函数和 FROM_UNIXTIME(d)互为反函数。

【示例 13-33】 下面将演示 UNIX_TIMESTAMP()、UNIX_TIMESTAMP(d)和 FROM_UNIXTIME(d)3 个函数的使用。

```
mysql> SELECT NOW(),UNIX_TIMESTAMP(),UNIX_TIMESTAMP(NOW());
+---------------------+------------------+-----------------------+
| NOW()               | UNIX_TIMESTAMP() | UNIX_TIMESTAMP(NOW()) |
+---------------------+------------------+-----------------------+
| 2009-10-25 16:35:51 |       1256459751 |            1256459751 |
+---------------------+------------------+-----------------------+
1 row in set (0.00 sec)
```

结果显示，当前时间是“2009-10-25 16:35:51”；当前时间的 UNIX 时间戳的形式为“1256459751”。

```
mysql> SELECT dt,UNIX_TIMESTAMP(dt),FROM_UNIXTIME('1256458559') FROM t4;
+---------------------+--------------------+-----------------------------+
| dt                  | UNIX_TIMESTAMP(dt) | FROM_UNIXTIME('1256458559') |
+---------------------+--------------------+-----------------------------+
| 2009-10-25 16:15:59 |         1256458559 | 2009-10-25 16:15:59         |
+---------------------+--------------------+-----------------------------+
1 row in set (0.00 sec)
```

结果显示，UNIX_TIMESTAMP(d)函数和 FROM_UNIXTIME(d)互为反函数。

13.4.4　返回 UTC 日期的函数和返回 UTC 时间的函数

UTC_DATE()函数返回 UTC 日期；UTC_TIME()函数返回 UTC 时间。其中，UTC 是 Universal Coordinated Time 的缩写，也就是国际协调时间。

【示例 13-34】 下面将演示 UTC_DATE()函数和 UTC_TIME()函数的使用。

```
mysql> SELECT CURDATE(),UTC_DATE(),CURTIME(),UTC_TIME();
+------------+------------+-----------+------------+
| CURDATE()  | UTC_DATE() | CURTIME() | UTC_TIME() |
+------------+------------+-----------+------------+
| 2009-10-25 | 2009-10-25 | 16:42:38  | 08:42:38   |
+------------+------------+-----------+------------+
1 row in set (0.00 sec)
```

结果显示，返回的日期是一样的，返回的时间相差几个时区。

13.4.5　获取月份的函数 MONTH(d)和 MONTHNAME(d)

MONTH(d)函数返回日期 d 中的月份值，其取值范围为 1～12；MONTHNAME(d)函数返回日期 d 中的月份的英文名称，如 January,February 等。其中，参数 d 可以是日期和时间，也可以是日期。

【示例 13-35】 下面将演示 MONTH(d)函数和 MONTHNAME(d)函数的使用。

```
mysql> SELECT dt,MONTH(dt),MONTHNAME(dt) FROM t4;
```

```
+---------------------+-----------+----------------+
| dt                  | MONTH(dt) | MONTHNAME(dt) |
+---------------------+-----------+----------------+
| 2009-10-25 16:15:59 |        10 | October        |
+---------------------+-----------+----------------+
1 row in set (0.09 sec)

mysql> SELECT MONTH('2008-8-8'),MONTHNAME('2008-8-8');
+-------------------+-----------------------+
| MONTH('2008-8-8') | MONTHNAME('2008-8-8') |
+-------------------+-----------------------+
|                 8 | August                |
+-------------------+-----------------------+
1 row in set (0.00 sec)
```

结果显示，MONTH(d)函数返回了数字表示的月份；MONTHNAME(d)函数返回了月份的英文名。

13.4.6 获取星期的函数 DAYNAME(d)、DAYOFWEEK(d)和 WEEKDAY(d)

DAYNAME(d)函数返回日期 d 是星期几，显示其英文名，如 Monday,Tuesday 等；DAYOFWEEK(d)函数也返回日期 d 是星期几，1 表示星期日，2 表示星期一，依次类推；WEEKDAY(d)函数也返回日期 d 是星期几，0 表示星期一，1 表示星期二，依次类推。其中，参数 d 可以是日期和时间，也可以是日期。

【示例 13-36】 下面将演示 DAYNAME(d)、DAYOFWEEK(d)和 WEEKDAY(d)函数的使用。

```
mysql> SELECT d,DAYNAME(d),DAYOFWEEK(d),WEEKDAY(d) FROM t4;
+------------+------------+--------------+------------+
| d          | DAYNAME(d) | DAYOFWEEK(d) | WEEKDAY(d) |
+------------+------------+--------------+------------+
| 2009-10-25 | Sunday     |            1 |          6 |
+------------+------------+--------------+------------+
1 row in set (0.00 sec)
```

结果显示，2009-10-25 正好是星期日，DAYNAME(d)返回值是 Sunday；DAYOFWEEK(d)返回值是 1；WEEKDAY(d)返回值是 6。

注意： DAYOFWEEK(d)和 WEEKDAY(d)函数都是用数字表示星期，但是这两者的表示方法有点不同。DAYOFWEEK(d)的值是 1～7，1 表示星期日，2 表示星期一，依次类推。而 WEEKDAY(d)的值是 0～6，0 表示星期一，1 表示星期二，依次类推。使用时一定要注意这两者的区别。

13.4.7 获取星期数的函数 WEEK(d)和 WEEKOFYEAR(d)

WEEK(d)函数和 WEEKOFYEAR(d)函数都是计算日期 d 是本年的第几个星期。返回值的范围是 1～53。

【示例 13-37】 下面将演示 WEEK(d)函数和 WEEKOFYEAR(d)函数的使用。

```
mysql> SELECT d,WEEK(d),WEEKOFYEAR(d),dt,WEEK(dt),WEEKOFYEAR(dt) FROM t4;
+------------+---------+---------------+---------------------+----------+----------------+
| d          | WEEK(d) | WEEKOFYEAR(d) | dt                  | WEEK(dt) | WEEKOFYEAR(dt) |
+------------+---------+---------------+---------------------+----------+----------------+
```

```
| 2009-10-25 |     43 |                43 | 2009-10-25 16:15:59 |          43 |                   43 |
+------------+--------+-------------------+---------------------+-------------+----------------------+
1 row in set (0.00 sec)
```

结果显示，这两个函数返回的结果是一样的。而且，参数 d 可以是日期和时间，也可以只有日期。

13.4.8　获取天数的函数 DAYOFYEAR(d)和 DAYOFMONTH(d)

DAYOFYEAR(d)函数日期 d 是本年的第几天；DAYOFMONTH(d)函数返回计算日期 d 是本月的第几天。

【示例 13-38】 下面将演示 DAYOFYEAR(d)函数和 DAYOFMONTH(d)函数的使用。

```
mysql> SELECT d,DAYOFYEAR(d),DAYOFMONTH(d) FROM t4;
+------------+--------------+---------------+
| d          | DAYOFYEAR(d) | DAYOFMONTH(d) |
+------------+--------------+---------------+
| 2009-10-25 |          298 |            25 |
+------------+--------------+---------------+
1 row in set (0.00 sec)
```

结果显示，“2009-10-25”是 2009 年的第 298 天，是 10 月的第 25 天。

13.4.9　获取年份、季度、小时、分钟和秒钟的函数

YEAR(d)函数返回日期 d 中的年份值；QUARTER(d)函数返回日期 d 是本年第几季度，值的范围是 1～4；HOUR(t)函数返回时间 t 中的小时值；MINUTE(t)函数返回时间 t 中的分钟值；SECOND(t)函数返回时间 t 中的秒钟值。

【示例 13-39】 下面将演示 YEAR(d)、QUARTER(d)、HOUR(t)、MINUTE(t)和 SECOND(t)5 个函数的使用。

```
mysql> SELECT d,YEAR(d),QUARTER(d) FROM t4;
+------------+---------+------------+
| d          | YEAR(d) | QUARTER(d) |
+------------+---------+------------+
| 2009-10-25 |    2009 |          4 |
+------------+---------+------------+
1 row in set (0.00 sec)

mysql> SELECT t,HOUR(t),MINUTE(t),SECOND(t) FROM t4;
+----------+---------+-----------+-----------+
| t        | HOUR(t) | MINUTE(t) | SECOND(t) |
+----------+---------+-----------+-----------+
| 16:15:59 |      16 |        15 |        59 |
+----------+---------+-----------+-----------+
1 row in set (0.00 sec)
```

13.4.10　获取日期的指定值的函数 EXTRACT(type FROM d)

EXTRACT(type FROM d)函数从日期 d 中获取指定的值。这个值是什么由 type 的值决定。type 的取值可以是 YEAR、MONTH、DAY、HOUR、MINUTE 和 SECOND。如果 type 的值是 YEAR，结果返回年份值；MONTH 返回月份值；DAY 返回是几号；HOUR 返回小

时值；MINUTE 返回分钟值；SECOND 返回秒钟值。

【示例 13-40】　下面将演示 EXTRACT(type FROM d)函数的使用。

```
mysql> SELECT dt,EXTRACT(YEAR FROM dt),EXTRACT(MINUTE FROM dt) FROM t4;
+---------------------+-----------------------+-------------------------+
| dt                  | EXTRACT(YEAR FROM dt) | EXTRACT(MINUTE FROM dt) |
+---------------------+-----------------------+-------------------------+
| 2009-10-25 16:15:59 |                  2009 |                      15 |
+---------------------+-----------------------+-------------------------+
1 row in set (0.00 sec)
```

结果显示，type 值为 YEAR 时，结果从 2009-10-25 16:15:59 返回了年份 2009；type 值为 MINUTE 时，返回了分钟值 15。

技巧：处理日期和时间数据时，EXTRACT(type FROM d)函数非常有用。例如，学生表中将学生的出生年月存储在 birth 字段中。但是现在需要查询学生的年龄，那么需要用现在的年份减去学生的出生年份。这就需要使用 EXTRACT(YEAR FROM birth)中分离出学生的出生年份。

13.4.11　时间和秒钟转换的函数

TIME_TO_SEC(t)函数将时间 t 转换为以秒为单位的时间；SEC_TO_TIME(s)函数将以秒为单位的时间 s 转换为时分秒的格式。TIME_TO_SEC(t)和 SEC_TO_TIME(s)互为反函数。

【示例 13-41】　下面将演示 TIME_TO_SEC(t)函数和 SEC_TO_TIME(s)函数的使用。

```
mysql> SELECT t,TIME_TO_SEC(t),SEC_TO_TIME(58559) FROM t4;
+----------+----------------+--------------------+
| t        | TIME_TO_SEC(t) | SEC_TO_TIME(58559) |
+----------+----------------+--------------------+
| 16:15:59 |          58559 | 16:15:59           |
+----------+----------------+--------------------+
1 row in set (0.00 sec)
```

结果显示，时间为 16:15:59。TIME_TO_SEC(t)将时间 t 变化以秒为单位的时间。因为 16*60*60+15*60+59 刚好等于 58559。SEC_TO_TIME(s)正好是 TIME_TO_SEC(t)的逆运算。

13.4.12　计算日期和时间的函数

1．TO_DAYS(d)、FROM_DAYS(n)和DATEDIFF(d1,d2)函数

TO_DAYS(d)函数计算日期 d 与 0000 年 1 月 1 日的天数；FROM_DAYS(n)函数计算从 0000 年 1 月 1 日开始 n 天后的日期；DATEDIFF(d1,d2)函数计算日期 d1 与 d2 之间相隔的天数。

【示例 13-42】　下面将演示 TO_DAYS(d)、FROM_DAYS(n)和 DATEDIFF(d1,d2)3 个函数的使用。

```
mysql> SELECT d,TO_DAYS(d),FROM_DAYS(734070),DATEDIFF(d,'2009-10-24') FROM t4;
+------------+------------+-------------------+--------------------------+
| d          | TO_DAYS(d) | FROM_DAYS(734070) | DATEDIFF(d,'2009-10-24') |
+------------+------------+-------------------+--------------------------+
| 2009-10-25 |     734070 | 2009-10-25        |                        1 |
```

```
+---------------+-----------------+-----------------------------+-------------------------------+
1 row in set (0.00 sec)
```

结果显示，TO_DAYS(d)和 FROM_DAYS(n)互为反函数；DATEDIFF(d,'2009-10-24')计算出“2009-10-25”与“2009-10-24”之间只相隔 1 天。这里可以知道，DATEDIFF(d1,d2)函数是用 d1 的日期减去 d2 的日期。

2．ADDDATE(d,n)、SUBDATE(d,n)、ADDTIME(t,n)和SUBTIME(t,n)函数

ADDDATE(d,n)函数返回起始日期 d 加上 n 天的日期；SUBDATE(d,n)函数返回起始日期 d 减去 n 天的日期；ADDTIME(t,n)函数返回起始时间 t 加上 n 秒后的时间；SUBTIME(t,n)函数返回起始时间 t 减去 n 秒后的时间。

【示例 13-43】下面将演示 ADDDATE(d,n)、SUBDATE(d,n)、ADDTIME(t,n)和 SUBTIME(t,n)4 个函数的使用。

```
mysql> SELECT d,ADDDATE(d,3),SUBDATE(d,3),t,ADDTIME(t,5),SUBTIME(t,5) FROM t4;
+---------------+-------------------+------------------+------------+------------------+------------------+
| d             | ADDDATE(d,3) | SUBDATE(d,3) | t          | ADDTIME(t,5) | SUBTIME(t,5)   |
+---------------+-------------------+------------------+------------+------------------+------------------+
| 2009-10-25 | 2009-10-28       | 2009-10-22      | 16:15:59 | 16:16:04        | 16:15:54        |
+---------------+-------------------+------------------+------------+------------------+------------------+
1 row in set (0.00 sec)
```

结果显示，t4 表中 d 字段的数据为“2009-10-25”；ADDDATE(d,3)返回了 d 值 3 天以后的日期；SUBDATE(d,3)返回了 d 值 3 天以前的日期；t4 表中 t 字段的值为“16:15:59”；ADDTIME(t,5)返回了 t 值 5 秒以后的时间；SUBTIME(t,5)返回了 t 值 5 秒以前的时间。

3．ADDDATE(d,INTERVAL expr type)和DATE_ADD(d,INTERVAL expr type)函数

ADDDATE(d,INTERVAL expr type)函数和 DATE_ADD(d,INTERVAL expr type)函数返回起始日期 d 加上一个时间段后的日期；SUBDATE(d,INTERVAL expr type)函数返回起始日期 d 减去一个时间段后的日期。上面 3 个函数的 expr 是表示时间段长度的表达式。该表达式与后面的间隔类型 type 对应。MySQL 中的日期间隔类型如表 13.4 所示。

表 13.4　MySQL的日期间隔类型

类　型	含　义	expr 表达式的形式
YEAR	年	YY
MONTH	月	MM
DAY	日	DD
HOUR	时	hh
MINUTE	分	mm
SECOND	秒	ss
YEAR_MONTH	年和月	YY 和 MM 之间用任意符号隔开
DAY_HOUR	日和小时	DD 和 hh 之间用任意符号隔开
DAY_MINUTE	日和分钟	DD 和 mm 之间用任意符号隔开
DAY_SECOND	日和秒钟	DD 和 ss 之间用任意符号隔开
HOUR_MINUTE	时和分	hh 和 mm 之间用任意符号隔开
HOUR_SECOND	时和秒	hh 和 ss 之间用任意符号隔开
MINUTE_SECOND	分和秒	mm 和 ss 之间用任意符号隔开

【示例 13-44】 下面使用 ADDDATE(d,INTERVAL expr type)函数计算一年零一个月后

的日期和时间。

```
mysql> SELECT dt,ADDDATE(dt,INTERVAL '1 1' YEAR_MONTH) FROM t4;
+---------------------+-------------------------------------------+
| dt                  | ADDDATE(dt,INTERVAL '1 1' YEAR_MONTH)     |
+---------------------+-------------------------------------------+
| 2009-10-25 16:15:59 | 2010-11-25 16:15:59                       |
+---------------------+-------------------------------------------+
1 row in set (0.00 sec)
```

本示例中，时间间隔用的是 YEAR_MONTH；expr 表达式中年和月之间用空格隔开；ADDDATE()函数返回的结果是 d 中日期一年零一个月以后的日期和时间。

MySQL 中还可以使用负数来指定时间。

【示例 13-45】 下面使用 ADDDATE(d,INTERVAL expr type)函数计算一年零一个月前的日期和时间。

```
mysql> SELECT dt,ADDDATE(dt,INTERVAL '-1 -1' YEAR_MONTH) FROM t4;
+---------------------+-------------------------------------------+
| dt                  | ADDDATE(dt,INTERVAL '-1 -1' YEAR_MONTH)   |
+---------------------+-------------------------------------------+
| 2009-10-25 16:15:59 | 2008-09-25 16:15:59                       |
+---------------------+-------------------------------------------+
1 row in set (0.00 sec)
```

结果返回了 d 中日期一年零一个月以前的日期和时间。读者可以根据这两个示例练习一下日期间隔类型。由于 DATE_ADD(d,INTERVAL expr type)函数和 SUBDATE (d,INTERVAL expr type)函数的使用方法一样，读者可以根据 ADDDATE(d,INTERVAL expr type)函数的使用方法来练习。

注意：ADDDATE(d,INTERVAL expr type)和 DATE_ADD(d,INTERVAL expr type)这些函数的 type 必须在表 13.4 中。而且，type 必须是表 13.4 中的某一项，不能是其中几项的组合。使用这类函数时，一定要注意 type 的选择。

13.4.13 将日期和时间格式化的函数

1．DATE_FORMAT(d,f)函数

DATE_FORMAT(d,f)函数按照表达式 f 的要求显示日期 d。表达式 f 指定了显示的格式。MySQL 中的日期和时间格式如表 13.5 所示。

表 13.5　MySQL的日期时间格式

符号	含　义	取 值 示 例
%Y	以 4 位数字表示年份	2008,2009 等
%y	以 2 位数字表示年份	98,99 等
%m	以 2 位数字表示月份	01,02,…,12
%c	以数字表示月份	1,2,…,12
%M	月份的英文名	January,February,…,December
%b	月份的英文缩写	Jan,Feb,…,Dec
%U	表示星期数，其中 Sunday 是星期的第一天	00～52
%u	表示星期数，其中 Monday 是星期的第一天	00～52

续表

符号	含　义	取 值 示 例
%j	以 3 位数字表示年中的天数	001～366
%d	以 2 位数字表示月中的几号	01,02,…,31
%e	以数字表示月中的几号	1,2,…,31
%D	以英文后缀表示月中的几号	1st,2nd,…,
%w	以数字的形式表示星期几	0 表示 Sunday,1 表示 Monday,…
%W	星期几的英文名	Monday,…,Sunday
%a	星期几的英文缩写	Mon,…,Sun
%T	24 小时制的时间形式	00:00:00～23:59:59
%r	12 小时制的时间形式	12:00:00AM～11:59:59PM
%p	上午（AM）或下午（PM）	AM 或 PM
%k	以数字表示 24 小时	0,1,…,23
%l	以数字表示 12 小时	1,2,…,12
%H	以 2 位数表示 24 小时	00,01,…,23
%h,%I	以 2 位数表示 12 小时	01,02,…,12
%i	以 2 位数表示分	00,01,…,59
%S,%s	以 2 位数表示时	00,01,…,59
%%	标识符%	%

【示例 13-46】 下面用与“Jan 1st 1986”一样的形式来显示 t4 表中 d 字段中的日期。

```
mysql> SELECT d,DATE_FORMAT(d,'%b %D %Y') FROM t4;
+------------+---------------------------+
| d          | DATE_FORMAT(d,'%b %D %Y') |
+------------+---------------------------+
| 2009-10-25 | Oct 25th 2009             |
+------------+---------------------------+
1 row in set (0.09 sec)
```

结果显示， 2009-10-25 转换成 Oct 25th 2009。

【示例 13-47】 下面计算 t4 表中 d 字段中的日期是一年中的第几天、星期几。

```
mysql> SELECT d,DATE_FORMAT(d,'%j') DAY,DATE_FORMAT(d,'%W') WEEK FROM t4;
+------------+------+--------+
| d          | DAY  | WEEK   |
+------------+------+--------+
| 2009-10-25 | 298  | Sunday |
+------------+------+--------+
1 row in set (0.00 sec)
```

结果显示，2009-10-25 是本年的第 298 天。这一天是星期日。其中，DAY 和 WEEK 是 SELECT 语句中为字段取的别名。

2．TIME_FORMATE(t,f)函数

TIME_FORMATE(t,f)函数按照表达式 f 的要求显示时间 t。表达式 f 指定了显示的格式。时间格式见表 13.5。因为 TIME_FORMATE(t,f)只处理时间，所以 f 只使用时间格式。

【示例 13-48】 下面将 t4 表中 t 字段中的时间用 12 小时制来显示。

```
mysql> SELECT t,TIME_FORMAT(t,'%r') FROM t4;
+----------+---------------------+
| t        | TIME_FORMAT(t,'%r') |
+----------+---------------------+
```

```
| 16:15:59 | 04:15:59 PM            |
+------------+-----------------------------+
1 row in set (0.05 sec)
```

结果显示，“16:15:59”变成了“04:15:59 P”。前者是 24 小时制的时间，后者是 12 小时制的时间。

3．GET_FORMAT(type,s)函数

GET_FORMAT(type,s)函数根据字符串 s 获取 type 类型数据的显示格式。其中，参数 d 的取值包括 DATE、DATETIME 和 TIME；s 参数的取值包括 EUR、USA、JIS、ISO 和 INTERNAL。通过该函数返回的格式字符串如表 13.6 所示。

表 13.6　GET_FORMAT()函数返回的格式字符串

函　　数	返回的格式字符串	日期与时间的示例
GET_FORMAT(DATE, 'EUR')	' %d.%m.%Y '	30.02.2010
GET_FORMAT(DATE, 'USA')	' %m.%d.%Y '	02.30.2010
GET_FORMAT(DATE, 'JIS')	' %Y-%m-%d '	2010-02-30
GET_FORMAT(DATE, 'ISO')	' %Y-%m-%d '	2010-02-30
GET_FORMAT(DATE, 'INTERNAL')	' %Y%m%d '	20100230
GET_FORMAT(DATETIME, 'EUR')	' %Y-%m-%d-%H.%i.%s '	2010-02-30-15.20.04
GET_FORMAT(DATETIME, 'USA')	' %Y-%m-%d-%H.%i.%s '	2010-02-30-15.20.04
GET_FORMAT(DATETIME, 'JIS')	' %Y-%m-%d %H:%i:%s '	2010-02-30 15:20:04
GET_FORMAT(DATETIME, 'ISO')	' %Y-%m-%d %H:%i:%s '	2010-02-30 15:20:04
GET_FORMAT(DATETIME, 'INTERNAL')	' %Y%m%d%H%i%s '	20100230152004
GET_FORMAT(TIME, 'EUR')	' %H.%i.%S '	15.20.04
GET_FORMAT(TIME, 'USA')	' %h:%i:%s %p '	03.20.04 PM
GET_FORMAT(TIME, 'JIS')	' %H:%i:%s '	15:20:04
GET_FORMAT(TIME, 'ISO')	' %H:%i:%s '	15:20:04
GET_FORMAT(TIME, 'INTERNAL')	' %H%i%s '	15:20:04

使用 GET_FORMAT(type,s)函数只会返回一个格式字符串。

【示例 13-49】　下面 SELECT 语句中只使用 GET_FORMAT(type,s)函数。

```
mysql> SELECT GET_FORMAT(DATETIME,'ISO'),GET_ FORMAT(DATE,'EUR'), GET_FORMAT(TIME,'USA');
+----------------------------------+--------------------------------+--------------------------------+
| GET_FORMAT(DATETIME,'ISO') | GET_FORMAT(DATE,'EUR') | GET_FORMAT(TIME,'USA') |
+----------------------------------+--------------------------------+--------------------------------+
| %Y-%m-%d %H:%i:%s          | %d.%m.%Y               | %h:%i:%s %p            |
+----------------------------------+--------------------------------+--------------------------------+
1 row in set (0.00 sec)
```

结果显示，GET_FORMAT(DATETIME, 'ISO')返回的字符串是“%Y-%m-%d %H:%i:%s ”；GET_FORMAT(DATE,'EUR')返回的字符串是“%d.%m.%Y ”；GET_FORMAT(TIME,'USA')返回的字符串是“%h:%i:%s %p”。这些返回的字符串与表 13.6 中一致。

GET_FORMAT(type,s)函数可以与 DATE_FORMAT(d,f)函数和 TIME_FORMAT(t,f)函数一起使用。GET_FORMAT(type,s)可以替代那两个函数中的 f 参数。

【示例 13-50】　下面在 DATE_FORMAT(d,f)函数和 TIME_FORMAT(t,f)函数中使用

GET_FORMAT(type,s)函数。

```
mysql> SELECT dt,DATE_FORMAT(dt,GET_FORMAT(DATETIME,'INTERNAL')) FROM t4;
+---------------------+-------------------------------------------------+
| dt                  | DATE_FORMAT(dt,GET_FORMAT(DATETIME,'INTERNAL')) |
+---------------------+-------------------------------------------------+
| 2009-10-25 16:15:59 | 20091025161559                                  |
+---------------------+-------------------------------------------------+
1 row in set (0.00 sec)
```

结果显示，2009-10-25 16:15:59 变成了 20091025161559。这是因为使用函数 GET_FORMAT(DATETIME,'INTERNAL')将日期时间的显示格式设置成了%Y%m%d%H%i%s。

```
mysql> SELECT d,DATE_FORMAT(dt,GET_FORMAT(DATE,'EUR')) FROM t4;
+------------+----------------------------------------+
| d          | DATE_FORMAT(dt,GET_FORMAT(DATE,'EUR')) |
+------------+----------------------------------------+
| 2009-10-25 | 25.10.2009                             |
+------------+----------------------------------------+
1 row in set (0.00 sec)
```

结果显示，2009-10-25 变成了 25.10.2009。因为 GET_FORMAT(DATE,'EUR')函数将日期格式设置成了%d.%m.%Y。

```
mysql> SELECT t,TIME_FORMAT(t,GET_FORMAT(TIME,'USA')) FROM t4;
+----------+---------------------------------------+
| t        | TIME_FORMAT(t,GET_FORMAT(TIME,'USA')) |
+----------+---------------------------------------+
| 16:15:59 | 04:15:59 PM                           |
+----------+---------------------------------------+
1 row in set (0.00 sec)
```

结果显示，16:15:59 变成了 04:15:59 PM。因为 GET_FORMAT(TIME,'USA')函数将时间的格式设置成了%h:%i:%s %p。

说明： GET_FORMAT(DATETIME, s)一般用来为 DATETIME 类型的数据提供格式字符串。但也可以为 DATE 类型和 TIME 类型的数据来提供格式。这种情况下，DATE 数据会变成 DATETIME 类型的数据。时间部分为 0 时 0 分 0 秒，显示格式由函数返回的格式字符串决定。同理，TIME 类型也会变成 DATETIME 类型。日期部分为 0 年 0 月 0 日。

13.5 条件判断函数

条件判断函数用来在 SQL 语句中进行条件判断。根据是否满足判断条件，SQL 语句执行不同的分支。例如，从员工表中查询员工的业绩。如果业绩高于指定值 n，则输出 good；否则，输出 bad。下面是各种条件判断函数的表达式、作用和使用方法。

13.5.1 IF(expr,v1,v2)函数

IF(expr,v1,v2)函数中，如果表达式 expr 成立，返回结果 v1；否则，返回结果 v2。

【示例 13-51】 下面从 t6 中查询学号（id），分数（grade）。并且，分数大于等于 60，

显示 PASS；否则，显示 FAIL。SELECT 语句如下：

```
SELECT id,grade,IF(grade>=60,'PASS','FAIL') from t6;
```

其中，IF(grade>=60,'PASS','FAIL')表示如果 grade 大于或等于 60，结果显示 PASS；否则，结果将显示 FAIL。代码执行结果如下：

```
mysql> SELECT id,grade,IF(grade>=60,'PASS','FAIL') from t6;
+-------+----------+--------------------------------------+
| id    | grade    | IF(grade>=60,'PASS','FAIL')          |
+-------+----------+--------------------------------------+
| 1001 |       90   | PASS                                  |
| 1002 |       50   | FAIL                                  |
| 1003 |       60   | PASS                                  |
| 1004 |    NULL | FAIL                                    |
+-------+----------+--------------------------------------+
4 rows in set (0.00 sec)
```

结果显示，grade 的值为 90 和 60 的记录后面显示 PASS。其他后面显示为 FAIL。

13.5.2　IFNULL(v1,v2)函数

IFNULL(v1,v2)函数中，如果 v1 的不为空，就显示 v1 的值；否则就显示 v2 的值。

【示例 13-52】 下面从 t6 中查询学号（id），分数（grade）。如果分数不为 NULL，显示分数，否则，显示 NO GRADE。SELECT 语句如下：

```
SELECT id,IFNULL(grade, 'NO GRADE') FROM t6;
```

其中，IFNULL(grade, 'NO GRADE')表示如果 grade 值不为 NULL，则显示 grade 值；否则显示“NO GRADE”。代码执行结果如下：

```
mysql> SELECT id,IFNULL(grade, 'NO GRADE') FROM t6;
+-------+-----------------------------+
| id    | IFNULL(grade, 'NO GRADE') |
+-------+-----------------------------+
| 1001 | 90                          |
| 1002 | 50                          |
| 1003 | 60                          |
| 1004 | NO GRADE                    |
+-------+-----------------------------+
4 rows in set (0.00 sec)
```

结果显示，id 为 1004 的记录的 grade 值为 NULL，所以该处显示 NO GRADE。

13.5.3　CASE 函数

1．CASE WHEN expr1 THEN v1 [WHEN expr2 THEN v2…] [ELSE vn] END

CASE WHEN expr1 THEN v1 [WHEN expr2 THEN v2…] [ELSE vn] END 函数中，CASE 表示函数开始，END 表示函数结束。如果表达式 expr1 成立时，返回 v1 的值。如果表达式 expr2 成立时，返回 v2 的值。依次类推，最后遇到 ELSE 时，返回 vn 的值。

【示例13-53】 下面从t6中查询学号(id)，分数(grade)。如果分数大于60，返回‘GOOD’；如果分数为 60，返回‘PASS’；其余分数返回“FAIL”。SELECT 语句如下：

```
SELECT   id, grade,
CASE WHEN grade>60 THEN 'GOOD' WHEN grade=60 THEN 'PASS' ELSE 'FAIL' END level
FROM t6;
```

其中，为函数部分取了个别名为 level。代码执行结果如下：

```
mysql> SELECT id,grade,CASE WHEN grade>60 THEN 'GOOD' WHEN grade=60 THEN 'PASS' ELSE 'FAIL'
END level FROM t6;
+-------+----------+---------+
| id    | grade    | level   |
+-------+----------+---------+
| 1001 |       90 | GOOD |
| 1002 |       50 | FAIL   |
| 1003 |       60 | PASS |
| 1004 |   NULL | FAIL   |
+-------+----------+---------+
4 rows in set (0.00 sec)
```

结果显示，分数为 90 的记录返回了 GOOD；分数为 60 的记录返回了 PASS；分数为 50 和 NULL 的记录返回了 FAIL。

2．CASE expr WHEN e1 THEN v1 [WHEN e2 THEN v2…] [ELSE vn] END

CASE expr WHEN e1 THEN v1 [WHEN e2 THEN v2…] [ELSE vn] END 函数中，如果表达式 expr 取值等于 e1 时，返回 v1 的值。如果表达式 expr 取值等于 e2 时，返回 v2 的值。依次类推，最后遇到 ELSE 时，返回 vn 的值。CASE 表示函数开始，END 表示函数结束。

【示例 13-54】 下面从 t6 中查询学号（id），分数（grade）。如果分数等于 60，返回 GOOD；如果分数为 60，返回 PASS；如果分数为 50，返回 FAIL；其余分数返回 NO GRADE。SELECT 语句如下：

```
SELECT   id, grade,
   CASE grade WHEN 90 THEN 'GOOD' WHEN 60 THEN 'PASS'
        WHEN 50 THEN 'FAIL' ELSE 'NO GRADE' END level
        FROM t6;
```

其中，为函数部分取了个别名为 level。代码执行结果如下：

```
mysql> SELECT   id, grade,CASE grade WHEN 90 THEN 'GOOD' WHEN 60 THEN 'PASS' WHEN 50 THEN
'FAIL' ELSE 'NO GRADE' END level FROM t6;
+-------+----------+---------------+
| id    | grade    | level         |
+-------+----------+---------------+
| 1001 |       90 | GOOD          |
| 1002 |       50 | FAIL          |
| 1003 |       60 | PASS          |
| 1004 |    NULL | NO GRADE |
+-------+----------+---------------+
4 rows in set (0.01 sec)
```

结果显示，分数为 90 的记录返回了 GOOD；分数为 60 的记录返回了 PASS；分数为 50 的记录返回了 FAIL；其他记录返回“NO GRADE”。

13.6　系统信息函数

系统信息函数用来查询 MySQL 数据库的系统信息。例如，查询数据库的版本，查询数据库的当前用户等。本小节将详细讲解系统信息函数的作用和使用方法。

下面是各种系统信息函数的符号和作用，如表 13.7 所示。

表 13.7　MySQL的系统信息函数

函　　数	作　　用
VERSION()	返回数据库的版本号
CONNECTION_ID()	返回服务器的连接数
DATABASE(),SCHEMA()	返回当前数据库名
USER(),SYSTEM_USER(),SESSION_USER()	返回当前用户
CURRENT_USER(),CURRENT_USER	返回当前用户
CHARSET(str)	返回字符串 str 的字符集
COLLATION(str)	返回字符串 str 的字符排列方式
LAST_INSERT_ID()	返回最近生成的 AUTO_INCREMENT 值

下面分别对表 13.7 中的系统信息函数进行详细介绍。

13.6.1　获取 MySQL 版本号、连接数和数据库名的函数

VERSION()函数返回数据库的版本号；CONNECTION_ID()函数返回服务器的连接数，也就是到现在为止 MySQL 服务的连接次数；DATABASE()和 SCHEMA()返回当前数据库名。

【示例 13-55】 下面将演示 VERSION()、CONNECTION_ID()、DATABASE()和 SCHEMA()4 个函数的用法。

```
mysql> SELECT VERSION(),CONNECTION_ID();
+----------------------+-------------------------+
| VERSION()            | CONNECTION_ID() |
+----------------------+-------------------------+
| 5.1.40-community |                          1 |
+----------------------+-------------------------+
1 row in set (0.00 sec)

mysql> SELECT DATABASE(),SCHEMA();
+-----------------+---------------+
| DATABASE() | SCHEMA() |
+-----------------+---------------+
| test              | test            |
+-----------------+---------------+
1 row in set (0.00 sec)
```

其中，VERSION()函数返回的版本号为“5.1.40-community”；CONNECTION_ID()返回的连接数为 1；DATABASE()和 SCHEMA()返回的当前数据库名是 test。

13.6.2　获取用户名的函数

USER()、SYSTEM_USER()、SESSION_USER()、CURRENT_USER()和 CURRENT_USER 这几个函数可以返回当前用户的名称。

【示例 13-56】 下面查询当前用户的用户名。

```
mysql> SELECT USER(), SYSTEM_USER(), SESSION_USER();
+---------------------+----------------------+-----------------------+
| USER()              | SYSTEM_USER()  | SESSION_USER() |
+---------------------+----------------------+-----------------------+
| root@localhost  | root@localhost      | root@localhost       |
+---------------------+----------------------+-----------------------+
1 row in set (0.05 sec)
```

```
mysql> SELECT CURRENT_USER(), CURRENT_USER;
+-------------------------+--------------------------+
| CURRENT_USER() | CURRENT_USER      |
+-------------------------+--------------------------+
| root@localhost      | root@localhost          |
+-------------------------+--------------------------+
1 row in set (0.01 sec)
```

结果显示，当前用户的用户名为 root。localhost 是主机名。因为服务器和客户端在一台机器上，所以服务器的主机名为 localhost。用户名和主机名之间用符号“@”进行连接。

13.6.3　获取字符串的字符集和排序方式的函数

CHARSET(str)函数返回字符串 str 的字符集，一般情况这个字符集就是系统的默认字符集；COLLATION(str)函数返回字符串 str 的字符排列方式。

【示例 13-57】 下面查看字符串‘aa’的字符集和字符串排序方式。

```
mysql> SELECT CHARSET('aa'),COLLATION('aa');
+--------------------+---------------------------+
| CHARSET('aa') | COLLATION('aa')      |
+--------------------+---------------------------+
| latin1              | latin1_swedish_ci     |
+--------------------+---------------------------+
1 row in set (0.00 sec)
```

结果显示，字符串 aa 的默认字符集是 latin1，排列方式是 latin1_swedish_ci。

13.6.4　获取最后一个自动生成的 ID 值的函数

LAST_INSERT_ID()函数返回最后生成的 AUTO_INCREMENT 值。

【示例 13-58】 下面测试 LAST_INSERT_ID()函数的作用。

```
//创建表 t8，只有一个字段 id。而且 id 为 AUTO_INCREMENT 类型的。
mysql> CREATE TABLE t8(id INT AUTO_INCREMENT NOT NULL UNIQUE);
Query OK, 0 rows affected (0.02 sec)
//插入 3 条记录。插入的值为 NULL 时，系统会自动为 id 加上数值。
mysql> INSERT INTO t8 VALUES(NULL);
Query OK, 1 row affected (0.00 sec)
mysql> INSERT INTO t8 VALUES(NULL);
Query OK, 1 row affected (0.00 sec)
mysql> INSERT INTO t8 VALUES(NULL);
Query OK, 1 row affected (0.00 sec)
//查询一共有多少记录
mysql> SELECT * FROM t8;
+----+
| id  |
+----+
|   1 |
|   2 |
|   3 |
+----+
3 rows in set (0.00 sec)
//查询最后一个 AUTO_INCREMENT 值
mysql> SELECT LAST_INSERT_ID();
+-------------------------+
| LAST_INSERT_ID() |
+-------------------------+
|                        3 |
+-------------------------+
1 row in set (0.00 sec)
```

结果显示，LAST_INSERT_ID()返回的结果为 3。因为一共插入了 3 条记录。记录的 id 值从 1 开始增加，最后一条记录的 id 值为 3。这说明 LAST_INSERT_ID()返回最后生成的 AUTO_INCREMENT 值。

13.7　加密函数

加密函数是 MySQL 中用来对数据进行加密的函数。因为数据库中有些很敏感的信息不希望被其他人看到，就应该通过加密的方式来使这些数据变成看似乱码的数据。例如用户的密码，就应该经过加密。本小节将详细讲解加密函数的作用和使用方法。

下面是各种加密函数的名称、作用和使用方法。

13.7.1　加密函数 PASSWORD(str)

PASSWORD(str)函数可以对字符串 str 进行加密。一般情况下，PASSWORD(str)函数主要是用来给用户的密码加密的。

【示例 13-59】 下面使用 PASSWORD(str)函数为字符串‘abcd’加密。

```
mysql> SELECT PASSWORD('abcd');
+-------------------------------------------+
| PASSWORD('abcd')                          |
+-------------------------------------------+
| *A154C52565E9E7F94BFC08A1FE702624ED8EFFDA |
+-------------------------------------------+
1 row in set (0.00 sec)
```

结果显示，字符串“abcd”加密后的结果是“*A154C52565E9E7F94BFC08A1FE702624ED8EFFDA”。PASSWORD(str)函数加密是不可逆的。

技巧：PASSWORD(str)函数经常用来给密码加密。MySQL 用户需要设置密码，用户不能将未加密的密码直接存储到 MySQL 的 user 表中。因为登录 MySQL 数据库时，数据库系统会将你输入的密码先通过 PASSWORD(str)函数加密，然后与数据库中的密码进行比较，匹配成功后才可以登录。

13.7.2　加密函数 MD5(str)

MD5(str)函数可以对字符串 str 进行加密。MD5(str)函数主要对普通的数据进行加密。

【示例 13-60】 下面使用 MD5(str)函数为字符串‘abcd’加密。

```
mysql> SELECT MD5('abcd');
+----------------------------------+
| MD5('abcd')                      |
+----------------------------------+
| e2fc714c4727ee9395f324cd2e7f331f |
+----------------------------------+
1 row in set (0.05 sec)
```

结果显示，字符串 abcd 的 MD5 值为 e2fc714c4727ee9395f324cd2e7f331f。

13.7.3 加密函数 ENCODE(str,pswd_str)

ENCODE(str,pswd_str)函数可以使用字符串 pswd_str 来加密字符串 str。加密的结果是一个二进制数，必须使用 BLOB 类型的字段来保存它。

【示例 13-61】 下面使用字符串'aa'来加密字符串'abcd'，将加密后的数据存入表 b 的 code 字段中。code 字段是 BLOB 类型的。

```
//将 ENCODE()函数加密的数据存入表 b 中
mysql> INSERT INTO b VALUES(ENCODE('abcc','aa'));
Query OK, 1 row affected (0.00 sec)
//从表 b 查询数据
mysql> SELECT * FROM b;
+------+
| code |
+------+
| ┤譵 |
+------+
1 row in set (0.00 sec)
```

结果显示，字符串 abcd 加密后的数据为“┤譵”。

13.7.4 解密函数 DECODE(crypt_str,pswd_str)

DECODE(crypt_str,pswd_str)函数可以使用字符串 pswd_str 来为 crypt_str 解密。crypt_str 是通过 ENCODE(str,pswd_str)加密后的二进制数据。字符串 pswd_str 应该与加密时的字符串 pswd_str 是相同的。

【示例 13-62】 下面使用 DECODE(crypt_str,pswd_str)为 ENCODE(str,pswd_str)加密的数据解密。

```
mysql> SELECT DECODE(ENCODE('abcd','aa'),'aa');
+------------------------------------------+
| DECODE(ENCODE('abcd','aa'),'aa') |
+------------------------------------------+
| abcd                                     |
+------------------------------------------+
1 row in set (0.02 sec)
```

结果显示，先将字符串 abcd 加密，然后再用 DECODE(crypt_str,pswd_str)函数解密。解密后的字符串依然是 abcd。

13.8 其他函数

MySQL 中除了上述函数以外，还包含了很多函数。例如 FORMAT(x,n)函数用来格式化数字 x，INET_ATON()函数可以将 IP 转换为数字。本小节将详细讲解这些函数的作用和使用方法。

13.8.1 格式化函数 FORMAT(x,n)

FORMAT(x,n)函数可以将数字 x 进行格式化，将 x 保留到小数点后 n 位。这个过程需要进行四舍五入。例如 FORMAT(2.356,2)返回的结果将会是 2.36；FORMAT(2.353,2)返回的结果将会是 2.35。

【示例 13-63】 下面使用 FORMAT(x,n)函数来将 235.3456 和 235.3454 进行格式化，都保留到小数点后 3 位。

```
mysql> SELECT FORMAT(235.3456,3),FORMAT(235.3454,3);
+--------------------------+--------------------------+
| FORMAT(235.3456,3) | FORMAT(235.3454,3) |
+--------------------------+--------------------------+
| 235.346                  | 235.345                  |
+--------------------------+--------------------------+
1 row in set (0.03 sec)
```

结果显示，235.3456 格式化后的结果是 235.346；235.3454 格式化后的结果是 235.345。这个数都保留到小数点后 3 位，而且都进行了四舍五入处理。

注意：FORMAT(x,n)函数可以将 x 保留到小数点后 n 位。在格式化过程中需要进行四舍五入的操作。FORMAT(x,n)函数与 ROUND(x,y)函数相似。ROUND(x,y)函数返回 x 保留到小数点后 y 位的值，截断时需要进行四舍五入处理。

13.8.2　不同进制的数字进行转换的函数

ASCII(s)返回字符串 s 的第一个字符的 ASCII 码；BIN(x)返回 x 的二进制编码；HEX(x)返回 x 的十六进制编码；OCT(x)返回 x 的八进制编码；CONV(x,f1,f2)将 x 从 f1 进制数变成 f2 进制数。

【示例 13-64】 下面返回字符串‘ABC’的第一个字母的 ASCII 码；将十进制数 28 分别变成二进制数、十六进制数和八进制数；将 28 当作十六进制数，将其变成八进制数。

```
mysql> SELECT ASCII('ABC'),BIN(28),HEX(28),OCT(28);
+--------------+---------+---------+---------+
| ASCII('ABC') | BIN(28) | HEX(28) | OCT(28) |
+--------------+---------+---------+---------+
|           65 | 11100   | 1C      | 34      |
+--------------+---------+---------+---------+
1 row in set (0.03 sec)

mysql> SELECT CONV(28,10,2),CONV(28,16,2),CONV(28,16,8);
+----------------+----------------+----------------+
| CONV(28,10,2) | CONV(28,16,2) | CONV(28,16,8) |
+----------------+----------------+----------------+
| 11100          | 101000         | 50             |
+----------------+----------------+----------------+
1 row in set (0.00 sec)
```

结果显示，ASCII('ABC')的返回值是 65，这正是字母 A 的 ASCII 码；十进制数 28 的二进制码是 11100，十六进制码是 1C，八进制码是 34。

CONV(28,10,2)中，指定 28 为十进制数，然后将其变成二进制数，返回结果是 11100；CONV(28,16,2)中，指定 28 为十六进制数，然后将其变成二进制数，返回结果是 101000；CONV(28,16,8)中，指定 28 为十六进制数，然后将其变成八进制数，返回的结果是 50。

13.8.3　IP 地址与数字相互转换的函数

INET_ATON(IP)函数可以将 IP 地址转换为数字表示；INET_NTOA(n)函数可以将数字

n 转换成 IP 的形式。其中，INET_ATON(IP)函数中 IP 值需要加上引号。这两个函数互为反函数。

【示例 13-65】 下面演示 INET_ATON(IP)函数和 INET_NTOA(n)函数的使用。

```
mysql> SELECT INET_ATON('59.65.226.15'),INET_NTOA(994173455);
+---------------------------+----------------------+
| INET_ATON('59.65.226.15') | INET_NTOA(994173455) |
+---------------------------+----------------------+
|                 994173455 | 59.65.226.15         |
+---------------------------+----------------------+
1 row in set (0.02 sec)
```

结果显示，两函数互为反函数。INET_ATON('59.65.226.15')将 IP 值 59.65.226.15 变成 994173455；INET_NTOA(994173455)将数值 994173455 变成 IP 值 59.65.226.15。

13.8.4　加锁函数和解锁函数

GET_LOCT(name,time)函数定义一个名称为 nam、持续时间长度为 time 秒的锁。如果锁定成功，返回 1；如果尝试超时，返回 0；如果遇到错误，返回 NULL。RELEASE_LOCK(name)函数解除名称为 name 的锁。如果解锁成功，返回 1；如果尝试超时，返回 0；如果解锁失败，返回 NULL；IS_FREE_LOCK(name)函数判断是否使用名为 name 的锁。如果使用，返回 0；否则，返回 1。

【示例 13-66】 下面增加一个名为 MYSQL 的锁，持续时间是 10 秒。然后判断这个锁是否加上，最后解除锁定。

```
mysql>   SELECT GET_LOCK('MYSQL',10);
+----------------------+
| GET_LOCK('MYSQL',10) |
+----------------------+
|                    1 |
+----------------------+
1 row in set (0.31 sec)

mysql> SELECT IS_FREE_LOCK('MYSQL');
+-----------------------+
| IS_FREE_LOCK('MYSQL') |
+-----------------------+
|                     0 |
+-----------------------+
1 row in set (0.00 sec)

mysql> SELECT RELEASE_LOCK('MYSQL');
+-----------------------+
| RELEASE_LOCK('MYSQL') |
+-----------------------+
|                     1 |
+-----------------------+
1 row in set (0.00 sec)
```

结果显示，GET_LOCK('MYSQL',10)返回结果是 1，说明成功的加上了一个名为 MYSQL 且持续时间为 10 秒的锁；IS_FREE_LOCK('MYSQL')返回的结果是 0，说明名为 MYSQL 的锁已经存在；RELEASE_LOCK('MYSQL')返回的结果是 1，说明解锁成功。

注意： 当执行 RELEASE_LOCK()、一个新的 GET_LOCK()或者线程终止，那么之前加上的锁都自动解除。尤其值得注意的是在加上一个新锁后，原来的锁就会解除。例如，GET_LOCK('a',20)加上一个名为 a 的锁，然后再通过 GET_LOCK('b',20)创建 b 锁。那么，a 锁就自动解除了。

13.8.5　重复执行指定操作的函数

BENCHMARK(count,expr)函数将表达式 expr 重复执行 count 次，然后返回执行时间。该函数可以用来判断 MySQL 处理表达式的速度。

【示例 13-67】 下面返回系统的时间是 100000 次，计算使用的时间。

```
mysql> SELECT BENCHMARK(100000,NOW());
+--------------------------------------+
| BENCHMARK(100000,NOW()) |
+--------------------------------------+
|                                     0 |
+--------------------------------------+
1 row in set (0.00 sec)
```

结果显示，BENCHMARK(100000,NOW())返回的结果是 0。这并不是说执行过程没有花费时间，而是时间很短，可以忽略不计。

13.8.6　改变字符集的函数

CONVERT(s USING cs)函数将字符串 s 的字符集变成 cs。

【示例 13-68】 下面将字符串‘ABC’的字符集变成 gbk。

```
mysql> SELECT CHARSET('ABC'),CHARSET(CONVERT('ABC' USING gbk));
+---------------------+---------------------------------------------+
| CHARSET('ABC') | CHARSET(CONVERT('ABC' USING gbk)) |
+---------------------+---------------------------------------------+
| latin1              | gbk                                         |
+---------------------+---------------------------------------------+
1 row in set (0.00 sec)
```

结果显示，ABC 原来的字符集是 latin1。使用 CONVERT('ABC' USING GBK)后，ABC 的字符集变成了 gbk。

13.8.7　改变字段数据类型的函数

CAST(x AS type)和 CONVERT(x,type)这两个函数将 x 变成 type 类型。这两个函数只对 BINARY、CHAR、DATE、DATETIME、TIME、SIGNED INTEGER、UNSIGNED INTEGER 这些类型起作用。但两种方法只是改变了输出值的数据类型，并没有改变表中字段的类型。

【示例 13-69】 下面 t7 表中的 d 字段为 DATETIME 类型，将其变为 DATE 类型，或者 TIME 类型。

```
mysql> SELECT d,CAST(d AS DATE),CONVERT(d,TIME) FROM t7;
+------------------------+----------------------+-----------------------+
| d                      | CAST(d AS DATE) | CONVERT(d,TIME) |
+------------------------+----------------------+-----------------------+
| 2009-10-28 19:47:59 | 2009-10-28           | 19:47:59              |
+------------------------+----------------------+-----------------------+
1 row in set (0.00 sec)
```

结果显示，d 字段原来的取值是 2009-10-28 19:47:59，这是 DATETIME 类型；CAST(d AS DATE)返回的结果是 2009-10-28，这说明类型已经变成了 DATE 型；CONVERT(d,TIME)返回的结果是 19:47:59，这说明类型已经变成了 TIME 类型。

13.9　本章实例

1．生成3个1～100之间的随机整数

因为RAND()只能生成0～1之间的随机数，所以必须要乘以100才能使数的范围在0～100之间。而且题目还要求必须是整数，所以必须用ROUND(x)生成一个与数x最接近的整数。当然，也可以使用FLOOR(x)来生成一个小于或者等于x的最大整数。也可以使用CEILING(x)生成一个大于或者等于x的最小整数。代码如下：

```
SELECT   ROUND(RAND()*100), FLOOR(RAND()*100), CEILING(RAND()*100);
```

代码的执行结果如下：

```
mysql> SELECT   ROUND(RAND()*100), FLOOR(RAND()*100), CEILING(RAND()*100);
+-------------------+-------------------+---------------------+
| ROUND(RAND()*100) | FLOOR(RAND()*100) | CEILING(RAND()*100) |
+-------------------+-------------------+---------------------+
|                30 |                75 |                  89 |
+-------------------+-------------------+---------------------+
1 row in set (0.00 sec)
```

因为RAND()产生的随机数，所以每次执行的结果都会是不一样的。

2．计算PI（圆周率）的余弦值和自然对数值

PI的值可以用PI()函数来获取。计算余弦值可以用COS(x)函数。计算自然对数用LOG(x)函数。代码如下：

```
SELECT PI(), COS(PI()) ,LOG(PI());
```

代码的执行结果如下：

```
mysql> SELECT PI(), COS(PI()) ,LOG(PI());
+----------+-----------+-------------------+
| PI()     | COS(PI()) | LOG(PI())         |
+----------+-----------+-------------------+
| 3.141593 |        -1 | 1.1447298858494002 |
+----------+-----------+-------------------+
1 row in set (0.08 sec)
```

3．按如下要求来操作表

（1）创建一张表str_date，其中包含3个字段。id是INT类型，而且是AUTO_INCREMENT类型。info是VARCHAR(20)类型的，dt是DATETIME类型的。

（2）插入一条记录。id让其自动添加，info值为china，dt为系统当前日期和时间。

（3）用LAST_INSERT_ID()函数来查看最后的AUTO_INCREMENT值。

（4）将info字段的值换成大写字母显示。将info的值反向输出。获取info取值的前3个字母。

（5）计算dt中的时间是这一年的第几天，是星期几。最后按照“Jan 1st 2008 11:23:23 AM”这样的格式输出整个时间。

操作过程如下：

（1）创建str_date表。代码如下：

```
CREATE   TABLE   str_date( id   INT   AUTO_INCREMENT   PRIMARY KEY ,
                                   info   VARCHAR(20) ,
                                   dt   DATETIME ) ;
```

代码执行结果如下：

```
mysql> CREATE   TABLE   str_date( id   INT   AUTO_INCREMENT   PRIMARY KEY ,
    -> info   VARCHAR(20) ,
    -> dt   DATETIME ) ;
Query OK, 0 rows affected (0.02 sec)
```

（2）插入记录。id 字段的值是自动增加的，赋值为 NULL 后系统会自动添加值。dt 字段要插入系统当前日期和时间，可以使用 NOW()函数。INSERT 语句的代码如下：

```
INSERT   INTO   str_date   VALUES( NULL, 'china', NOW() );
```

INSERT 语句的执行结果如下：

```
mysql> INSERT   INTO   str_date   VALUES( NULL, 'china', NOW() );
Query OK, 1 row affected (0.00 sec)
```

可以使用 SELECT 语句来查询。SELECT 语句执行结果如下：

```
mysql> SELECT * FROM str_date;
+----+-------+---------------------+
| id | info  | dt                  |
+----+-------+---------------------+
|  1 | china | 2009-10-28 21:13:57 |
+----+-------+---------------------+
1 row in set (0.00 sec)
```

（3）用 LAST_INSERT_ID()函数来查看最后的 AUTO_INCREMENT 值。代码执行如下：

```
mysql> SELECT   LAST_INSERT_ID();
+------------------+
| LAST_INSERT_ID() |
+------------------+
|                1 |
+------------------+
1 row in set (0.02 sec)
```

因为之前只插入了一条记录，id 字段的值 1。所以使用 LAST_INSERT_ID()函数返回的值为 1。

（4）使用 UPPER()函数将小写字母变成大写；使用 REVERSE()函数将字符串反向输出；使用 LEFT()函数来获得字符串前端的字符。SELECT 语句的代码如下：

```
SELECT   info, UPPER(info), REVERSE(info), LEFT(info,3)   FROM   str_date;
```

SELECT 语句的执行结果如下：

```
mysql> SELECT   info, UPPER(info), REVERSE(info), LEFT(info,3)   FROM   str_date;
+-------+-------------+---------------+--------------+
| info  | UPPER(info) | REVERSE(info) | LEFT(info,3) |
+-------+-------------+---------------+--------------+
| china | CHINA       | anihc         | chi          |
+-------+-------------+---------------+--------------+
1 row in set (0.00 sec)
```

（5）使用 DAYOFYEAR()函数可以计算 dt 中的日期是一年中的第几天；使用 DAYNAME()函数来计算是星期几。SELECT 语句的代码如下：

```
SELECT   dt, DAYOFYEAR(dt), DAYNAME(dt)   FROM   str_date;
```

SELECT 语句的执行结果如下：

```
mysql> SELECT   dt, DAYOFYEAR(dt), DAYNAME(dt)   FROM   str_date;
+---------------------+---------------+-------------+
| dt                  | DAYOFYEAR(dt) | DAYNAME(dt) |
+---------------------+---------------+-------------+
| 2009-10-28 21:13:57 |           301 | Wednesday   |
+---------------------+---------------+-------------+
1 row in set (0.03 sec)
```

使用 DATE_FORMAT()函数来为 dt 中的日期和时间设定格式。SELECT 语句的代码如下：

```
SELECT   dt, DATE_FORMAT(dt, '%b %D %Y %l:%i:%s %p ')   FROM   str_date;
```

SELECT 语句执行结果如下：

```
mysql> SELECT   dt, DATE_FORMAT(dt, '%b %D %Y %l:%i:%s %p ')   FROM   str_date;
+---------------------+------------------------------------------+
| dt                  | DATE_FORMAT(dt, '%b %D %Y %l:%i:%s %p ') |
+---------------------+------------------------------------------+
| 2009-10-28 21:13:57 | Oct 28th 2009 09:13:57 PM                |
+---------------------+------------------------------------------+
1 row in set (0.00 sec)
```

4．先加一个名为“mybook1”的锁，持续时间为20秒。然后再创建名为“mybook2”的锁，持续时间为30秒。然后查询这两个锁的状态。最后解除这两个锁。

先用 GET_LOCK()函数分别创建‘mybook1’锁和‘mybook2’锁。代码执行如下：

```
mysql> SELECT GET_LOCK('mybook1',20), GET_LOCK('mybook2',20);
+------------------------+------------------------+
| GET_LOCK('mybook1',20) | GET_LOCK('mybook2',20) |
+------------------------+------------------------+
|                      1 |                      1 |
+------------------------+------------------------+
1 row in set (0.00 sec)
```

返回结果都为 1，说明这两个锁都已经加上了。然后使用 IS_FREE_LOCK('mybook1')来查询 mybook1 锁是否还存在。查询结果如下：

```
mysql> SELECT IS_FREE_LOCK('mybook1');
+-------------------------+
| IS_FREE_LOCK('mybook1') |
+-------------------------+
|                       1 |
+-------------------------+
1 row in set (0.00 sec)
```

返回结果为 1，说明已经不存在 mybook1 锁了。这是因为在创建 mybook1 锁之后，又创建了 mybook2 锁。这样，mybook1 锁就自动解除了。

下面使用 RELEASE_LOCK()函数来解除 mybook1 锁和 mybook2 锁。执行结果如下：

```
mysql> SELECT RELEASE_LOCK('mybook1'), RELEASE_LOCK('mybook2');
+-------------------------+-------------------------+
| RELEASE_LOCK('mybook1') | RELEASE_LOCK('mybook2') |
+-------------------------+-------------------------+
|                    NULL |                       1 |
+-------------------------+-------------------------+
1 row in set (0.00 sec)
```

RELEASE_LOCK('mybook1')返回结果为 NULL，这说明使用此函数之前 mybook1 锁

已经不存在了。RELEASE_LOCK('mybook2')返回结果为 1，这说明此函数成功的将 mybook2 锁解除。

13.10　上 机 实 践

题目要求：

（1）向 num_test 表中插入记录。num_test 表只有 id 和 value 两个字段。其中，id 为 INT 型，且为自增字段；value 是 FLOAT 型的字段。然后分别将 8 的绝对值、2.5 的正弦值、e 的平方、3 的 4 次方、8 除以 3 以后的余数和 80° 的弧度值存入 num_test 表的 value 字段中。最后查看最后生成的 AUTO_INCREMENT 值。

创建 num_test 表的代码如下：

```
CREATE   TABLE   num_test( id   INT   AUTO_INCREMENT   PRIMARY KEY ,
                              value   FLOAT ) ;
```

插入记录的 INSERT 语句的代码如下：

```
INSERT   INTO   num_test   VALUES (NULL, ABS(-8)) ;
INSERT   INTO   num_test
       VALUES (NULL, SIN(2.5)), (NULL, EXP(2)), (NULL, POW(3,4)),
         (NULL, MOD(8,3)), (NULL, RADIANS(80)) ;
```

最后使用 LAST_INSERT_ID()函数来查看最后生成的 AUTO_INCREMENT 值。代码如下：

```
SELECT   LAST_INSERT_ID();
```

注意： 使用一条 INSERT 语句插入多条记录时，LAST_INSERT_ID()函数来查看最后生成的 AUTO_INCREMENT 值为第一个值插入时的取值。如上面这个例子，LAST_INSERT_ID()函数返回的值是 2，而不是 6。

（2）在字符串‘I love’和字符串‘beijing’合并为同一个字符串。代码如下：

```
SELECT   CONCAT('I love ','beijing' );
```

（3）返回字符串‘me’在字符串‘You love me. He love me’中第一次出现的位置。代码如下：

```
SELECT   LOCATE( 'me', 'You love me. He love me.' );
```

或者使用如下代码：

```
SELECT   POSITION( 'me'   IN   'You love me. He love me.' );
```

（4）用 GET_FORMAT(DATE, 'EUR')返回的格式来显示当前日期；用 GET_FORMAT (TIME, 'USA')返回的格式来显示当前时间。代码如下：

```
SELECT   DATE_FORMAT(CURDATE(),GET_FORMAT(DATE,'EUR'));
SELECT   TIME_FORMAT(CURTIME(),GET_FORMAT(TIME,'USA'));
```

（5）查看当前数据库的版本号，当前数据库名和当前用户。代码如下：

```
SELECT   VERSION(), DATABASE(), USER();
```

（6）使用字符串“college”来加密字符串“university”。

```
SELECT  ENCODE('college','university');
```

解密时使用 DECODE(crypt_str,pswd_str)函数。其中，crypt_str 为上面生成的密码，pswd_str 为字符串“university”。

13.11　常见问题及解答

1．表中birth字段存的出生日期，如何来计算年龄？

年龄是通过当前年份减去出生的年份来计算的。但是 birth 字段中也含年、月和日，这就必须从 birth 字段中过滤出出生的年份。MySQL 中提供了 YEAR()函数用来获取日期中的年份。如 YEAR('2008-08-08')的返回结果是 2008。所以，可以通过 YEAR(birth)来获取出生的年份。可以通过 YEAR(NOW())或 YEAR(CURRENT_DATE())来获取当前的年份。这两者相减就可以获得年龄了。

2．如何改变字符串的字符集？

在安装 MySQL 时就已经设置了数据库的字符编码。字符串的字符集与字符编码是一个意思。MySQL 中可以通过重新配置字符集来修改字符集。也可以在 MySQL 的安装路径下修改 my.ini。将 default-character-set 的值改变来修改字符集。上面这两种方式将改变整个数据库的字符集。如果只想改变某个字符串的字符集，可以使用 CONVERT(s USING cs)函数。该函数可以将字符串 s 的字符集变成 cs。

3．用户的密码应该怎么加密？

在 MySQL 中可以使用 PASSWORD(str)函数来给密码加密。这个密码是不可逆的，即使有人取得了加密后的数据，也不能通过解密来获取密码值。系统会将用户注册时输入的密码通过 PASSWORD(str)函数来加密。将加密后的密码存入表中。用户登录时，系统会将用户再次输入的密码用 PASSWORD(str)函数加密，将加密后的数据与表中的数据进行比较。如果相等，说明用户输入的密码是正确的。

13.12　小　结

本章介绍了 MySQL 数据库提供的内部函数。这些函数包括数学函数、字符串函数、日期和时间函数、条件判断函数、系统信息函数和加密函数等。字符串函数和日期和时间函数是本章重点介绍的内容。条件判断函数是本章的难点，因为条件判断函数涉及很多条件判断和跳转的语句。这些函数通常与 SELECT 语句一起使用，用来方便用户的查询。同时 INSERT 、UPDATE、DELECT 语句和条件表达式也可以使用这些函数。读者一定要上机实际操作这些函数，这样可以对函数了解得更加透彻。下一章将为读者讲解如何创建、修改、删除和使用存储过程和函数。

13.13 本 章 习 题

1．使用 MySQL 的数学函数进行如下运算：

（1）计算 9 的平方根。

（2）计算 5 的 3 次方。

（3）计算 PI（圆周率）对应的角度。

（4）返回不大于–2.5 的最大整数。

（5）返回不小于–2.5 的最小整数。

2．使用 MySQL 的字符串函数进行如下运算：

（1）将字符串“HUNAN”变成小写。

（2）从字符串“Hunan is my hometown”的第 7 个位置开始截取一个长度为 5 的子串。

（3）去掉字符串“loveBeijingChinalove”起始位置的字符串“love”。

（4）将字符串“mybook”进行逆序输出。

3．使用 MySQL 的日期和时间函数进行如下运算：

（1）计算当前日期是本年的第几天。

（2）将当前时间转换为以秒为单位的时间。

（3）通过函数获取“2008-08-08”的月份值。

（4）将当前日期和时间转换成与“2008-08-08 11:15:20 AM”一样的格式。

4．使用 MySQL 的函数进行如下运算：

（1）获取字符串“mysql”的字符排列方式。

（2）查看当前 MySQL 数据库的版本。

（3）将十进制数 288 转换成十六进制数。

（4）将数字 2.868348 保留到小数点后 4 位。

（5）用 MD5(str)函数对字符串“mysql”进行加密。

第 14 章　存储过程和函数

存储过程和函数是在数据库中定义一些 SQL 语句的集合，然后直接调用这些存储过程和函数来执行已经定义好的 SQL 语句。存储过程和函数可以避免开发人员重复的编写相同的 SQL 语句。而且，存储过程和函数是在 MySQL 服务器中存储和执行的，可以减少客户端和服务器端的数据传输。本章将讲解的内容包括：

- 创建存储过程；
- 创建存储函数；
- 变量的使用；
- 定义条件和处理程序；
- 光标的使用；
- 流程控制的使用；
- 调用存储过程和函数；
- 查看存储过程和函数；
- 修改存储过程和函数；
- 删除存储过程和函数。

通过本章的学习，读者可以了解存储过程和函数的含义、作用。还可以了解创建、使用、查看、修改及删除存储过程及函数的方法。存储过程和函数是 MySQL 数据库中比较难的知识点，但其作用非常大，希望读者能够认真学习。

14.1　创建存储过程和函数

创建存储过程和函数是指将经常使用的一组 SQL 语句的组合在一起，并将这些 SQL 语句当作一个整体存储在 MySQL 服务器中。例如，银行经常需要计算用户的利息。不同类别的用户的利率是不一样的。这就可以将计算利率的 SQL 代码写成一个存储过程或者存储函数。只要调用这个存储过程或者存储函数，就可以将不同类别用户的利息计算出来。本节将向读者介绍创建存储过程和函数的方法，并且将讲解如何定义变量、如何定义条件和处理、如何使用光标和如何使用流程控制。

14.1.1　创建存储过程

MySQL 中，创建存储过程的基本形式如下：

```
CREATE PROCEDURE sp_name ([proc_parameter[,...]])
            [characteristic ...] routine_body
```

其中，sp_name 参数是存储过程的名称；proc_parameter 表示存储过程的参数列表；

characteristic 参数指定存储过程的特性；routine_body 参数是 SQL 代码的内容，可以用 BEGIN…END 来标志 SQL 代码的开始和结束。

proc_parameter 中的每个参数由 3 部分组成。这 3 部分分别是输入输出类型、参数名称和参数类型。其形式如下：

```
[ IN | OUT | INOUT ] param_name type
```

其中，IN 表示输入参数；OUT 表示输出参数； INOUT 表示既可以是输入，也可以是输出； param_name 参数是存储过程的参数名称；type 参数指定存储过程的参数类型，该类型可以是 MySQL 数据库的任意数据类型。

characteristic 参数有多个取值。其取值说明如下：

- LANGUAGE SQL：说明 routine_body 部分是由 SQL 语言的语句组成，这也是数据库系统默认的语言。
- [NOT] DETERMINISTIC：指明存储过程的执行结果是否是确定的。DETERMINISTIC 表示结果是确定的。每次执行存储过程时，相同的输入会得到相同的输出。NOT DETERMINISTIC 表示结果是非确定的，相同的输入可能得到不同的输出。默认情况下，结果是非确定的。
- { CONTAINS SQL | NO SQL | READS SQL DATA | MODIFIES SQL DATA }：指明子程序使用 SQL 语句的限制。CONTAINS SQL 表示子程序包含 SQL 语句，但不包含读或写数据的语句；NO SQL 表示子程序中不包含 SQL 语句；READS SQL DATA 表示子程序中包含读数据的语句；MODIFIES SQL DATA 表示子程序中包含写数据的语句。默认情况下，系统会指定为 CONTAINS SQL。
- SQL SECURITY { DEFINER | INVOKER }：指明谁有权限来执行。DEFINER 表示只有定义者自己才能够执行；INVOKER 表示调用者可以执行。默认情况下，系统指定的权限是 DEFINER。
- COMMENT 'string'：注释信息。

技巧： 创建存储过程时，系统默认指定 CONTAINS SQL，表示存储过程中使用了 SQL 语句。但是，如果存储过程中没有使用 SQL 语句，最好设置为 NO SQL。而且，存储过程中最好在 COMMENT 部分对存储过程进行简单的注释，以便以后在阅读存储过程的代码时更加方便。

【示例 14-1】 下面创建一个名为 num_from_employee 的存储过程。代码如下：

```
CREATE  PROCEDURE  num_from_employee (IN emp_id INT, OUT count_num INT )
          READS SQL DATA
          BEGIN
               SELECT  COUNT(*)  INTO  count_num
               FROM  employee
               WHERE  d_id=emp_id ;
          END
```

上述代码中，存储过程名称为 num_from_employee；输入变量为 emp_id；输出变量为 count_num。SELECT 语句从 employee 表查询 d_id 值等于 emp_id 的记录，并用 COUNT(*) 计算 d_id 值相同的记录的条数，最后将计算结果存入 count_num 中。代码的执行结果如下：

```
mysql> DELIMITER &&
mysql> CREATE  PROCEDURE  num_from_employee (IN emp_id INT, OUT count_num INT )
    -> READS SQL DATA
    -> BEGIN
```

```
    -> SELECT   COUNT(*)   INTO   count_num
    -> FROM   employee
    -> WHERE   d_id=emp_id ;
    -> END &&
Query OK, 0 rows affected (0.09 sec)
mysql> DELIMITER ;
```

代码执行完毕后，没有报出任何出错信息就表示存储函数已经创建成功。以后就可以调用这个存储过程，数据库中会执行存储过程中的 SQL 语句。

说明： MySQL 中默认的语句结束符为分号（;）。存储过程中的 SQL 语句需要分号来结束。为了避免冲突，首先用“DELIMITER &&”将 MySQL 的结束符设置为&&。最后再用“DELIMITER ;”来将结束符恢复成分号。这与创建触发器时是一样的。

14.1.2　创建存储函数

在 MySQL 中，创建存储函数的基本形式如下：

```
CREATE FUNCTION sp_name ([func_parameter[,...]])
           RETURNS type
           [characteristic ...] routine_body
```

其中，sp_name 参数是存储函数的名称；func_parameter 表示存储函数的参数列表；RETURNS type 指定返回值的类型；characteristic 参数指定存储函数的特性，该参数的取值与存储过程中的取值是一样的，请读者参照 14.1.1 小节的内容；routine_body 参数是 SQL 代码的内容，可以用 BEGIN…END 来标志 SQL 代码的开始和结束。

func_parameter 可以由多个参数组成，其中每个参数由参数名称和参数类型组成，其形式如下：

```
param_name type
```

其中，param_name 参数是存储函数的参数名称；type 参数指定存储函数的参数类型，该类型可以是 MySQL 数据库的任意数据类型。

【示例 14-2】 下面创建一个名为 name_from_employee 的存储函数。代码如下：

```
CREATE   FUNCTION   name_from_employee (emp_id INT )
             RETURNS VARCHAR(20)
             BEGIN
                  RETURN   (SELECT   name
                  FROM   employee
                  WHERE   num=emp_id );
             END
```

上述代码中，存储函数的名称为 name_from_employee；该函数的参数为 emp_id；返回值是 VARCHAR 类型。SELECT 语句从 employee 表查询 num 值等于 emp_id 的记录，并将该记录的 name 字段的值返回。代码的执行结果如下：

```
mysql> DELIMITER &&
mysql> CREATE   FUNCTION   name_from_employee (emp_id INT )
    -> RETURNS VARCHAR(20)
    -> BEGIN
    -> RETURN   (SELECT   name
    -> FROM   employee
    -> WHERE   num=emp_id );
    -> END&&
Query OK, 0 rows affected (0.00 sec)
```

```
mysql> DELIMITER ;
```

结果显示，存储函数已经创建成功。该函数的使用和 MySQL 内部函数的使用方法一样。

14.1.3　变量的使用

在存储过程和函数中，可以定义和使用变量。用户可以使用 DECLARE 关键字来定义变量。然后可以为变量赋值。这些变量的作用范围是 BEGIN…END 程序段中。本小节将讲解如何定义变量和为变量赋值。

1．定义变量

MySQL 中可以使用 DECLARE 关键字来定义变量。定义变量的基本语法如下：

```
DECLARE   var_name[,...]   type   [DEFAULT value]
```

其中， DECLARE 关键字是用来声明变量的；var_name 参数是变量的名称，这里可以同时定义多个变量；type 参数用来指定变量的类型；DEFAULT value 子句将变量默认值设置为 value，没有使用 DEFAULT 子句时，默认值为 NULL。

【示例 14-3】 下面定义变量 my_sql，数据类型为 INT 型，默认值为 10。代码如下：

```
DECLARE   my_sql   INT   DEFAULT 10 ;
```

2．为变量赋值

MySQL 中可以使用 SET 关键字来为变量赋值。SET 语句的基本语法如下：

```
SET   var_name = expr [, var_name = expr] ...
```

其中，SET 关键字是用来为变量赋值的；var_name 参数是变量的名称；expr 参数是赋值表达式。一个 SET 语句可以同时为多个变量赋值，各个变量的赋值语句之间用逗号隔开。

【示例 14-4】 下面为变量 my_sql 赋值为 30。代码如下：

```
SET   my_sql = 30 ;
```

MySQL 中还可以使用 SELECT…INTO 语句为变量赋值。其基本语法如下：

```
SELECT   col_name[,...]   INTO   var_name[,...]
         FROM   table_name   WEHRE   condition
```

其中，col_name 参数表示查询的字段名称；var_name 参数是变量的名称；table_name 参数指表的名称；condition 参数指查询条件。

【示例 14-5】 下面从 employee 表中查询 id 为 2 的记录，将该记录的 d_id 值赋给变量 my_sql。代码如下：

```
SELECT   d_id   INTO   my_sql
         FROM   employee   WEHRE   id=2 ;
```

14.1.4　定义条件和处理程序

定义条件和处理程序是事先定义程序执行过程中可能遇到的问题。并且可以在处理程序中定义解决这些问题的办法。这种方式可以提前预测可能出现的问题，并提出解决办法。这样可以增强程序处理问题的能力，避免程序异常停止。MySQL 中都是通过 DECLARE 关键字来定义条件和处理程序。本小节中将详细讲解如何定义条件和处理程序。

1．定义条件

MySQL 中可以使用 DECLARE 关键字来定义条件。其基本语法如下：

```
DECLARE  condition_name  CONDITION  FOR  condition_value
condition_value:
        SQLSTATE [VALUE] sqlstate_value | mysql_error_code
```

其中，condition_name 参数表示条件的名称；condition_value 参数表示条件的类型；sqlstate_value 参数和 mysql_error_code 参数都可以表示 MySQL 的错误。例如 ERROR 1146 (42S02)中，sqlstate_value 值是 42S02，mysql_error_code 值是 1146。

【示例 14-6】 下面定义“ERROR 1146 (42S02)”这个错误，名称为 can_not_find。可以用两种不同的方法来定义，代码如下：

```
//方法一：使用 sqlstate_value
DECLARE  can_not_find  CONDITION  FOR  SQLSTATE  '42S02' ;
//方法二：使用 mysql_error_code
DECLARE  can_not_find  CONDITION  FOR  1146 ;
```

2．定义处理程序

MySQL 中可以使用 DECLARE 关键字来定义处理程序。其基本语法如下：

```
DECLARE handler_type HANDLER FOR condition_value[,...] sp_statement
handler_type:
      CONTINUE | EXIT | UNDO
condition_value:
      SQLSTATE [VALUE] sqlstate_value | condition_name   | SQLWARNING
         | NOT FOUND   | SQLEXCEPTION   | mysql_error_code
```

其中，handler_type 参数指明错误的处理方式，该参数有 3 个取值。这 3 个取值分别是 CONTINUE、EXIT 和 UNDO。CONTINUE 表示遇到错误不进行处理，继续向下执行；EXIT 表示遇到错误后马上退出；UNDO 表示遇到错误后撤回之前的操作，MySQL 中暂时还不支持这种处理方式。

注意：通常情况下，执行过程中遇到错误应该立刻停止执行下面的语句，并且撤回前面的操作。但是，MySQL 中现在还不能支持 UNDO 操作。因此，遇到错误时最好执行 EXIT 操作。如果事先能够预测错误类型，并且进行相应的处理，那么可以执行 CONTINUE 操作。

condition_value 参数指明错误类型，该参数有 6 个取值。sqlstate_value 和 mysql_error_code 与条件定义中的是同一个意思。condition_name 是 DECLARE 定义的条件名称。SQLWARNING 表示所有以 01 开头的 sqlstate_value 值。NOT FOUND 表示所有以 02 开头的 sqlstate_value 值。SQLEXCEPTION 表示所有没有被 SQLWARNING 或 NOT FOUND 捕获的 sqlstate_value 值。sp_statement 表示一些存储过程或函数的执行语句。

【示例 14-7】 下面是定义处理程序的几种方式。代码如下：

```
//方法一：捕获 sqlstate_value
DECLARE CONTINUE HANDLER FOR SQLSTATE '42S02' SET @info='CAN NOT FIND';
```

```
//方法二：捕获 mysql_error_code
DECLARE CONTINUE HANDLER FOR 1146 SET @info='CAN NOT FIND';
//方法三：先定义条件，然后调用
DECLARE   can_not_find   CONDITION   FOR   1146 ;
DECLARE CONTINUE HANDLER FOR can_not_find SET @info='CAN NOT FIND';
//方法四：使用 SQLWARNING
DECLARE EXIT HANDLER FOR SQLWARNING SET @info='ERROR';
//方法五：使用 NOT FOUND
DECLARE EXIT HANDLER FOR NOT FOUND SET @info='CAN NOT FIND';
//方法六：使用 SQLEXCEPTION
DECLARE EXIT HANDLER FOR SQLEXCEPTION SET @info='ERROR';
```

上述代码是 6 种定义处理程序的方法。第一种方法是捕获 sqlstate_value 值。如果遇到 sqlstate_value 值为 42S02，执行 CONTINUE 操作，并且输出“CAN NOT FIND”信息。第二种方法是捕获 mysql_error_code 值。如果遇到 mysql_error_code 值为 1146，执行 CONTINUE 操作，并且输出“CAN NOT FIND”信息。第三种方法是先定义条件，然后再调用条件。这里先定义 can_not_find 条件，遇到 1146 错误就执行 CONTINUE 操作。第四种方法是使用 SQLWARNING。SQLWARNING 捕获所有以 01 开头的 sqlstate_value 值，然后执行 EXIT 操作，并且输出“ERROR”信息。第五种方法是使用 NOT FOUND。NOT FOUND 捕获所有以 02 开头的 sqlstate_value 值，然后执行 EXIT 操作，并且输出“CAN NOT FIND”信息。第六种方法是使用 SQLEXCEPTION。SQLEXCEPTION 捕获所有没有被 SQLWARNING 或 NOT FOUND 捕获的 sqlstate_value 值，然后执行 EXIT 操作，并且输出“ERROR”信息。

14.1.5　光标的使用

查询语句可能查询出多条记录，在存储过程和函数中使用光标来逐条读取查询结果集中的记录。有些书上将光标称为游标。光标的使用包括声明光标、打开光标、使用光标和关闭光标。光标必须声明在处理程序之前，并且声明在变量和条件之后。

1. 声明光标

MySQL 中使用 DECLARE 关键字来声明光标。其语法的基本形式如下：

```
DECLARE cursor_name CURSOR FOR select_statement ;
```

其中，cursor_name 参数表示光标的名称；select_statement 参数表示 SELECT 语句的内容。

【示例 14-8】 下面声明一个名为 cur_employee 的光标。代码如下：

```
DECLARE cur_employee CURSOR FOR SELECT name, age FROM employee ;
```

上面的示例中，光标的名称为 cur_employee；SELECT 语句部分是从 employee 表中查询出 name 和 age 字段的值。

2. 打开光标

MySQL 中使用 OPEN 关键字来打开光标。其语法的基本形式如下：

```
OPEN   cursor_name ;
```

其中，cursor_name 参数表示光标的名称。

【示例 14-9】 下面打开一个名为 cur_employee 的光标，代码如下：

```
OPEN   cur_employee ;
```

3．使用光标

MySQL 中使用 FETCH 关键字来使用光标。其语法的基本形式如下：

```
FETCH cur_employee INTO var_name[,var_name...] ;
```

其中，cursor_name 参数表示光标的名称；var_name 参数表示将光标中的 SELECT 语句查询出来的信息存入该参数中。var_name 必须在声明光标之前就定义好。

【示例 14-10】 下面使用一个名为 cur_employee 的光标。将查询出来的数据存入 emp_name 和 emp_age 这两个变量中，代码如下：

```
FETCH   cur_employee INTO emp_name, emp_age ;
```

上面的示例中，将光标 cur_employee 中 SELECT 语句查询出来的信息存入 emp_name 和 emp_age 中。emp_name 和 emp_age 必须在前面已经定义。

4．关闭光标

MySQL 中使用 CLOSE 关键字来关闭光标。其语法的基本形式如下：

```
CLOSE   cursor_name ;
```

其中，cursor_name 参数表示光标的名称。

【示例 14-11】 下面关闭一个名为 cur_employee 的光标。代码如下：

```
CLOSE   cur_employee ;
```

上面的示例中，关闭了这个名称为 cur_employee 的光标。关闭之后就不能使用 FETCH 来使用光标了。

技巧： 如果存储过程或函数中执行 SELECT 语句，并且 SELECT 语句会查询出多条记录。这种情况最好使用光标来逐条读取记录。光标必须在处理程序之前且在变量和条件之后声明。而且，光标使用完后一定要关闭。

14.1.6　流程控制的使用

存储过程和函数中可以使用流程控制来控制语句的执行。MySQL 中可以使用 IF 语句、CASE 语句、LOOP 语句、LEAVE 语句、ITERATE 语句、REPEAT 语句和 WHILE 语句来进行流程控制。本小节将详细讲解这些流程控制语句。

1．IF语句

IF 语句用来进行条件判断。根据是否满足条件，将执行不同的语句。其语法的基本形式如下：

```
IF search_condition THEN statement_list
   [ELSEIF search_condition THEN statement_list] ...
   [ELSE statement_list]
END IF
```

其中，search_condition 参数表示条件判断语句；statement_list 参数表示不同条件的执行语句。

【示例 14-12】 下面是一个 IF 语句的示例。代码如下：

```
IF age>20 THEN SET @count1=@count1+1;
    ELSEIF age=20 THEN @count2=@count2+1;
    ELSE @count3=@count3+1;
END IF;
```

该示例根据 age 与 20 的大小关系来执行不同的 SET 语句。如果 age 值大于 20，那么将 count1 的值加 1；如果 age 值等于 20，那么将 count2 的值加 1；其他情况将 count3 的值加 1。IF 语句都需要使用 END IF 来结束。

2．CASE语句

CASE 语句也用来进行条件判断，其可以实现比 IF 语句更复杂的条件判断。CASE 语句的基本形式如下：

```
CASE case_value
      WHEN when_value THEN statement_list
      [WHEN when_value THEN statement_list] ...
      [ELSE statement_list]
END CASE
```

其中，case_value 参数表示条件判断的变量；when_value 参数表示变量的取值；statement_list 参数表示不同 when_value 值的执行语句。

CASE 语句还有另一种形式。该形式的语法如下：

```
CASE
      WHEN search_condition THEN statement_list
      [WHEN search_condition THEN statement_list] ...
      [ELSE statement_list]
END CASE
```

其中，search_condition 参数表示条件判断语句；statement_list 参数表示不同条件的执行语句。

【示例 14-13】 下面是一个 CASE 语句的示例。代码如下：

```
CASE age
      WHEN 20 THEN SET @count1=@count1+1;
      ELSE    SET @count2=@count2+1;
END CASE ;
```

代码也可以是下面的形式：

```
CASE
      WHEN age=20 THEN SET @count1=@count1+1;
      ELSE SET @count2=@count2+1;
END CASE ;
```

本示例中，如果 age 值为 20，count1 的值加 1；否则 count2 的值加 1。CASE 语句都要使用 END CASE 结束。

3．LOOP语句

LOOP 语句可以使某些特定的语句重复执行，实现一个简单的循环。但是 LOOP 语句本身没有停止循环的语句，必须是遇到 LEAVE 语句等才能停止循环。LOOP 语句的语法的基本形式如下：

```
[begin_label:] LOOP
      statement_list
END LOOP [end_label]
```

其中，begin_label 参数和 end_label 参数分别表示循环开始和结束的标志，这两个标志必须相同，而且都可以省略；statement_list 参数表示需要循环执行的语句。

【示例 14-14】 下面是一个 LOOP 语句的示例。代码如下：

```
add_num: LOOP
      SET @count=@count+1;
END LOOP add_num ;
```

该示例循环执行 count 加 1 的操作。因为没有跳出循环的语句，这个循环成了一个死循环。LOOP 循环都以 END LOOP 结束。

4．LEAVE语句

LEAVE 语句主要用于跳出循环控制。其语法形式如下：

```
LEAVE label
```

其中，label 参数表示循环的标志。

【示例 14-15】 下面是一个 LEAVE 语句的示例。代码如下：

```
add_num: LOOP
      SET @count=@count+1;
      IF @count=100 THEN
            LEAVE add_num ;
END LOOP add_num ;
```

该示例循环执行 count 加 1 的操作。当 count 的值等于 100 时，则 LEAVE 语句跳出循环。

5．ITERATE语句

ITERATE 语句也是用来跳出循环的语句。但是，ITERATE 语句是跳出本次循环，然后直接进入下一次循环。ITERATE 语句的基本语法形式如下：

```
ITERATE label
```

其中，label 参数表示循环的标志。

【示例 14-16】 下面是一个 ITERATE 语句的示例。代码如下：

```
add_num: LOOP
      SET @count=@count+1;
      IF @count=100 THEN
            LEAVE add_num ;
      ELSE IF MOD(@count,3)=0 THEN
            ITERATE add_num;
      SELECT * FROM employee ;
END LOOP add_num ;
```

该示例循环执行 count 加 1 的操作，count 值为 100 时结束循环。如果 count 的值能够整除 3，则跳出本次循环，不再执行下面的 SELECT 语句。

说明：LEAVE 语句和 ITERATE 语句都用来跳出循环语句，但两者的功能是不一样的。LEAVE 语句是跳出整个循环，然后执行循环后面的程序。而 ITERATE 语句是跳出本次循环，然后进入下一次循环。使用这两个语句时一定要区分清楚。

6. REPEAT语句

REPEAT 语句是有条件控制的循环语句。当满足特定条件时，就会跳出循环语句。REPEAT 语句的基本语法形式如下：

```
[begin_label:] REPEAT
      statement_list
      UNTIL search_condition
END REPEAT [end_label]
```

其中，statement_list 参数表示循环的执行语句；search_condition 参数表示结束循环的条件，满足该条件时循环结束。

【示例 14-17】 下面是一个 ITERATE 语句的示例。代码如下：

```
REPEAT
      SET @count=@count+1;
      UNTIL @count=100
END REPEAT ;
```

该示例循环执行 count 加 1 的操作，count 值为 100 时结束循环。REPEAT 循环都用 END REPEAT 结束。

7. WHILE语句

WHILE 语句也是有条件控制的循环语句。但 WHILE 语句和 REPEAT 语句是不一样的。WHILE 语句是当满足条件时，执行循环内的语句。WHILE 语句的基本语法形式如下：

```
[begin_label:] WHILE search_condition DO
      statement_list
END WHILE [end_label]
```

其中，search_condition 参数表示循环执行的条件，满足该条件时循环执行；statement_list 参数表示循环的执行语句。

【示例 14-18】 下面是一个 ITERATE 语句的示例。代码如下：

```
WHILE @count<100 DO
      SET @count=@count+1;
END WHILE ;
```

该示例循环执行 count 加 1 的操作，count 值小于 100 时执行循环。如果 count 值等于 100 了，则跳出循环。WHILE 循环需要使用 END WHILE 来结束。

14.2 调用存储过程和函数

存储过程和存储函数都是存储在服务器端的 SQL 语句的集合。要使用这些已经定义好的存储过程和存储函数就必须要通过调用的方式来实现。存储过程是通过 CALL 语句来调用的。而存储函数的使用方法与 MySQL 内部函数的使用方法是一样的。执行存储过程和存储函数需要拥有 EXECUTE 权限。EXECUTE 权限的信息存储在 information_schema 数据库下面的 USER_PRIVILEGES 表中。本小节将详细讲解如何调用存储过程和存储函数。

14.2.1 调用存储过程

MySQL 中使用 CALL 语句来调用存储过程。调用存储过程后，数据库系统将执行存储过程中的语句。然后，将结果返回给输出值。CALL 语句的基本语法形式如下：

```
CALL   sp_name([parameter[,…]]) ;
```

其中，sp_name 是存储过程的名称；parameter 是指存储过程的参数。

【示例 14-19】 下面定义一个存储过程，然后调用这个存储过程。代码执行如下：

```
//创建存储过程
mysql> DELIMITER &&
mysql> CREATE   PROCEDURE   num_from_employee (IN emp_id INT, OUT count_num INT )
    -> READS SQL DATA
    -> BEGIN
    -> SELECT   COUNT(*)   INTO   count_num
    -> FROM   employee
    -> WHERE   d_id=emp_id ;
    -> END &&
Query OK, 0 rows affected (0.09 sec)
mysql> DELIMITER ;
//调用存储过程
mysql> CALL num_from_employee(1002,@n);
Query OK, 0 rows affected (0.02 sec)
//查询返回的结果
mysql> SELECT @n;
+--------+
| @n     |
+--------+
|      1 |
+--------+
1 row in set (0.00 sec)
```

由上面代码看出，使用 CALL 语句来调用存储过程；使用 SELECT 语句来查询存储过程的输出值。

14.2.2　调用存储函数

在 MySQL 中，存储函数的使用方法与 MySQL 内部函数的使用方法是一样的。换言之，用户自己定义的存储函数与 MySQL 内部函数是一个性质的。区别在于，存储函数是用户自己定义的，而内部函数是 MySQL 的开发者定义的。

【示例 14-20】 下面定义一个存储函数，然后调用这个存储函数。代码执行如下：

```
//创建存储函数
mysql> DELIMITER &&
mysql> CREATE   FUNCTION   name_from_employee (emp_id INT )
    -> RETURNS VARCHAR(20)
    -> BEGIN
    -> RETURN   (SELECT   name
    -> FROM   employee
    -> WHERE   num=emp_id );
    -> END&&
Query OK, 0 rows affected (0.00 sec)
mysql> DELIMITER ;
//调用存储函数
mysql> SELECT name_from_employee(3);
+-----------------------------+
| name_from_employee(3) |
+-----------------------------+
| 王五                        |
+-----------------------------+
1 row in set (0.03 sec)
```

上述存储函数的作用是根据输入的 emp_id 值到 employee 表中查询记录。查询出 num

字段的值等于 emp_id 的记录。然后将该记录的 name 字段的值返回。

14.3　查看存储过程和函数

存储过程和函数创建以后，用户可以查看存储过程和函数的状态和定义。用户可以通过 SHOW STATUS 语句来查看存储过程和函数的状态，也可以通过 SHOW CREATE 语句来查看存储过程和函数的定义。用户也可以通过查询 information_schema 数据库下的 Routines 表来查看存储过程和函数的信息。本小节将详细讲解查看存储过程和函数的状态与定义的方法。

14.3.1　SHOW STATUS 语句查看存储过程和函数的状态

MySQL 中可以通过 SHOW STATUS 语句查看存储过程和函数的状态。其基本语法形式如下：

```
SHOW { PROCEDURE | FUNCTION } STATUS [ LIKE   ' pattern ' ] ;
```

其中，PROCEDURE 参数表示查询存储过程；FUNCTION 参数表示查询存储函数；LIKE ' pattern '参数用来匹配存储过程或函数的名称。

【示例 14-21】 下面查询名为 num_from_employee 的存储过程的状态。代码执行如下：

```
mysql> SHOW PROCEDURE STATUS LIKE 'num_from_employee'\G
*************************** 1. row ***************************
                  Db: example
                Name: num_from_employee
                Type: PROCEDURE
             Definer: root@localhost
            Modified: 2009-10-29 21:44:39
             Created: 2009-10-29 21:44:39
       Security_type: DEFINER
             Comment:
character_set_client: latin1
collation_connection: latin1_swedish_ci
  Database Collation: utf8_general_ci
1 row in set (0.00 sec)
```

查询结果显示了存储过程的创建时间、修改时间和字符集等信息。

14.3.2　SHOW CREATE 语句查看存储过程和函数的定义

MySQL 中可以通过 SHOW CREATE 语句查看存储过程和函数的状态。其基本语法形式如下：

```
SHOW CREATE { PROCEDURE | FUNCTION } sp_name ;
```

其中，PROCEDURE 参数表示查询存储过程；FUNCTION 参数表示查询存储函数；sp_name 参数表示存储过程或函数的名称。

【示例 14-22】 下面查询名为 num_from_employee 的存储过程的状态。代码执行如下：

```
mysql> SHOW CREATE PROCEDURE num_from_employee \G
*************************** 1. row ***************************
           Procedure: num_from_employee
            sql_mode:
STRICT_TRANS_TABLES,NO_AUTO_CREATE_USER,NO_ENGINE_SUBSTITUTION
```

```
Create Procedure: CREATE DEFINER=`root`@`localhost` PROCEDURE `num_from_employee`
(IN emp_id INT,
 OUT count_num INT )
    READS SQL DATA
BEGIN
SELECT   COUNT(*)   INTO   count_num
FROM   employee
WHERE   d_id=emp_id ;
END
character_set_client: latin1
collation_connection: latin1_swedish_ci
  Database Collation: utf8_general_ci
1 row in set (0.00 sec)
```

查询结果显示了存储过程的定义、字符集等信息。

注意： SHOW STATUS 语句只能查看存储过程或函数是操作哪一个数据库、存储过程或函数的名称、类型、谁定义的、创建和修改时间、字符编码等信息。但是，这个语句不能查询存储过程或函数的具体定义。如果需要查看详细定义，需要使用 SHOW CREATE 语句。

14.3.3　从 information_schema.Routines 表中查看存储过程和函数的信息

存储过程和函数的信息存储在 information_schema 数据库下的 Routines 表中。可以通过查询该表的记录来查询存储过程和函数的信息。其基本语法形式如下：

```
SELECT * FROM information_schema.Routines WHERE ROUTINE_NAME=' sp_name ' ;
```

其中，ROUTINE_NAME 字段中存储的是存储过程和函数的名称；sp_name 参数表示存储过程或函数的名称。

【示例 14-23】 下面从 Routines 表中查询名为 num_from_employee 的存储过程的信息。代码执行如下：

```
mysql> SELECT * FROM information_schema.Routines WHERE ROUTINE_NAME='num_
from_employee' \G
*************************** 1. row ***************************
           SPECIFIC_NAME: num_from_employee
         ROUTINE_CATALOG: def
          ROUTINE_SCHEMA: example
            ROUTINE_NAME: num_from_employee
            ROUTINE_TYPE: PROCEDURE
               DATA_TYPE:
CHARACTER_MAXIMUM_LENGTH: NULL
  CHARACTER_OCTET_LENGTH: NULL
       NUMERIC_PRECISION: NULL
           NUMERIC_SCALE: NULL
      CHARACTER_SET_NAME: NULL
          COLLATION_NAME: NULL
          DTD_IDENTIFIER: NULL
            ROUTINE_BODY: SQL
      ROUTINE_DEFINITION: BEGIN
SELECT   COUNT(*)   INTO   count_num
FROM   employee
WHERE   d_id=emp_id ;
END
           EXTERNAL_NAME: NULL
       EXTERNAL_LANGUAGE: NULL
         PARAMETER_STYLE: SQL
        IS_DETERMINISTIC: NO
         SQL_DATA_ACCESS: READS SQL DATA
```

```
                SQL_PATH: NULL
           SECURITY_TYPE: DEFINER
                 CREATED: 2009-10-29 21:44:39
            LAST_ALTERED: 2009-10-29 21:44:39
                SQL_MODE:
STRICT_TRANS_TABLES,NO_AUTO_CREATE_USER,NO_ENGINE_SUBSTITUTION
         ROUTINE_COMMENT:
                 DEFINER: root@localhost
    CHARACTER_SET_CLIENT: latin1
    COLLATION_CONNECTION: latin1_swedish_ci
      DATABASE_COLLATION: utf8_general_ci
1 row in set (0.00 sec)
```

查询结果显示 num_from_employee 的详细信息。

注意：在 information_schema 数据库下的 Routines 表中，存储着所有存储过程和函数的定义。如果使用 SELECT 语句查询 Routines 表中的存储过程和函数的定义时，一定要使用 ROUTINE_NAME 字段指定存储过程或函数的名称。否则，将查询出所有的存储过程或函数的定义。

14.4 修改存储过程和函数

修改存储过程和函数是指修改已经定义好的存储过程和函数。MySQL 中通过 ALTER PROCEDURE 语句来修改存储过程。通过 ALTER FUNCTION 语句来修改存储函数。本小节将详细讲解修改存储过程和函数的方法。

MySQL 中修改存储过程和函数的语句的语法形式如下：

```
ALTER {PROCEDURE | FUNCTION} sp_name [characteristic ...]
characteristic:
    { CONTAINS SQL | NO SQL | READS SQL DATA | MODIFIES SQL DATA }
    | SQL SECURITY { DEFINER | INVOKER }
    | COMMENT 'string'
```

其中，sp_name 参数表示存储过程或函数的名称；characteristic 参数指定存储函数的特性。CONTAINS SQL 表示子程序包含 SQL 语句，但不包含读或写数据的语句；NO SQL 表示子程序中不包含 SQL 语句；READS SQL DATA 表示子程序中包含读数据的语句；MODIFIES SQL DATA 表示子程序中包含写数据的语句。SQL SECURITY { DEFINER | INVOKER }指明谁有权限来执行。DEFINER 表示只有定义者自己才能够执行；INVOKER 表示调用者可以执行。COMMENT 'string'是注释信息。

说明：修改存储过程使用 ALTER PROCEDURE 语句，修改存储函数使用 ALTER FUNCTION 语句。但是，这两个语句的结构是一样的，语句中的所有参赛都是一样的。而且，它们与创建存储过程或函数的语句中的参数也是基本一样的。

【示例 14-24】 下面修改存储过程 num_from_employee 的定义。将读写权限改为 MODIFIES SQL DATA，并指明调用者可以执行。代码执行如下：

```
ALTER   PROCEDURE   num_from_employee
            MODIFIES SQL DATA
            SQL SECURITY INVOKER ;
```

执行代码，并查看修改后的信息。结果显示如下：

```
//执行 ALTE PROCEDURE 语句
mysql> ALTER   PROCEDURE   num_from_employee
     -> MODIFIES SQL DATA
     -> SQL SECURITY INVOKER ;
Query OK, 0 rows affected (0.00 sec)
//查询修改后 num_from_employee 表的信息
mysql> SELECT SPECIFIC_NAME,SQL_DATA_ACCESS,SECURITY_TYPE FROM informa-
tion_schema.Routines WHERE ROUTINE_NAME='num_from_employee' ;
+-----------------------------+-----------------------------+---------------------+
| SPECIFIC_NAME               | SQL_DATA_ACCESS             | SECURITY_TYPE |
+-----------------------------+-----------------------------+---------------------+
| num_from_employee           | MODIFIES SQL DATA           | INVOKER             |
+-----------------------------+-----------------------------+---------------------+
1 row in set (0.00 sec)
```

结果显示，存储过程修改成功。从查询的结果可以看出，访问数据的权限（SQL_DATA_ACCESS）已经变成 MODIFIES SQL DATA，安全类型（SECURITY_TYPE）已经变成了 INVOKER。

【示例 14-25】 下面修改存储函数 name_from_employee 的定义。将读写权限改为 READS SQL DATA，并加上注释信息‘FIND NAME’。代码执行如下：

```
ALTER   FUNCTION   name_from_employee
            READS SQL DATA
            COMMENT 'FIND NAME' ;
```

执行代码，并查看修改后的信息。结果显示如下：

```
//执行 ALTE FUNCTION 语句
mysql> ALTER   FUNCTION   name_from_employee
     -> READS SQL DATA
     -> COMMENT 'FIND NAME' ;
Query OK, 0 rows affected (0.00 sec)
//查询修改后 num_from_employee 表的信息
mysql>        SELECT        SPECIFIC_NAME,SQL_DATA_ACCESS,ROUTINE_COMMENT        FROM
information_schema.Routines WHERE ROUTINE_NAME='name_from_employee' ;
+-----------------------------+---------------------------+---------------------------+
| SPECIFIC_NAME               | SQL_DATA_ACCESS | ROUTINE_COMMENT |
+-----------------------------+---------------------------+---------------------------+
| name_from_employee          | READS SQL DATA           | FIND NAME                |
+-----------------------------+---------------------------+---------------------------+
1 row in set (0.01 sec)
```

结果显示，存储函数修改成功。从查询的结果可以看出，访问数据的权限（SQL_DATA_ACCESS）已经变成 READS SQL DATA，函数注释（ROUTINE_COMMENT）已经变成了“FIND NAME”。

14.5　删除存储过程和函数

删除存储过程和函数指删除数据库中已经存在的存储过程和函数。MySQL 中使用 DROP PROCEDURE 语句来删除存储过程。通过 DROP FUNCTION 语句来删除存储函数。其基本形式如下：

```
DROP { PROCEDURE| FUNCTION } sp_name;
```

其中，sp_name 参数表示存储过程或函数的名称。

【示例 14-26】 下面删除存储过程 num_from_employee 和存储函数 name_from_employee。删除存储过程 num_from_employee 的代码如下：

```
DROP  PROCEDURE  num_from_employee ;
```

删除存储函数 name_from_employee 的代码如下：

```
DROP  FUNCTION  name_from_employee ;
```

代码执行结果如下：

```
//删除 num_from_employee
mysql> DROP  PROCEDURE  num_from_employee ;
Query OK, 0 rows affected (0.00 sec)
//删除 name_from_employee
mysql> DROP  FUNCTION  name_from_employee ;
Query OK, 0 rows affected (0.00 sec)
```

可以通过查询 information_schema 数据库下的 Routines 表来确认上面的删除是否成功。SELECT 语句的执行结果如下：

```
mysql> SELECT * FROM information_schema.Routines WHERE ROUTINE_NAME='num_from_
employee' OR ROUTINE_NAME='name_from_employee';
Empty set (0.00 sec)
```

结果显示，没有查询出任何记录。这说明存储过程 num_from_employee 和存储函数 name_from_employee 都已经被删除。

14.6　本章实例

本小节将在 food 表上创建名为 food_price_count 的存储过程。按照 11.4 小节中表 11.1 和表 11.2 来创建 food 表。存储过程 food_price_count 有 3 个参数。输入参数为 price_info1 和 price_info2，输出参数为 count。存储过程的作用是查询 food 表中食品单价高于 price_info1 且低于 price_info2 的食品种数，然后由 count 参数来输出。并且计算满足条件的单价的总和。

操作如下：

（1）按照 11.4 节的内容来创建 food 表，并插入记录。

（2）创建存储过程 food_price_count。代码如下：

```
DELIMITER &&                    //使用“DELIMITER &&”将 SQL 语句的结束符号变成&&
CREATE  PROCEDURE  food_price_count (IN price_info1 FLOAT,IN price_info2 FLOAT, OUT count INT )
              READS SQL DATA
              BEGIN
                   DECLARE temp FLOAT;                        //定义变量 temp
                   //定义光标 match_price
                   DECLARE match_price CURSOR FOR SELECT price FROM food;
                   //定义条件处理。如果没有遇到关闭光标，就退出存储过程
                   DECLARE EXIT HANDLER FOR NOT FOUND CLOSE match_price;
                   SET @sum=0;                                //为临时变量 sum 赋值
                   //用 SELECT...INOT 语句来为输出变量 count 赋值
                   SELECT  COUNT(*)  INTO  count  FROM  food
                      WHERE  price>price_info1 AND price<price_info2 ;
                   OPEN match_price;                          //打开光标
                   REPEAT                                     //执行循环
                      FETCH match_price INTO temp;            //使用光标 match_price
                        //执行条件语句
                        IF temp>price_info1 AND temp<price_info2
                          THEN SET @sum=@sum+temp;
                      END IF;
                   UNTIL 0 END REPEAT;                        //结束循环
```

```
                CLOSE match_price;                          //关闭光标
            END &&
DELIMITER ;                                                 //将 SQL 语句的结束符号变成“;”
```

（3）使用 CALL 语句来调用存储过程。查询价格在 2～18 之间的食品种数。代码如下：

```
CALL food_price_count(2,18,@count) ;
```

代码执行如下：

```
mysql> CALL food_price_count(2,18,@count);
Query OK, 0 rows affected (0.00 sec)
```

（4）使用 SELECT 语句查看结果。代码如下：

```
SELECT @count, @sum ;
```

其中，count 是存储过程的输出结果；sum 是存储过程中的变量，sum 中的值满足条件的单价的总和。代码执行结果如下：

```
mysql> SELECT @count,@sum;
+-----------+---------+
| @count | @sum |
+-----------+---------+
|        3 |     20 |
+-----------+---------+
1 row in set (0.00 sec)
```

（5）使用 DROP 语句删除存储过程 food_price_count。代码如下：

```
DROP PROCEDURE food_price_count ;
```

执行结果如下：

```
mysql> DROP PROCEDURE food_price_count;
Query OK, 0 rows affected (0.00 sec)
```

可以通过 SHOW CREATE PROCEDURE 来查看存储过程。代码执行结果如下：

```
mysql> SHOW CREATE PROCEDURE food_price_count\G
ERROR 1305 (42000): PROCEDURE food_price_count does not exist
```

这说明该存储过程已经删除。

这个存储过程的功能也可以通过存储函数来实现。存储函数的代码如下：

```
DELIMITER &&
CREATE   FUNCTION   food_price_count1(price_info1 FLOAT,price_info2 FLOAT )
            RETURNS INT READS SQL DATA
            BEGIN
            RETURN (SELECT   COUNT(*)   FROM   food
                 WHERE   price>price_info1 AND price<price_info2 );
            END &&
DELIMITER ;
```

存储函数只能返回一个值，所以只实现了计算满足条件的食品种数。使用 RETURN 来将计算的食品种数返回回来。调用存储函数与调用 MySQL 内部函数的方式是一样的。调用存储函数的语句执行结果如下：

```
mysql> SELECT food_price_count1(2,18);
+--------------------------------+
| food_price_count1(2,18) |
+--------------------------------+
|                                3 |
+--------------------------------+
1 row in set (0.00 sec)
```

删除存储函数是通过 DROP FUNCTION 来实现的。删除存储函数的语句执行结果如下：

```
mysql> DROP FUNCTION food_price_count1;
Query OK, 0 rows affected (0.00 sec)
```

14.7 上机实践

题目要求：

本小节将在 teacher 表上创建名为 teacher_info1 的存储过程和名为 teacher_info2 的存储函数。按照 11.5 小节中表 11.3 和表 11.4 来创建 teacher 表。

（1）存储过程 teacher_info1 的要求：

存储过程 teacher_info1 有 3 个参数。输入参数为 teacher_id 和 type，输出参数为 info。存储过程的作用是根据编号（teacher_id）来查询 teacher 表中的记录。如果 type 的值为 1 时，将姓名（name）传给输出参数 info；如果 type 的值为 2 时，将年龄传给输出参数 info；如果 type 为其他值，则返回字符串“Error”。

（2）存储函数 teacher_info2 的要求：

存储过程 teacher_info2 有两个参数。这两个参数为 teacher_id 和 type。存储函数的作用是根据编号（teacher_id）来查询 teacher 表中的记录。如果 type 的值是 1 时，则返回姓名（name）值；如果 type 的值是 2 时，则返回年龄；如果 type 为其他值，则返回字符串“Error”。

操作如下：

1．创建并使用存储过程teacher_info1

（1）按照 11.5 节的内容来创建 teacher 表，并插入记录。

（2）创建存储过程 teacher_info1。代码如下：

```
DELIMITER &&                              //使用“DELIMITER &&”将 SQL 语句的结束符号变成&&
CREATE   PROCEDURE   teacher_info1 (IN teacher_id INT,IN type INT, OUT info VARCHAR
(20) )
            READS SQL DATA
            BEGIN
            CASE type
            WHEN 1 THEN
               SELECT name INTO info FROM teacher WHERE id=teacher_id;
            WHEN 2 THEN
               SELECT YEAR(NOW())-YEAR(birthday) INTO info
               FROM teacher WHERE id=teacher_id;
            ELSE
               SELECT 'Error' INTO info;
            END CASE;
          END &&
DELIMITER ;                               //将 SQL 语句的结束符号变成“;”
```

（3）调用存储过程，teacher_id 为 2，type 为 1。CALL 语句的代码如下：

```
CALL teacher_info1(2,1,@info);
```

代码执行以后，通过 SELECT 语句可以查询存储过程输出的值。SELECT 语句的代码如下：

```
SELECT @info;
```

然后，分别测试 type 值为 2 和 3 时，存储过程的输出结果。

（4）使用 DROP PRODECURE 语句来删除存储过程。代码如下：

```
DROP PROCEDURE teacher_info1;
```

2．创建并使用存储函数teacher_info2

（1）按照 11.5 节的内容来创建 teacher 表，并插入记录。

（2）创建存储函数 teacher_info2。代码如下：

```
DELIMITER &&                              //使用“DELIMITER &&”将 SQL 语句的结束符号变成&&
CREATE   FUNCTION   teacher_info2 (teacher_id INT,type INT)
             RETURNS VARCHAR(20) READS SQL DATA
             BEGIN
             DECLARE temp VARCHAR(20);
             SET @e= 'Error';
                IF type=1 THEN
                  SELECT name INTO temp FROM teacher WHERE id=teacher_id;
                ELSEIF type=2 THEN
                  SELECT YEAR(NOW())-YEAR(birthday) INTO temp
                  FROM teacher WHERE id=teacher_id;
                ELSE
                  SELECT @e INTO temp;
                END IF;
                RETURN temp;
             END &&
DELIMITER ;                               //将 SQL 语句的结束符号变成“;”
```

（3）使用 SELECT 语句调用存储函数。SELECT 语句的代码如下：

```
SELECT teacher_info1(2,1);
```

SELECT 语句执行后，会显示执行结果。然后，分别测试 type 值为 2 和 3 时存储函数的返回值。

（4）使用 DROP FUNCTION 语句来删除存储函数。代码如下：

```
DROP FUNCTION teacher_info2;
```

通过本小节的上机实践，希望读者对创建存储过程和存储函数的方法能够熟练的掌握。同时，还可以掌握存储过程和存储函数中的条件判断语句、循环语句和光标等。

14.8　常见问题及解答

1．一个存储过程中可以调用其他的存储过程吗？

存储过程是用户定义的 SQL 语句的集合。用户通过 CALL 语句调用已经定义好的存储过程来执行其中的 SQL 语句。同时，存储过程中也可以通过 CALL 语句来调用其他的存储过程。

2．存储过程和存储函数的区别是什么？

存储过程的参数有 3 类，分别是 IN、OUT 和 INOUT。通过 OUT、INOUT 将存储过程的执行结果输出。而且存储过程中可以有多个 OUT、INOUT 类型的变量，可以输出多个值。

存储函数中的参数都是输入参数。函数中的运算结果通过 RETURN 语句来返回。RETURN 语句只能返回一个结果。

3. 存储函数和MySQL内部函数有什么区别？

存储函数是用户自己定义的函数。并且通过调用来执行函数中的 SQL 语句。函数执行完成后，通过 RETURN 语句来返回执行结果。从原理上讲，存储函数和 MySQL 内部函数是一样的。只是内部函数比较常用，因此，数据库的设计者将这些函数集成到了数据库中。而且，存储函数和 MySQL 内部函数的调用方式是一样的。

14.9　小　结

本章介绍了 MySQL 数据库的存储过程和存储函数。存储过程和存储函数都是用户自己定义的 SQL 语句的集合。它们都存储在服务器端，只要调用就可以在服务器端执行。本章重点讲解了创建存储过程和存储函数的方法。通过 CREATE PROCEDURE 语句来创建存储过程，通过 CREATE FUNCTION 语句来创建存储函数。这两个内容也是本章的难点，尤其是变量、条件、光标和流程控制的使用。这些需要读者将书中的知识点结合实际操作进行练习。下一章将介绍 MySQL 用户管理。

14.10　本章习题

1．在 10.10 节的 employee 表上创建存储过程 employee_info_procedure。该存储过程的输入参数 type，输出参数是 info。当 type 的值是 1 时，计算 employee 表中所有员工的平均工资，然后通过参数 info 输出；当 type 的值是 2 时，计算 employee 表中所有员工的平均年龄，然后通过 info 输出；当 type 为 1 和 2 以外的任何值时，将字符串“Error Input!”赋值给 info。

2．创建存储函数 employee_info_function 来实现习题 1 的功能。该函数只有一个参数 type。通过 RETURN 语句来将查询结果返回。

3．删除习题 1 中的存储过程和习题 2 中的存储函数。

第 4 篇　MySQL 数据库高级管理

第 15 章　MySQL 用户管理

MySQL 用户主要包括普通用户和 root 用户。这两种用户的权限是不一样的。root 用户是超级管理员，拥有所有的权限。root 用户的权限包括创建用户、删除用户和修改普通用户的密码等管理权限。而普通用户只拥有创建该用户时赋予它的权限。用户管理包括管理用户的账户、权限等。本章中将讲解的内容包括：

- 权限表介绍；
- 用户登录和退出 MySQL 服务器；
- 创建和删除普通用户；
- 普通用户和 root 用户的密码管理；
- 权限管理。

通过本章的学习，读者可以了解各种权限表的内容、登录数据库的详细内容、创建和删除普通用户的方法、密码管理的方法。最后，读者可以了解如何进行权限管理。本章内容涉及数据库的安全，是数据库管理中非常重要的内容。学好本章的内容，读者可以有效地保证 MySQL 数据库的安全。

15.1　权　限　表

安装 MySQL 时会自动安装一个名为 mysql 的数据库。mysql 数据库下面存储的都是权限表。用户登录以后，MySQL 数据库系统会根据这些权限表的内容为每个用户赋予相应的权限。这些权限表中最重要的是 user 表、db 表和 host 表。除此之外，还有 tables_priv 表、columns_priv 表和 proc_priv 表等。本节将为读者介绍这些表的内容。

15.1.1　user 表

user 表是 MySQL 中最重要的一个权限表。读者可以使用 DESC 语句来查看 user 表的基本结构。user 表有 39 个字段。这些字段大致可以分为 4 类，分别是用户列、权限列、安全列和资源控制列。本小节将为读者介绍这些字段的含义。

1．用户列

user 表的用户列包括 Host、User、Password，分别表示主机名、用户名和密码。用户登录时，首先要判断的就是这 3 个字段。如果这 3 个字段同时匹配，MySQL 数据库系统才会允许其登录。而且，创建新用户时，也是设置这 3 个字段的值。修改用户密码时，实际就是修改 user 表的 Password 字段的值。因此，这 3 个字段决定了用户能否登录。

2．权限列

user 表的权限列包括 Select_priv、Insert_priv 等以 priv 结尾的字段。这些字段决定了用户的权限。这其中包括查询权限、修改权限等普通权限，还包括了关闭服务的权限、超级权限和加载用户等高级管理权限。普通权限用于操作数据库。高级管理权限用于对数据库进行管理。

这些字段的值只有 Y 和 N。Y 表示该权限可以用到所有数据库上；N 表示该权限不能用到所有数据库上。从安全角度考虑，这些字段的默认值都为 N。可以使用 GRANT 语句为用户赋予一些权限，也可以通过 UPDATE 语句更新 user 表的方式来设置权限。

说明：权限列中有很多权限字段需要特别注意。Grant_priv 字段表示是否拥有 GRANT 权限；Shutdown_priv 字段表示是否拥有停止 MySQL 服务的权限；Super_priv 字段表示是否拥有超级权限；Execute_priv 字段表示是否拥有 EXECUTE 权限，拥有 EXECUTE 权限可以执行存储过程和函数。

3．安全列

user 表的安全列只有 4 个字段，分别是 ssl_type、ssl_cipher、x509_issuer 和 x509_subject。ssl 用于加密；x509 标准可以用来标识用户。通常标准的发行版不支持 ssl，读者可以使用 SHOW VARIABLES LIKE 'have_openssl'语句来查看是否具有 ssl 功能。如果 have_openssl 的取值为 DISABLED，那么则没有支持 ssl 加密功能。

4．资源控制列

user 表的 4 个资源控制列是 max_questions、max_updates、max_connections 和 max_user_connections。max_questions 和 max_updates 分别规定每小时可以允许执行多少次查询和更新；max_connections 规定每小时可以建立多少连接；max_user_connections 规定单个用户可以同时具有的连接数。这些字段的默认值为 0，表示没有限制。

15.1.2　db 表和 host 表

db 表和 host 表也是 MySQL 数据库中非常重要的权限表。db 表中存储了某个用户对一个数据库的权限。db 表比较常用，而 host 表很少会用到。读者可以使用 DESC 语句来查看这两个表的基本结构。这两个表的表结构差不多。db 表和 host 表的字段大致可以分为两类，分别为用户列和权限列。

1．用户列

db 表的用户列有 3 个字段，分别是 Host、Db 和 User。这 3 个字段分别表示主机名、数据库名和用户名。host 表的用户列有两个字段，分别是 Host 和 Db。这两个字段分别表示主机名和数据库名。

host 表是 db 表的扩展。如果 db 表中找不到 Host 字段的值，就需要到 host 表中去寻找。但是 host 表很少用到，通常 db 表的设置以及满足要求了。

2．权限列

db 表和 host 表的权限列几乎一样，只是 db 表中多了一个 Create_routine_priv 字段和 Alter_routine_priv 字段。这两个字段决定用户是否具有创建和修改存储过程的权限。

user 表中的权限是针对所有数据库。如果 user 表中的 Select_priv 字段取值为 Y，那么该用户可以查询所有数据库中的表；如果为某个用户只设置了查询 test 表的权限，那么 user 表的 Select_priv 字段的取值为 N。而这个 SELECT 权限则记录在 db 表中。db 表中 Select_priv 字段的取值将会是 Y。由此可知，用户先根据 user 表的内容获取权限，然后再根据 db 表的内容获取权限。

15.1.3　tables_priv 表和 columns_priv 表

tables_priv 表可以对单个表进行权限设置。columns_priv 表可以对单个数据列进行权限设置。读者可以使用 DESC 语句来查看这两个表的基本结构。本小节将介绍这两个表的内容。

tables_priv 表包含 8 个字段，分别是 Host、Db、User、Table_name、Table_priv、Column_priv、Timestamp 和 Grantor。前 4 个字段分别表示主机名、数据库名、用户名和表名。Table_priv 表示对表进行操作的权限。这些权限包括 Select、Insert、Update、Delete、Create、Drop、Grant、References、Index 和 Alter。Column_priv 表示对表中的数据列进行操作的权限。这些权限包括 Select、Insert、Update 和 References。Timestamp 表示修改权限的时间。Grantor 表示权限是谁设置的。

columns_priv 表包括 7 个字段，分别是 Host、Db、User、Table_name、Column_ name、Column_priv 和 Timestamp。与 tables_priv 表不同的是，这里多出了 Column_name 字段，其表示可以对哪些数据列进行操作。

技巧：MySQL 中权限分配是按照 user 表、db 表、tables_priv 表和 columns_priv 表的顺序进行分配的。数据库系统中，先判断 user 表中的值是否为 Y。如果 user 表中的值是 Y，就不需要检查后面的表。如果 user 表的为 N，则依次检查 db 表、tables_priv 表和 columns_priv 表。

15.1.4　procs_priv 表

procs_priv 表可以对存储过程和存储函数进行权限设置。读者可以使用 DESC 语句来查看 procs_priv 表的基本结构。本小节将为读者介绍 procs_priv 表中各字段的含义。

procs_priv 表包含 8 个字段，分别是 Host、Db、User、Routine_name、Routine_type、Proc_priv、Timestamp 和 Grantor。前 3 个字段分别表示主机名、数据库名和用户名。Routine_name 字段表示存储过程或函数的名称。Routine_type 字段表示类型。该字段有两个取值，分别是 FUNCTION 和 PROCEDURE。FUNCTION 表示这是一个存储函数；PROCEDURE 表示这是一个存储过程，Proc_priv 字段表示拥有的权限。权限分为 3 类，分别是 Execute、Alter Routine 和 Grant。Timestamp 字段存储更新的时间；Grantor 字段存储权限是谁设置的。

15.2 账 户 管 理

账户管理是 MySQL 用户管理的最基本的内容。账户管理包括登录和退出 MySQL 服务器、创建用户、删除用户、密码管理和权限管理等内容。通过账户管理，可以保证 MySQL 数据库的安全性。本节将向读者详细介绍这些内容。

15.2.1 登录和退出 MySQL 服务器

用户可以通过 mysql 命令来登录 MySQL 服务器。在第 2 章和第 3 章已经简单介绍过一些登录 MySQL 服务器的方法，但是有些参数还不全。在本小节中将详细地介绍 mysql 命令的参数和退出 MySQL 服务器的方法。启动 MySQL 服务后，可以通过 mysql 命令来登录 MySQL 服务器。命令如下：

```
mysql -h hostname|hostIP -P port -u username -p DatabaseName -e "SQL 语句"
```

这个命令后面有几个参数，详细介绍如下：

- -h 参数后面接主机名或者主机 IP，hostname 为主机名，hostIP 为主机 IP；
- -P 参数后面接 MySQL 服务的端口。通过该参数连接到指定的端口。MySQL 服务的默认端口是 3306，不使用该参数时自动连接到 3306 端口，port 为连接的端口号；
- -u 参数后面接用户名。username 为用户名；
- -p 参数会提示输入密码；
- DatabaseName 参数指明登录到哪一个数据库中。如果没有该参数，会直接登录到 MySQL 数据库中，然后可以使用 USE 命令来选择数据库；
- -e 参数后面可以直接加 SQL 语句。登录 MySQL 服务器以后即可执行这个 SQL 语句，然后退出 MySQL 服务器。

【示例 15-1】 下面使用 root 用户登录到 test 数据库中，主机的 IP 为 59.65.226.15。命令如下：

```
mysql -h 59.65.226.15 -u root -p test
```

命令执行如下：

```
C:\>mysql -h 59.65.226.15 -u root -p test
Enter password: ****
Welcome to the MySQL monitor.   Commands end with ; or \g.
Your MySQL connection id is 3 to server version: 5.1.40-community
Type 'help;' or '\h' for help. Type '\c' to clear the buffer.
mysql>
```

执行命令后，会出现 Enter Password 的提示信息。在这条信息之后输入密码，然后按 Enter 键。密码正确后就可以登录到 MySQL 服务器了。

说明： 这个命令在 Windows 操作系统的 DOS 窗口执行，也可以在 Linux 操作系统和于 UNIX 操作系统的 shell 窗口执行。命令的执行方式和执行结果都是一样的。本章中的代码都是在 Windows XP 操作系统的 DOS 窗口下执行的。

【示例 15-2】 下面使用 root 用户登录到自己计算机的 mysql 数据库中，同时查询 func

表的表结构。命令如下：

```
mysql -h localhost -u root -p mysql -e "DESC func"
```

命令执行结果如下：

```
C:\>mysql -h localhost -u root -p mysql -e "DESC func"
Enter password: ****
+----------+-----------------------------------------+---------+------+-----------+---------+
| Field    | Type                                    | Null    | Key | Default    | Extra |
+----------+-----------------------------------------+---------+------+-----------+---------+
| name     | char(64)                                | NO      | PRI |            |       |
| ret      | tinyint(1)                              | NO      |     | 0          |       |
| dl       | char(128)                               | NO      |     |            |       |
| type     | enum('function','aggregate')            | NO      |     | NULL       |       |
+----------+-----------------------------------------+---------+------+-----------+---------+
C:\>
```

执行命令并输入正确的密码后，窗口中会显示 func 表的基本结构。然后，系统会推出 MySQL 服务器，命令行显示为 C:\>。

用户也可以直接在 mysql 命令的“-p”后加上登录密码。但是这个登录密码必须与“-p”参数之间没有空格。

【示例 15-3】 下面使用 root 用户登录到自己计算机的 MySQL 服务器中，密码直接加在 mysql 命令中。命令如下：

```
mysql -h 127.0.0.1 -u root -proot
```

命令执行结果如下：

```
C:\>mysql -h 127.0.0.1 -u root -proot
Welcome to the MySQL monitor.  Commands end with ; or \g.
Your MySQL connection id is 13 to server version: 5.1.40-community
Type 'help;' or '\h' for help. Type '\c' to clear the buffer.
mysql>
```

执行命令后，即可直接登录 MySQL 服务器。这个命令执行后，后面不会提示输入密码。因为“-p”参数后面有密码，MySQL 数据库系统会直接使用这个密码。

退出 MySQL 服务器的方式很简单，只要在命令行输入 EXIT 或 QUIT 即可。“\q”是 QUIT 的缩写，也可以用来退出 MySQL 服务器。退出后就会显示 Bye。

15.2.2　新建普通用户

在 MySQL 数据库中，可以使用 CREATE USER 语句来创建新的用户，也可以直接在 mysql.user 表中添加用户。还可以使用 GRANT 语句来新建用户。本小节将为读者介绍这 3 种方法。

1．用CREATE USER语句来新建普通用户

使用 CREATE USER 语句来创建新用户时，必须拥有 CREATE USER 权限。CREATE USER 语句的基本语法形式如下：

```
CREATE USER user [ IDENTIFIED BY [PASSWORD] 'password' ]
                [, user [ IDENTIFIED BY [PASSWORD] 'password'] ] ...
```

其中，user 参数表示新建用户的账户，user 由用户名（User）和主机名（Host）构成；IDENTIFIED BY 关键字用来设置用户的密码；password 参数表示用户的密码。如果密码是

一个普通的字符串，就不需要使用 PASSWORD 关键字。CREATE USER 语句可以同时创建多个用户。新用户可以没有初始密码。

【示例 15-4】 下面使用 CREATE USER 语句来创建名为 test1 的用户，密码也是 test1，其主机名为 localhost。命令如下：

```
CREATE USER 'test1'@'localhost' IDENTIFIED BY 'test1' ;
```

命令执行结果如下：

```
mysql> CREATE USER 'test1'@'localhost' IDENTIFIED BY 'test1';
Query OK, 0 rows affected (0.00 sec)
```

结果显示，用户 test1 创建成功。

2. 用INSERT语句来新建普通用户

可以使用 INSERT 语句直接将用户的信息添加到 mysql.user 表中。但必须拥有对 mysql.user 表的 INSERT 权限。通常 INSERT 语句只有添加 Host、User 和 Password 这 3 个字段的值。INSERT 语句的基本语法形式如下：

```
INSERT INTO mysql.user(Host, User, Password) VALUES ('hostname', 'username',PASSWORD ('passw-
ord'));
```

其中，PASSWORD()函数是用来给密码加密的。因为只设置了这 3 个字段的值，那么其他字段的取值为其默认值。如果这 3 个字段以外的某个字段没有默认值，这个语句将不能执行。需要将没有默认值的字段也设置值。通常 ssl_cipher、x509_issuer 和 x509_subject 这 3 个字段没有默认值。因此必须为这 3 个字段设置初始值。INSERT 语句的代码如下：

```
INSERT INTO mysql.user(Host, User, Password, ssl_cipher, x509_issuer, x509_subject)
                VALUES ('hostname', 'username',PASSWORD('password'), '', '', '');
```

注意：mysql 数据库下的 user 表中，ssl_cipher、x509_issuer 和 x509_subject 这 3 个字段没有默认值。向 user 表中插入新纪录时，一定要设置这 3 个字段的值，否则 INSERT 语句将不能执行。而且，Password 字段一定要使用 PASSWORD()函数将密码加密。

【示例 15-5】 下面使用 INSERT 语句创建名为 test2 的用户，主机名是 localhost，密码也是 test2。INSERT 语句如下：

```
INSERT INTO mysql.user(Host, User, Password, ssl_cipher, x509_issuer, x509_subject)
            VALUES ('localhost','test2',PASSWORD('test2'), '', '', '');
```

命令执行结果如下：

```
mysql> INSERT INTO mysql.user(Host, User, Password, ssl_cipher, x509_issuer, x509_subject)
    ->  VALUES ('localhost','test2',PASSWORD('test2'), '', '', '');
Query OK, 1 row affected (0.00 sec)
```

结果显示操作成功。执行完 INSERT 命令后要使用 FLUSH 命令来使用户生效。命令如下：

```
FLUSH PRIVILEGES;
```

使用这个命令可以从 mysql 数据库中的 user 表中重新装载权限。但是执行 FLUSH 命令需要 RELOAD 权限。

3．用GRANT语句来新建普通用户

可以使用 GRANT 语句来创建新的用户。在创建用户时可以为用户授权。但必须拥有对 GRANT 权限。这里只使用 GRANT 语句来创建新的用户，对于很多权限的问题留到 15.3 节来详细讨论。GRANT 语句的基本语法形式如下：

```
GRANT priv_type ON database.table
        TO user [ IDENTIFIED BY [PASSWORD] 'password' ]
        [, user [ IDENTIFIED BY [PASSWORD] 'password'] ] ...
```

其中，priv_type 参数表示新用户的权限；database.table 参数表示新用户的权限范围，即只能在指定的数据库和表上使用自己的权限；user 参数新用户的账户，由用户名和主机名构成；IDENTIFIED BY 关键字用来设置密码；password 参数表示新用户的密码。GRANT 语句可以同时创建多个用户。这里的 GRANT 语句只是其中创建新用户的部分的参数，将在 15.3.2 小节中介绍更详细的 GRANT 语句。

【示例 15-6】 下面使用 GRANT 语句创建名为 test3 的用户，主机名为 localhost，密码为 test3。该用户对所有数据库的所有表都有 SELECT 权限。GRANT 语句如下：

```
GRANT SELECT ON *.* TO 'test3'@'localhost' IDENTIFIED BY 'test3';
```

其中，“*.*”表示所有数据库下的所有表。命令执行结果如下：

```
mysql> GRANT SELECT ON *.* TO 'test3'@'localhost' IDENTIFIED BY 'test3';
Query OK, 0 rows affected (0.00 sec)
```

结果显示操作成功。test3 用户对所有表都查询权限。

技巧： GRANT 语句不仅可以创建用户，也可以修改用户密码。而且，还可以设置用户的权限。因此，GRANT 语句是 MySQL 中一个非常重要的语句，读者一定要将这个语句灵活运用。本章的后面会介绍使用 GRANT 语句修改密码、更改权限的内容。

15.2.3　删除普通用户

在 MySQL 数据库中，可以使用 DROP USER 语句来删除普通用户，也可以直接在 mysql.usr 表中删除用户。本小节将为读者介绍这两种方法。

1．用DROP USER语句来删除普通用户

使用 DROP USER 语句来删除用户时，必须拥有 DROP USER 权限。DROP USER 语句的基本语法形式如下：

```
DROP USER user [, user] ...;
```

其中，user 参数是需要删除的用户，由用户的用户名（User）和主机名（Host）组成。DROP USER 语句可以同时删除多个用户，各用户之间用逗号隔开。

【示例 15-7】 下面使用 DROP USER 语句来删除用户 test2，其 Host 值为 localhost。DROP USER 语句如下：

```
DROP USER 'test2'@'localhost';
```

代码执行如下：

```
mysql> DROP USER 'test2'@'localhost';
Query OK, 0 rows affected (0.00 sec)
```

结果显示用户删除成功。

2．用DELETE语句来删除普通用户

可以使用 DELETE 语句直接将用户的信息从 mysql.user 表中删除。但必须拥有对 mysql.user 表的 DELETE 权限。DELETE 语句的基本语法形式如下：

```
DELETE FROM mysql.user WHERE Host= 'hostname' AND User= 'username';
```

Host 和 User 这两个字段都是 mysql.user 表的主键。因此，两个字段的值才能唯一的确定一条记录。

【示例 15-8】 下面使用 DELETE 语句删除名为 test3 的用户，该用户的主机名是 localhost。DELETE 语句如下：

```
DELETE FROM mysql.user WHERE Host= 'localhost' AND User= 'test3';
```

命令执行结果如下：

```
mysql> DELETE FROM mysql.user WHERE Host= 'localhost' AND User= 'test3';
Query OK, 1 row affected (0.00 sec)
```

结果显示操作成功。可以使用 SELECT 语句查询 mysql.user 表，以确定该用户是否已经成功删除。执行完 DELETE 命令后要使用 FLUSH 命令来使用户生效，命令如下：

```
FLUSH PRIVILEGES;
```

执行该命令后，MySQL 数据库系统可以从 mysql 数据库中的 user 表中重新装载权限。

15.2.4　root 用户修改自己的密码

root 用户拥有很高的权限，因此必须保证 root 用户的密码的安全。root 用户可以通过多种方式来修改密码。本小节将介绍几种 root 用户修改自己的密码的方法。

1．使用mysqladmin命令来修改root用户的密码

root 用户可以使用 mysqladmin 命令来修改密码。mysqladmin 命令的基本语法如下：

```
mysqladmin -u username -p password "new_password" ;
```

注意：上面语法中的 password 为关键字，而不是指旧密码。而且新密码（new_password）必须用双引号括起来。使用单引号会出现错误。这一点要特别注意。如果使用单引号，可能会造成修改后的密码不是你想要修改的。

【示例 15-9】 下面使用 mysqladmin 命令来修改 root 用户的密码，将密码改为"myroot1"。mysqladmin 命令执行结果如下：

```
C:\mysql\bin>mysqladmin -u root -p password "myroot1"
Enter password: ****
```

输入正确的旧密码后，就可以修改密码了。修改完成后，只能使用 myroot1 才能登录

到 root 用户。

2．修改mysql数据库下的user表

使用 root 用户登录到 MySQL 服务器后，可以使用 UPDATE 语句来更新 mysql 数据库下的 user 表。在 user 表中修改 Password 字段的值，这就达到了修改密码的目的。UPDATE 语句的代码如下：

```
UPDATE mysql.user SET Password=PASSWORD("new_password")
          WHERE User="root" AND Host="localhost";
```

新密码必须使用 PASSWORD()函数来加密。执行 UPDATE 语句以后，需要执行 FLUSH PRIVILEGES 语句来加载权限。

【示例 15-10】 下面使用 UPDATE 语句来修改 root 用户的密码，将密码改为 myroot2。UPDATE 语句执行结果如下：

```
mysql> UPDATE mysql.user SET Password=PASSWORD("myroot2")
mysql> WHERE User="root" AND Host="localhost";
Query OK, 0 rows affected (0.02 sec)
Rows matched: 1   Changed: 0   Warnings: 0
mysql> FLUSH PRIVILEGES;
Query OK, 0 rows affected (0.00 sec)
```

结果显示，密码修改成功。而且使用了 FLUSH PRIVILEGES 语句加载权限。退出后就必须使用新密码来登录了。

3．使用SET语句来修改root用户的密码

使用 root 用户登录到 MySQL 服务器后，可以使用 SET 语句来修改密码。SET 语句的代码如下：

```
SET PASSWORD=PASSWORD("new_password");
```

新密码必须使用 PASSWORD()函数来加密。

【示例 15-11】 下面使用 SET 语句来修改 root 用户的密码，将密码改为 myroot3。SET 语句执行结果如下：

```
mysql> SET PASSWORD=PASSWORD("myroot3");
Query OK, 0 rows affected (0.00 sec)
mysql> FLUSH PRIVILEGES;
Query OK, 0 rows affected (0.00 sec)
```

结果显示，密码修改成功。通过本小节的学习，希望读者能够熟练掌握修改 root 用户密码的方法。

15.2.5　root 用户修改普通用户密码

root 用户不仅可以修改自己的密码，还可以修改普通用户的密码。root 用户登录 MySQL 服务器后，可以通过 SET 语句、修改 user 表和 GRANT 语句来修改普通用户的密码。本小节将向读者介绍 root 用户修改普通用户密码的方法。

1．使用SET语句来修改普通用户的密码

使用 root 用户登录到 MySQL 服务器后，可以使用 SET 语句来修改普通用户的密码。

SET 语句的代码如下：

```
SET PASSWORD FOR 'username'@'hostname'=PASSWORD("new_password");
```

其中，username 参数是普通用户的用户名；hostname 参数是普通用户的主机名；新密码必须使用 PASSWORD()函数来加密。

【示例 15-12】 下面使用 SET 语句来修改 test3 用户的密码，将密码改为 mytest1。SET 语句执行结果如下：

```
mysql> SET PASSWORD FOR 'test3'@'localhost'=PASSWORD("mytest1");
Query OK, 0 rows affected (0.00 sec)
```

结果显示，密码修改成功。

2. 修改mysql数据库下的user表

使用 root 用户登录到 MySQL 服务器后，可以使用 UPDATE 语句来修改 mysql 数据库下的 user 表。UPDATE 语句的代码如下：

```
UPDATE mysql.user SET Password=PASSWORD("new_password")
          WHERE User="username" AND Host="hostname";
```

其中，username 参数是普通用户的用户名；hostname 参数是普通用户的主机名；新密码必须使用 PASSWORD()函数来加密。执行 UPDATE 语句以后，需要执行 FLUSH PRIVILEGES 语句来加载权限。

【示例 15-13】 下面使用 UPDATE 语句来修改 test3 用户的密码，将密码改为 mytest2。UPDATE 语句执行结果如下：

```
mysql> UPDATE mysql.user SET Password=PASSWORD("mytest2")
    -> WHERE User="test3" AND Host="localhost";
Query OK, 1 row affected (0.00 sec)
Rows matched: 1   Changed: 1   Warnings: 0
mysql> FLUSH PRIVILEGES;
Query OK, 0 rows affected (0.00 sec)
```

结果显示，密码修改成功。

3. 用GRANT语句来修改普通用户的密码

可以使用 GRANT 语句来修改普通用户的密码，但必须拥有对 GRANT 权限。这里只使用 GRANT 语句来修改普通用户的密码。对于使用 GRANT 语句创建用户的内容，请读者参照 15.2.2 小节。对于很多权限的问题留到 15.3 节来详细讨论。GRANT 语句的基本语法形式如下：

```
GRANT priv_type ON database.table
         TO user [ IDENTIFIED BY [PASSWORD] 'password' ] ;
```

其中，priv_type 参数表示普通用户的权限；database.table 参数表示用户的权限范围，即只能在指定的数据库和表上使用自己的权限；user 参数表示新用户的账户，由用户名和主机名构成；“IDENTIFIED BY”关键字用来设置密码；password 参数表示新用户的密码。

【示例 15-14】 下面使用 GRANT 语句来修改 test3 用户的密码，将密码改为 mytest3。GRANT 语句执行结果如下：

```
mysql> GRANT SELECT ON *.* TO 'test3'@'localhost' IDENTIFIED BY 'mytest3';
Query OK, 0 rows affected (0.00 sec)
```

结果显示，密码修改成功。在这里，读者可以再复习 15.2.2 小节中使用 GRANT 语句来创建用户的内容。使用 GRANT 命令修改密码和创建用户的语句是一样的。

15.2.6　普通用户修改密码

普通用户也可以修改自己的密码。这样普通用户就不需要每次需要修改密码时都通知管理员。普通用户登录到 MySQL 服务器后，可以通过 SET 语句来设置自己的密码。SET 语句的基本形式如下：

```
SET PASSWORD=PASSWORD('new_password');
```

这里必须使用 PASSWORD()函数来为新密码加密。如果不使用 PASSWORD()函数加密，那么用户将无法登录。

【示例 15-15】 下面将 test3 用户的密码改为'test'。SET 语句如下：

```
SET PASSWORD=PASSWORD('test');
```

命令执行结果如下：

```
mysql> SET PASSWORD=PASSWORD('test');
Query OK, 0 rows affected (0.00 sec)
```

结果显示，密码修改成功。现在用 EXIT 命令退出 MySQL 数据库，然后分别用原密码 test3 和新密码 test 进行登录。执行结果显示如下：

```
C:\mysql\bin>mysql -u test3 -ptest3
ERROR 1045 (28000): Access denied for user 'test3'@'localhost' (using password: YES)
C:\mysql\bin>mysql -u test3 -ptest
Welcome to the MySQL monitor.  Commands end with ; or \g.
Your MySQL connection id is 27
Server version: 5.1.40-community MySQL Community Server (GPL)
Type 'help;' or '\h' for help. Type '\c' to clear the current input statement.
mysql>
```

结果显示，使用密码“test”成功登录到数据库。而原密码则显示 Access denied。这说明使用 SET 命令成功的修改了密码。

root 用户可以使用 mysqladmin 命令修改密码，但是普通用户通常不能使用这个命令。因为普通用户通常没有执行 mysqladmin 命令的权限。

【示例 15-16】 下面使用 mysqladmin 命令来修改 test3 用户的密码，将密码修改为 mytest。mysqladmin 命令执行如下：

```
C:\mysql\bin>mysqladmin -u test3 -ptest password 'mytest'
mysqladmin: Can't turn off logging; error: 'Access denied; you need the SUPER privilege for this operation'
```

结果显示，修改密码不成功。提示没有超级用户（SUPER）权限。这个例子说明 mysqladmin 命令不能用来修改普通用户的密码。

15.2.7　root 用户密码丢失的解决办法

如果 root 用户密码丢失了，会给用户造成很大的麻烦。但是，可以通过某种特殊方法登录到 root 用户下。然后，在 root 用户下设置新的密码。下面是解决 root 用户密码丢失的方法，执行步骤如下：

1．使用--skip-grant-tables选项启动MySQL服务

skip-grant-tables 选项将使 MySQL 服务器停止权限判断，任何用户都有访问数据库的权力。这个选项是跟在 MySQL 服务的命令后面的。Windows 操作系统中，使用 mysqld 或者 mysqld-nt 来启动 MySQL 服务。也可以使用 net start mysql 命令，来启动 MySQL 服务。mysqld 命令如下：

```
mysqld --skip-grant-tables
```

mysqld-nt 命令如下：

```
mysqld-nt --skip-grant-tables
```

net start mysql 命令如下：

```
net start mysql --skip-grant-tables
```

Linux 操作系统中，使用 mysqld_safe 来启动 MySQL 服务，也可以使用/etc/init.d/mysql 来启动 MySQL 服务。mysqld_safe 命令如下：

```
mysqld_safe --skip-grant-tables user=mysql
```

使用/etc/init.d/mysql 的执行语句如下：

```
/etc/init.d/mysql start --mysqld --skip-grant-tables
```

启动 MySQL 服务后，就可以使用 root 用户登录了。

2．登录root用户，并且设置新的密码

通过上述方式启动 MySQL 服务以后，可以不输入密码就登录 root 用户。登录以后，可以使用 UPDATE 语句来修改密码。

```
C:\mysql\bin>mysql -u root
Welcome to the MySQL monitor.   Commands end with ; or \g.
Your MySQL connection id is 3
Server version: 5.1.40-community MySQL Community Server (GPL)
Type 'help;' or '\h' for help. Type '\c' to clear the current input statement.
mysql> UPDATE mysql.user SET Password=PASSWORD('root') WHERE User='root' AND Host='localhost';
Query OK, 0 rows affected (0.00 sec)
Rows matched: 1   Changed: 1   Warnings: 0
```

上面的程序没有输入 root 用户的密码，而是直接使用用户名 root 登录到 MySQL 数据库中的。而且使用 UPDATE 语句修改密码后，结果显示 user 表已经更新。

注意： 这里必须使用 UPDATE 语句来更新 mysql 数据库下的 user 表，而不能使用 SET 语句。如果使用 SET 语句，就会出现 ERROR 1290 (HY000): The MySQL server is running with the --skip-grant-tables option so it cannot execute this statement。

3．加载权限表

修改完密码以后，必须用 FLUSH PRIVILEGES 语句来加载权限表。加载权限表后，新密码开始有效。而且，MySQL 服务器开始进行权限认证。用户必须输入用户名和密码才能登录 MySQL 数据库。加载权限表的代码执行结果如下：

```
mysql> FLUSH PRIVILEGES;
Query OK, 0 rows affected (0.00 sec)
```

这样，root 用户的密码就已经设置成功。

15.3 权 限 管 理

权限管理主要是对登录到数据库的用户进行权限验证。所有用户的权限都存储在 MySQL 的权限表中。数据库管理员要对权限进行管理。合理的权限管理能够保证数据库系统的安全，不合理的权限设置可能会给数据库系统带来意想不到的危害。本节将为读者介绍权限管理的内容。

15.3.1 MySQL 的各种权限

MySQL 数据库中有很多种类的权限，这些权限都存储在 mysql 数据库下的权限表中。其中，user 表中的权限种类最多。本小节将为读者介绍 MySQL 中的各种权限。

表 15.1 中列出了 MySQL 的各种权限、user 表中对应的列和权限的对象等信息。

表 15.1　MySQL的各种权限

权 限 名 称	对应 user 表中的列	权限的范围
CREATE	Create_priv	数据库、表或索引
DROP	Drop_priv	数据库或表
GRANT OPTION	Grant_priv	数据库、表、存储过程或函数
REFERENCES	References_priv	数据库或表
ALTER	Alter_priv	修改表
DELETE	Delete_priv	删除表
INDEX	Index_priv	用索引查询表
INSERT	Insert_priv	插入表
SELECT	Select_priv	查询表
UPDATE	Update_priv	更新表
CREATE VIEW	Create_view_priv	创建视图
SHOW VIEW	Show_view_priv	查看视图
ALTER ROUTINE	Alter_routine_priv	修改存储过程或存储函数
CREATE ROUTINE	Create_routine_priv	创建存储过程或存储函数
EXECUTE	Execute_priv	执行存储过程或存储函数
FILE	File_priv	加载服务器主机上的文件
CREATE TEMPORARY TABLES	Create_tmp_table_priv	创建临时表
LOCK TABLES	Lock_tables_priv	锁定表
CREATE USER	Create_user_priv	创建用户
PROCESS	Process_priv	服务器管理
RELOAD	Reload_priv	重新加载权限表
REPLICATION CLIENT	Repl_client_priv	服务器管理
REPLICATION SLAVE	Repl_slave_priv	服务器管理
SHOW DATABASES	Show_db_priv	查看数据库

续表

权 限 名 称	对应 user 表中的列	权限的范围
SHUTDOWN	Shutdown_priv	关闭服务器
SUPER	Super_priv	超级权限

上表中对 user 表中的各个字段及权限进行了介绍。通过权限设置，用户可以拥有不同的权限。拥有 GANT 权限的用户可以为其用户设置权限。REVOKE 权限的用户可以收回自己设置的权限。合理的设置权限能够保证 MySQL 数据库的安全。

15.3.2　授权

授权就是为某个用户赋予某些权限。例如，可以为新建的用户赋予查询所有数据库和表的权限。合理的授权能够保证数据库的安全。不合理的授权会使数据库存在安全隐患。MySQL 中使用 GRANT 关键字来为用户设置权限。本小节将为读者介绍授权的方法。

MySQL 中，必须拥有 GRANT 权限的用户才可以执行 GRANT 语句。GRANT 语句的基本语法如下：

```
GRANT priv_type [(column_list)] ON database.table
        TO user [ IDENTIFIED BY [PASSWORD] 'password' ]
        [, user [ IDENTIFIED BY [PASSWORD] 'password'] ] ...
        [WITH with_option [with_option] ...]
```

其中，priv_type 参数表示权限的类型；column_list 参数表示权限作用于哪些列上，没有该参数时作用于整个表上；user 参数由用户名和主机名构成，形式是“'username'@'hostname'”；IDENTIFIED BY 参数用来为用户设置密码；password 参数是用户的新密码。

WITH 关键字后面带有一个或多个 with_option 参数。这个参数有 5 个选项，详细介绍如下：

- GRANT OPTION：被授权的用户可以将这些权限赋予给别的用户；
- MAX_QUERIES_PER_HOUR count：设置每个小时可以允许执行 count 次查询；
- MAX_UPDATES_PER_HOUR count：设置每个小时可以允许执行 count 次更新；
- MAX_CONNECTIONS_PER_HOUR count：设置每小时可以建立 count 连接；
- MAX_USER_CONNECTIONS count：设置单个用户可以同时具有的 count 个连接数。

【示例 15-17】 下面使用 GRANT 命令来创建一个新的用户‘test5’。‘test5’对所有数据库有 SELECT 和 UPDATE 的权限。密码设置为‘test5’，而且加上 WITH GRANT OPTION 子句。GRANT 语句的代码如下：

```
GRANT SELECT, UPDATE ON *.*
        TO 'test5'@'localhost' IDENTIFIED BY 'test5'
        WITH GRANT OPTION ;
```

这些代码执行结果如下：

```
mysql> GRANT SELECT, UPDATE ON *.*
    -> TO 'test5'@'localhost' IDENTIFIED BY 'test5'
    -> WITH GRANT OPTION ;
Query OK, 0 rows affected (0.00 sec)
```

结果显示，GRANT 语句执行成功。可以使用 SELECT 语句来查询 user 表，以查看 test5 用户的信息。SELECT 语句执行结果如下：

```
mysql> SELECT Host,User,Password,Select_priv,Update_priv,Grant_priv FROM user WHERE user='test5'
\G
*************************** 1. row ***************************
        Host: localhost
        User: test5
    Password: *30B3620A8C3D75549E8B7F077424EF88B6C798E6
Select_priv: Y
Update_priv: Y
 Grant_priv: Y
1 row in set (0.00 sec)
```

查询结果显示，User 值为 test5；Select_priv、Update_priv 和 Grant_priv 的值为 Y；Password 值为加密后的值。

【示例 15-18】 下面使用 test5 用户登录，然后 GRANT 命令来为用户 test3 设置权限。设置 test6 用户对 mysql 数据库有 SELECT 权限。GRANT 语句的代码如下：

```
GRANT SELECT ON mysql.*
        TO 'test3'@'localhost' ;
```

这些代码执行结果如下：

```
mysql> GRANT SELECT ON mysql.*
    -> TO 'test3'@'localhost' ;
Query OK, 0 rows affected (0.00 sec)
```

结果显示，GRANT 语句执行成功。使用 SELECT 语句查看 test3 用户的信息。SELECT 语句执行结果如下：

```
mysql> SELECT Host,User,Password,Select_priv FROM mysql.user WHERE user='test3' \G
*************************** 1. row ***************************
        Host: localhost
        User: test3
    Password: *A8BE55A78C83239B88A218DEE9C26D1A6A137A51
Select_priv: Y
1 row in set (0.00 sec)
```

查询结果显示，User 值为 test3；Select_priv 的值为 Y。这说明 test5 用户可以将自己的权限赋给别的用户。原因是 WITH GRANT OPTION 子句可以使 test5 用户具有 GRANT 权限。test5 用户可以使用 GRANT 语句将自己的权限授权给别的用户。

15.3.3　收回权限

收回权限就是取消某个用户的某些权限。例如，如果数据库管理员觉得某个用户不应该拥有 DELETE 权限，那么就可以将 DELETE 权限收回。收回权限的方式可以保证数据库的安全。MySQL 中使用 REVOKE 关键字来为用户设置权限。收回指定权限的 REVOKE 语句的基本语法如下：

```
REVOKE priv_type [(column_list)]...
    ON database.table
    FROM user [, user] ...
```

REVOKE 语句中的参数与 GRANT 语句的参数意思相同。其中，priv_type 参数表示权限的类型；column_list 参数表示权限作用于哪些列上，没有该参数时作用于整个表上；user 参数由用户名和主机名构成，形式是“'username'@ 'hostname'”。

收回全部权限的 REVOKE 语句的基本语法如下：

```
REVOKE ALL PRIVILEGES, GRANT OPTION FROM user [, user] ...
```

【示例 15-19】　下面收回 test5 用户的 UPDATE 权限。REVOKE 语句的代码如下：

```
REVOKE UPDATE ON *.*
        FROM 'test5'@'localhost' ;
```

这些代码执行结果如下：

```
mysql> REVOKE UPDATE ON *.*
    -> FROM 'test5'@'localhost' ;
Query OK, 0 rows affected (0.00 sec)
```

结果显示，REVOKE 语句执行成功。使用 SELECT 语句查看 test5 用户的 UPDATE 权限。SELECT 语句执行结果如下：

```
mysql> SELECT Host,User,Password,Update_priv FROM mysql.user WHERE user='test5' \G
*************************** 1. row ***************************
        Host: localhost
        User: test5
    Password: *30B3620A8C3D75549E8B7F077424EF88B6C798E6
Update_priv: N
1 row in set (0.00 sec)
```

查询结果显示，Update_priv 的值为 N。

【示例 15-20】　下面收回 test5 用户的所有权限。REVOKE 语句的代码如下：

```
REVOKE ALL PRIVILEGES, GRANT OPTION FROM 'test5'@'localhost' ;
```

这些代码执行结果如下：

```
mysql> REVOKE ALL PRIVILEGES, GRANT OPTION FROM 'test5'@'localhost';
Query OK, 0 rows affected (0.06 sec)
```

结果显示，REVOKE 语句执行成功。使用 SELECT 语句查看 test4 用户的 SELECT 权限、UPDATE 权限和 GRANT 权限。SELECT 语句执行结果如下：

```
mysql> SELECT Host,User,Password,Select_priv,Update_priv,Grant_priv
    -> FROM mysql.user WHERE user='test5' \G
*************************** 1. row ***************************
        Host: localhost
        User: test5
    Password: *30B3620A8C3D75549E8B7F077424EF88B6C798E6
Select_priv: N
Update_priv: N
 Grant_priv: N
1 row in set (0.00 sec)
```

结果显示，Select_priv、Update_priv 和 Grant_priv 的值都为 N。

技巧：数据库管理员给普通用户授权时一定要特别小心，如果授权不当，可能会给数据库带来致命的破坏。一旦发现给用户的授权太多，应该尽快使用 REVOKE 语句将权限收回。此处特别注意，最好不要授予普通用户 SUPER 权限、GRANT 权限。

15.3.4　查看权限

在 MySQL 中，可以使用 SELECT 语句来查询 user 表中各用户的权限，也可以直接使用 SHOW GRANTS 语句来查看权限。mysql 数据库下的 user 表中存储着用户的基本权限，可以使用 SELECT 语句来查看。SELECT 语句的代码如下：

```
SELECT * FROM mysql.user ;
```

要执行该语句，必须拥有对 user 表的查询权限。除了使用 SELECT 语句以外，还可以使用 SHOW GRANTS 语句来查看权限。SHOW GRANTS 语句的代码如下：

```
SHOW GRANTS FOR 'username'@ 'hostname';
```

其中，username 参数表示用户名；hostname 参数表示主机名或者主机 IP。

【示例 15-21】 下面查看 root 用户的权限。代码如下：

```
SHOW GRANTS FOR 'root'@'localhost';
```

这些代码执行结果如下：

```
mysql> SHOW GRANTS FOR 'root'@'localhost' \G
*************************** 1. row ***************************
Grants for root@localhost: GRANT ALL PRIVILEGES ON *.* TO 'root'@'localhost' IDENTIFIED BY
PASSWORD '*81F5E21E35407D884A6CD4A731AEBFB6AF209E1B' WITH GRANT OPTION
1 row in set (0.00 sec)
```

结果显示授权语句，从授权语句可以看出 root 用户拥有的权限。

15.4　本章实例

本节将创建一个名为 aric 的用户，初始密码设置为 abcdef。该用户对 test 数据库下的所有表拥有查询、更新和删除的权限。用户创建成功后进行如下操作：

（1）使用 root 用户将其密码修改为 aaabbb。

（2）查看 aric 用户的权限。

（3）收回 aric 用户的删除权限。

（4）删除 aric 用户。

本实例的执行步骤如下：

1．创建aric用户

先使用 root 用户登录 MySQL 服务器。登录语句为：

```
mysql -h localhost -u root –p
SET PASSWORD FOR 'aric'@localhost'=PASSWOR"aaaDbbb"
```

输入密码，按下 Enter 键即可登录。登录成功后，执行 GRANT 语句来创建 aric 用户，代码如下：

```
GRANT SELECT, UPDATE, DELETE ON test.* TO 'aric'@'localhost' IDENTIFIED BY 'abcdef' ;
```

其中，SELECT、UPDATE 和 DELETE 分别代表查询权限、更新权限和删除权限；“test.*”表示 test 数据库下的所有表；因为服务器和客户端在同一台机器上，所以主机名直接使用 localhost。

2．查看aric用户的权限

使用 SHOW GRANTS 语句可以查看用户的权限，代码如下：

```
SHOW GRANTS FOR 'aric'@'localhost';
```

这里必须有用户名和主机名，否则将会报错。除此之外，也可以使用 SELECT 语句来查询 user 表，代码如下：

```
SELECT * FROM mysql.user WHERE user='aric' AND host='localhost';
```

mysql.user 表示 mysql 数据库下的 user 表。

3．收回aric用户的删除权限

使用 REVOKE 语句可以收回用户的权限，代码如下：

```
REVOKE DELETE ON test.* FROM 'aric'@'localhost' ;
```

执行完后，可以使用 SHOW GRANTS 语句查看其权限。

4．删除aric用户

使用 DROP USER 语句可以删除用户。代码如下：

```
DROP USER 'aric'@'localhost';
```

这里必须用到用户名和主机名，因为只有两者在一起时才能唯一的确定一个用户。删除完成后，可以执行 SHOW GRANTS 语句或者 SELECT 语句来查看 aric 用户。

15.5　上 机 实 践

上机实践的要求如下：

（1）将使用 root 用户创建 exam1 用户，初始密码设置为 123456。让该用户对所有数据库拥有 SELECT、CREATE、DROP、SUPER 和 GRANT 权限。

（2）创建用户 exam2，该用户没有初始密码。

（3）用 exam2 登录，将其密码设置为 686868。

（4）用 exam1 登录，为 exam2 设置 CREATE 和 DROP 权限。

（5）用 root 用户登录，收回 exam1 和 exam2 的所有权限。

执行步骤如下：

1．创建exam1用户

root 用户登录 MySQL 服务器语句如下：

```
mysql -h localhost -u root -p
```

登录成功后，执行 GRANT 语句来创建 exam1 用户。代码如下：

```
GRANT SELECT, CREATE, DROP, SUPER ON *.*
        TO 'exam1'@'localhost' IDENTIFIED BY '123456'
        WITH GRANT OPTION ;
```

2．创建exam2用户

可以使用 CREATE USER 来创建 exam2 用户。代码如下：

```
CREATE USER 'exam2'@'localhost' ;
```

然后可以使用 SHOW GRANTS 语句来查看 exam1 和 exam2 这两个用户的权限。

3．修改exam2用户的密码

使用 EXIT 退出 root 用户。然后，exam2 用户可以直接使用用户名登录到 MySQL 服务器中。代码如下：

```
mysql -h localhost -u exam2
```

登录成功后，可以使用 SET 语句来设置密码。代码如下：

```
SET PASSWORD=PASSWORD("686868");
```

4．exam1用户为exam2用户授权

使用 EXIT 退出 exam2 用户。然后登录 exam1 用户。代码如下：

```
mysql -h localhost -u exam1 -p
```

登录成功后，执行 GRANT 语句来为 exam2 用户授权。代码如下：

```
GRANT CREATE, DROP ON *.* TO 'exam2'@'localhost';
```

然后，可以使用 SHOW GRANTS 语句来查看 exam2 用户的权限。

5．用root用户收回exam1和exam2的所有权限

使用 QUIT 退出 exam1 用户，然后登录到 root 用户。登录成功后，使用 REVOKE 语句，可以收回 exam1 和 exam2 用户的权限。代码如下：

```
REVOKE ALL PRIVILEGES, GRANT OPTION FROM 'exam1'@'localhost', 'exam2'@'localhost' ;
```

执行完后，可以使用 SHOW GRANTS 语句查看其权限。

15.6　常见问题及解答

1．mysqladmin命令不能修改普通用户的密码？

mysqladmin 命令修改 root 用户的密码时很方便，但是在修改普通用户的密码时就会出错。出错的信息是“mysqladmin: Can't turn off logging; error: 'Access denied; you need the SUPER privilege for this operation'”。这个错误说明缺少 SUPER 权限。因为，使用 mysqladmin 命令时需要拥有 SUPER 权限。而普通用户不一定可以拥有这个权限。如果要修改普通用户的密码，需要用普通用户登录到 MySQL 数据库中。然后执行 SET PASSWORD=PASSWORD("新密码")语句来修改密码。也可以联系 root 用户，请求 root 用户为其修改密码。

2. 新创建的MySQL用户不能在其他机器上登录MySQL数据库？

在 mysql 数据库中的 user 表的 Host 字段存储着登录主机的信息。如果 Host 字段的值为 localhost，那么该用户只能在 MySQL 服务器所在的机器上登录。如果希望从别的机器上登录到 MySQL 数据库，就需要将 Host 字段的值变成“%”。这表示可以从 MySQL 服务器以外的任意机器登录 MySQL 数据库。当然，这台机器必须能够通过网络与 MySQL 服务器连接起来。

如果要修改 Host 字段的值，必须拥有 GRANT 权限。可以使用 GRANT 语句来改变 Host 字段的值。也可以用 UPDATE 语句直接修改 mysql 数据库中 user 表的 Host 字段。

15.7 小　　结

本章介绍了 MySQL 数据库的权限表、账户管理和权限管理的内容。其中，账户管理和权限管理是本章的重点内容。这两部分中的密码管理、授权和收回权限是重中之重，因为这些内容涉及到 MySQL 数据库的安全。希望读者能够认真学习这部分的内容。取回 root 用户的密码和授权是本章的难点。取回 root 用户密码的操作很复杂，需要读者按照本章的内容进行练习。授权时需要确定给用户分配什么权限，这需要根据实际情况来决定。第 16 章将为读者介绍数据备份与还原。

15.8 本 章 习 题

1. 使用 root 用户创建一个名为 my 的用户，密码设置为“mysql”。为该用户设置 CREATE 和 DROP 权限。
2. 修改题 1 中的 my 用户的密码，将密码改为“mybook”。分别练习用 root 用户和 my 用户的权限来修改。
3. 假设忘记了 root 用户的密码，然后为 root 用户设置新的密码。

第 16 章　数据备份与还原

为了保证数据的安全，需要定期对数据进行备份。备份的方式有很多种，效果也不一样。如果数据库中的数据出现了错误，就需要使用备份好的数据进行数据还原。这样可以将损失降至最低。而且，可能还会涉及到数据库之间的数据导入与导出。本章中将讲解的内容包括如下：

- 数据备份；
- 数据还原；
- 数据库迁移；
- 导出和导入文本文件。

通过本章的学习，读者可以了解备份和还原的方法、MySQL 数据库迁移的方法、导入和导出文本文件的方法。备份和还原数据库可以保证 MySQL 数据库的数据安全，这是数据库管理员的主要工作。数据库迁移、导入和导出文本文件也是数据库管理员的重要工作。

16.1　数 据 备 份

备份数据是数据库管理中最常用的操作。为了保证数据库中数据的安全，数据库管理员需要定期的进行数据库备份。一旦数据库遭到破坏，即通过备份的文件来还原数据库。因此，数据备份是很重要的工作。本节将为读者介绍数据备份的方法。

16.1.1　使用 mysqldump 命令备份

mysqldump 命令可以将数据库中的数据备份成一个文本文件。表的结构和表中的数据将存储在生成的文本文件中。本小节将为读者介绍 mysqldump 命令的工作原理和使用方法。

mysqldump 命令的工作原理很简单。它先查出需要备份的表的结构，再在文本文件中生成一个 CREATE 语句。然后，将表中的所有记录转换成一条 INSERT 语句。这些 CREATE 语句和 INSERT 语句都是还原时使用的。还原数据时就可以使用其中的 CREATE 语句来创建表。使用其中的 INSERT 语句来还原数据。

1. 备份一个数据库

使用 mysqldump 命令备份一个数据库的基本语法如下：

```
mysqldump -u username -p dbname table1 table2 ... > BackupName.sql
```

其中，dbname 参数表示数据库的名称；table1 和 table2 参数表示表的名称，没有该参数时将备份整个数据库；BackupName.sql 参数表示备份文件的名称，文件名前面可以加上一个绝对路径。通常将数据库备份成一个后缀名为 sql 的文件。

🔔**技巧**：mysqldump 命令备份的文件并非一定要求后缀名为.sql，备份成其他格式的文件也是可以的，例如，后缀名为.txt 的文件。但是，通常情况下是备份成后缀名为.sql 的文件。因为，后缀名为.sql 的文件给人第一感觉就是与数据库有关的文件。

【示例 16-1】 下面使用 root 用户备份 test 数据库下的 student 表。命令如下：

```
mysqldump -u root -p test student > C:\student.sql
```

命令执行完后，可以在 C:\下找到 student.sql 文件。student.sql 文件中的部分内容如下：

```
-- MySQL dump 10.13   Distrib 5.1.40, for Win32 (ia32)
-- Host: localhost     Database: test
-- ------------------------------------------------------
-- Server version  5.1.40-community

/*!40101 SET @OLD_CHARACTER_SET_CLIENT=@@CHARACTER_SET_CLIENT */;
/*!40101 SET @OLD_CHARACTER_SET_RESULTS=@@CHARACTER_SET_RESULTS */;
--此处删除了部分内容
--
-- Table structure for table `student`
--
DROP TABLE IF EXISTS `student`;
/*!40101 SET @saved_cs_client      = @@character_set_client */;
/*!40101 SET character_set_client = utf8 */;
CREATE TABLE `student` (
  `id` int(10) NOT NULL,
  `name` varchar(20) NOT NULL,
  `sex` varchar(4) DEFAULT NULL,
  `birth` year(4) DEFAULT NULL,
  `department` varchar(20) DEFAULT NULL,
  `address` varchar(50) DEFAULT NULL,
  PRIMARY KEY (`id`),
  UNIQUE KEY `id` (`id`)
) ENGINE=MyISAM DEFAULT CHARSET=latin1;
/*!40101 SET character_set_client = @saved_cs_client */;
--
-- Dumping data for table `student`
--
LOCK TABLES `student` WRITE;
/*!40000 ALTER TABLE `student` DISABLE KEYS */;
INSERT INTO `student` VALUES (901,'张老大','男',1985,'计算机系','北京市海淀区'), ( 902,'张老二', '男','1986,'中文系', '北京市昌平区'), ( 903,'张三', '女',1990,'中文系', '湖南省永州市'), ( 904,'李四', '男',1990,'英语系', '辽宁省阜新市'), ( 905,'王五', '女',1991,'英语系', '福建省厦门市'), ( 906,'王六', '男',1988,'计算机系', '湖南省衡阳市');
/*!40103 SET TIME_ZONE=@OLD_TIME_ZONE */;
--此处删除了部分内容
-- Dump completed on 2009-11-18 22:09:40
```

文件开头记录了 MySQL 的版本、备份的主机名和数据库名。文件中，以“--”开头的都是 SQL 语言的注释。以“/*!40101”等形式开头的是与 MySQL 有关的注释。40101 是 MySQL 数据库的版本号，这里就表示 MySQL 4.1.1。如果还原数据时，MySQL 的版本比 4.1.1 高，“/*!40101”和“*/”之间的内容被当作 SQL 命令来执行。如果比 4.1.1 低，“/*!40101”和“*/”之间的内容被当作注释。

后面的 DROP 语句、CREATE 语句和 INSERT 语句都是还原时使用的；“DROP TABLE IF EXISTS `student`”语句用来判断数据库中是否还有名为 student 的表；如果存在，就删除这个表；CREATE 语句用来创建 student 表；INSERT 语句用来还原所有数据。文件的最后记录了备份的时间。

注意： 上面 student.sql 文件中没有创建数据库的语句，因此，student.sql 文件中的所有表和记录必须还原到一个已经存在的数据库中。还原数据时，CREATE TABLE 语句会在数据库中创建表，然后执行 INSERT 语句向表中插入记录。

2．备份多个数据库

mysqldump 命令备份多个数据库的语法如下：

```
mysqldump -u username -p --databases dbname1 dbname2 …   > BackupName.sql
```

这里要加上“--databases”这个选项，然后后面跟多个数据库的名称。

【示例 16-2】 下面使用 root 用户备份 test 数据库和 mysql 数据库。命令如下：

```
mysqldump -u root -p --databases test mysql > C:\backup.sql
```

执行完后，可以在 C:\下面看到名为 backup.sql 的文件。这个文件中存储着这两个数据库的所有信息。

3．备份所有数据库

mysqldump 命令备份所有数据库的语法如下：

```
mysqldump -u username -p --all-databases > BackupName.sql
```

使用“--all-databases”选项就可以备份所有数据库了。

【示例 16-3】 下面使用 root 用户备份所有数据库。命令如下：

```
mysqldump -u root -p --all-databases > C:\all.sql
```

执行完后，可以在 C:\下面看到名为 all.sql 的文件。这个文件中存储着所有数据库的所有信息。

16.1.2　直接复制整个数据库目录

MySQL 有一种最简单的备份办法，就是将 MySQL 中的数据库文件直接复制出来。这种方法最简单，速度也最快。使用这种方法时，最好将服务器先停止。这样，可以保证在复制期间数据库中的数据不会发生变化。如果在复制数据库的过程中还有数据写入，就会造成数据不一致。

这种方法虽然简单快速，但不是最好的备份方法。因为，实际情况可能不允许停止 MySQL 服务器。而且，这种方法对 InnoDB 存储引擎的表不适用。对于 MyISAM 存储引擎的表，这样备份和还原很方便。但是还原时最好是相同版本的 MySQL 数据库，否则可能会存在文件类型不同的情况。

说明： 第 1 章介绍过，在 MySQL 的版本号中，第一个数字表示主版本号。主版本号相同的 MySQL 数据库的文件类型会相同。例如，MySQL 5.1.39 和 MySQL 5.1.40 这两个版本的主版本号都是 5。那么这两个数据库的数据文件拥有相同的文件格式。

16.1.3 使用 mysqlhotcopy 工具快速备份

如果备份时不能停止 MySQL 服务器，可以采用 mysqlhotcopy 工具。mysqlhotcopy 工具的备份方式比 mysqldump 命令快。下面为读者介绍 mysqlhotcopy 工具的工作原理和使用方法。

mysqlhotcopy 工具是一个 Perl 脚本，主要在 Linux 操作系统下使用。mysqlhotcopy 工具使用 LOCK TABLES、FLUSH TABLES 和 cp 来进行快速备份。其工作原理是，先将需要备份的数据库加上一个读操作锁，然后，用 FLUSH TABLES 将内存中的数据写回到硬盘上的数据库中，最后，把需要备份的数据库文件复制到目标目录。使用 mysqlhotcopy 的命令如下：

```
[root@localhost ~]# mysqlhotcopy [option] dbname1 dbname2 ...   backupDir/
```

其中，dbname1 等表示需要备份的数据库的名称；backupDir 参数指出备份到哪个文件夹下。这个命令的含义就是将 dbname1、dbname2 等数据库备份到 backDir 目录下。mysqlhotcopy 工具有一些常用的选项，这些选项的介绍如下：

- --help：用来查看 mysqlhotcopy 的帮助；
- --allowold：如果备份目录下存在相同的备份文件，将旧的备份文件名加上_old；
- --keepold：如果备份目录下存在相同的备份文件，不删除旧的备份文件，而是将旧文件更名；
- --flushlog：本次备份之后，将对数据库的更新记录到日志中；
- --noindices：只备份数据文件，不备份索引文件；
- --user=用户名：用来指定用户名，可以用-u 代替；
- --password=密码：用来指定密码，可以用-p 代替。使用-p 时，密码与-p 紧挨着。或者只使用-p，然后用交换的方式输入密码。这与登录数据库时的情况是一样的；
- --port=端口号：用来指定访问端口，可以用-P 代替；
- --socket=socket 文件：用来指定 socket 文件，可以用-S 代替。

注意：mysqlhotcopy 工具不是 MySQL 自带的，需要安装 Perl 的数据库接口包。Perl 的数据库接口包可以在 MySQL 官方网站下载，网址是 http://dev.mysql.com/downloads/dbi.html。

注意：mysqlhotcopy 工具虽然速度快，使用起来很方便。但是，mysqlhotcopy 工具需要安装 Perl 的数据库接口包。mysqlhotcopy 工具的工作原理是将数据库文件拷贝到目标目录。因此 mysqlhotcopy 工具只能备份 MyISAM 类型的表，不能用来备份 InnoDB 类型的表。

16.2 数据还原

管理员的非法操作和计算机的故障都会破坏数据库文件。当数据库遭到这些意外时，可以通过备份文件将数据库还原到备份时的状态。这样可以将损失降低到最小。本节将为读者介绍数据还原的方法。

16.2.1　使用 mysql 命令还原

管理员通常使用 mysqldump 命令将数据库中的数据备份成一个文本文件。通常这个文件的后缀名是.sql。需要还原时，可以使用 mysql 命令来还原备份的数据。本小节将为读者介绍 mysql 命令的工作原理和使用方法。

备份文件中通常包含 CREATE 语句和 INSERT 语句。mysql 命令可以执行备份文件中的 CREATE 语句和 INSERT 语句。通过 CREATE 语句来创建数据库和表。通过 INSERT 语句来插入备份的数据。mysql 命令的基本语法如下：

```
mysql -u root -p [dbname] < backup.sql
```

其中，dbname 参数表示数据库名称。该参数是可选参数，可以指定数据库名，也可以不指定。指定数据库名时，表示还原该数据库下的表。不指定数据库名时，表示还原特定的一个数据库。而备份文件中有创建数据库的语句。

【示例 16-4】 下面使用 root 用户备份所有数据库。命令如下：

```
mysql -u root -p < C:\all.sql
```

执行完后，MySQL 数据库中就已经还原了 all.sql 文件中的所有数据库。

注意： 如果使用--all-databases 参数备份了所有的数据库，那么还原时不需要指定数据库。因为，其对应的 sql 文件包含有 CREATE DATABASE 语句，可以通过该语句创建数据库。创建数据库之后，可以执行 sql 文件中的 USE 语句选择数据库，然后在数据库中创建表并且插入记录。

16.2.2　直接复制到数据库目录

之前介绍过一种直接复制数据的备份方法。通过这种方式备份的数据，可以直接复制到 MySQL 的数据库目录下。通过这种方式还原时，必须保证两个 MySQL 数据库的主版本号是相同的。因为只有 MySQL 数据库主版本号相同时，才能保证这两个 MySQL 数据库的文件类型是相同的。而且，这种方式对 MyISAM 类型的表比较有效。对于 InnoDB 类型的表则不可用。因为 InnoDB 表的表空间不能直接复制。

在 Windows 操作系统下，MySQL 的数据库目录通常存放下面 3 个路径的其中之一。分别是 C:\mysql\date、C:\Documents and Settings\All Users\Application Data\MySQL\MySQL Server 5.1\data 或者 C:\Program Files\MySQL\MySQL Server 5.1\data。在 Linux 操作系统下，数据库目录通常在/var/lib/mysql/、/usr/local/mysql/data 或者/usr/local/mysql/var 这 3 个目录下。上述位置只是数据库目录最常用的位置。具体位置根据读者安装时设置的位置而定。

使用 mysqlhotcopy 命令备份的数据也是通过这种方式来还原的。在 Linux 操作系统下，复制到数据库目录后，一定要将数据库的用户和组变成 mysql。命令如下：

```
chown -R mysql.mysql dataDir
```

其中，两个 mysql 分别表示组和用户；“-R”参数可以改变文件夹下的所有子文件的用户和组；“dataDir”参数表示数据库目录。

注意：Linux 操作系统下的权限设置非常的严格。通常情况下，MySQL 数据库只有 root 用户和 mysql 用户组下的 mysql 用户可以访问。因此，将数据库目录复制到指定文件夹后，一定要使用 chown 命令将文件夹的用户组变为 mysql，将用户变为 mysql。

16.3　数据库迁移

数据库迁移就是指将数据库从一个系统移动到另一个系统上。数据库迁移的原因是多种多样的。可能是因为升级了计算机，或者是部署开发的管理系统，或者升级了 MySQL 数据库。甚至是换用其他的数据库。根据上述情况，可以将数据库迁移大致分为 3 类。这 3 类分别是在相同版本的 MySQL 数据库之间迁移、迁移到其他版本的 MySQL 数据库中和迁移到其他类型的数据库中。本节将为读者介绍数据库迁移的方法。

16.3.1　相同版本的 MySQL 数据库之间的迁移

相同版本的 MySQL 数据库之间的迁移就是在主版本号相同的 MySQL 数据库之间进行数据库移动。这种迁移的方式最容易实现。本小节将为读者介绍这方面的内容。

相同版本的 MySQL 数据库之间进行数据库迁移的原因很多。通常的原因是换了新的机器，或者是装了新的操作系统。还有一种常见的原因就是将开发的管理系统部署到工作机器上。因为迁移前后 MySQL 数据库的主版本号相同，所以可以通过复制数据库目录来实现数据库迁移。但是，只有数据库表都是 MyISAM 类型的才能使用这种方式。

最常用和最安全的方式是使用 mysqldump 命令来备份数据库。然后使用 mysql 命令将备份文件还原到新的 MySQL 数据库中。这里可以将备份和迁移同时进行。假设从一个名为 host1 的机器中备份出所有数据库，然后，将这些数据库迁移到名为 host2 的机器上。命令如下：

```
mysqldump -h name1 -u root --password=password1 --all-databases |
mysql -h host2 -u root --password=password2
```

其中，“|”符号表示管道，其作用是将 mysqldump 备份的文件送给 mysql 命令；“--password=password1”是 name1 主机上 root 用户的密码。同理，password2 是 name2 主机上的 root 用户的密码。通过这种方式可以直接实现迁移。

16.3.2　不同版本的 MySQL 数据库之间的迁移

不同版本的 MySQL 数据库之间进行数据迁移通常是 MySQL 升级的原因。例如，原来很多服务器使用 4.0 版本的 MySQL 数据库。5.0 的版本推出以后，改进了 4.0 版本的很多缺陷。因此需要将 MySQL 数据库升级到 5.0 版本。这样就需要进行不同版本的 MySQL 数据库之间进行数据迁移。

高版本的 MySQL 数据库通常都会兼容低版本，因此可以从低版本的 MySQL 数据库迁移到高版本的 MySQL 数据库。对于 MySIAM 类型的表可以直接复制，也可以使用 mysqlhotcopy 工具。但是 InnoDB 类型的表不可以使用这两种方法。最常用的办法是使用

mysqldump 命令来进行备份，然后，通过 mysql 命令将备份文件还原到目标 MySQL 数据库中。但是，高版本的 MySQL 数据库很难迁移到低版本的 MySQL 数据库。因为高版本的 MySQL 数据库可能有一些新的特性，这些新特性是低版本 MySQL 数据库所不具有的。数据库迁移时要特别小心，最好使用 mysqldump 命令来进行备份，避免迁移时造成数据丢失。

16.3.3　不同数据库之间迁移

不同数据库之间迁移是指从其他类型的数据库迁移到 MySQL 数据库，或者从 MySQL 数据库迁移到其他类型的数据库。例如，某个网站原来使用 Oracle 数据库，因为运营成本太高等诸多原因，希望改用 MySQL 数据库。或者，某个管理系统原来使用 MySQL 数据库，因为某种特殊性能的要求，希望改用 Oracle 数据库。这样的不同数据库之间的迁移也经常会发生。但是这种迁移没有普通适用的解决办法。

MySQL 以外的数据库也有类似 mysqldump 这样的备份工具，可以将数据库中的文件备份成 sql 文件或普通文本。但是，因为不同数据库厂商没有完全按照 SQL 标准来设计数据库。这就造成了不同数据库使用的 SQL 语句的差异。例如，微软的 SQL Server 软件使用的是 T-SQL 语言。T-SQL 中包含了非标准的 SQL 语句。这就造成了 SQL Server 和 MySQL 的 SQL 语句不能兼容。

除了 SQL 语句存在不兼容的情况外，不同的数据库之间的数据类型也有差异。例如，SQL Server 数据库中有 ntext、Image 等数据类型，这些 MySQL 数据库都没有。MySQL 支持的 ENUM 和 SET 类型，这些 SQL Server 数据库不支持。数据类型的差异也造成了迁移的困难。从某种意义上说，这种差异是商业数据库公司故意造成的壁垒。这种行为是阻碍数据库市场健康发展的。

但是，不同数据库之间的迁移并不是完全不可能。Windows 操作系统下，通常可以通过 MyODBC 来实现 MySQL 与 SQL Server 之间的迁移。MySQL 迁移到 Oracle 时，需要使用 Mysqldump 命令导出 sql 文件，然后，手动更改 sql 文件中的 CREATE 语句。如果读者想了解更多数据库之间迁移的解决方法，可以访问网站 http://tech.ccidnet.com/zt/qianyi/。

16.4　表的导出和导入

MySQL 数据库中的表可以导出成文本文件、XML 文件或者 HTML 文件。相应的文本文件也可以导入 MySQL 数据库中。在数据库的日常维护中，经常需要进行表的导出和导入的操作。本节将为读者介绍导出和导入文本文件的方法。

16.4.1　用 SELECT…INTO OUTFILE 导出文本文件

MySQL 中，可以使用 SELECT…INTO OUTFILE 语句将表的内容导出成一个文本文件。其基本语法形式如下：

```
SELECT [列名] FROM table [WHERE 语句]
        INTO OUTFILE '目标文件' [OPTION] ;
```

该语句分为两个部分。前半部分是一个普遍的 SELECT 语句，通过这个 SELECT 语句来查询所需要的数据；后半部分是导出数据的。其中，“目标文件”参数指出将查询的记录导出到哪个文件；“OPTION”参数是可以有常用的 5 个选项。介绍如下：

- FIELDS TERMINATED BY '字符串'：设置字符串为字段的分隔符，默认值是“\t”；
- FIELDS ENCLOSED BY '字符'：设置字符来括上字段的值。默认情况下不使用任何符号；
- FIELDS OPTIONALLY ENCLOSED BY '字符'：设置字符来括上 CHAR、VARCHAR 和 TEXT 等字符型字段。默认情况下不使用任何符号；
- FIELDS ESCAPED BY '字符'：设置转义字符，默认值为“\”；
- LINES STARTING BY '字符串'：设置每行开头的字符，默认情况下无任何字符；
- LINES TERMINATED BY '字符串'：设置每行的结束符，默认值是“\n”。

【示例 16-5】 下面用 SELECT…INTO OUTFILE 语句来导出 test 数据库下 student 表的记录。其中，字段之间用“、”隔开，字符型数据用双引号括起来。每条记录以“>”开头。命令如下：

```
SELECT * FROM test.student INTO OUTFILE 'C:/student1.txt'
    FIELDS TERMINATED BY '\、' OPTIONALLY ENCLOSED BY '\"' LINES STARTING BY '\>'
    TERMINATED BY '\r\n' ;
```

“TERMINATED BY '\r\n'”可以保证每条记录占一行。因为 Windows 操作系统下“\r\n”才是回车换行。如果不加这个选项，默认情况只是“\n”。用 root 用户登录到 MySQL 数据库中，然后执行上述命令。执行完后，可以在 C:\下看到一个名为 student1.txt 的文本文件。student1.txt 中的内容如下：

```
>901、"张老大"、"男"、1985、"计算机系"、"北京市海淀区"
>902、"张老二"、"男"、1986、"中文系"、"北京市昌平区"
>903、"张三"、"女"、1990、"中文系"、"湖南省永州市"
>904、"李四"、"男"、1990、"英语系"、"辽宁省阜新市"
>905、"王五"、"女"、1991、"英语系"、"福建省厦门市"
>906、"王六"、"男"、1988、"计算机系"、"湖南省衡阳市"
```

这些记录都是以“>”开头，每条记录之间以“、”隔开。而且，字符数据都加上了引号。

16.4.2　用 mysqldump 命令导出文本文件

mysqldump 命令可以备份数据库中的数据。但是，备份时是在备份文件中保存了 CREATE 语句和 INSERT 语句。不仅如此，mysqldump 命令还可以导出文本文件。其基本的语法形式如下：

```
mysqldump -u root -pPassword -T 目标目录 dbname table [option] ;
```

其中，Password 参数表示 root 用户的密码，密码紧挨着-p 选项；目标目录参数是指导出的文本文件的路径；dbname 参数表示数据库的名称；table 参数表示表的名称；option 表示附件选项。这些选项介绍如下：

- --fields-terminated-by=字符串：设置字符串为字段的分隔符，默认值是“\t”；
- --fields-enclosed-by=字符：设置字符来括上字段的值；
- --fields-optionally-enclosed-by=字符：设置字符括上 CHAR、VARCHAR 和 TEXT 等字符型字段；
- --fields-escaped-by=字符：设置转义字符；

- --lines-terminated-by=字符串：设置每行的结束符。

注意： 这些选项必须用双引号括起来，否则，MySQL 数据库系统将不能识别这几个参数。

【示例 16-6】 下面用 mysqldump 语句来导出 test 数据库下 student 表的记录。其中，字段之间用“,”隔开，字符型数据用双引号括起来。命令如下：

```
mysqldump -u root -phuang -T C:\ test student
        "--fields-terminated-by=," "--fields-optionally-enclosed-by=""
```

其中，root 用户的密码为 huang，密码紧挨着-p 选项。--fields-terminated-by 等选项都用双引号括起来。命令执行完后，可以在 C:\下看到一个名为 student.txt 的文本文件和 student.sql 文件。student.txt 中的内容如下：

```
901,"张老大","男",1985,"计算机系","北京市海淀区"
902,"张老二","男",1986,"中文系","北京市昌平区"
903,"张三","女",1990,"中文系","湖南省永州市"
904,"李四","男",1990,"英语系","辽宁省阜新市"
905,"王五","女",1991,"英语系","福建省厦门市"
906,"王六","男",1988,"计算机系","湖南省衡阳市"
```

这些记录都是以“,”隔开。而且，字符数据都是加上了引号。其实，mysqldump 命令也是调用 SELECT…INTO OUTFILE 语句来导出文本文件的。除此之外，mysqldump 命令同时还生成了 student.sql 文件。这个文件中有表的结构和表中的记录。

技巧： 导出数据时，一定要注意数据的格式。通常每个字段之间都必须用分隔符隔开，可以使用逗号（,）、空格或者制表符（Tab 键）。每条记录占用一行，新记录要从下一行开始。字符串数据要使用双引号括起来。

mysqldump 命令还可以导出 xml 格式的文件，其基本语法如下：

```
mysqldump -u root -pPassword  --xml | -X dbname table > C:/name.xml ;
```

其中，Password 表示 root 用户的密码；使用--xml 或者-X 选项就可以导出 xml 格式的文件；dbname 表示数据库的名称；table 表示表的名称；C:/name.xml 表示导出的 xml 文件的路径。

16.4.3　用 mysql 命令导出文本文件

mysql 命令可以用来登录 MySQL 服务器，也可以用来还原备份文件。同时，mysql 命令也可以导出文本文件。其基本语法形式如下：

```
mysql -u root -pPassword -e "SELECT 语句" dbname> C:/name.txt ;
```

其中，Password 表示 root 用户的密码；使用-e 选项就可以执行 SQL 语句；“SELECT 语句”用来查询记录；C:/name.txt 表示导出文件的路径。

【示例 16-7】 下面用 mysql 命令来导出 test 数据库下 student 表的记录。命令如下：

```
mysql -u root -phuang -e "SELECT * FROM student" test > C:/student2.txt
```

上述命令将 student 表中的所有记录查询出来，然后写入到 student2.txt 文档中。student2.txt 中的内容如下：

```
id    name sex   birth  department address
901   张老大  男   1985 计算机系   北京市海淀区
902   张老二  男   1986 中文系    北京市昌平区
903   张三   女   1990 中文系    湖南省永州市
904   李四   男   1990 英语系    辽宁省阜新市
905   王五   女   1991 英语系    福建省厦门市
906   王六   男   1988 计算机系   湖南省衡阳市
```

mysql 命令还可以导出 XML 文件和 HTML 文件。mysql 命令导出 XML 文件的语法如下：

```
mysql -u root -pPassword   --xml | -X -e "SELECT 语句" dbname> C:/name.xml ;
```

其中，Password 表示 root 用户的密码；使用--xml 或者-X 选项就可以导出 xml 格式的文件；dbname 表示数据库的名称；C:/name.xml 表示导出的 XML 文件的路径。

mysql 命令导出 HTML 文件的语法如下：

```
mysql -u root -pPassword   --html | -H -e "SELECT 语句" dbname > C:/name.html ;
```

其中，使用--html 或者-H 选项就可以导出 HTML 格式的文件。

16.4.4　用 LOAD DATA INFILE 方式导入文本文件

MySQL 中，可以使用 LOAD DATA INFILE 命令将文本文件导入到 MySQL 数据库中。其基本语法形式如下：

```
LOAD DATA [LOCAL] INFILE file INTO TABLE table [OPTION] ;
```

其中，“LOCAL”是在本地计算机中查找文本文件时使用的；“file”参数指定了文本文件的路径和名称；“table”参数指表的名称；“OPTION”参数是可以有常用的选项，介绍如下：

- FIELDS TERMINATED BY '字符串'：设置字符串为字段的分隔符，默认值是“\t”；
- FIELDS ENCLOSED BY '字符'：设置字符来括上字段的值。默认情况下不使用任何符号；
- FIELDS OPTIONALLY ENCLOSED BY '字符'：设置字符来括上 CHAR、VARCHAR 和 TEXT 等字符型字段。默认情况下不使用任何符号；
- FIELDS ESCAPED BY '字符'：设置转义字符，默认值为“\”；
- LINES STARTING BY '字符串'：设置每行开头的字符，默认情况下无任何字符；
- LINES TERMINATED BY '字符串'：设置每行的结束符，默认值是“\n”；
- IGNORE n LINES：忽略文件的前 n 行记录；
- （字段列表）：根据字段列表中的字段和顺序来加载记录；
- SET column=expr：将指定的列 column 进行相应地转换后再加载，使用 expr 表达式来进行转换。

【示例 16-8】 下面使用 LOAD DATA INFILE 命令将 student.txt 中的记录导入到 student 表中。命令如下：

```
LOAD DATA INFILE 'C:/student.txt' INTO TABLE student
     FIELDS TERMINATED BY ',' OPTIONALLY ENCLOSED BY '"' ;
```

使用 LOAD DATA INFILE 导入时，要注意 student.txt 文件中的分隔符。在执行该语句之前，先删除 student 表中的所有记录，以便进行对比。执行结果如下：

```
mysql> DELETE FROM student;
Query OK, 6 rows affected (0.08 sec)
mysql> SELECT * FROM student;
Empty set (0.01 sec)
mysql> LOAD DATA INFILE 'C:/student.txt' INTO TABLE student
    -> FIELDS TERMINATED BY ',' OPTIONALLY ENCLOSED BY '"';
Query OK, 6 rows affected (0.00 sec)
Records: 6  Deleted: 0  Skipped: 0  Warnings: 0
mysql> SELECT * FROM student;
+-----+----------+--------+----------+----------------+-----------------+
| id  | name     | sex    | birth    | department     | address         |
+-----+----------+--------+----------+----------------+-----------------+
| 901 | 张老大 | 男     |   1985 | 计算机系     | 北京市海淀区 |
| 902 | 张老二 | 男     |   1986 | 中文系       | 北京市昌平区 |
| 903 | 张三   | 女     |   1990 | 中文系       | 湖南省永州市 |
| 904 | 李四   | 男     |   1990 | 英语系       | 辽宁省阜新市 |
| 905 | 王五   | 女     |   1991 | 英语系       | 福建省厦门市 |
| 906 | 王六   | 男     |   1988 | 计算机系     | 湖南省衡阳市 |
+-----+----------+--------+----------+----------------+-----------------+
6 rows in set (0.00 sec)
```

16.4.5　用 mysqlimport 命令导入文本文件

MySQL 中，可以使用 mysqlimport 命令将文本文件导入到 MySQL 数据库中。其基本语法形式如下：

```
mysqlimport -u root -pPassword [--LOCAL] dbname file [OPTION]
```

其中，“Password”参数是 root 用户的密码，必须与-p 选项紧挨着；“LOCAL”是在本地计算机中查找文本文件时使用的；“dbname”参数表示数据库的名称；“file”参数指定了文本文件的路径和名称；“OPTION”参数是可以有常用的选项。介绍如下：

- --fields-terminated-by=字符串：设置字符串为字段的分隔符，默认值是“\t”；
- --fields-enclosed-by=字符：设置字符来括上字段的值；
- --fields-optionally-enclosed-by=字符：设置字符括上 CHAR、VARCHAR 和 TEXT 等字符型字段；
- --fields-escaped-by=字符：设置转义字符；
- --lines-terminated-by=字符串：设置每行的结束符；
- --ignore-lines=n：表示可以忽略前几行。

【示例 16-9】 下面用 mysqlimport 命令，将 student.txt 中的记录导入到 student 表中。命令如下：

```
mysqlimport -u root -phuang test C:\student.txt
    "--fields-terminated-by=," "--fields-optionally-enclosed-by=""
```

使用 mysqlimport 命令导入时，要注意 student.txt 文件中的分隔符。执行该命令之后，就可以将 student.txt 中的记录导入到 test 数据库下的 student 表中。

16.5　本 章 实 例

本节将对 test 数据库中的 score 表进行备份和还原的操作。score 表的结构和记录见 10.9

节。本节要求的操作如下：

（1）使用 mysqldump 命令来备份 score 表。备份文件存储在 D:\backup 路径下。

（2）使用 mysql 命令来还原 score 表。

（3）使用 SELECT…INTO OUTFILE 来导出 score 表中的记录。记录存储到 D:/backup\score.txt 中。

（4）使用 mysqldump 命令，将 score 表的记录导出到 XML 文件中。这个 XML 文件存储在 D:\backup 中。

本实例的执行步骤如下：

1．备份score表

使用 mysqldump 命令来备份 score 表。代码如下：

```
mysqldump -u root -p test score > D:\backup\score.sql
```

执行完后，可以在 D:\backup 目录下看到 score.sql 文件。score.sql 文件的部分内容如下：

```
-- MySQL dump 10.13   Distrib 5.1.40, for Win32 (ia32)
-- Host: localhost     Database: test
-- ------------------------------------------------------
-- Server version  5.1.40-community
/*!40101 SET @OLD_CHARACTER_SET_CLIENT=@@CHARACTER_SET_CLIENT */;
/*略去部分内容 */;
DROP TABLE IF EXISTS `score`;
/*!40101 SET @saved_cs_client      = @@character_set_client */;
/*!40101 SET character_set_client = utf8 */;
CREATE TABLE `score` (
  `id` int(10) NOT NULL AUTO_INCREMENT,
  `stu_id` int(10) NOT NULL,
  `c_name` varchar(20) DEFAULT NULL,
  `grade` int(10) DEFAULT NULL,
  PRIMARY KEY (`id`),
  UNIQUE KEY `id` (`id`)
) ENGINE=MyISAM AUTO_INCREMENT=11 DEFAULT CHARSET=latin1;
LOCK TABLES `score` WRITE;
/*!40000 ALTER TABLE `score` DISABLE KEYS */;
INSERT INTO `score` VALUES (1,901, '计算机',98),(2,901, '英语', 80),(3,902, '计算机',65),(4,902, '中文',88),(5,903, '中文',95),(6,904, '计算机',70),(7,904, '英语',92),(8,905, '英语',94),(9,906, '计算机',90),(10,906, '英语',85);
/*!40000 ALTER TABLE `score` ENABLE KEYS */;
UNLOCK TABLES;
/*!40103 SET TIME_ZONE=@OLD_TIME_ZONE */;
/*略去部分内容*/
-- Dump completed on 2009-11-20 20:53:57
```

从上面可知，score.sql 文件中保持了主机名、数据库名、CREATE 语句、INSERT 语句和备份时间等信息。

2．还原score表

使用 mysql 命令来还原 score 表。代码如下：

```
mysql -u root -p test < D:\backup\score.sql
```

在执行该语句之前，先将 score 表中的记录都删除。登录 MySQL 数据库之后，执行 DELETE 语句和 SELECT 语句。执行结果如下：

```
mysql> USE test;
Database changed
```

```
mysql> DELETE FROM score;
Query OK, 10 rows affected (0.06 sec)
mysql> SELECT * FROM score;
Empty set (0.09 sec)
mysql> EXIT
Bye
```

执行 DELETE 语句后，score 表中没有任何数据。使用 EXIT 退出 MySQL 数据库。然后，执行上面的 mysql 语句来还原 score 表。执行结果如下：

```
C:\>mysql -u root -p test < D:\backup\score.sql
Enter password: ****
```

代码执行完后，使用 SELECT 语句来查询 score 表中的数据。查询结果如下：

```
C:\>mysql -u root -p -e "SELECT * FROM score" test
Enter password: ****
+----+-----------+-----------+---------+
| id  | stu_id  | c_name | grade |
+----+-----------+-----------+---------+
|  1 |      901 | 计算机 |     98 |
|  2 |      901 | 英语   |     80 |
|  3 |      902 | 计算机 |     65 |
|  4 |      902 | 中文   |     88 |
|  5 |      903 | 中文   |     95 |
|  6 |      904 | 计算机 |     70 |
|  7 |      904 | 英语   |     92 |
|  8 |      905 | 英语   |     94 |
|  9 |      906 | 计算机 |     90 |
| 10 |      906 | 英语   |     85 |
+----+-----------+-----------+---------+
```

结果显示，记录已经还原到 score 表中。上面的 mysql 命令中，-e 选项后面可以直接跟 SELECT 语句。SELECT 语句后面加上查询的表所在的数据库。

3．将score表中的内容导出到score.txt文件中

使用 root 用户登录到 MySQL 服务器后，可以使用 SELECT…INTO OUTFILE 来导出文本文件。命令如下：

```
SELECT * FROM test.score INTO OUTFILE 'D:/backup/score.txt'
      FIELDS TERMINATED BY '\,' OPTIONALLY ENCLOSED BY '\"' LINES TERMINATED BY '\r\n' ;
```

代码中指定，每个字段之间用逗号隔开。每个字符型的数据用双引号括起来。而且，每条记录占一行。登录到 MySQL 数据库中，执行上述 SELECT 语句。执行结果如下：

```
mysql> SELECT * FROM test.score INTO OUTFILE ' D:/backup/score.txt '
    -> FIELDS TERMINATED BY '\,' OPTIONALLY ENCLOSED BY '\"' LINES TERMINATED BY '\r\n' ;
Query OK, 10 rows affected (0.02 sec)
```

执行完后，在 D:/backup 目录下存储 score.txt 文件。score.txt 文件的内容如下：

```
1,901,"计算机",98
2,901,"英语",80
3,902,"计算机",65
4,902,"中文",88
5,903,"中文",95
6,904,"计算机",70
7,904,"英语",92
8,905,"英语",94
9,906,"计算机",90
```

```
10,906,"英语",85
```

4．导出XML文件

使用 mysqldump 命令可以导出 XML 文件，代码如下：

```
mysqldump -u root -p --xml test score > D:/backup/score.xml;
```

使用--xml 选项可以导出 XML 文件。代码执行完后，可以在 D:/backup 目录下找到 score.xml 文件。score.xml 文件的部分内容如下：

```
<?xml version="1.0"?>
<mysqldump xmlns:xsi="http://www.w3.org/2001/XMLSchema-instance">
<database name="test">
        <table_structure name="score">
                <field Field="id" Type="int(10)" Null="NO" Key="PRI" Extra="auto_increment" />
        …省略部分内容
        </table_structure>
        <table_data name="score">
        <row>
                <field name="id">1</field>
                <field name="stu_id">901</field>
                <field name="c_name">计算机</field>
                <field name="grade">98</field>
        </row>
…省略剩余内容
```

16.6　上 机 实 践

上机实践的要求如下：

（1）根据 10.10 节的内容在 test 数据库中创建 department 表。使用 mysqldump 命令将 department 表的记录导出到 C:\目录下。

（2）删除 department 表中的所有记录。然后使用 LOAD DATA INFILE 语句，将 department.txt 中的记录加载到 department 表中。

（3）重新删除 department 表的所有记录，然后使用 mysqlimport 命令，将 department.txt 中的记录加载到 department 表中。

（4）使用 mysql 命令，将 department.txt 中的记录导出成 HTML 文件。

执行步骤如下：

1．使用mysqldump命令导出所有记录

使用 mysqldump 命令，将 department 表导出到 department.txt 文件。代码如下：

```
mysqldump -u root -p -T C:\ test department
      "--fields-terminated-by=," "--fields-optionally-enclosed-by=""
```

代码执行完后，C:\目录下将出现 department.txt 文件和 department.sql 文件。

2．使用LOAD DATA INFILE语句导入表

使用 LOAD DATA INFILE 语句，可以将 department.txt 中的记录导入到 department 表中。代码如下：

```
LOAD DATA INFILE 'C:/department.txt' INTO TABLE department
```

```
FIELDS TERMINATED BY ',' OPTIONALLY ENCLOSED BY '"' ;
```

3．使用mysqlimport语句导入表

使用 mysqlimport 语句也可以将文本文件中的数据导入到数据库表中。下面使用 mysqlimport 语句，将 department.txt 文件导入到 department 表中。代码如下：

```
mysqlimport -u root -p test C:\department.txt
        "--fields-terminated-by=," "--fields-optionally-enclosed-by=""
```

4．使用mysql命令导出HTML文件

使用 mysql 命令可以导出 HTML 文件。下面使用 mysql 命令，将 department 表的记录导出到 HTML 文件中。代码如下：

```
mysql -u root -p --html -e "SELECT * FROM department" test > C:/department.html ;
```

16.7　常见问题及解答

1．如何选择备份数据库的方法？

根据数据库表的存储引擎的类型不同，备份表的方法也不一样。对于 MyISAM 类型的表，可以直接复制 MySQL 数据文件夹或者使用 mysqlhotcopy 命令进行快速备份。复制 MySQL 数据文件夹时需要将 MySQL 服务停止，否则可能会出现异常。而 mysqlhotcopy 命令会则不需要停止 MySQL 服务。mysqldump 命令是最安全的备份方法。它既适合 MyISAM 类型的表，也适用于 InnoDB 类型的表。

2．如何升级MySQL数据库？

升级 MySQL 数据库，可以按照下面的步骤进行：

（1）先使用 mysqldump 命令备份 MySQL 数据库中的数据。这样做的目的是为了避免误操作引起 MySQL 数据库中的数据丢失。

（2）停止 MySQL 服务。可以直接中止 MySQL 服务的进程。但是最好还是用安全的方法停止 MySQL 服务。这样可以避免缓存中的数据丢失。

（3）卸载旧版本的 MySQL 数据库。通常情况下，卸载 MySQL 数据库软件时，系统会继续保留 MySQL 数据库中的数据文件。

（4）安装新版本的 MySQL 数据库，并进行相应地配置。

（5）启动 MySQL 服务，登录 MySQL 数据库查询数据是否完整。如果数据不完整，使用之前备份的数据进行恢复。

16.8　小　　结

本章介绍了备份数据库、还原数据库、数据库迁移、导出表和导入表的内容。备份数据库和还原数据库是本章的重点内容。在实际应用中，通常使用 mysqldump 命令备份数据

库，使用 mysql 命令还原数据库。数据库迁移、导出表和导入表是本章的难点。数据库迁移需要考虑数据库的兼容性问题，最好是在相同版本的 MySQL 数据库之间迁移。导出表和导入表的方法比较多，希望读者能够多练习这些方法的使用。第 17 章将为读者介绍各种 MySQL 日志的作用和使用。

16.9　本 章 习 题

1．练习 mysqldump 命令来备份 MySQL 数据库中的文件，然后用 mysql 命令来还原备份文件。

2．将 MySQL 5.1 数据库中的文件迁移到 MySQL 5.0 数据库中。

3．练习将数据库中的表导出成 XML 文件和 HTML 文件。

4．练习将数据库中的某个表导出成 txt 文件，然后删除表中的所有内容。最后将 txt 文件导入表中。

第 17 章　MySQL 日志

MySQL 日志是记录 MySQL 数据库的日常操作和错误信息的文件。MySQL 中，日志可以分为二进制日志、错误日志、通用查询日志和慢查询日志。分析这些日志文件，可以了解 MySQL 数据库的运行情况、日常操作、错误信息和哪些地方需要进行优化。本章将讲解的内容包括：

- 日志的定义、作用和优缺点；
- 二进制日志；
- 错误日志；
- 通用查询日志；
- 慢查询日志；
- 日志管理。

通过本章的学习，读者可以了解日志的含义、使用日志的目的和日志的优点和缺点。读者还将了解二进制日志、错误日志、通用查询日志和慢查询日志的作用。日志管理是维护数据库的重要步骤。读者学好日志相关的内容后，可以通过日志了解 MySQL 数据库的运行情况。

17.1　日志简介

日志是 MySQL 数据库的重要组成部分。日志文件中记录着 MySQL 数据库运行期间发生的变化。当数据库遭到意外的损害时，可以通过日志文件来查询出错原因，并且可以通过日志文件进行数据恢复。本节将为读者介绍 MySQL 日志的含义、作用和优缺点。

MySQL 日志是用来记录 MySQL 数据库的客户端连接情况、SQL 语句的执行情况和错误信息等。例如，一个名为 huang 的用户登录到 MySQL 服务器。日志中就会记录这个用户的登录时间、执行的操作等。再例如，MySQL 服务在某个时间出现异常，异常信息会被记录到日志文件中。

MySQL 日志可以分为 4 种，分别是二进制日志、错误日志、通用查询日志和慢查询日志。下面分别简单地介绍这 4 种日志文件的作用。

- 二进制日志：以二进制文件的形式记录了数据库中的操作，但不记录查询语句。
- 错误日志：记录 MySQL 服务器的启动、关闭和运行错误等信息。
- 通用查询日志：记录用户登录和记录查询的信息。
- 慢查询日志：记录执行时间超过指定时间的操作。

除二进制日志外，其他日志都是文本文件。日志文件通常存储在 MySQL 数据库的数据目录下。默认情况下，只启动了错误日志的功能。其他 3 类日志都需要数据库管理员进行设置。

说明：如果 MySQL 数据库系统意外停止服务，可以通过错误日志查看出现错误的原因。并且，可以通过二进制日志文件来查看用户分执行了哪些操作、对数据库文件做了哪些修改。然后，可以根据二进制日志中的记录来修复数据库。

但是，启动日志功能会降低 MySQL 数据库的执行速度。例如，一个查询操作比较频繁的 MySQL 中，记录通用查询日志和慢查询日志要花费很多的时间。并且，日志文件会占用大量的硬盘空间。对于用户量非常大、操作非常频繁的数据库，日志文件需要的存储空间甚至比数据库文件需要的存储空间还要大。

17.2　二进制日志

二进制日志也叫作变更日志（update log），主要用于记录数据库的变化情况。通过二进制日志可以查询 MySQL 数据库中进行了哪些改变。本节将为读者介绍二进制日志的内容。

17.2.1　启动和设置二进制日志

默认情况下，二进制日志功能是关闭的。通过 my.cnf 或者 my.ini 文件的 log-bin 选项可以开启二进制日志。将 log-bin 选项加入到 my.cnf 或者 my.ini 文件的[mysqld]组中，形式如下：

```
# my.cnf（Linux 操作系统下）或者 my.ini（Windows 操作系统下）
[mysqld]
log-bin [=DIR \ [filename] ]
```

其中，DIR 参数指定二进制文件的存储路径；filename 参数指定二进制文件的文件名，其形式为 filename.number，number 的形式为 000001、000002 等。每次重启 MySQL 服务后，都会生成一个新的二进制日志文件，这些日志文件的“number”会不断递增。除了生成上述文件外，还会生成一个名为 filename.index 的文件。这个文件中存储所有二进制日志文件的清单。

技巧：二进制日志与数据库的数据文件最好不要放在同一块硬盘上。即使数据文件所在的硬盘被破坏，也可以使用另一块硬盘上的二进制日志来恢复数据库文件。两块硬盘同时坏了的可能性要小得多。这样可以保证数据库中数据的安全。

如果没有 DIR 参数和 filename 参数，二进制日志将默认存储在数据库的数据目录下。默认的文件名为 hostname-bin.number，其中 hostname 表示主机名。

【示例 17-1】 下面在 my.ini 文件的[mysqld]组中添加下面的语句：

```
log-bin
```

重启 MySQL 服务器后，可以在 MySQL 数据库的数据目录下看到 hjh-bin.000001 这个文件，同时还生成了 hjh-bin.index 文件。此处，MySQL 服务器的主机名为 hjh。然后，在 my.ini 文件的[mysqld]组中进行如下修改。语句如下：

```
log-bin=C:\log\mylog
```

重启 MySQL 服务后，可以在 C:\log 文件夹下看到 mylog.000001 文件和 mylog.index 文件。

17.2.2　查看二进制日志

使用二进制格式可以存储更多的信息，并且可以使写入二进制日志的效率更高。但是，不能直接打开并查看二进制日志。如果需要查看二进制日志，必须使用 mysqlbinlog 命令。mysqlbinlog 命令的语法形式如下：

```
mysqlbinlog filename.number
```

mysqlbinlog 命令将在当前文件夹下查找指定的二进制日志。因此需要在二进制日志 filename.number 所在的目录下运行该命令，否则将会找不到指定的二进制日志文件。

【示例 17-2】下面使用 mysqlbinlog 命令，来查看 C:\log 目录下的 mylog.000001 文件。代码执行如下：

```
C:\log>mysqlbinlog mylog.000001
/*!40019 SET @@session.max_insert_delayed_threads=0*/;
/*!50003 SET @OLD_COMPLETION_TYPE=@@COMPLETION_TYPE,COMPLETION_TYPE=0*/;
######省略部分内容#######
# at 288
#091122  16:31:41  server  id  1    end_log_pos  380      Query      thread_id=1            exec_time=0
error_code=0
SET TIMESTAMP=1258878701/*!*/;
DELETE FROM score WHERE id=10
/*!*/;
# at 380
#091122 16:32:41 server id 1    end_log_pos 408      Intvar
SET INSERT_ID=11/*!*/;
# at 408
#091122  16:32:41  server  id  1    end_log_pos  515      Query      thread_id=1            exec_time=0
error_code=0
SET TIMESTAMP=1258878761/*!*/;
INSERT INTO score VALUES(NULL,905,'英语',84)
/*!*/;
DELIMITER ;
# End of log file
ROLLBACK /* added by mysqlbinlog */;
/*!50003 SET COMPLETION_TYPE=@OLD_COMPLETION_TYPE*/;
```

上面是 mylog.000001 中的部分内容。上述内容中记录了从 score 表中删除 id 为 10 的记录和插入一条新记录的信息。使用 mysqlbinlog 命令时，可以指定二进制文件的存储路径。这样可以确保 mysqlbinlog 命令可以找到二进制日志文件。上面例子中的命令可以变为如下形式：

```
mysqlbinlog C:\log\mylog.000001
```

这样，mysqlbinlog 命令就会到 C:\log 目录下去查找 mylog.000001 文件。如果不指定路径，mysqlbinlog 命令将在当前目录下查找 mylog.000001 文件。

17.2.3　删除二进制日志

二进制日志会记录大量的信息。如果很长时间不清理二进制日志，将会浪费很多的磁盘空间。删除二进制日志的方法很多。本小节将为读者详细介绍如何删除二进制日志。

1. 删除所有二进制日志

使用 RESET MASTER 语句可以删除所有二进制日志。该语句的形式如下：

```
RESET MASTER ;
```

登录 MySQL 数据库后，可以执行该语句来删除所有二进制日志。删除所有二进制日志后，MySQL 将会重新创建新的二进制日志。新二进制日志的编号从 000001 开始，如 mylog.000001。

2. 根据编号来删除二进制日志

每个二进制日志文件后面有一个 6 位数的编号，如 000001。使用 PURGE MASTER LOGS TO 语句，可以删除指定二进制日志的编号之前的日志。该语句的基本语法形式如下：

```
PURGE MASTER LOGS TO 'filename.number' ;
```

该语句将删除编号小于这个二进制日志的所有二进制日志。

【示例 17-3】 下面删除 mylog.000004 之前的二进制日志，代码如下：

```
PURGE MASTER LOGS TO ' mylog.000004' ;
```

代码执行完后，编号为 000001、000002 和 000003 的二进制日志将被删除。

3. 根据创建时间来删除二进制日志

使用 PURGE MASTER LOGS BEFORE 语句，可以删除指定时间之前创建的二进制日志。该语句的基本语法形式如下：

```
PURGE MASTER LOGS BEFORE 'yyyy-mm-dd hh:MM;ss' ;
```

其中，“hh”表示 24 表示制的小时。该语句将删除在指定时间之前创建的所有二进制日志。

【示例 17-4】 下面删除 2009-12-20 15:00:00 之前创建的二进制日志，代码如下：

```
PURGE MASTER LOGS BEFORE '2009-12-20 15:00:00' ;
```

代码执行完后，2009-12-20 15:00:00 之前创建的所有二进制日志将被删除。

17.2.4　使用二进制日志还原数据库

二进制日志记录了用户对数据库中数据的改变。如 INSERT 语句、UPDATE 语句、CREATE 语句等都会记录到二进制日志中。一旦数据库遭到破坏，可以使用二进制日志来还原数据库。本小节将为读者详细介绍使用二进制日志还原数据库的方法。

如果数据库遭到意外损坏，首先应该使用最近的备份文件来还原数据库。备份之后，数据库可能进行了一些更新。这可以使用二进制日志来还原。因为二进制日志中存储了更新数据库的语句，如 UPDATE 语句、INSERT 语句等。二进制日志还原数据库的命令如下：

```
mysqlbinlog filename.number | mysql -u root -p
```

这个命令可以这样理解：使用 mysqlbinlog 命令来读取 filename.number 中的内容，然后，使用 mysql 命令将这些内容还原到数据库中。

技巧： 二进制日志虽然可以用来还原 MySQL 数据库，但是其占用的磁盘空间也是非常大的。因此，在备份 MySQL 数据库之后，应该删除备份之前的二进制日志。如果备份之后发生异常，造成数据库的数据丢失，可以通过备份之后的二进制日志进行还原。

使用 mysqlbinlog 命令进行还原操作时，必须是编号（number）小的先还原。例如，mylog.000001 必须在 mylog.000002 之前还原。

【示例 17-5】 下面使用二进制日志来还原数据库。代码如下：

```
mysqlbinlog mylog.000001 | mysql -u root -p
mysqlbinlog mylog.000002 | mysql -u root -p
mysqlbinlog mylog.000003 | mysql -u root -p
mysqlbinlog mylog.000004 | mysql -u root -p
```

17.2.5　暂时停止二进制日志功能

在配置文件中设置了 log-bin 选项以后，MySQL 服务器将会一直开启二进制日志功能。删除该选项后就可以停止二进制日志功能。如果需要再次启动这个功能，又需要重新添加 log-bin 选项。MySQL 中提供了暂时停止二进制日志功能的语句。本小节将为读者介绍暂时停止二进制日志功能的方法。

如果用户不希望自己执行的某些 SQL 语句记录在二进制日志中，那么需要在执行这些 SQL 语句之前暂停二进制日志功能。用户可以使用 SET 语句来暂停二进制日志功能。SET 语句的代码如下：

```
SET SQL_LOG_BIN=0 ;
```

执行该语句后，MySQL 服务器会暂停二进制日志功能。但是，只有拥有 SUPER 权限的用户才可以执行该语句。如果用户希望重新开启二进制日志功能，可以使用下面的 SET 语句。

```
SET SQL_LOG_BIN=1 ;
```

17.3　错误日志

错误日志是 MySQL 数据库中最常用的一种日志。错误日志主要用来记录 MySQL 服务的开启、关闭和错误信息。本节将为读者介绍错误日志的内容。

17.3.1　启动和设置错误日志

在 MySQL 数据库中，错误日志功能是默认开启的。而且，错误日志无法被禁止。默认情况下，错误日志存储在 MySQL 数据库的数据文件夹下。错误日志文件通常的名称为 hostname.err。其中，hostname 表示 MySQL 服务器的主机名。错误日志的存储位置可以通过 log-error 选项来设置。将 log-error 选项加入到 my.ini 或者 my.cnf 文件的[mysqld]组中。形式如下：

```
# my.cnf（Linux 操作系统下）或者 my.ini（Windows 操作系统下）
[mysqld]
log-error=DIR / [filename]
```

其中，DIR 参数指定错误日志的路径。filename 参数是错误日志的名称，没有该参数时默认为主机名。重启 MySQL 服务后，这个参数开始生效，可以在指定路径下看到 filename.err 的文件；如果没有指定 filename，那么错误日志将直接默认为 hostname.err。

17.3.2　查看错误日志

错误日志中记录着开启和关闭 MySQL 服务的时间，以及服务运行过程中出现哪些异常等信息。如果 MySQL 服务出现异常，可以到错误日志中查找原因。本小节将为读者介绍查看错误日志的方法。

错误日志是以文本文件的形式存储的，可以直接使用普通文本工具就可以查看。Windows 操作系统可以使用文本文件查看器查看。在 Linux 操作系统下，可以使用 vi 工具或者使用 gedit 工具来查看。

【示例 17-6】 下面是笔者 MySQL 服务器的错误日志的部分内容：

```
091117 16:01:15 [Note] Plugin 'FEDERATED' is disabled.
InnoDB: The first specified data file .\ibdata1 did not exist:
InnoDB: a new database to be created!
091117 16:01:16  InnoDB: Setting file .\ibdata1 size to 10 MB
InnoDB: Database physically writes the file full: wait...
091117 16:01:16  InnoDB: Log file .\ib_logfile0 did not exist: new to be created
InnoDB: Setting log file .\ib_logfile0 size to 5 MB
InnoDB: Database physically writes the file full: wait...
091117 16:01:16  InnoDB: Log file .\ib_logfile1 did not exist: new to be created
InnoDB: Setting log file .\ib_logfile1 size to 5 MB
InnoDB: Database physically writes the file full: wait...
InnoDB: Doublewrite buffer not found: creating new
InnoDB: Doublewrite buffer created
InnoDB: Creating foreign key constraint system tables
InnoDB: Foreign key constraint system tables created
091117 16:01:17  InnoDB: Started; log sequence number 0 0
091117 16:01:17 [Note] Event Scheduler: Loaded 0 events
091117 16:01:17 [Note] MySQL: ready for connections.
Version: '5.1.40-community'  socket: ''  port: 3306  MySQL Community Server (GPL)
091117 16:19:23 [Note] MySQL: Normal shutdown
```

这些错误日志的日期为 2009 年 11 月 17 日。这里记载了“FEDERATED”这个功能被禁用。ib_logfile0 这个文件不存在等错误信息。同时还包括了 MySQL: Normal shutdown 等关闭 MySQL 服务的信息。

17.3.3　删除错误日志

数据库管理员可以删除很长时间之前的错误日志，以保证 MySQL 服务器上的硬盘空间。MySQL 数据库中，可以使用 mysqladmin 命令来开启新的错误日志。mysqladmin 命令的语法如下：

```
mysqladmin -u root -p flush-logs
```

执行该命令后，数据库系统会自动创建一个新的错误日志。旧的错误日志仍然保留着，只是已经更名为 filename.err-old。

除了 mysqladmin 命令外，也可以使用 FLUSH LOGS 语句来开启新的错误日志。使用该语句之前必须先登录到 MySQL 数据库中。创建好新的错误日志之后，数据库管理员可以将旧的错误日志备份到其他的硬盘上。如果数据库管理员认为 filename.err-old 已经没有存在的必要，可以直接删除。

说明：通常情况下，管理员不需要查看错误日志。但是，MySQL 服务器发生异常时，管理员可以从错误日志中找到发生异常的时间、原因。然后根据这些信息来解决异常。对于很久以前的错误日志，管理员查看这些错误日志的可能性不大，可以将这些错误日志删除。

17.4　通用查询日志

通用查询日志是用来记录用户的所有操作，包括启动和关闭 MySQL 服务、更新语句和查询语句等。本节将为读者介绍通用查询日志的内容。

17.4.1　启动和设置通用查询日志

默认情况下，通用查询日志功能是关闭的。通过 my.cnf 或者 my.ini 文件的 log 选项可以开启通用查询日志。将 log 选项加入到 my.cnf 或者 my.ini 文件的[mysqld]组中。形式如下：

```
# my.cnf（Linux 操作系统下）或者 my.ini（Windows 操作系统下）
[mysqld]
log [=DIR \ [filename] ]
```

其中，DIR 参数指定通用查询日志的存储路径；filename 参数指定日志的文件名。如果不指定存储路径，通用查询日志将默认存储到 MySQL 数据库的数据文件夹下。如果不指定文件名，默认文件名为 hostname.log。hostname 是 MySQL 服务器的主机名。

17.4.2　查看通用查询日志

用户的所有操作都会记录到通用查询日志中。如果希望了解某个用户最近的操作，可以查看通用查询日志。通用查询日志是以文本文件的形式存储的。Windows 操作系统可以使用文本文件查看器查看。Linux 操作系统下，可以使用 vi 工具或者使用 gedit 工具来查看。

【示例 17-7】 下面是笔者 MySQL 服务器的通用查询日志的部分内容。

```
MySQL, Version: 5.1.40-community-log (MySQL Community Server (GPL)). started with:
TCP Port: 3306, Named Pipe: /tmp/mysql.sock
Time                 Id Command    Argument
091122 16:30:48       1 Connect    root@localhost on
                      1 Query      select @@version_comment limit 1
091122 16:30:53       1 Query      SELECT DATABASE()
                      1 Init DB    test
091122 16:31:16       1 Query      DELTE FROM score WHERE id=8
091122 16:31:32       1 Query      DELETE FROM score WHERE id=8
091122 16:31:37       1 Query      DELETE FROM score WHERE id=9
091122 16:31:41       1 Query      DELETE FROM score WHERE id=10
091122 16:31:46       1 Query      DESC score
```

```
091122 16:32:41    1 Query    INSERT INTO score VALUES(NULL,905,'英语',84)
091122 16:32:44    1 Quit
091122 17:30:36    2 Connect  root@localhost on
                   2 Query    select @@version_comment limit 1
091122 17:30:40    2 Query    SELECT DATABASE()
                   2 Init DB  test
091122 17:30:46    2 Query    SELECT * FROM score
091122 17:31:00    2 Query    DELETE FROM score WHERE id=11
091122 18:30:27    2 Quit
```

17.4.3　删除通用查询日志

通用查询日志会记录用户的所有操作。如果数据库的使用非常频繁，那么通用查询日志将会占用非常大的磁盘空间。数据库管理员可以删除很长时间之前的通用查询日志，以保证 MySQL 服务器上的硬盘空间。本小节将介绍删除通用查询日志的方法。

MySQL 数据库中，也可以使用 mysqladmin 命令来开启新的通用查询日志。新的通用查询日志会直接覆盖旧的查询日志，不需要再手动删除了。mysqladmin 命令的语法如下：

```
mysqladmin -u root -p flush-logs
```

如果希望备份旧的通用查询日志，那么就必须先将旧的日志文件拷贝出来或者改名。然后，再执行上面的 mysqladmin 命令。

除了上述方法以外，可以手工删除通用查询日志。删除之后需要重新启动 MySQL 服务。重启之后就会生成新的通用查询日志。如果希望备份旧的日志文件，可以将旧的日志文件改名，然后重启 MySQL 服务。

17.5　慢查询日志

慢查询日志是用来记录执行时间超过指定时间的查询语句。通过慢查询日志，可以查找出哪些查询语句的执行效率很低，以便进行优化。本节将为读者介绍慢查询日志的内容。

17.5.1　启动和设置慢查询日志

默认情况下，慢查询日志功能是关闭的。通过 my.cnf 或者 my.ini 文件的 log-slow-queries 选项可以开启慢查询日志。通过 long_query_time 选项来设置时间值，时间以秒为单位。如果查询时间超过了这个时间值，这个查询语句将被记录到慢查询日志。将 log-slow-queries 选项和 long_query_time 选项加入到 my.cnf 或者 my.ini 文件的[mysqld]组中。形式如下：

```
# my.cnf（Linux 操作系统下）或者 my.ini（Windows 操作系统下）
[mysqld]
log-slow-queries [=DIR \ [filename] ]
long_query_time=n
```

其中，DIR 参数指定慢查询日志的存储路径；filename 参数指定日志的文件名，生成日志文件的完整名称为 filename-slow.log。如果不指定存储路径，慢查询日志将默认存储到 MySQL 数据库的数据文件夹下。如果不指定文件名，默认文件名为 hostname-slow.log，hostname 是 MySQL 服务器的主机名。“n”参数是设定的时间值，该值的单位是秒。如果不设置 long_query_time 选项，默认时间为 10 秒。

17.5.2　查看慢查询日志

执行时间超过指定时间的查询语句会被记录到慢查询日志中。如果用户希望查询哪些查询语句的执行效率低，可以从慢查询日志中获得想要的信息。慢查询日志也是以文本文件的形式存储的。可以使用普通的文本文件查看工具来查看。

【示例 17-8】 下面是笔者 MySQL 服务器的慢查询日志的部分内容。

```
MySQL, Version: 5.1.40-community-log (MySQL Community Server (GPL)). started with:
TCP Port: 3306, Named Pipe: /tmp/mysql.sock
Time                 Id Command    Argument
# Time: 091122 17:30:46
# User@Host: root[root] @ localhost [127.0.0.1]
# Query_time: 0.000000   Lock_time: 0.000000 Rows_sent: 8   Rows_examined: 8
use test;
SET timestamp=1258882246;
SELECT * FROM score;
# Time: 091124 11:05:03
# User@Host: root[root] @ localhost [127.0.0.1]
# Query_time: 6.218750   Lock_time: 0.000000 Rows_sent: 1   Rows_examined: 0
SET timestamp=1259031903;
SELECT BENCHMARK(200000000,1*2);
```

BENCHMARK(count,expr)函数可以测试执行 count 次 expr 操作需要的时间。现在 long_query_time 的值设置为 5 秒，而执行 BENCHMARK(200000000,1*2)需要 6 秒多。因此，这个语句被记录到慢查询日志中。

17.5.3　删除慢查询日志

慢查询日志的删除方法与通用查询日志的删除方法是一样的。可以使用 mysqladmin 命令来删除。也可以使用手工方式来删除。mysqladmin 命令的语法如下：

```
mysqladmin -u root -p flush-logs
```

执行该命令后，命令行会提示输入密码。输入正确密码后，将执行删除操作。新的慢查询日志会直接覆盖旧的查询日志，不需要再手动删除了。数据库管理员也可以手工删除慢查询日志，删除之后需要重新启动 MySQL 服务，重启之后就会生成新的慢查询日志。如果希望备份旧的慢查询日志文件，可以将旧的日志文件改名，然后重启 MySQL 服务。

注意： 通用查询日志和慢查询日志都是使用这个命令，使用时一定要注意。一旦执行这个命令，通用查询日志和慢查询日志都只存在新的日志文件中。如果希望备份旧的慢查询日志，必须先将旧的日志文件复制出来或者改名。然后，再执行上面的 mysqladmin 命令。

17.6　本 章 实 例

本节将对二进制日志进行实际的操作。本节要求的操作如下：

（1）启动二进制日志功能，并且将二进制日志存储到 C:\目录下。二进制日志文件命名为 binlog。

（2）启动服务后，查看二进制日志。
（3）然后向 test 数据库下的 score 表中插入两条记录。
（4）暂停二进制日志功能，然后，再次删除 score 表中的所有记录。
（5）重新开启二进制日志功能。
（6）使用二进制日志来恢复 score 表。
（7）删除二进制日志。
本实例的执行步骤如下：

1．启动并设置二进制日志功能

将 log-bin 选项加入到 my.cnf 或者 my.ini 配置文件中。在配置文件的[mysqld]组中加入下面的代码：

```
# my.cnf（Linux 操作系统下）或者 my.ini（Windows 操作系统下）
#添加到[mysqld]后
log-bin = C:\binlog
```

配置完后，二进制文件将存储在 C:\目录下。而且第一个二进制文件的完整名称将是 binlog.000001。

2．查看二进制日志文件

启动 MySQL 服务，在 C:\目录下可以找到 binlog.000001。然后可以使用 mysqlbinlog 命令来查看二进制日志。先切换到 C:\目录下，然后，再执行 mysqlbinlog 命令。语句如下：

```
C:\mysql>cd C:\
C:\>mysqlbinlog binlog.000001
/*!40019 SET @@session.max_insert_delayed_threads=0*/;
/*!50003 SET @OLD_COMPLETION_TYPE=@@COMPLETION_TYPE,COMPLETION_TYPE=0*/;
DELIMITER /*!*/;
# at 4
#091122 21:46:42 server id 1  end_log_pos 106   Start: binlog v 4, server v 5.1.40-community-log created
091122 21:46:42
 at startup
# Warning: this binlog is either in use or was not closed properly.
ROLLBACK/*!*/;
BINLOG '
wkAJSw8BAAAAZgAAAGoAAAABAAQANS4xLjQwLWNvbW11bml0eS1sb2cAAAAAAAAAAAAAAAAAAAAA
AAAAAAAAAAAAAAAAAADCQAILEzgNAAgAEgAEBAQEEgAAUwAEGggAAAAICAgC
'/*!*/;
DELIMITER ;
# End of log file
ROLLBACK /* added by mysqlbinlog */;
/*!50003 SET COMPLETION_TYPE=@OLD_COMPLETION_TYPE*/;
```

mysqlbinlog 命令默认在当面目录下查找 binlog.000001。因此，如果不切换到 binlog.000001 所在的目录，mysqlbinlog 命令将找不到 binlog.000001 文件。也可是使用下面的语句：

```
C:\mysql>mysqlbinlog C:\binlog.000001
```

mysqlbinlog 命令会根据后面的详细路径来查找 binlog.000001 文件。

3．向test数据库中的score表中插入两条记录

先查询 score 表中的所有记录。查询结果如下：

```
mysql> SELECT * FROM score;
Empty set (0.08 sec)
```

结果显示，score 表中没有任何记录，然后插入两条记录，INSERT 语句执行如下：

```
mysql> INSERT INTO score VALUES(NULL,901, '计算机',98);
Query OK, 1 row affected (0.08 sec)
mysql> INSERT INTO score VALUES(NULL,901, '英语', 80);
Query OK, 1 row affected (0.00 sec)
```

然后查询 score 表。SELECT 语句执行结果如下：

```
mysql> SELECT * FROM score;
+----+----------+-----------+----------+
| id  | stu_id | c_name | grade  |
+----+----------+-----------+----------+
| 12 |     901 | 计算机  |      98 |
| 13 |     901 | 英语    |      80 |
+----+----------+-----------+----------+
2 rows in set (0.00 sec)
```

这两条记录已经插入成功。执行 EXIT 退出 MySQL 数据库，然后使用 mysqlbinlog 语句来查看二进制日志文件。mysqlbinlog 命令如下：

```
C:\>mysqlbinlog binlog.000001
```

二进制日志文件中出现如下内容：

```
SET @@session.collation_database=DEFAULT/*!*/;
INSERT INTO score VALUES(NULL,901, '计算机',98)
/*!*/;
# at 244
#091122 21:57:27 server id 1   end_log_pos 272     Intvar
SET INSERT_ID=13/*!*/;
# at 272
#091122  21:57:27  server  id  1    end_log_pos  381      Query      thread_id=1       exec_time=0
error_code=0
SET TIMESTAMP=1258898247/*!*/;
INSERT INTO score VALUES(NULL,901, '英语', 80)
/*!*/;
DELIMITER ;
```

这些内容记录了前面执行的两个 INSERT 语句。

4．暂停二进制日志功能

后面需要删除 score 表中的所有记录，而此时不希望这个删除语句被记录到二进制日志中。因此使用 SET 语句来暂停二进制日志功能。SET 语句的代码如下：

```
SET SQL_LOG_BIN=0 ;
```

将 SQL_LOG_BIN 参数设置为 0，那么二进制日志功能就会暂时停止。下面是 SET 语句、DELETE 语句和 SELECT 语句查询的结果。

```
mysql> SET SQL_LOG_BIN=0;
Query OK, 0 rows affected (0.00 sec)
mysql> DELETE FROM score;
```

```
Query OK, 2 rows affected (0.00 sec)
mysql> SELECT * FROM score;
Empty set (0.00 sec)
```

执行完后，score 表中已经不存在任何记录了。

5．重新开启二进制日志功能

可以使用 SET 语句来重新开启二进制日志功能。SET 语句如下：

```
SET SQL_LOG_BIN=1 ;
```

执行该语句之后，二进制日志功能将可以继续使用。

6．使用二进制日志来恢复score表

使用 EXIT 退出 MySQL 数据库，然后执行下面的语句：

```
mysqlbinlog binlog.000001 | mysql -u root -p
```

执行该语句之后，再次登录到 MySQL 数据库中，然后查询 score 表中的记录。查询结果如下：

```
mysql> SELECT * FROM score;
+----+----------+----------+----------+
| id   | stu_id | c_name | grade   |
+----+----------+----------+----------+
| 14 |      901 | 计算机  |       98 |
| 15 |      901 | 英语    |       80 |
+----+----------+----------+----------+
2 rows in set (0.00 sec)
```

这两条记录被还原回来。因为 id 字段是自动增加的，所以取值是在原来记录的基础上进行了自动增加。

7．删除二进制日志

只是 RESET MASTER 语句可以删除二进制日志。该语句执行完后，使用 mysqlbinlog 来查看二进制日志文件。结果如下：

```
C:\>mysqlbinlog binlog.000001
/*!40019 SET @@session.max_insert_delayed_threads=0*/;
/*!50003 SET @OLD_COMPLETION_TYPE=@@COMPLETION_TYPE,COMPLETION_TYPE=0*/;
DELIMITER /*!*/;
# at 4
#091122 22:18:30 server id 1   end_log_pos 106    Start: binlog v 4, server v 5.1.40-community-log created
091122 22:18:30
 at startup
# Warning: this binlog is either in use or was not closed properly.
ROLLBACK/*!*/;
BINLOG '
NkgJSw8BAAAAZgAAAGoAAAABAAQANS4xLjQwLWNvbW11bml0eS1sb2cAAAAAAAAAAAAAAAAAAAAA
AAAAAAAAAAAAAAAAAAAA2SAlLEzgNAAgAEgAEBAQEEgAAUwAEGggAAAAICAgC
'/*!*/;
DELIMITER ;
# End of log file
ROLLBACK /* added by mysqlbinlog */;
/*!50003 SET COMPLETION_TYPE=@OLD_COMPLETION_TYPE*/;
```

这个文件中没有 INSERT 语句。说明这个二进制日志文件是新创建的，而原来的 binlog.000001 已经被删除了。

17.7　上 机 实 践

上机实践的要求如下：

（1）将错误日志的存储位置设置为 C:\LOG 目录下。

（2）开启通用查询日志，并设置该日志存储在 C:\LOG 目录下。

（3）开启慢查询日志，并设置该日志存储在 C:\LOG 目录下。设置时间值为 5 秒。

（4）查看错误日志、通用查询日志和慢查询日志。

（5）删除错误日志。

（6）删除通用查询日志和慢查询日志。

执行步骤如下：

1．将错误日志的存储位置设置为C:\LOG目录下

将 log-error 选项加入到 my.ini 或者 my.cnf 文件的[mysqld]组中。需要添加的语句如下：

```
# my.cnf（Linux 操作系统下）或者 my.ini（Windows 操作系统下）
#添加到[mysqld]组中
log-error=C:\LOG
```

2．开启通用查询日志

将 log 选项加入到 my.ini 或者 my.cnf 文件的[mysqld]组中。需要添加的语句如下：

```
# my.cnf（Linux 操作系统下）或者 my.ini（Windows 操作系统下）
#添加到[mysqld]组中
log=C:\LOG
```

3．开启慢查询日志

将 log-slow-queries 选项和 long_query_time 选项，加入到 my.ini 或者 my.cnf 文件的[mysqld]组中。需要添加的语句如下：

```
# my.cnf（Linux 操作系统下）或者 my.ini（Windows 操作系统下）
#添加到[mysqld]组中
log-slow-queries=C:\LOG
long_query_time=5
```

4．查看日志

在 C:\LOG 目录下可以找到 hostname.err、hostname.log 和 hostname-slow.log 这 3 个文件。hostname 是 MySQL 服务器的主机名。这 3 个日志文件都是文本文件，可以直接使用文本文件查看工具打开。

5．删除错误日志、通用查询日志和慢查询日志

使用 mysqladmin 命令可以删除日志文件。mysqladmin 命令如下：

```
mysqladmin -u root -p flush-logs
```

执行该命令后，数据库系统会重新创建 hostname.err 文件。旧的错误日志仍然保留着，只是已经更名为 hostname.err-old。而 hostname.log 和 hostname-slow.log 也是新创建的，这两个文件覆盖了旧的文件。

17.8 常见问题及解答

1．平时应该开启什么日志？

日志文件通常要占用大量的磁盘空间。而且，读写日志文件需要使用很多的内存，这样会影响 MySQL 数据库的性能。因此，很多网站和公司都不开启 MySQL 数据库的日志文件。

但是根据不同情况可以考虑开启不同的日志文件。例如，需要查询哪些查询语句的执行效率很低，可以开启慢查询日志。例如，需要了解进行了哪些查询操作，可以开启通用查询日志。如果希望记录数据库的改变，可以开启二进制日志。注意，错误日志是默认开启的，而且不能关闭。

2．如何使用二进制日志？

二进制日志主要用于记录 MySQL 数据库的变化。如果需要记录 MySQL 数据库的变化，可以开启二进制日志。但是，二进制日志中的数据不仅可以用来查询，也可以用来还原数据库。在备份 MySQL 数据库后，可以开启二进制日志。一旦数据库中的数据被损坏，先使用备份的数据进行回复。然后，再使用二进制日志来恢复备份后更新的数据。

17.9 小　结

本章介绍了日志的含义、作用和优缺点，然后介绍了二进制日志、错误日志、通用查询日志和慢查询日志的内容。本章的重点内容是二进制日志、错误日志和通用查询日志，因为这几种日志的使用频率比较高。二进制日志是本章的难点。二进制日志的查询方法与其他日志不同，需要读者特别注意。而且，二进制日志可以还原数据库。通过本章的学习，读者对 MySQL 日志会有深入的了解。下一章将为读者介绍 MySQL 数据库的性能优化。

17.10 本章习题

1．练习启动和设置二进制日志、查看二进制日志和暂停二进制日志功能等操作。
2．练习使用二进制日志的内容还原数据库。
3．练习使用 3 种方式删除二进制日志。
4．练习设置错误日志的存储路径、查看错误日志和删除错误日志。
5．练习启动和设置通用查询日志、查看通用查询日志。
6．练习启动和设置慢查询日志、查看慢查询日志。
7．练习删除通用查询日志和慢查询日志。

第 18 章　性 能 优 化

性能优化是通过某些有效的方法提高 MySQL 数据库的性能。性能优化的目的是为了使 MySQL 数据库运行速度更快、占用的磁盘空间更小。性能优化包括很多方面，例如优化查询速度、优化更新速度和优化 MySQL 服务器等。本章将为读者介绍的内容包括：

- 性能优化的介绍；
- 优化查询；
- 优化数据库结构；
- 优化 MySQL 服务器。

通过本章的学习，读者可以了解性能优化的目的。读者还可以了解优化查询、优化数据库结构和优化MySQL服务器的方法。学习完本章后，读者可以根据本章的知识对MySQL数据库进行相应的优化，以提高 MySQL 数据库的速度。

18.1　优 化 简 介

优化 MySQL 数据库是数据库管理员的必备技能。通过不同的优化方式达到提高 MySQL 数据库性能的目的。本节将为读者介绍优化的基本知识。

MySQL 数据库的用户和数据非常少的时候，很难判断一个 MySQL 数据库的性能的好坏。只有当长时间运行，并且有大量用户进行频繁操作时，MySQL 数据库的性能才能体现出来了。例如，一个每天有几万用户同时在线的大型网站的数据库性能的优劣就很明显。这么多用户在同时连接 MySQL 数据库，并且进行查询、插入和更新的操作。如果 MySQL 数据库的性能很差，很可能无法承受如此多用户同时操作。试想用户查询一条记录需要花费很长时间，用户很难会喜欢这个网站。

因此，为了提高 MySQL 数据库的性能，需要进行一系列的优化措施。如果 MySQL 数据库中需要进行大量的查询操作，那么就需要对查询语句进行优化。对于耗费时间的查询语句进行优化，可以提高整体的查询速度。如果连接 MySQL 数据库的用户很多，那么就需要对 MySQL 服务器进行优化。否则，大量的用户同时连接 MySQL 数据库，可能会造成数据库系统崩溃。

数据库管理员可以使用 SHOW STATUS 语句查询 MySQL 数据库的性能。语法形式如下：

```
SHOW STATUS LIKE 'value' ;
```

其中，value 参数是常用的几个统计参数。这些常用参数介绍如下。

- Connections：连接 MySQL 服务器的次数；
- Uptime：MySQL 服务器的上线时间；
- Slow_queries：慢查询的次数；

- Com_select：查询操作的次数；
- Com_insert：插入操作的次数；
- Com_update：更新操作的次数；
- Com_delete：删除操作的次数。

说明：MySQL 中存在查询 InnoDB 类型的表的一些参数。例如，Innodb_rows_read 参数表示 SELECT 语句查询的记录数；Innodb_rows_inserted 参数表示 INSERT 语句插入的记录数；Innodb_rows_updated 参数表示 UPDATE 语句更新的记录数；Innodb_rows_deleted 参数表示 DELETE 语句删除的记录数。

如果需要查询 MySQL 服务器的连接次数，可以执行下面的 SHOW STATUS 语句：

```
SHOW STATUS LIKE 'Connections' ;
```

通过这些参数可以分析 MySQL 数据库的性能。然后根据分析结果，进行相应的性能优化。

18.2　优化查询

查询是数据库中最频繁的操作。提高了查询速度可以有效的提高 MySQL 数据库的性能。本节将为读者介绍优化查询的方法。

18.2.1　分析查询语句

通过对查询语句的分析，可以了解查询语句的执行情况。MySQL 中，可以使用 EXPLAIN 语句和 DESCRIBE 语句来分析查询语句。本小节将为读者介绍这两种分析查询语句的方法。

EXPLAIN 语句的基本语法如下：

```
EXPLAIN SELECT 语句 ;
```

通过 EXPLAIN 关键字可以分析后面的 SELECT 语句的执行情况。并且能够分析出所查询的表的一些内容。

【示例 18-1】 下面使用 EXPLAIN 语句来分析一个查询语句。代码执行如下：

```
mysql> EXPLAIN SELECT * FROM student \G
*************************** 1. row ***************************
           id: 1
  select_type: SIMPLE
        table: student
         type: ALL
possible_keys: NULL
          key: NULL
      key_len: NULL
          ref: NULL
         rows: 6
        Extra:
1 row in set (0.01 sec)
```

查询结果显示了 id、select_type、table、type、possible_keys 和 key 等信息。下面分别

进行解释。

- id：表示 SELECT 语句的编号；
- select_type：表示 SELECT 语句的类型。该参数有几个常用的取值，即 SIMPLE 表示简单查询，其中不包括连接查询和子查询；PRIMARY 表示主查询，或者是最外层的查询语句；UNION 表示连接查询的第二个或后面的查询语句；
- table：表示查询的表；
- type：表示表的连接类型。该参数有几个常用的取值，即 system 表示表中只有一条记录；const 表示表中有多条记录，但只从表中查询一条记录；ALL 表示对表进行了完整的扫描；eq_ref 表示多表连接时，后面的表使用了 UNIQUE 或者 PRIMARY KEY；ref 表示多表查询时，后面的表使用了普通索引；unique_subquery 表示子查询中使用了 UNIQUE 或者 PRIMARY KEY；index_subquery 表示子查询中使用了普通索引；range 表示查询语句中给出了查询范围；index 表示对表中的索引进行了完整的扫描；
- possible_keys：表示查询中可能使用的索引；
- key：表示查询使用到的索引；
- key_len：表示索引字段的长度；
- ref：表示使用哪个列或常数与索引一起来查询记录；
- rows：表示查询的行数；
- Extra：表示查询过程的附件信息。

DESCRIBE 语句的使用方法与 EXPLAIN 语句是一样的。这两者的分析结果也是一样的。DESCRIBE 语句的语法形式如下：

```
DESCRIBE SELECT 语句 ;
```

DESCRIBE 可以缩写成 DESC。

18.2.2　索引对查询速度的影响

索引可以快速的定位表中的某条记录。使用索引可以提高数据库查询的速度，从而提高数据库的性能。本小节将为读者介绍索引对查询速度的影响。

如果查询时不使用索引，查询语句将查询表中的所有字段。这样查询的速度会很慢。如果使用索引进行查询，查询语句只查询索引字段。这样可以减少查询的记录数，达到提高查询速度的目的。

【示例 18-2】 下面是查询语句中不使用索引和使用索引的对比。现在分析未使用索引时的查询情况，EXPLAIN 语句执行如下：

```
mysql> EXPLAIN SELECT * FROM student WHERE name='张三'\G
*************************** 1. row ***************************
           id: 1
  select_type: SIMPLE
        table: student
         type: ALL
possible_keys: NULL
          key: NULL
      key_len: NULL
          ref: NULL
         rows: 6
        Extra: Using where
```

```
1 row in set (0.00 sec)
```

结果显示，rows 参数的值为 6。这说明这个查询语句查询了 6 条记录。现在在 name 字段上建立一个名为 index_name 的索引。CREATE 语句执行如下：

```
mysql> CREATE INDEX index_name ON student(name);
Query OK, 6 rows affected (0.09 sec)
Records: 6   Duplicates: 0   Warnings: 0
```

现在，name 字段上已经有索引了，然后再分析查询语句的执行情况。EXPLAIN 语句执行如下：

```
mysql> EXPLAIN SELECT * FROM student WHERE name='张三'\G
*************************** 1. row ***************************
           id: 1
  select_type: SIMPLE
        table: student
         type: ref
possible_keys: index_name
          key: index_name
      key_len: 22
          ref: const
         rows: 1
        Extra: Using where
1 row in set (0.01 sec)
```

结果显示，rows 参数的值为 1。这表示这个查询语句只查询了一条记录，其查询速度自然比查询 6 条记录快。而且 possible_keys 和 key 的值都是 index_name，这说明查询时使用了 index_name 索引。

18.2.3　使用索引查询

索引可以提高查询的速度。但是有些时候即使查询时使用的是索引，但索引并没有起作用。本小节将向读者介绍索引的使用。

1．查询语句中使用LIKE关键字

在查询语句中使用 LIKE 关键字进行查询时，如果匹配字符串的第一个字符为“%”时，索引不会被使用。如果“%”不是在第一个位置，索引就会被使用。

【示例 18-3】 下面查询语句中使用 LIKE 关键字，并且匹配的字符串中含有“%”符号。EXPLAIN 语句执行如下：

```
mysql> EXPLAIN SELECT * FROM student WHERE name LIKE '%四' \G
*************************** 1. row ***************************
           id: 1
  select_type: SIMPLE
        table: student
         type: ALL
possible_keys: NULL
          key: NULL
      key_len: NULL
          ref: NULL
         rows: 6
        Extra: Using where
1 row in set (0.00 sec)

mysql> EXPLAIN SELECT * FROM student WHERE name LIKE '李%' \G
*************************** 1. row ***************************
```

```
           id: 1
  select_type: SIMPLE
        table: student
         type: range
possible_keys: index_name
          key: index_name
      key_len: 22
          ref: NULL
         rows: 1
        Extra: Using where
1 row in set (0.00 sec)
```

第一个查询语句执行后，rows 参数的值为 6，表示这次查询过程中查询了 6 条记录；第二个查询语句执行后，rows 参数的值为 1，表示这次查询过程只查询一条记录。同样是使用 name 字段进行查询，第一个查询语句没有使用索引，而第二个查询语句使用了索引 index_name。因为第一个查询语句的 LIKE 关键字后的字符串以“%”开头。

2．查询语句中使用多列索引

多列索引是在表的多个字段上创建一个索引。只有查询条件中使用了这些字段中第一个字段时，索引才会被使用。

【示例 18-4】 下面在 birth 和 department 两个字段上创建多列索引，然后验证多列索引的使用情况。

```
mysql> CREATE INDEX index_birth_department ON student(birth,department);
Query OK, 6 rows affected (0.01 sec)
Records: 6  Duplicates: 0  Warnings: 0

mysql> EXPLAIN SELECT * FROM student WHERE birth=1991 \G
*************************** 1. row ***************************
           id: 1
  select_type: SIMPLE
        table: student
         type: ref
possible_keys: index_birth_department
          key: index_birth_department
      key_len: 2
          ref: const
         rows: 1
        Extra: Using where
1 row in set (0.00 sec)

mysql> EXPLAIN SELECT * FROM student WHERE department='英语系' \G
*************************** 1. row ***************************
           id: 1
  select_type: SIMPLE
        table: student
         type: ALL
possible_keys: NULL
          key: NULL
      key_len: NULL
          ref: NULL
         rows: 6
        Extra: Using where
1 row in set (0.00 sec)
```

在 birth 字段和 department 字段上创建一个多列索引。第一个查询语句的查询条件使用了 birth 字段，分析结果显示 rows 参数的值为 1。而且显示查询过程中使用了 index_birth_department 索引。第二个查询语句的查询条件使用了 department 字段，结果显示 rows 参数的值为 6。而且 key 参数的值为 NULL，这说明第二个查询语句没有使用索引。

因为 name 字段是多列索引的第一个字段，只有查询条件中使用了 name 字段才会使 index_name_department 索引起作用。

3．查询语句中使用OR关键字

查询语句只有 OR 关键字时，如果 OR 前后的两个条件的列都是索引时，查询中将使用索引。如果 OR 前后有一个条件的列不是索引，那么查询中将不使用索引。

【示例 18-5】 下面演示 OR 关键字的使用。

```
mysql> EXPLAIN SELECT * FROM student WHERE name='张三' or sex='女' \G
*************************** 1. row ***************************
           id: 1
  select_type: SIMPLE
        table: student
         type: ALL
possible_keys: index_name
          key: NULL
      key_len: NULL
          ref: NULL
         rows: 6
        Extra: Using where
1 row in set (0.00 sec)

mysql> EXPLAIN SELECT * FROM student WHERE name='张三' or id=3 \G
*************************** 1. row ***************************
           id: 1
  select_type: SIMPLE
        table: student
         type: index_merge
possible_keys: PRIMARY,id,index_name
          key: index_name,PRIMARY
      key_len: 22,4
          ref: NULL
         rows: 2
        Extra: Using union(index_name,PRIMARY); Using where
1 row in set (0.00 sec)
```

第一个查询语句没有使用索引，因为 sex 字段上没有索引；第二个查询语句使用了 index_name 和 PRIMARY 这两个索引，因为 name 字段和 id 字段上都有索引。

技巧： 使用索引查询记录时，一定要注意索引的使用情况。例如，LIKE 关键字配置的字符串不能以“%”开头；使用多列索引时，查询条件必须要使用这个索引的第一个字段；使用 OR 关键字时，OR 关键字连接的所有条件都必须使用索引。

18.2.4　优化子查询

很多查询中需要使用子查询。子查询可以使查询语句很灵活，但子查询的执行效率不高。子查询时，MySQL 需要为内层查询语句的查询结果建立一个临时表。然后外层查询语句再临时表中查询记录。查询完毕后，MySQL 需要撤销这些临时表。因此，子查询的速度会受到一定的影响。如果查询的数据量比较大，这种影响就会随之增大。在 MySQL 中可以使用连接查询来替代子查询。连接查询不需要建立临时表，其速度比子查询要快。

18.3　优化数据库结构

数据库结构是否合理，需要考虑是否存在冗余、对表的查询和更新的速度、表中字段的数据类型是否合理等多方面的内容。本节将为读者介绍优化数据库结构的方法。

18.3.1　将字段很多的表分解成多个表

有些表在设计时设置了很多的字段。这个表中有些字段的使用频率很低。当这个表的数据量很大时，查询数据的速度就会很慢。本小节将为读者介绍优化这种表的方法。

对于这种字段特别多且有些字段的使用频率很低的表，可以将其分解成多个表。

【示例 18-6】 下面的学生表中有很多字段，其中在 extra 字段中存储着学生的备注信息。有些备注信息的内容特别多。但是，备注信息很少使用。这样就可以分解出另外一个表。将这个取名叫 student_extra。表中存储两个字段，分别为 id 和 extra。其中，id 字段为学生的学号，extra 字段存储备注信息。student_extra 表的结构如下：

```
mysql> DESC student_extra ;
+-------+-----------+--------+-------+-------------+---------+
| Field | Type      | Null   | Key   | Default     | Extra |
+-------+-----------+--------+-------+-------------+---------+
| id    | int(11)   | NO     | PRI   | NULL        |         |
| extra | text      | YES    |       | NULL        |         |
+-------+-----------+--------+-------+-------------+---------+
2 rows in set (0.00 sec)
```

如果需要查询某个学生的备注信息，可以用学号（id）来查询。如果需要将学生的学籍信息与备注信息同时显示时，可以将 student 表和 student_extra 表进行联表查询，查询语句如下：

```
SELECT * FROM student, student_extra WHERE student.id=student_extra.id ;
```

通过这种分解，可以提高 student 表的查询效率。因此，遇到这种字段很多，而且有些字段使用不频繁的，可以通过这种分解的方式来优化数据库的性能。

18.3.2　增加中间表

有时需要经常查询某两个表中的几个字段。如果经常进行联表查询，会降低 MySQL 数据库的查询速度。对于这种情况，可以建立中间表来提高查询速度。本小节将为读者介绍增加中间表的方法。

先分析经常需要同时查询哪几个表中的哪些字段。然后将这些字段建立一个中间表，并将原来那几个表的数据插入到中间表中，之后就可以使用中间表来进行查询和统计了。

【示例 18-7】 下面有个学生表 student 和分数表 score。这两个表的结构如下：

```
mysql> DESC student;
+---------------+---------------+---------+-------+-------------+----------+
| Field         | Type          | Null    | Key | Default     | Extra    |
+---------------+---------------+---------+-------+-------------+----------+
| id            | int(10)       | NO      | PRI | NULL        |          |
```

```
| name       | varchar(20) | NO   | MUL | NULL    |       |
| sex        | varchar(4)  | YES  |     | NULL    |       |
| birth      | year(4)     | YES  | MUL | NULL    |       |
| department | varchar(20) | YES  |     | NULL    |       |
| address    | varchar(50) | YES  |     | NULL    |       |
+------------+-------------+------+-----+---------+-------+
6 rows in set (0.03 sec)

mysql> DESC score;
+--------+-------------+------+-----+---------+----------------+
| Field  | Type        | Null | Key | Default | Extra          |
+--------+-------------+------+-----+---------+----------------+
| id     | int(10)     | NO   | PRI | NULL    | auto_increment |
| stu_id | int(10)     | NO   | MUL | NULL    |                |
| c_name | varchar(20) | YES  |     | NULL    |                |
| grade  | int(10)     | YES  |     | NULL    |                |
+--------+-------------+------+-----+---------+----------------+
4 rows in set (0.03 sec)
```

实际中经常要查学生的学号、姓名和成绩。根据这种情况可以创建一个 temp_score 表。temp_score 表中存储 3 个字段，分别是 id、name 和 grade。CREATE 语句执行如下：

```
mysql> CREATE TABLE temp_score(id INT NOT NULL,
    -> name VARCHAR(20) NOT NULL,
    -> grade FLOAT
    -> );
Query OK, 0 rows affected (0.00 sec)
```

然后从 student 表和 score 表中将记录导入到 temp_score 表中。INSERT 语句如下：

```
INSERT INTO temp_score SELECT student.id, student.name, score.grade
FROM student, score WHERE student.id=score.stu_id ;
```

将这些数据插入到 temp_score 表中以后，可以直接从 temp_score 表中查询学生的学号、姓名和成绩。这样就省去了每次查询时进行表连接。这样可以提高数据库的查询速度。

18.3.3　增加冗余字段

设计数据库表时尽量让表达到三范式。但是，有时为了提高查询速度，可以有意识地在表中增加冗余字段。本小节将为读者介绍通过增加冗余字段来提高查询速度的方法。

表的规范化程度越高，表与表之间的关系就越多；查询时可能经常需要在多个表之间进行连接查询；而进行连接操作会降低查询速度。例如，学生的信息存储在 student 表中，院系信息存储在 department 表中。通过 student 表中的 dept_id 字段与 department 表建立关联关系。如果要查询一个学生所在系的名称，必须从 student 表中查找学生所在院系的编号（dept_id），然后根据这个编号去 department 查找系的名称。如果经常需要进行这个操作时，连接查询会浪费很多的时间。因此可以在 student 表中增加一个冗余字段 dept_name，该字段用来存储学生所在院系的名称。这样就不用每次都进行连接操作了。

技巧： 分解表、增加中间表和增加冗余字段都浪费了一定的磁盘空间。从数据库性能来看，增加少量的冗余来提高数据库的查询速度是可以接受的。是否通过增加冗余来提高数据库性能，这要根据 MySQL 服务器的具体要求来定。如果磁盘空间很大，可以考虑牺牲一点磁盘空间。

18.3.4　优化插入记录的速度

插入记录时，索引、唯一性校验都会影响到插入记录的速度。而且，一次插入多条记录和多次插入记录所耗费的时间是不一样的。根据这些情况，分别进行不同的优化。本小节将为读者介绍优化插入记录的速度的方法。

1．禁用索引

插入记录时，MySQL 会根据表的索引对插入的记录进行排序。如果插入大量数据时，这些排序会降低插入记录的速度。为了解决这种情况，在插入记录之前先禁用索引。等到记录都插入完毕后再开启索引。禁用索引的语句如下：

```
ALTER TABLE 表名 DISABLE KEYS ;
```

重新开启索引的语句如下：

```
ALTER TABLE 表名 ENABLE KEYS ;
```

对于新创建的表，可以先不创建索引。等到记录都导入以后再创建索引。这样可以提高导入数据的速度。

2．禁用唯一性检查

插入数据时，MySQL 会对插入的记录进行唯一性校验。这种校验也会降低插入记录的速度。可以在插入记录之前禁用唯一性检查。等到记录插入完毕后再开启。禁用唯一性检查的语句如下：

```
SET UNIQUE_CHECKS=0;
```

重新开启唯一性检查的语句如下：

```
SET UNIQUE_CHECKS=1;
```

3．优化INSERT语句

插入多条记录时，可以采取两种写 INSERT 语句的方式。第一种是一个 INSERT 语句插入多条记录。INSERT 语句的情形如下：

```
INSERT   INTO   food   VALUES
       (NULL,'EE 果冻','EE 果冻厂', 1.5 ,'2007', 2 ,'北京') ,
       (NULL,'FF 咖啡','FF 咖啡厂', 20 ,'2002', 5 ,'天津') ,
       (NULL,'GG 奶糖','GG 奶糖', 14 ,'2003', 3 ,'广东') ;
```

第二种是一个 INSERT 语句只插入一条记录，执行多个 INSERT 语句来插入多条记录。INSERT 语句的情形如下：

```
INSERT INTO food VALUES (NULL,'EE 果冻','EE 果冻厂', 1.5 ,'2007', 2 ,'北京');
INSERT INTO food VALUES (NULL,'FF 咖啡','FF 咖啡厂', 20 ,'2002', 5 ,'天津');
INSERT INTO food VALUES (NULL,'GG 奶糖','GG 奶糖', 14 ,'2003', 3 ,'广东');
```

第一种方式减少了与数据库之间的连接等操作，其速度比第二种方式要快。

技巧：当插入大量数据时，建议使用一个 INSERT 语句插入多条记录的方式。而且，如果能用 LOAD DATA INFILE 语句，就尽量用 LOAD DATA INFILE 语句。因为 LOAD DATA INFILE 语句导入数据的速度比 INSERT 语句的速度快。

18.3.5　分析表、检查表和优化表

分析表主要作用是分析关键字的分布。检查表主要作用是检查表是否存在错误。优化表主要作用是消除删除或者更新造成的空间浪费。本小节将为读者介绍分析表、检查表和优化表的方法。

1. 分析表

MySQL 中使用 ANALYZE TABLE 语句来分析表，该语句的基本语法如下：

```
ANALYZE TABLE 表名 1 [,表名 2…] ;
```

使用 ANALYZE TABLE 分析表的过程中，数据库系统会对表加一个只读锁。在分析期间，只能读取表中的记录，不能更新和插入记录。ANALYZE TABLE 语句能够分析 InnoDB 和 MyISAM 类型的表。

【示例 18-8】 下面使用 ANALYZE TABLE 语句分析 score 表，分析结果如下：

```
mysql> ANALYZE TABLE score;
+------------+---------+----------+----------+
| Table      | Op      | Msg_type | Msg_text |
+------------+---------+----------+----------+
| test.score | analyze | status   | OK       |
+------------+---------+----------+----------+
1 row in set (0.05 sec)
```

上面结果显示了 4 列信息，详细介绍如下：

- Table：表示表的名称；
- Op：表示执行的操作。analyze 表示进行分析操作。check 表示进行检查查找。optimize 表示进行优化操作；
- Msg_type：表示信息类型，其显示的值通常是状态、警告、错误和信息这四者之一；
- Msg_text：显示信息。

检查表和优化表之后也会出现这 4 列信息。

2. 检查表

MySQL 中使用 CHECK TABLE 语句来检查表。CHECK TABLE 语句能够检查 InnoDB 和 MyISAM 类型的表是否存在错误。而且，该语句还可以检查视图是否存在错误。该语句的基本语法如下：

```
CHECK TABLE 表名 1 [,表名 2…] [option] ;
```

其中，option 参数有 5 个参数，分别是 QUICK、FAST、CHANGED、MEDIUM 和 EXTENDED。这 5 个参数的执行效率依次降低。option 选项只对 MyISAM 类型的表有效，对 InnoDB 类型的表无效。CHECK TABLE 语句在执行过程中也会给表加上只读锁。

3．优化表

MySQL 中使用 OPTIMIZE TABLE 语句来优化表。该语句对 InnoDB 和 MyISAM 类型的表都有效。但是，OPTILMIZE TABLE 语句只能优化表中的 VARCHAR、BLOB 或 TEXT 类型的字段。OPTILMIZE TABLE 语句的基本语法如下：

```
OPTIMIZE TABLE 表名 1 [,表名 2...] ;
```

通过 OPTIMIZE TABLE 语句可以消除删除和更新造成的磁盘碎片，从而减少空间的浪费。OPTIMIZE TABLE 语句在执行过程中也会给表加上只读锁。

说明：如果一个表使用了 TEXT 或者 BLOB 这样的数据类型，那么更新、删除等操作就会造成磁盘空间的浪费。因为，更新和删除操作后，以前分配的磁盘空间不会自动收回。使用 OPTIMIZE TABLE 语句就可以将这些磁盘碎片整理出来，以便以后再利用。

18.4　优化 MySQL 服务器

优化 MySQL 服务器可以从两个方面来理解。一个是从硬件方面来进行优化；另一方面是从 MySQL 服务的参数进行优化。通过这些优化方式，可以提供 MySQL 的运行速度。但是这部分的内容很难理解，一般只有专业的数据库管理员才能进行这一类的优化。本小节将为读者介绍优化 MySQL 服务器的方法。

18.4.1　优化服务器硬件

服务器的硬件性能直接决定着 MySQL 数据库的性能。例如，增加内存和提高硬盘的读写速度，可以提高 MySQL 数据库的查询、更新的速度。本小节将为读者介绍优化服务器硬件的方法。

随着硬件技术的成熟，硬件的价格也随之降低。现在普通的个人电脑都已经配置了 2GB 内存，甚至一些个人电脑配置 4GB 内存。因为内存的读写速度比硬盘的读写速度快。可以在内存中为 MySQL 设置更多的缓冲区，这样可以提高 MySQL 访问的速度。如果将查询频率很高的记录存储在内存中，那么查询速度就会很快。

如果条件允许，可以将内存提高到 4GB。并且选择 my-innodb-heavy-4G.ini 作为 MySQL 数据库的配置文件。但是，这个配置文件主要支持 InnoDB 存储引擎的表。如果使用 2GB 内存，可以选择 my-huge.ini 作为配置文件。而且，MySQL 所在的计算机最好是专用数据库服务器。这样数据库可以完全利用该机器的资源。

说明：服务器类型分为 Developer Machine、Server Machine 和 Dedicate MySQL Server Machine。其中 Developer Machine 用来做软件开发的时候使用，数据库占用的资源比较少。后面两者占用的资源比较多，尤其是 Dedicate MySQL Server Machine，其几乎要占用所有的资源。

另一种方式提高 MySQL 性能的方式是使用多块磁盘来存储数据。因为可以从多个磁盘上并行读取数据，这样可以提高读取数据的速度。通过镜像机制可以将不同计算机上的 MySQL 服务器进行同步，这些 MySQL 服务器中的数据都是一样的。通过不同的 MySQL 服务器来提供数据库服务，这样可以降低单个 MySQL 服务器的压力，从而提高 MySQL 的性能。

18.4.2　优化 MySQL 的参数

内存中会为 MySQL 保留部分的缓存区。这些缓存区可以提高 MySQL 数据库的处理速度。缓存区的大小都是在 MySQL 的配置文件中进行设置的。本小节将为读者介绍这些配置参数。

MySQL 中比较重要的配置参数都在 my.cnf 或者 my.ini 文件的[mysqld]组中。这些参数在 2.3.2 小节简单地进行了介绍。下面对几个很重要的参数进行详细介绍。

- key_buffer_size：表示索引缓存的大小。这个值越大，使用索引进行查询的速度越快。
- table_cache：表示同时打开的表的个数。这个值越大，能够同时打开的表的个数越多。这个值不是越大越好，因为同时打开的表太多会影响操作系统的性能。
- query_cache_size：表示查询缓存区的大小。使用查询缓存区可以提高查询的速度，这种方式只适用于修改操作少且经常执行相同的查询操作的情况；其默认值为 0。当取值为 2 时，只有 SELECT 语句中使用了 SQL_CACHE 关键字，查询缓存区才会使用。例如，SELECT SQL_CACHE * FROM score。
- query_cache_type：表示查询缓冲区的开启状态。其取值为 0 时表示关闭，取值为 1 时表示开启，取值为 2 时表示按要求使用查询缓存区。
- max_connections：表示数据库的最大连接数。这个连接数不是越大越好，因为这些连接会浪费内存的资源。
- sort_buffer_size ：表示排序缓存区的大小。这个值越大，进行排序的速度越快。
- read_buffer_size ：表示为每个线程保留的缓冲区的大小。当线程需要从表中连续读取记录时需要用到这个缓冲区。SET SESSION read_buffer_size=n 可以临时设置该参数的值。
- read_rnd_buffer_size ：表示为每个线程保留的缓冲区的大小，与 read_buffer_size 相似。但主要用于存储按特定顺序读取出来的记录。也可以用 SET SESSION read_rnd_buffer_size=n 来临时设置该参数的值。
- innodb_buffer_pool_size：表示 InnoDB 类型的表和索引的最大缓存。这个值越大，查询的速度就会越快。但是这个值太大了会影响操作系统的性能。
- innodb_flush_log_at_trx_commit：表示何时将缓冲区的数据写入日志文件，并且将日志文件写入磁盘中。该参数有 3 个值，分别为 0、1 和 2。值为 0 时表示每隔 1 秒将数据写入日志文件并将日志文件写入磁盘；值为 1 时表示每次提交事务时将数据写入日志文件并将日志文件写入磁盘；值为 2 时表示每次提交事务时将数据写入日志文件，每隔 1 秒将日志文件写入磁盘。该参数的默认值为 1。这个默认值是最安全最合理的。

合理的配置这些参数可以提高 MySQL 服务器的性能。除上述参数以外，还有 innodb_log_buffer_size、innodb_log_file_size 等参数。配置完参数以后，需要重新启动 MySQL 服务才会生效。如果想了解更多参数，请参照 2.3.2 小节。

18.5　本 章 实 例

本节将对 MySQL 进行优化操作。本节要求的操作如下：

（1）查看 InnoDB 表的查询的记录数和更新的记录数。

（2）分析查询语句的性能。SELECT 语句如下：

```
SELECT * FROM score WHERE stu_id=902 ;
```

（3）分析 score 表。

本实例的执行步骤如下：

1．查看InnoDB表的查询次数和更新次数

Innodb_rows_read 参数表示 InnoDB 表查询的记录数。InnoDB_rows_updated 参数表示 InnoDB 表更新的记录数。使用 SHOW STATUS 语句来查询这两个参数的值。语句执行如下：

```
mysql> SHOW STATUS LIKE 'Innodb_rows_read'\G
*************************** 1. row ***************************
Variable_name: Innodb_rows_read
        Value: 5
1 row in set (0.13 sec)

mysql> SHOW STATUS LIKE 'Innodb_rows_updated'\G
*************************** 1. row ***************************
Variable_name: Innodb_rows_updated
        Value: 7
1 row in set (0.00 sec)
```

2．分析查询语句的性能

MySQL 中，使用 EXPLAIN 语句来分析查询语句的性能。下面是分析题中给出的 SELECT 语句的性能。

```
mysql> EXPLAIN SELECT * FROM score WHERE stu_id=902 \G
*************************** 1. row ***************************
           id: 1
  select_type: SIMPLE
        table: score
         type: ref
possible_keys: index_stu_id
          key: index_stu_id
      key_len: 4
          ref: const
         rows: 2
        Extra:
1 row in set (0.00 sec)
```

结果显示，查询类型为 SIMPLE，说明这是一个简单查询；type 值为 ref，表示查询时使用了普通索引；查询时使用的索引是 index_stu_id。rows 的值为 2，表示查询结果有两条记录。

3．分析score表

MySQL 中使用 ANALYZE TABLE 语句来分析 score 表。ANALYZE TABLE 语句执行

如下：

```
mysql> ANALYZE TABLE score;
+---------------+------------+------------+-------------+
| Table         | Op         | Msg_type | Msg_text |
+---------------+------------+------------+-------------+
| test.score  | analyze  | status      | OK          |
+---------------+------------+------------+-------------+
1 row in set (0.02 sec)
```

分析结果显示，score 表的状态正常。

18.6　上 机 实 践

本节将对 MySQL 进行优化操作。本节要求的操作如下：

（1）查看 MySQL 服务器的连接数、查询次数和慢查询的次数。

（2）检查 score 表。

（3）优化 score 表。

本实例的执行步骤如下：

1．查看MySQL服务器的连接数、查询次数和慢查询的次数

Connection、Com_select 和 Slow_queries 3 个参数分别表示 MySQL 服务器的连接数、查询次数和慢查询次数。查看 MySQL 服务器的连接数的语句执行如下：

```
mysql> SHOW STATUS LIKE 'Connections';
+--------------------+--------+
| Variable_name | Value |
+--------------------+--------+
| Connections     | 2      |
+--------------------+--------+
1 row in set (0.16 sec)
```

查看查询次数的语句执行如下：

```
mysql> SHOW STATUS LIKE 'Com_select';
+--------------------+--------+
| Variable_name | Value |
+--------------------+--------+
| Com_select      | 3      |
+--------------------+--------+
1 row in set (0.00 sec)
```

查看慢查询次数的语句执行如下：

```
mysql> SHOW STATUS LIKE 'Slow_queries';
+--------------------+--------+
| Variable_name | Value |
+--------------------+--------+
| Slow_queries    | 0      |
+--------------------+--------+
1 row in set (0.00 sec)
```

2．检查score表

MySQL 中使用 CHECK TABLE 语句来检查 score 表。CHECK TABLE 语句执行结果如下：

```
mysql> CHECK TABLE score;
+---------------+-----------+-------------+-----------+
```

```
| Table        | Op     | Msg_type | Msg_text |
+--------------+--------+----------+----------+
| test.score   | check  | status   | OK       |
+--------------+--------+----------+----------+
1 row in set (0.05 sec)
```

检查结果显示，score 表的状态正常。

3．优化score表

MySQL 中使用 OPTIMIZE TABLE 语句来优化表。OPTIMIZE TABLE 语句执行结果如下：

```
mysql> OPTIMIZE TABLE score;
+--------------+----------+----------+----------+
| Table        | Op       | Msg_type | Msg_text |
+--------------+----------+----------+----------+
| test.score   | optimize | status   | OK       |
+--------------+----------+----------+----------+
1 row in set (0.05 sec)
```

如果 score 表中经常进行删除和更新，那么 score 表中会存在很多的磁盘碎片。通过 OPTIMIZE TABLE 语句，可以将磁盘碎片整理好，减少空间浪费。

18.7　常见问题及解答

1．如何使用查询缓存区？

查询缓存区可以提高查询的速度。这种方式只适用于修改操作少且经常执行相同的查询操作的情况。默认情况下，查询缓存区是禁止的，因为 query_cache_size 的默认值为 0。query_cache_size 可以设置有效的使用空间。query_cache_type 可以设置查询缓冲区的开启状态，其取值为 0、1 或 2。在 my.cnf 或者 my.ini 中加入下面的语句：

```
#my.cnf（Linux）或者 my.ini（Windows）
[mysqld]
query_cache_size=20M
query_cache_type=1
```

query_cache_type 取值为 1 时表示开启查询缓存区。在查询语句中加上 SQL_NO_CACHE 关键字，该查询语句将不使用查询查询缓存区。可以使用 FLUSH QUERY CACHE 语句来清理查询缓存区中的碎片。

2．为什么查询语句中的索引没有发挥作用？

在很多情况下，虽然查询语句中使用了索引，但是索引并没有发挥作用。例如，在 WHERE 条件的 LIKE 关键字匹配的字符串以“%”开头，这种情况下索引不会起作用。WHERE 条件中使用 OR 关键字来连接多个查询条件，如果有一个条件没有使用索引，那么其他的索引也不会起作用。如果使用多列索引时，多列索引的第一个字段没有使用，那么这个多列索引也不起作用。根据这些情况，必须对这些语句进行相应的优化。

18.8　小　　结

本章介绍了数据库优化的含义和查看数据库性能参数的方法。然后，介绍了优化查询的方法、优化数据库结构的方法和优化 MySQL 服务器的方法。优化查询的方法和优化数据库结构是本章的重点内容，优化查询部分主要介绍了索引对查询速度的影响。优化数据库结构部分主要介绍了如何对表进行优化。本章的难点是优化 MySQL 服务器，因为这部分涉及很多 MySQL 配置文件和配置文件中的参数。第 19 章将为读者介绍 Java 语言访问 MySQL 数据库的方法。

18.9　本 章 习 题

1．练习查看 MySQL 数据库的连接数、上线时间、执行更新操作的次数和执行删除操作的次数。

2．练习分析查询语句中是否使用了索引。

3．练习分析表、检查表和优化表。

4．练习优化 MySQL 的参数。

第 5 篇　MySQL 应用与实战开发

第 19 章　Java 访问 MySQL 数据库

Java 是由 Sun 公司开发的程序设计语言。Java 语言是一种面向对象的编程语言，而且具有跨平台性和高效的网络编程特性。Java 现在已经是最流行的程序语言之一。Java 语言可以通过 MySQL 数据库的接口访问 MySQL 数据库。本章将为读者介绍的内容包括：

- Java 连接 MySQL 数据库；
- Java 操纵 MySQL 数据库；
- Java 备份 MySQL 数据库；
- Java 还原 MySQL 数据库。

通过本章的学习，读者可以了解 Java 语言访问 MySQL 数据库的原理和方法、Java 备份和还原 MySQL 数据库的方法。读者可以根据本章的内容，练习编写访问 MySQL 数据库的 Java 代码。这样不仅可以提高对 MySQL 数据库的理解，而且还可以提高 Java 编程水平。

19.1　Java 连接 MySQL 数据库

Java 语言可以通过 JDBC（Java Database Connectivity，Java 数据库连接）来访问 MySQL 数据库。JDBC 的编程接口提供的接口和类与 MySQL 数据库建立连接，然后将 SQL 语句的执行结果进行处理。但这需要一个 MySQL 数据库的 JDBC 驱动程序。本节将为读者介绍 Java 连接 MySQL 数据库的方法。

19.1.1　下载 JDBC 驱动 MySQL Connector/J

读者可以在 MySQL 的官方网站下载 JDBC 驱动。当前最新的 JDBC 驱动程序是 MySQL Connector/J 5.1。MySQL Connector/J 5.1 的下载网址为 http://dev.mysql.com/downloads/connector/j/5.1.html。在下载页面有 Source and Binaries (tar.gz)和 Source and Binaries (zip)两个下载选项。前者主要用于 Linux 操作系统，后者主要用于 Windows 操作系统。下载后的文件分别是 mysql-connector-java-5.1.10.tar.gz 和 mysql-connector-java-5.1.10.zip。这里面都包含驱动的源代码和二进制包。源代码可以自行进行编译。二进制包是编译好的驱动，名称为 mysql-connector-java-5.1.10-bin.jar。

19.1.2　安装 MySQL Connector/J 驱动

Shell 或 DOS 窗口和 Eclipse 等编程工具中使用 JDBC 的方式是不一样的。前者需要将 JDBC 驱动的路径添加到环境变量中。后者可以直接将 JDBC 驱动添加到 Eclipse 等工具中。

在 Windows 操作系统中右击【我的电脑】图标，在弹出的菜单中选择【属性】命令，

然后单击【高级】|【环境变量】按钮。在弹出的窗口中可以看到用户环境变量。在 classpath 变量中添加 mysql-connector-java-5.1.10-bin.jar 的路径。在 DOS 窗口中执行的 Java 语句中需要调用 JDBC 驱动时，系统会自动到 classpath 变量中设置的路径中去查找。

Linux 操作系统下先使用 tar 命令来解压 mysql-connector-java-5.1.10.tar.gz。命令如下：

```
tar -xzvf mysql-connector-java-5.1.10.tar.gz
```

解压完成后，可以看到源代码和 jar 包文件。需要在/etc/profile 文件中添加 JDBC 驱动的 jar 包的路径。假设 jar 包 mysql-connector-java-5.1.10-bin.jar 存储在/home/mine 目录下。用 vi 工具打开/etc/profile 文件，并按照下面的方式添加环境变量。

```
CLASSPATH=.;/home/mine/mysql-connector-java-5.1.10-bin.jar
export CLASSPATH
```

如果读者使用的 Eclipse 或者 MyEclipse，可以直接将 JDBC 驱动添加到编程工具中。单击 Window|Preferences 命令，进入 Preferences 窗口，在该窗口中可以选择 Java|Build Path|User Libraris 选项。在出现的窗口中可以添加新的 jar 包，如图 19.1 所示。

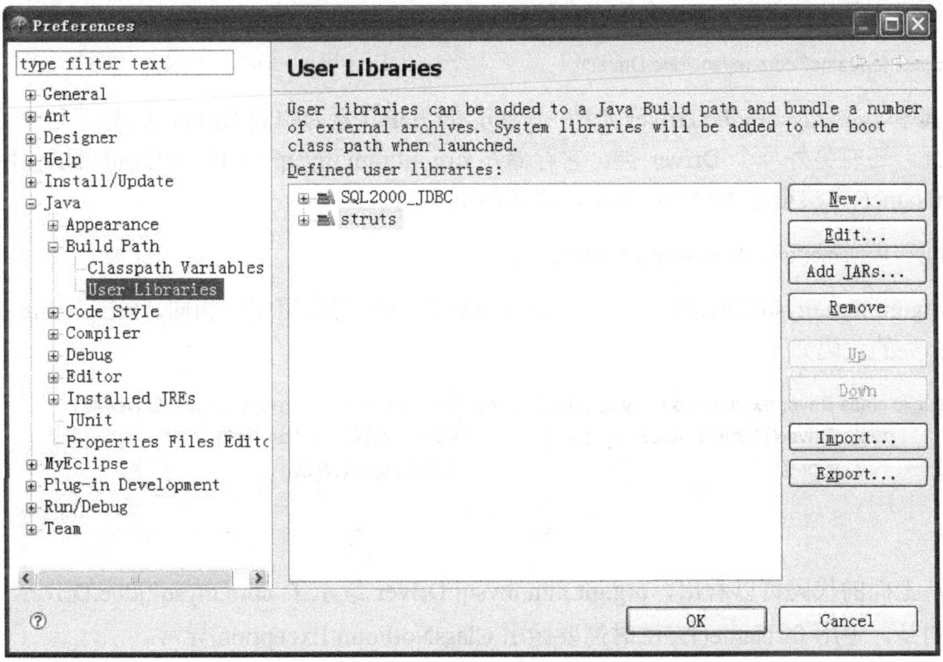

图 19.1 【Preferences】窗口

在窗口右边单击 New 按钮，可以建立库文件并为其取名，可以取名为 MySQL-JDBC。单击 Add JARs 按钮，可以添加新的 jar 包，在此处将 mysql-connector-java-5.1.10-bin.jar 添加到 Eclipse 中。

右击工程名后选择 Build Path 选项。在其弹出的下拉菜单中单击 Add Library 按钮。在弹出的 Add Library 窗口中选择 User Library 选项，然后单击 Next 按钮。在新窗口中选择 MySQL-JDBC 选项，然后单击 Finish 按钮；这样 JDBC 驱动就添加到 Eclipse 中了。

技巧： Windows 操作系统中，在 classpath 变量中添加 JDBC 驱动的路径后可能需要重新启动计算机。在 MyEclipse 中可以使用上述方法添加 JDBC 驱动。如果在

MyEclipse 中创建 Web 工程，可以直接将 JDBC 驱动的 jar 包拷贝到指定工程的 WebRoot|WEB-INF|lib 目录下。

19.1.3　连接 MySQL 数据库

在 java.sql 包中存在 DriverManager 类、Connnection 接口、Statement 接口和 ResultSet 接口。这些类和接口的作用如下。

- ❑ DriverManager 类：主要用于管理驱动程序和连接数据库；
- ❑ Connnection 接口：主要用于管理建立好的数据库连接；
- ❑ Statement 接口：主要用于执行 SQL 语句；
- ❑ ResultSet 接口：主要用于存储数据库返回的记录。

通过 DriverManager 类和 Connnection 接口实现连接数据库的功能。首先使用 java.lang.Class 类中的 forName()方法来指定 JDBC 驱动的类型。forName()方法指定 MySQL 驱动的语句如下：

```
Class.forName("com.mysql.jdbc.Driver");
```

其中，com.mysql.jdbc.Driver 是指 MySQL 的 JDBC 驱动中的 Driver 类。除了这个 Driver 类以外，还有另外一个 Driver 类，它存储在 org.git.mm.mysql 包下。因此也可以使用下面的 forName()方法指定 MySQL 驱动，语句如下：

```
Class.forName("org.git.mm.mysql.Driver");
```

org.git.mm.mysql.Driver 与 com.mysql.jdbc.Driver 的作用完全相同。org.git.mm.mysql. Driver 类的代码如下：

```
public class Driver extends com.mysql.jdbc.Driver {   // Driver 类继承 com.mysql.jdbc.Driver 类
    public Driver() throws SQLException {             //抛出 SQLException 异常
        super();                                      //调用 super()方法
    }
}
```

从上面的代码可以看出，org.git.mm.mysql.Driver 继承了 com.mysql.jdbc.Driver。需要注意的是，使用 forName()方法时需要抛出 ClassNotFountException 异常。

说明：org.git.mm.mysql.Driver 是早期的 JDBC 驱动程序。随着 MySQL 官方推出 com.mysql.jdbc.Driver 以后，org.git.mm.mysql.Driver 慢慢地退出了历史舞台。但是为了保证早期使用 org.git.mm.mysql.Driver 的 Java 代码的可用性，在新的 JDBC 驱动程序中添加了名为 org.git.mm.mysql.Driver 的类。

指定了 MySQL 驱动程序之后，就可以使用 DriverManager 类和 Connnection 接口来连接数据库。在 DriverManager 类中提供了 getConnection()方法。getConnection()方法有 3 个输入参数，分别是 url、user 和 password。这 3 个参数分别介绍如下。

- ❑ url：指定 JDBC 的数据源。其基本形式是“jdbc:mysql:数据源”。数据源中包括了 IP 或主机名、端口号和数据库名。例如，jdbc:mysql://localhost:3306/hjh。localhost 表示本地计算机；3306 是 MySQL 的端口号；hjh 是数据库名；

- user：MySQL 数据库的用户名；
- password：指定用户名的密码。

getConnection()方法返回值的是 Connection 对象。下面是使用 getConnection()方法的语句：

```
Connection connection=DriverManager.getConnection(url,user,password); //创建 Connection 对象
```

【示例 19-1】 下面是连接本地计算机 MySQL 数据库。MySQL 使用默认端口 3306，连接的数据库是 hjh。使用用户'root'来连接，其密码为'huang'。连接 MySQL 的语句如下：

```
Connection connection=DriverManager.getConnection("jdbc:mysql://localhost:3306/hjh","root",
"huang");
```

通过这个语句就可以连接到 MySQL 的 hjh 数据库了。该语句也可以写成下面的形式：

```
String url="jdbc:mysql://localhost:3306/hjh";                    //获取协议、IP 和端口等信息
String user="root";                                              //获取数据库用户名
String password="huang";                                         //获取数据库用户密码
Connection connection=DriverManager.getConnection(url, user, password);
                                                                 //创建 Connection 对象
```

这个语句要调用 java.sql 包下面的 DriverManager 类和 Connection 接口。Connection 接口是在 JDBC 驱动中实现的。JDBC 驱动的 com.mysql.jdbc 包下有 Connection 类。使用 getConnection()方法时需要抛出 SQLException 异常。

19.2　Java 操作 MySQL 数据库

连接 MySQL 数据库之后，可以对 MySQL 数据库中的数据进行查询、插入、更新和删除等操作。Statement 接口主要用来执行 SQL 语句，其中定义一些执行 SQL 语句的方法。SQL 语句执行后返回的结果由 ResultSet 接口管理。通过这两个接口，Java 可以方便的操作 MySQL 数据库。本节将详细的向读者介绍 Java 操作 MySQL 数据库的方法。

19.2.1　创建 Statement 对象

Connection 对象调用 createStatemcnt()方法来创建 Statement 对象，其代码如下：

```
Statement statement=connection.createStatement();
```

其中，statement 是 Statement 对象；connection 是 Connection 对象；createStatement()方法返回 Statement 对象。通过这个 Java 语句就可以创建 Statement 对象。Statement 对象创建成功后，可以调用其中的方法来执行 SQL 语句。

19.2.2　使用 SELECT 语句查询数据

Statement 对象可以调用 executeQuery()方法执行 SELECT 语句。SELECT 语句的查询结果返回给 ResultSet 对象。调用 executeQuery()方法的代码如下：

```
ResultSet result=statement.executeQuery("SELECT 语句");
```

通过该语句可以将查询结果存储到 result 中。查询结果可能有多条记录，这就需要使用循环语句来读取所有记录。其代码如下：

```
while(result.next()){
            String s=result.getString("字段名");
            System.out.print(s);
      }
```

其中，“字段名”参数表示查询出来记录的字段名称。使用 getString()函数可以将指定字段的值取出来。不够字段的数据类型是什么，都是当作字符串取出来。只要 result.next()的值不为空，则可以执行循环。

【示例 19-2】 下面从 score 表中查询学生的学号、考试科目和成绩。部分代码如下：

```
Statement statement=connection.createStatement();                          //创建 Statement 对象
//执行 SELECT 语句，并且将查询结果传递到 ResultSet 对象中
ResultSet result=statement.executeQuery("SELECT stu_id, c_name, grade FROM score");
while(result.next()){                                                      //判断是否还有记录
            String id=result.getString("stu_id");                          //获取 stu_id 字段的值
            String course=result.getString("c_name");                      //获取 c_name 字段的值
            String grade=result.getString("grade");                        //获取 grade 字段的值
          System.out.println(id+"        "+course+"        "+grade);       //输出字段的值
}
```

这段代码执行 SELECT 语句，从 score 表中查询出 stu_id、c_name 和 grade 3 个字段的值。因为查询出来的记录可能有很多条，所以需要用 while()语句来进行循环读取。读取到最后一条记录以后，result.next()的值变为空，此时循环结束。

说明：ResultSet 接口中还定义了其他的方法。例如，getRow()方法可以获取当前行在结果集中的位置；first()方法可以从当前行回到第一行；last()方法可以从当前行跳到最后一行；isFirst()方法判断当前行是否是第一行；isLast()方法判断当前行是否是最后一行。

19.2.3　插入、更新或者删除数据

executeQuery()方法只能执行 SELECT 语句。如果需要进行插入、更新或者删除操作，则需要 Statement 对象调用 executeUpdate()方法来实现。executeUpdate()方法执行完后，返回影响表的行数。下面是调用 executeQuery()方法的代码：

```
int result=statement.executeUpdate(sql);
```

其中，sql 参数必须是 INSERT 语句、UPDATE 语句或者 DELETE 语句。该方法返回的结果为数字。

【示例 19-3】 下面向 score 表插入一条新记录。部分代码如下：

```
Statement statement=connection.createStatement();                 //创建 Statement 对象
String sql="INSERT INTO score VALUES (21, 902, '英语', 85)";      //获取 INSERT 语句
int result=statement.executeUpdate(sql);                          //执行 INSERT 语句，返回插入的记录数
System.out.println(result);                                       //输出插入的记录数
```

代码执行成功后，可以将新记录插入到 score 表中。同时，返回数字 1，这表示对表中的一条记录进行了操作。

【示例 19-4】 下面更新 score 表中 id 为 16 的记录，将该记录的 grade 字段的值改为 100。部分代码如下：

```
Statement statement=connection.createStatement();           //创建 Statement 对象
String sql="UPDATE score SET grade=100 WHERE id=16";        //获取 UPDATE 语句
int result=statement.executeUpdate(sql);                    //执行 UPDATE 语句，返回更新的记录数
System.out.println(result);                                 //输出更新的记录数
```

代码执行成功后，可以更新 id 为 16 的记录。同时，返回数字 1，这表示更新了表中的一条记录。

【示例 19-5】 下面从 score 表中删除 id 为 16 的记录。部分代码如下：

```
Statement statement=connection.createStatement();      //创建 Statement 对象
String sql="DELTE FROM score WHERE id=16";              //获取 DELETE 语句
int result=statement.executeUpdate(sql);                //执行 DELETE 语句，返回删除的记录数
System.out.println(result);                             //输出删除的记录数
```

代码执行成功后，可以删除 id 为 16 的记录。同时，返回数字 1，这表示从表中删除了一条记录。

19.2.4　执行任意 SQL 语句

execute()方法可以执行 SELECT 语句、INSERT 语句、UPDATE 语句和 DELETE 语句等。无法确定要执行的 SQL 语句是查询还是更新时，可以使用 execute()函数。该函数的返回结果是 boolean 类型的值，返回值为 true 表示执行查询语句，false 表示执行更新语句。下面是调用 execute()方法的代码：

```
boolean result=statement.execute(sql);
```

技巧：因为 executeQuery()方法只能执行 SELECT 语句。而 executeUpdate()方法能够能执行 UPDATE 语句、INSERT 语句、DELETE 语句等改变数据的 SQL 语句。所以，在不知道 SQL 语句的类型或者要执行不同类型的 SQL 语句时，可以选择 execute()方法。

如果要获取 SELECT 语句的查询结果，需要调用 getResultSet()方法。如果要获取 INSERT 语句、UPDATE 语句或者 DELETE 语句影响表的行数，需要调用 getUpdateCount()方法。这两个方法的调用语句如下：

```
ResultSet result1=statement.getResultSet();
int result2=statement.getUpdate();
```

【示例 19-6】 下面调用 execute()函数执行 SQL 语句。部分代码如下：

```
Statement statement=connection.createStatement();          //创建 Statement 对象
sql="SELECT stu_id, c_name, grade FROM score";             //定义变量 sql，获取 SELECT 语句
boolean st=statement.execute(sql);                         //执行 SELECT 语句
//如果执行 SELECT 语句，execute()方法返回 TRUE
if(st==true){
        ResultSet result=statement.getResultSet();         //将查询结果传递给 ResultSet 对象
        while(result.next()){                              //判断是否还有记录
            String id=result.getString("stu_id");          //获取 stu_id 字段的值
            String course=result.getString("c_name");      //获取 c_name 字段的值
            String grade=result.getString("grade");        //获取 grade 字段的值
            System.out.println(id+"   "+course+"   "+grade);//输出字段的值
            }
    }
```

```
//如果执行 UPDATE 语句、INSERT 语句、DELETE 语句，execute()方法将返回 FALSE
else{
      int i=stat.getUpdateCount();                              //通过获取发生变化的记录数
      System.out.println("the number is "+i);                   //输出记录数
}
```

如果执行的是 SELECT 语句，那么 st 的值就是 true，将执行 if 语句中的代码。如果执行的是 INSERT 语句、UPDATE 语句或者 DELETE 语句，将执行 else 语句中的代码。

19.2.5　关闭创建的对象

当所有 SQL 语句都执行完毕后，需要关闭所创建的 Connection 对象、Statement 对象和 ResultSet 对象。关闭对象的顺序与创建对象的顺序相反，关闭的顺序为 ResultSet 对象、Statement 对象、Connection 对象。对象调用 close()方法来关闭对象，然后将对象的值设为空。关闭对象的部分代码如下：

```
if(result!=null){                                  //判断 ResultSet 对象是否为空
      result.close();                              //调用 close()方法关闭 ResultSet 对象
      result=null;
}
if(statement!=null){                               //判断 Statement 对象是否为空
      statement.close();                           //调用 close()方法关闭 Statement 对象
      statement=null;
}
if(connection!=null){                              //判断 Connection 对象是否为空
      connection.close();                          //调用 close()方法关闭 Connection 对象
      connection=null;
}
```

19.3　Java 备份与还原 MySQL 数据库

在 Java 语言中可以执行 mysqldump 命令来备份 MySQL 数据库，也可以执行 mysql 命令来还原 MySQL 数据库。本节将为读者介绍 Java 备份与还原 MySQL 数据库的方法。

19.3.1　Java 备份 MySQL 数据库

通常使用 mysqldump 命令来备份 MySQL 数据库。其语句如下：

```
mysqldump -u username -pPassword dbname table1 table2 ... > BackupName.sql
```

其中，username 参数表示登录数据库的用户名；Password 参数表示用户的密码，其与 -p 之间不能用空格隔开；dbname 参数表示数据库的名称；table1 和 table2 参数表示表的名称，没有该参数时将备份整个数据库；BackupName.sql 参数表示备份文件的名称，文件名前面可以加上一个绝对路径。通常将数据库备份成一个后缀名为 sql 的文件。有关备份 MySQL 数据库的详细内容见 16.1.1 小节。

Java 语言的 Runtime 类中的 exec()方法可以运行外部命令。调用 exec()方法的代码如下：

```
Runtime rt=Runtime.getRuntime();
rt.exec("命令语句");
```

Java 备份 MySQL 数据库时，使用 exec()方法来执行 mysqldump 命令。使用 exec()方法时要进行异常处理。

【示例 19-7】 下面是 Windows 操作系统下 Java 备份 MySQL 数据库。部分代码如下：

```
String str="mysqldump -u root -phuang --opt test > c:/test.sql";
                                                    //将 mysqldump 命令的语句赋值给 str
Runtime rt=Runtime.getRuntime();                    //创建 Runtime 对象
rt.exec("cmd /c"+str);                              //调用 exec()函数
```

上面代码可以将数据库 test 备份到 C:\目录下的 test.sql 文件中。“--opt”选项可以提高备份的速度；“cmd”表示要使用 cmd 命令来打开 DOS 窗口；“/c”表示执行完命令后关闭命令窗口。

说明： Windows 操作系统下一定要加上 cmd /c。因为 Windows 操作系统中，mysqldump 命令是在 DOS 窗口中运行的。在 Linux 操作系统下，只有拥有 root 权限或者 mysql 权限的用户才可以执行这段代码。否则，Java 代码执行时会出现异常。

19.3.2　Java 还原 MySQL 数据库

通常使用 mysql 命令来还原 MySQL 数据库。其语句如下：

```
mysql -u root -p [dbname] < backup.sql
```

其中，dbname 参数表示数据库名称。该参数是可选参数，可以指定数据库名，也可以不指定。指定数据库名时，表示还原该数据库下的表。不指定数据库名时，表示还原特定的一个数据库。而备份文件中有创建数据库的语句。有关还原 MySQL 数据库的详细内容见 16.2.1 小节。

Java 还原 MySQL 数据库与备份 MySQL 数据库的原理是一样的。Java 还原 MySQL 数据库时，使用 exec()方法来执行 mysql 命令。

【示例 19-8】 下面是 Windows 操作系统下 Java 还原 MySQL 数据库。部分代码如下：

```
String str="mysql -u root -phuang test < c:/test.sql";   //将 mysql 命令的语句赋值给 str
Runtime rt=Runtime.getRuntime();                         //创建 Runtime 对象
rt.exec("cmd /c"+str);                                   //调用 exec()函数
```

上面代码可以将 C:\目录下的 test.sql 文件中的数据还原到数据库 test 中。Windows 操作系统下一定要加上 cmd /c。

19.4　本 章 实 例

本节将使用 Java 语言访问 MySQL 数据库。本节要求的操作如下。

1．编写DB.java类

（1）通过 DB.java 类连接 MySQL 数据库。然后操作 test 数据库下的 score 表。

（2）在 DB.java 类中查询 score 表中的所有记录。SELECT 语句如下：

```
SELECT * FROM score;
```

（3）向 score 表中插入一条新记录，INSERT 语句如下：

```
INSERT INTO score VALUES(25, 905, 'English', 95);
```

（4）更新 id 为 25 的记录，将 grade 字段的值设置为 80。UPDATE 语句如下：

```
UPDATE score SET grade=80 WHERE id=25;
```

（5）关闭打开的所有数据库对象。

2．编写DB_backup_load.java类

（1）该类中定义 backup()方法，通过 backup()方法备份 test 数据库。
（2）该类中定义 load()方法，通过 load()方法还原 test 数据库。
本实例的执行步骤如下：

1．DB.java类的代码

使用 executeQuery()函数来执行 SELECT 语句，使用 executeUpdate()函数来执行 INSERT 语句和 UPDATE 语句。下面是 DB.java 的代码：

```
import java.sql.Connection;                                          //添加 Connection 类
import java.sql.DriverManager;                                       //添加 DriverManager 类
import java.sql.ResultSet;                                           //添加 ResultSet 类
import java.sql.SQLException;                                        //添加 SQLException 类
import java.sql.Statement;                                           //添加 Statement 类
//下面是 DB 类的内容，下面将执行 SELECT 语句、INSERT 语句和 UPDATE 语句
public class DB {
    public static void main(String args[]){                          //下面是 main()函数的内容
        //将 JDBC 的协议、主机名、端口号、需要连接的数据库等信息赋值给字符串变量 url
        String url="jdbc:mysql://localhost:3306/test";
        String user="root";                                          //登录 MySQL 数据库的用户名
        String passwd="huang";                                       //登录密码
        String sql1="SELECT * FROM score";                           //获取 SELECT 语句
        String sql2="INSERT INTO score VALUES(25,905,'English',95)";//获取 INSERT 语句
        String sql3="UPDATE score SET grade=80 WHERE id=25";         //获取 UPDATE 语句
        try {
            Class.forName("com.mysql.jdbc.Driver");                  //指定 MySQL 驱动
            //使用 JDBC 协议信息、数据库用户名、用户密码连接 MySQL 数据库
            Connection con = DriverManager.getConnection(url, user, passwd);
            System.out.println("连接数据库服务器成功");               //输出连接成功的信息
            Statement stat=con.createStatement();                    //创建 Statement 对象
            ResultSet rs=stat.executeQuery(sql1);                    //执行 SELECT 语句
            //SELECT 语句的查询结果存储在 rs 中，按顺序读取 rs 中的每一条记录
            while(rs.next()){
                int id=rs.getInt("id");                              //读取 id 字段的数据
                int stu_id=rs.getInt("stu_id");                      //读取 stu_id 字段的数据
                String course=rs.getString("c_name");                //读取 c_name 字段的数据
                int grade=rs.getInt("grade");                        //读取 grade 字段的数据
                System.out.println(id+"   "+stu_id+"   "+course+"   "+grade);
            }
            //下面通过 executeUpdate()方法执行 INSERT 语句，执行完成后返回插入的记录数
            int i=stat.executeUpdate(sql2);                          //返回插入的记录数
            if(i!=0){
            System.out.println("INSERT 语句执行成功");                //输出插入成功的信息
            }
            //下面通过 executeUpdate()方法执行 UPDATE 语句，执行完成后返回更新的记
             录数
            int j=stat.executeUpdate(sql3);                          //返回更新的记录数
            if(j!=0){
```

```
                System.out.println("UPDATE 语句执行成功");           //输出更新成功的信息
            }
            //如果 ResultSet 对象不为空，那么调用 close()方法关闭 ResultSet 对象
            if(rs!=null){
                rs.close();
                rs=null;
            }
            //如果 Statement 对象不为空，那么调用 close()方法关闭 Statement 对象
            if(stat!=null){
                stat.close();
                stat=null;
            }
            //如果 Connection 对象不为空，那么调用 close()方法关闭 Connection 对象
            if(con!=null){
                con.close();
                con=null;
            }
            } catch (ClassNotFoundException e) {                    //捕获没有找到驱动的异常
                System.out.print("没有找到 MySQL 驱动");
            } catch (SQLException e) {                              //捕获连接失败的异常
                System.out.print("连接数据库服务器失败");
        }
    }
}
```

代码执行完后，使用 close()函数关闭了所有的对象。同时，还抛出了两个异常。forName()函数需要抛出 ClassNotFoundException 异常。Connection 对象需要抛出 SQLException 异常。

2. DB_backup_load.java类

使用 exec()方法来执行 mysqldump 命令和 mysql 命令。下面是 DB_deal.java 的代码：

```
import java.io.IOException;                                 //添加 IOException 类
public class DB_backup_load {
    private static String str=null;                         //定义字符串变量 str
    //下面的 backup()方法用来备份 MySQL 数据库
    public static void backup(){
        //Java 中通过调用 mysqldump 命令来备份 MySQL 数据库
        //格式为"mysqldump -u username -pPassword --opt database_name > dir/backup_
         name.sql"
        str="mysqldump -u root -phuang --opt test > c:/test.sql";
        try {
        //使用 exec()函数来执行 mysqldump 命令
        //因为该代码是在 Windows 操作系统下运行，因此需要加上"cmd \c"
        Runtime rt=Runtime.getRuntime();                    //创建 Runtime 对象
        rt.exec("cmd /c"+str);                              //使用 exec()方法调用外部命令
        System.out.println("备份成功");
    } catch (IOException e) {                               //捕获异常信息
        e.printStackTrace();
        System.out.println("备份失败");
    }
}
//下面的 load()方法用来还原 MySQL 数据库
public static void load(){
    //Java 中通过调用 mysql 命令来还原 MySQL 数据库
    //格式为"mysql -u username -pPassword database_name < dir/backup_name.sql"
    str="mysql -u root -phuang test < c:/test.sql";
    try {
```

```
            //使用 exec()函数来执行 mysqldump 命令
            //因为该代码是在 Windows 操作系统下运行，因此需要加上"cmd \c"
            Runtime rt=Runtime.getRuntime();                //创建 Runtime 对象
            rt.exec("cmd /c"+str);                          //使用 exec()方法调用外部命令
            System.out.println("还原成功");
        } catch (IOException e) {                           //捕获异常信息
            e.printStackTrace();
            System.out.println("还原失败");
        }
    }
    //下面是 main()函数
    public static void main(String args[]){
            //创建 DB_backup_load()类的对象
            DB_backup_load db=new DB_backup_load();
            //调用 backup()函数来备份数据库
            db.backup();
            //调用 load()函数来还原数据库
            db.load();
        }
    }
```

通过上面的代码可以备份和还原 test 数据库。

19.5　上 机 实 践

上机实践的要求如下：

（1）新建 mysql.java 类，在该类中封装一些方法。定义 connectMySQL()方法，用于连接 MySQL 数据库；定义 query()方法，用于执行 SELECT 语句；定义 update()方法，用于执行 INSERT 语句、UPDATE 语句、DELETE 语句；定义 execute()方法，用于执行任意 SQL 语句；定义 closeMySQL()方法，用于关闭创建的对象。

（2）新建 useMySQL.java 类，在其中调用 mysql.java 中的方法来连接 grid 数据库。使用 root 用户来连接，密码为 huang。连接成功后，可以执行下面的 SQL 语句：

```
SELECT * FROM admin;
INSERT INTO admin VALUES(1, 'Aric', 2009, 'Beijing');
UPDATE admin SET addr='TianJin' WHERE id=1;
```

执行步骤如下：

1. mysql.java类

在 mysql.java 类中定义 connectMySQL()、query()、update()、execute()和 closeMySQL()方法。mysql.java 的代码如下：

```
import java.sql.Connection;                             //添加 Connection 类
import java.sql.DriverManager;                          //添加 DriverManager 类
import java.sql.ResultSet;                              //添加 ResultSet 类
import java.sql.SQLException;                           //添加 SQLException 类
import java.sql.Statement;                              //添加 Statement 类
        public class mysql {
        private Connection con=null;                    //创建 Connection 对象
        private Statement stat=null;                    //创建 Statement 对象
```

```
        public ResultSet rs=null;                                   //创建 ResultSet 对象
        //下面的代码用于连接 MySQL 数据库
        public void connectMySQL(String database,String user,String passwd) {
            String url="jdbc:mysql://localhost:3306/"+database;
                                             //获取 JDBC 协议和 MySQL 端口
            try {                            //使用 try...catch 语句捕获异常
                Class.forName("com.mysql.jdbc.Driver");             //指定 JDBC 驱动
                con = DriverManager.getConnection(url, user, passwd);
                                             //实例化 Connection 对象
                System.out.print("连接数据库服务器成功");           //输出连接成功的信息
                stat=con.createStatement();                         //实例化 Statement 对象
            } catch (Exception e) {                                 //捕获异常
                System.out.print("连接数据库服务器失败");           //输出连接失败的信息
            }
        }
        //下面定义了 query()方法，其功能是执行 SELECT 语句
    public ResultSet query(String sql) throws SQLException{
        if(sql==null||sql.equals("")){                              //判断是否有 SELECT 语句
            System.out.println("无查询语句");
            return null;
        }
        rs=stat.executeQuery(sql);                                  //执行 SELECT 语句
        return rs;                                                  //返回查询结果 rs
        }
        //下面定义了 update()方法，其功能是执行 INSERT 语句、UPDATE 语句和 DELETE 语
         句等
        public void update(String sql) throws SQLException{
            int i;                                                  //变量 i 用户存储更新的记录数
            if(sql==null||sql.equals("")){                          //判断是否有更新语句
                System.out.println("无更新语句");
            }
            i=stat.executeUpdate(sql);                              //执行更新语句
            System.out.println("影响的行数为："+i);                 //输出更新的记录数
        }
        //下面定义了 execute()方法，其功能是执行所有的 SQL 语句
        public ResultSet excute(String sql) throws SQLException{
            boolean t;                                              //定义布尔型变量 t
            t=stat.execute(sql);                                    //将 execute()方法的返回值赋给 t
            //如果 t 的值为 TRUE，则 execute()方法中执行了 SELECT 语句
            if(t==true){
                rs=stat.getResultSet();                             //将查询结果赋值给 rs
                System.out.println("查询成功！");                   //输出查询成功的信息
                return rs;                                          //返回 rs
                }
        //如果 t 的值不是 TRUE，则 execute 方法执行了 INSERT 语句、UPDATE 语句或者
         DELETE 语句
        else{
                int i=stat.getUpdateCount();                        //获取更新的记录数
                System.out.println("更新的记录数是："+i);           //输出更新的记录数
                return null;                                        //返回空值
        }
    }
    //下面定义了 closeMySQL()方法，用于关闭 ResultSet 对象、Statement 对象、Connection
     对象
    public void closeMySQL() throws SQLException{
        if(rs!=null){                                           //判断 ResultSet 对象是否为空
            rs.close();                                         //关闭 ResultSet 对象
            rs=null;
        }
        if(stat!=null){                                         //判断 Statement 对象是否为空
            stat.close();                                       //关闭 Statement 对象
            stat=null;
        }
        if(con!=null){                                          //判断 Connection 对象是否为空
```

```
                con.close();                           //关闭 Connection 对象
                con=null;
            }
        }
}
```

2．useMySQL.java类

在 useMySQL.java 中调用 mysql.java 中定义的方法。useMySQL.java 的代码如下：

```
import java.sql.ResultSet;                                    //添加 ResultSet 类
import java.sql.SQLException;                                 //添加 SQLException 类
public class useMySQL {
    //下面是 main()方法，main()方法中调用 mysql.java 类中的方法连接 MySQL 数据库、操作
     数据
    public static void main(String args[]){
        mysql db=new mysql();                                 //创建 mysql 对象
        String sql1="SELECT * FROM admin";                    //获取 SELECT 语句
        String sql2= INSERT INTO admin VALUES(1, 'Aric', 2009, 'Beijing');"
                                                              //获取 INSERT 语句
        String sql3= UPDATE admin SET addr='TianJin' WHERE id=1";   //获取 UPDATE 语句
        //连接 MySQL 数据库，指定连接到 grid 数据库，并指定连接的用户名和密码
        db.connectMySQL("grid", "root", "huang");
        try {
            //调用 query()方法，执行 SELECT 语句，将查询结果赋值给 ResultSet 对象
            ResultSet rs=db.query(sql1);
            while(rs.next()){                                 //判断是否还有记录
                int id=rs.getInt("id");                       //获取 id 字段的值
                String name=rs.getString("name");             //获取 name 字段的值
                String year=rs.getString("year");             //获取 year 字段的值
                String addr=rs.getString("addr");             //获取 addr 字段的值
                System.out.println(id+"   "+name+"   "+year+"   "+addr);   //输出字段的值
            }
            rs.close();                                       //关闭 ResultSet 对象
            //调用 mysql.java 类中定义的 update()方法，执行 INSERT 语句
            db.update(sql2);
            //调用 mysql.java 类中定义的 execute()函数，执行 UPDATE 语句
            //execute()函数可以执行任意的 SQL 函数，包括 SELECT 语句、UPDATE 语句、
            INSERT 语句等
            ResultSet rs2=db.excute(sql3);
            //rs2 不为 null 时，表示执行的是 SELECT 语句。通过循环里面的内容来输入查询
            结果
            if(rs2!=null){
                while(rs2.next()){                            //判断是否还有记录
                    int id=rs2.getInt("id");                  //获取 id 字段的值
                    String name=rs2.getString("name");        //获取 name 字段的值
                    String year=rs2.getString("year");        //获取 year 字段的值
                    String addr=rs2.getString("addr");        //获取 addr 字段的值
                    System.out.println(id+"   "+name+"   "+year+"   "+addr);
                }
                rs2.close();                                  //关闭 ResultSet 对象
```

```
            }
            //调用 closeMySQL()方法，关闭 ResultSet 对象、Statement 对象、Connection
            对象
            db.closeMySQL();
        } catch (SQLException e) {
            e.printStackTrace();                                    //捕获异常信息
        }
    }
}
```

19.6　常见问题及解答

1．出现java.lang.ClassNotFoundException:com.mysql.jdbc.Driver错误？

java.lang.ClassNotFoundException:com.mysql.jdbc.Driver 是最常见的一类错误。出现这类错误的原因是 Java 找不到 Connection/J 驱动。如果是在 CLASSPATH 中设置了 Connection/J 驱动的路径，需要检查一下 CLASSPATH 的设置是否正确。CLASSPATH 中必须要有单个“.”，这表示当前文件夹。在 Windows 操作系统中，每个路径之间用“;”隔开。Linux 操作系统中，每个路径之间用“:”隔开。上述内容都正确无误，但还是出现上述问题时，这就需要重新启动计算机。重新启动计算机后，这个错误就不会再出现了。

2．在executeQuery()函数中执行SELECT语句后，如何知道查询结果集的记录数？

在 executeQuery()函数执行中执行 SELECT 语句后，查询结果存储在 ResultSet 对象中。ResultSet 中没有定义获取查询结果集的记录数的方法。如果需要知道记录数，则需要用循环读取的方法来计算记录数。假设 ResultSet 对象为 rs，下面计算记录数的方法：

```
int i=0;
while(rs.next())
i++;
```

执行一次 while 循环，next()方法将指向下一条记录。如果 rs.next()为空，说明后面已经没有记录了。通过这种循序查找的方式，可以计算出一共有多少条记录。

19.7　小　　结

本章介绍了 Java 语言访问 MySQL 数据库的方法。使用 Java 语言连接 MySQL 数据库和操作 MySQL 数据库是本章的重点内容。这部分重点讲解了 Java 中执行 SELECT 语句、INSERT 语句、UPDATE 语句和 DELETE 语句的方法。而且，还重点讲解执行 SELECT 语句后将查询结果逐条读取出来的方法。Java 备份和还原 MySQL 数据库是本章的难点，因为需要 Java 语言调用外部命令。通过本章的学习，读者对 Java 访问 MySQL 数据库有深入的了解。第 20 章为读者介绍 PHP 访问 MySQL 数据库的方法。

19.8 本章习题

1．练习编写查询 MySQL 数据库中数据的 Java 代码。
2．练习编写更新 MySQL 数据库中数据的 Java 代码。
3．练习编写向数据库中插入新记录、从数据库中删除记录的 Java 代码。
4．练习编写备份和还原数据库的 Java 代码。

第 20 章　PHP 访问 MySQL 数据库

现在最流行的动态网站开发的软件组合是 LAMP。LAMP 是 Linux、Apache、MySQL 和 PHP 的缩写。PHP 具有简单、易用、功能强大和开放性等特点，这使 PHP 已经成为了网络世界中最流行的编程语言之一。PHP 可以通过 mysql 接口或者 mysqli 接口来访问 MySQL 数据库。本章将为读者介绍的内容包括：

- ❑ PHP 连接 MySQL 数据库；
- ❑ PHP 操纵 MySQL 数据库；
- ❑ PHP 备份 MySQL 数据库；
- ❑ PHP 还原 MySQL 数据库。

通过本章的学习，读者首先可以了解如何将 Apache、PHP 和 MySQL 组合在一起。同时，读者可以了解 PHP 语言访问 MySQL 数据库的原理和方法、PHP 备份和还原 MySQL 数据库的方法。读者应该按照本章的内容配置好 PHP，并且编写访问 MySQL 数据库的 PHP 代码、备份和还原 MySQL 数据库的 PHP 代码。这样不仅可以加深对 MySQL 数据库的理解，也可以提高编写 PHP 代码的水平。

20.1　PHP 连接 MySQL 数据库

PHP 可以通过 mysql 接口或者 mysqli 接口来访问 MySQL 数据库。如果希望正常的使用 PHP，那么需要适当的配置 PHP 与 Apache 服务器。同时，PHP 中加入了 mysql 接口和 mysqli 接口后，才能够顺利的访问 MySQL 数据库。本节将为读者介绍 PHP 连接 MySQL 数据库的方法。

20.1.1　Windows 操作系统下配置 PHP

如果用户还没有安装 PHP，可以在 http://www.php.net/downloads.php 中下载 PHP。Windows 操作系统下推荐下载 PHP 5.2.11 zip package。

说明： Windows 操作系统下，最好下载 Zip 包的 PHP 软件。这种形式的 PHP 软件包解压后就可以使用，不需要进行安装。如果下载的是 PHP 5.2.11 installer，安装后需要使用 IIS 来做 Web 服务器。本章使用的 Apache 做 Web 服务器，因此推荐使用 Zip 包。

在 Windows 操作系统中，将 PHP 的软件包解压到 C:\php 目录下。需要在 Apache 服务器的配置文件 httpd.conf 中添加一些信息。Apache 服务器的默认路径为 C:\Program Files\Apache Software Foundation\Apache2.2。httpd.conf 文件在 Apache 服务器目录下的 conf

文件夹中。在 httpd.conf 中加入下面的信息：

```
LoadModule php5_module "C:/php/php5apache2_2.dll"
AddType application/x-httpd-php .php
```

然后，将 C:\php 目录下的 php.ini-recommended 文件复制到 C:\WINDOWS 目录下，并改名为 php.ini。在 php.ini 文件中添加下面的信息：

```
extension_dir="C:/php/ext"
extension=php_mysql.dll
extension=php_mysqli.dll
```

如果 php.ini 中有“extension=./”，直接将等号后面的值修改为上面的路径。如果存在“extension=php_mysql.dll”和“extension=php_mysqli.dll”，而且前面有分号（;），那么将分号去掉即可。因为，在 php.ini 中，分号用来表示后面的信息是注释。

然后将 C:\php\libmysql.dll 文件复制到 C:\WINDOWS 文件夹下。这一切都准备好了以后，即可在 Apache 服务器的安装目录下的 htdocs 目录下新建 test.php 文件。在该文件中输入下面的信息：

```
<?php phpinfo(); ?>
```

单击【所有程序】|Apache HTTP Server 2.2|Control Apache Server|Restart 选项重启 Apache 服务器。在 Web 浏览器的地址栏中输入 http://localhost/test.php，如果上面的配置都生效的话，会出现如图 20.1 所示的页面。

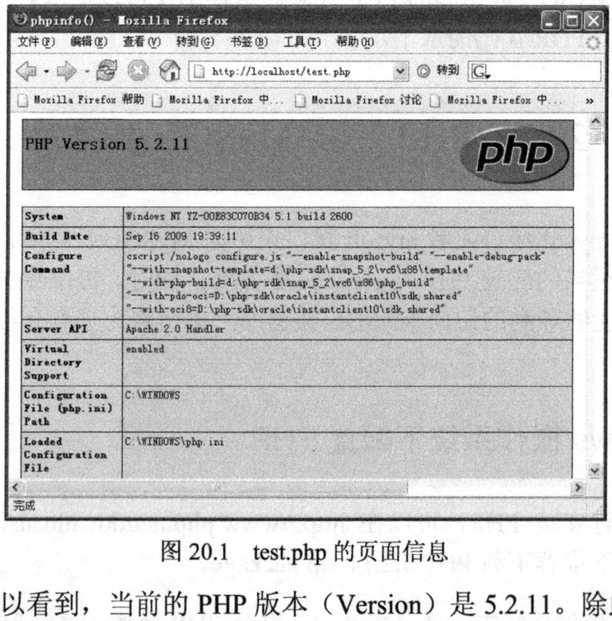

图 20.1 test.php 的页面信息

从图 20.1 中可以看到，当前的 PHP 版本（Version）是 5.2.11。除此之外，test.php 还显示 PHP 的很多信息。由此可以知道，phpinfo()函数的作用是获取 PHP 的信息。

注意：图 20.1 中，Configuration File (php.ini) Path 的值为 C:\WINDOWS，这表示配置文件 php.ini 的默认存放位置是 C:\WINDOWS。Loaded Configuration File 的值为 C:\WINDOWS\php.ini，这表示系统从 C:\WINDOWS 目录下的 php.ini 文件中加载 PHP 的配置文件。

如果 mysql 接口和 mysqli 接口已经配置好了，在本页面的下面就有 mysql 接口和 mysqli

接口的信息，如图 20.2 和图 20.3 所示。

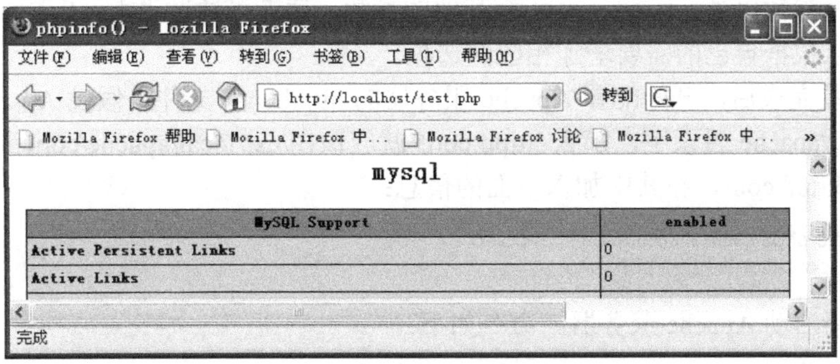

图 20.2　test.php 中 mysql 接口的信息

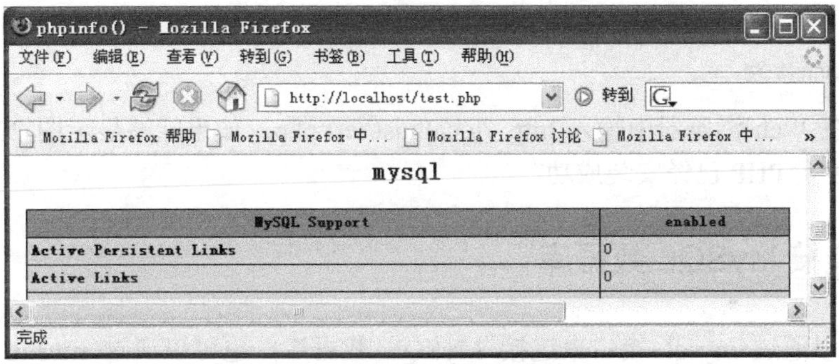

图 20.3　test.php 中 mysqli 接口的信息

20.1.2　Linux 操作系统下配置 PHP

Linux 操作系统下推荐下载 PHP 5.2.11 (tar.gz)。下载网址为 http://www.php.net/downloads. php。下载完成后将 php-5.2.11.tar.gz 复制到/usr/local/src 目录下，然后在该目录下解压和安装 php。假设新下载的 php 软件包存储在/home/hjh/download 目录下。使用下面的语句来安装 php：

```
shell> cp /home/hjh/download/php-5.2.11.tar.gz /usr/local/src/
                                    //将 php-5.2.11.tar.gz 复制到/usr/local/src/目录下
shell> cd /usr/local/src/           //将目录切换到/usr/local/src/下
shell> tar -xzvf php-5.2.11         //解压 tar.gz 压缩包
shell> cd php-5.2.11                //将目录切换到 php-5.2.11 下
//设置编译选项，通过--prefix、--with-mysql、--with-mysqli 等选项来进行设置
shell> ./configure --prefix=/usr/local/php --with-mysql=/usr/local --with-mysqli=/usr/bin/
mysql_config
shell> make                         //开始编译
shell> make install                 //进行安装
shell> make clean                   //清除编译结果
```

通过上述命令，PHP 就安装好了。其中，configure 命令后面的跟着--prefix、--with_mysql、--with_mysqli 这几个参数。这几个参数的含义介绍如下：

- --prefix：设置安装路径。此处设置 PHP 的安装路径为/usr/local/php 目录下；
- --with_mysql：PHP 中添加传统的 mysql 接口。其后面的值是 MySQL 的安装路径；

❑ --with_mysqli：PHP 中添加 mysqli 接口。

除了这些参数以外，configure 还有其他的参数，读者可通过“./configure --help”来查看。读者可以根据自己的需要增加相应的选项。

PHP 安装完成后，开始配置 Apache 服务器的 httpd.conf 文件。假设 Apache 服务器安装在/usr/local/apache 目录下，那么 httpd.conf 就应该在/usr/local/apache/conf/目录下。使用 vi 工具打开 httpd.conf，在其中加入下面的信息：

```
LoadModule php5_module modules/libphp5.so
AddType application/x-httpd-php .php
```

然后重新启动 Apache 服务器。命令如下：

```
shell> /etc/init.d/httpd restart
```

为了测试 PHP 是否已经安装成功，可以在/var/www/html/目录下创建 test.php 文件，其内容如下：

```
<?php phpinfo(); ?>
```

然后，在 Web 浏览器中输入 http://localhost/test.php。如果能够显示图 20.1 和图 20.2 的内容，则表示 PHP 已经安装成功。

20.1.3　连接 MySQL 数据库

PHP 可以通过 mysql 接口来连接 MySQL 数据库，也可以通过 mysqli 接口来连接 MySQL 数据库。下面对这两种方法都进行简单地介绍。

mysql 接口提供 mysql_connect()方法来连接 MySQL 数据库，mysql_connect()函数的使用方法如下：

```
$connection=mysql_connect("host/IP","username","password");
```

其中，host/IP 参数表示主机名或者 IP 地址；username 参数表示登录 MySQL 数据库的用户名；“password”参数表示登录密码。mysql_connect()函数还可以指定登录到哪一个数据库，语句如下：

```
$connection=mysql_connect("host/IP","username","password","database");
```

其中，database 参数指定登录到哪一个数据库中。

mysqli 接口下有两个比较常用的类，分别是 mysqli 和 mysqli_result。mysqli 主要用于与 MySQL 数据库建立连接，其中的 query()方法用来执行 SQL 语句。mysqli_result 主要用于处理 SELECT 语句的查询结果。下面是使用 mysqli 接口来连接 MySQL 数据库的语句：

```
$connection=new mysqli("host/IP","username","password","database");
```

其中，host/IP 参数表示主机名或者 IP 地址；username 参数表示登录 MySQL 数据库的用户名；password 参数表示登录密码；database 参数指定连接到哪一个数据库。因为，mysqli 接口提供了更多的函数，而且功能比 mysql 接口强大，所以本章后面都是使用 mysqli 接口。

技巧：mysqli 接口提供了一些获取出错信息的函数。mysqli_connect_errno()函数可以判断 PHP 连接 MySQL 数据库时是否出错。如果出错，该函数返回 TRUE。mysqli_connect_error()函数将返回出错信息。如果连接 MySQL 后，可以通过

select_db()函数选择数据库。还可以通过 get_client_info()、get_server_info()等函数获取 MySQL 的信息。

【示例 20-1】 下面是连接本地计算机 MySQL 数据库，连接的数据库是 test。使用 root 用户来连接，其密码是 huang。连接 MySQL 的语句如下：

```
<?php
$connection=new mysqli("localhost", "root", "huang", "test");       //创建连接
if (mysqli_connect_errno()) {                                      //判断是否连接成功
  echo "<p>连接失败：",mysqli_connect_error(),"</p>\n";             //输出连接失败的信息
  exit();                                                           //退出程序
}0
else{
  echo "<p>连接成功</p>\n";                                         //显示连接成功
}
?>
```

mysqli_connect_errno()函数用来判断连接 MySQL 的过程中是否发生错误。如果发生错误，则返回 true。如果没有发生错误，则返回 false。mysqli_connect_error()函数用来获取连接 MySQL 时出现的错误信息。

20.2　PHP 操作 MySQL 数据库

连接 MySQL 数据库之后，PHP 可以通过 query()函数对数据进行查询、插入、更新和删除等操作。但是 query()函数一次只能执行一条 SQL 语句。如果需要一次执行多个 SQL 语句，需要使用 multi_query()函数。PHP 通过 query()函数和 multi_query()函数可以方便地操作 MySQL 数据库。本节将为读者介绍 PHP 操作 MySQL 数据库的方法。

20.2.1　执行 SQL 语句

PHP 可以通过 query()函数来执行 SQL 语句。如果 SQL 语句是 INSERT 语句、UPDATE 语句和 DELETE 语句等，语句执行成功 query()返回 true，否则返回 false。并且，可以通过 affected_rows()函数获取发生变化的记录数。

【示例 20-2】 下面 PHP 通过 query()函数执行 INSERT 语句。执行成功后，返回执行成功的信息，并且返回插入的记录数。其部分代码如下：

```
$result=$connection->query("INSERT INTO score VALUES(11,908,'法语',88)");
                                                                     //执行 INSERT 语句
if($result){
     echo "<p>INSERT 语句执行成功</p>";                               //输出 INSERT 语句执行成功
     echo "<p>插入的记录数：",$connection->affected_rows,"</p>";     //返回插入的记录数
}
else{
     echo "<p>INSERT 语句执行失败</p>";                               //输出 INSERT 语句执行失败
}
```

INSERT 语句执行成功后，会出现提示信息“INSERT 语句执行成功”，并且通过 affected_rows()函数可以获取插入的记录数。如果 INSERT 语句执行失败，会出现“INSERT 语句执行失败”

PHP 也可以通过 query()函数来执行 SELECT 语句，执行成功后会返回一个

mysqli_result 对象。本章假设 mysql_result 对象为$result，$result 中存储的是 SELECT 语句的查询结果。通过$result->num_rows 可也获取查询的记录数，$result->field_count 可以获取查询结果中的字段数。

【示例 20-3】 下面 PHP 通过 query()函数执行 SELECT 语句。执行成功后，返回执行成功的信息，并且返回查询的记录数和字段数。其部分代码如下：

```
$result=$connection->query("SELECT * FROM score");              //执行 SELECT 语句
if($result){
    echo "<p>SELECT 语句执行成功</p>";
    echo "<p>查询的记录数：",$result->num_rows,"</p>";          //输出查询的记录数
    echo "<p>查询的字段数：",$result->field_count,"</p>";       //输出查询的字段数
}
else{
    echo "<p>SELECT 语句执行失败</p>";                          //输出 SELECT 语句执行失败的信息
}
```

如果$result 不为空时，结果输出“SELECT 语句执行成功”，并且显示记录数和字段数。如果$result 为空值，则说明 SELECT 语句执行失败。

20.2.2　处理查询结果

query()函数成功的执行 SELECT 语句后，会返回一个 mysqli_result 对象$result。SELECT 语句的查询结果都存储在$result 中。mysqli 接口中提供了 4 种方法来读取数据。这 4 种方法的介绍如下：

- $rs=$result->fetch_row()：以普通数组的形式返回记录，通过$rs[$n]来获取字段的值。$rs[0]表示第一个字段，后面依次类推。
- $rs=$result->fetch_array()：以关联数组的形式返回记录，可以通过$rs[$n]或者$rs["columnName"]来获取字段的值。例如，第一个字段的字段名为 id，可以通过$rs[0]或者$rs["id"]来获取 id 字段的值。
- $rs=$result->fetch_assoc()：以关联数组的形式返回记录，但只能通过$rs["columnName "]的方式来获取字段的值。
- $rs=$result->fetch_object()：以对象的形式返回记录，通过$rs->columnName 的方式来获取字段值。例如，通过$rs->id 来获取 id 字段的值。

【示例 20-4】 下面通过 fetch_row()函数来返回 SELECT 语句的查询结果，其部分代码如下：

```
$result=$connection->query("SELECT * FROM score");                    //执行 SELECT 语句
//判断是否还有记录，如果有记录，通过 fetch_row()方法返回记录的值；如果没有记录，返回 false
while($rs=$result->fetch_row()){
    echo "<p>",$rs[0],"\t",$rs[1],"\t",$rs[2],"\t",$rs[3],"</p>";    //输出 rs 中的值
}
```

本示例中，$rs 的值只能通过$rs[$n]的形式来获取。

【示例 20-5】 下面通过 fetch_array()函数来返回 SELECT 语句的查询结果，其部分代码如下：

```
$result=$connection->query("SELECT * FROM score");                    //执行 SELECT 语句
//判断是否还有记录，如果有记录，通过 fetch_array ()方法返回记录的值；如果没有记录，返回 false
while($rs=$result->fetch_array){
```

```
    echo "<p>",$rs["id"],"\t",$rs["stu_id"],"\t",$rs[2],"\t",$rs[3],"</p>";        //输出 rs 的值
}
```

fetch_array()函数的记录可以通过$rs[$n]的形式来获取字段的值，也可以通过$rs["columnName "]的形式来获取字段的值。当然，这两种形式也是可以混用的，本示例中就将两者混用。

【示例 20-6】 下面通过 fetch_object()函数来返回 SELECT 语句的查询结果。其部分代码如下：

```
$result=$connection->query("SELECT * FROM score");                                  //执行 SELECT 语句
//判断是否还有记录，如果有记录，通过 fetch_object()方法返回记录的值；如果没有记录，返回 false
while($rs=$result->fetch_object()){
    echo "<p>",$rs->id,"\t",$rs->stu_id,"\t",$rs->c_name,"\t",$rs->grade,"</p>";   //输出 rs 的值
}
```

本示例中使用 fetch_object()函数来返回查询结果。通过$rs->id 获取 id 字段的值，$rs->stu_id 获取 stu_id 字段的值。

技巧：上面的 4 种方法都是按照从前到后的顺序读取记录。而且，调用一次返回一条记录。记录读取完毕后，将返回 false。如果希望改变读取记录的顺序，可以使用 data_seek()函数。还可以通过 htmlspecialchars()函数将数据库中的特殊字符按 HTML 标准进行转换。

20.2.3　获取查询结果的字段名

通过 fetch_fields()函数可以获取查询结果的详细信息，这个函数返回对象数组。通过这个对象数组可以获取字段名、表名等信息。例如，$info=$result->fetch_fields()可以产生一个对象数组$info。然后通过$info[$n]->name 获取字段名，$info[$n]->table 获取表名。

【示例 20-7】 下面通过 fetch_fields()函数获取查询结果的字段名和所在的表的名称。其部分代码如下：

```
$result=$connection->query("SELECT * FROM score");    //执行 SELECT 语句
$num=$result->field_count;                            //计算查询的字段数
$info=$result->fetch_fields();                        //获取记录的字段名、表名等信息
echo "<p>table:",$info[0]->table,"</p>";              //输出表的名称
for($i=0;$i<$num;$i++){
    echo $info[$i]->name,"\t";                        //输出字段的名称
}
```

本示例中使用 field_count 函数获取字段数。通过 fetch_fields()获取查询结果的详细信息，并存储到对象数组$info 中。通过$info[0]->table 获取表的名称，$info[$i]->name 获取字段名。

20.2.4　一次执行多个 SQL 语句

query()函数一次只能执行一条 SQL 语句，而 multi_query()函数可以一次执行多个 SQL 语句。如果第一个 SQL 语句正确执行，那么 multi_query()函数返回 true，否则，返回 false。

PHP 中使用 store_result()函数获取 multi_query()函数执行查询的记录。一次只能获取一个 SQL 语句的执行结果。可以使用 next_result()函数来判断下一个 SQL 语句的结果是否存在，如果存在，next_result()函数返回 true，否则，返回 false。

【示例 20-8】 下面使用 multi_query()函数一次性执行两个 SELECT 语句。其部分代码如下：

```
$sql="SELECT * FROM score;SELECT * FROM student";
                                                    //定义字符串变量，其值是两个 SELECT 语句
$rs=$connection->multi_query($sql);                //使用 multi_query()方法执行 SELECT 语句
if($rs){
    $result=$connection->store_result();           //将查询结果赋值给$result
    while($row=$result->fetch_object()){           //通过 fetch_object()函数取出每条记录的值
        echo "<p>",$row->id,"\t",$row->stu_id,"\t",$row->c_name,"\t",$row->grade,"</p>";
    }
    if($connection->next_result()){               //判断是否还有下一个 SELECT 语句的查询结果
      $result=$connection->store_result();        //将查询结果赋值给$result
        while($row=$result->fetch_object()){
            echo "<p>",$row->id,"\t",$row->name,"\t",$row->sex,"\t",$row->birth,"</p>";
        }
    }
}
```

$rs 的值为 true 时，表示“SELECT * FROM score”语句执行成功。然后可以通过 store_result()函数获取查询结果，并且使用 fetch_object()函数将记录读取出来。第一个 SELECT 语句的记录全部读取完毕后，使用 next_result()函数判断是否还有其他 SQL 语句的执行结果。返回值为 true 时，表示还有其他结果。可以再次使用 store_result()函数来读取下一个 SQL 语句的执行结果。

说明：store_result()函数一次读取一个 SQL 语句的所有执行结果，并且将这些结果全部返回到客户端。除了 store_result()函数以外，还可以使用 use_result()函数来读取执行结果。use_result()函数将读取的结果存储在服务器端，每次只向客户端传送一条记录。因此 use_result()函数的效率比 store_result()函数低。

20.2.5 处理带参数的 SQL 语句

PHP 中可以执行带参数的 SQL 语句。带参数的 SQL 语句中可以不指定某个字段的值，而使用问号“?”代替。然后在后面的语句中指定值来替换掉问号。通过 prepare()函数将带参数的 SQL 语句进行处理，其语句如下：

```
$stmt=$mysqli->prepare("INSERT INTO table(name1 , name2) VALUES(?, ?)");
```

上面的 INSERT 语句没有指定 name1 字段和 name2 字段的值，而是用问号代替。然后可以在后面的语句为这两个字段设置值。prepare()函数返回一个 mysqli_stmt 对象，也就是说上面语句中的$stmt 是一个 mysqli_stmt 对象。mysqli_stmt 对象通过 bind_param()方法为每个变量设置数据类型，bind_param()方法中使用不同的字母来表示数据类型。这些字母介绍如下：

- i 表示整数。其中包括 INT、TINYINT 和 BIGINT 等；
- d 表示浮点数。其中包括 FLOAT、DOUBLE 和 DECIMAL 等；
- s 表示字符串。其中包括 CHAR、VARCHAR 和 TEXT 等。

- b 表示二进制数据。其中包括 BLOB 等。

bind_param()函数中将数据类型与相应的变量对应。其语句形式如下：

```
$stmt->bind_param('idsb', $var1, $var2, $var3, $var4);
```

上面语句中，变量$var1 对应字母 i，这表示$var 是整数类型；变量$var2 对应字母 d，这表示$var2 是浮点数类型；变量$var3 和$var4 分别为字符串类型和二进制类型。

上面的两个语句可以将带参数的 SQL 语句设置好，然后就可以为这些参数赋值。赋值完毕后，可以通过 execute()方法执行 SQL 语句。其语句的基本形式如下：

```
$stmt->execute();
```

【示例 20-9】 下面向 score 表中插入两条记录。其部分代码如下：

```
//通过 prepare()方法执行 INSERT 语句，INSERT 语句用问号（?）代替具体的值
$stmt=$mysqli->prepare("INSERT INTO score(id, stu_id, c_name, grade) VALUES(?, ?,?,?)");
$stmt->bind_param('iisi', $id, $stu_id, $c_name, $grade);          //给变量设置数据类型
$id=15;                                                             //给每个变量赋值
$stu_id=908;
$c_name="数学";
$grade=85;
$stmt->execute();                                                   //执行 INSERT 语句
$id=16;                                                             //给每个变量赋值
$stu_id=909;
$c_name="数学";
$grade=88;
$stmt->execute();                                                   //执行 INSERT 语句
```

本示例将 id 为 15 和 16 的两条记录插入到 score 表中。如果条件需要，可以通过上面的形式插入更多的记录。由上面的例子可以看出，带参数的 SQL 语句使用起来非常灵活。这种方法不仅可以执行 INSERT 语句，而且还可以执行 UPDATE 语句和 DELETE 语句。语句执行完成后，可以通过$stmt->affect_rows 属性返回影响的记录数。

20.2.6　关闭创建的对象

对 MySQL 数据库的访问完成后，必须关闭创建的对象。连接 MySQL 数据库时创建了$connection 对象，处理 SQL 语句的执行结果时创建了$result 对象。操作完成后，这些对象都必须使用 close()方法来关闭。其基本形式为：

```
$result->close();
$connection->close();
```

当不再需要$result 中的结果时，就可以关闭$result 对象。当对 MySQL 数据库的所有操作都完成后，需要断开与 MySQL 数据库的连接时，可以关闭$connection 对象。

如果 PHP 代码中使用了 prepare()函数，那么一定会返回 mysqli_stmt 对象。如果 execute()方法执行完后，也可以通过 close()方法关闭 mysqli_stmt 对象。假设 mysqli_stmt 对象为$stmt，关闭该对象的语句如下：

```
$stmt->close();
```

在 PHP 中，代码编写完成后，最好多考虑创建了哪些对象、哪些对象需要关闭。如果后面不需要再使用这些对象，那么最好将其关闭。

20.3　PHP 备份与还原 MySQL 数据库

在 PHP 语言中可以执行 mysqldump 命令来备份 MySQL 数据库，也可以执行 mysql 命令来还原 MySQL 数据库。PHP 中使用 system()函数或者 exec()函数来调用 mysqldump 命令和 mysql 命令。本节将为读者介绍 PHP 备份与还原 MySQL 数据库的方法。

20.3.1　PHP 备份 MySQL 数据库

PHP 可以通过 system()函数或者 exec()函数来调用 mysqldump 命令。system()函数的形式如下：

```
system("mysqldump -h hostname -u user -pPassword database [table] > dir/backup.sql");
```

exec()函数的使用方法与 system()函数是一样的。这里直接将 mysqldump 命令当作系统命令来调用。这需要将 MySQL 的应用程序的路径添加到系统变量的 Path 变量中。添加 Path 变量的方法请参照 2.2.3 小节。如果不想把 MySQL 的应用程序的路径添加到 Path 变量中，可以使用 mysqldump 命令的完整路径。假设 mysqldump 在 C:\mysql\bin\目录下。system()函数的形式如下：

```
system("C:/mysql/bin/mysqldump -h hostname -u user -pPassword database [table] > dir/backup.sql");
```

【示例 20-10】 下面将 test 数据库备份到 C:\目录下的 test.sql 文件中，其部分代码如下：

```
<?php
//调用 system()函数执行 mysqldump 命令
system(C:/mysql/bin/mysqldump -h localhost -u root -phuang test > C:/test.sql);
?>
```

system()函数会调用 C:\mysql\bin\目录下的 mysqldump 命令，通过 mysqldump 命令将 test 数据库备份到 C:\目录下的 test.sql 文件中。Linux 操作系统下的使用情况也是一样的。但是在 Linux 操作系统下一定要注意权限问题。只有拥有 root 权限或者 mysql 权限的用户才能够正确地执行这段代码。

20.3.2　PHP 还原 MySQL 数据库

PHP 可以通过 system()函数或者 exec()函数来调用 mysq 命令。system()函数的形式如下：

```
system("mysql -h hostname -u user -pPassword database [table] < dir/backup.sql");
```

exec()函数的使用方法与 system()函数是一样的。mysql 命令和 mysqldump 命令一样，只有 MySQL 的应用程序的路径添加到系统变量的 Path 变量中，才可以直接调用 mysql 命令，否则，需要加上 mysql 命令的完整路径。假设 mysql 在 C:\mysql\bin\目录下。system()函数的形式如下：

```
system("C:/mysql/bin/mysql -h hostname -u user -pPassword database [table] < dir/backup.sql");
```

【示例 20-11】 下面将 C:\目录下的 test.sql 文件还原到 test 数据库中。其部分代码如下：

```
<?php
//调用 system()函数执行 mysql 命令
system(C:/mysql/bin/mysql -h localhost -u root -phuang test < C:/test.sql);
?>
```

system()函数会调用 C:\mysql\bin\目录下的 mysql 命令。通过 mysql 命令将 test.sql 文件中的数据还原到 test 数据库中。

20.4　本 章 实 例

本节将使用 PHP 访问 MySQL 数据库。本节要求的操作如下：

（1）通过 mysqli 接口连接 MySQL 中的 test 数据库。

（2）使用 multi_query()函数同时执行两个 SELECT 语句。SELECT 语句如下：

```
SELECT id, name, department FROM student;
SELECT stu_id, c_name, grade FROM score;
```

（3）在页面上显示查询结果。第一行显示字段名，下面每一行显示一条记录。

（4）关闭所有对象。

本实例的代码如下：

```
<?php
$conn=new mysqli("localhost","root","root","test");                    //创建连接
//判断连接是否成功，mysqli_connect_errno()返回值为 TRUE 表示连接失败
if (mysqli_connect_errno()) {
    //连接失败时，显示“连接失败”，并显示错误原因
    echo "<p>连接失败：",mysqli_connect_error(),"</p>";
    exit();                                                            //使用 exit()退出操作
}
else{
    echo "<p>连接成功</p>";                                            //连接成功后，显示“连接成功”
    //sql 变量中有两个 SELECT 语句
    $sql="SELECT id, name, department FROM student;SELECT stu_id, c_name, grade FROM
    score";
    //判断 multi_query()函数是否成功的执行了第一个 SELECT 语句
    //返回值为 true，表示第一个 SELECT 语句执行成功
    if($conn->multi_query($sql)){
        $result=$conn->store_result();                                 //获取第一个 SELECT 语句的执行结果
        $num=$result->field_count;                                     //获取结果的字段数
        $info=$result->fetch_fields();                                 //获取字段的信息
        echo "<p>表名为:",$info[0]->table,"</p>";                      //获取表的名称
        for($i=0;$i<$num;$i++){                                        //输出字段的名称
            echo $info[$i]->name,"\t";
        }
        while($row=$result->fetch_object()){                           //输出字段的值
            echo "<p>",$row->id,"\t",$row->name,"\t",$row->department,"</p>";
        }
        $result->close();                                              //关闭$result 对象
        //判断是否还有其他记录，如果 next_result()返回值为 true，表示还有记录
        if($conn->next_result()){
            $result=$conn->store_result();                             //获取下一个 SQL 语句的结果
            $num=$result->field_count;                                 //获取字段数
            $info=$result->fetch_fields();                             //获取字段的信息，并且输出字段的名称
            echo "<p>表名为:",$info[0]->table,"</p>";  //输出表的名称
            for($i=0;$i<$num;$i++){                                    //输出字段的名称
                echo $info[$i]->name,"\t";
            }
            while($row=$result->fetch_row()){                          //输出字段的值
```

```
                    echo "<p>",$row[0],"\t",$row[1],"\t",$row[2],"</p>";
                }
                    $result->close();                               //关闭$result 对象
            }
            echo "<p>查询结束，所有结果已经输出</p>";
    }
}
$conn->close();                                                     //关闭$conn 对象
?>
```

将这个 PHP 文件命名为 query.php。在 Windows 操作系统中，将 query.php 存储到 Apache 软件的 htdocs 目录下，默认情况下的路径为 C:\Program Files\Apache Software Foundation\Apache2.2\htdocs。在 Linux 操作系统中，将 query.php 存储到/var/www/html/目录下。Apache 的 Web 服务器启动后，在 Web 浏览器中输入 http://localhost/query.php，就可以看到 SELECT 语句的查询结果。

20.5　上 机 实 践

上机实践的要求如下：

（1）编写 mysql.php 文件，使用 mysqli 接口来连接 MySQL 的 test 数据库。

（2）使用 query()函数执行 UPDATE 语句和 DELETE 语句。语句如下：

```
UPDATE score SET grade=100 WHERE id=9;
DELETE FROM score WHERE id=10;
```

语句执行完后，返回更新的记录数和删除的记录数。

（3）关闭所有对象。

mysql.php 的代码如下：

```
<?php
$conn=new mysqli("localhost","root","root","test");                 //创建连接
    //判断连接是否成功，mysqli_connect_errno()返回值为 TRUE 表示连接失败
    if (mysqli_connect_errno()) {
    //连接失败时，显示“连接失败”，并显示错误原因
    echo "<p>连接失败：",mysqli_connect_error(),"</p>";
    exit();                                                         //使用 exit()退出操作
}
else{
    echo "<p>连接成功</p>";                                          //连接成功后，显示“连接成功”
    $sql="UPDATE score SET grade=100 WHERE id=9";                   //sql 变量的值是 UPDATE 语句
    //使用 query()函数来执行 UPDATE 语句，执行结果赋给$result
    $result=$conn->query($sql);
    //如果 UPDATE 语句执行成功，$result 的值就是 true。否则，$result 的值是 false
    if($result){
        echo "<p>UPDATE 语句执行成功！</p>";
        //affected_rows 可以返回影响的记录数，这里就是更新的记录数
        echo "<p>更新的记录数：",$conn->affected_rows,"</p>";
    }
    $sql="DELETE FROM score WHERE id=10";                           //sql 变量的值为 DELETE 语句
    //使用 query()函数来执行 DELETE 语句，执行结果赋给$result
    $result=$conn->query($sql);
    //如果 DELETE 语句执行成功，$result 的值就是 true。否则，$result 的值是 false
    if($result){
    echo "<p>DELETE 语句执行成功！</p>";
    //affected_rows 可以返回影响的记录数，这里就是删除的记录数
    echo "<p>删除的记录数：",$conn->affected_rows,"</p>";
```

```
    }
    $result->close();                                    //关闭$result 对象
}
$conn->close();                                          //关闭$conn 对象
?>
```

将 mysql.php 文件放到 Apache 软件的 htdocs 目录下（Windows 操作系统），或者放到 /var/www/html/目录下（Linux 操作系统）。启动 Apache 的 Web 服务器，在 Web 浏览器的地址栏中输入 http://localhost/mysql.php。在 mysql.php 的页面中会显示相应的信息。

20.6　常见问题及解答

1．选择mysql接口还是选择mysqli接口来访问MySQL？

mysqli 接口是 PHP 5 中新提供的 MySQL 接口，这个接口使用了面向对象的思想。因此 mysqli 接口的代码可读性更强。同时，mysqli 接口的执行效率比 mysql 接口高。而且，mysqli 接口中提供了能够一次执行多个 SQL 语句的 multi_query()函数。但是，mysqli 接口只支持 PHP 5 和 MySQL 4.1 之后的版本。如果需要与老版本的 PHP 和 MySQL 数据库兼容，那就只能选择 mysql 接口。对于初学者，建议使用最新版本的 PHP 和 MySQL，也最好选择 mysqli 接口。

2．PHP调用mysqldump命令时出错？

PHP 调用 mysqldump 命令时，能够创建备份文件，但是备份文件是空的。出现这种情况时，最好进行下面的测试。首先测试 system()函数或者 exec()函数是否可用，在 test.php 文件中加入下面的信息：

```
<?php print_r(system("dir")) ?>
```

该语句是测试 system()函数调用 Windows 操作系统的 dir 命令。如果页面输出了文件和文件夹的信息，说明 system()函数可用。Linux 操作系统下可以测试 ls 命令。在 system()函数可用的情况下，将 test.php 文件改成下面的内容：

```
<?php print_r(system("mysqldump --help")) ?>
```

如果页面不能输出帮助信息，说明 mysqldump 命令没有添加到系统的环境变量中。可以通过两种方式解决。第一种是在系统环境变量的 Path 变量中添加 MySQL 的应用程序的路径；第二种方式是在 system()函数中指定 mysqldump 命令的详细路径，如 system("C:/mysql/bin/mysqldump")。

20.7　小　　结

本章介绍了 PHP 访问 MySQL 数据库的方法。使用 PHP 语言连接 MySQL 数据库和操作 MySQL 数据库是本章的重点内容。这部分重点讲解了在 PHP 使用 mysqli 接口连接 MySQL 数据库，还讲解了在 PHP 中执行 SELECT 语句、INSERT 语句、UPDATE 语句和 DELETE 语句的方法。本章的难点是在 PHP 中一次执行多个 SELECT 语句。执行多个

SELECT 语句需要使用 multi_query()函数。PHP 备份和还原 MySQL 数据库也是一大难点，希望读者能够认真学习 PHP 调用外部命令的方法。第 21 章为读者介绍 C#访问 MySQL 数据库的方法。

20.8　本 章 习 题

1．练习编写查询 MySQL 数据库中数据的 PHP 代码。
2．练习编写更新 MySQL 数据库中数据的 PHP 代码。
3．练习编写向数据库中插入新记录、从数据库中删除记录的 PHP 代码。
4．练习编写备份和还原数据库的 PHP 代码。

第 21 章　C#访问 MySQL 数据库

C#是由微软公司开发的程序设计语言。C#是一种面向对象的、运行于.NET Framework 之上的高级程序设计语言。因为，C#语句简单、易用，而且与 Windows 操作系统有良好的兼容性。所以，C#是 Windows 操作系统下最流行的程序语言之一。C#语言可以通过 MySQL 数据库的接口访问 MySQL 数据库。本章将为读者介绍的内容包括：

- C#连接 MySQL 数据库；
- C#操纵 MySQL 数据库；
- C#备份 MySQL 数据库；
- C#还原 MySQL 数据库。

通过本章的学习，读者可以了解安装和使用 Connector/Net 驱动的方法、C#语言访问数据库的原理和方法、C#备份和还原 MySQL 数据库的方法。读者可以根据本章的内容编写 C#代码。这样不仅可以学会 C#语言访问 MySQL 数据库的方法，还可以提高 C#语言的编程能力。

21.1　C#连接 MySQL 数据库

C#语言可以通过 Connector/ODBC 和 ODBC 来访问 MySQL 数据库，也可以通过 Connector/Net 来访问 MySQL 数据库。因为，Connector/Net 是执行效率高，而且是 MySQL 官方推荐的使用的驱动程序；所以，本章主要使用 Connector/Net 来访问 MySQL 数据库。本节将为读者介绍 C#连接 MySQL 数据库的方法。

21.1.1　下载 Connector/Net 驱动程序

使用 C#语言来连接 MySQL 时，需要安装 Connector/Net 驱动程序。Connector/Net 是 MySQL 官方网站提供的专业驱动程序。在网址 http://dev.mysql.com/downloads/connector/ 中选择 Connector/Net 链接，就可以跳转到下载 Connector/Net 的页面。当前的最新版本是 Connector/Net 6.1。进入下载页面后，可以看到 3 种版本。这 3 种版本介绍如下。

- Sources（ZIP）：这是一个源码包，其中包含了 Connector/Net 驱动程序的所有源代码；
- Windows Binaries（zipped MSI installer）：这是使用安装向导安装的二进制包；
- Windows Binaries, no installer（ZIP）：这是一个免安装的二进制包，直接解压就可以使用。

本章选择 Windows Binaries（zipped MSI installer）来访问 MySQL 数据库。因此，单击其后面的 Download 链接或者 Pick a mirror 链接，下载 Windows Binaries (zipped MSI installer)版本的 Connector/Net 6.1。

说明：本章介绍使用 Connector/Net 驱动程序。除了这种方法以外，可以使用 Connector/ODBC 和 ODBC 驱动结合来访问 MySQL 数据库。也可以使用 Connector/ODBC 和 OLE-DB 驱动结合。这两种方式都是通过 ODBC 来访问 MySQL 数据库。

21.1.2　安装 Connector/Net 驱动程序

Connector/Net 驱动程序下载完成后，可以在下载路径看到压缩文件 mysql-connector-net-6.1.3.zip。将这个压缩文件解压后，弹出安装文件 mysql.data.msi。mysql.data.msi 的安装过程如下：

（1）双击 mysql.data.msi，弹出 Connector/Net 的安装欢迎界面，如图 21.1 所示。

（2）单击 Next 按钮，进入选择安装类型的界面，如图 21.2 所示。

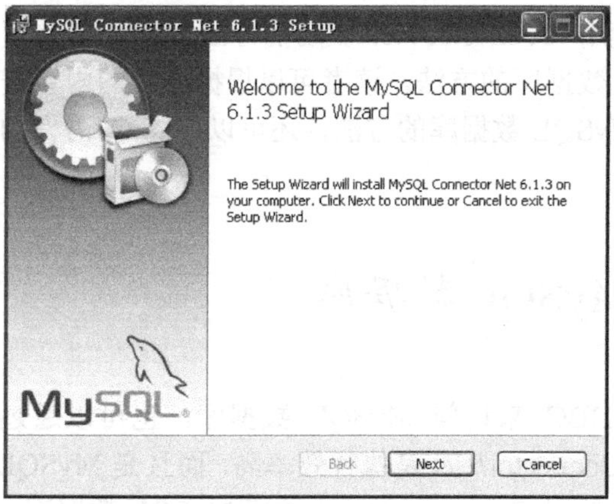

图 21.1　Connector/Net 安装欢迎界面图

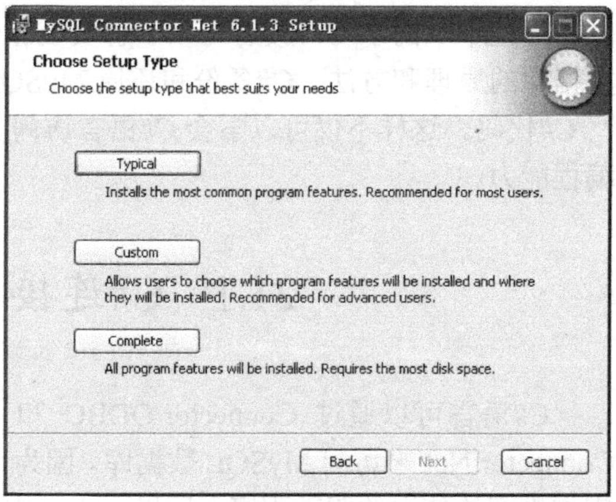

图 21.2　选择安装类型

Connector/Net 有 3 种安装类型，分别是 Typical、Custom 和 Complete。这 3 种类型的介绍如下：

- Typical 表示典型的安装模式。这种方式将安装最常用的程序。这种安装方式也是推荐的安装方式；
- Custom 表示自定义的安装模式。用户可以选择安装的程序和安装路径；
- Complete 表示完全安装的安装模式。这种方式将安装 Connector/Net 的所有程序。但是，这种安装方式占用磁盘空间比较大。

（3）单击 Typical 按钮，进入准备安装的界面，如图 21.3 所示。

（4）单击 Install 按钮，进入安装界面，如图 21.4 所示。

（5）Connector/Net 安装完成后，图形安装向导进入安装完成的界面，如图 21.5 所示。

图 21.5 的左下角有一个选项，这个选项表示是否向 Sun 公司注册。这个选项可以选，也可以不选。注册是不需要费用的，注册的作用主要是 Sun 公司希望了解下载用户的信息。单击 Finish 按钮，即完成了安装。

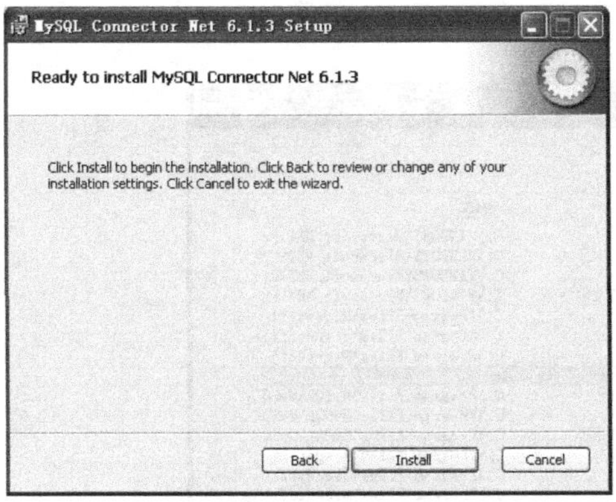

图 21.3　准备安装的界面

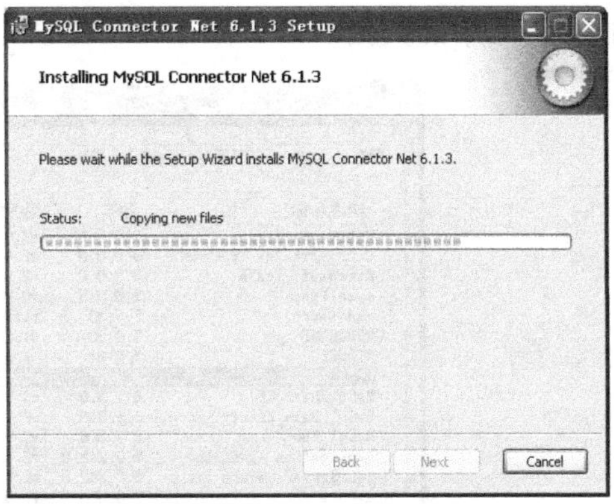

图 21.4　安装过程中的界面

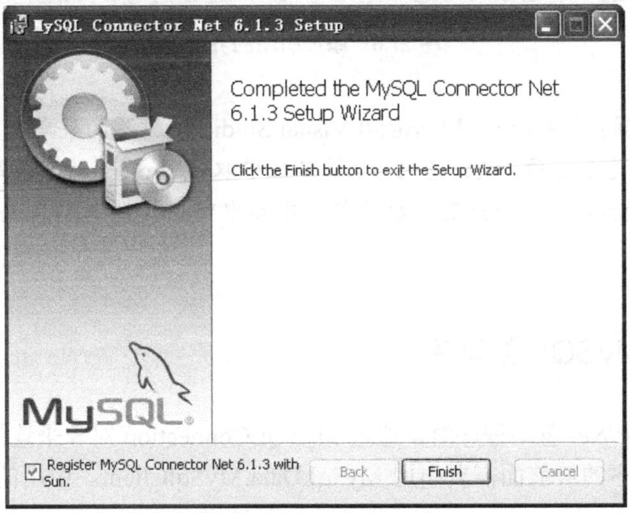

图 21.5　安装完成的界面

Connector/Net 驱动程序的默认安装路径是 C:\Program Files\MySQL\MySQL Connector Net 6.1.3。安装路径的 Assemblies 目录下存储着后缀名为.dll 的库文件，这些都是 C#语言访问 MySQL 数据库时需要使用的库文件。

21.1.3　使用 Connector/Net 驱动程序

推荐使用 Microsoft Visual Studio 编辑 C#程序，因为这个集成开发环境功能非常强大。本章介绍的内容都是基于 Microsoft Visual Studio 的。

如果需要在项目中使用 Connector/Net 驱动程序，那么必须将 Connector/Net 驱动程序引用到项目中。在 Microsoft Visual Studio 中单击 Project（项目）|Add Reference（添加引用）选项，弹出如图 21.6 所示的界面。

在这个界面中选择 MySql.Data 组件，然后单击【确定】按钮。这样即可将 MySql.Data.dll 文件添加到项目中。在 Microsoft Visual Studio 右侧的窗口中可以看到有关引用的信息。如果，在窗口的右侧的“引用”文件夹下可以看到“MySql.Data”和“System.Data”，这说明这两个库文件已经添加成功。通过这两个库文件就可以连接 MySQL 数据库，并且可以操作数据库中的数据。

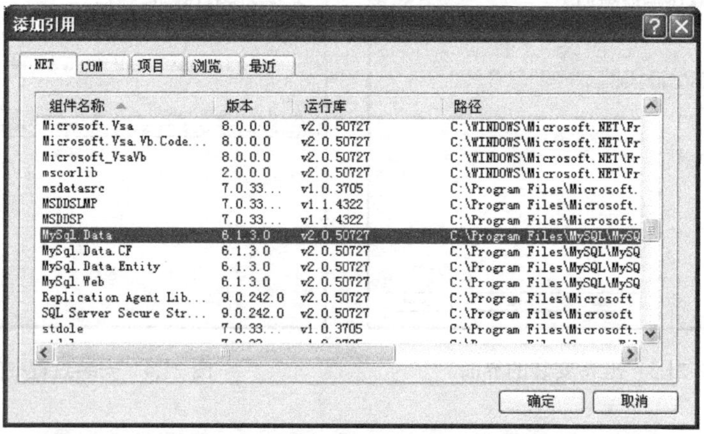

图 21.6　添加引用的界面

注意：如果创建的网站工程，Microsoft Visual Studio 编辑器的菜单栏中可能没有 Project（项目）这个选项。这种情况下，菜单栏中取代 Project 的可能是 Website（网站）。单击 Website 后，会出现下拉菜单，在其中可以找到 Add Reference（添加引用）选项。

21.1.4　连接 MySQL 数据库

使用 Connector/Net 驱动程序时，通过 MySQLConnection 对象来连接 MySQL 数据库。连接 MySQL 的程序的最前面需要引用 MySql.Data.MySqlClient。引用的语句如下：

```
using MySql.Data.MySqlClient;                                    //使用命名空间
```

连接 MySQL 数据库时，需要提供主机名或者 IP 地址、连接的数据库名、数据库用户名和用户密码等信息。每个信息之间用分号（;）隔开。下面是创建 MySQLConnection 对象的语句：

```
MySqlConnection conn = null;                    //创建 MySqlConnection 对象，连接 MySQL 数据库
conn = new MySqlConnection("Data Source=主机名或者 IP 地址;Initial Catalog=数据库名;User ID=用户名;
        Password=用户密码");
```

语句中的参数介绍如下。

- Data Source：表示 MySQL 数据库所在计算机的主机名或者 IP。Data Source 可以用 Host 替代，两者的使用方式是一样的；
- Initial Catalog：表示需要连接的数据库。Initial Catalog 可以用 Database 替代；
- User ID：表示登录数据库的用户名。User ID 可以用 User Id、Uid、Username、User name 替代；
- Password：表示登录数据库的密码。Password 可以用 PWD 替代。

创建 MySQLConnection 对象后，需要调用 Open()函数来执行连接操作。

【示例 21-1】 下面是连接本地计算机 MySQL 数据库。MySQL 使用默认端口 3306，连接的数据库是 test。使用 root 用户来连接，root 用户的密码是 huang。连接 MySQL 的语

句如下：

```
MySqlConnection conn = null;                        //创建 MySqlConnection 对象，连接 MySQL 数据库
conn = new MySqlConnection("Data Source=localhost;Initial Catalog=test; User ID=root;
Password=huang");
conn.Open();                                        //调用 Open()对象，打开对象
if (conn.State.ToString() == "Open")                //判断 conn 的状态是否是 Open
{                                                   //状态为 Open，表示连接成功
    Console.WriteLine("连接到 MySQL 数据库，连接成功！");
}
else
{                                                   //否则，表示连接失败
    Console.WriteLine("连接失败！");
}
```

创建 MySQLConnection 对象 conn，通过 conn.Open()来连接 MySQL 数据库。如果 conn.Open()执行成功，那么 conn 的状态就是 Open。执行成功后，在控制台输出连接成功的信息。如果连接失败，则在控制台输出连接失败的信息。

21.2　C#操作 MySQL 数据库

连接 MySQL 数据库之后，通过 MySqlCommand 对象来获取 SQL 语句。然后，通过 ExecuteNonQuery()方法对数据库进行插入、更新和删除等操作；通过 ExecuteRead()方法查询数据库中的数据，也可以通过 ExecuteScalar()方法查询数据；通过 MySqlDataReader 对象获取 SELECT 语句的查询结果。除了上述方法操作数据库以外，还可以使用 MySqlDataAdapter 对象、DataSet 对象、DataTable 对象来操作 MySQL 数据库。本节将详细向读者介绍 C#操作 MySQL 数据库的方法。

21.2.1　创建 MySqlCommand 对象

MySqlCommand 对象主要用来管理 MySqlConnector 对象和 SQL 语句。MySqlCommand 对象的创建方法如下：

```
MySqlCommand com = new MySqlCommand("SQL 语句", conn);
```

其中，“SQL 语句”可以是 INSERT 语句、UPDATE 语句、DELETE 语句和 SELECT 语句等；conn 为 MySqlConnector 对象。C#中也可以使用下面的方式来创建 MySqlCommand 对象。语句如下：

```
MySqlCommand com = new MySqlCommand();
com.Connection = conn;
com.CommandText = "SQL 语句";
```

这种方式可以按照需要为 MySqlCommand 对象添加不同的 SQL 语句。

技巧：如果需要使用一个 MySqlCommand 对象执行 SQL 语句时，这种方法很有效。例如，用户可以通过 com.CommandText 获取一个 SELECT 语句。SELECT 语句执行完后，用户可以再通过 com.CommandText 获取一个 UPDATE 语句、DELETE 语句等。

21.2.2　插入、更新或者删除数据

如果需要对 MySQL 数据库执行插入、更新和删除等操作，那么需要 MySqlCommand 对象调用 ExecuteNonQuery()方法来实现。ExecuteNonQuery()方法返回一个整型的数字。下面是调用 ExecuteNonQuery()方法的代码。

```
int i = com.ExecuteNonQuery();
```

其中，com 为 MySqlCommand 对象。com 通过 ExecuteNonQuery()方法执行 com 中的 INSERT 语句、UPDATE 语句和 DELETE 语句等。ExecuteNonQuery()方法执行完后，返回影响表的行数。

【示例 21-2】 下面通过 ExecuteNonQuery()方法执行一个 INSERT 语句。这个 INSERT 语句向 score 表中插入两条记录，其部分代码如下：

```
MySqlCommand com = new MySqlCommand();                   //创建 MySqlCommand 对象
com.Connection = conn;                                   //将 conn 赋值给 com 的 Connection 属性
//com 对象通过 CommandText 获取 INSERT 语句
com.CommandText = "INSERT INTO score VALUES(21, 902, '英语', 85), (22, 903, '英语', 90)";
int i=com.ExecuteNonQuery();                             //执行 INSERT 语句，返回插入的记录数
if (i > 0)                                               //判断是否插入成功，输出插入的记录数
{
    Console.WriteLine("插入的记录数为:"+i);
}
```

如果 INSERT 语句执行成功，控制台会输出“插入的记录数为:2”的信息。这表示一次插入了两条记录。

ExecuteNonQuery()方法可以一次执行多条 SQL 语句，返回值是所有 SQL 语句影响表的行数的总和。

【示例 21-3】 下面通过 ExecuteNonQuery()方法执行一个 UPDATE 语句和一个 DELETE 语句。其部分代码如下：

```
MySqlCommand com = new MySqlCommand();                   //创建 MySqlCommand 对象
com.Connection = conn;                                   //将 conn 赋值给 com 的 Connection 属性
// com 对象通过 CommandText 获取 UPDATE 语句
com.CommandText = "UPDATE score SET grade=95 WHERE id=5; DELETE FROM score
WHERE id=6";
int i=com.ExecuteNonQuery();                             //执行 UPDATE 语句，返回更新的记录数
if (i > 0)                                               //判断是否更新成功，输出更新的记录数
{
    Console.WriteLine("更新和删除的总记录数为:"+i);
}
```

UPDATE 语句和 DELETE 语句直接用分号（;）隔开。UPDATE 语句和 DELETE 语句执行成功后，控制台会输出“更新和删除的总记录数为:2”。因为，UPDATE 语句更新了一条记录，DELETE 语句删除了一条记录；所以，ExecuteNonQuery()方法的返回值为 2。

21.2.3　使用 SELECT 语句查询数据

ExecuteNonQuery()方法不能执行 SELECT 语句。如果需要执行 SELECT 语句，则需要 MySqlCommand 对象调用 ExecuteReader()方法来实现。ExecuteReader()方法返回一个 MySqlDataReader 对象。调用 ExecuteReader()方法的代码如下：

```
MySqlDataReader dr;
dr = com.ExecuteReader();
```

其中，dr 是一个 MySqlDataReader 对象。ExecuteReader()方法查询出来的记录都存储在 dr 中。通过 dr 调用 Read()方法读取数据。如果读取到记录，Read()函数返回 true。如果没有读取到记录，Read()函数返回 false。读取记录后，通过 dr["columnName"]或者 dr[n]来读取相应字段的数据。

【示例 21-4】 下面通过 ExecuteReader()方法执行一个 SELECT 语句。其部分代码如下：

```
MySqlCommand com = null;                          //创建 MySqlCommand 对象
MySqlDataReader dr = null;                        //创建 MySqlDataReader 对象
com = new MySqlCommand("SELECT * FROM score",conn);   //将 MySqlCommand 对象实例化
dr = com.ExecuteReader();                         //调用 ExecuteReader()方法执行 SELECT 语句
while (dr.Read())                                 //调用 Read()函数读取查询结果的记录
{
    Console.WriteLine(dr["id"] + "   " + dr["stu_id"] + "   " + dr["c_name"]+"   " + dr["grade"]);
}
```

com 调用 ExecuteReader()方法来执行 SELECT 语句，执行结果返回给 dr。dr 调用 Read()函数读取数据，如果 Read()返回值为 true，执行 while 循环。在 while 循环中读取每条记录的值。dr["id"]表示读取 id 字段的值，后面的依次类推。Console.WriteLine()方法可以将读取的结果输出到控制台。所有记录读取完毕后或者读取时遇到错误，Read()方法返回 false，while 循环结束。

21.2.4　一次执行多个 SELECT 语句

一次执行多个 SELECT 语句时，ExecuteReader()方法会将所有 SELECT 语句的执行结果都返回给 MySqlDataReader 对象。但是 MySqlDataReader 对象一次只能读取一个 SELECT 语句的查询结果。如果需要读取下一个 SELECT 语句的执行结果，MySqlDataReader 对象需要调用 NextResult()方法。NextResult()方法获取到下一个 SELECT 语句的查询结果时，该方法返回 true。然后 MySqlDataReader 对象可以通过 Read()函数来读取数据。如果 NextResult()返回值为 false，那说明所有结果已经全都读取出来了。

注意：一次执行多个 SELECT 语句时，一定不要忘记使用 NextResult()函数获取下一个 SELECT 语句的查询结果。如果不使用 NextResult()函数，MySqlDataReader 对象只能取得第一个 SELECT 语句的查询结果。最好将 NextResult()函数与 while 循环一起使用。

【示例 21-5】 下面通过 ExecuteReader()方法执行两个 SELECT 语句。其部分代码如下：

```
MySqlCommand com = null;                          //创建 MySqlCommand 对象
MySqlDataReader dr = null;                        //创建 MySqlDataReader 对象
//将 com 实例化，然后将两个 SELECT 语句传递给 com
com = new MySqlCommand("SELECT * FROM score; SELECT * FROM Student",conn);
dr = com.ExecuteReader();                         //调用 ExecuteReader()方法执行 SELECT 语句
while (dr.Read())                                 //调用 Read()函数读取查询结果的记录
{
    Console.WriteLine(dr["id"] + "   " + dr["stu_id"] + "   " + dr["c_name"]+"   "+dr["grade"]);
}
if(dr.NextResult()){                              //调用 NextResult()方法获取下一个查询结果
    while (dr.Read())
    {
```

```
            Console.WriteLine(dr["id"] + "   " + dr["name"] + "   " + dr["address"]+"   "+dr
            ["department"]);
        }
}
```

其中，dr 为 MySqlDataReader 对象。上面两个 SELECT 语句的查询结果都存储在 dr 中。但是 dr.Read()只能获取第一个 SELECT 语句的查询结果。如果要获取第二个 SELECT 语句的查询结果，必须执行 dr.NextResult()。当 dr.NextResult()返回值为 true 时，dr 调用 Read()函数来读取第二个 SELECT 语句的查询结果。

21.2.5　处理 SELECT 语句只返回一个值的情况

如果 SELECT 语句只返回一个值，可以使用 ExecuteScalar()方法来执行 SELECT 语句。因为，ExecuteScalar()方法所使用的资源比 ExecuteReader()方法少。

说明： ExecuteScalar()方法返回一个 object 对象，而不是 MySqlDataReader 对象。因此，使用 ExecuteScalar()方法时不需要创建 MySqlDataReader 对象。MySqlDataReader 对象占用的资源比较多，而且不会自动释放。所以，对于只有一个查询结果的查询语句可以考虑使用 ExecuteScalar()方法来执行。

C#可以直接通过类型转换的方法将 ExecuteScalar()方法返回的 object 对象转换为需要的类型。

【示例 21-6】 下面通过 ExecuteScalar()方法查询当前的系统时间。其部分代码如下：

```
MySqlCommand com = null;                              //创建 MySqlCommand 对象
com = new MySqlCommand("SELECT NOW()", conn);         //实例化 MySqlCommand 对象,
DateTime dt = (DateTime)com.ExecuteScalar();          //将返回转换为 DateTime 类型
Console.WriteLine(dt);                                //在控制台输出结果
```

本示例中使用“SELECT NOW()”语句查询出系统当前的时间。然后通过 DateTime 类型将 object 对象直接转换为 DateTime 类型的数据。执行完后，可以在控制台显示当前系统的时间。

如果希望将 object 对象转换为 String 类型，那就必须强制转换成 String 类型。如果查询语句使用 SUM()和 AVG()时，最好将 object 对象转换为 Decimal 类型。

【示例 21-7】 下面通过 ExecuteScalar()方法计算 score 表的总成绩。其部分代码如下：

```
//创建 MySqlCommand 对象，并且将这个对象实例化
MySqlCommand com = new MySqlCommand("SELECT SUM(grade) FROM score", conn);
decimal sum = (Decimal)com.ExecuteScalar();           //将返回转换为 Decimal 类型
Console.WriteLine(sum);                               //在控制台输出结果
```

执行完后，可以在控制台显示 score 表的总成绩。查询语句使用 COUNT()函数时，这个查询语句的返回值不能转换为 Decimal 类型。可以通过两次转换的方式将其转换为 int 类型。先将 object 对象转换为 long 类型，然后再转换为 int 类型。

【示例 21-8】 下面通过 ExecuteScalar()方法计算 student 表的学生数。其部分代码如下：

```
MySqlCommand com = new MySqlCommand("SELECT COUNT(*) FROM student", conn);
int sum = (int)(long)com.ExecuteScalar();
Console.WriteLine(sum);
```

通过两次转换，可以将返回的 object 对象转换为 int 类型。执行完后，可以在控制台显示 sum 变量的值。

21.2.6　处理带参数的 SQL 语句

C#中可以执行带参数的 SQL 语句。带参数的 SQL 语句中可以不指定某个字段的值，而使用问号（?）和变量名代替，例如“?var”就是一个参数。可以通过 Add()方法为参数赋值，其代码的基本形式如下：

```
com.CommandText="INSERT INTO table(name1, name2) VALUES(?name1, ?name2)";
com.Parameters.Add("?name1", value1);
com.Parameters.Add("?name2", value2);
com.ExecuteNonQuery();
```

但是，这种方式只能执行一个 INSERT 语句。

【示例 21-9】 下面使用带参数的 INSERT 语句向 score 表中插入一条记录。其部分代码如下：

```
MySqlCommand com;                                  //创建 MySqlCommand 对象
com.Connection = conn;                             //将 conn 传递给 com 的 Connection 属性
// com 对象通过 CommandText 获取 INSERT 语句。INSERT 语句中的问号（?）加变量表示待输入的参数
com.CommandText="INSERT INTO score(id, stu_id, c_name, grade) VALUES(?id, ?stu_id,
?c_name, ?grade)";
com.Parameters.Add("?id", 19);                     //给参数赋值
com.Parameters.Add("?stu_id", 909);
com.Parameters.Add("?c_name", "体育");
com.Parameters.Add("?grade", 90);
com.ExecuteNonQuery();                             //执行带参数的 INSERT 语句
```

如果需要执行多个 SQL 语句，那么必须要使用 MySqlParameter 对象。这里可以通过 Add()函数为 SQL 语句中参数设置数据类型。然后通过 Prepare()方法对 SQL 语句进行处理，再通过 Value 属性参数赋值，其代码的基本形式如下：

```
MySqlParameter p_name1, p_name2;
com.CommandText="INSERT INTO table(name1, name2) VALUES(?name1, ?name2)";
p_name1= Parameters.Add("?name1", DataType);
p_name2= Parameters.Add("?name2", DataType);
com.Prepare();
p_name1.Value=value1;
p_name2.Value=value2;
com.ExecuteNonQuery();
```

【示例 21-10】 下面使用带参数的 INSERT 语句向 score 表中插入两条记录。其部分代码如下：

```
MySqlParameter p_id, p_stu, p_name, p_grade;            //创建 MySqlParameter 对象
MySqlCommand com;                                       //创建 MySqlCommand 对象
com.Connection = conn;                                  //将 conn 传递给 com
// com 对象通过 CommandText 获取 INSERT 语句。INSERT 语句中的问号（?）加变量表示待输入的参数
com.CommandText="INSERT INTO score(id, stu_id, c_name, grade) VALUES(?id, ?stu_id,
?c_name, ?grade)";
p_id=com.Parameters.Add("?id", MySqlDbType.Int32);      //设置参数的数据类型
p_stu=com.Parameters.Add("?stu_id", MySqlDbType.Int32);
p_name=com.Parameters.Add("?c_name", MySqlDbType.VarChar);
p_grade=com.Parameters.Add("?grade", MySqlDbType.Int32);
com.Prepare();                                          //使用 Prepare()方法处理 INSERT 语句
p_id.Value=19;                                          //使用 Value 属性将值传递给参数
p_stu.Value=908;
p_name.Value="体育";
p_grade.Value=90;
com.ExecuteNonQuery();                                  //执行 INSERT 语句
```

```
p_id.Value=20;                                          //使用 Value 属性将值传递给参数
p_stu.Value=908;
p_name.Value="数学";
p_grade.Value=90;
com.ExecuteNonQuery();                                  //执行第二个 INSERT 语句
```

本示例中可以向 score 表中插入两天记录。

21.2.7　使用 DataSet 对象和 DataTable 对象

DataSet 对象和 DataTable 对象可以更方便的读取查询结果。而且，可以其中插入、更新、删除数据。一个 DataSet 对象可以管理一个或者多个 DataTable 对象。DataSet 和 DataTable 是 ADO .NET 的类，它们属于命名空间 System.Data。因此需要使用 using 语句引入 System.Data。其语句如下：

```
using System.Data;
```

需要使用 MySqlDataAdapter 对象获取 MySqlCommand 对象，并且创建 DataSet 对象和 DataTable 对象。语句如下：

```
MySqlDataAdapter da = new MySqlDataAdapter(com);
DataSet ds = new DataSet();
DataTable dt = new DataTable();
```

MySqlDataAdapter 对象调用 Fill()方法执行 SELECT 语句，并且将查询结果存入 DataSet 对象中，然后通过 DataTable 对象来处理数据。调用 Fill()方法和使用 DataTable 对象的语句如下：

```
da.Fill(ds,"tableName");
dt = ds.Tables["tableName"];
```

然后就可以从 DataTable 对象 dt 中读取数据了。

【示例 21-11】 下面通过 MySqlDataAdapter 对象查询 student 表的所有记录。然后通过 DataSet 对象和 DataTable 对象将查询结果输出到控制台。其部分代码如下：

```
MySqlDataAdapter da = new MySqlDataAdapter(com);        //创建 MySqlDataAdapter 对象
DataSet ds = new DataSet();                             //创建 DataSet 对象
DataTable dt = new DataTable();                         //创建 DataTable 对象
da.Fill(ds,"student_info");                             //调用 Fill()方法
dt = ds.Tables["student_info"];                         //将执行结果传送给 dt
for (int i = 0; i < dt.Rows.Count; i++)                 //输入每条记录中各个字段的值
    Console.WriteLine(dt.Rows[i]["id"].ToString()+"    "+dt.Rows[i]["name"].ToString()+"    "
                      +dt.Rows[i]["department"].ToString());
```

其中，DataSet 对象中的表取个别名为 student_info。dt.Rows.Count 可以获取 dr 中有多少条记录。dt.Rows[i]["id"].ToString()表示从 dt 的第 i 行记录中获取 id 字段的值，将获取的值转换为字符串。然后，将获取的值在控制台输出。

21.2.8　关闭创建的对象

如果不关闭 MySQLConnection 对象和 MySqlDataReader 对象，这些对象会一直占用系统资源。如果不需要使用这些对象时，必须将这些对象关闭。这些对象可以调用 Close()方法来关闭对象。关闭 MySQLConnection 对象和 MySqlDataReader 对象的语句如下：

```
conn.Close();                                    //conn 是 MySQLConnection 对象
dr.Close();                                      //dr 是 MySqlDataReader 对象
```

关闭 MySQLConnection 对象和 MySqlDataReader 对象后，它们所占用的内存资源和其他资源就被释放掉了。

21.3　C#备份与还原 MySQL 数据库

C#语言中可以执行 mysqldump 命令来备份 MySQL 数据库，也可以执行 mysql 命令来还原 MySQL 数据库。本节将为读者介绍 C#备份与还原 MySQL 数据库的方法。

21.3.1　C#备份 MySQL 数据库

C#中的 Process 类的 Start()方法可以调用外部命令。因此，C#中可以通过调用 mysqldump 命令来备份 MySQL 数据库。mysqldump 命令通常需要在 DOS 窗口中执行，所以需要使用 Start()方法调用 cmd 命令来打开 DOS 窗口。Process 类的命名空间为 System.Diagnostics，因此需要使用 using 语句来引用这个命名空间。语句如下：

```
using System.Diagnostics;
```

Start()方法有多种重载的方法。其中一种方法是 Start(ProcessStartInfo)，这说明 Start()方法可以使用 ProcessStartInfo 对象作为参数。ProcessStartInfo 对象指定了启动进程的资源。ProcessStartInfo 有几个重要的参数需要设置。这些参数介绍如下：

- FileName：设置需要启动的程序；
- Arguments：设置程序需要的参数。

说明： 除了这两个参数以外，ProcessStartInfo 还有很多参数。例如，RedirectStandardOutput 表示是否将应用程序的输出写入到 Process.StandardOutput 流中。这些参数都有默认值，但读者也可以根据自己的需要进行设置。感兴趣的读者可以参考 C#的官方文档。

这里需要启动的程序是 cmd.exe，启动这个程序打开 DOS 窗口。将 mysqldump 命令作为 cmd.exe 程序的参数，打开 DOS 窗口后就会执行 mysqldump 命令。使用 Start()方法语句如下：

```
ProcessStartInfo psi = new ProcessStartInfo();
psi.FileName = "cmd.exe";
psi.Arguments = "/c mysqldump -h hostname -u user -pPassword database [table] > dir/BackupName.sql";
Process.Start(psi);
```

其中，/c 表示执行完命令后关闭命令窗口；dir 表示 sql 文件的备份路径。

【示例 21-12】下面将 test 数据库备份到 C:\目录下的 test.sql 文件中。其部分代码如下：

```
ProcessStartInfo psi = new ProcessStartInfo();          //创建 ProcessStartInfo 对象
psi.FileName = "cmd.exe";                               //指定启动 cmd.exe 文件
//指定启动文件的参数，将 mysqldump 命令作为 cmd 程序的参数
psi.Arguments = "/c mysqldump -h localhost -u root -phuang test > C:/test.sql";
```

```
//执行 cmd.exe 文件打开 DOS 窗口，在 DOS 窗口中执行 mysqldump 命令
Process.Start(psi);
```

代码执行完后，可以在 C:\目录下找到 test.sql 文件。

Start()方法也可以直接使用两个字符串作为参数。第一个字符串是需要启动的程序，与 FileName 的值对应；第二个字符串是程序需要的参数，与 Arguments 的值对应。因此，备份语句写成下面的形式：

```
Process.Start("cmd.exe", "/c mysqldump 语句");
```

【示例 21-13】 下面将 test 数据库备份到 C:\目录下的 test.sql 文件中。其部分代码如下：

```
//将 cmd.exe 和 mysqldump 命令作为 Start()函数的参数，执行 cmd.exe 文件打开 DOS 窗口
//然后在打开的 DOS 窗口中执行 mysqldump 命令
Process.Start("cmd.exe","/c mysqldump -h localhost -u root -phuang test > C:/test.sql");
```

这段代码也可以将 test 数据库备份到 C:\目录下。

21.3.2　C#还原 MySQL 数据库

C#使用 Process 类的 Start()方法调用 cmd.exe 程序，通过 cmd.exe 程序打开 DOS 窗口。然后在 DOS 窗口中执行 mysql 命令来还原 MySQL 数据库。还原 MySQL 数据库的语句如下：

```
ProcessStartInfo psi = new ProcessStartInfo();
psi.FileName = "cmd.exe";
psi.Arguments = "/c mysql -h hostname -u user -pPassword database [table] < dir/BackupName.sql";
Process.Start(psi);
```

还原 MySQL 数据库时使用的方法与备份时基本一样，只是将 mysqldump 命令换成了 mysql 命令。同样，还原 MySQL 数据库时也可以使用下面的语句：

```
Process.Start("cmd.exe", "/c mysqldump 语句");
```

【示例 21-14】 下面将 C:\目录下的 test.sql 文件还原到 test 数据库中。其部分代码如下：

```
ProcessStartInfo psi = new ProcessStartInfo();                    //创建 ProcessStartInfo 对象
psi.FileName = "cmd.exe";                                         //指定启动 cmd.exe 文件
//指定启动文件的参数，将 mysql 命令作为 cmd 程序的参数
psi.Arguments = "/c mysql -h localhost -u root -phuang test < C:/test.sql";
//执行 cmd.exe 文件打开 DOS 窗口，在 DOS 窗口中执行 mysql 命令
Process.Start(psi);
```

代码执行完后，可以查询 test 数据库。

21.4　本 章 实 例

本节将新建 ASP.NET 网站。在程序中完成下面的操作：

（1）连接 MySQL 数据库。然后操作 shool 数据库下的 student 表和 score 表。

（2）向 student 表中插入两条记录，并且在页面显示插入的记录数。INERT 语句如下：

```
INSERT INTO student VALUES(907, 'Jack', '男', 1984,'计算机', '北京市昌平区');
INSERT INTO student VALUES(908, 'Tom', '男', 1987,'英语', '北京市海淀区');
```

（3）从 student 表和 score 表中查询出所有记录，并且显示在页面上。

（4）从 student 表中删除计算机系学生的信息。SELECT 语句如下：

```
DELETE FROM student WHERE department='计算机系';
```

（5）关闭打开的所有数据库对象。

根据题目要求，创建一个“ASP.NET 网站”。创建成功后，需要添加 Connector/Net 驱动程序。在 Microsoft Visual Studio 的菜单栏上选择 Website（网站）|Add Reference（添加引用），从弹出的界面中选择 MySql.Data 组件，然后单击【确定】按钮。这样即可将 Connector/Net 驱动程序添加到网站中。

根据上述要求编写的代码如下：

```
//下面是 DB 类的代码，代码中包括连接 MySQL 数据库、插入数据、查询数据、删除数据的操作
using System;
using System.Data;                          //使用 DataSet 和 DataTable 时，必须先引用 System.Data
using System.Configuration;
using System.Web;
using System.Web.Security;
using System.Web.UI;
using System.Web.UI.WebControls;
using System.Web.UI.WebControls.WebParts;
using System.Web.UI.HtmlControls;
using MySql.Data.MySqlClient;
public partial class DB : System.Web.UI.Page
                                            //使用连接和操作 MySQL 的方法，必须应用 MySql.Data.MySqlClient
{
    //创建 MySqlConnection 对象
    MySqlConnection con = new MySqlConnection("Host=localhost;Database=test; "
                                                +"Username=root;Password=root");
    //下面是 Page_Load()方法，该方法的功能是加载页面
    protected void Page_Load(object sender, EventArgs e)
    {
        if (!IsPostBack)
        {
            Label1.Text = "";
        }
    }
    //下面是 Button1_Click()方法，该方法的功能是插入两条记录
    protected void Button1_Click(object sender, EventArgs e)
    {
        con.Open();                                     //打开 MySqlConnection 对象
        MySqlCommand com1 = new MySqlCommand();         //新建 MySqlCommand 对象
        //将 MySqlConnection 对象与 MySqlCommand 对象绑定
        com1.Connection = con;
        //MySqlCommand 对象获取 INSERT 对象
        com1.CommandText="INSERT INTO student VALUES(907, 'Jack', '男', 1984,'计算机','北京市昌平
区'), "+" (908, 'Tom', '男', 1987,'英语', '北京市海淀区')";
        int i = com1.ExecuteNonQuery();             //执行 INSERT 语句，并返回插入的记录数
        Response.Write(i);                          //输出变量 i 的值
        con.Close();                                //关闭 MySqlConnection 对象
    }
    //下面是 btn_show_Click()方法，该方法的功能是查询 score 表和 student 表的数据
    protected void btn_show_Click(object sender, EventArgs e)
    {
        con.Open();                                 //打开 MySqlConnection 对象
        string selectstu = "SELECT * FROM student";
                                                    //定义字符串变量，将 SELECT 语句赋值给变量
        string selectsco = "SELECT * FROM score";
        //下面两行代码创建两个 MySqlDataAdapter 对象，并且实例化
        MySqlDataAdapter mda1 = new MySqlDataAdapter(selectstu,con1);
        MySqlDataAdapter mda2 = new MySqlDataAdapter(selectsco ,con1);
```

```
        //下面两行代码创建两个 DataSet 对象，并且实例化
        DataSet ds1 = new DataSet();
        DataSet ds2 = new DataSet();
        //下面两行代码将查询结果填充到 DataSet 对象中
        mda1.Fill(ds1, "stu");
        mda2.Fill(ds2,"sco");
        //将查询结果输出到页面上。Showdata_student 和 Showdata_score 是页面表格的 ID 值
        Showdata_student.DataSource = ds1.Tables["stu"].DefaultView;
        Showdata_student.DataBind();
        Showdata_score.DataSource = ds2.Tables["sco"].DefaultView;
        Showdata_score.DataBind();
        con.Close();                                    //关闭 MySqlConnection 对象
    }
    //下面是 btn_search_Click()方法，该方法的功能是删除一条记录
    protected void btn_search_Click(object sender, EventArgs e)
    {
        con.Open();                                     //打开 MySqlConnection 对象
        //定义字符串变量，将 DELETE 语句赋值给变量
        string Deletestu = "Delete From student Where department='计算机系'";
        //创建 MySqlCommand，并且获取 con 和 DELECT 语句
        MySqlCommand msc = new MySqlCommand(Deletestu , con);
        //执行 DELETE 语句，并且返回删除的记录数
        int i = msc.ExecuteNonQuery();
        Response.Write("你删除了"+i+"条记录！");
        con.Close();                                    //关闭 MySqlConnection 对象
    }
}

//下面是 ASP 页面的代码。页面上有三个按钮，分别是删除、插入和显示
//下面几行代码是 ASP 文件的头文件，包括语言的种类、代码文件、文档类型等信息
<%@ Page Language="C#" AutoEventWireup="true"   CodeFile="DB.aspx.cs" Inherits="DB" %>
<!DOCTYPE    html    PUBLIC    "-//W3C//DTD    XHTML    1.0    Transitional//EN"
"http://www.w3.org/TR/xhtml1/DTD/xhtml1-transitional.dtd">
<html xmlns="http://www.w3.org/1999/xhtml" >
<head runat="server">
    <title>操作 MySQL 数据库</title>
</head>
<body>
    <form id="form1" runat="server">
    <div>
        <br />
        <br /> <br />
        //页面的按钮，通过按钮调用 DB 类中对应的方法
        <center> 
            //下面是删除按钮，该按钮的 ID 为 btn_search，单击按钮后调用 btn_search_Click()
            方法
            <asp:Button ID="btn_search" runat="server" Text="删除" OnClick="btn_
            search_Click" /> 
            //下面是插入按钮，该按钮的 ID 为 Button1，单击按钮后调用 Button1_Click ()方法
            <asp:Button ID="Button1" runat="server" Text="插入" OnClick="Button1_Click" />
            //下面是显示按钮，该按钮的 ID 为 btn_show，单击按钮后调用 btn_show_Click ()
            方法
            <asp:Button ID="btn_show" runat="server" Text="显示" OnClick="btn_show_
            Click" /><br />
        </center>
         
        <center><asp:Label ID="Label1" runat="server"></asp:Label><br /></center>
         
        //下面的代码用于显示查询结果，以表格的形式的显示在页面上
        <center>
            <asp:DataGrid ID="Showdata_student" runat="server"></asp:DataGrid>
                                                //显示 student 表的信息
            <asp:DataGrid ID="Showdata_score" runat="server"></asp:DataGrid>
                                                //显示 score 表的信息
        </center>
```

```
        </div>
        </form>
</body>
</html>
```

通过本小节的实例，希望读者对使用 ExecuteNonQuery()方法、MySqlDataAdapter 对象、DataSet 对象和 DataTable 对象有更加深刻的认识。

21.5　上 机 实 践

本节将新建“控制台应用程序”，在程序中完成下面的操作。

（1）连接 MySQL 数据库。然后操作 test 数据库下的 score 表和 student 表。

（2）向 score 表中插入两条记录，并且在控制台输出插入的记录数。INERT 语句如下：

```
INSERT INTO score VALUES(30, 906, '英语', 75);
INSERT INTO score VALUES(31, 907, '数学', 85);
```

（3）在 score 表中更新 id 值为 31 的记录。UPDATE 语句如下：

```
UPDATE score SET grade=80 WHERE id=31;
```

（4）从 score 表中删除 id 值为 32 的记录。DELETE 语句如下：

```
DELETE FROM score WHERE id=32;
```

（5）查询 score 表的所有记录。SELECT 语句如下：

```
SELECT * FROM score;
SELECT * FROM student;
```

（6）统计 score 表中英语的平均成绩。SELECT 语句如下：

```
SELECT AVG(grade) FROM score WHERE c_name='英语';
```

（7）关闭打开的所有数据库对象。

根据上述要求编写的代码如下：

```
using System;
using MySql.Data.MySqlClient;
class DataBase
{
    static void Main(string[] args)
    {
        try
        {
        //通过 MySqlConnection 对象与 MySQL 之间创建连接
        MySqlConnection conn = null;
        conn = new MySqlConnection("Host=localhost;Database=test;Username=root;
        Password=root");
        conn.Open();                                //调用 Open()方法来打开连接
        if (conn.State.ToString() == "Open")        //如果 conn 的状态为 Open，表示连接成功
        {
            Console.WriteLine("成功连接 MySQL");               //输出连接成功的信息
            MySqlCommand com = new MySqlCommand();  //创建 MySqlCommand 对象
            com.Connection = conn;                  //获取连接
            //获取需要执行的 INSERT 语句
            com.CommandText = "INSERT INTO score VALUES(30, 906, '英语', 75), (31, 907,
            '数学', 85)";
            //定义 int 类型的变量 i，通过 i 接收 ExecuteNonQuery()方法的返回值。返回值表示
```

```
             插入的记录数
            int i = com.ExecuteNonQuery();
            if (i > 0)
            {
              Console.WriteLine("插入的记录数为:" + i);    //将变量 i 的值输出到控制台
              i = 0;                                       //将 i 的值设置为 0，以后面的语句使用
            }
            //获取需要执行的 UPDATE 语句和 DELETE 语句
            com.CommandText = " UPDATE score SET grade=80 WHERE id=31;"+
                                         " DELETE FROM score WHERE id=32";
            i = com.ExecuteNonQuery();                     //通过变量 i 获取更新和删除的记录数
            if (i > 0)
            {
                 Console.WriteLine("更新和删除的总记录数为:" + i);   //将 i 的值输出到控制台
            }
            //获取需要执行的 SELECT 语句
            com.CommandText = " SELECT * FROM score; SELECT * FROM student ";
            //将 SELECT 语句查询出来的记录存储到 MySqlDataReader 对象中
            MySqlDataReader dr = com.ExecuteReader();
            //如果读取到记录，dr.Read()将返回记录的值，则执行 while 中的语句
            while (dr.Read())
            {
              //通过 dr["字段名"]的形式来取得每个字段的值
              Console.WriteLine(dr["stu_id"] + "    " + dr["c_name"] + "    " + dr["grade"]);
            }
            dr.NextResult();                        //获取下一个 SELECT 语句的查询结果
            //判断是否有记录
            if (dr.Read())
            {
              while (dr.Read())                     //循环读出记录，并将记录输出到控制台
            {
              //通过 dr["字段名"]的形式来取得每个字段的值
              Console.WriteLine(dr["id"] + "    " + dr["name"] + "    " + dr["department"] + "    " +
              dr["address"]);
            }
          }
         //如果 dr 对象的值不为 null，那么将 dr 对象关闭。注意，dr 一定要关闭，避免 dr 一
          直占用资源
        if (dr != null)
        {
            dr.Close();
            }
            //获取需要执行的 SELECT 语句的值
            com.CommandText = " SELECT AVG(grade) FROM score WHERE c_name='
            英语'";
            //调用 ExecuteScalar()执行 SELECT 语句，并将返回的 object 对象转换为 decimal
            类型的数据
            decimal avg = (Decimal)com.ExecuteScalar();
            Console.WriteLine("英语的平均成绩为："+avg);
            //如果 conn 对象不为 null，关闭 conn 对象。所有操作都完成后，可以断开
            if (conn != null)
            {
               conn.Close();
            }
        }
}
//捕获异常。如果出现异常，通过 Message 属性输出异常信息
catch (MySqlException e)
{
      Console.WriteLine("出现异常：" + e.Message);
}
finally
{
      //在控制台输入信息后，控制台才关闭。这样是为了方便查看控制台输出的信息
      Console.ReadLine();
```

```
        }
    }
}
```

21.6　常见问题及解答

1. 一次性执行多条SELECT语句时，只显示了第一个SELECT语句的查询结果？

出现这种情况，通常是因为 MySqlDataReader 对象没有调用 NextResult()方法。一次执行多个 SELECT 语句时，ExecuteReader()方法会将所有 SELECT 语句的执行结果都返回给 MySqlDataReader 对象。但是，MySqlDataReader 对象不能一次性将结果都读取出来。MySqlDataReader 对象一次只能读取一个 SELECT 语句的查询结果。然后，该对象可以调用 NextResult()方法读取下一个 SELECT 语句的查询结果。如果 NextResult()方法返回为 false，那说明所有结果已经全都读取出来了。

2. 出现“There is already an open DataReader”这样的错误？

C#操作 MySQL 数据库时出现异常，详细的错误信息为“There is already an open DataReader associated with this Connection which must be closed first”。出现这种错误的原因是前面创建的 DataReader 对象没有关闭。假设 DataReader 对象为 dr，当这个对象使用完成后，需要加入 dr.close()语句关闭该对象。否则，系统出现上面的异常信息。

21.7　小　　结

本章介绍了 C#语言访问 MySQL 数据库的方法。使用 C#语言连接 MySQL 数据库和操作 MySQL 数据库是本章的重点内容。这部分重点讲解了 C#语言中执行 SELECT 语句、INSERT 语句、UPDATE 语句和 DELETE 语句的方法。而且，还重点讲解执行 SELECT 语句后，将查询结果逐条读取出来的方法。C#备份和还原 MySQL 数据库是本章的难点。C#需要使用 Process 类的 Start()方法调用外部命令。通过本章的学习，希望读者对 C#语言操作 MySQL 数据库有深入的了解。

21.8　本 章 习 题

1. 练习编写插入、更新 MySQL 数据库中数据的 C#代码。
2. 练习编写使用一个 SELECT 语句查询 MySQL 数据库的 C#代码。
3. 练习编写使用多个 SELECT 语句查询 MySQL 数据库的 C#代码。
4. 练习编写备份和还原数据库的 C#代码。

第 22 章　驾校学员管理系统

MySQL 数据库的使用非常广泛，很多的网站和管理系统都使用 MySQL 数据库存储数据。本章将向读者介绍驾校学员管理系统的开发过程。该管理系统使用 Java 语言开发，数据库使用 MySQL 数据库，Web 服务器使用 Tomcat。本章将为读者介绍的内容包括：

- 系统概述；
- 系统功能；
- 数据库设计；
- 系统实现。

通过本章的学习，读者可以学会管理系统的开发过程和如何在开发过程中使用 MySQL 数据库。数据库设计是本章的重点，这部分内容结合了本书前面介绍的很多知识点，希望读者能够对 MySQL 数据库有一个更加全面的认识。

22.1　系 统 概 述

由于计算机技术的飞速发展，数据库技术作为数据管理的一个有效的手段，在各行各业中得到越来越广泛的应用。驾校学员管理系统主要用于管理驾校的各种数据。本节将介绍本驾校学员管理系统的基本信息。

随着驾校学员的增加，就会增加大量的数据。这些数据的增加，给驾校学员管理的管理员在资料的整理，资料的查询，数据的处理上带来很大的不便。建立本系统的基本目标是为了减少管理员的工作强度，使得对学员信息的查询和数据处理的速度得到很大程度的提高，从而提高管理员的工作效率。

本系统主要用于管理学员的学籍信息、体检信息、成绩信息和驾驶证的领取信息等。这些信息的录入、查询、修改和删除等操作都是该系统重点解决的问题。

本系统分为 5 个管理部分，即用户管理、学籍信息管理、体检信息管理、成绩信息管理和领证信息管理。

本驾校学员管理系统的开发语言为 Java 语言，使用的开发环境是 Eclipse 和 MyEclipse。选择的数据库是 MySQL。本系统是 B/S 架构的系统，需要使用 Web 服务器 Tomcat。

22.2　系 统 功 能

驾校学员管理系统的主要功能是管理驾校学员的基本信息。通过本管理系统，可以提高驾校的管理者的工作效率。本节将详细介绍本系统的功能。

本驾校学员管理系统分为 5 个管理部分，即用户管理、学籍信息管理、体检信息管理、成绩信息管理和领证信息管理。本系统的功能模块图如图 22.1 所示。

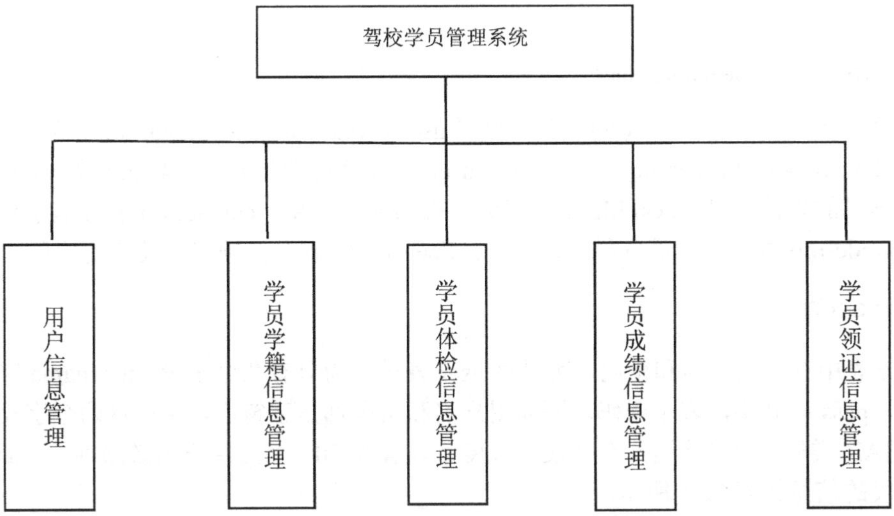

22.1　系统功能模块图

图 22.1 中模块的详细介绍如下。

- 用户信息管理：主要是对管理员的登录进行管理。管理员登录成功后，系统会进入到系统管理界面。而且，管理员可以修改自己的密码。
- 学籍信息管理：主要是处理学籍信息的插入、查询、修改和删除。查询学员的学籍信息时，可以通过学号、姓名、报考的车型和学员的状态进行查询。通过这 4 个方面处理，使学籍信息的管理更加方便。
- 体检信息管理：主要对学员体检后的体检信息进行插入、查询、修改和删除。
- 成绩信息管理：对学员的学籍信息进行插入、查询、修改和删除等操作，以便有效地管理学员的成绩信息。
- 领证信息管理：对学员的驾驶证的领取进行管理。这部分主要进行领证信息的插入、查询、修改和删除等操作。这样可以保证学员驾驶证被领取后，领取驾驶证时的信息能够被有效的管理。

通过本节的介绍，读者对这个驾校学员管理系统的主要功能有一定的了解。下一节会向读者介绍本系统所需要的数据库和表。

22.3　数据库设计

数据库设计是开发管理系统的一个重要步骤。如果数据库设计不合理，会给后续的系统开发带来很大的麻烦。本节为读者介绍驾校管理系统的数据库的设计过程。

数据库设计时要确定创建哪些表、表中有哪些字段、字段的数据类型和长度。本章介绍的驾校学员管理系统选择 MySQL 数据库。因为本书主要是介绍 MySQL 数据库的知识，所以在设计数据库时会尽量用到书中介绍过的 MySQL 数据库的知识点。这样可以让读者对 MySQL 数据库有一个全面的认识。

22.3.1　设计表

本系统所有的表都放在 drivingschool 数据库下。创建 drivingschool 数据库的 SQL 代码如下：

```
CREATE DATABASE drivingschool;
```

在这个数据库下一共存放 6 张表，分别是 user 表、studentInfo 表、healthInfo 表、courseInfo 表、gradeInfo 表和 licenseInfo 表。其中，user 表存储管理员的用户名和密码；studentInfo 表存储学员的学籍信息；healthInfo 表存储学员的体检信息；courseInfo 表存储学员的课程信息；gradeInfo 表存储学员各科考试信息；licenseInfo 表存储领取驾驶证的信息。

1．user表

user 表中存储用户名和密码，所以将 user 表设计为只有两个字段。username 字段表示用户名，password 字段表示密码。因为用户名和密码都是字符串，所以这两个字段都使用 VARCHAR 类型。而且将这两个字段的长度都设置为 20。而且用户名必须唯一。user 表的每个字段的信息如表 22.1 所示。

表 22.1　user表的内容

字段名	字段描述	数 据 类 型	主键	外键	非空	唯一	默认值	自增
username	用户名	VARCHAR(20)	是	否	是	是	无	否
password	密码	VARCHAR(20)	否	否	是	否	无	否

根据表 22.1 的内容创建 user 表。创建 user 表的 SQL 语句如下：

```
CREATE TABLE user(
        username VARCHAR(20) PRIMARY KEY UNIQUE NOT NULL ,
        password VARCHAR(20) NOT NULL
        );
```

创建完成后，可以使用 DESC 语句或者 SHOW CREATE TABLE 语句查看 user 表的结构。

2．studentInfo表

studentInfo 表中主要存储学员的学籍信息，包括学号、姓名、性别、年龄和身份证号码等信息。用 sno 字段表示学号，因为学号是 studentInfo 表的主键，所以 sno 字段是不能为空值的，而且值必须是唯一的。identify 字段表示学员的身份证，而每个学员的身份证必须是唯一的。因为有些身份证以字母 x 结束，所以 identify 字段设计为 VARCHAR 类型。

sex 字段表示学员的性别，该字段只有“男”和“女”这两个取值。因此 sex 字段使用 ENUM 类型。scondition 字段表示学员的学业状态，每个学员只有 3 种状态，分别为“学习”、“结业”和“退学”。因此，scondition 字段也使用 ENUM 类型。入学时间和毕业时间都是日期，因此选择 DATE 类型。s_text 字段用于存储备注信息，所以选择 TEXT 类型比较合适。studentInfo 表的每个字段的信息如表 22.2 所示。

表 22.2　studentInfo表的内容

字段名	字段描述	数 据 类 型	主键	外键	非空	唯一	默认值	自增
sno	学号	INT(8)	是	否	是	是	无	否
sname	姓名	VARCHAR(20)	否	否	是	否	无	否
sex	性别	ENUM	否	否	是	否	无	否

续表

字段名	字段描述	数 据 类 型	主键	外键	非空	唯一	默认值	自增
Age	年龄	INT(3)	否	否	否	否	无	否
identify	身份证号	VARCHAR(18)	否	否	是	是	无	否
tel	电话	VARCHAR(15)	否	否	否	否	无	否
car_type	报考车型	VARCHAR(4)	否	否	是	否	无	否
enroll_time	入学时间	DATE	否	否	是	否	无	否
leave_time	毕业时间	DATE	否	否	否	否	无	否
scondition	学业状态	ENUM	否	否	是	否	无	否
s_text	备注	TEXT	否	否	否	否	无	否

创建 studentInfo 表的 SQL 代码如下：

```
CREATE TABLE studentInfo(
        sno INT(8) PRIMARY KEY UNIQUE NOT NULL,
        sname VARCHAR(20) NOT NULL,
        sex ENUM('男', '女') NOT NULL,
        age INT(3),
        identify VARCHAR(18) UNIQUE NOT NULL,
        tel VARCHAR(15),
        car_type VARCHAR(4) NOT NULL,
        enroll_time DATE NOT NULL,
        leave_time DATE,
        scondition ENUM('学习', '结业', '退学') NOT NULL,
        s_text TEXT
        );
```

studentInfo 表创建成功后，读者可以通过 DESC 语句查看 studentInfo 表的基本结构，也可以通过 SHOW CREATE TABLE 语句查看 studentInfo 表的详细信息。

3. healthInfo表

因为驾校体检主要检查身高、体重、视力、听力、辨色能力、腿长和血压信息。所以 healthInfo 表中必须包含这些信息。身高、体重、左眼视力和右眼视力分别用 height 字段、weight 字段、left_sight 字段和 right_sight 字段表示。因为这些字段的值有小数，所以这些字段都定义成 FLOAT 类型。辨色能力、左耳听力、右耳听力、腿长和血压分别用 differentiate 字段、left_ear 字段、right_ear 字段、legs 字段和 pressure 字段表示。这些字段的取值都是在特定几个取值中取一个，因此定义成 ENUM 类型。

id 字段是记录的编号，而且该字段为自增类型。每插入一条新记录，id 字段的值会自动加 1。healthInfo 表中需要一个字段与 studentInfo 表建立连接关系。这就可以设计 sno 字段是外键，其依赖于 studentInfo 表的 sno 字段。healthInfo 表中设计一个学员姓名的字段，用 sname 字段表示。特别值得注意的是 sname 字段与 studentInfo 表中 sname 字段的值是一样的。这个字段使 healthInfo 表不能满足三范式的要求。但是，查询 healthInfo 表时需要使用这个字段。为了提高查询速度，特意在 healthInfo 表中增加了 sname 字段。healthInfo 表的每个字段的信息如表 22.3 所示。

表 22.3　healthInfo表的内容

字段名	字 段 描 述	数 据 类 型	主键	外键	非空	唯一	默认值	自增
id	编号	INT(8)	是	否	是	是	无	是
sno	学号	INT(8)	否	是	是	是	无	否

续表

字段名	字 段 描 述	数 据 类 型	主键	外键	非空	唯一	默认值	自增
sname	姓名	VARCHAR(20)	否	否	是	否	无	否
height	身高	FLOAT	否	否	否	否	无	否
weight	体重	FLOAT	否	否	否	否	无	否
differentiate	辨色	ENUM	否	否	否	否	无	否
left_sight	左眼视力	FLOAT	否	否	否	否	无	否
right_sight	右眼视力	FLOAT	否	否	否	否	无	否
left_ear	左耳听力	ENUM	否	否	否	否	无	否
right_ear	右耳听力	ENUM	否	否	否	否	无	否
legs	腿长是否相等	ENUM	否	否	否	否	无	否
pressure	血压	ENUM	否	否	否	否	无	否
history	病史	VARCHAR(50)	否	否	否	否	无	否
h_text	备注	TEXT	否	否	否	否	无	否

创建 healthInfo 表的 SQL 语句如下：

```
CREATE TABLE healthInfo(
            id INT(8) PRIMARY KEY UNIQUE NOT NULL AUTO_INCREMENT,
            sno INT(8) UNIQUE NOT NULL,
            sname VARCHAR(20) NOT NULL,
            height FLOAT,
            weight FLOAT,
            differentiate ENUM('正常', '色弱', '色盲'),
            left_sight FLOAT,
            right_sight FLOAT,
            left_ear ENUM('正常', '偏弱'),
            right_ear ENUM('正常', '偏弱'),
            legs ENUM('正常', '不相等'),
            pressure ENUM('正常', '偏高', '偏低'),
            history VARCHAR(50),
            h_text TEXT,
            CONSTRAINT   health_fk   FOREIGN KEY (sno)
            REFERENCES   studentInfo(sno)
            );
```

创建 healthInfo 表时将 sno 字段设置为外键，而且外键的别名为 health_fk。而且，id 字段加上了 AUTO_INCREMENT 属性，这样就可以将 id 字段设置为自增字段。healthInfo 表创建完成后，读者可以使用 DESC 语句或者 SHOW CREATE TABLE 语句查看 healthInfo 表的结构。

4．courseInfo表

courseInfo 表用于存储考试科目的信息，每个科目都必须有科目号、科目名称。有些科目必须在某个科目考试完成之后才能学习，因此，每个科目都要有个先行考试科目。这个表只需要 3 个字段就可以了，cno 字段表示科目号，cname 字段表示科目名称，before_cour 字段表示先行考试科目的科目号。每条记录中，只有 before_cour 字段中存储的科目考试通过后，学员才可以报考 cno 表示的科目。由于第一个科目没有先行考试科目，因此，第一个科目的先行考试科目号的默认值为 0。courseInfo 表的每个字段的信息如表 22.4 所示。

表 22.4　courseInfo表的内容

字段名	字 段 描 述	数 据 类 型	主键	外键	非空	唯一	默认值	自增
cno	科目号	INT(4)	是	否	是	是	无	否
cname	科目名程	VARCHAR(20)	否	否	是	是	无	否
before_cour	先行考试科目	INT(4)	否	否	是	否	0	否

创建 courseInfo 表的 SQL 代码如下：

```
CREATE TABLE courseInfo(
        cno INT(4) PRIMARY KEY NOT NULL UNIQUE,
        cname VARCHAR(20) NOT NULL UNIQUE,
        before_cour INT(4) NOT NULL DEFAULT 0
        );
```

从上面的 SQL 代码可以看到，使用 DEFAULT 关键字为 before_cour 字段设置默认值。courseInfo 表创建完成后，读者可以使用 DESC 语句或者 SHOW CREATE TABLE 语句查看 courseInfo 表的结构。

5．gradeInfo表

gradeInfo 表用于存储学员的成绩信息。这个表必须与 studentInfo 表和 course 表建立联系。因此设计 sno 字段和 cno 字段。sno 字段和 cno 字段作为外键。sno 字段依赖于 studentInfo 表的 sno 字段，cno 字段依赖于 courseInfo 表的 cno 字段。这里一个学员可能需要参加多个科目，而且同一个科目可能需要考多次。因此，sno 字段和 cno 字段都不是唯一字段，表中可以出现重复的值。而且，需要记录每科考试的时间和考试的次数。这里用 last_time 字段表示考试时间，times 字段表示某一个科目的考试次数。默认值情况下是第一次参加考试，因此 times 字段的默认值为 1。分数用 grade 字段表示，默认分数为 0 分。gradeInfo 表的每个字段的信息如表 22.5 所示。

表 22.5　gradeInfo表的内容

字段名	字 段 描 述	数 据 类 型	主键	外键	非空	唯一	默认值	自增
Id	编号	INT(8)	是	否	是	是	无	是
Sno	学号	INT(8)	否	是	是	否	无	否
cno	科目号	INT(4)	否	是	是	否	无	否
last_time	考试时间	DATE	否	否	否	否	无	否
times	考试次数	INT(4)	否	否	否	否	1	否
grade	成绩	FLOAT	否	否	否	否	0	否

创建 gradeInfo 表的 SQL 代码如下：

```
CREATE TABLE gradeInfo(
        id INT(8) PRIMARY KEY UNIQUE NOT NULL AUTO_INCREMENT,
        sno INT(8) NOT NULL,
        cno INT(4) NOT NULL,
        last_time DATE,
        times INT(4) DEFAULT 1,
        grade FLOAT DEFAULT 0,
        CONSTRAINT  grade_sno_fk  FOREIGN KEY (sno)
        REFERENCES  studentInfo(sno),
        CONSTRAINT  grade_cno_fk  FOREIGN KEY (cno)
        REFERENCES  courseInfo(cno)
```

```
);
```

代码执行完后，在 sno 字段被设置成外键，该外键的别名为 grade_sno_fk。同时，cno 字段也被设置成外键，改外键的别名为 grade_cno_fk。gradeInfo 表创建完成后，读者可以使用 DESC 语句或者 SHOW CREATE TABLE 语句查看 gradeInfo 表的结构。

6. licenseInfo表

licenseInfo 表用于存储学员领取驾驶证的信息。这个表中需要记录学员的学号、姓名、驾驶证号码、领取时间、领取人等信息。而且 licenseInfo 表需要与 studentInfo 表建立联系，这可以通过学号来完成。在该表中设计 sno 字段为外键，其依赖于 studentInfo 表的 sno 字段。姓名用 sname 字段表示，sname 字段是冗余字段，设置这个字段是为了提高查询速度。

驾驶证号码用 lno 字段表示，每个人的驾驶证号都是唯一的。领取时间用 receive_time 字段表示，该字段设置为 DATE 类型。领取人的姓名用 receive_name 字段表示。表中需要一个字段来存储备注信息，这里设计 l_text 字段来存储备注信息，而且其应该为 TEXT 类型。licenseInfo 表的每个字段的信息如表 22.6 所示。

表 22.6 licenseInfo表的内容

字段名	字 段 描 述	数 据 类 型	主键	外键	非空	唯一	默认值	自增
id	编号	INT(8)	是	否	是	是	无	是
sno	学号	INT(8)	否	是	是	是	无	否
sname	姓名	VARCHAR(20)	否	否	是	否	无	否
lno	驾驶证号	VARCHAR(18)	否	否	是	是	无	否
receive_time	领证时间	DATE	否	否	否	否	无	否
receive_name	领证人	VARCHAR(20)	否	否	否	否	无	否
l_text	备注	TEXT	否	否	否	否	无	否

创建 licenseInfo 表的 SQL 代码如下：

```
CREATE TABLE licenseInfo(
        id INT(8) PRIMARY KEY UNIQUE NOT NULL AUTO_INCREMENT,
        sno INT(8) UNIQUE NOT NULL,
        sname VARCHAR(20) NOT NULL,
        lno VARCHAR(18) UNIQUE NOT NULL,
        receive_time DATE,
        receive_name VARCHAR(20),
        l_text TEXT,
        CONSTRAINT  license_fk  FOREIGN KEY (sno)
        REFERENCES  studentInfo(sno)
        );
```

sno 字段被设置成外键，该外键的别名为 license_fk。licenseInfo 表创建完成后，读者可以使用 DESC 语句或者 SHOW CREATE TABLE 语句查看 licenseInfo 表的结构。

22.3.2 设计索引

索引是创建在表上的，是对数据库表中一列或多列的值进行排序的一种结构。索引可以提高查询的速度。驾校学员管理系统需要查询学员的信息，这就需要在某些特定字段上建立索引，以便提高查询速度。

1. 在studentInfo表上建立索引

驾校学员管理系统中需要按照 sname 字段、car_type 字段、scondition 字段查询学籍信息。因此，需要在这 3 个字段上创建索引。在第 7 章中介绍了创建索引的 3 种方法。本小节将使用 CREATE INDEX 语句和 ALTER TABLE 语句创建索引。

下面使用 CREATE INDEX 语句在 sname 字段上创建名为 index_stu_name 的索引。SQL 语句如下：

```
CREATE INDEX index_stu_name ON studentInfo(sname);
```

然后，再使用 CREATE INDEX 语句在 car_type 字段上创建名为 index_car 的索引。SQL 语句如下：

```
CREATE INDEX index_car ON studentInfo(car_type);
```

最后，使用 ALTER TABLE 语句在 scondition 字段上创建名为 index_con 的索引。SQL 语句如下：

```
ALTER TABLE studentInfo ADD INDEX index_con(scondition);
```

代码执行完后，读者可以使用 SHOW CREATE TABLE 语句查看 studentInfo 表的结构。查看结果中如果显示了 index_stu_name、index_car 和 index_con 这 3 个索引，这表示索引创建成功。

2. 在healthInfo表上建立索引

管理系统中需要通过 sname 字段查询 healthInfo 表中的记录，因此需要在这些字段上创建索引。创建索引的语句如下：

```
CREATE INDEX index_h_name ON healthInfo(sname);
                                //在 sname 字段上创建名为 index_h_name 的索引
```

代码执行完后，读者可以使用 SHOW CREATE TABLE 语句查看 healthInfo 表的结构。

3. 在licenseInfo表上建立索引

管理系统需要通过 sname 字段和 receive_name 字段查询 licenseInfo 表中的信息，因此可以在这两个字段上创建索引。创建索引的语句如下：

```
ALTER TABLE licenseInfo ADD INDEX index_license_name(sname);
ALTER TABLE licenseInfo ADD INDEX index_receive_name(receive_name);
```

上面的代码都是使用 ALTER TABLE 语句来创建索引。第一个语句在 sname 字段上创建名为 index_license_name 的索引；第二个语句在 receive_name 字段上创建名为 index_license_name 的索引。代码执行完后，读者可以使用 SHOW CREATE TABLE 语句查看 licenseInfo 表的结构。

22.3.3 设计视图

视图由数据库中的一个表或多个表导出的虚拟表。其作用是方便用户对数据的操作。

在这个管理系统中，也设计了一个视图改善查询操作。

在驾校学员管理系统中，如果直接查询 gradeInfo 表，显示信息时会显示学员的学号和考试的科目号。这种显示并不直观，为了以后查询方便，可以创建一个视图 grade_view。这个视图显示编号、学号、姓名、课程名、last_time 字段、times 字段和 grade 字段。创建视图 grade_view 的 SQL 代码如下：

```
CREATE VIEW grade_view
AS SELECT g.id,g.sno,s.sname,c.cname,last_time,times,grade
FROM studentInfo s,courseInfo c,gradeInfo g
WHERE g.sno=s.sno AND g.cno=c.cno;
```

上述 SQL 语句中给每个表都取了一个别名，studentInfo 表的别名为 s；courseInfo 表的别名为 c；gradeInfo 表的别名为 g。这个视图从这 3 个表中取出了相应的字段。视图创建完成后，可以使用 SHOW CREATE VIEW 语句创建视图。如果想了解更多关于视图的内容，请参照第 8 章。

22.3.4　设计触发器

触发器是由 INSERT、UPDATE 和 DELETE 等事件来触发某种特定操作。满足触发器的触发条件时，数据库系统就会执行触发器中定义的程序语句。这样做可以保证某些操作之间的一致性。为了使驾校学员管理系统的数据更新更加快速、合理，可以在数据库中设计几个触发器。

1．设计INSERT触发器

如果向 licenseInfo 表中插入记录，说明这个学员已经结业。那么 studentInfo 表中的 scondition 字段的值应该更新为“结业”。这可以通过触发器来完成。在 licenseInfo 表上创建名为 license_stu 的触发器，其 SQL 语句如下：

```
DELIMITER &&
CREATE   TRIGGER   license_stu   AFTER   INSERT
            ON   licenseInfo   FOR   EACH   ROW
            BEGIN
               UPDATE studentInfo SET leave_time=NEW.receive_time,scondition= '结业'
               WHERE sno=NEW.sno;
            END
            &&
DELIMITER ;
```

如果向 licenseInfo 表中执行 INSERT 操作，那么系统会自动将学员的离校时间（leave_time）设置为领证时间。NEW.receive_time 表示新插入的记录的 receive_time 字段的值。同时，该触发器会将 scondition 字段的值更新为“结业”。

2．设计UPDATE触发器

在设计表时，healthInfo 表和 licenseInfo 表中的 sname 字段的值与 studentInfo 表中 sname 字段的值是一样的。如果 studentInfo 表中 sname 字段的值更新了，那么 healthInfo 表和 licenseInfo 表中的 sname 字段的值也必须同时更新。这可以通过一个 UPDATE 触发器来实现。创建 UPDATE 触发器 update_sname 的 SQL 代码如下：

```
DELIMITER &&
```

```
CREATE TRIGGER update_sname AFTER UPDATE
        ON studentInfo FOR EACH ROW
        BEGIN
            UPDATE healthInfo SET sname=NEW.sname WHERE sno=NEW.sno;
            UPDATE licenseInfo SET sname=NEW.sname WHERE sno=NEW.sno;
        END
        &&
DELIMITER ;
```

其中，NEW.sno 表示 studentInfo 表中更新的记录的 sno 值。如果 studentInfo 表中的一个学员的姓名改变了，healthInfo 表和 licenseInfo 表中 sno 值相同的记录也会同时更新 sname 字段的值。

3. 设计DELETE触发器

如果从 studentInfo 表中删除一个学员的学籍信息，那么这个学员在 healthInfo 表、gradeInfo 表和 licenseInfo 表中的信息也必须同时删除。这也可以通过触发器来实现。在 studentInfo 表上创建 delete_stu 触发器，只要执行 DELETE 操作，那么就删除 healthInfo 表、gradeInfo 表和 licenseInfo 表中相应的记录。创建 delete_stu 触发器的 SQL 语句如下：

```
DELIMITER &&
CREATE TRIGGER delete_stu AFTER DELETE
        ON studentInfo FOR EACH ROW
        BEGIN
      DELETE FROM gradeInfo WHERE sno=OLD.sno;
      DELETE FROM healthInfo WHERE sno=OLD.sno;
      DELETE FROM licenseInfo WHERE sno=OLD.sno;
    END
    &&
DELIMITER ;
```

其中，OLD.sno 表示新删除的记录的 sno 值。如果一次性删除 studentInfo 表中的所有记录时，这个触发器只能获取第一条记录的 sno 值。但是在管理系统中都是一次删除一条信息，因此这个触发器可以达到预期效果。

22.4 系统实现

本驾校学员管理系统使用 Java 语言开发，系统开发环境为 Eclipse 和 MyEclipse。本节将向读者介绍本系统的编码实现。

22.4.1 构建工程

首先，在 MyEclipse 创建一个 Web 工程，并将这个 Web 工程取名为 DrivingSchool。按照 19.1 节的内容将 JDBC 驱动添加到工程中。然后在工程中的 src 文件下创建两个包（Package），分别取名为 db、servlet。db 包下存放连接和处理 MySQL 数据库的 Java 类，servlet 包下存放着所有的 servlet 文件。本工程的所有 JSP 页面都放在 WebRoot 文件夹下。

22.4.2 访问和操作 MySQL 数据库的代码

在 db 包下创建 DB.java 类。这个 Java 类中封装了 5 个方法。这些方法分别是

connectMySQL()方法、query()方法、update()方法、execute()方法和 closeDB()方法。connectMySQL()方法主要用于连接 MySQL 数据库；query()方法用于执行 SELECT 语句；update()方法用于执行 INSERT 语句、UPDATE 语句和 DELETE 语句；execute()方法可以执行所有的 SQL 语句；closeDB()方法用于关闭数据库对象。下面分别介绍这几个方法的代码。

1．connectMySQL()方法

connectMySQL()方法的作用是连接 MySQL 数据库。方法中使用 Class.forName()声明驱动，使用 getConnection()方法创建 Connection 对象，使用 createStatement()方法创建 Statement 对象。connectMySQL()方法的主要代码如下：

```
public void connectMySQL() {
    String url="jdbc:mysql://59.65.226.15:3306/drivingschool";    //获取 JDBC 协议和 MySQL 端口
    String user="root";                                          //获取数据库的用户名
    String passwd="huanghuajin";                                 //获取密码
    try {                                                        //使用 try...catch 语句捕获异常
        Class.forName("com.mysql.jdbc.Driver");                  //指定 JDBC 驱动
        conn = DriverManager.getConnection(url, user, passwd);
                                                                 //实例化 Connection 对象
        System.out.print("连接数据库服务器成功");                  //输出连接成功的信息
        stat=conn.createStatement();                             //实例化 Statement 对象
    } catch (Exception e) {                                      //捕获异常
        e.printStackTrace();                                     //输出异常信息
    }
}
```

因为连接 MySQL 数据库需要 JDBC 驱动，所以使用 Class.forName ()方法指定 com.mysql.jdbc.Driver 驱动程序。因为本机器的 IP 地址为 59.65.226.15，所以在 url 中设置为这个 IP 地址。MySQL 的端口号为 3306。连接 MySQL 后直接登录到 drivingschool 数据库中，因为驾校学员管理系统的数据都存储在这个数据库下。这个 MySQL 数据库的 root 用户的密码是“huanghuajin”。

2．query()方法

query()方法用于执行 SELECT 语句。query()方法中是通过调用 executeQuery()方法来执行 SELECT 语句的。执行完 SELECT 语句后，executeQuery()方法会返回 ResultSet 对象。查询结果都存储在 ResultSet 对象中。因此，query()函数的类型为 ResultSet。query()方法的代码如下：

```
public ResultSet query(String sql) throws SQLException{
    if(sql==null||sql.equals("")){                //判断是否有 SELECT 语句
        return null;                              //如果没有 SELECT 语句就返回 null
    }
    rs=stat.executeQuery(sql);                    //执行 SELECT 语句
    return rs;                                    //返回查询结果 rs
}
```

executeQuery()方法是 Statement 类中的方法，需要 Statement 对象来调用。上述代码中，stat 为 Statement 对象，因此，stat 可以调用 executeQuery()方法执行 SELECT 语句。

3．update()方法

update()方法用于执行 INSERT 语句、UPDATE 语句和 DELETE 语句。update()方法中

是通过调用 executeUpdate()方法来执行这些 SQL 语句的。执行完 SQL 语句后，executeUpdate()方法会返回更新的记录数。因此，update()方法的类型为 int 类型。executeUpdate()方法的代码如下：

```
public int update(String sql) throws SQLException{
    int i;                                          //变量 i 用户存储更新的记录数
    if(sql==null||sql.equals("")){                  //判断是否有更新语句
        return 0;                                   //没有更新语句时返回 0
    }
    i=stat.executeUpdate(sql);                      //执行更新语句
    return i;                                       //返回更新的记录数
}
```

executeUpdate()方法也是 Statement 类中的方法，也需要 Statement 对象来调用。因此，上述代码中也使用 stmt 来调用 executeUpdate()方法。

4．excuteSQL()方法

excuteSQL()方法既可以执行 SELECT 语句，也可以执行更新数据的 SQL 语句。excuteSQL()方法调用 Statement 类中的 excute()方法来执行 SQL 语句。Excute()方法执行 SELECT 语句时返回 true，执行其他 SQL 语句时返回 false。

执行 SELECT 语句后，可以通过 getResultSet()方法获取查询结果。因为查询结果存储在 ResultSet 对象中，所以 excuteSQL()方法的类型为 ResultSet。excuteSQL()方法的代码如下：

```
public ResultSet excute(String sql) throws SQLException{
    boolean t;                                      //定义布尔型变量 t
    if(sql==null||sql.equals("")){                  //判断是否有 SELECT 语句
        return null;
    }
    t=stat.excute(sql);                             //将 excute()方法的返回值赋给 t
    //如果 t 的值为 TRUE，则 excute()方法中执行了 SELECT 语句
    if(t==true){
        rs=stat.getResultSet();                     //将查询结果赋值给 rs
        return rs;                                  //返回 rs
    }
    //如果 t 的值不是 TRUE，则 excute()方法执行了 INSERT 语句、UPDATE 语句或者 DELETE
    语句
    else{
        int i=stat.getUpdateCount();                //获取更新的记录数
        System.out.println("更新的记录数是："+i);   //输出更新的记录数
        return null;                                //返回空值
    }
}
```

如果执行 SELECT 语句，该函数会通过 ResultSet 对象返回查询结果。如果执行 INSERT 语句、UPDATE 语句和 DELETE 语句，那么 excuteSQL()方法返回 null。

5．closeDB()方法

closeDB()方法用于关闭与 MySQL 数据库有关的对象。这个方法中调用 close()方法关闭打开的对象。一般情况下，操作数据库后一定要将打开的对象关闭。closeDB()方法的代码如下：

```
public void closeDB() throws SQLException{
    if(rs!=null){                               //判断 ResultSet 对象是否为空
        rs.close();                             //关闭 ResultSet 对象
```

```
            rs=null;
        }
        if(stat!=null){                          //判断 Statement 对象是否为空
            stat.close();                        //关闭 Statement 对象
            stat=null;
        }
        if(conn!=null){                          //判断 Connection 对象是否为空
            conn.close();                        //关闭 Connection 对象
            conn=null;
        }
}
```

closeDB()方法中调用 close()方法关闭了 ResultSet 对象、Statement 对象和 Connection 对象，并且将它们的值赋为 null。

DB.java 类的大部分代码与 19.5 节中的 mysql.java 类中的代码相同，只有部分代码有所差异。如果读者想了解更多 Java 连接和操作 MySQL 数据库的方法，请参照第 19 章的内容。

22.5　用户管理模块

用户管理模块包括两个功能，分别是用户登录功能和修改密码功能。用户登录功能是管理员进入管理系统的入口，只有输入正确的用户名和密码才能够登录成功。修改密码功能够保证管理员账号的安全。本节将为读者介绍用户登录功能和修改密码功能的内容。

22.5.1　用户登录功能

用户通过 login.jsp 页面输入用户名和密码。单击【登录】按钮就可以提交用户名和密码。login.jsp 文件有个<form>表单，在<form>表单中通过 post()方法将用户名和密码提交给 servlet 文件夹下的 userLogin.java 文件。userLogin.java 中调用 DB.java 类中的 query()方法判断用户名和密码是否正确。如果用户名和密码都正确，系统会跳转到 LoginOK.html 页面。如果不正确，则跳转到 LoginError.html 页面。userLogin.java 文件是一个 Servlet 文件，其部分代码如下：

```
//doGet()方法有两个参数，分别是 HttpServletRequest 和 HttpServletResponse 类型的参数
public void doGet(HttpServletRequest request, HttpServletResponse response)
        throws ServletException, IOException {           //抛出异常
    request.setCharacterEncoding("gbk");                //设置字符编码为 GBK
    String sql=null;                                    //定义字符串 sql，用于存储 SQL 语句
    String username=null;                               //定义字符串 username
    String password=null;                               //定义字符串 password
    username=request.getParameter("username");          //从页面获取 username 变量的值
    password=request.getParameter("password");          //从页面获取 password 变量的值
    //如果用户名和密码都不为空，那么就可以组合 SELECT 语句，并且执行这个 SELECT 语句
    if(username!=null&&!username.equals("")&&password!=null&&!password.equals("")){
        //将字符串变量 username 和 password 生成 SELECT 语句
        sql="SELECT * FROM user WHERE username='"
            +username+"' AND password='"+password+"'";
        DB db = new DB();                               //新建 DB 对象
        db.connectMySQL();                              //调用 connectMySQL()连接 MySQL
        try{                                            //使用 try...catch 语句捕获异常
            ResultSet rs=db.query(sql);                 //调用 query()方法执行 SELECT 语句
            if(rs.next()){                              //判断结果集 rs 中是否有记录
```

```
                    //创建一个 session，并且将用户名存储在 session 中
                    request.getSession().setAttribute("username", username);
                    response.sendRedirect("../LoginOK.html");       //页面跳转到 LoginOK.html
                }
                else{
                    response.sendRedirect("../LoginError.html");
                                                        //如果 rs 中没有记录就表示登录失败
                }
                db.closeDB();                           //调用 closeDB()方法关闭数据库对象
            }catch(SQLException e){                     //捕获异常信息
                e.printStackTrace();                    //显示异常信息
            }
        }
        else{
            response.sendRedirect("../LoginError.html"); //没有输入用户名和密码时登录失败
        }
    }
//因为<form>表单中使用 post()方法，因此必须调用 doPost()方法中的程序。
//但是这些程序写在 doGet()方法中，所以只能用 doPost()方法重载 doGet()方法。
public void doPost(HttpServletRequest request, HttpServletResponse response)
            throws ServletException, IOException {      //抛出异常
        doGet(request, response);                       //重载 doGet()方法
}
```

userLogin.java 文件中调用 connectMySQL()方法连接 MySQL 数据库。然后调用 query()方法执行 SELECT 语句，从 user 表中查询相应的记录。查询结果存在 ResultSet 对象 rs 中。如果 rs.next()不为空，这说明从表中查询出来的记录、输入的用户名和密码都正确。这样就可以登录成功了。

22.5.2　修改密码

用户登录成功后，可以在 modifyPasswd.jsp 页面修改用户密码。然后将修改后的密码提交给 modifyPasswd.java。modifyPasswd.java 将新密码更新到 user 表中。

这里的用户名是登录用户的名称，用户名是不能修改的。页面需要输入旧密码，并且输入两次新密码。如果旧密码不正确或者两次输入的新密码不相同，那么系统会跳转到错误页面。如果输入都正确后，旧密码和新密码被提及到 modifyPasswd.java 文件中。modifyPasswd.java 文件的部分代码如下：

```
//判断从页面传递过来的新密码是否为空，并且判断两次输入的新密码是否相同
if(newPassword1!=null&&!newPassword1.equals("")&&newPassword1.equals(newPassword2)){
    sql = "SELECT * FROM user WHERE username='"+username+
        "' AND password='"+oldPassword+"'";                 //生成 SELECT 语句
    int i;                                                  //定义变量 i
    DB db = new DB();                                       //新建 DB 对象
    db.connectMySQL();                                      //连接 MySQL 数据库
    try{                                                    //使用 try...catch 语句捕获异常
        ResultSet rs=db.query(sql);                         //执行 SELECT 语句
        //如果从 user 表中查询出数据，说明这个用户已经存在，可以修改这个用户的密码
        if(rs.next()){
                sql = "UPDATE user SET password='"+newPassword1+
                    "' WHERE username='"+username+"'";      //生成 UPDATE 语句
                i=db.update(sql);                           //执行 UPDATE 语句
                if(i>0){                                    //i>0 表示有记录被更新
                    System.out.println("密码修改成功");
                }
                }else{                                      //如果 i=0 表示没有记录改变
                    System.out.println("旧密码错误");
```

```
            }
            db.closeDB();                                          //调用 close()方法关闭数据库
        }catch(SQLException e){                                    //捕获异常信息
            e.printStackTrace();                                   //显示异常信息
        }
}else{
        System.out.println("两次输入的新密码不一致或者新密码为空");
                                                                   //输出新密码不能通过的信息
}
response.sendRedirect("../modifyPasswd.jsp");          //页面跳转到 modifyPasswd.jsp
```

新密码被提交到 modifyPasswd.java 文件后，调用 update()方法执行 UPDATE 语句。如果，旧密码正确，而且两次输入的新密码相同，那么将新密码更新到 user 表中。这样，用户密码就修改成功了。

22.6　学籍管理模块

学籍管理模块主要管理学员的学籍信息。该模块包括 4 个功能，分别是添加学员的学籍信息、查询学员的学籍信息、修改学员的学籍信息和删除学员的学籍信息。本节将为读者介绍这 4 个功能的内容。

22.6.1　添加学员的学籍信息

管理员进入 insertStudent.jsp 页面，在该页面中添加学员的学籍信息。添加完成后，管理系统会将学籍信息传递给 insertStudent.java 文件。insertStudent.java 文件中调用 update()方法，通过该方法将新记录插入到 studentInfo 表中。insertStudent.java 文件的部分代码如下：

```
DB db = new DB();                                                  //新建 DB 对象
db.connectMySQL();                                                 //连接 MySQL 数据库
if(sno!=null&&!sno.equals("")){                                    //判断用户名是否为空
    sql="SELECT * FROM studentInfo WHERE sno="+sno;                //生成 SELECT 语句
    try {                                                          //使用 try%…catch 语句捕获异常
        ResultSet rs=db.query(sql);                                //执行 SELECT 语句
        if(rs.next()){                                             //判断 rs 中是否有记录
            System.out.println("该记录已经存在！");                  //输出记录存在的提示信息
            response.sendRedirect("../InsertError.html");          //调转到 InsertError.html 页面
        }
        else{
            sql="INSERT INTO studentInfo VALUES("+sno+"','"+sname+"','"+sex+
                "','"+age+"','"+identify+"','"+tel+"','"+car_type+"','"+enroll_time+
                "','"+leave_time+"','"+scondition+"','"+s_text+"')";//生成 INSERT 语句
            i=db.update(sql);                                      //执行 INSERT 语句
            if(i>0){
                System.out.println("记录插入成功！");                //输出插入成功的信息
            request.getSession().setAttribute("flag", "OK");       //获取 session，并设置 flag 的值
            response.sendRedirect("../queryStudent.jsp");          //跳转到查询学籍信息的页面
        }else{
            System.out.println("记录插入失败！");                    //输出插入失败的信息
            response.sendRedirect("../InsertError.html");          //跳转到 InsertError.html 页面
        }
        }
        db.closeDB();                                              //使用 close()方法关闭数据库对象
    } catch (SQLException e) {                                     //捕获异常信息
```

```
            e.printStackTrace();                                  //显示异常信息
            response.sendRedirect("../InsertError.html");    //跳转到 InsertError.html 页面
    }
}
```

如果插入的记录已经存在，那么就不能再插入了；如果记录不存在，可以通过 update()方法执行 INSERT 语句，将新记录插入 studentInfo 表中。

22.6.2　查询学员的学籍信息

管理员进入 queryStudent.jsp 页面查询学籍信息，该页面会将查询条件传递给 queryStudent.java 文件。在 queryStudent.java 中会根据传递过来的查询条件组合成不同的 SELECT 语句。然后调用 query()方法执行 SELECT 语句，从 studentInfo 表中查询出满足条件的记录。

由于这部分的代码比较多，下面只列出 queryStudent.java 中生成 SELECT 语句的代码。

```
if(!sno.equals("")){
    //生成只使用学号查询的 SELECT 语句
    sql="SELECT * FROM studentInfo WHERE sno="+sno;
}else{
    if(!sname.equals("")){
        if(carType.equals("all")){
            if(scondition.equals("all")){
                //生成只使用 sname 字段查询的 SELECT 语句
                sql="SELECT * FROM studentInfo WHERE sname LIKE '%"+sname+"%'";
            }else{
                //生成使用 sname 字段和 scondition 字段查询的 SELECT 语句
                sql="SELECT * FROM studentInfo WHERE sname LIKE '%"
                    +sname+"%' AND scondition='"+scondition+"'";
            }
        }else{
            if(scondition.equals("all")){
                //生成使用 sname 字段和 car_type 字段查询的 SELECT 语句
                sql="SELECT * FROM studentInfo WHERE sname LIKE '%"
                    +sname+"%' AND car_type='"+carType+"'";
            }else{
                //生成使用 sname 字段、scondition 字段和 car_type 字段查询的 SELECT
                语句
                sql="SELECT * FROM studentInfo WHERE sname LIKE '%"
                    +sname+"%' AND scondition='"+scondition+"' AND car_type='"+
                    carType+"'";
            }
        }
    }else{
        if(carType.equals("all")){
            if(scondition.equals("all")){
                //生成查询 studentInfo 表的所有记录的 SELECT 语句
                    sql="SELECT * FROM studentInfo";
            }else{
                //生成使用 scondition 字段查询的 SELECT 语句
                    sql="SELECT * FROM studentInfo WHERE scondition='"+
                    scondition+"'";
```

```
            }
        }else{
            if(scondition.equals("all")){
                //生成使用 car_type 字段查询的 SELECT 语句
                sql="SELECT * FROM studentInfo WHERE car_type='"+carType+"'";
        }else{
            //生成使用 scondition 字段和 car_type 字段查询的 SELECT 语句
            sql="SELECT * FROM studentInfo WHERE scondition='"
                +scondition+"' AND car_type='"+carType+"'";
            }
        }
    }
}
```

modifyStudent.java 文件中将获取来的参数值组合成 SELECT 语句。然后通过 query()方法执行 SELECT 语句，并且将查询结果存储到 ResultSet 对象中。

22.6.3　修改学员的学籍信息

管理员进入 modifyStudent.jsp 页面后，可以修改学员的学籍信息。修改完成后，单击【确定】按钮，修改后的信息就可以提交给 modifyStudent.java 文件。这个文件调用 DB.java 中的 update()方法将修改的数据写入 studentInfo 表。modifyStudent.java 文件生成 UPDATE 语句的代码如下：

```
//生成 UPDATE 语句
sql="UPDATE studentInfo SET sname='"+sname+"',sex='"+sex+"',age="+age+",identify=
'"+identify+
"',tel='"+tel+"',car_type='"+car_type+"',enroll_time='"+enroll_time+"',leave_time='"+leave_time+
"',scondition='"+scondition+"',s_text='"+s_text+"' WHERE sno="+sno;
```

modifyStudent.java 文件中将获取来的参数值组合成 UPDATE 语句。UPDATE 语句存储在字符串变量 sql 中。然后调用 update()方法执行 UPDATE 语句。如果 update()方法返回值大于 0，就说明有记录被更新，这表示更新成功。

22.6.4　删除学员的学籍信息

管理员在 queryStudent.jsp 页面查询信息后，可以在每个信息的后面看到【删除】链接。单击【删除】链接后，程序会将学员的学号（sno）值传递给 deleteStudent.java 文件。deleteStudent.java 文件获取 sno 值后，会生成 DELETE 文件。然后调用 update()方法执行 DELETE 语句。deleteStudent.java 文件中生成 DELETE 语句的代码如下：

```
sql="DELETE FROM studentInfo WHERE sno="+sno;
```

deleteStudent.java 文件调用 update()方法执行 DELETE 语句。执行成功后，update()方法会返回一个数值。如果返回值大于 0，就表示有记录被删除。

22.7　体检管理模块

体检管理模块主要管理学员的体检信息。该模块包括 4 个功能，分别是添加学员的体检信息、查询学员的体检信息、修改学员的体检信息和删除学员的体检信息。本节将为读者介绍这 4 个功能的内容。

1. 添加学员的体检信息

管理员进入 insertHealth.jsp 页面后可以添加体检信息。输入的信息从文本框提交给 insertHealth.java 文件。insertHealth.java 文件中将页面传递过来的参数生成 INSERT 语句。insertHealth.java 文件中生成 INSERT 语句的代码如下：

```
sql="INSERT INTO healthInfo VALUES(NULL,"+sno+",'"+sname+"',"+height+
        ","+weight+",'"+differentiate+"',"+left_sight+","+right_sight+",'"+left_ear+
        "','"+right_ear+"','"+legs+"','"+pressure+"','"+history+"','"+h_text+"')";
```

其中，sname 变量的值是从 studentInfo 表中取出来的。生成 INSERT 语句后，调用 update()方法执行 INSERT 语句。

2. 查询学员的体检信息

体检信息通过学号或者姓名来查询。输入学号或者姓名后，输入的信息会传递给 queryHealth.java 文件。queryHealth.java 获取参数后生成 SELECT 语句。生成 SELECT 语句的代码如下：

```
if(sno.equals("")&&sname.equals(""))
        sql="SELECT * FROM healthInfo";                                        //查询所有记录
else{
        if(!sno.equals(""))
                sql="SELECT * FROM healthInfo WHERE sno="+sno;                 //通过 sno 字段查询
        else {
                sql="SELECT * FROM healthInfo WHERE sname LIKE '%"+sname+"%'";
                                                                               //通过 sname 字段查询
        }
}
```

生成 SELECT 语句后，调用 query()函数执行 SELECT 语句，并将结果返回给 ResultSet 对象。

3. 修改学员的体检信息

管理员进入修改体检信息的页面后修改体检信息，然后单击【确定】按钮，提交修改后的信息。modifyHealth.java 获取这些信息后生成 UPDATE 语句，生成 UPDATE 语句的代码如下：

```
sql="UPDATE healthInfo SET height="+height+",weight="+weight+",differentiate='"+differentiate+
        "',left_sight="+left_sight+",right_sight="+right_sight+",left_ear='"+left_ear+"',
        right_ear='"+
        right_ear+"',legs='"+legs+"',pressure='"+pressure+"',history='"+history+"',h_text='"+
        h_text+
        "' WHERE sno="+sno;
```

然后调用 update()方法执行 UPDATE 语句。执行成功后，结果返回更新的记录数。

4. 删除学员的体检信息

管理员进入 queryHealth.jsp 页面后，在单击记录后面的【删除】链接。然后系统会将该记录的 sno 值传递给 deleteHealth.java 文件。这个文件获取 sno 值，然后生成 DELECT 语句。生成 DELETE 语句的代码如下：

```
sql="DELETE FROM healthInfo WHERE sno="+sno;
```

deleteHealth.java 文件调用 update()方法执行 DELETE 语句。

22.8　成绩管理模块

成绩管理模块主要管理学员的成绩信息。该模块包括 4 个功能，分别是添加学员的成绩信息、查询学员的成绩信息、修改学员的成绩信息和删除学员的成绩信息。本节将为读者介绍这 4 个功能的内容。

1．添加学员的成绩信息

管理员进入 insertGrade.jsp 页面后可以添加成绩信息。输入的信息提交给 insertGrade.java 文件。insertGrade.java 文件中将页面传递过来的参数生成 INSERT 语句。insertGrade.java 文件中生成 INSERT 语句的代码如下：

```
sql="INSERT INTO gradeInfo VALUES(NULL,"+sno+","+cno+",'"+last_time+"',"+times+","
+grade+")";
```

其中，sname 变量的值是从 studentInfo 表中取出来的。生成 INSERT 语句后，调用 update()方法执行 INSERT 语句。

2．查询学员的成绩信息

成绩信息通过学号、姓名和科目名来查询。输入查询条件后，输入的信息会传递给 queryGrade.java 文件。queryGrade.java 获取参数后生成 SELECT 语句，这个 SELECT 语句。是从视图 grade_view 中查询记录。生成 SELECT 语句的代码如下：

```
if(!sno.equals("")){
	sql="SELECT * FROM grade_view WHERE sno="+sno;				//使用 sno 字段查询
}else{
	if(!sname.equals("")&&!cname.equals("")){
		//使用 sname 字段和 cname 字段查询
		sql="SELECT * FROM grade_view sname='%"+sname+"%' AND cname='%"+
		cname+"%'";
	}else if(sname.equals("")&&!cname.equals("")){
		sql="SELECT * FROM grade_view cname='%"+cname+"%'";	//使用 cname 字段查询
	}else if(!sname.equals("")&&cname.equals("")){
		sql="SELECT * FROM grade_view sname='%"+sname+"%'";
										//使用 sname 字段查询
	}else{
		sql="SELECT * FROM grade_view";					//查询所有记录
	}
}
```

queryGrade.java 中调用 query()方法执行 SELECT 语句，并且将查询结果存储到 ResultSet 对象中。

3．修改学员的成绩信息

管理员进入修改成绩信息的页面后修改成绩信息，然后单击【确定】按钮，提交修改后的信息。modifyGrade.java 获取这些信息后生成 UPDATE 语句。生成 UPDATE 语句的代码如下：

```
sql="UPDATE gradeInfo SET sno="+sno+",cno="+cno+
        ",last_time='"+last_time+"',times="+times+",grade="+grade+" WHERE id="+id;
```

然后调用 update()方法执行 UPDATE 语句。执行成功后，结果返回更新的记录数。

4．删除学员的成绩信息

管理员进入 queryGrade.jsp 页面后，在单击记录后面的【删除】链接。然后系统会将该记录的 id 值传递给 deleteGrade.java 文件。这个文件获取 id 值，然后生成 DELECT 语句。DELETE 语句从 gradeInfo 表中删除指定 id 的记录。生成 DELETE 语句的代码如下：

```
sql="DELETE FROM gradeInfo WHERE id="+id;
```

deleteGrade.java 文件调用 update()方法执行 DELETE 语句。

22.9　证书管理模块

证书管理模块主要管理学员的领证信息。该模块包括 4 个功能，分别是添加领证信息、查询领证信息、修改领证信息和删除领证信息。本节将为读者介绍这 4 个功能的内容。

1．添加领证信息

管理员进入 insertLicense.jsp 页面后可以添加领证信息。输入的信息提交给 insertLicense.java 文件。insertLicense.java 文件中将页面传递过来的参数生成 INSERT 语句。insertLIcense.java 文件中生产 INSERT 语句的代码如下：

```
sql="INSERT INTO licenseInfo VALUES(NULL,"+sno+",'"+sname+"','"+
`       lno+"','"+receive_time+"','"+receive_name+"','"+l_text+"')";
```

其中，sname 变量的值是从 studentInfo 表中取出来的。生成 INSERT 语句后，调用 update()方法执行 INSERT 语句。

2．查询领证信息

领证信息通过学号、姓名、驾驶证号码和领取人来查询。输入查询条件后，输入的信息会传递给 queryLicense.java 文件。queryLicense.java 获取参数后生成 SELECT 语句。生成 SELECT 语句的代码如下：

```
if(!sno.equals("")){
        sql="SELECT * FROM licenseInfo WHERE sno="+sno;              //使用 sno 字段查询
}else{
        if(!lno.equals("")){
                sql="SELECT * FROM licenseInfo WHERE lno="+lno;      //使用 lno 字段查询
        }else{
                if(!sname.equals("")&&!receive_name.equals("")){
                                                                     //使用 sname 和 receive_name 查询
                        sql="SELECT * FROM licenseInfo WHERE sname LIKE '%"+sname+
                                "%' AND receive_name LIKE '%"+receive_name+"%'";
                }else if(sname.equals("")&&!receive_name.equals("")){
                                                                     //使用 receive_name 字段查询
                        sql="SELECT * FROM licenseInfo WHERE receive_name LIKE '%"+
                        receive_name+"%'";
```

```
            }else if(!sname.equals("")&&receive_name.equals("")){        //使用 sname 字段查询
                sql="SELECT * FROM licenseInfo WHERE sname LIKE '%"+sname+"%'";
            }else{
                sql="SELECT * FROM licenseInfo";                         //查询所有记录
            }
        }
}
```

queryLicense.java 调用 query()方法查询 SELECT 语句，并将查询结果存储在 ResultSet 对象中。

3．修改领证信息

管理员进入修改领证信息的页面后修改领证信息，然后单击【确定】按钮，提交修改后的信息。modifyLicense.java 获取这些信息后生成 UPDATE 语句。生成 UPDATE 语句的代码如下：

```
sql="UPDATE licenseInfo SET lno='"+lno+"',receive_time='"+receive_time+
        "',receive_name='"+receive_name+"',l_text='"+l_text+"' WHERE sno="+sno;
```

然后调用 update()方法执行 UPDATE 语句。系统会根据 sno 的值从 studentInfo 表中取 sname 的值，并将 sname 字段的值更新到 licenseInfo 表中。执行成功后，结果返回更新的记录数。

4．删除领证信息

管理员进入 queryLicense.jsp 页面后，在单击记录后面的【删除】链接。然后系统会将该记录的 id 值传递给 deleteLicense.java 文件。这个文件获取 id 值，然后生成 DELECT 语句。DELETE 语句从 licenseInfo 表中删除指定 id 的记录。生成 DELETE 语句的代码如下：

```
sql="DELETE FROM licenseInfo WHERE id="+id;
```

deleteLicense.java 文件调用 update()方法执行 DELETE 语句。

22.10　小　　结

本章介绍了开发驾校学员管理系统的方法。本章的重点内容是数据库设计部分。因为本书主要是介绍 MySQL 数据库的使用，所以数据库设计部分结合了本书前面介绍的知识点。在数据库设计部分，不仅涉及了表和字段的设计，还涉及了索引、视图和触发器等内容。其中，为了提高表的查询速度，有意识的在表中增加了冗余字段，这是数据库的性能优化的内容。系统实现部分是本章的难点，需要读者对 Java 语言和 J2EE 有相应的了解。通过本章的学习，希望读者对项目开发中如何使用 MySQL 数据库有一个全新的认识。